지적의 이해

Understanding Cadastre

지종덕 저

技文堂

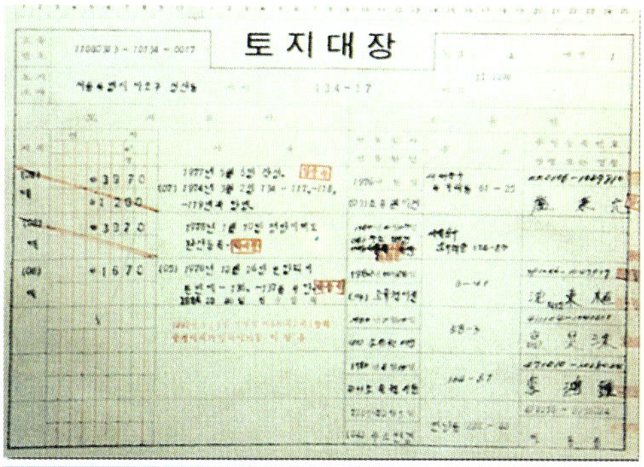

카드식 토지대장

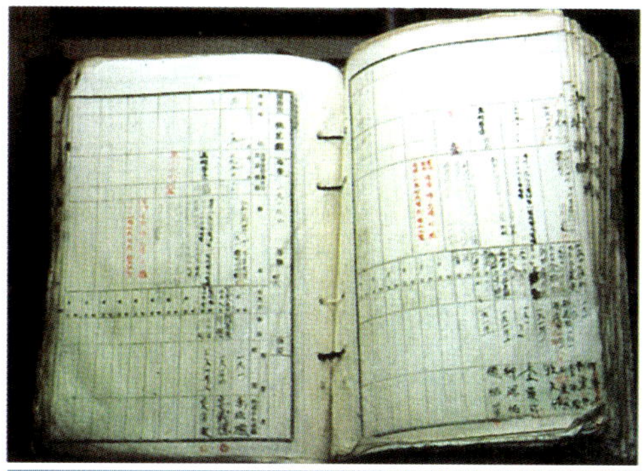

부책식 토지대장

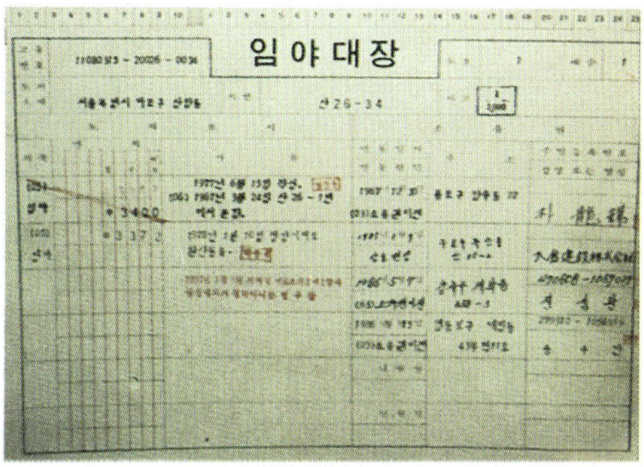

카드식 임야대장

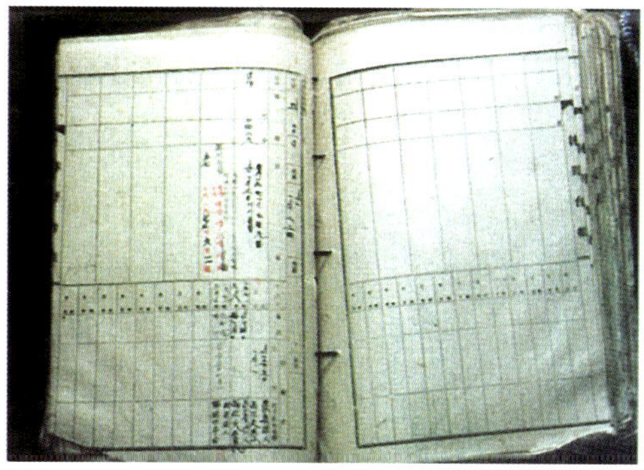

부책식 임야대장

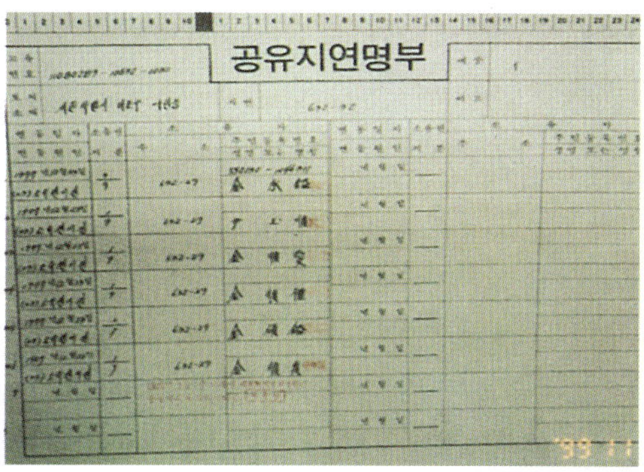

카드식 공유지연명부

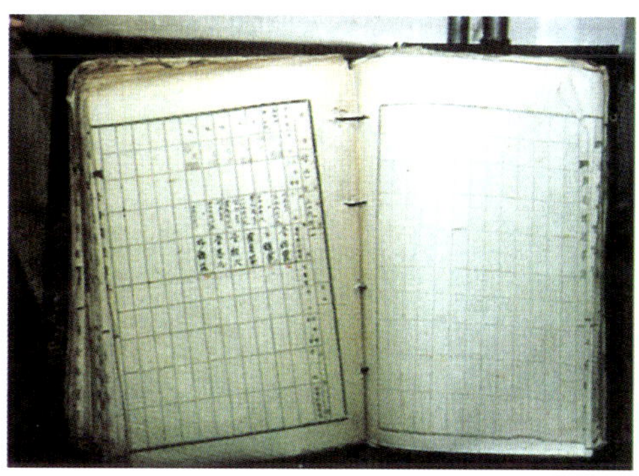

부책식 공유지연명부

1/600 지적도

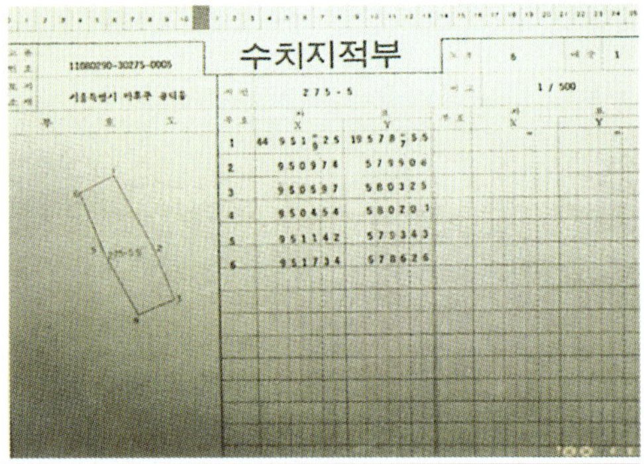

수치지적부

1/1,200 지적도

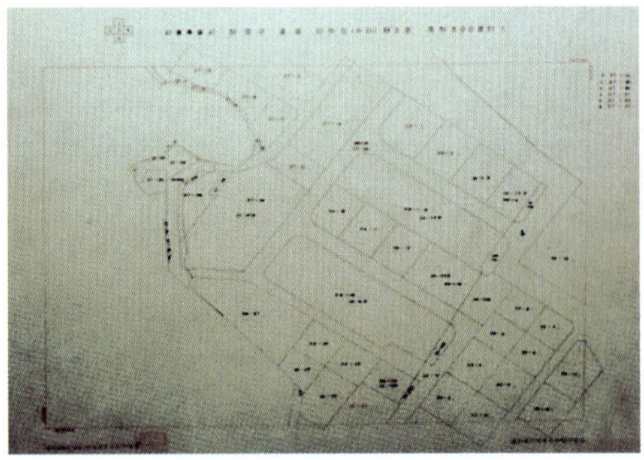

수치지적도 Ⅰ

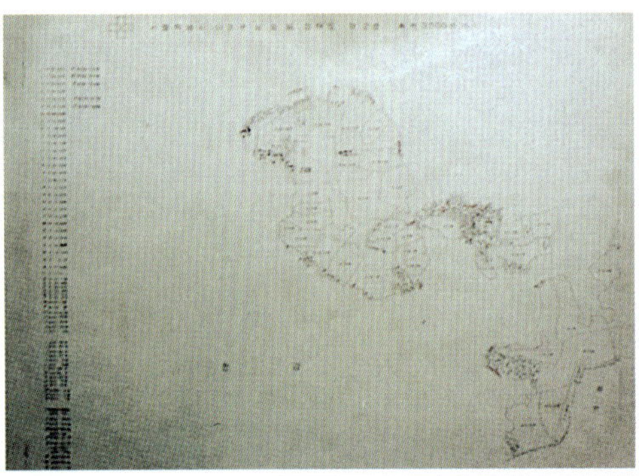

1/3,000 임야도

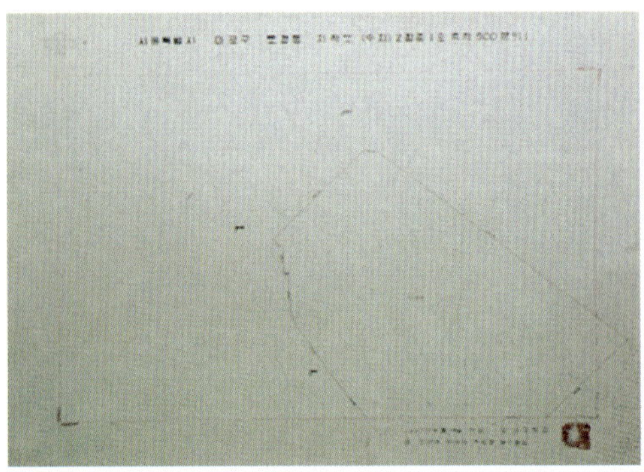

수치지적도Ⅱ

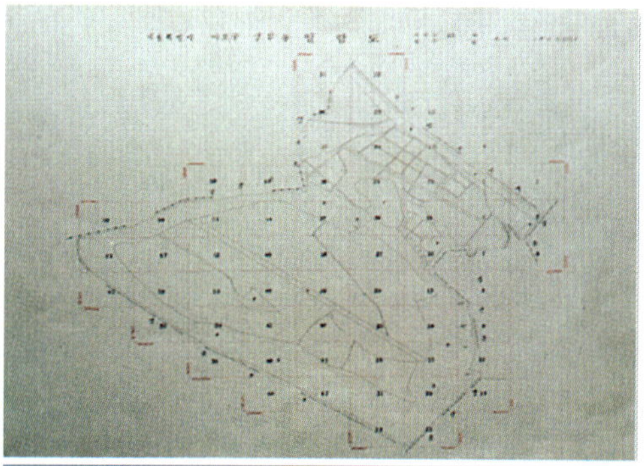

일 람 도

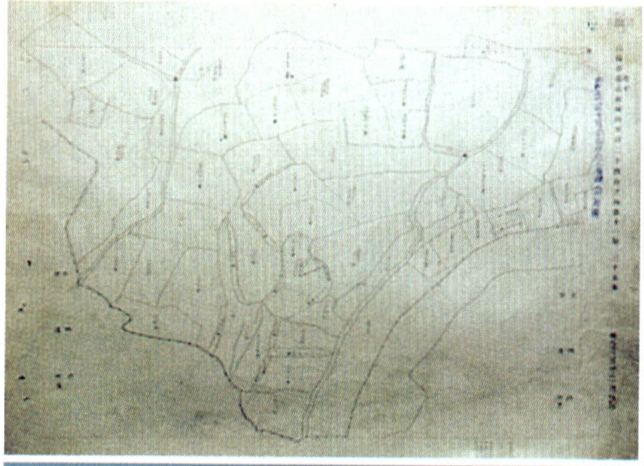

폐쇄지적도 I (1913~1962. 12. 30/시정 당시)

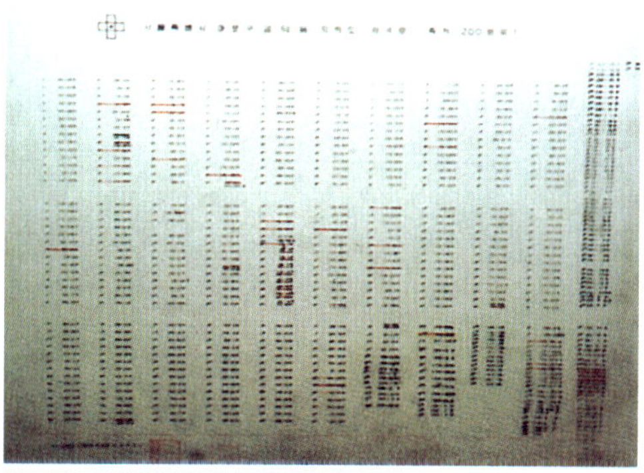

부 호 도

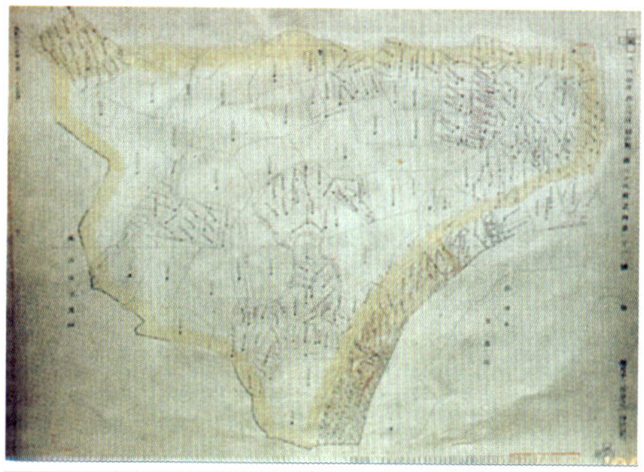

폐쇄지적도 II (1962. 12. 30~1965. 11. 30)

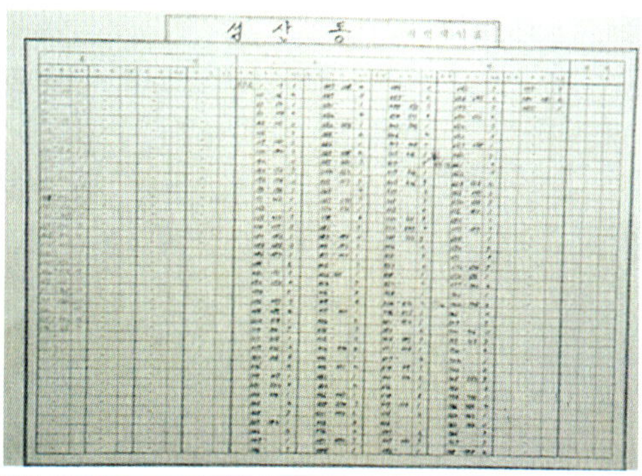

지번색인표

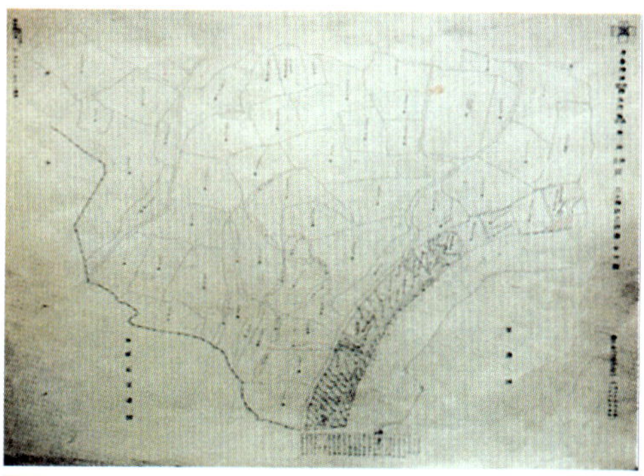

폐쇄지적도 III (1965. 11. 30~1986. 11. 4)

토지 · 임야대장

구 토지 · 임야대장

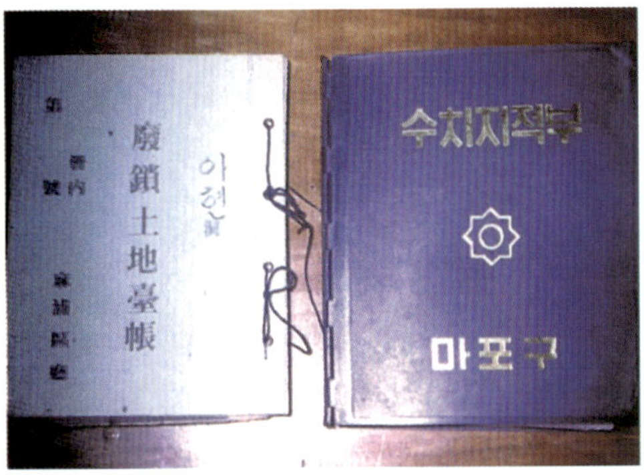

폐쇄토지대장 · 수치지적부

구 공유지연명부

건축물대장 · 가옥대장

토지이동 측량원도

지/적/서/고

도면 관리

대장 관리

토지대장 · 공유지연명도 관리

가옥대장 관리

토지대장 관리

폐쇄지적도 관리

지적 도근점

지/적/측/량/기/준/점

지적 삼각점

맨홀식 도근점

1. 전

물을 상시적으로 이용하지 아니하고 곡물, 원예작물(과수류를 제외한다), 약초, 뽕나무, 닥나무, 묘목, 관상수 등의 식물을 주로 재배하는 토지와 식용을 위하여 죽순을 재배하는 토지는 전으로 한다.

2. 답

물을 상시적으로 직접 이용하여 벼, 연, 미나리, 왕골 등의 식물을 주로 재배하는 토지는 답으로 한다.

3. 과수원

사과, 배, 밤, 호도, 귤나무 등 과수류를 집단적으로 재배하는 토지와 이에 접속된 저장고 등 부속시설물의 부지는 과수원으로 한다. 다만, 주거용 건축물의 부지는 대로 한다.

4. 목장용지

축산업 및 낙농업을 하기 위하여 초지를 조성한 토지와 축산법 제2조 제1호의 규정에 의한 가축을 사육하는 축사 등의 부지 및 접속된 부속시설물의 부지는 목장용지로 한다. 다만, 주거용 건축물의 부지는 대로한다.

5. 임야

산림 및 원야를 이루고 있는 수림지, 죽림지, 암석지, 자갈땅, 모래땅, 습지, 황무지 등의 토지를 임야로 한다.

6. 광천지

지하에서 온수, 약수, 석유류 등이 용출되는 용출구 및 그 유지에 사용되는 부지는 광천지로 한다. 다만, 온수, 약수, 석유류 등을 일정한 장소로 운송하는 송수관, 송유관, 및 저장시설의 부지를 제외한다.

7. 염전

바닷물을 끌여들여 소금을 채취하기 위하여 조성된 토지와 이에 접속된 제염상 등 부속시설의 부지는 염전으로 한다. 다만, 천일제염방식에 의하지 아니하고 동력에 의하여 바닷물을 끌여들여 소금을 제조하는 공장시설의 부지를 제외한다.

8. 대

영구적 건축물 중 주거, 사무실, 점포와 박물관, 극장, 미술관 등 문화시설과 이에 접속된 정원 및 부속시설물의 부지와 도시계획사업 등 관계법령에 의한 택지조성사업을 목적으로 하는 공사가 준공된 토지는 대로 한다.

9. 공장용지

제조업을 목적으로 공장시설물의 부지와 공업배치 및 공장설립에 관한 법률 등 관계법령에 의한 공장부지 조성 공사가 준공된 토지와 당해 토지와 같은 구역 안에 있는 의료시설 등 부속시설물의 부지는 공장용지로 한다.

10. 학교용지

학교 교사와 이에 접속된 체육장 등 부속시설물의 부지는 학교용지로 한다.

11. 주차장

자동차 등의 주차에 필요한 독립적인 시설을 갖춘 부지와 주차전용 건축물 및 이에 접속된 부속시설물의 부지는 주차장으로 한다. 다만, 주차장법 제2조 제1호 가목 및 다목의 규정에 의한 노상주차장, 부설주차장 및 자동차 등의 판매목적으로 설치된 물류장 및 야외 전시장은 제외한다.

12. 주유소용지

석유 · 석유제품 또는 액화석유가스 등의 판매를 위하여 일정한 설비를 갖춘 시설물의 부지, 저유소 및 원유 저장소의 부지와 이에 접속된 부속시설물의 부지는 주유소용지로 한다. 다만, 자동차 · 선박 · 기차 등의 제작 또는 정비공장 안에 설치된 급유 · 송유시설 등의 부지는 제외한다.

13. 창고용지

물건 등을 보관 또는 저장하기 위하여 독립적으로 설치된 보관시설물의 부지와 이에 접속된 부속 시설물의 부지는 창고용지로 한다.

14. 도로

일반 공중의 교통운수를 위하여 보행 또는 차량운행에 필요한 일정한 설비나 형태를 갖추어 이용되는 토지와 도로법 등 관계법령에 의하여 도로로 개설된 토지 및 고속도로 안의 휴게소 부지 또는 2필지 이상에 진입하는 통로로 이용되는 토지는 도로로 한다.

15. 철도용지

교통운수를 위하여 일정한 궤도 등의 설비와 형태를 갖추어 이용되는 토지와 이에 접속된 역사, 차고, 발전시설 및 공작창 등 부속시설물의 부지는 철도용지로 한다.

16. 제방

방수제, 방조제, 방파제, 방사제 등으로 조수, 자연유수, 모래, 바람 등을 막기 위하여 설치된 방조제 · 방수제 · 방사제 · 방파제 등의 부지는 제방으로 한다.

17. 하천

자연의 유수가 있거나, 있을 것으로 예상되는 토지는 하천으로 한다.

18. 구거

용수 또는 배수를 위하여 일정한 형태를 갖춘 인공적인 수로, 둑 및 그 부속시설물의 부지와 자연의 유수가 있거나, 있을 것으로 예상되는 소규모 수로부지는 구거로 한다.

19. 유지

물이 고이거나 상시적으로 물을 저장하고 있는 댐, 저수지, 소류지, 호수, 양어장, 연못 등의 토지와 연·왕골 등이 자생하는 배수가 잘 되지 아니하는 토지는 유지로 한다.

20. 양어장

육상에 인공으로 조성된 수산생물의 번식 또는 양식을 위한 시설을 갖춘 부지와 이에 접속된 부속 시설물의 부지는 양어장으로 한다.

21. 수도용지

물을 정수하여 공급하기 위한 취수, 저수, 도수, 정수, 송수 및 배수시설의 부지 및 이에 접속된 부속시설물의 부지는 수도용지로 한다.

22. 공원

일반공중의 보건, 휴양 및 정서생활에 이용하기 위한 시설을 갖춘 토지로서, 도시계획법에 의하여 공원 또는 녹지로 결정 고시된 토지는 공원으로 한다.
다만, 도시공원법에 묘지공원으로 결정, 고시된 토지는 묘지로 한다.

23. 체육용지

국민의 건강증진 등을 위한 체육활동에 적합한 시설과 형태를 갖춘 종합운동장, 실내체육관, 야구장, 골프장, 스키장, 승마장, 경륜장 등 체육시설로서의 토지와 이에 접속된 부속시설물의 부지는 체육용지로 한다.
다만, 체육시설로서의 영속성과 독립성이 미흡한 정구장, 골프연습장, 실내수영장, 체육도장, 유수를 이용한 요트장 및 카누장, 산림 안의 야영장 등의 토지는 제외한다.

24. 유원지

일반 공중의 위락, 휴양 등에 적합한 시설물을 종합적으로 갖춘 수영장, 유선장, 낚시터, 어린이놀이터, 동물원, 식물원, 민속촌, 경마장 등의 토지와 이에 접속된 부속시설물의 부지는 유원지로 한다. 다만, 이들 시설과의 거리 등으로 보아 독립적인 것으로 인정되는 숙식시설 및 유기장의 부지와 하천, 구거 또는 유지(공유의 것에 한한다)로 분류되는 것을 제외한다.

25. 종교용지

일반 공중의 종교의식을 목적으로 예배, 법요, 설계, 제사 등을 하기 위한 교회, 사찰, 향교 등 건축물의 부지와 이에 접속된 부속시설물의 부지는 종교용지로 한다.

26. 사적지

문화재로 지정된 역사적인 유적, 고적, 기념물 등을 보존하기 위하여 구획된 토지는 사적지로 한다. 다만, 학교용지, 공원, 종교용지 등 다른 지목으로 된 토지 안에 있는 유적 · 고적 · 기념물 등을 보호하기 위하여 구획된 토지를 제외한다.

27. 묘지

사람의 시체나 유골이 매장된 토지, 도시 공원법에 의한 묘지공원으로 결정 고시된 토지 및 장사 등에 관한 법률 제2조 제8호 규정에 의한 납골시설과 이에 접속된 부속시설물의 부지는 묘지로 한다.

28. 잡종지

갈대밭, 실외에 물건을 쌓아두는 곳, 돌을 캐내는 곳, 흙을 파내는 곳, 야외시장, 비행장, 공동우물과 영구적 건축물 중 변전소, 송신소, 수신소, 송유시설, 도축장, 자동차운전학원, 쓰레기 및 오물처리장 등의 부지와 다른 지목에 속하지 않는 토지는 잡종지로 한다. 다만, 원상회복을 조건으로 돌을 캐내는 곳, 흙을 파내는 곳으로 허가된 토지를 제외한다.

개정판 머 리 말

지적은 세계 각국에서 과세측량, 토지등록, 등기라는 관점에서 연구되어 왔으며, 현재처럼 다목적 지적으로의 접근은 연륜이 짧다. 그래서 지적은 학문체계나 주변학문과의 관계정립이 미흡한 실정으로 전통적 관점에서 측량의 기술력에 비중을 두고 전수되면서 실무진에 의해서 발전되었다. 단편적으로는 측지학의 일부로서 발전되기도 했으나 이후 토목공학, 지리학, 도시계획, 법학 등의 분야에서 토지공간의 권리공시 측면에서 지적학이 연구되고 있다. 지적학은 성격규명이 아직도 확실하지 않아 보는 관점에 따라 이공분야, 사회과학 분야로 구분되는 양면성으로 논쟁의 근거를 제시하기도 하나 토지기록의 과학화와 국제동향, 대학설치, 학문발전의 추세로 볼 때 점차 종합과학의 범위로 자리잡고 있다. 지적에서 다뤄야 할 학문영역은 토지조사론과 기법, 지리, 법률, 행정, 경제, 사회, 환경을 비롯하여 공학적으로는 토목, 건축, 도시, 제도적산, 컴퓨터 등 다양한 인접과학의 영역이다.

현대사회에서 토지의 정확한 관리와 운영은 국민의 재산권과 직결되기 때문에 사회 각 분야에서 가장 큰 관심사가 되고 있다. 특히 21세기의 국제화, 정보화 시대에는 종합적인 토지정보체계의 확립이 절실히 요청되고 있다. 이러한 지적의 정보들은 국토를 효율적으로 이용하기 위한 각종 시책이나 정책수립에 가장 기본적이고 기초적인 자료로 활용된다.

우리나라에서 당면하고 있는 가장 큰 현안과제는 지적 재조사사업과 통일 후의 북한지역의 지적조사사업 등을 어떻게 효율적으로 수행할 수 있느냐 하는 것이다.

지적의 현대화에 따른 지적도면의 전산화 관리, 건축물대장의 통합관리, 공시지가의 조사결정 등의 효과적인 수행과 기술인력의 보강 등이 해결해야 할 국가과제로 대두되고 있다.

이러한 추세에 합리적이고 효율적으로 유연하게 대처하기 위해서는 이에 관련된 전문가들이 종래의 지적이론을 보완하기 위한 연구의 필요성도 있다. 지적을 이해하기 위한 기초서적은 과거 원영희, 김갑수 선생님께서 단행본을 발간하기도 했고 박순표, 최용규, 강태석 선생님의 훌륭한 공저가 있지만 실무적으로 기초적인 내용보다는 다소 전문적이라는 평가가 있어 지적의 초보자에게 선뜻 강의교재로 추천하기에는 다소 주저함이 있었다. 그래서 지적학과 지적법을 연구하고 학생들에게 강의하면서 항상 이를 보다 쉽게 이해, 활용할 수 있는 교재의 필요성을 절실히 느껴 오던 중 그간 발간된 외국서적 및 국내의 자료

등을 엮어 사용하던 강의노트를 정리하고 새로운 내용을 보완하여 부족하나마 과감히「지적의 이해」라 하여 책으로 출간하게 되었다. 이 책은 총20장으로 구성되어 있다. 전반부는 지적의 기초이론에 관한 내용들을 토대로 중점적으로는 지적에 관한 실무 중심으로 엮었다. 각 장은 가급적이면 독립적으로 하나의 단편적인 내용이 되면서도 유기적인 관련성을 갖도록 노력하였으며 내용 전개에서도 가능한 최근 내용들을 엮으려고 노력했다.

이 책은 지적의 입문에 있어서 교육목표를 지적의 일반적인 사항에 관하여 기초적이고 반드시 필요한 지적의 지식을 습득하게 하여 관련실무에서 활용할 수 있는 능력을 기르는데 있다. 그러므로 이 책을 학습함으로써 국가 사회에서 필요로 하는 유능한 지적기술인의 능력과 태도를 고취시켜 국가의 지적 발전에 기여할 수 있기를 바라는 마음이다.

다만 본의 아니게 내용의 인용에 있어 잘못된 점이나 여러 가지 미흡한 점에 대해서는 지속적으로 새로운 이론 및 실무내용을 수정, 보완하도록 할 것이다.

아무쪼록 이 책이 지적실무자 및 지적에 입문하는 사람, 지적에 관심을 갖고 있는 모든 사람들에게 다소나마 도움이 되기를 기대하며 또한 발전적인 질책을 바라마지 않는다.

끝으로 직접 학문의 길로 인도해 주시며 항상 곁에서 따뜻한 격려와 조언을 주시는 강석진 교수님을 비롯한 윤완수 교수님, 윤영훈 교수님께 감사드리며 이 책이 나올 수 있도록 기꺼이 출판을 맡아주신「기문당」의 관계자 여러분에게 고마움을 표합니다.

2015년 2월

저 자

차 례

5장 지적제도의 발달

6장 토지조사사업

7장 지적공부

8장 1필지

9장 토지경계

10장 지번

11장 지목

12장 토지면적

13장 토지소유권

14장 토지이동

15장 지적측량

16장 지적법규

17장 토지등기

18장 토지정보

19장 외국의 지적체계

20장 지적관리 체계

제 1 장 지적학의 기초

제1절 지적학의 정의

지적학은 오늘날과 같은 다목적 지적으로서의 접근보다는 그간 세계 각처에서 과세지 측량 또는 토지등록, 등기라는 관점에서 접근되어 왔다. 그래서 지적은 아직 학문적 체계나 주변학문과의 관계정립이 대체적으로 미흡한 실정이다.

전통적 관점의 지적은 측량이라는 기술력에 비중을 두고 전수되어 오면서 근대 지적제도가 구축된 후 80여 년 동안 실무진에 의해서 기술분야에 집중적으로 발전되었다. 특히 초기에는 측지학의 일부로서 발전되기도 했으나 이후 토목학, 도시계획학, 지리학, 법학분야에서 지권공시 측면의 법률관계에서 지적학이 연구되었다. 최근에는 각국에서도 지적학을 독립된 교과과정으로 발전시켜 프랑스의 국립지적학교(ENC)와 같은 특수학교가 설립되기도 했다. 또한 1878년에 설립된 국제측량사연맹(FIG)과 국제지적사무소(OICRF) 등에서도 지적학의 연구에 노력을 기울이고 있다.

국내에서는 원영희의 지적학원론, 한국지적사 등이 발간되어 지적의 학문적 체계화에 기여하였고 1976년에는 한국지적학회가 설립되어 독자적인 지적의 학문적 계기를 마련하였다. 학문이 독자적인 분과학문으로 성립하기 위해서는 고유한 연구대상, 학문의 대상을 체계적으로 정리 해석할 수 있는 이론, 학문을 연구하고 교수하는 학과가 대학에 설치되어야 한다.

이에 따라 지적학 교육도 1976년 12월에 정규대학으로는 명지전문대에서 최초로 지적과 설치가 인가된 것을 시작으로 신구, 동신, 충청, 신흥, 경북, 강원, 부산, 전주공업, 청양, 창원전문대 및 종합대학교로는 청주대, 목포대, 서울시립대에 지적 관련학과가 설치되어 교육에 박차를 가하고 있다. 특히 고등학교에도 1997년도부터 지적교육의 저변확대를 위하여 실업계고등학교인 부평공고, 경북경상공고, 여수공고, 천안농고, 강릉농공고, 서울휘경공고, 김해건설공고, 광명공고 등에 지적과, 지적정보과, 지적토목과를 신설하여 고등학교에서도 지적에 관련한 기술교육을 하게 되었다(행정자치부, 2000).

학문적으로 하나의 이론을 정립하려면 그 대상과 성격을 분명히 하여야 한다. 학문을 성립하는 방법은 학파나 시기, 장소, 관심도 등에 따라 입장이 달라질 수 있으나 지적학은 사회과학에서 이용되는 접근방법이 많이 적용되고 있다.

사회과학적 접근방법들은 상호 보완성을 지니고 있으므로 어느 한 방법이 절대적일 수 없고, 연구경향에 따라서는 특정방법이 설득력을 강하게 나타낼 수 있다.

지적학은 새로운 인식의 바탕하에 보다 인간에게 편리하고 능률적인 다목적 기능을 수행하는 학문으로 발전되어야 하기 때문에 전문성이 더욱 제고되어야 한다. 그리고 지적의 중요분야로서의 지적측량은 토지를 측정한다고 하는 단순한 사고가 아니라 토지를 둘러싸고 있는 지리, 법률, 행정, 경제, 도시, 환경과의 관계와 상호조화를 이루는 차원의 새로운 영역으로 발전되는 것이 바람직하다.

지적학은 기술적으로 사회적인 변화에 민첩하게 대처하고 과학화를 도입해야 하지만 더욱 중요한 것은 지적학의 특성이 토지소유권에 대한 배타적인 국민의 권리인식에 대한 조정기능을 최종적으로 수행하는 것이다. 이것은 세분화되는 사회발전에 걸맞게 고도의 전문성을 유지하려는 노력에 부합되므로 지적측량이 매우 중시된다.

학문의 정의를 밝히는 목적은 학문의 명칭이 무엇을 의미하는가를 명백히 하고 그 개념의 내용을 정하는 것이다. 오늘날 많은 분야에서 학문의 정의가 심각하게 다루어지고 있다. 그러나 만족할만한 능률적인 학문의 정의를 확립하는 것은 매우 어려운 작업이다.

미국의 행정학자인 왈도(D. Waldo)는 행정의 정의에 논급하면서 짧은 정의는 있으나 "짧고 능률적인 설명(good short explanation)"은 발견되지 않는다고 한다. 그 이유는 술어가 연속된 정의(a series of definition of the term)는 원래 약간의 추상적 단어 또는 문구가 사용될 수밖에 없는 탓이다. 짧게 표현하려고 하면 술어를 쓰게 되고, 술어를 쓰다보면 그 표현이 추상화되어 결국 길고 쉬운 내용을 짧고 어려운 문구로 줄였다가 이를 다시 길고 쉬운 문장으로 풀이하는 것이 모든 학문의 정의확립과 그 해설의 과정이 아닐 수 없다.

즉 가장 좋은 정의란 "설명이 짧고 그에 쓰이는 술어가 구체적이며 그 뜻의 이해가 쉬운 것"을 말하는 듯하다.

대부분의 학문분야에서는 그 분야를 에워싼 학문적, 실무적 양측면을 의식한다.

법률학자와 법률가, 경영학자와 경영가, 회계학자와 회계사, 행정학자와 행정가 등이 구별되는 한편 법학과 법률, 경영학과 기업, 생물학과 유기체 등도 구별된다. 이러한 구별은 그 분야의 학문적 실무적 발전을 위하여 음·양으로 기여를 하는바 적지 않다.

아직 지적학의 성격규명이 확실하지 못하여 관점을 달리하는 학자에 따라서 지적측량의 기술력을 중시한 이공분야로 보기도 하고 또는 법률적 측면을 중시하여 사회과학분야로 보기도 한다.

그래서 지적학의 특수성은 기술적 측면과 법적 측면의 양면성으로 논쟁점의 근거를 제시하기도 하나 토지의 중요성에 따른 기록의 과학화라는 국제적 동향이나 대학의 학과설치, 학문의 발전적 추이로 볼 때 "지적학의 학문적 영역은 이공 및 사회과학을 모두 포괄하고 타분야 학문의 지원을 받아야 하는 종합과학이다"라고 정의할 수 있다.

지적학의 논리를 설명할 때 법학, 행정학, 지리학, 경제학 등 다른 분야 학문의 지원을 받아야 한다는 점에서 종합학문의 성격을 갖는다. 지적법의 논리에는 법학과 행정학 이론을 지원하고 지적측량의 논리에는 측량학, 전산학 등의 지원이 필요하기 때문이다.

외국에서는 지적학이라는 학문보다는 유사학문에서 지적을 연구하기 때문에 다른 학문처럼 저명한 외국학자들에 의한 지적학의 정의와 체계화에 관한 노력은 미흡한 실정이다.

지적학은 초창기 지적분야의 대표적 학자로 인정받는 원영희에 의하여 처음으로 정의되었다. "지적이라는 것은 국토의 전반에 걸쳐 일정한 사항을 국가 또는 국가의 위임을 받은 기관이 등록하여 이를 국가 또는 국가가 지정하는 기관에 비치하는 기록으로서, 이러한 제도를 지적제도라고 하며 이에 대하여 연구하는 학문을 지적학"이라고 하였다(원영희, 1972).

최근에는 지적학의 정의가 난립하여 각자 별로 조금씩 다른 정의가 제기되고 있다. 내용적으로는 거의 유사하나 처음 원영희가 간단명료하게 제시하였던 지적학의 영역이 오히려 축소되고 있다는 비판의 시각도 있다.

지적학과 유사한 부동산학의 학문적 영역차이가 지적측량의 기술력이라 할 때 지적학에서 기술력이 과소평가된다면 차후 첨단 측량장비의 과학화 및 자동화시스템이 구축되었을 때 부동산학과 영역구분이 애매할 것이라는 지적이다.

지적학과 같이 토지를 기초로 연구하는 학문인 부동산학은 초창기 부동산 분야의 대표적 학자로 인정받는 김영진에 의하여 처음으로 정의되었는데, 부동산학은 "부동산 활동의 능률화의 원리 및 그 응용기술을 개척하는 종합응용과학"이라고 주장하였다(김영진, 1980). 이러한 부동산학의 정의는 거의 현재까지도 지지되고 있다(방경식, 1995). 학문의 정의는 학문명칭이 무엇을 의미하는가를 명백히 하고 개념의 내용을 정하는 것이라고 볼 때 원영희가 처음 정의한 "지적제도에 관하여 연구하는 학문이다"라는 것은 지적학이 무엇인지를 명칭에서 명백하고 개념의 내용을 정하고 있어 바람직하다고 할 수 있다. 하지만 표현이 너무 구태적이라는 지적이 있을 수 있으므로 이를 재개념화하여 정의할 필요가 있다.

현대 지적학이 지적제도의 출현과 변화과정 및 지적의 개념을 중시할 때 "지적학은 지적기술과 지적관리 및 지적제도를 체계화하기 위한 원리와 기법을 탐구하는 학문이다"라고 정의할 수 있다(지종덕, 2004).

제2절 지적학의 연구대상

지적학은 비교적 연륜이 짧고 연구자도 제한된 소수의 분야에 불과한 실정이나 그럼에도 대학의 연구도 점차 독립적인 학문분야로 자리잡고 있다. 지적학은 토지행정의 기초로서 토지의 중요성이 강조됨에 따라 국가행정의 중요한 정책분야로 많은 관심이 쏠리고 있다.

지적학의 연구대상인 지적은 국가의 토지현상을 공적으로 조사하여 체계적으로 등록한 자료로서 모든 토지활동의 관리계획에 이용되는 토지정보원이다(최용규, 1990).

그래서 지적학의 연구는 지적이론의 구성부문인 토지현상의 조사기술 및 조사내용의 관리와 운영으로 요약될 수 있다. 토지현상의 조사는 토지의 등록단위인 1필지 조사로서 토지를 주체로 한 관리적 측면에서의 등록요소가 모두 조사대상으로서의 지적조사이다.

지적조사는 토지의 지번, 지목, 가격, 토지소유권 조사 등과 함께 토지의 물리적 상황인 위치와 현상의 기술적 조사를 포함한다. 또한 토지기록은 토지의 조사된 상황을 원형 그대로 지면이나 컴퓨터에 표현함으로써 현장상황을 쉽게 판별케 하며 복원이 가능하게 하는 것이다. 토지현상의 관리와 운영의 문제는 등록된 토지등록의 능률성 제고에 관한 것이다. 능률성은 대내적 능률과 대외적 능률로 나뉘며 전자는 지적분야 행정과 조직에 관한 문제, 후자는 대민관계를 비롯한 정부 각 부처와의 상호협력에 관한 문제의 능률화가 연구의 대상이 된다.

연구범위에 있어서는 지적학이 토지를 대상으로 하는 학문이라 할 때 토지의 지표, 지하, 공중을 연구범위로 한다. 미래의 지적학은 지표면에 생기는 자연현상(自然現象)과 인문현상(人文現象)의 일반적·원리적 연구 등도 포함하여야 할 것이다.

지표면에 생기는 자연과 인문현상은 현상 자체만으로도 지극히 복잡한데 지적학에서 이러한 현상도 연구대상으로 추가하여 이런 현상에서 발생하는 물리적 형태와 과정 등을 밝히자는 것이다.

종래 지적의 대상은 지표면의 평면지적에 한정되었으나 토지공간의 활용도가 지표만이 아닌 입체적 공간이용으로 확대되어 지하상가, 지하도, 지하철 등 지하공간의 개발이 절실하여 점진적으로 지하공간의 시대가 도래하고 있다.

뿐만 아니라 토지의 효율적 이용을 위해서는 건물의 고층화, 대형화 등 공중부분의 이용이 확대되고 있으므로 지적이 토지의 정보를 담는 것이라면 현대의 지적은 다분히 토지의 지표, 지하, 공중부분의 기록을 모두 포용하는 새로운 기술적 개념의 지적학이 필요하다.

그러므로 지적학의 연구대상도 지표중심에서 탈피하여 지하, 공중을 포괄하여야 하기 때문에 필지에 중첩되는 지하의 필지별 등록기법과 공중권의 한계를 명시할 수 있도록 연구대상이 확대되어야 한다. 지적학의 이론적 영역은 토지행정의 포괄적인 관계에서 가치를 이해하고 현대지적이 당면하고 있는 제반 사회문제를 능동적으로 해결할 수 있는 과학성과 전문성을 동시에 만족할 수 있는 이론적이면서도 실제성을 구비해야 할 것이다(박순표 외2, 1993).

특히 미래에는 통치권이 미치는 전국의 영토로 지적학의 범위가 확대될 것이므로 연구대상으로 국제 분쟁이 예상되는 해역도 포함할 수 있도록 측정의 과학화를 위한 지속적인 연구와 기술개발이 필요하다

지적학의 연구대상을 넓은 의미의 지적제도에서 좁은 의미로의 필지를 대상으로 발생하는 각종 지적현상을 연구하는 학문으로 재개념화한다면, 지적학이 다른 인접학문과 차별화 될 수는 있겠지만 연구대상이 필지로 한정됨에 따라 미래 지적학의 학문영역이 협소해질 수 있다.

당연히 지금까지 지적학의 큰 줄기로 중시되던 지적측량의 학문적 비중이 축소될 것이고 측량장비의 과학화와 자동화가 이루어질 때 지적학의 학문적 특성이 변색될 가능성이 많다. 따라서 기회 있을 때마다 지적학의 지평을 넓히기 위한 연구대상의 확대노력이 필요하다.

지적학의 연구대상이 단순히 토지를 공적장부에 등록하고 관리한다고 할 때는 등록함에 따른 등록주체, 등록객체, 등록사항, 등록방법, 등록공부만을 대상으로 축소될 수밖에 없다.

지적학 연구대상을 위한 학문적 영역은 조사론, 지리, 법률, 행정, 경제, 사회, 도시, 환경, 측량, 전산학 등 다양한 인접과학의 배경적 협력 하에 토지와 관련된 모든 분야가 속한다.

지적학의 연구범위를 논의할 때 넓은 의미에서는 토지학이라고 범위를 확대할 수 있다. 토지학을 자연적 토지학과 인문적 토지학으로 분류한다면 지적학은 인문적 토지학에 가깝다. 자연적 토지학은 인간생활의 자연적 기반으로서 자연환경이 가지는 중요한 요소를 다루고 있는데 지형학, 지질학, 지구과학 등이 이에 속할 것이다.

인문적 토지학은 인류 활동에 의하여 표출된 토지공간의 현상을 표현하고 특징을 기술하는 것으로 지표상에 나타나는 장소, 입지 등이 관련되며 자연과 인간의 두 가지 관점을 모두 지니는 것으로 부동산학, 도시계획학, 토지경제학 등이 이에 속할 것이다.

지적학의 연구대상 범위의 확대를 위해서는 무엇보다도 연구자 교류 및 학문적 정보교류를 위한 연구지원 사업의 활성화가 전제되어야 한다.

지금도 일부에서 지적분야는 연구자 교류 및 학문적 정보교류가 너무 폐쇄적이고 편협하다는 비판이 있다. 지적을 전공하지 않은 자에게는 타전공자라며 문호를 쉽게 개방하지 않고, 지적의 전문성만을 강조한 채 학문의 편협성과 정보교류의 폐쇄성으로 타학문 전공자를 도외시하고 외부교류도 최소화하여 자기들만의 테두리에 있다는 것이다.

그밖에도 지적학의 학문적 특성화를 위한 공개적인 토론과 종합적이고 체계적인 연구가 더욱 활발히 이루어져서 지적학의 학문적 특화가 이루어질 수 있도록 지속적인 노력이 필요하다(지종덕, 2004).

제3절 지적학의 접근방법

지적학의 학문적 정립과 연구는 역사적, 경제적, 법률적, 행태적, 비교론적, 체계론적 접근방법 등이 활용될 수 있다.

1 역사적 접근방법

역사적 접근방법은 역사를 통해서 지적이론의 발달을 이해하려는 입장이다. 역사는 실사, 기록사, 문헌사로 나누어 생각할 수 있다. 어떠한 의미의 역사이든 역사적 접근방법은 지적학 연구에 꼭 필요한 것이다. 이 방법의 기본전제는 현재와 과거의 사건이 여러 태도로 상호연관성을 갖는 것이다. 그러므로 과거를 이해하는 것이 현재의 지적문제를 효과적으로 해소할 수 있다고 볼 수 있다.

지적현상의 연구를 위한 역사적 관점의 중요성을 지적하자면 우선 지적이론의 발생과 그 전개과정을 추적하기 위해서는 과거의 기록을 참조하지 않을 수 없다.

또한 종래의 역사적 기술은 과세에 초점을 맞추었으나 최근에는 토지자원이라는 시각에 중점을 두고 있기 때문에 농경제사나 법적 기록 이외에 정치사나 사회제도사에도 관심을 기울이게 된다. 지적이론의 역사적 접근은 이집트의 역사학자들에 의해서 많이 이루어졌으며, 역사성에서 지적의 어원을 추적함으로써 지적이론을 정의하기도 한다.

2 경제적 접근방법

경제적 접근방법은 경제적 측면에 초점을 맞추어 접근하는 방식이다. 지금까지는 지적이론은 과세의 필요성에 의해 발생했다는 과세지적의 입장이었다. 근대 지적제도의 창설 이후 오늘에 이르기까지 아직도 과세지적의 틀을 벗어나지 못하고 있는 것은 지적의 경제적 비중이 그만큼 크기 때문이다. 토지를 자원으로 보는 현대지적에서도 지목의 분류나 토지등급, 기준수확량 등급을 소지함으로써 토지의 생산성에 상당한 비중을 두고 있다. 이 접근방법은 토지현상의 비중을 경제성에 두고 연구하는 접근방식이다.

3 법률적 접근방법

법률적 접근방법은 제도적 접근방법이라고도 불리며 가장 오래된 연구방법의 하나이다. 토지분야는 본래 이 방식이 토지에 관한 이론의 체계화에서 접근되었고 토지 소유권과 양도 등 권리나 제도에 관심을 가진 자에 의해 이론이 전개되었다. 어느 국가나 토지의 등록사항에는 대상토지의 소유권자를 명기함으로써 법적 제도의 구축을 사실화한다. 우리나라도 토지소유권자와 함께 원인변동에 관한 사항을 지적공부에 등록하고 있으며 경계와 면적을 분명히 함으로써 법지적의 토대를 구축하고 있다.

최근에는 토지에 관한 국민의 관심과 지가의 상승으로 정밀한 도면 등 공시제도가 요청되는 입장에서 법률적 접근방법은 의의를 더하게 한다.

4 행태론적 접근방법

행태론적 접근방법은 심리학에서 사용되었던 방법으로 최근에는 인간행태에 관심을 갖는 모든 과학에 널리 이용되고 있다. 행태론이란 조직이나 개인의 행태를 과학적, 체계적으로 관찰, 연구, 검증함으로써 인간행태에 대한 일정한 법칙성과 예측성을 정립할 수 있다는 이론이다. 지적에서는 토지현상에 내재하는 인간적 요인에 착안하여 부동산행태를 중심으로 활동의 본질을 규명하려는 방법과 맥락을 같이 한다(방경식, 1995). 최근 지적민원의 대종을 이루는 공부의 열람과 등본, 토지의 형질변경과 지목변경, 토지등급 조정, 경계와 좌표의 불부합 여부 등에 대한 국민의 관심이 높아지고 있다. 또한 토지공개념 제도의 확대실시가 이러한 심리와 결부되어 새로운 행태를 보이고 있다. 그러므로 지적행정에도 행태론적 접근방법을 채용하여 민원인과의 관계개선은 물론 정책결정에 반영해야 한다.

5 비교론적 접근방법

비교론적 접근방법은 파악하려는 대상 간의 유사점과 차이점을 확인하는 것으로 여러 현상

중에서 유사한 요소들을 발견하여 분류함으로써 개념정립을 시도하는 방법이다. 비교론적 접근방법은 개념화와 분류를 통하여 사고와 인식을 기본으로 삼는다. 그러므로 이론의 기초 위에서 장래 예측을 할 때나 실제와는 다른 예측을 점검할 때도 기대와 현실을 비교한다. 이와 같이 비교를 통하여 유사점과 차이점을 확인함으로써 관찰대상에 대한 선명한 윤곽을 파악하고, 상황의 의미를 보다 잘 이해할 수 있는 것이다. 지적이론의 발생설을 어원에서 찾기 위하여 학자들의 용어정의를 비교하는 것과 지적이 과거 과세를 위한 중요자료였다는 점에서 지금까지 지적행정기구를 조세분야로서 경제분야로 보았다는 동질적 맥락에서 기능편성을 하는 것 등을 들 수 있다. 비교론적 접근방법은 여러 부문의 비교연구가 이루어지므로 지적을 이해하려는 다른 접근방법의 보조적 역할을 하거나 전체를 포괄하는 다른 차원의 접근방법이다.

6 체계론적 접근방법

체계론적 접근방법은 최근 사회과학 분야에서 널리 적용되고 있는 연구방법의 하나이다. 체계란 단편적인 여러 요소 또는 변수가 목표를 지향하여 서로 관련되며, 상호의존적이고, 관련성을 가지며, 끊임없이 환경과 영향을 주고받아 일정한 질서와 통일성을 가진 균형상태를 유지하는 실체 내지 전체를 말한다. 하나의 체계는 보다 큰 체계의 한 부분으로 하위체계를 구성한다. 그러므로 이 방법은 지적현상을 포괄적·동태적·거시적으로 분석 연구할 수 있으며, 비교분석의 기준을 제시하고 지적이론의 과학화에 기여하게 된다(박순표 외, 1993).

제4절 지적학의 주변학문

시석학을 제계화 함에 있어 지적학과 밀접한 관계를 갖고 있는 분야를 일반적 주변과학, 중점적 주변과학, 필요에 따라 협조를 구하는 주변과학 등으로 분류할 수 있다.

1 일반적 주변과학

일반적 주변과학의 학문들은 지적학의 기초지식만을 제공해 주는 분야로 토지활동의 개념 및 그 독립성을 거의 의식하지 않은 유형의 주변과학을 의미한다.

(1) 경제학과 지적학

경제학(economics)은 종합경제를 연구하는 학문으로서 경제현상을 연구대상으로 하며, 제반 경제현상 간에 존재하는 법칙의 해명을 통하여 이것을 어떠한 실천적인 목적에 적응하려는 학문이다. 지적학도 경제학과 깊은 관계가 있다. 즉 수많은 토지활동에는 토지경제와 밀접한 관계가 있다. 경제원칙과 가까운 경험적 명제가 지적학에서 활용되는 동시에 경제생활, 경제현상 등의 과학적 설명을 원용하는 등 경제학과도 관계가 생긴다.

(2) 회계학과 지적학

회계학(accounting)은 회계를 연구대상으로 하는 학문이다. 회계학은 경영에 있어서의 가치적 측면을 연구하고 자본의 상태와 경영성, 즉 수익과 비용을 측정한다. 따라서 회계학과 지적학과의 관계는 토지평가와 토지과세 과정에서의 관리, 경영측면에서 회계기능의 원용이 두드러진다. 회계학은 토지평가 기능의 측면에서 본다면 중점적 주변과학이라 할 수 있고, 과세기능의 측면에서 본다면 일반적 주변과학이라 할 수 있다.

(3) 경영학과 지적학

경영학(business administration)은 경영체의 경영활동을 합리적으로 수행하기 위한 제법칙을 연구하는 학문분야이다. 즉 경영활동을 영위하는 조직체를 일괄하여 일컫는 명칭으로 경영의 기능적인 면을 중시한다. 그리고 조직으로서의 경영을 행위의 주체로 보는 것이다. 결국 경영학이나 지적학은 각 활동을 합리적으로 개선해 나가야 한다는 데 관점이 놓인다. 특히 토지산업(토지정보, 토지측량)은 토지를 주로 다루는 기업이라는 점이 일반기업과 다를 뿐이다. 따라서 대상의 차이에서 오는 차이를 무시한다면 경영학과 지적학은 서로 공통성을 갖는 측면이 있으며, 지적학은 그러한 관점에서 경영학의 연구결과를 도입하여 토지 및 토지산업의 특성을 감안하여 여러 가지 토지산업의 경영활동을 능률화 하도록 하는 경영론을 따로 체계화한다.

(4) 사회학과 지적학

사회학(sociology)은 통상적으로 인간사회에 있어서의 공동생활을 연구하는 학문으로 인간사회를 과학적으로 연구하는 학문이라 할 수 있다(김경동, 1985). 여러 사회현상에 관심을 갖는 사회학의 이론이나 사고방식은 지적에 관한 가설의 형성 및 실무활동을 위해 유익한 방향을 제시한다. 사회현상의 개념은 지적현상에도 해당되고 토지현상 중에는 사회요인이 중요시되기도 한다. 지적학과 사회학과의 관계는 사회현상의 개념 그 자체가 토지현상에도 해당되고 토지현상의 요인 중에는 사회적 요인이 포함되어 있기 때문이다.

(5) 심리학과 지적학

심리학(psychology)은 사람에 관한 지식을 수집하고 정리하며 체계화함으로써 인간을 보다 타당하게 이해하려는 학문이다. 이와 같이 심리학은 마음에 관한 학문이지만 그 심적 현상에는 의식과 행동이 있다. 의식은 우리들이 스스로 느끼고 생각하는 주관적, 개인적 경험이다. 그러나 의식은 그 성격상 객관적, 일반적 사실은 되지 못하므로 현재는 외면적 행동까지를 중요시하려는 행동주의적 경향이 유력한 것 같다. 심리학이 토지활동의 능률화를 지원한다는 의미는 토지활동이 대인활동이자 인간활동이라는 데 있다.

(6) 공학과 지적학

공학(engineering)은 기초과학(basic science)의 기초성과를 이용하기 때문에 응용과학

(applied science)에 속한다. 공학이 그 이론적 측면에 입각한 이러한 응용과학적 방법론을 '응용과학적 접근'이라 하여 기초과학에 있어서의 '기초과학적 접근'과 구별한다. 지적학의 공학적 측면을 지원하는 분야는 기술적 측면에서 대물활동을 지원하는 것으로서 건축공학, 토목공학, 설비공학 등 기타 많은 것이 있다. 이러한 인접과학의 지식은 우리가 직접 지적활동을 할 때뿐만 아니라 여러 가지 의사결정이나 현상분석시 유익한 지원을 한다.

2 중점적 주변과학

중점적 주변과학의 학문은 일반적 주변과학의 학문과는 달리, 지적학 활동의 개념 및 그 독립성은 어느 정도 의식하지만 그 범위가 좁거나 접근방법 등의 면에서 지적학의 수준에는 미달되는 분야를 의미한다.

(1) 측량학과 지적학

측량학(surveying)은 지구 및 우주공간에 존재하는 지점간의 상호 위치와 그 특성을 해석하는 학문으로서 측량학의 대상은 지표면은 물론 지하, 수중, 해양, 공간 및 인간활동이 미칠 수 있는 모든 영역에 이르며, 그 범위 내에서 자연물, 인공물 등의 대상을 길이, 각, 시 등의 요소에 의하여 정량화시키는 것뿐만 아니라 환경 및 자원에 관한 정보를 수집하고 이를 해석하는 학문이다. 지적학은 토지현상을 조사하고 조사된 내용을 기록하며 기록된 내용을 관리, 운영하는 것으로 1차적으로 토지현상을 실제대로 기록함으로써 현장상황을 필지별로 구별하는 데 있으므로 그 표현방식이 매우 중요시된다. 이와 같이 지적에서 토지기록은 정확하고 간단해야 하며 신속한 정보처리가 이루어져야 하므로 측량학은 지적학과 중점적인 관련을 갖는다.

(2) 지리학과 지적학

지리학(geography)이란 지표면에 나타난 현상들의 공간분포를 지배하는 법칙을 수립하는 데 관심을 둔 과학으로 지표면의 다변량적인 특성을 정확하고 체계적, 합리적으로 기술하는 학문이다. 모든 지리적 탐구의 초점은 지표면상에서 위치를 갖고 있는 장소이며, 지리학은 한 장소와 다른 장소간의 관계와 그들 관계를 변화시키는 데 영향을 주고 있는 것을 연구하는 분야이다. 이는 지적학이 지역적 특성에 따라 다르게 기록되는 것과 같이 지표면의 다변량적인 특성과 소유관계를 정확하고 체계적, 합리적으로 기술한다는 점에서 지리학과 매우 밀접하다.

(3) 지도학과 지적학

지도학(cartography)은 넓은 지역에서 펼쳐지는 공간적인 현상들의 특징을 축소화시켜 이들을 시각적으로 관찰할 수 있도록 하는 데 관심을 둔 학문이다. 그래서 지도학이란 인간의 시각의 범위를 벗어난 광범위한 지역에 존재하는 현상들을 축소화시키고 현상들간의 상호관계를 기록, 전개, 분석, 이해하는 데 도움을 줄 수 있도록 이들을 효과적으로 표현하고 디자인하는 그래픽의 핵심분야이다. 그러므로 지도학의 학문적 관계와 지적학의 학문적 관계는 지적도를 주축으로 하여 상호 유기적이며 협동적인 효과를 지니고 있다.

(4) 도시계획학과 지적학

도시계획학(urban planning)은 선진 서구국가에서 많은 관심을 가지고 독립된 학문으로 발전시켜 왔는데 도시화가 급격히 이루어지면서 이에 따른 도시계획, 도시정책의 중요성이 증대되면서 도시계획학이 중시되고 있다. 도시계획학은 도시 장래의 발전을 예측하여 사전에 형태를 산정하고 그에 필요한 규제, 유도 혹은 정비를 한 후 도시의 팽창, 확대화하는 발전 경향을 적정하게 유도하는 방법이나 수단을 연구하는 학문이다. 특히 건물이나 토지문제는 농촌 토지보다 도시 토지에 많은 관심을 가지고 있기 때문에 도시계획에 따른 토지현상은 지적공부의 토지이동과 밀접한 관계를 가지게 된다.

(5) 토지경제학과 지적학

토지경제학(land economics)은 토지에 관한 경제재 및 서비스를 생산하기 위한 토지이용에 관한 비용, 가격, 가치, 수익, 관리문제 등을 다루는 학문분야이다(Renn, 1958). 다른 한편으로는 인간에 의한 토지이용, 인간과 자연자원과의 관계로부터 발생하는 인간과 인간의 문제를 취급하는 학문이다. 그래서 토지경제학은 소유 및 기타의 제반제도에 의하여 조건되어진 것으로 토지 표면 및 공간이용을 취급함과 동시에 소유자가 소유권을 갖는 공간의 상하의 자연제력 및 생산제력의 이용을 포함하는 과학으로 정의된다. 그러므로 토지경제학은 지적학의 중점적인 학문분야에 속한다.

(6) 법학과 지적학

법학(law)은 법을 대상으로 하는 모든 학문이 포함된다. 넓은 뜻으로는 법률해석학, 법사학, 법사회학, 법심리학, 비교법학, 입법학, 법정책 등의 학문을 가리키나 협의로는 법해석학만을 의미한다. 따라서 지적학과 법학의 관계에서는 일반적으로 토지사법 분야와 토지공법 분야로 나누어진다. 지적학의 특성은 토지소유권에 대한 배타적인 국민의 권리인식에 대한 합리적인 조정기능을 최종적으로 수행하는 것이며, 이것을 사회발전에 걸맞게 고도의 전문성을 유지해야 하므로 법학은 지적학의 바탕이 되는 것으로 매우 밀접한 관련성이 있다.

3 협조적 주변과학

일반적 주변과학과 중점적 주변과학과 같이 지적학과 밀접한 관련이 있지는 않으나 지적학의 연구에서 필요에 따라 협조를 구하는 분야를 의미한다.

(1) 토질학 · 지형학과 지적학

토질학(soil)이란 주로 흙 자체에 작용하는 힘의 변화를 취급하는 과학의 한 부분으로 흙의 공학적 문제에 역학적·수리학적 법칙이 작용하는 분야이다. 그리고 지형학(geomorphology)은 지구 표면에 미치는 여러 가지 작용과 그로 인하여 형성되는 지표의 형태(land form)를 연구하는 학문분야이다. 토질학이나 지형학은 지적학에서 필요시 부분적으로 원용되기도 하는 분야이다.

(2) 행정학과 지적학

행정학(public administration)은 넓은 뜻으로는 행정학, 행정정책, 행정법학이 포함된다. 사회의 발전과 더불어 행정기구의 정비, 확대가 이루어지게 되었고, 지적학에 있어서도 토지의 관리를 중심으로 토지행정과 관련하여 필요에 따라 협조를 구하는 분야이다.

(3) 수학 · 통계학과 지적학

수학(mathematics)은 종래의 숫자와 도형에 관한 학문으로 인식하고 3단 논법에 의해 논리적으로 구성되었다. 그러나 최근의 경향으로 볼 때 수학의 대상이 단지 숫자나 도형에만 한정될 수 없게 되었다. 측량계산을 위한 도구로는 여러 가지가 있지만 전산화가 발전됨에 따라 수계산 기법이 강조되고 있다. 또한 통계(statistics)는 단수로는 통계학 전반을 의미하고 복수로는 수량적 자료를 의미한다. 사실상 통계학은 어떤 집단에 대하여 통계적인 관찰을 하여 분석 및 기술을 하는 과학이다. 특히 각종 토지현상 분석에 있어 계량화가 필요할 때에 부분적으로 활용된다.

(4) 전산학과 지적학

전산학(computer science)은 전자계산기와 관련된 학문으로 컴퓨터를 수단으로 하여 전산구조나 활용능력 등을 비롯하여 정보처리의 입력, 축적, 가공 등을 탐구하여 정보처리의 정확성, 효율성, 경제성, 유연성에 관하여 연구하는 학문이다. 전산학은 지적학에 있어서 필요시 부분적으로 활용되는 협조적인 분야이다.

(5) 임학과 지적학

임학(forestry)은 임업에 관한 이론과 운영의 방법을 연구하는 학문분야이다. 임업은 농업이나 광공업에 비하여 생산되는 물자량은 물론 종사하는 인구수도 훨씬 적은 것이 보통이나 생산되는 물자는 매우 중요하며 토지현상에 중요한 의의를 갖는다. 이와 같이 지적학에 있어 주변과학이 많은 것은 토지에 관해 이루어진 전문적 연구의 성격이 포괄적인 지식을 내포하고 있기 때문인 것으로 볼 수 있다. 즉 토지와 인간과의 관계에서 나타나는 교류, 혼합, 분리와 결합 등의 여러 사상들은 많은 주변과학의 분석도구가 결집되어질 때 능률화될 수 있으므로 많은 주변과학을 필요로 하게 된다.

제2장 지적의 개념과 특성

제1절 지적 어원의 형성

토지등록을 의미하는 지적은 인류가 집단을 형성하면서부터 시작되었다. 그러므로 지적이론의 선구적 형태는 티그리스, 유프라테스, 나일 강 유역의 농경정착지까지 거슬러 올라간다. 우리나라에서 지적용어의 의미는 조선시대의 경국대전에서 찾아볼 수 있는데 그 기록은 "무릇 전지를 6등으로 나누고 매 20년마다 다시 측량하여 장적(帳籍)을 만들어 본조, 본도, 본읍에 간직한다"는 내용이다(한국정신문화연구원, 1992).

또한 지적이라는 용어가 법률상에 처음 등장한 것은 1895년 고종 32년 3월 26일 칙령 제53호의 내부관제이다. 당시의 내부관제는 전문 15조인데 동령 제8조 판적국사무 2항에 "지적(地籍)에 관하는 사항"이라고 하여 지적의 용어를 사용했다.

지적어원의 유래를 프랑스의 어원학자인 블론드헤임(Blondheim)은 지적(cadastre)이란 용어는 그리스어 "katastichon"에서 유래된 것으로 장부(notebook)라는 의미를 가졌다 한다.

라틴어에서는 지적이 "capitastrum" 혹은 "register"로 로마지방을 나누어 놓은 지역과세단위로 점차 발전했다 한다(National Research Council, 1980).

스페인에서는 "cadastre"란 용어에 대해 학자마다 엇갈린 주장을 하고 있다. 일부 학자들은 "머리"라는 뜻의 "caput"이란 단어에서 나온 라틴어 "capitastrum"에 어원을 두고 있으며 이것이 당초에는 인두세(polltax)를 지칭하기 위하여 사용되었다고 한다.

cledat는 "위에서 아래로"의 의미를 지닌 그리스어의 접두사 "kata"라는 단어와 "부과"의 의미를 지닌 "stikhon"이라는 그리스-비잔틴어에서 나온 이 단어가 복합되어 형성되었고 "katastikhon"이란 단어는 조세의 등록을 뜻하는 것이라고 의견을 제시하고 있다. 또한 세르비아어의 단어에서 나왔다고 의견을 제시하는 학자들도 있다.

어원학적으로는 어떻든지 이 단어는 당초에 조세 자체를 지칭하기 위해 사용되어졌으며 개인세의 성격을 지칭했다가 나중에는 토지세를 지칭하게 되었다. 그러나 현대에 와서는 조세부과 대상 또는 과세 부동산의 등록이나 관계를 지칭하기 위해 사용되며 조세의무를 진 소유주의 관계를 지칭하기 위하여 사용되고 있음을 볼 수 있다(대한지적공사, 1983).

(표1) 지적의 용어에 관한 사례

국가명	용어
미국, 영국, 프랑스, 벨기에, 룩셈부르크, 모로코, 자이르, 시리아, 튀니지	Cadastre
스페인, 아르헨티나, 우르과이, 엘살바도르	Catastro
이탈리아	Catast
포르투갈	Cadastro Parcelario
불가리아	Kadastir
네덜란드	Kadaster
터키	Kadastro
유고슬라비아	Kadastar
오스트리아, 독일 연방공화국	Kataster

미국 퍼듀(Purdue)대학교 맥엔타이어(J. G. McEntyre)는 지적을 2000년 전 라틴어 "capitastrum"에서 그 어원이 유래되었다고 주장하면서 로마인의 인두세 등록부(Head Tax Register)를 의미하는 "capitastrum" 혹은 "catastrum"이란 용어에서 유래되었다고 했다(McEntyre, 1978). 이외에도 많은 용어의 소수설이 있으나, 그리스어의 "katastichon"에서 유래되었다는 것이 다수설이다. 어원학상으로 어떻든 간에 cadastre라는 단어에는 과세나 측량이라는 의미가 많이 내포되어 있고, 아직까지도 정확히 어디에서 유래되었는지 확실치 않으며 학자에 따라 여러 가지 견해로 나누어지고 있다(김종현, 1984).

현재 지적을 의미하는 cadastre는 특정어로 미국 및 유럽에서 한정적 의미로 쓰이며, 지적과 등기가 일원화된 국가들은 대개 "토지 등록(Land Registration)", "Land Register"로 표기하고 "Land Record", "Land Management", "Land Information", "Land Administration"으로 표현되기도 한다.

제2절 지적의 정의

지적의 정의는 주로 기존 입장에서 전통적인 정의를 나타내게 된다. 지적의 전통적인 정의는 경험적 분석에 의한 경험적 사실로 나타내는 방식이다. 현재까지 지적의 정의는 대체로 경험성에 입각한 기존 입장의 정의가 지적을 의미하는 입장에서 지적의 정의를 지배적으로 나타내고 있다.

Websters New Twentieth Centure Dictionary에는 인두세의 등록으로, 과세를 목적으로 하는 토지의 가치와 소유권의 공적등록이다. Webster Third New International Dictionary에는 부동산의 이용에 따른 배분세로서 수량, 가치, 소유권에 관한 관공서의 등록이다. Black's Law Dictionary에는 부동산의 과세목록 및 평가이다.

Random House Dictionary에는 과세의 기초로 이용하기 위한 부동산 권리의 범위와 가치를 다룬 소유권의 관공서 등록이다. Britannica World Language Dictionary에는 과세의 기초가 되는 국가 토지의 소유권, 가치 등의 조사나 도면에 관한 등록이다.

Comprehensive Etymological Dictionary에는 토지조사 등록이다. The Shorter Oxford English Dictionary에는 과세의 기초에 필요한 부동산등록으로 한 국가의 부동산에 관한 수량, 가치, 소유권의 공공등록이다.

미국국가 연구위원회(National Research Council)는 토지내의 권리에 관한 기록으로, 토지내의 권리는 좁은 의미로는 소유가 가능한 법적 권리이며, 넓게는 토지의 획득과 관리에 관련된 사람들의 특수관계이다. 심프슨(S. R. Simpson)은 과세의 근거로 작성된 부동산의 규모, 가치 및 소유권을 기록한 공공 등록이다 라고 하고 있다.

일본에서는 토지대장 등록사항으로 토지 소재, 지번, 지목, 지적, 임대가격, 소유자의 주소, 성명으로 규정하고 있다. 만주국의 토지등록부는 토지의 소재, 지호, 지폭, 면적, 등급, 지가, 소유권인의 주소, 성명 등을 등록사항으로 한다(滿洲帝國協化會, 1981).

한국의 법률사전은 토지의 위치, 형질 및 소유관계를 밝히는 제도로서 지적법에 의하여 토지는 1필지마다 지번을 붙이고 지목, 경계 및 지적을 정하는데 이것은 기타 일정한 사항과 함께 토지대장, 임야대장 등에 등록되어 지적을 명확히 하는 것이다.

일반적으로는 국토의 전반에 걸쳐 일정한 사항을 국가 또는 국가의 위임을 받은 기관이 등록하여 이를 국가 또는 국가가 지정하는 기관에 비치하는 기록으로 정의하고(원영희, 1979), 지적의 의미를 표현할 때 "사람에게 호적이 있듯이 토지에는 지적이 있다"고 비유한다. 그래서 지적의 내용은 결국 토지의 위치·형태·종류 및 그 소유권의 한계를 밝히는 제도로서, 근거법에 따라 토지에는 1구역인 필지마다 지번을 붙이고 그 지목·경계 및 면적 등을 법령으로서 정한 사항과 함께 지적공부에 등록하고 있다.

(표2) 호적과 지적의 비교

구 분		기 재 사 항					
사람(個人)	호적(戶籍)	본 적	성 명	주민등록번호	성 별	가족수	호 주
토지(筆地)	지적(地籍)	토지소재	지 번	고유 번호	지 목	면 적	소유자

우리나라의 사전 중에서 지적이라는 문헌적 의미를 찾아보면 다음과 같다.

학원사의 세계백과대사전에는 "정부에 비치하는 토지에 대한 장부", 한글학회의 큰 사전 및 새 한글사전에는 "토지에 대한 온갖 사항을 적은 기록", 민중서관의 국어대사전에는 "토지에 대한 여러 가지 사항을 기재한 기록, 토지의 소속", 법문사의 법률학 사전에는 "토지의 위치, 형질 및 그 소유관계를 밝히는 제도"라고 되어 있어 표현에 약간의 차이가 보일 뿐 그 내용은 거의 같음을 알 수 있다.

반면 외국의 지적제도가 우리 실정과는 차이가 있지만 지적의 정의를 여러 문헌에서 찾아볼 수 있다. 심프슨은 "지적은 과세의 기초를 제공하기 위하여 국가의 부동산의 수량과 소유권 및 가격을 등록한 공부"라고 표현한다.

헨센(J. L. G. Henssen)은 “지적은 특정한 국가나 지역 내에 있는 재산을 지적측량에 의해서 체계적으로 정리해놓은 공부이다. 이러한 재산은 그 크기와 본질, 상태 등에 관한 자료와 부동산 1필지에 대한 법률관계를 별개의 재산권으로 행사할 수 있도록 토지대장과 대축척 지적도에 개별적으로 표시하여 체계적으로 정리한다”라고 표현한다.

미국국가 연구위원회에는 “지적은 토지의 이익에 관한 기록으로서 토지의 본질이나 그 이익의 확장을 망라하고 있다. 이러한 재산권의 이익은 협의로서는 소유권의 법적 권리행사를 의미하고, 넓은 의미로서는 토지의 취득과 관리에 관한 개인간의 관계로 해석할 수 있다”라고 표현하고 있다(박순표 외, 1993).

원천적으로 지적은 토지의 표면이나 공중 또는 지하를 막론한 모든 부동산을 지적행정과 측량에 의하여 체계적으로 등록하고 운용하는 국가의 관리행위이다. 세부적으로는 토지의 일정한 단위에 대하여 필요사항인 토지 소재, 지번, 지목, 면적, 소유자 주소, 성명 등을 국가적 입장에서 행정적 또는 사법적으로 조사하여 대장 및 도면에 등록하는 행위를 의미한다. 하지만 우리나라의 현행 지적법은 토지의 일정사항만을 효율적인 토지관리와 소유권 보호를 위해 국가가 공권력에 의하여 국가공부에 등록하고 관리한다는 협의의 의미를 담고 있다. 지적은 내용적으로 토지의 위치, 형태, 종류 및 소유권의 한계를 밝히는 제도로서 근거법에 따라 토지에는 필지마다 지번을 붙이고 지목, 경계, 면적 등 법령으로 정한 사항과 함께 지적공부에 등록하는 것이다.

종합해 볼 때 지적은 “국가가 토지의 지표·공중·지하의 제반 정보를 필지별로 지적측량에 의하여 체계적으로 등록하고 관리하는 것이다”라고 정의할 수 있다(지종덕, 2004).

제3절 지적의 요건과 특성

토지소유권을 등록하는 지적은 안전성, 간편성, 정확성, 신속성, 저렴성, 적합성, 완전성 등을 요건으로 한다(Simpson, 1976).

1 지적의 요건

(1) 안전성

안전성(security)은 소유권 등록체계의 정수이다. 토지의 소유자, 그로부터 토지를 사거나 임대받은 자, 토지를 담보로 그에게 돈을 빌려준 자, 주위 토지통행권 또는 전기수도 등의 시설권을 가진 인접 토지소유자, 토지를 통과하거나 그것에 배수로를 뚫을 권리를 지닌 이웃하는 토지소유자 등 모두가 안전하다. 그들의 권리는 일단 등록되면 불가침의 영역이다.

(2) 간편성

간편성(simplicity)은 그 본질의 효율적 적용을 위해서만이 아니라 초기적 수용을 위해서 효과적이다. 소유권 등록은 단순한 형태로 사용되어야 하며 절차는 명확하고 확실해야 한다.

(3) 정확성

정확성(accuracy)은 어떤 체계가 효과적이기 위해서 필요하다. 정확성에 대해서는 논할 필요가 없다. 왜냐하면, 부정확한 등록은 유용하지 않다기보다는 해로울 것이기 때문이다.

(4) 신속성

신속성(expedition)은 신속함 또는 역으로 지연됨은 그 자체가 중요한 것으로 인식되지는 않는다. 다만, 등록이 너무 오래 걸린다는 불평이 정당화되고 그 체계에 대해 평판이 나빠지게 되면 그때 중요하게 인식된다.

(5) 저렴성

저렴성(cheapness)은 상대적인 것이고 다른 대안으로서 비교되어야만 평가할 수 있는 것이지만 효율적인 소유권 등록에 의해서 소유권을 입증하는 것보다 더 저렴한 방법은 없다. 왜냐하면, 이것은 소급해서 권원(title)을 조사할 필요가 없기 때문이다.

(6) 적합성

적합성(suitability)은 지금 존재하는 것과 미래에 발생할 것에 기초를 둔다. 그러나 상황이 어떻든 간에 결정적인 요소는 적당해야 할 것이며 이것은 비용, 인력, 전문적인 기술에 유용해야 한다.

(7) 완전성

완전성(completeness)은 두 가지 방식으로 해석된다. 우선적으로 등록이란 모든 토지에 대하여 완전해야 된다. 그 이유는 등록이 완전해질 때까지 등록되지 않은 구획토지는 등록된 토지와 중복되고 또 각각 적용되는 법률도 다르므로 소유권 행사에 여러 가지 제약을 받기 때문이다. 그 다음은 각각의 개별적인 구획토지의 등록은 실질적인 최근의 상황을 반영할 수 있도록 그 자체가 완전해야 한다.

2 지적의 특성

(1) 영구성

지적의 선구적 형태는 티그리스, 유프라테스, 그리고 나일 강가의 농경지에서부터이며, 이집트 역사학자들에 의하면 기원전 3400년에 이미 측량이 시작되어 기원전 3000년경에 지적 기록이 존재했다고 한다. 초기 이집트 국가에서 군주와 성직자의 수입은 대체로 토지과세였다. 과세를 합리적으로 부과하기 위해서 토지는 측정되고 경계가 정하여졌다. 수메르 지역에서 발견된 기록을 보면 토지과세 기록과 마을지도, 대단위 토지도, 면적계산과 경계분쟁의 법정판결을 보게 된다.

중국도 고대부터 고도의 수량적 기술을 인식하여 농산물의 수확을 토대로 토지측량 기록을 수반한 조세제도가 중국 전역에 실시되고 정밀한 측량기구를 소유했다.

근대적 지적개념으로 받아들여지게 되는 18~19세기 유럽의 토지과세는 토지가 모든 부의 원천이며 공동체 유지를 위한 수입은 토지과세로부터 획득되어야 한다는 견해였다. 이러한 개념은 보편화되고 대부분의 국가수입은 궁극적으로 농경지나 목초지, 과수원, 삼림, 주택, 공장과 같은 토지이용의 차이에 따라 토지세가 부과되었다.

따라서 지적의 변화도 과거의 세지적에서 법지적으로 전환되고 다시 다목적지적을 추구하는 현실에서도 그 근간이 이어지고 있다. 특히 지적은 토지에 대한 기록으로 토지가 자연물로서 영속성을 지니고 있으므로 지적 또한 영구적이라 할 수 있다. 물론, 지적사항이 인간의 뜻에 따라 가변적이기는 하나 일단 정해진 기록은 영구히 존속되어야 한다. 인간의 행적과 같이 토지의 기록도 영구성을 갖기 때문이다.

(2) 민원성

지적은 국가행정의 관점에서 토지등록 업무라고 표현할 수 있다. 토지등록 업무는 토지등록과 토지관리로 구분해서 생각할 수 있는데 대체적으로 시·군의 지적업무는 민원성을 띠고 있다. 민원 사무나 민원 업무는 모든 국민이 법률이 정하는 바에 따라 국가기관에 문서로 청원할 권리라는 청원권의 구체적 표현이라고 한다. 이러한 사무를 정리하면 허가·인가·면허 및 승인 등의 각종 신청, 등록의 신청, 증명 또는 확인의 신청, 이의 신청·진정·건의 또는 질의, 기타 행정기관의 특정한 행위를 요구하는 의사표시 등이다. 우리나라 시·군의 지적업무는 대체로 지적공부의 열람과 등본, 지적공부 소유권 득실변경 신청, 도시계획 확인원의 발급, 토지이동의 신청접수 및 정리, 등록사항 정정신청 및 정리 등 민원 업무가 주종을 이룬다. 그런데 이들 지적민원 업무는 필요에 따라 계속 반복되는 반복성을 띠게 되는 특징이 있기도 하다(박순표 외, 1993).

(3) 전문성

지적의 전문화는 단순화 직업의 분화나 특화가 아니라 고도의 전문지식과 기술을 요하는 직업에서 높은 수준의 전문적 실력과 합리적 객관성에 사명감이라는 가치를 결합시키는 시도이다. 지적이 토지의 정보원으로서 올바른 역할을 수행하기 위해서는 정확한 지적측량 및 공부정리가 필수적이다. 특히 지적측량은 공학적 이론보다는 지적행정과 법률적인 확정력을 그 내용으로 하고 있고 지적측량의 성과는 물권의 공시기능을 보완하는 것이기 때문에 지적측량에 대한 책임과 공신력은 국민의 토지소유권에 직접적인 영향을 미치는 특수성이 있다(지종덕, 1994).

그렇기 때문에 토지에 관한 정보를 제한된 지면에 기록, 도시하여 국가행정의 기초자료로 사용할 수 있게 하는 우수한 지적인력이 많이 요구되고 있다.

전문화된 지적학과가 성립되기까지 지리학, 토목공학, 법학, 부동산학, 행정학 등이 토대가 되고, 최근에는 지적공학과, 지적정보학과 등으로 분화되어 가고 있다. 지적은 지적측량을 기초로 토지요소를 유기체적인 관계로 조화시키는 새로운 전문화의 시도이며, 토지정보의 수단이다. 전문화는 오늘날 많은 제도 속에서 점점 더 분화된 상태로 나타나며 그 영역을 넓게 구축하고 있다. 더불어 현대지적은 숙련, 기교로 표현되는 기술성을 갖는다. 지적이 토지의 현상을 조사하여 지면에 사실을 그대로 옮겨놓는 작업이라 할 때 지역의 형상을 도시하는 것은 고도의 전문기술을 요하는 일련의 작업이 되는 것이다. 지적을 구성하는 중요 요소의 하나가 물리적 측면인 제도, 수학, 항공사진을 비롯한 토지의 측량, 그리고 이들의 판독이 필연적으로 따르기 때문이다.

(4) 윤리성

현대지적은 행정윤리와 밀접한 관계를 갖는다. 행정윤리를 정의하기는 어려우며, 막연히 바르고 깨끗하고 책임감이 있는 행정이라 한다면 행정의 내용치고 행정의 논리와 직접, 간접적으로 관계되지 않는 것이 없다. 그 중에서도 행정책임과 통제, 기능주의, 민주성, 중립성 등은 행정의 윤리와 직결되고 있다.

토지는 귀중한 국가와 국민의 재산이므로 토지활동에 참여하는 자는 높은 윤리성을 가져야 한다. 특히 토지의 기록과 행정처분권을 갖는 지적행정 담당자는 더욱 그러하다. 실제로 미국 등 선진국에서도 부동산 단체가 윤리규정을 두어 토지활동에 행동지침을 제시한다. 이들은 개인 또는 단체의 막대한 재산을 다루게 되므로 거래쌍방에 공익을 주기 위해 풍부한 지식과 경험, 정확한 판단력, 채무와 명예의식, 비밀유지에 대한 노력 등의 직무에 임하도록 하고 있다.

현대 지적도 매필지마다 경계, 면적, 지목, 소유권, 등급 등에서 얼마든지 이해관계자와 관련이 있을 수 있으므로 공익의 원리에서 윤리성이 강조된다. 지적활동의 결과를 나타내는 지적측량 성과나 토지이동 정리, 경계복원 등에서 객관성을 가져야 하는 이유는 윤리성이 전제되기 때문이다. 지적행정은 특히 경계를 사이에 두고 있는 이해관계인 사이의 분쟁이 없도록 하는 데 역점을 두고 현실에 부합되는 객관적 사실에 순응하는 행정정책이다. 현대 지적은 최근 토지의 중요성과 함께 공공정책으로서 큰 비중을 갖는 만큼 더욱 윤리성이 강조되는 것으로서 보다 공정한 방향으로 인도하는 규범적 기준으로 공감대가 형성되어야 한다.

(5) 정보성

지적은 지리정보체계의 기초적인 정보이다. GIS는 공간적인 참고정보나 자료의 종합시스템으로 GIS에 포함된 정보는 그 초점이 인간과 토지에 따라 분류된다. 사회적, 경제적 자료의 각 요소는 산발적 위치로 색인표시되므로 지방자치단체, 지역블록, 건물의 주소나 지번이 될 수 있다. 토지에 관한 중요성은 국가, 사회, 개인할 것 없이 더욱 증대되고 있으며 토지활동의 수행에 따르는 기초자료가 지적공부에서 정보원으로 활용된다. 이와 같이 토지는 귀중한 자원으로서 정부의 각 부처를 비롯해서 기업과 개인 등 토지를 관리하지 않을 수 없는 입장에서 볼 때 지적은 중요한 정보원의 성격을 가지는 것이다. 토지에 대한 정보가 정확하고 체계화되어 지적공부에 표기됨으로써 이를 활용하는 주체는 확실한 기획과 집행을 하게 되며 목표달성이라는 최종결과에 도달하게 된다(청주대 사회과학연구소, 1987).

제4절 지적의 기능과 역할

1 지적의 기능

(1) 사회적 기능

지적의 유용성은 명확한 지적 중심의 정보가 사회의 다른 자료들과 어떻게 화합하여 반영하느냐에 달려 있다. 지적은 국토의 모든 토지를 측량하여 공부에 등록하는 것으로서 공부상 필지별로 정확하게 등록되어야 한다. 만약 토지 표시가 부정확하면 인접토지 소유자 간에 토지분쟁이 일어나게 된다.

우리나라는 토지에 대한 국민의 의식구조는 토지소유권에 대한 근대적 개념을 전면적 지배권성과 불가침성의 의미로 받아들이고 있으며 토지소유권 침해에 대해 상당히 민감한 반응을 보이고 있다. 토지에 관련된 소송에 있어서 지적은 국가나 개인에 대한 시간과 경비를 절감시킨다. 그러므로 공정한 토지거래를 위하여 토지의 실지와 지적공부와 일치하여야 한다. 그렇지 않으면 토지소유권 행사에 지장을 초래하고 거래의 불공정이 되며 나아가서는 토지거래의 불안전이라는 사회적 혼란이 일어날 것이다. 따라서 지적은 정확하게 토지를 등록하여 완전한 공시기능을 확립함으로써 사회적으로 토지문제를 해결하는 데 중요한 기능을 한다.

(2) 법률적 기능

지적의 형태는 국가마다 역사적 발전 정도에 따라서 조금씩 다르다고 할 수 있으나 지적의 근본적 목적은 일반적으로 세금부과를 위한 목적과 토지에 대한 법적권리의 등록을 위한 것이었다. 우리나라의 지적법은 적극적 등록주의를 취하여 모든 토지를 공부에 강제 등록하도록 규정하고 있다. 토지에 등록되는 사항은 일정 형식에 맞춰 행하되 국가의 적극적인 공권력에 의하여 결정토록 함으로써 토지 표시의 공신력과 국민재산권 보호 및 정확한 데이터로서의 기능을 갖게 하는 것이다.

토지이동의 사유가 발생하는 경우에도 지적법이 정한 규정에 따라 국가공무원이 정리하게 하되, 일단 확정된 토지등록 사항은 필요한 사람에게 항시 공개함으로써 공권성과 강제성, 그리고 구속성을 갖게 하여 배타성의 권리를 외부에 인식케 한다. 이는 토지등록 사항을 믿고 거래한 사람을 보호하며 공신력이 있는 정보데이터로서 그 기능을 높이기 위한 것이다. 지적은 전 국토의 토지에 대한 소유자와 이용형태, 지리적 위치, 면적, 가격 등 기본적인 사항을 수록하고 있을 뿐만 아니라 지적도는 가장 대축척의 지도라는 특성을 지니고 있어 국토의 효율적인 관리를 위한 공법적 기능으로서의 기여하는 바가 크다.

(3) 행정적 기능

지적제도는 역사적으로 초기에는 국가재정을 위한 과세목적으로부터 시작되어 토지와 관련된 과세를 위한 평가와 부과징수를 용이하게 하는 수단으로 사용되어 왔다.

대부분의 국가에서는 토지개혁을 경험하고 있으며 이 업무에 있어서 토지에 대한 권리보유 문제를 다루기 위한 입법 조정에 있어서나 그 시행에 있어서 지적에 대한 정확한 정보가 없으면 불가능하다. 택지개발, 주택건설 등 공공계획 수행에 필요한 용지의 확보나 비경제적인 토지의 세분화의 방지 또는 지역적인 토지투기의 예방을 위한 각종 토지규제를 지적을 통하여 실시한다. 지적은 또한 공공계획 수행을 위한 기술적 자료로서 활용된다. 특히 도시계획에 있어서의 지적의 필요성은 매우 중요하다.

지적도를 근거로 하여 건물의 현황이나 등고선 같은 자료를 추가하여 각종 지적고시용 도면으로 사용하며 토지대장에 등록된 각종 토지 표시사항과 소유자 등은 공공계획의 수립에 중요한 정보로 제공된다. 이외에도 많은 사항이 지적의 일반적 기능으로서 관련되고 있으며, 특히 급격한 인구증가로 토지에 대한 압력이 가중되고 도시의 팽창을 구제하기 위하여 많은 노력을 집중시키고 있는 개발도상국에 있어서는 지적의 기능이 더욱 필요하게 된다. 최근에는 지적이 토지정책 자료의 공급역할을 효율적으로 수행하기 위하여 국제적으로도 토지정보시스템을 구성하는 추세에 있으며, 이를 위하여 우리나라도 토지대장에 관한 전산화 사업을 완성하고 이어서 도면에 대하여 도형정보시스템화를 추진하고 있다(한국지적학회, 1993).

2 지적의 역할

(1) 토지소유권의 보호

지적은 지적법을 근거로 토지를 지적공부에 등록하게 되며 지적공부에 기록된 내용을 통하여 등기부에 등재하게 된다. 그래서 지적공부의 토지등록은 법적효력을 갖게 되고 공적확인의 자료가 된다. 우리나라 지적법은 적극적 등록주의를 취하므로 모든 토지를 공부에 강제등록하도록 규정하고 있다. 토지에 등록되는 사항은 일정형식에 맞추어 행하되 국가의 적극적 공권력에 의하여 결정되도록 함으로써 토지 표시의 공신력과 국민재산권 보호 및 정확한 데이터로서의 기능을 갖게 하는 것이다. 아울러 토지이동의 사유가 발생하는 경우도 지적법이 정한 규정에 따라 지적공무원이 정리하게 하되, 일단 확정된 토지등록 사항은 필요한 사람들에게 항시 공개함으로써 공권성, 강제성, 구속성을 갖게 한다. 이는 토지등록 사항을 믿고 거래한 사람을 보호하며 공신력 있는 정보데이터로서 기능을 높이기 위한 것이다(청주대 사회과학연구소, 1987).

현재 우리나라는 지적과 등기가 통합되지 못하고 이원화되어 법적효력과 공시도 양분되어 있다. 그래서 지적은 지번, 지목, 면적, 경계, 좌표, 지형, 토지등급의 원천으로서 법적효력과 공시기능을 갖게 되며 등기는 토지의 소유권과 순위, 소유권 이외의 권리인 지상권, 지역권, 전세권, 저당권, 임차권 등 사법상 제반 권리관계의 법적효력과 공시의 기능을 갖게 되는 것이다. 대부분의 국가들은 지적과 등기를 구분하지 않고 통합된 제도를 가짐으로써 능률성을 높이고 있다.

(2) 토지계획의 원천

인간의 생활은 공간에서 이루어진다. 인간생활이 만들어지는 공간단위는 도시와 농촌이며 이들의 합리적 조화는 국토계획에서 다루어진다. 또한 공업, 농축, 임업, 수산업, 상업 및 서비스업 등 생활기반 확충 및 생산진흥계획, 자원이용과 관리, 수송통신망 체계의 확립, 환경보전과 방화대책을 전제로 한 토지이용계획이 있게 된다.

토지이용계획은 지역별로 지적사항을 기초로 하게 된다. 토지이용계획을 위한 외생변수(外生變數)를 고려하여 개발 가능지역과 개발 가능지역 토지자원의 재평가, 도시 기본구조 구상과 도시기능배분 구상, 토지이용 배분이 있게 된다(지종덕, 1997).

이러한 일련의 구상들은 현장 확인과 함께 지적공부를 토대로 진행한다. 지적공부의 통계나 기록은 실현가능 여부를 판별하게 하고 행위의 기준이 되기도 한다. 더욱이 지적동향과 토지활동은 지적민원의 발생빈도가 참작되기도 한다. 국토건설종합계획법에서도 국토조사를 하게 하고 있다. 이때 기본조사는 지적의 1차적 활용이며 토지분류조사와 자원조사에도 밀접한 연관성을 띠고 있는 것이다.

현대 지적의 활용은 개발과 보존이라는 양면성이 모두 있다. 개발이라는 적극적 활용과 보존이라는 소극적 예를 보면, 전자는 도시 및 지역개발에서 있게 되는 토지의 형질변경과 토지구획정리사업, 공영개발사업 등 택지개발사업에서 보게 되며 후자는 공원을 비롯한 녹지공간과 자연환경 보전에 연원한다.

특히 지역개발이 지적공부나 그 연관자료가 기초가 되어 기획과 집행을 하게 됨은 주지의 사실이다. 국가는 계획된 국토공간을 만들고 훌륭한 도시를 건설하기 위해서 노력하고 있으며 이러한 사업도 토지등록이 있으므로 가능하다. 계획된 국토와 도시를 건설하는 것은 인류의 소망으로 토지기록의 과학화 방안이 더없이 필요하다.

(3) 토지행정의 기초

토지행정이란 통치권력 또는 행정기능을 배분받은 지방자치단체가 일정한 영역을 토대로 하여 지역주민을 대상으로 토지의 공공복리 목적을 구체적으로 실현하는 일제의 작용이라고 볼 수 있다. 토지행정이 일정지역의 토지를 기반으로 하는 지역사회의 공공복리 목적을 실현하는 작용이라는 점과 목적달성을 위해서는 다양한 행정수요에 부응하여 많은 재원이 필요하다는 점에 주목하게 된다(지방행정연수원, 1981).

현대 지적이 토지를 대상으로 하는 행정의 자료가 되는 것은 지방자치단체가 지역의 토지행정을 주도한다는 데 더욱 의미가 있다. 중앙정부에서의 지적의 기능은 그대로 지방자치단체에도 이전되는 것이다. 그러므로 단위지역마다 토지는 공익사업적 기능, 사회복지적 기능, 산업경제적 기능이 수반되는 것이다. 토지상에서 이러한 제 기능의 수행은 지적의 이용 없이는 불가능하며 실효성도 없다. 토지가 물리적 객체라면 지적은 현상의 주체이기 때문이다. 토지과세를 기초로 하는 지방재정은 지방행정의 실시를 위한 대전제이다. 이에 따라 재정권자가 조세원칙을 수립하는 것은 공평한 윤리적 사상을 위한 조치라고 할 수 있다.

토지에 대하여 과세되는 세금은 토지를 양도하는 경우 과세되는 양도소득세, 토지를 임대하는 경우의 소득세, 토지를 상속하거나 증여받은 경우의 상속세·증여세, 토지를 취득등기할 때 과세하는 취득세·등록세, 토지소유자에게 매년 과세되는 재산세, 도시계획세, 농지에 과세되는 농지세, 2년 이상 소유하고 있는 비업무용 토지에 과세되는 공한지세 등이다. 이와 같은 세금은 토지의 취득, 양도, 소유, 임대에서 오는 질서를 바로잡고 토지의 개발과 이용이 최유효 상태가 되도록 하기 위함이다(서울특별시, 1993).

또 한편으로는 토지투기를 억제하는 수단으로서 토지세제는 중요구실을 한다. 통상적으로 이러한 토지세제는 토지대장에 등록되어 있는 토지등급에 의하여 산출한 토지과세 시가 표준액에 근거하게 된다.

(4) 토지평가의 자료

토지평가는 감정평가사에 의해서 행해지는 합리적인 지가산출의 전문가 활동이다. 토지의 특성과 함께 인구증가, 도시화, 주택의 수급, 국토개발 등 외적 요인과 토지의 개별성으로 시장에서의 정상가격 산출이 어렵고 국가의 정책과 토지에 대한 국민인식의 차이 등 가격변동 요인이 많다는 점에서 일반상품과는 매우 달리 일물일가의 법칙이 배제되고 있어 전문지식을 요하는 토지평가제도가 생기게 되었다(최용규, 1985).

토지평가로 공정한 과세, 재정 신용의 창출, 토지 수용시의 보상, 보험계약 하에서 발생하는 손해조정, 임대가격의 결정에 기초가 되는 등 많은 기여를 하게 된다.

토지평가를 하는 대상토지의 물적 확인에 토지대장 및 임야대장으로 토지의 소재, 지번, 지목, 면적, 소유권자 토지등급 등을 확인하게 되고 지적도와 임야도로 토지의 경계, 입지, 형상, 주변상황 등을 알게 된다. 토지평가에서 중요한 것은 지목, 면적, 형상, 경계, 좌표 등이 공부의 표시와 동일해야 한다는 것이다.

대상 토지의 위치확인은 임야와 나지에서 혼란이 올 수 있는데 임야도와 지적도뿐만 아니라 주위의 다른 토지의 위치, 지번, 면적 등을 대장과 함께 대조하게 된다. 아울러 토지의 물적 확인을 위해서는 측량에 대한 기초지식이 필요하다. 토지평가의 위치 착오라든가 면적 조정의 오류는 평가 자체가 잘못되기 때문이다. 특히 지적공부의 기록과 실제가 다른 경우는 토지평가의 감가요인이 된다(지종덕, 1996).

결과적으로 지적자료 없이 토지평가를 한다는 것은 불가능한 일로 지적평가의 정확성과 능률성은 과학적인 지적제도가 뒷받침되어야 한다.

(5) 토지거래의 기준

토지거래는 수요와 공급의 시장원리에 의해 나타나는 현상으로 매매, 교환, 임대차가 그것이다. 토지거래의 첫 단계는 중개업자에게 토지의 매각이나 매입을 의뢰함으로써 시작된다. 매각자의 경우 토지의 매각 희망가격과 함께 지적공부의 등록사항이 제시되고 매각물건의 조사는 현장확인이 따르게 된다. 이때 지적공부와 지번일람도가 활용된다. 매각의뢰 토지의 중요 확인사항은 지번, 지목, 경계, 좌표, 면적 등이 일치되는가의 여부이다. 지번은 대상토지를 확인하기 위한 기본적 요소로 활용되나 많은 지번이 무질서하여 확인이 용이하지 않은 지역이 많다(최용규, 1985).

그러므로 지적공부의 충실한 대조가 필연적이라 할 수 있고 중개업자는 현장확인시 지목

부합에 관심을 가져야 한다. 지목이 무엇이냐에 따라 토지이용의 제약이 따르게 되며 지가수준도 상당히 차이를 보이게 된다. 토지거래는 자유경제체제 하에서는 필연적이며 도시화, 산업화 과정에 따라 더욱 활성화된다. 지적을 토지거래의 기준으로 보는 것은 실물확인 못지않게 지적공부가 이용되기 때문이다. 우리나라는 지적 공개주의를 택함으로써 토지거래시 누구라도 쉽게 대상토지의 정보를 제공받도록 하고 있다. 그러나 거래한 자를 보호하고 공정한 토지행정을 펼치기 위한 노력도 필요하게 된다. 이러한 필요성이 지적의 과학화를 추구하게 한다.

지적이 과학화를 추구하는 것은 올라가는 지가와 함께 토지의 중요성에 대한 인식이 경계와 면적의 정밀성을 더욱 강하게 요청하기 때문이다. 토지의 1필지의 경계와 소유권의 한계를 명확하게 나타내는 토지이용의 증대는 기술적 요소로서 지적측량이 다목적 자료로 제공되고 있다. 토지거래시 지적측량은 경계복원 측량과 면적확인 측량이 주가 되며 필요에 따라서는 분할측량도 하게 된다. 토지자원의 소중함의 인식이 더 높아질수록 지적측량술과 장비도 과학적으로 발달하게 된다(서울특별시, 1993).

(6) 토지정보의 관리

현대 지적을 다목적지적이라고 하는 것은 지적의 최초 목적이었던 과세는 물론 토지소유자를 위한 법적기록으로서 증서기록과 권리기록을 가지며 소유권 보호의 권리장치가 되고, 토지의 각종 계획과 관리를 관장하고 있기 때문이다.

다목적 지적은 계획을 위한 토지이용 가능성, 가치, 점유관계, 통계 등을 제공하고 있으며 토지관리를 위한 정보의 수집, 보관, 공급의 완벽한 토지정보시스템은 현대 지적의 추구 이상이다(National Research Council, 1983).

인간의 활동영역이 넓어지고 토지이용 형태가 대기권, 광산, 터널, 습지, 홍수지대, 대륙붕 개발, 태양에너지, 지역권, 기타 자원에 환경 지향적 인간을 성취시키는 데에 현대의 지적인 3차원 지적이 요구된다. 한정된 토지에 날로 증가하는 인간의 수는 결국 토지이용의 과학화로 이어지고 입체적 용도의 확대를 가져오는 요인이 되었다.

종합적인 도로관리를 위하여 도로공간과 도로의 시설일체를 등록 공시하는 도로대장은 토지필지를 단위로 경계를 정하여 도로시설물 위치를 지적법의 규정에 부합하도록 지적도의 내용을 기초로 작성하게 된다.

지하시설물은 최근에 토지정보관리에서 대두되는 문제이다. 지하공간 및 시설물의 이용상황을 한눈에 보려면 이를 수록한 관리도면이 필요하다. 지하시설물의 관리도면과 대장이 그것이다. 산지의 경우도 산지자원의 보존과 개발을 위하여 산림기본계획, 지역산림계획, 영림계획의 작성을 위하여 지적의 지원이 필요한 것이다.

특히 우리같이 삼면이 바다로 둘러싸인 국가에서는 해양과 도서가 국토의 큰 비중을 차지하게 된다. 국제적 추세는 대륙붕을 토지자원의 보고로 생각하여 개발에 박차를 가하고 있다. 따라서 토지정보관리를 합리적으로 이루기 위해서는 토지표면만을 등록하는 평면지적의 형태에서 입체지적으로 확대되어야 할 것이다.

제3장 지적발생과 발전단계

제1절 지적의 발생

1 과세설

인류가 공동생활을 영위하기 위하여 집단을 형성한 이래 그 집단의 존립과 유지를 위해서는 자기의 재산이나 자기생활에 필요한 경제적 수단이라도 공동체에 제공하지 않으면 안 된다는 것으로 인식되어 왔다. 고대 부족국가 이래 군주와 신민간에는 주종관계가 설정되어 있었고, 또 토지의 소유권은 군주에게 속하고 있었던 까닭에 토지수확물의 일부는 당연히 군주에게 귀속되었다. 인류가 집단생활을 형성한 초기에는 육체적 조건이나 윤리적, 종교적 이유로 선출되었던 족장의 지위가 사회의 발전과 씨족의 단순성이 파괴되면서 강화되었다. 그래서 통치권내의 구성원은 사회조직과 통치권자의 존립, 유지를 위하여 노력이나 재산을 제공할 필요가 생겼다.

인류집단의 농경문화는 기원전 7000~8000년경 서남아시아의 오리엔트 지역에서 최초로 발생하여 기원전 5000년경부터 동서로 전파되었고, 기원전 3000년경에는 대륙의 대부분 지역으로 확대된 것으로 추측하고 있다(민석홍 외, 1986).

지적이론의 발생이 과세설(taxation theory)에 있다고 보는 견해는 지금까지의 가장 지배적인 학설이다. 과세론의 근거가 지적(cadastre)이라는 어원에도 있지만 초기의 지적기록이 이를 뒷받침하고 있다. 이집트의 역사학자들에 의하면, 기원전 3400년에 이미 과세목적의 측량이 시작되어 기원전 3000년경에 지적기록이 존재하였다고 한다. 그리스와 로마사람들은 주로 토지과세정책을 지원할 목적으로 정밀한 토지기록제도를 마련하였으며 과세목적을 위해 토지는 측정되고 경계는 획정되었다.

수메르 지역에서 발견된 기록을 보면 토지과세 기록과 마을지도, 대단위 토지도, 면적계산과 경계분쟁의 법정판결을 보게 된다(National Research Council, 1983).

3세기말 디오클레티안(Diocletian) 황제는 세제개혁에 필요한 정보를 얻기 위해 로마제국의 토지측량을 명령하였다. 또한 모세의 탈무드법에 규정되었던 조수입(粗收入) 및 조수확고(粗收穫高)를 과세 표준으로 하는 십일조(tithe)는 고대사회만이 아니라 봉건사회에 있어서도 널리 이용된 조세로, 특히 로마시대에는 영토를 정복한 지역에서 공납물을 징수하는 수단으로 사용되었다. 이렇게 보면 지적기록이 과세를 위한 필요에서 시작되어 측량을 수단으로 하였음을 알 수 있다.

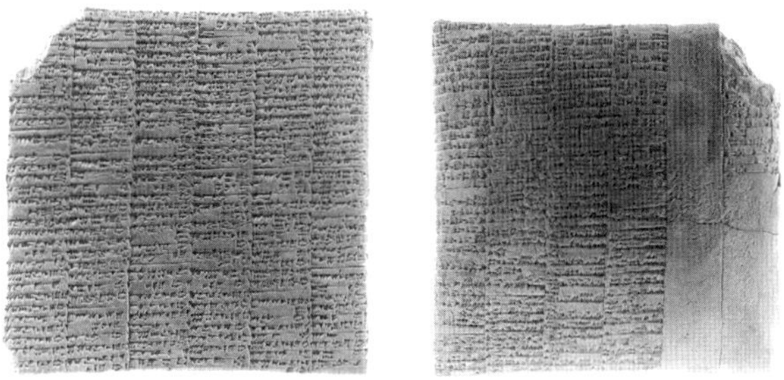

(그림1) 수메르의 토지기록 토판

지금까지의 과세설을 보다 확실한 방증으로 전해오는 증거는 영국의 〈둠즈데이북(Domesday Book)〉으로 1066년 헤이스팅스 전투에서 노르만족이 색슨족을 격퇴한 후 20년이 지난 1086년에 윌리엄(William) 1세가 자기가 정복한 전 영국의 자원목록으로 국토를 조직적으로 작성한 토지기록과 토지대장 내용이다.

본래는 윌리엄 1세가 자원목록으로 정리하기 전에 덴마크 침략자들의 약탈을 피하기 위해 지불되는 보호금인 다네겔트(danegeld)를 모으기 위해 색슨 영국에서 사용되어 왔던 과세용의 지세장부였다(Simpson, 1976).

한편 우리나라의 지적기록은 신라의 장적문서가 현존하는 가장 오랜 자료이다. 이 촌락문서는 청주지방인 신라 서원경 부근의 4개 촌락에 대해 ①현·촌(縣·寸)명 및 촌락의 영역, ②호구(戶口)수, ③우마(牛馬)수, ④토지의 종목·면적, ⑤뽕나무·백자목·추자목의 수량 등이 잘 기록되어 있다. 국민의 국가에 대한 재화의 교부는 통치집단을 형성하는데 있어서 절대로 필요한 조건이다. 국가가 국민으로부터 세금을 징수하는 권리, 즉 과세권은 국가 존립의 절대 전제이며 통치집단의 형성에 수반하는 필연적 귀결이었다.

2 치수설

치수설(flood control theory)은 토지측량설이라고도 볼 수 있으며, 독립이론이라기보다는 과세설과 함께 등장되는 동전의 양면과 같은 관계이다.

측량의 역사는 기원전 5000년부터 3000년 사이에 나일 강변의 이집트와 티그리스(Tigris)·유프라테스(Euphrates) 하류지역 메소포타미아(Mesopotamia) 지방에서부터 시작되었다. 메소포타미아 지방에는 기원전 3500년경 수메르인들이 정착하여 촌락이 형성되기 시작하였다. 수메르인들은 나일 강 하류지역에 정착한 이집트인들이 그랬던 것처럼 해마다 되풀이되는 홍수로 생긴 늪지대를 간척해서 경지를 만들었다. 홍수에 밀려든 흙이 쌓인 땅은 기름지고 물과 태양도 풍부하여 천수에 의존하던 종전의 원시농업에 비해 생산이 증가했다. 그러나 홍수에 대비하고 홍수를 이용한 관개농업은 비옥한 신월(fertile crescent) 또는 "이집트는 나일 강의 선물"이라는 말이 암시하듯이 치수를 위한 노력과 연구가 절실했음을 알게 한다.

제방을 쌓고 수로를 파는 일, 특히 홍수가 휩쓸고 간 뒤의 경지를 다시 정비하기 위해서 측량술이 요구되었다. 이들 지역에서는 관개농업에 필요한 역법이나 측량술 등의 학문이 실용적인 지식을 중심으로 발달하였다. 그래서 이집트인들은 태양력을 만들었고, 메소포타미아인들은 태음력을 만들어 점성에 의하여 농업의 풍흉을 점쳤다.

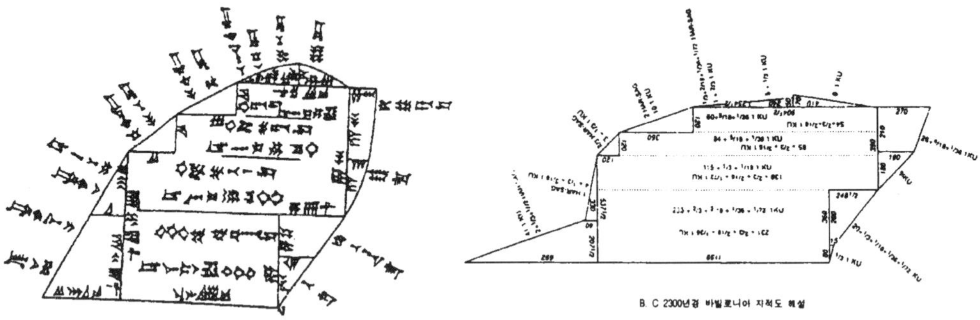

(그림2) 바빌로니아의 지적도

이집트나 메소포타미아에서의 천문학적 지식은 역법이나 점성술을 통해서 발달하였다. 이집트인들은 제방, 수로 등 토목공사나 홍수 뒤의 경지정리의 필요성에서 삼각법에 의한 토지측량의 방법, 사면이나 지렛대를 이용하여 큰 물체를 운반하는 방법 등도 알아냈는데 피라미드나 신전건축에 이용된 그들의 기하학이나 역학의 지식 등이 여기서 나왔다. 이와 같이 치수설은 물을 다스려서 보국안민 한다는 데서 그 의미를 찾게 된다. 관개시설에 의한 농업적 용도에서 물을 다스릴 수 있는 토목과 측량술이 발달하였고, 이로써 농경지의 생산성에 대한 합리적인 과세목적에서 토지기록이 이루어지게 된 것이다.

3 지배설

지배설(rule theory)은 영토의 보존과 통치수단이란 두 관점에 대한 이론이다. 동물이나 사람들은 영토적 행동 내지 할거(割據)를 한다. 영토적 행동이란 어떤 물건이나 토지에 대한 소유권, 사용통제권을 행사하면서 그것들을 계속 확보하려는 행태이다. 인간의 영토적 행동이나 할거는 집단생활이나 국가형태의 유지에서 백성을 다스리는 근본을 토지에서 찾는 데 기인한다. 영토는 소유자의 배타적 이용과 영토적 통치권이 인정되는 토지로 크게는 국가, 작게는 1필지의 토지인 한 담장내의 공간이다.

영토는 경계에 의해서 자타의 구별과 함께 해당 국가나 주민들에 의해서 당연히 자기화 된다. 그러므로 국경선이나 국경지대에 자국을 상징하는 경계표시가 만들어지고 이를 보존하고 객관화하기 위하여 기록이라는 수단이 필요하였다. 통치권자는 자기영토내 주민의 생활공간 확보와 권력의지의 실현을 위하여 영토확대에 관심을 가졌으며, 일단 점령한 토지는 보전하려는 노력이 상존했다. 이렇듯 토지가 지배자들의 통치수단으로 중요하였다는 것은 역사가 증명한다.

고대 오리엔트 문화를 이룩한 메소포타미아나 이집트는 신권적인 왕권에 입각한 강력한 전제국의 형태였다. 국토는 신의 것이거나 신의 현신으로서 국왕의 소유였다. 신을 섬기는 신관들은 국왕의 관리들과 더불어 소수의 귀족층을 형성하였고 주민의 대부분은 공납과 무상노동을 강요당하는 농민들과 노예들이었다(민석홍 외, 1986).

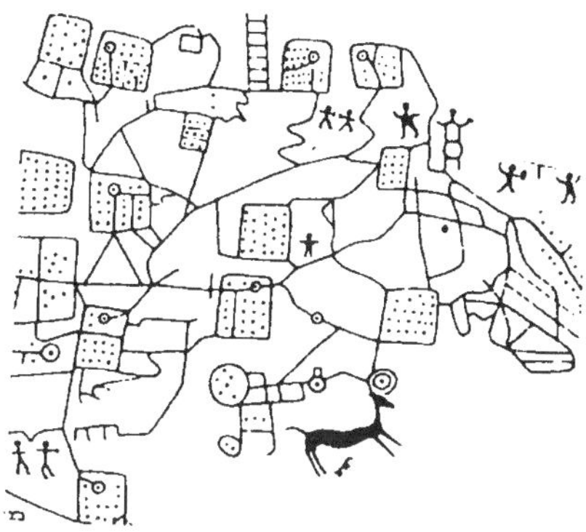

(그림3) 고대의 지적도

파라오(Pharaoh)는 신의 후손인 신의 존재로서 전 국토가 파라오 소유였으며 상업이나 농업 등 모든 경제활동이 그의 통제 하에 있었다. 왕실에 납부되는 모든 생산물은 상·하 이집트의 두 개 창고에 수납되었으며, 일찍부터 2년마다 전국의 토지상황과 수확량의 조사, 가축의 수효, 왕실창고의 재고량 등의 조사가 실시되었다.

고대사회의 성립과 발전, 그리고 중세 봉건사회와 근세의 절대왕정, 근대 시민사회의 성립과 오늘이 있기까지 인류의 역사는 토지쟁탈의 역사였다.

역사적 사실로 볼 때 인류역사에서 지배설이 가장 먼저 있었을 것으로 추측되는 것은 부족공동체 성착생활을 가능하게 했기 때문이다. 그래서 지적이론의 발생을 토지지배설에서 접근하려는 사고는 고대국가의 역사적 사실뿐 아니라, 근세에서도 식민지에서 먼저 토지조사사업을 했다는 점에서도 찾을 수 있다(박순표 외, 1993).

제2절 지적의 기원

지적의 기원은 지적제도의 형태에 있어서 최초의 것은 인류문화의 발상지인 나일 강, 티그리스, 유프라테스 강의 농경정착지에서 찾아볼 수 있는데 기원전 3000년경의 바빌론(Babylon)과 고대 이집트(Egypt)에서 만들어졌던 토지소유권에 관한 기록을 들 수 있다. 그곳에선 이미 기원전 3400년 전부터 거리측량이 정상적으로 수행되었다.

이러한 사실은 테베(Thebes)의 고분벽화에 줄자를 이용한 토지측량의 모습과 기록부를 가신 관사들이 그려져 있는 것으로도 알 수 있다.

고대문화에 대한 역사학자들의 연구에 의하면, 이때에 이집트인들은 토지소유권을 가지고 있었으며 토지를 부의 척도로 여기고 있었다. 초기의 이집트는 국왕 파라오와 성직자들의 재정을 주로 토지세에 의존하였고 이러한 과세목적을 위하여 경계를 표시하고 토지를 측량하였다. 수메르 지방의 유적에서 발굴된 점토판을 보면 기원전 1200년경 메소포타미아에서의 토지과세 기록과 마을지도, 넓은 면적의 토지도, 면적계산, 그리고 특히 토지소유 및 경계분쟁에 대한 법정판결 등은 고대의 토지측량과 기록, 권리분쟁의 일면을 보여준다.

(그림4) 테베의 벽화

고대 로마사람들은 주로 토지과세정책을 지원할 목적으로 정교한 토지기록체계를 확립하였고, 3세기말 로마황제는 세제개혁을 실시하기 위한 자료를 얻기 위하여 로마왕국의 토지측량을 명하기도 하였다(Simpson, 1976).

300년경부터는 로마에서 도시의 계획과 건설을 위하여 토지측량 기술의 혁신을 이룩하였으며 정기적으로 토지세를 부과하기 위한 과세기록을 작성하였고 과세기록을 위한 토지측량의 증거가 남아 있다. 그후 각국에서 토지관리를 위한 지적제도가 계속 발달하여 왔는데 초기에는 국가재정의 충당을 위한 세지적으로서 토지의 측량, 경계의 획정 등이었으며 점차 지역과세 단위의 등록대장으로 변하였다.

그러나 오늘날의 지적은 국가행정의 일부로서 토지의 단위인 1필지의 토지에 대하여 크기와 이용상태, 법률관계 등을 상세히 기록하여 토지를 등록하고 관리하여 국토의 실제적 현황을 파악하고 소유권을 행사할 수 있도록 지적측량에 의하여 지적공부를 만들어 관리하고 있다.

현대적 지적제도로서 그 기원은 18, 19세기 동안 형성된 유럽의 지적제도에서 찾을 수 있고 이는 그전 제도의 성격과 마찬가지로 이 개념들 역시 기본적으로 과세나 재정목적으로 고안되었다. 지적제도의 발달은 '농경지, 목장, 과수원, 삼림, 주택, 공장, 작업장 등 상이한 용도에 따라 세분된 개개의 필지와 건물의 과세수입에 궁극적으로 바탕을 둔 토지과세물'에 의하여 대부분 주수익이 얻어지는 토지세와 관련되었다(National Research Council, 1983).

토지세의 개념은 시간이 지남에 따라 봉건적 구속에서 벗어나 토지의 소유권은 점차 상품화되어 거래의 대상이 됨으로써 토지소유권 제도를 확립하기 위한 법지적(legal cadastre)으로 발전하였고 고도의 산업화, 인구증가, 도시화 등 급속히 변하는 현대사회에 이르러 공중의 이익이라는 관점에서 토지를 바라보게 되었다.

지적제도는 점차 과세와 소유권 보호의 측면 외에 토지이용, 배분, 통제 등 새로운 토지정책에 따라 정보를 다방면에서 활용이 가능하도록 하는 기능을 가진 다목적 지적제도로 발전하기에 이르렀으며, 다목적 지적은 토지의 등록자료가 분화되고 있는 현대사회의 요청에 따라 정확하고 신속하게 공급이 가능하도록 발전되고 있다.

제3절 지적의 발전

지적제도의 발전단계는 세지적(稅地籍), 법지적(法地籍), 다목적지적(多目的地籍)으로 구분된다. 세지적은 과세지적이라고 하는데 원시적인 지적제도로서 우리 나라도 세지적부터 출발하였다. 법지적은 소유지적이라고 하는 것으로서 세지적에서 한 단계 발전하여 재산권을 보장하기 위한 것이다. 다목적지적은 세지적과 법지적을 포괄하여 발전한 형태로서 다목적인 지적제도로 현재 세계 각국이 이를 채택하는 경향이 많다.

1 세지적

세지적(fiscal cadastre)은 토지의 크기를 조사, 측량하고 가격을 평가하여 토지에 대한 세(稅)를 부과함에 있어서 과세자료로 이용하기 위한 목적의 지적제도로서 과세지적(tax cadastre)이라고도 한다. 이러한 세지적은 고도의 정확성을 가진 지적측량을 요구하지는 않으나 과세표준을 위한 면적과 토지 전체에 대한 목록작성이 중요하다. 따라서 기본적으로 1필지의 단위는 토지소유자별로 법적개념보다는 경작단위 면적이 주가 되었다. 세지적의 일반적인 등록사항은 토지의 표시로서 토지소재, 지번, 지목, 경계, 면적, 소유자, 가격 등이 포함된다. 세지적은 1필지의 면적을 측정하는 것이 주요 목적이지만, 세액을 산출함에 있어 면적 외에도 토지의 등급을 결정하여 그 가격을 평정하지 않으면 안 되었다.

그런데 토지의 평가에는 그를 평정하는 사람 개인의 오차가 있어서 적어도 20~30%의 부정확성이 인정되기 때문에 거기에 따라서 세지적에서 지적공도의 정밀도는 그다지 높일 필요성이 없으므로, 1필지의 면적이 큰 유럽 각국에서는 지적공도의 축척을 1/5,000~1/10,000의 소축척으로 하는 예가 많다. 세지적은 농업과 임업을 국가의 최대의 산업으로 하고 국가 재정수입의 대부분을 토지에 대한 세에 의존하던 시대적 양상을 잘 반영하는 것인데 지적제도 중에서 가장 오랜 역사를 가지고 있다.

2 법지적

법지적(legal cadastre)은 소유지적(property cadartre)이라고도 하며 지적공도로는 최고의 정밀도가 요구된다.

세지적의 공도가 면적의 결정을 주요목적으로 하고 있는 데 반하여 법지적의 공도는 경계선의 측지학적 위치를 정확하게 결정함으로써 토지소유자의 소유권이 미치는 범위를 확인 보증함을 가장 큰 목적으로 하고 있다. 따라서 법지적에서는 토지거래의 안전을 보장하기 위하여 이러한 권리관계를 보다 상세하게 기록하게 되며 토지의 평가보다는 소유권의 한계설정과 경계복원의 가능성을 더욱 강조하게 된다.

그래서 재해나 기타 무슨 원인이든 지상의 경계선 위치가 불분명하게 되었을 경우에도 그 위치를 다시 찾아내기에 충분한 정밀도가 요구되는 것이 특징이다.

우리 나라 지적공도는 대략 법지적의 목적에 적합한 규격이라고 할 수 있겠으나 스위스 혹은 독일에서는 토지의 실지경계선을 직선으로 할 것과 그 굴곡점마다 표석을 매설할 것을 토지소유자에게 법적으로 의무를 규정하여, 지적측량 업무의 진척에 아주 편리한 체제를 정비하고 있다. 반면 기타 여러 국가 및 우리나라도 이와 같은 조처가 없어 지적정리상 불편한 경우가 많다. 현재 우리나라에서는 실지의 경계가 곡선인 경우에 도면상으로는 어떤 한도 내에서는 이를 직선으로 그리도록 지적법규에 규정하고 있는데, 이러한 규정은 실지의 경계를 직선으로 한다든가 경계선의 굴곡점에 표석을 세운다든가 하는 것에는 훨씬 후진적인 것임을 부인할 수 없다.

법지적에서의 토지등록은 소유권에 대해서 국가의 보호와 법률적 효력을 부여하고 있고 등록사항으로서 토지표시는 세지적과 같고 가격, 건물 및 토지소유권 이외의 기타권리를 포함하는 경우도 있다. 그리고 법지적은 토지소유권을 보호하는 데 주요 목적이 있으므로 일반적으로 지적과 등기가 통합된 형태를 가지고 있으나 우리나라는 현재까지도 지적과 등기가 2원화된 불완전한 법지적 형태를 유지하고 있다.

3 다목적지적

다목적지적(multpurpose cadastre)은 토지에 관한 등록자료의 용도가 다양해짐에 따라 더 많은 자료의 관리와 이를 신속하고 정확하게 공급하기 위한 지적제도이다.

지적은 제도적으로 동서양을 막론하고 초기에는 토지과세를 위한 세지적에서 시작하여 그 후 토지소유권 보호를 목적으로 한 법지적으로 발달해 왔다.

그러나 인구가 증가하고 사회가 발전됨에 따라 세지적 및 법지적은 토지소유 정보의 외부 이용자에게 많은 서비스를 제공할 수 없으며 문서화 된 기록들은 측량사나 평가사, 법률가 등과 같은 전문가를 제외하고는 접근하여 이용하기에 불편하였다. 그러므로 다양한 소유권관련정보 및 기타 토지정보를 정확하고 공개적으로 획득할 수 있는 다목적지적제도를 각국이 고안 발전시키고 있다.

다목적지적은 토지관련 정보의 계속적인 종합기록을 제공하고, 이 정보는 필지단위로 나타내는 방법에 의하여 설계되어 지속적이며 쉽게 정보를 얻을 수 있게 하고, 공공목적상 토지관련 정보를 제공해주는 행정적인 종합 토지정보시스템이라고 할 수 있다(National Research Council, 1983). 이러한 토지정보시스템은 국토의 각종 계획과 관리를 위한 데이터로 사용되며 전산조직에 의한 자동화로 관리되고 있다.

(1) 다목적지적의 개념

최근에 국제학회 등에서 가장 활발히 논의되고 있는 다목적 지적에 관한 정의로서 미국, 영국, 네덜란드, 스웨덴, 독일 등에서 참석한 6명의 학자에 의하여 작성된 유네스코 회의 보고서에 의하면 다목적 지적은 지리학적 위치측정의 기초이며 토지와 관련된 기술적, 법률적, 재정적 및 경제적 정보의 기본이 된다라고 정의하고 있다.

다목적지적은 폭발적으로 증가하고 있는 인구문제와 계속적인 기술확장, 산업화 현상에 의하여 토지수요의 증가로 토지의 경제적 가치가 지속적으로 상승함에 따라 필요한 토지에 관련된 모든 정보를 토지의 등록단위인 1필지를 기초로 하여 직접 관리하는 것을 의미한다.

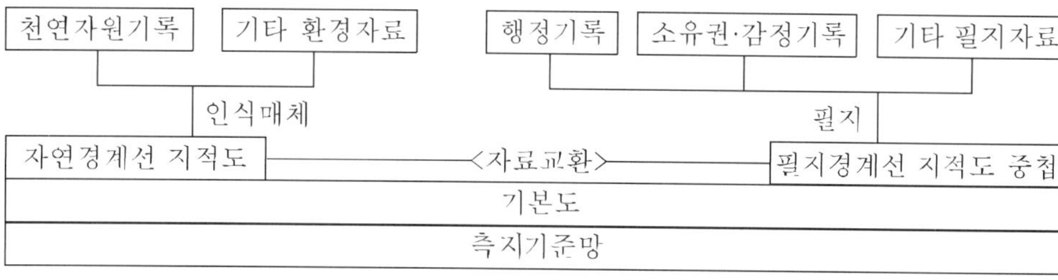

(그림5) 다목적지적의 연결체계

따라서 다목적지적은 측량사나 토지평가사, 법률가 등 실무를 담당하는 전문가들 이외에는 토지에 관한 다양하고 종합적인 정보를 얻어내기가 매우 어려우므로 종합적인 토지관련 정보의 기록을 지속적으로 유지하는 데 필요한 어려움을 줄이기 위하여 고안되었고, 필지별로 작성된 정보를 개별화(individualization) 하여 공급하기 편리하게 한 것이다. 다목적지적제도는 각종 토지관련 자료를 지적공부를 이용하여 등록 관리하고 항상 지적과 기타 관련자료의 결합, 분석을 용이하게 한 제도로서 전자계산 조직에 의한 관리가 전제된다.

기존의 지적자료 또는 보완된 자료에 기타 관련자료를 지적의 대장과 도면의 파일과 연결하여 필요한 정보를 항시 출력할 수 있는 체제를 말한다. 이때의 다목적지적은 넓은 의미로는 지적의 파일과 기타 자료의 파일을 통합한 전산시스템을 지칭하기도 하고, 협의로의 지적시스템만을 말하기도 한다. 다목적지적의 구성요소는 토지에 관한 종합적인 정보를 필지별로 지속적으로 지원하게 되는 토지정보체계를 의미하게 된다. 실제적으로 다목적지적은 각 나라의 사정에 따라 다양하게 구성 이용되고 있으나 기본적인 토지표시사항과 권리관계를 바탕으로 하여 건물이나 식생(vegetation), 토양의 성질, 지하시설물, 지가와 입목 등 필요한 정보를 망라하여 등록 관리하고 있다. 따라서 이 다목적지적은 최근에 많이 이용되고 있는 컴퓨터를 통하여 그 실효성을 증대시키고 있다.

(2) 다목적지적의 특징

다목적지적은 토지보유 및 지가정보만이 아니라 다양한 필지 관계정보를 기록, 보관, 제공하기 위하여 고안된 것이다. 이것은 많은 분야로부터 정보와 자료를 받을 뿐만 아니라 많은 사용자에게 여러 가지 목적으로 관련 용역과 성과물을 제공한다는 점에서 다목적이다. 다목적지적은 소유토지 단위를 토지정보의 공간적 기본단위로 사용하고, 각 지방의 지적사무소인 소관청을 정보보급의 기본단위로 사용하여 공공기관과 민간인 모두에 봉사하도록 고안된 대규모의 공동체 지향적 정보시스템의 핵심적 기본단위이다. 개개의 시민이나 국가기관의 토지이용에 관한 중앙집중적 의사결정, 즉 개인의 근본적인 중요성은 소유토지 단위와 각 지방관청의 이용에 달려 있다.

다목적지적제도는 토지관련 정보의 종합적 기록을 계속적인 형태로 제공하고, 이 정보를 필지수준에서 제시함으로써 종래의 제한적인 방식에 관련된 난점을 극복하기 위하여 고안된 것인 만큼 다목적지적은 필지 수준에서, 시기적절하고 이용가능하며 종합적인 토지관련 정보를 뒷받침하는, 운용상으로나 행정적으로 통합된 공공의 제도이어야 한다.

(3) 다목적지적의 구성요건

① 측지기준망

기준점 측량망은 종합토지기록 및 정보시스템을 창설하는 데에 필요하다. 측지기준망(geodetic reference network)은 토지의 경계선과 측지측량이나 그밖의 토지 및 토지관련 자료와 지형간에 상관관계를 맺어줄 수 있어야 하며, 아울러 지상에 영구적으로 표시되어 지도상에 등록된 경계선을 현지에 복원할 수 있는 정확도를 유지하여야 한다. 따라서 지적측량에 이용되는 측지 기준망은 서로 관련 있는 토지의 전지역을 망라하면서 기준점들이 단일의 통합된 망이어야 하고, 지역별로 특수목적을 위하여 설정한 국지좌표계(local reference system)도 전국단위로 통합되어야 하며, 나아가 전 세계적으로 통합되어야 할 것을 요구하고 있다(National Research Council, 1983).

측지기준망 설치를 위한 측량은 고전적 측량기법 뿐만 아니라 해석적 항공삼각측량(analytical aero-triangulation), 도플러 위성측량(doppler satellite surveying), 관성측량시스템(inertial surveying system), 지구위치설정시스템(global positioning system) 등을 활용하여 정확성을 도모하고 경제적 유용성을 증대시키고 있다. 기준점측량 베이스는 종합토지기록 및 정보시스템을 창설하는데 필요한 것이다. 국가 측지 기준점 좌표계와 관련하여 좌표가 결정되는 측량기준점들이 시스템을 구성하며 이러한 시스템은 모든 토지 자료와 지상의 식별가능한 위치와의 관련을 가능하게 해준다.

정보가 지상과의 좌표 관련을 포함하고 있을 때는, 토지기록과 자원정보에 대한 공통색인을 형성하기 위해 이용될 수 있다. 시스템에 부과된 가장 필요한 공간적 요소는 기준점 측량망을 설계하는 것이다. 예를 들어 토지소유자나 개발자, 계약자들은 수 cm의 오차만을 허용하는 범위 내에서 정확한 토지경계의 결정을 원하게 된다. 이처럼 엄밀한 위치결정에 있어서는 고도로 정확한 기준점망이 전제조건이 되는 것이다. 또한 토지의 가치와 토지이용에 대한 경쟁이 증대함에 따라서 허용할 수 있는 측정오차는 점점 작아지는 경향이 있다. 때문에 현재의 요건뿐 아니라 미래에 있어서 요구되는 요건들도 시스템 내에 설계되어야 한다. 측량망의 유지도 또 하나의 요건이다. 만약 적절한 유지관리가 이루어지지 않으면 그 일부가 매년 손실되기 때문이다.

② 기본도

토지기록 및 정보의 필요성이 증대되는 것을 만족시켜 주기 위해 측량 기준망으로부터 토지경계 변동에 이르는 대규모의 다양한 정보를 다룰 수 있는 시스템이 필요하다. 현장작업이나 자료결정, 정보제공 등은 의사결정 수준, 즉 개인소유의 필지수준과 일치하여야 한다. 기본도(base map)는 측지 기준망을 기초로 하여 작성된 도면으로서 지도작성에 기본적으로 필요한 정보를 일정한 축척의 도면 위에 등록한 것으로 변동사항이 있을 때마다 이를 변동 정리하여 최신화시켜야 하며 특정한 자료를 추가하여 수록할 수 있는 기본도면으로 활용한다.

기본도는 각 필지와 측지 기본망, 하천, 도로, 건물, 담장 등 주요 지형지물 및 행정구역 또는 선거구 등의 경계선과 서로 연결을 시켜 주는 기초매체의 역할을 한다. 이러한 기본도는 일정한 크기의 제도용 도면에 도해의 형태로 등록 관리할 수도 있으며, 가상적 지도로서 수치형태로 등록 관리하기도 한다. 기본도는 격자표시형(grid oriented)의 것이어야 하며, 국가측지기준망(national geodetic control system)과 연결되어야 하고 규칙적으로 변경정리가 이루어지도록 하고 있다. 미국에서 기본도의 축척은 인구가 조밀한 지역에서는 1/500, 거대한 면적의 농촌지역에서는 1/1000이 이용되고 있다. 원래의 기본도는 기본원도로서 보존되어야 한다. 왜냐하면 기타 모든 특수도가 중첩방법(overlay), 혹은 수치제도법에 의해 파생되어 나올 수 있기 때문이다.

③ 지적도

지적도(cadastral map)는 기본도에 나타난 그 밖에 특징과 재산경계의 위치를 나타내며 각 필지의 기준 식별물을 나타낸다. 또한 다목적지적에 근거를 두게 되는 기타의 많은 필지대장의 모체가 된다. 그러므로 지적도는 필지식별 표시의 완전성과 재산경계선 표시의 정도기준에 맞는 소유지의 지도로 볼 수 있다. 이 기준에는 새로 설정된 필지의 경계선과 식별물을 시기적절하게 나타내는 기준도 포함된다. 실제로 지적도는 지적측량이 있은 후에 반드시 작성되어야 하는 것으로, 여기에는 1필지 표시사항이 매필지마다 부여되고 지적도 위에 기재되며 모든 관련서류와 연관을 갖게 됨으로써, 각 항목들은 컴퓨터에 의해 색인되고 파일화되며 검색될 수 있다. 일정한 1필지 표시번호는 각 필지별 등록사항의 조직적인 저장과 수정을 용이하게 각 정보를 인식, 선정, 식별, 정리하는 가변성이 없는 토지의 고유번호로 정의할 수 있다.

지적도에 등록된 각 필지의 고유번호인 지번을 부여하여 개별화함으로써 각 필지에 대한 대장등록 사항과 도면등록 사항을 연결시키며, 기타 토지관련 파일과 자료를 연결시키는 기능을 담당하고 있다. 뿐만 아니라, 지적도는 기준점 표지와 토지자산, 경계, 지역권, 공공도로, 철도, 송유관, 수로, 습지 등과 같은 법정 경계선을 묘사하여야 한다. 이러한 도면은 도호, 각종 구조물 표시기호와 국가기준점 등을 나타낼 수 있다.

④ 필지등록부

필지등록부(parcel register)에 등록되는 지적필지는 많은 형태의 사회적, 경제적, 물리적, 행정적 자료를 위한 완전하고 적절한 위치기준의 역할을 한다. 필지를 식별하는 번호는 토지소유권 등의 특성에 대한 정보를 담고 있는 토지자료 파일이나 등기부에 지적필지를 연결하는 수단을 제공해 준다. 이를 기초로 다목적지적은 필지수준에서 계속적이고 쉽게 이용할 수 있으며 종합적인 토지정보의 기능을 다 할 수 있다.

필지등록부의 식별번호는 토지정보체계 내에서 필지에 관련된 모든 토지등록의 공통적 색인번호의 역할을 하게 된다. 이러한 필지 식별번호는 토지평가, 토지과세, 토지거래, 토지이용계획 및 기타 토지관련 정보를 등록하고 있는 각종 대장과 파일 간의 정보를 연결하거나 특정기록을 검사하는 능력을 크게 향상시켜 준다.

(4) 다목적지적의 과제

다목적지적제도를 확립하기 위해서는 먼저 해결되어야 할 선결과제가 있다.

① 기본도로서 사용될 지적도의 정확성이 보장되어야 하고 항상 동일한 성과가 컴퓨터에 의하여 기억, 연산, 출력되도록 경계의 수치측정이 필요하다.

② 토지등록 정보가 기초가 되므로 항상 실지와 일치하도록 등록 관리하는 체제가 유지되어야 하고 지적을 기본조직으로 한 전산시스템이 구성되어야 한다.

③ 토지 정보의 종류에 있어서는 용도의 편의성, 관리의 능률성을 감안하여 재편되어야 한다.

④ 지적관련 자료, 즉 건축물, 지하시설물, 토양, 산림, 도로 등의 관리체제가 지적제도의 모형으로 완비되어야 하고 전산화가 이루어져야 한다.

이러한 과제들은 지적제도의 개편을 수반한 관련자료의 새로운 관리기법이 개발되어야 하는 방대한 업무가 뒤따른다. 지적제도의 개편은 80여 년 전에 확립한 자료로서 손상이 심하고 그 체제가 다목적지적에 적합하지 않기 때문이다.

등록내용은 조세와 소유권에 관한 정보로 제한되어 있고 그 정보는 실지현황과 부합되지 않으며 도면체계가 도해적 바탕 위에 작성되어 있기 때문에 도곽(圖郭)간의 접합오차가 심하고 경계불부합지가 많으며 그 정확도도 매우 낮다. 관련자료에 있어서도 지적공부에 의하여 등록 관리하는 체제로 바꾸어야 하고 계속적으로 변화내용을 등록 관리하는 절차를 법제화해야 하며, 그 등록자료의 질에 있어서도 기존의 것을 모두 점검해야 하거나 새로운 관리기법으로서의 프로그램이 개발되어야 한다.

지적공부에 등록할 정보의 종류와 그 규모에 있어서는 그 정보의 관리조직과 연계되므로 업무내용의 유사성, 호환성, 능률성 및 법률체계, 업무조직의 규모를 고려하여 그 범위를 정하여야 한다. 가령, 건축물에 대하여 살펴보면 민법상 토지와 건물은 각각 독립하여 물권을 인정하고 있고, 공법상으로도 기술적인 건축행정과 건축물의 관리행정이 따로 구분되어 있어, 토지등록에 추가하여 지적제도와 건축행정의 연계문제에 대한 연구가 선행되어야 한다.

제4절 토지정보시스템

토지정보시스템(Land Information System)은 법률적, 행정적, 경제적 기초 아래의 토지에 관한 자료의 체계적인 수집으로서 내용면에서는 다목적지적을 기초로 하여 토지에 관련된 모든 자료를 포함하는 포괄적인 것으로 GIS의 부분적인 체계를 의미하는 것이다(지종덕, 1994). 협의의 개념은 지적을 중심으로 한하여 지적공부에 표시된 사항을 근거로 하는 것과 등기에 한정된 것을 의미하기도 하지만 넓은 개념은 법률적, 행정적, 경제적 기초 아래의 토지에 관한 자료의 체계적인 수집이라고 할 수 있다.

토지정보란 일반적인 정보의 속성을 가진 국토공간과 부동산으로의 토지 및 이와 관련된 사항을 파악할 수 있는 제반자료의 모음을 뜻한다. 행정기관들이 토지행정 업무를 수행하는 과정에서 생산되는 각종 토지정보들을 특성에 따라 구분하면 지도 정보, 지적 정보, 등기 정보, 지가 정보, 토지특성 정보, 기타 정보 등으로 대별할 수 있다.

독일에서 개최된 심포지엄에서 논의된 토지정보시스템의 정의는 "법률적, 행정적, 경제적 기초하에서 토지에 관한 자료의 체계적인 수집"으로서 토지에 관한 상당한 자료를 포함한다는 것으로 정의하였다(한국지방행정연구원, 1988).

국제측량사연맹에서 채택한 토지정보시스템의 정의는 좀더 명확하고 구체적이다.

"법적, 행정적, 경제적 의사결정에 대한 도구이고 한편으로는 한정된 등록지역에 대한 국가좌표체계에 기초한 토지관련 자료를 포함한 데이터베이스와 다른 한편으로는 자료의 체계적 수집, 최신화, 진행 및 분배에 대한 절차와 기술 등으로 개발 및 계획에 기여하는 도구이며 또한 토지정보시스템은 기존 시스템에서 자료에 대한 변화하지 않는 다른 토지관련 자료를 가진 체계 내에서 자료의 연결을 조장하는 공간관련시스템"이라는 것이다.

토지정보시스템과 지리정보시스템의 관계는 명확한 구분과 각각의 개념 및 관계정립에 있어서 혼란스런 문제가 내포되기도 하는데 이러한 혼란을 만드는 요소는 지리, 지도제작, 자원, 환경에 대한 시스템과 사회, 경제정보 사이에 관련이 있다.

(그림6) 토지정보시스템의 구성체계

토지정보시스템은 이와 같은 지리정보시스템을 토지정보와 관련하여 더욱 심화시킨 형태라고 할 수 있다. 토지정보체계의 구성은 우선 일상업무의 효율화, 계획정책 업무의 고도화 실현을 지원하기 위하여 1/500 축척 이상의 정밀도를 가진 기본지도를 디지털 데이터화 하고 이것에 대응되는 수치, 속성정보를 합친 통일적인 데이터베이스를 구축하는 것이다. 그래서 토지정보시스템은 법률적, 행정적, 경제적 기초 하에서 공간참조된 토지 및 토지자원 관련자료를 체계적으로 수집해 표준화, 최신화, 진행, 분배 등을 포함하며 토지관련 문제의 해결과 토지정책의 의사결정을 보조하는 정보시스템으로 이에 관련된 하드웨어, 소프트웨어 등의 기술자원과 인적 자원의 통합체라고 표현할 수 있다.

한편 토지정보시스템은 지적을 기초로 하는 다목적지적체계이므로 지적의 형태로서의 구분보다는 지적제도와 관련된 각종의 단위시스템의 총화로서 이해하려는 측면도 있다.

제4장 지적의 구성요소와 구성

제1절 지적의 내적요소

1 토지

토지는 인간의 힘이 작용함이 없이 자연에 의하여 공급된 것으로 국가형성의 기초이며 국민생활의 기본조건이다. 그러므로 근본적으로 어느 특정 개인의 완전 점유물이 될 수 없으며, 사실상 만인의 공유물과 같은 성격을 지니고 있다.

본래 토지는 자연물로서 인간의 이용에 의해 그 기능이 가치로 나타난다. 토지기능은 토지가 지니는 본원적 성질에 인간이 어떻게 가치를 더해 주는가에 있으며 대체적으로 다음과 같다(지방행정연구원, 1981).

(1) 토지가 국민생활의 터전이므로 질서있고 합리적으로 이용함으로써 이용가치를 증대시켜 나아갈 수 있다.
(2) 토지는 자연의 창조물로서 저마다 특유의 성질을 가진 영원한 자원이다.
(3) 토지는 본래 잠재적 이용가치를 지니고 있으며 개인과 사회에 의하여 창조되어진다.
(4) 토지는 자연에 의하여 만인에게 자유롭게 주어졌으며 토지이용과 그로 인한 기쁨은 만인에게 평등하게 부여되어야 한다.
(5) 토지는 국가의 자연적 자원으로서 개인의 절대적 소유권에 제한을 가하며 공공복리를 위한 사회적 기능을 다하는 데 있다.

토지는 인간이 살아가는 터전이며 생활하는데 필요한 물자를 얻는 원천이다. 토지에 대하여 현행 실정법에서는 직접적으로 정의를 규정하고 있지는 않다.

그러나 토지소유권의 객체인 토지에 대하여 민법 제99조 제1항은 "토지 및 그 정착물은 부동산이다"라고 하여 부동산으로 규정하고 있을 따름이다. 이에 대하여 토지를 인위적으로 구획된 지면에 사회관념상 지표의 지배에 필요하고 충분한 범위 내에서 그 상하를 포함시킨 것 또는 일정한 범위에 걸친 지면에 정당한 이익이 있는 범위 내에서 수직의 상하(공중·지하)를 포함시킨 것으로 정의하기도 한다.

토지는 원래 물리적으로 연속되어 구분성을 갖지 않기 때문에 채권의 객체로서는 자유로이 범위를 정함으로써 그 법률관계를 생각할 수 있다 하더라도, 물권의 객체로서 생각하는 경우에는 편의상 그것을 등기부상에서 인위적, 관념적, 사무적으로 구분하여 1필지마다 지번을 붙이고, 그 개수, 즉 개인의 것의 범위를 정함으로써 동일성을 식별한다. 따라서 토지를 무한대로 전개하는 물리적 지표일 뿐만 아니라 인위적으로 그 지표에 선을 그어서 경계를 삼고 구획하여 토지대장에 등록된 것으로 표현하기도 한다(이송만, 1979).

지적제도는 이러한 토지를 대상으로 하여 성립한다. 그러므로 토지없이는 등록객체가 없기 때문에 등록행위가 이루어질 수 없고 지적제도 자체가 성립할 수 없다.

등록대상이 되는 토지의 종류 및 범위는 국토의 개념과 같다. 또한 토지는 법률적 등록단위인 1필지로 등록되므로 토지라 하면 1필지를 의미한다. 그리고 해수면이 접하는 해안선내의 토지는 전부가 등록대상이 된다.

하천법 규정에 의한 하천부지는 토지의 표시등기를 말소하고 등기용지를 폐쇄토록 하여 등기의 목적물이 되지 않지만 지적공부에 등록된 하천은 말소할 수 없는 것은 물론 등록대상의 토지임을 인식하여야 한다.

2 등록

토지를 등록하려면 먼저 1필지의 경계를 반드시 설정하여야 한다. 토지의 경계를 말뚝이나 담 또는 하천, 제방 등으로 표시하여 정한 경우에는 경계에 관한 분쟁이 자주 발생하고 이를 막기 위해 정확한 측량이 필요하게 된다.

지적측량은 토지의 경계선을 확정하는 것이며 이것을 지적공부에 등록하기 위해서 반드시 거쳐야 하는 특수한 기술분야로서 매우 중요한 작업이다. 지적측량의 가장 근본적 역할은 토지구획에 대한 명확한 한계를 확정하여 토지소유자의 소유권 확인목적을 충족시켜 주는 것이다. 만약 경계설정을 위한 측량의 정확도가 낮거나 오류가 많다면 토지의 등록에 대한 공신력이 떨어져 각종 사회문제가 발생한다.

토지는 물리적으로 연속하여 전개되는 영구성을 가진 지표로서 토지를 물권의 객체로 하기 위하여는 인위적으로 일정한 구획의 기준을 정하여 등록단위를 정하고 필요한 사항을 등록하는 법률행위가 있어야 한다. 인위적으로 구획한 토지의 등록단위를 필지라 하고 필지마다 소재지, 지번, 지목, 경계, 면적, 소유자 등 일정한 사항을 지적공부에 기록하는 행위가 등록이다. 지적공부에 등록된 필지는 독립성, 개별성이 인정되어 비로소 물권거래의 객체가 될 수 있다. 또한 토지의 등록행위는 등록내용의 공정성과 통일성이 보장되어야 하므로 국가기관에 의한 국가업무로서 시행된다.

(1) 등록의 원칙

지적법에서는 토지에 관한 모든 표시사항을 지적공부에 반드시 등록하여야 하며, 또한 토지의 이동이 이루어지려면 지적공부에 그 변동사항을 등록하여야 한다는 토지등록의 원칙을 나타내고 있다. 이러한 의미에서 토지 표시의 등록주의(booking principle)라고 할 수 있다(정영식, 1976).

적극적 등록제도와 법지적을 채택하고 있는 나라에서 주로 적용하고 있는 원리로서 토지의 모든 권리의 행사는 토지대장 또는 토지등록부에 등록하지 않고는 모든 법률상의 효력을 갖지 못하도록 하는 원칙이다.

이러한 원칙이 가장 잘 보장되고 있는 나라들에는 스위스, 오스트리아, 호주, 네덜란드, 대만 등 토렌스시스템(torrens system)을 채택하고 있는 나라들을 들 수 있다.

등록의 원칙과 관련하여 우리 나라는 지적의 형식주의(formality principle)를 채택하고 있으며 이 개념은 그 사물의 형태 이외에 결정의 형식을 갖추지 않으면 결정의 요건을 완성하지 못한다는 주의로서 현재 우리 민법의 부동산 물권 변동에 대하여 등기를 하지 않으면 효력이 없다(민법 제186조)고 한 규정은 형식주의의 한 예이다. 지적은 어원상으로도 등록 또는 기록의 의미를 갖고 있으므로 옛부터 어떤 형식을 정하여 토지의 일정사항을 등록하고 있었음을 짐작할 수 있다.

물권의 형상이 외부에서 인식할 수 있도록 어떤 표의를 일정한 형식에 등록하여 공시하는 것은 본질적으로 물권거래의 안전을 위하여 꼭 필요하고, 그 일정한 형식, 즉 지적공부에 등록해야만 효력이 인정된다. 지적공부에 등록되지 않은 토지이거나 등록된 토지라도 실지로 변동된 내용으로 변경되지 않으면 인정을 받지 못한다.

그러므로 모든 토지는 필지마다 지번, 지목, 경계 또는 좌표와 면적을 정하여 지적공부에 등록해야 한다는 것은 토지의 신규등록은 물론, 등록사항의 이동까지도 지적공부에 변경 등록되어야 법정효력을 갖춘다는 형식주의 규정이라 할 수 있다.

(2) 신청의 원칙

지적법상 지적정리를 함에 있어서 토지소유자의 신청을 전제로 하되 신청이 없을 때에는 직권으로 직접 조사하거나 측량하여 처리토록 규정하고 있다.

지적공부의 등록은 토지의 실상을 정확하게 파악하는 것을 목적으로 하므로 등록사항이 있는 경우에는 소유자 등에게 신고의무를 부과하고 있으며, 이 의무를 소홀히 하거나 허위신고를 할 때에는 엄한 처벌을 받게 된다.

주의할 것은 신고는 등록을 촉진하기 위한 자료를 제공하는 것이며, 소관청은 신고의 유무에 관계없이 직권으로 조사하여 등록하여야 한다. 대장등록에 관하여는 신청주의가 아니라 직권주의가 원칙으로서 지배하는 것이다. 따라서 부동산의 물적 상황이나 그 변동 등에 관하여는 신고에 대한 형식적 심사에 그칠 것이 아니라, 원칙적으로 실지에 임하여 조사를 하여야 한다(곽윤직, 1981).

여기서 신청이라 하면 국가나 공공단체에 대하여 어떤 사항을 희망하거나 청구하는 의사표시를 말하며 지적정리, 즉 토지등록이라는 행정행위는 소유자의 신청을 필요로 하므로 이러한 의미에서 쌍방적 행정행위 또는 협력을 요하는 행정행위에 해당한다. 그러나 지적정리는 신청이 없는 경우에는 국가의 단독의사에 의해 처리가 가능하므로 쌍방적 행정행위인 동시에 독립적 행정행위라는 양면성을 아울러 지니고 있다.

지적정리행위와 신청행위는 각기 별도의 단독행위로서 지적정리의 내용을 신청인과 의사합치에 의하여 결정되는 것이 아니라 행정 주체인 소관청의 의사에 의하여 결정되므로 신청은 지적정리를 위한 행정행위의 효력발생 요건이라고 할 수 있다. 이러한 지적정리에 관한 신청의 주체는 토지소유자 단독을 원칙으로 하고 있다(정영식, 1977).

지적정리 신청이 단독신청인 점에서 등기권리자와 등기의무자가 공동으로 신청하는 것을 기본원칙으로 하며(부동산등기법 제28조), 법원의 판결에 의한 등기나 상속, 말소등기 등과 같이 일정한 사정으로 권리관계가 명확해서 등기의무자를 등기신청에 참여케 하지 않더라도 등기의 진정을 해칠 염려가 없는 때에 한하여 단독신청이 예외적으로 허락되는 등기의 신청과 그 성격을 달리하고 있다.

다만, 지적법에서 단독신청주의에 대한 예외로서 대위신청제가 있다. 또 한 가지 고려해야 할 것은 지적의 단독신청의 원칙이 종전의 지적학설에 의한 지적 국정주의에 포함된다는 주장을 예견할 수 있으나 지적 국정주의는 의사결정에 관한 이론이며 의사표시에 관한 신청주의와는 동의시할 수 없는 기본원리로 보아야 할 것이다.

(3) 특정화의 원칙

토지등록제도에 있어서 특정화의 원칙(principle of speciality)은 원리의 객체로서의 모든 토지는 반드시 특정적이면서도 단순하며 명확한 방법에 의하여 인식될 수 있도록 개별화 함을 의미하는데, 이 원칙이 실제로 지적과 등기와의 관련성을 성취시켜 주는 열쇠가 된다. 세지적에 있어서 토지에 관련된 조세의 적정한 부과, 징수를 위해서 지적도에 표시된 1필지에 대한 지번은 독립적으로 다른 토지 1필지에 대하여 단순하고도 명확한 방법으로 구별될 수 있게 작용하고 있다.

동시에 토지등록부에 있어서도 지번과 같이 지적의 특정화의 원칙에 의한 표시방법을 그대로 이용하여 부동산을 식별할 수 있도록 적절히 표시하고 있다.

이외에도 지적의 특정화 방법을 사용함으로써 등기부의 효과적인 조사를 가능하게 하고 있다. 따라서 각국의 토지법의 입법론자들은 항상 매우 조심스럽게 이 특정화의 원칙을 규정하고 확실한 경우가 아니면 등록될 수 없도록 하고 있다.

토지를 특정화하여 표시하는 방법은 물론 지번 이외에도 경계라든가 소유자와 같은 사항이 있으며, 또 미국과 같은 나라에서는 격자시스템(grid system)이라고 하는 분구제도를 이용하여 모든 토지를 식별할 수 있도록 표시하기로 한다.

그러나 이러한 토지를 식별할 수 있도록 하는 표시사항 중에서 지번은 다른 어느 것보다도 가장 짧고 단순하며 명확한 방법으로 모든 토지자료들을 연결하여 결합할 수 있으며, 토지기록의 전산화에 있어서는 이 식별인자를 통합키라고 부르고 있다.

3 공부

토지를 구획하여 일정한 사항을 기록한 장부를 지적공부(cadastral records)라고 한다. 지적공부는 토지의 거래 및 과세, 그리고 토지정보를 위한 기초자료로서 이용하기 위해 토지를 측량하여 구획된 단위토지(필지)를 등록해서 비치하는 공적인 장부이다.

그래서 지적공부는 일정한 형식과 규격을 법으로 정하여 일반국민이 언제라도 활용할 수 있도록 항시 비치되어 있어야 한다. 등록한 내용은 실제의 토지내용과 항상 일치하는 것을 이상으로 하고 있으므로 항시 토지의 변동사항을 계속적으로 정리해야 한다. 따라서 지적공부는 정적인 비치장부가 아니라 변화하는 토지상황을 변동정리하여 신속하게 일반국민에게 제공되어야 하는 동적인 비치장부로 보아야 하므로 원칙적으로 일정한 비치장소 바깥으로는 반출을 금지하고 있다.

지적제도를 구성하는 요소는 인간, 권리, 1필지로 보기도 한다(Henssen, 1988).

토지에 대한 권리의 주체를 의미하는 인간은 법률적으로 자연인, 법인, 사단 또는 국가나 지방자치단체 등과 토지를 소유할 수 있는 종중 등이 이에 해당한다. 토지를 소유 또는 관리할 수 있는 물권은 소유권과 저당권, 지역권, 지상권, 임차권 등이 지적공부에 등록 공시될 수 있다. 법률적으로 토지의 1필지는 토지등록 단위이며 소유 단위이고 이용단위로서 토지의 내용을 기록 유지하는 기본단위이다.

(1) 한국의 지적공부

한국의 지적공부는 토지대장, 지적도, 임야대장, 임야도, 수치지적부로 구분된다. 토지대장과 지적도는 토지조사 사업의 결과에 따라 조제되었으며, 수치지적부는 1975년 지적법 개정시에 수치지적 측량의 도입에 따라 작성되었다.

따라서 토지대장과 지적도에는 토지조사 사업에서 대상으로 한 토지가 임야대장과 임야도에는 토지조사 사업에서 제외된 토지, 즉 임야조사 사업의 대상으로 한 토지가 수치지적부에는 토지대장과 지적도에 등록된 토지 중에서 수치지적 측량을 하여 등록한 토지가 각각 등록되어 있다. 이러한 지적공부는 국가기관인 시장, 군수, 구청장이 비치 보관하고 있으며 소관청 밖으로의 임의 반출을 금하고 있다.

그리고 읍·면·동에는 지적공부에 의하여 토지, 임야대장 부본과 지적, 임야 약도를 작성 비치하고 소관청이 지적공부를 정리한 때에는 관할 읍·면·동장에게 통지하여 항상 지적공부와 부합하도록 변동사항을 정리하여 왔으나 최근에는 이를 폐지하였다.

(2) 외국의 지적공부

외국의 지적공부는 토지와 관련된 등록대상에 따라 여러 가지로 구분하고 있다.

우리는 지적의 의미로 카다스터(cadastre)라는 용어를 사용하고 있으나 외국은 구체적으로 토지는 토지지적(land cadastre), 건물은 건물지적(house cadastre), 과세대장은 세지적(fiscal cadastre), 또는 과세지적(taxation cadastre), 지하시설물은 공급시설지적(utility cadastre) 등으로 불리우며, 이 밖에도 광산등록부는 광맥지적(dike caastre), 수로관리를 위한 토지등록부는 수로지적(sluice cadastre) 등의 형태로 구분하여 이용되고 있다.

이러한 공부는 크게 대장과 도면으로 구분되고 그 밖에 보조장부로 구성되어 있으며 토지등록인 경우도 토지와 임야로 구분하지 않는다.

독일은 토지소유자별 등록부(ligenschaftsbuch), 지번별 대장(flurstucke), 성명별 색인부(namens verzeichnis)와 좌표기록부 등이 있고, 네덜란드는 토지등록부는 권리등록부(legal register), 1필지등록부(parcel register), 성명 색인부와 측량사무소의 카드식 토지목록이 있다. 스위스는 부동산등록부(grundstucke), 소유자별 대장(namensliste), 수치기록부(koordinaten verzeichnis) 등이 있다.

스웨덴은 주요 등록부로서 다섯 가지 등록부가 있는데 내용은 토지등록부(HUVD Register : main register), 좌표등록부(loordinatregister : coordinate register), 계획등록부(plan register : planning register), 주거표시등록부(adressregistret : address register), 건물등록부(gemensamhetsan laggings registret : block register) 등이 컴퓨터에 의하여 작성되고 있다. 일본과 대만의 경우에는 토지등기부와 건물등기부로 구분되어 있어 우리 나라의 등기부와 같다. 각국의 예를 비교하여 보면 대장을 토지나 임야로는 구분하지 않으나 사용목적에 따라 다양하게 작성 비치하고 있음을 알 수 있으며, 측량부서에도 별도의 토지목록이 작성 비치되어 있다(박순표 외, 1993).

지적도면에 있어서도 외국은 보다 다양한 양상을 보이고 있다. 스웨덴은 평면지적도, 도시계획지적도, 건물평면도로 구분하고 있으며 투명도지로 제작되어 있어 중첩 복사가 가능하다. 독일, 네덜란드, 스위스 등은 지적도가 보관용과 열람용으로 구분되어 있으며 동일축척의 실무지적도 또는 수치지적도가 비치되어 있다.

제2절 지적의 외적요소

1 지리적 요소

지리적 요소(geographical factors)는 지적측량에 있어서 지형, 식생, 토지이용 및 기후 등으로 최적 측량방법의 결정에 영향을 미치게 된다. 특히 이러한 요소들은 지적측량으로 경계점을 설정하는 데 있어서 적정한 위치와 표지의 형태에 영향을 준다.

지금까지의 지적측량에서는 1필지의 경계 확정에 있어서 콘크리트 담장이나 기타 고정된 경계굴곡점을 데오돌라이트(theodolite)나 쇠줄자(steel tape)를 사용하여 다각측량 방법으로 측량하여 왔다. 그러나 이러한 단순한 방법은 부분적으로 농촌지역 등에서는 적절한 방법이 될 수 있었으나 현재 여건 하에서는 모든 지역에 일률적으로 적용시킬 수 있는 종합적인 방법은 아니다. 지리적 요소는 비록 이에 대한 관련성을 명확히 설명할 수는 없지만 가장 적절한 측량방법의 결정에 영향을 미치게 된다.

그 중 고려되어야 하는 한 가지 요소인 토지의 이용은 그 토지에 대한 인간의 활동으로서 그 토지의 측량에 직접적인 영향을 미친다. 이 같은 인간활동은 토지의 가치뿐만 아니라 측량에 필요한 기준과 토지경계 구획의 필요성에까지 영향을 미친다.

우리 나라 시가지는 벽돌담장으로 경계를 설정하는 경우는 ±15cm 이내의 정확도를 필요로 하지만 농촌지역의 생나무울타리나 논두렁으로 경계를 확정할 때는 적어도 ±50cm는 인정해야 하기 때문이다. 토지이용은 토지분할에 있어서 제일 먼저 고려되어야 할 사항이다. 1필지의 크기와 형태 및 위치문제는 토양의 보존이나 토지를 가장 효과적으로 사용할 수 있도록 하는 농업 또는 공업 등의 요인들과도 연관한다.

지적측량사는 지적측량 기술에만 국한하여 생각하기 쉬우나 측량정확도의 기준은 사실상 경제적 요인에 크게 영향을 받는다. 과거에는 지가가 낮았던 땅이 토지개발과 함께 지가가 급상승하여 엄청난 가격 차이를 나타나게 되면 지가가 저렴했을 때에 사용되었던 측량의 정확도는 지속될 수 없다.

2 법률적 요소

지적도의 운용에 있어서 경제성이나 효율성을 유지하는 데 가장 큰 역할을 하고 있는 것은 지적법령이다. 그러나 모든 법이 가지고 있는 약점과 같이 지적법령도 시대의 변천에 따라 재빨리 개편하지 못하는 것은 지적제도의 개혁을 늦추어 온 원인이 되기도 한다. 토지소유권은 법률에 의하여 구체화되어야 하고 토지의 등록시 물권은 실체관계와 항상 부합되어야 하므로 지적제도와 토지소유권과는 밀접한 관계를 갖고 있다. 토지가 실지 등록내용과 다른 때에는 근본적으로 등록공시의 효력에도 하자가 발생하기 때문이다. 지적도는 효율적인 토지관리와 소유권 보호를 목적으로 토지의 전체상황을 명확히 결정하여 공시하기 위한 제도로서 국가적, 사회적 필요에 의하여 그 등록이 강제되며 토지의 물권공시제도로서, 등기제도는 권리변동의 효력발생 요건을 갖추는 공시제도로서 개인의 사권보호가 목적이므로 등기는 강제되지 않고 당사자의 신청에 의하여 성립한다.

토지를 측정하여 확정한 지적제도와 물권 객체에 존재하는 물권 주체를 명확히 한 등기와의 관계는 기재내용의 일치 내지 부합을 유지하기 위하여 상호협력 관계를 갖고 있다. 그러나 현재 지적과 등기제도는 이원화되어 있으므로 사회적 욕구를 충족시키지 못하는 결함이 있다.

3 사회적 요소

국가에 있어서 토지소유권제도는 사회적인 요소들로 인한 귀결이다. 그래서 지적제도에 있어서는 그러한 요소들이 신중하게 평가되어야 한다. 그것은 사회적으로 그 제도가 받아들여져야 한다는 점과 그것이 사람들에게 신뢰성이 있어야 하기 때문이다. 지적제도의 개선방안을 결정하는 데 있어서 그것을 관리하는 사람들의 지적제도에 대한 오판, 편견 등과 뿌리깊은 관습에 의한 형태를 구별하여 사회 전체의 이익을 위한 공익적 측면에서 개선이 이루어져야 한다. 소유권은 국가에 의해서 보장 받아야 하며 지적측량의 실행책임을 지고 있는 사람들은 정직성과 신뢰성이 있어야 한다. 또한 다목적지적의 발달로 토지의 모든 자료를 보관함으로써 정보를 다른 사람들에게 누출하여 개개인들의 소유권을 위태롭게 만드는 위험성이 존재하는데, 사회적 관점에서 보면 프라이버시를 위한 특별장치가 필요하며 경제적 측면에서 볼 때 통합관리하는 것이 더욱 효과적이다(박순표 외, 1993).

제3절 지적의 등록유형

1 표시방법의 유형

(1) 도해지적

도해지적(graphical cadastre)은 토지 경계점를 도해적으로 측정하여 도면(지적도·임야도)에 등록하고 지적경계의 효력은 도면에 등록된 경계에만 의존하는 것이다. 작업이 간편하고 경계를 기하학적으로 표현하고 있어 그 위치나 형태를 파악하기 쉽다는 장점이 있으나 실지거리를 축도하여 수작업이나 자동제도에 의해 도면을 작성하는 방법이므로 소축척에서는 제도 오차가 매우 커지는 문제가 있다. 토지경계는 지상보다 도상에 명백히 나타나 있어 경계분쟁의 소지가 적은 지역에 적합하고, 경계의 식별이 용이하여 열람에 있어서는 최적의 가시적인 효과를 가지고 있으며 개략적인 토지의 위치와 형태를 현장감있게 파악하기에 용이하다. 반면 도해측량에 있어서는 축척의 제약을 많이 받고 축척은 도면의 관리상 1필지의 크기와 반비례한다. 대체적으로 대축척의 경우에 정확도는 높아지나 큰 필지를 대축척으로 했을 때에는 도면축척 및 여러 도면을 접합할 때의 오차의 작용이 커서 좋은 성과를 얻을 수 없다. 이처럼 도해지적에서는 필지형태가 확실하게 등록되는 장점이 있으나 수치지적보다 정도가 뒤떨어지며 경계점과 경계선은 등록당시의 위치가 오랫동안 관리 후에는 변경될 수 있다는 단점이 있다.

(2) 수치지적

수치지적(numerical cadastre)은 현장에서 측정한 거리, 각 등의 수치적 요소를 근거로 평면 직각좌표(X, Y)를 계산하여 수치지적부에 등록하는 방법이다. 축척과 제도 오차의 영향이 없는 1 : 1 축척인 무축척의 개념으로 경계점의 위치를 좌표로 표시하고 이를 컴퓨터에 입력시켜 후속측량에 이용할 경우 임의 축척으로 도면을 출력할 수 있으며, 경계점을 복원하는 경우에도 양호한 성과를 얻을 수 있다. 도해지적에 비하여 정도가 높아 작업과정과 관리에 경제적 부담이 비교적 크고 측량 기초점의 관리가 절대적으로 보장되어야 하는 선결문제가 있으나 현대사회의 요구를 충족할 수 있는 방법이다.

수치지적을 사용하는 경우도 도해도면을 비치해야 되는데 이는 세부측량의 기초자료로 활용하기 위한 것이 아니고 필지형태와 상대위치를 용이하게 식별하는데 참고로 이용될 뿐이다. 이처럼 수치지적에 있어서 필지형태는 2차적인 작도로 알 수 있고 경계점은 좌표로 정확하게 보존할 수 있다는 장점을 갖고 있으며 영구적인 관리를 할 수 있다.

특히 정도를 높이고 전산조직에 의한 자료처리 관리가 가능하므로 점차 확대되는 추세이다. 현지에 경계점을 복원할 경우 기초점의 이동에서 오는 복원시의 어려움이 있기 때문에 기초점을 영구히 보존하는 방안이 강구되어야 실효성이 있다(지종덕, 1996).

(3) 도해지적과 수치지적의 비교

지적제도의 채택에 있어서 도해지적으로 하느냐 혹은 수치지적으로 하느냐는 다음과 같이 여러 가지 사정을 비교하여 결정할 문제이다.

토지의 형상에 있어서 비교적 그 경계선이 직선이며 굴곡점이 적고 또 면적이 넓은 경우에는 토지의 가격이 월등히 높은 지역에서 정밀도의 보장이라는 한 가지를 목표로 할 때는 수치지적으로 하는 편이 효과적이다. 그런데 이에 소요되는 경비와 시간과 노력을 줄이려고 한다면 일단 도해지적으로 하는 편이 바람직하다.

과거에는 지적제도를 일반국민이 손쉽게 이용하기 위해서는 우선 이용하기 어려운 수치지적보다는 이용하기 아주 쉬운 도해지적으로 하는 것이 훨씬 효과적이었다. 그래서 우리 나라와 같이 토지의 형상이 불규칙하여 경계선이 곡선을 이루고 또는 굴곡점이 많고, 토지가격이 높지 않아 실지의 면적에서 1홉이나 1작을 다툴 만한 정도가 못되는 여건 하에서는 수치지적보다 도해지적이 실정에 맞았던 것이다.

다만, 서울특별시를 비롯하여 부산광역시 및 대구광역시 등 대도시에서 토지의 가격이 아주 높은 구역에서는 수치지적으로 하는 편이 정밀도의 보장이라는 면에서는 단연 좋을 것이다. 이 경우에는 경비·시간·인원이 많이 소요되며 앞으로 이 제도를 운용하는데도 특별한 기술과 우수한 성능의 측량장비가 필요하다.

2 등록방법의 유형

(1) 2차원 지적

2차원 지적은 세계 각국이 일반적으로 채택하고 있는 지적제도로서 토지의 고저에 상관없이 수평면상의 투영만을 가상하여 각 필지의 경계를 등록 공시하는 제도로서 이를 평면지적이라고도 한다. 2차원 지적은 토지의 경계, 지목 등 지표의 물리적 현황만을 등록하는 제도로서 점과 선을 지적공부인 도면에 기하학적으로 폐쇄된 다각형의 형태로 등록하여 관리한다.

(2) 3차원 지적

3차원 지적은 2차원 지적에서 진일보한 지적제도로서 토지의 이용이 다양화 됨에 따라 토지의 경계, 지목 등 지표의 물리적 현황은 물론 지상과 지하에 설치된 시설물 등을 수치의 형태로 등록 공시 또는 관리를 지원하는 제도로서 이를 입체지적이라고도 한다. 3차원 지적은 많은 인력, 시간, 예산이 소요되는 단점이 있으나 지상의 건축물과 지하의 상하수도, 전기, 가스, 전화선 등 공공시설물을 효율적으로 등록 관리할 수 있는 장점이 있어 선진 외국에서 활발하게 연구 개발 중에 있다.

우리 민법에서 토지소유권은 정당한 이익이 있는 범위내에서 토지의 상·하에 미친다라고 규정하고 있어 1필지에 대한 권리는 평면적 지배뿐 아니라 수직적인 지배의 의미로 점차 확대되고 있다. 특히 환경에너지에 관한 관심이 증대됨으로써 필지에 대한 지표면은 물론 지상과 지하에 걸쳐 소유권의 영향이 미치게 된다. 대기권, 유전, 광산, 터널, 대륙붕개발, 태양에너지의 활용 등 환경 지향적인 인간의 노력을 표현하기 위해서 3차원 좌표체계의 도입이 필요하다.

3 등록의무의 유형

(1) 소극적 등록

소극적 등록제도(nagative system)는 기본적으로 거래와 그에 관한 거래증서의 변경기록을 수행하는 것이며 1필지의 소유권이 거래되면서 발생되는 거래증서를 변경 등록하는 것이다. 이 제도를 채택하고 있는 나라에서의 거래행위에 따른 토지등록은 일반적으로 사유재산 양도증서의 작성(private conveyancing)과 거래증서의 등록(registration deed)으로 구분한다. 사유재산의 개인적인 양도증서의 작성은 모든 개인간의 계약에 의하여 발생하고 거래증서의 등록은 법률가에 의해서 조정되고 취급되는 경우를 말한다. 계약거래(transaction)는 관계토지에 관한 관계서류의 사본이 작성되고, 그 다음 계약이 준비되며 마지막으로 양도증서가 작성되고 서명하면 계약이 성립된다. 이 과정에서 흔히 토지재산 소유권의 유효성이 조사된다.

이 조사의 주안점은 지적 소관청에 이 토지에 대한 지적측량과 토지등록이 되어 있는지의 여부이다. 이 제도 하에서는 토지등록을 의무화 하고 있는 것이 아니므로 등록은 신청에 의하고 거래증서의 등록처리 시에 이 사항을 반드시 확인한다.

계약증서의 등록을 토지등록이라고 하며, 이 때의 증서는 권리의 행사를 주장하거나 거래를 기록하는 성문화한 서류로서 개인의 이익과 공공의 편의를 위해서 등록된다. 이 증서는 권리의 보유에 변경이 있을 때에도 이동 정리되며 토지등록부는 단지 거래사항의 등록일 뿐 권리 자체의 등록이며 보장을 의미하는 것은 아니다.

거래의 등록은 국가에 의해서 수행되지만 서류의 합법성 또는 유용성에 대한 사실조사가 이루어지는 건 아니다. 다만, 규정에 따른 절차를 이행하였을 경우에는 토지의 거래등록이 이루어진다. 이러한 사실은 거래의 등록이 소유권의 증명에 관한 증거나 증빙 이상의 것이 되지 못한다는 것을 의미한다. 등록은 의무적이 될 수도 있고 그렇지 않을 수도 있지만 일반적으로 지적측량과 측량도를 필요로 하고 있다.

소극적 등록제도는 네덜란드, 영국, 프랑스, 이탈리아, 그리고 미국의 일부 주 및 캐나다 등 많은 나라에서 시행되고 있다. 실제로 오늘날의 소극적 등록제도는 나라마다 보완되어 다양하게 변화된 형태로 나타나고 있다.

(2) 적극적 등록

적극적 등록제도(positive system)에서의 토지등록은 1필지의 개념으로 법적인 권리보장이 인증되고 국가에 의해서 그러한 합법성과 효력이 발생한다. 이 제도의 기본원칙은 지적공부에 등록되지 아니한 토지는 그 토지에 대한 어떠한 권리도 인정될 수 없고 등록은 강제되고 의무적이며 공적인 지적측량이 시행되지 않는 한 토지등기도 허가되지 않는다는 이론이 지배적이다.

토지등록의 효력이 국가에 의해 보장되기 때문에 선의의 제3자에 대하여도 토지등록상의 문제로 인한 피해는 법적으로 보호되고 있다. 그리하여 피해자는 국가에 대하여 소송을 제기할 수 있고 부당성에 대해서도 보상을 받을 수 있다. 적극적 등록제도의 발달된 형태로 유명한 것은 토렌스시스템(torrens system)이 있다.

토렌스시스템은 오스트레일리아 토렌스(Robert Torrens)경에 의해 창안된 것이다. 그는 오스트레일리아의 남부 주의 부동산 등기소장으로 임명되었을 때 어떻게 하면 토지를 잘 관리하고 토지에 대한 증명제도를 손쉽게 할 수 있을까를 연구하게 되었고 이를 기초로 토지권리 등록법안을 기초하게 되었다. 시스템의 목적은 토지의 권원(title)을 명확히 하고 토지거래에 따른 변동사항 정리를 용이하게 하여 권리증서의 발행을 손쉽게 행하는 데 있다. 특정한 필지에 대한 권원증명 행위는 첫째로 1필지의 경계표시와, 둘째로 그 필지에 대한 단독소유자나 공유자를 막론하고 권리관계를 명확히 하는 모든 권원조사와 등록행위의 기초가 되는 것이다. 제도의 기본원리는 법률적으로 토지의 권리를 확인하는 대신에 토지의 권원을 등록하는 행위이다.

우리 나라나 일본은 등록신청서에 의하여 형식적으로 합법적인 권리자인가를 확인하여 기존 서식의 등기부에 등재함으로써 법률적으로 보호를 받지만 토렌스시스템 제도에서는 거래증서를 2통 작성하여 그 하나를 소유자에게 교부하고 하나는 등록부로서 편철 관리한다. 대만이 이러한 제도를 채택하고 있다.

시스템의 기본원리는 영국 런던 왕립 등기사무소장인 러프(T. B. Ruoff)에 의하여 주장되고 캐나다의 맥우드(Magwood)에 의하여 구체화 되었다.

시스템의 특징은 1필지가 일단 등록되면 그 소유자는 권원에 대하여 검증할 필요도 없이 완벽한 토지권리 증서를 교부받아야 하며, 등기공무원이 등록행위에 대해서 사실심사권을 가지고 있는 것이 우리 나라와 다른 점이다. 1필지의 등록은 아주 세밀하게 규제되고 소유권의 보존 등 초기등록 때에는 토지권리자임을 충분히 증명하기 위하여 거의 완벽한 조사가 뒤따른다. 일단 등록된 토지는 그 행위가 설사 사기에 의해 행해진 것이라 할지라도 정당한 소유자로 간주되고 피해자가 발생하면 국가는 이를 보상하도록 하고 있다. 이러한 적극적 등록제도는 오스트레일리아, 뉴질랜드, 스위스 및 미국의 몇몇 주와 캐나다의 일부에서 채택되고 있다(박순표 외, 1993).

제4절 지적의 등록대상

1 등록대상

(1) 토지

토지등록 대상에서 토지는 토지의 지표면으로서 물, 토양, 암석, 광물 등 지표의 안과 밖의 여러 요소와 지표상의 공간을 포함한다. 토지는 지적의 첫 번째 요소이며 객체로서 그 국가의 전체토지를 대상으로 한다. 그래서 우리 나라 국토에서는 지형, 지목, 지질 또는 국유, 사유 등 소유관계에 구애됨이 없이 일체의 토지를 대상으로 한다(원영희, 1972).

그런데 유럽에서는 토지에 건물이나 그 부속물과 같은 토지 위의 모든 인공구조물을 포함한다. 따라서 여기에는 토양이나 식생과 같은 물리적인 사항과 토지의 가격, 토지의 이용, 혹은 토지의 보유권과 같은 추상적인 많은 부수사항들이 관련된다.

1) 토지의 정의

토지(Ground und Boden ; land)는 넓은 의미로 지표(땅)라 일컫는데, 땅이라고도 하고 국토라고도 한다. 그러나 협의의 의미로 법적 측면에서 엄격히 하자면 이러한 용어들은 구분되어야 한다. 땅은 물리적 형상으로서의 토지를 의미하는 것이며 토지는 1필지의 소유권의 객체인 거래단위로서의 토지를 의미하는 것이다. 국토는 한 나라의 영토권의 대상이 되는 토지의 총체를 의미한다.

토지는 물리적으로 연속하고 있으나, 인위적으로 선을 그려서 하나의 단위를 필지(筆地 : parcel)로서 표시하기 때문에 토지는 1필지의 권리의 객체로서의 토지를 의미하는 것으로 이

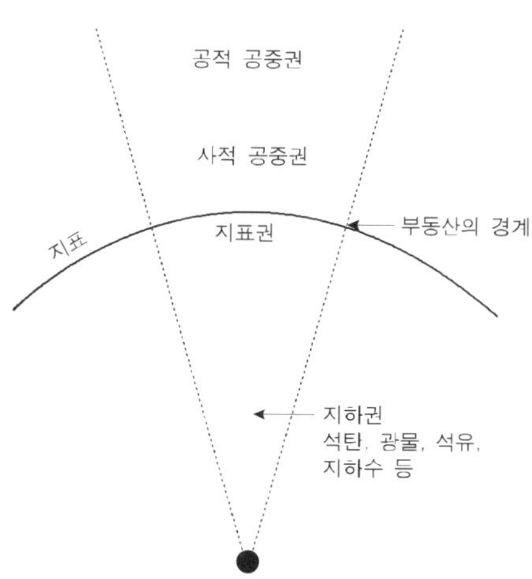

(그림7) 토지의 공간적 범위

해되어야 한다. 민법에서의 토지는 일정한 범위의 지면에 정당한 이익이 있는 범위 내에서 그 상하(공중 지하)를 포함시킨 것으로 하고 있다(민법 제212조).

따라서 지중의 암석·토사·적토 등과 같이 토지의 구성부분을 이루는 것도 넓은 의미로 볼 때 토지와 떠난 별개의 물건이 아니라 여기에 포함된다. 토지는 지표면상 무한히 연속하고 있으나 편의상 인위적으로 구분하여 1필지마다 지번을 부여하여 거래단위를 계산한다. 일필의 토지를 여러 필지로 분할하거나 여러 필지의 토지를 1필지로 합병하려면 분할 또는 합병하여야 한다. 그래서 분할절차를 하기 전에는 토지의 일부에 제한물권을 설정하거나 또는 시효취득을 하지 못한다. 다만, 전세권의 설정만은 분할절차를 밟지 않더라도 일필지의 토지의 일부 위에 설정할 수 있다(부동산등기법 제39조 2항).

2) 토지의 특성

① 자연적 특성

㉠ 부동성(고정성)

현재 우리가 위치하고 있는 지구 북반구 대한민국 수도 서울특별시 강동구 명일동 ○번지의 ○호에 위치한 이 토지는 지구 어느 곳에도 그와 동일한 위치가 없다. 이것이 바로 토지의 부동성(不動性), 즉 지리적 위치의 고정성이다. 이와 같이 토지는 부동성의 특성이 있기 때문에 재산으로서 신용담보의 가치평가가 생기기도 하는 것이다.

오늘 서쪽에 있는 담보물건이 내일 동쪽으로 이동한다면 담보물로서의 가치를 유지하기가 곤란할 것이다. 토지의 중개거래와 분양의 특이성도 이러한 토지의 부동성에서 발생하는 것이다. 토지는 부동하며, 지리적으로 위치가 고정되어 있기 때문에 일반상품과 같이 견본(sample) 또는 진열하여 거래, 판매를 할 수 없는데, 이 특성으로 인하여 유통기구로서 중개업이 제도화되어 있다. 부동하고 지리적 위치가 고정되어 있는 토지의 실물을 보기 위해서는 토지가 위치한 현지에 가서 답사해야 물건을 접하게 된다. 토지의 매매 및 중개거래에는 사전에 토지에 관한 제반서류와 수속하는 방법 등의 기초지식을 필요로 한다.

토지는 어떠한 초능력으로도 위치를 이동하지 못하는 부동성의 특성 때문에 토지의 거래와 가격형성을 국지화하는 동시에 거래시장을 불안전하게 하며, 또한 부동성의 특성은 법률상 동산과 부동산을 구별하고, 권리의 공시제도(등기제도)에 대한 이론적 근거가 된다. 다만, 토지는 물리적 의미에서만 부동성이고 사회적, 경제적 의미에서는 입지의 가변성이 있다는 것에 유의하여야 한다.

㉡ 영속성(불변성)

토지의 면적은 지각의 변동이나 해안의 매립으로 인공토지를 조성하거나 지반의 침하에 의해 국부적으로 증감할 수 있을지는 모르나, 일정한 장소에 있던 토지가 얼마 후 소모되어 없어진다든가 하는 일은 없다. 예를 들어 전쟁의 소용돌이 속에서도 내 고향의 토지는 그대로 남아 있을 것이며, 홍수에 전답이 침몰되어 곡식에 피해는 있어도 토지는 역시 그대로 그 위치에 남아 있기 때문에 '영원한 어머니로서의 대지'라고 일컬어진다. 이러한 불변의 영속성은 토지의 절대가치의 발생요인이며 재산으로서의 관리의 필요성과 안전한 투자대상의 기반이 되는 것이다. 바로 이 불변성이 부동산의 영속성이다.

즉 인간의 세대는 변하여도 토지는 영속적으로 불멸이요, 불변인 것이다. 그렇기 때문에 토지는 이용이나 사용으로 인하여 소모되거나 소멸되지 않는 반면, 홍수 등으로 다소 유실된다 하더라도 이는 일부 토량이 이동하는 것에 불과한 것일 뿐, 토지 그 자체는 이동하거나 감소되는 것이 아니므로, 근본적으로 토지는 불멸, 불변인 것이다. 이것이 토지의 영속성 또는 불변성의 특성이다. 이러한 토지의 불변성은 부동산의 투자 또는 환물투자 및 투기심리의 요인이 되기도 한다.

㉢ 부증성(비생산성)

토지는 계속 공급이 가능한 일반상품과는 달리 그 생산이 불가능한데 그 근거가 되는 특성이 바로 부증성, 즉 비증가성이다. 예를 들면, 봄에 1,500m^2의 논에 비료를 주고 벼를 열심히 경작하여도 수확기인 가을에, 봄에 준 비료 때문에 그 토지의 면적이 1,500m^2에서 2,000m^2로 증가하지는 않는다. 그런가 하면 토지는 암석토사를 원료로 하여 고온가열하여 이것을 컨베이어 벨트에 올려놓아 대량생산을 할 수 있는 공장제품이 아닌 것처럼, 그 면적을 증가시킬 수 있는 공장 신상품이 아니라는 특성을 지니고 있다. 이것이 토지의 불증성 또는 비증가성의 특성이다. 이러한 특성은 토지의 개별성과 희소성을 성립시키는 요건이 되기도 한다.

즉 이 특성에 의해 토지는 다른 생산물처럼 수요량에 따라 물리적으로 양(면적)을 증가시켜 공급할 수 없으며, 일부 택지의 조성이나 수면의 매립 등으로 극소량의 면적이 증가할 수는 있지만 이는 토지 전체적으로는 미미한 것으로 그 절대량에 변동을 일으키지는 못하는데, 이러한 택지조성이나 매립은 엄밀한 의미에서 물리적 증가라기보다는 토지용도의 변경이라고 보는 것이다. 따라서 이 부증성의 특성은 토지가격 상승의 요인이 될 뿐 아니라 토지를 감정 평가하는 전문직업인 감정평가제도와 공시지가제도가 마련되는 근원이 된다.

㉣ 개별성(비동질성)

토지는 위치를 변경할 수 없는 부동성(고정성)과 생산이나 소비에 의하여 감소하거나 증가할 수도 없는 부증성이 있기 때문에 공장에서 생산하는 일반상품과 같이 동일한 물건을 여러 개 제조할 수도 없다. 그렇기 때문에 토지에는 개별성과 희소성이라는 특성이 대두되게 된다. 택지의 분양지 등에서는 동일면적이나 동일한 형태의 토지구획으로 분양 거래되어, 이것이 사람들의 눈에는 같은 특성을 지녔다고 보일지 모르지만 그 분양택지들은 모두가 개별성을 지니고 있다.

예컨대, 주택은행이 서울역 앞에 지점을 설립하고자 하여도 흙을 운반하여 토지를 만들 수 없기 때문에 서울역 앞에 점포용지를 확보할 수 없게 된다. 토지가 개별성을 지니고 있기 때문이다. 따라서 그 지역의 토지가 꼭 필요하면 희소가치가 생겨 예외적인 토지매수가격에 따른 거래가 불가피하게 되는 것이다. 토지의 개별성과 희소성은 중개거래 활동에 있어서 귀중한 특성이기 때문에 간단하게 생각해서는 안 된다.

특히 토지는 지리적 위치의 고정성 때문에 또 하나의 특성인 개별성을 발생시킴으로써 완전히 동질적인 토지는 오직 그 토지 한 개밖에 없다는 데 유의해야 한다. 그렇기 때문에 토지의 용도가 동일하거나 유사한 경우가 상당히 많지만 이것은 용도의 유사성 또는 지역의 유사성에 불과한 것이지, 물리적으로 완전히 동일한 복수의 토지는 아니다. 이 개별성의 특성을 토지의 비동질성 또는 비대체성이라고도 한다.

② 인문적 특성

㉠ 용도의 다양성

토지는 주택지, 상업지, 공업지, 농업, 목장 및 임야 등 여러 용도로 이용할 수가 있는데, 이와 같이 토지는 일반 재화와는 달리 이용성이 다양하다. 토지의 용도가 다양하기 때문에 그 용도상 여러 개의 토지가 동시에 경합하는 일이 많을 뿐 아니라 다른 용도로의 전환도 가능한데, 이 때에 우리들은 토지의 최적한 용도로서 최유효 사용의 용도를 모색하게 된다. 이것은 그 토지의 재산상의 가치를 증대시키는 요인이기도 하다. 도시 주변 근거리에 위치한 농지나 임야를 택지로 그 용도를 변경함으로써 그 토지의 최유효 사용에 따라 지가를 높일 수 있는가 하면, 고층 맨션아파트의 경우 1층은 식당이나 다방으로 사용한다든가 2층 이상은 주거용으로 사용한다든가 하는 용도의 병존도 가능하다. 이러한 것은 토지의 '용도의 다양성'에 따라 최유효 사용을 도모함으로써 그 재산의 경제적 가치를 증대시키는 요인이 된다.

㉡ 분합의 가능성

토지는 필요에 따라 지적도상 분할하고 합병할 수 있는 가능성이 있다. 즉 토지는 소유자 또는 이용자의 계획에 따라 구획(분할)될 수 있고, 필요에 따라 이를 다시 합병할 수도 있는 가능성을 가지고 있다. 토지의 분할과 합병은 그 용도에 따라서 하는 것이지만 이 같은 합병과 분할은 일정한 지적 행정절차에 의하여 지적공부상에 정리해야 한다는 데 유의해야 할 것이다. 예컨대, 넓은 토지를 분할하여 이용하고자 하는 경우에는 분할측량을 하고 그 분할측량도에 따라 지적 행정관서에 분할신고를 하여야 하며, 합병의 경우도 합병될 토지의 등기부등본과 합병 표시를 한 지적도를 첨부하여 합병신고를 해야 한다. 그러나 토지합병의 경우에는 합병한 토지가 서로 경계가 연접되어 있어야 하고 또 그 토지들의 지목이 동일해야 한다.

㉢ 입지의 가변성

토지는 사회적, 경제적, 행정적 발전에 따라 지가의 변화를 가져오게 된다. 도시에서 원거리에 떨어져 있는 광대한 임야에 도시계획이나 지역개발계획으로 도로나 전철이 건설되고 연변(沿邊)에 새로운 도시가 개발되면서 전철역이 생기고 도시계획에 따라 광장, 도로, 점포지, 주택지 등이 조성된다면, 임야는 택지로 조성되어 뉴타운이 건설되고, 수시간이나 걸리던 코스가 고속철이 10여 분만에 달리게 됨으로써 전에 평당 수천 원이었던 임야의 지가는 급격히 상승하여 수만 원의 재산으로 평가되기에 이른다.

보행으로 수시간 걸리던 임야의 지리상의 위치는 변함이 없이 부동하고 면적도 부증이지만 고속도로가 개통되고 전철이 건설됨으로써 수분의 소요시간으로 거리 위치가 단축되어 버린 것이다. 또한 새로운 역이 생기고 뉴타운이 건설됨으로써 이 토지는 이전의 임야로부터 정착인구 수십만의 도시로 발전하여 사회적·경제적·행정적인 입지조건이 변화되는 것이다. 이것이 인문적 특성상에 나타나는 토지의 위치, 즉 입지조건의 가변성이라고 하는 것이다. 고속도로변에 인터체인지가 생기면 그 토지의 경제성·교통상의 입지조건이 변한다. 토지를 농지로 경작하는 것보다 임대창고를 건축하여 운용하다든가 하는 것도 토지의 이용효율을 높이게 되는 것이다.

입지의 가변성은 도시의 발전에 따라 사회적, 경제적, 행정적 변화와 더불어 발생하지만, 주택지가 환경의 변화에 따라서 슬럼화 하는 경우에는 그에 따른 사회적 입지의 변화가 발생하고, 상업지가 수익성의 증대로 인하여 고도 상업지화 하는 경우에는 그에 따른 경제적 입지의 변화가 발생한다. 어떤 사회·경제적인 위치의 변화는 또한 다른 도시지역으로 편입되어 행정적인 입지의 변화도 발생시키게 되는 것이다.

㉣ 사회성과 공공성

토지는 국가형성의 토대가 될 뿐 아니라 국민의 생활기반이 되기 때문에, 비록 사유재산이거나 기업의 재산이라 하더라도 다른 재화에 비하여 그 이용면에 있어서는 공공성이 강조되는 특성을 지니고 있다.

특히 오늘날에 있어서 사회, 경제적 구조의 변화에 따라 공공의 목적을 우선하는 성향이 강화되고 있다. 더구나 산업화와 도시화에 따라 공공복리를 우선하는 토지이용의 원칙을 내세워 토지가 보다 합리적이고 효율적으로, 그리고 적정한 거래가 이루어짐으로써 우리의 생활환경을 보전하고 도시와 지역간의 균형적인 발전을 도모하기 위해 사유재산권의 본질을 유지시키면서 공법적인 규제를 하는 특성이 나타났다. 이것을 토지이용의 사회성과 공공성 우선의 원칙이라고 한다.

3) 토지의 용어

㉠ 택지

택지(宅地)란 건축물을 건축할 수 있는 토지를 의미하는 것으로서 부지와 용도는 같지만 그 내용에 있어서는 확연히 다른 의미를 가진다.

㉡ 부지

택지는 부동산 감정 평가상의 용어로서 건축용지만을 의미하지만 부지(敷地)는 건축용지 외에 하천부지, 철도용부지, 수도용부지 등에도 사용되는 포괄적인 용어이다.

㉢ 대지

지적법상의 용어인 대지(垈地)는 택지와 같은 의미를 가지지만, 공장용지만은 그 지목을 달리하고 있다는 점에서 유의해야 한다. 이러한 택지는 그 용도별로 주거용 건물을 짓기 위한 주거용 택지, 상업용 건물을 짓기 위한 상업용 택지, 그리고 공업용 건물을 짓기 위한 공업용 택지로 나누어진다.

㉣ 농지

농지(農地)는 지적법상의 지목 여하에도 불구하고 그 실제적인 토지의 현상이 농경지 또는 다년 성 식물재배지로 이용되는 토지와 그 개량시설의 부지를 말한다(농지법 제2조 1호). 이러한 농지는 그 용도에 따라 물을 대지 않고 식물을 재배하는 전지(田地)지역과 물을 직접 이용하여 식물을 재배하는 답지(畓地)지역 및 과수류를 집단적으로 재배하기 위한 과수원지역으로 나누어지며, 또한 법률상의 제한 정도에 따라서 농지의 형질변경 및 기타 행위가 제한되는 절대농지와 그렇지 않은 상대농지로 나누어진다.

㉤ 임지

임지(林地)란 산림지와 초지를 모두 포함하는 포괄적인 용어이다. 즉 입목·죽(竹)을 집단적으로 생육하기 위한 토지와 그 토지 내의 암석지, 소택지(늪과 못)를 말하는 산림지(산림법 제2조 1호), 다년생 개량목초의 재배에 이용되는 토지와 목도(牧道), 진입도로, 축사 및 부대시설을 위한 토지를 말하는 초지(초지법 제2조 1호)를 모두 일컫는 것이다.

㉥ 후보지와 이행지

감정평가상으로는 토지를 그 용도별로 분류함에 있어 택지지역(주택·상업·공업지역), 농지지역(전·답·과수원), 임지지역(용재림·신탄림지역)으로 분류한다.

후보지(候補地)란 용도적 지역의 분류 중에 택지지역, 농지지역, 임지지역 상호간에서 전환되고 있는 지역의 토지를 말한다. 일반적으로는 임지지역에서 농지 후보지로, 농지지역에서 택지 후보지로 전환되어 간다. 한편, 이행지(移行地)란 용도적 지역의 분류 중 세분화된 지역내에서 그 용도에 따라 전환되는 토지, 예컨대 주택지역에서 상업지역으로 이동되고 있는 토지를 말한다. 이러한 이행지는 동일용도적 지역내에서의 세분된 지역 상호간에만 적용되며, 다른 용도적 지역의 세분된 지역 상호간, 예컨대 전지지역에서 주택지역으로의 전환 등에는 적용되지 않는다.

㉦ 대지와 맹지

대지(袋地)란 어떤 택지가 다른 택지에 둘러싸여 공도(公道)에 연접되지 않은 택지를 말하나, 맹지와 같이 타인의 택지에 의해 완전히 막힌 것이 아니고 좁은 통로에 의해 접속면을 가짐으로써 자루형의 모양을 띠게 되는 택지이다. 반면 맹지(盲地)란 타인의 토지에 둘러싸여 도로에 어떤 접속면도 가지지 못하는 토지를 말하며, 이 위에는 건축법에 의해 건물을 세울 수 없도록 되어 있다. 다만 이 맹지의 소유자는 공도에 이르기 위해 그 주위 토지를 사용할 수는 있다(민법 제219조). 이러한 대지 또는 맹지를 감정 평가할 때에는 그 이용가치의 감소로 인한 감가가 불가피하며, 일반적으로 대지는 정상획지가격의 80% 정도, 맹지는 70%

정도로 평가한다.

ⓞ 필지와 획지

필지(筆地)란 하나의 지번이 붙는 토지의 등록단위를 말한다(지적법 제2조 3호). 즉 필지란 지적법상의 용어로서 토지소유자의 권리를 구분하기 위한 표시이다. 반면 획지(劃地)란 인위적·자연적·행정적 조건에 의해 다른 토지와 구별되는, 가격수준이 비슷한 일단의 토지를 말한다. 따라서 필지와 획지는 그 개념상 구별이 되는데, 필지가 권리를 구분하기 위한 법적 개념이라면, 획지는 가격수준을 구분하기 위한 경제적 개념이라 할 수 있다.

ⓩ 나지와 갱지, 공지

나지(裸地 ; 나대지)와 갱지(更地)는 양자가 그 지상에 건축물이 없는 토지를 말하는 점에서는 같으나, 다음과 같은 점에서 서로 다르다. 즉 나지란 공법적 규제를 받음은 물론 사법상의 제약도 받는 토지를 말하나, 갱지란 공법적 규제는 받지만 사법상의 제약을 받지 않는 토지를 말한다. 따라서 개발제한구역과 같은 공법적 규제는 양자가 다 같이 받지만, 저당권의 설정 등과 같은 사법적 제약은 나지만 받는 것이다. 한편, 공지(空地)란 건축법에 의한 건폐율, 용적률 등의 제한으로 인해 한 필지 내에서 비워둔 토지를 말한다.

(2) 건물

건물(建物)은 토지에 정착하는 공작물로서 물리적 구분성이 있으며 따라서 연립주택 등의 경우 물리적 구조상 1개의 건물이 수개의 건물로 되는 수가 있고, 반대로 본관과 떨어져 있는 별관, 창고 등 수개의 건물이 전체로서 1개의 건물로 등록될 수 있다. 우리 나라는 전통적으로 건물등록에 있어서의 건물의 개념이 매우 특수한 것으로 발달했으나 유럽은 "지상물은 토지에 따른다(superficies solo cedit)"는 법 원칙이 확립되어 있어서 건물을 토지의 종물로 파악했다. 반면 우리의 구관습은 가옥을 거래함에 있어서 택지를 가옥의 종물로 보아 왔으며 현행 법체계는 일본, 대만과 함께 토지와 건물을 분리된 독립한 부동산으로 정하고 있다.

1) 건물의 정의

건물은 토지에 정착하는 대표적인 축조물로서 지붕, 기둥 및 벽이 있는 시설물을 말한다. 즉 건물은 토지에 정착시킬 목적으로 상당기간내에 구할 수 있는 자재로 축조된 건축물 중 지붕 및 기둥 또는 벽을 갖춘 것을 말한다. 그러나 공사장의 가건축물 등과 같이 일시적인 목적으로 건립된 것은 건물로 간주하지 않는 것이 통례이다. 이를 건축법에서 건축물은 "토지에 정착하는 공작물 중 지붕 및 기둥 또는 벽이 있는 것과 이에 부수되는 시설, 공중의 용에 공하는 관람시설, 지하 또는 고가의 공작물에 설치하는 사무소, 공연장, 점포, 창고와 기타 이와 유사한 시설물을 말한다. 다만 철도 또는 궤도의 선로부지내에 있는 운전보안시설, 노선교, 플랫폼의 지붕과 당해 철도 또는 궤도, 사업용 급수, 급탄(給炭)·급유시설은 제외한다"고 규정되어 있다.

2) 건물의 특성

건물은 토지와는 달리 인위적인 축조물이기 때문에 생산이 가능하고, 한편으로는 내용연수를 가진 내구소비재이기 때문에 유한의 수명을 가지고 있어 비영속적이며, 생산의 가능성으로 개별성이 없고 동질적인 특성을 지니고 있다. 뿐만 아니라 건물은 이축이나 조립식 이동주택(pre-fabrication house), 모빌하우스 등의 등장으로 토지와는 달리 이동 가능성을 가지게 되었으며, 이러한 건물은 토지 위에 정착된 축조물이기 때문에 그 토지의 개별적 요인의 지배를 받게 되는 특성을 가지고 있다.

① 비영속성

주택, 아파트 및 빌딩 등의 건물은 토지와는 달리 인위적인 축조물이기 때문에 재생산이 가능한 내구소비재이며, 내용연수를 가진 부동산이므로 감가상각이 되어 토지의 자연적 특성의 하나인 영속성과는 반대로 비영속적인 특성을 가지고 있다.

② 생산 가능성

주택, 아파트, 빌딩 등의 건물은 물리적·경제적인 내용연수를 가지고 있지만 개수나 보수 등으로 어느 정도의 수명을 연장할 수 있으며 개축이나 증축 등으로 그 규모를 증가시킬 수 있을 뿐만 아니라 일정한 설계에 따라 다량의 아파트나 연립주택 및 빌딩 등을 건축할 수 있기 때문에 건축에 의한 '생산가능성'이라는 특성을 지니고 있는 것이다. 그러므로 토지에 있어서 같은 부증성(비증가성)이란 특성은 건물에는 해당되지 않는다.

③ 동질성

생산이 가능한 건물은 인위적인 축조물이므로 동일한 형이나 구조 및 규격의 건물을 생산할 수 있기 때문에 동질성의 특성을 가진다. 그러므로 토지의 자연적 특성인 개별성 또는 비동질성은 건물에는 해당되지 않는다.

④ 이동 가능성

토지에 정착되는 아파트나 주택, 빌딩 등 건물은 원칙적으로 비이동성에 해당된다고 볼 수 있으나 최근 이동 가능한 조립식 주택 등의 등장과 건물 이축기술의 발달로 비이동성의 성격이 있다고 주장할 수 없게 되었다. 프리패브나 모빌하우스는 물론 주택의 이축 등은 건물의 이동 가능성의 특성을 대표하는 것이라 하겠다. 또한 건축기술의 발달에 따라 조립식 주택의 생산이 활발해지고 있기 때문에 앞으로는 이동식 아파트가 다량 건축될 것이므로 건물의 이동 가능성이 있다고 하겠다.

⑤ 토지의 지배성

주택이나 상가 등의 건물은 토지 위에 정착하여 축조되는 것이기 때문에 그 정착된 지상의 토지를 개별적으로 지배하는 특성, 즉 '토지의 개별적 요인의 지배성'을 가지고 있다. 따라서 건물은 지상권의 객체로서 정착된 그 토지에 대하여 경제적 가치에 대한 개별적인 지배성을 일으키는 특성을 지니고 있다. 이러한 특성이 지상권을 형성하게 되는 것이다.

3) 건물의 용어

① 주택

주택은 주거의 용에 공하여지는 건축물(부속토지 포함)을 말하며, 이러한 주택은 단독주택과 공동주택으로 구분하다(주택건설촉진법 제3조 2호).

② 단독주택

단독주택이란 일반적으로 1건물에 1세대가 거주하는 택지를 말한다. 그러나 우리 나라에서는 현실적으로 단독주택에 다세대가 거주하는 경우가 많은데, 흔히 이들 세대들은 독립된 주거기능을 갖추고 있거나 화장실, 목욕탕, 부엌 등의 설비를 개별적으로 갖출 경우 독립된 주거기능을 보유할 수 있는 경우가 다수이므로, 다세대 거주단독주택은 각기 독립된 주거기능을 갖춘 것으로 보아 자가주택 보유로 본다.

③ 공동주택

공동주택이란 대지, 복도, 계단 및 설비 등의 전부 또는 일부를 공동으로 사용하는 각 세대가 하나의 건축물 안에서 각각 독립된 주거생활을 영위할 수 있는 구조로 된 주택을 말한다. 이러한 공동주택은 연립주택 및 아파트로 구분되며, 연립주택은 3층 이하의, 아파트는 4층 이상의 공동주택을 말한다.

④ 국민주택

국민주택이란 국가가 주택건설종합계획을 효율적으로 실시하기 위하여 필요한 자금의 확보와 이의 원활한 공급을 위해 실치한 국민주택 건실기금에 의한 자금을 지원 받아 건실되거나 개량되는 주택을 말한다. 현행법상에서의 국민주택의 규모는 85m^2이하이며, 이를 분양하고자 하는 자는 선매청약저축에 가입하여야 한다.

⑤ 민영주택

민영주택이란 건설교통부에 등록한 주택건설사업자가 자기 자금으로 건설하는 주택을 말하며, 이를 분양받고자 하는 자는 청약예금에 가입하여야 한다. 민영주택뿐 아니라 국민주택도 그 사업 주체는 건설부에 등록한 주택건설업자가 되며, 다만 필요한 경우에는 건설부 장관이 이들 등록업자 중에서 자본, 기술, 실적 등의 우수한 자를 지정하여 이를 고시하게 되는데, 이들을 지정업자라 한다.

(3) 지하시설물

생활이 단순했던 과거에는 주택 자체가 주거환경이었고 생활환경이었으며 그 건물에 맞는 간단한 설비를 한다면 충분했으나, 건물이 밀집화됨으로써 1개의 건물로 둘러싸고 있는 자연환경으로는 해결할 수가 없게 되었다. 그래서 투입도선과 생산도선을 더 넓게 자연환경까지 확대하여 해결했으나 인구의 증가와 생활의 다양화 및 사회구조가 복잡 다양해지고 동시에 생활수준이 향상됨으로써 각종 공공시설물이 많이 필요하게 되었다. 시설물들은 통상 지상과 지하에 위치하는 구조물(structure)과 하부구조물(infrastructure)로서 이것들을 등록 관리하는 것이다.

넓은 의미로 지하시설물(underground utility)이란 지하에 매설된 시설물로서 상수도관, 하수도관, 가스관, 전신, 전화, 전력, 송유관, 압착공기관, 지하도, 지하상가, 지하철, 지하주차장 등 인간생활을 영위하기 위하여 인위적으로 지하에 매설한 시설물을 총칭한다. 그러나 일반적으로 협의의 의미로서의 지하시설물이란 상수도관과 전기, 전화, 난방, 가스에 관련된 시설물을 칭한다. 경우에 따라 넓은 의미로서의 지하시설물인 하부구조물은 협의의 지하시설물 대신에 사용되기도 한다. 다시 말해 지역사회 생활을 유지하기 위하여 필요로 하는 전체적인 설비를 의미한다.

2 등록사항

(1) 토지 소재

토지 소재는 토지가 위치하고 있는 지번지역을 나타내는 것으로서 일반적으로 행정구역의 리·동을 기준으로 하고 있다. 도서 등의 경우에는 지번지역과 행정구역이 일치하지 않은 경우도 있었으나 나중에 모두 리, 동 단위의 지번지역으로 개편했다. 토지소재는 지번과 함께 주거표시로 이용하고 있어 동적인 주민활동을 부동의 토지소재와 연결하여 주민의 생활근거지를 파악하는 중요한 역할을 한다.

(2) 지번

지번(地番 ; parcel number)이라 함은 토지에 붙이는 번호로서 각 필지에 대한 지리적 위치의 고정성과 개별성을 보장하기 위하여 리·동단위로 필지마다 아라비아 숫자로 순차적으로 부여한 번호로서 토지의 식별과 위치의 확인에 활용된다(유병찬, 1993). 지번은 토지의 특정화를 위하여 지번지역별로 기번하여 필지마다 하나씩 붙이는 번호이다. 토지등록을 위해서는 토지를 필지별로 개별화하고 특정화해야 하는데 이를 위하여 물리적으로 연속되는 토지를 구획한 필지를 각각 다른 필지와 구분을 위하여 중복되지 않은 고유 번호를 부여한 것이 지번이다. 지번의 부여방식은 1필지가 2필지 이상으로 분할될 경우 원지번이 본번에 가지번호인 부번을 붙여 2지번으로 한다.

부번에 의한 지번은 분할된 토지의 유래와 지적도상 사정선을 구분함으로써 도해적 측량의 기지점 선정기준으로 이용되고 있다. 그러나 사정선은 대부분 소멸되었고 남아 있다 하더라도 변동의 여지가 많으므로 측량기지점으로 사용하기에는 부적당하다.

모든 토지는 분할로 인하여 새로운 경계가 확정되며, 이것은 독립된 법적 지위와 원번지와는 별도의 지적도상의 효력을 가지게 된다. 더욱이 수치지적제도가 도입되어 도해제도상의 문제점이 보완되면 구태여 사정경계선을 확인할 필요는 없어지게 된다.

(3) 지목

지목(地目 ; land category)은 토지의 주된 사용목적 또는 용도에 따라 토지의 종류를 구분, 표시하는 명칭이다. 그러므로 토지의 실제 이용현황은 지목으로 나타낸다. 지목은 토지 용도에 의한 구분 이외에도 지형 구분과 토양의 성질이나 수익력(受益力) 등에 의하여, 또는 지질생성의 차이에 의하여 구분하기도 하고 단식, 또는 복식지목으로 구분하기도 한다(원영희, 1981). 현재의 지목결정은 다양한 토지이용의 상태에 따라 모두를 지목화 할 수 없으므로 지목의 종류를 법률로 정하여 이용형태를 분류하여 지목을 정하고 이외에는 인정하지 않는 제도이다. 우리 나라에서는 총 28개의 법정지목을 규정하고 있다. 토지이용이 고도화 또는 입체화 되면서 지하상가를 설치하는 등 수직적 경합이 되고 있으나 모든 토지는 필지별로 하나의 지목만을 설정토록 하고 있다.

둘 이상의 지목이 중복될 때는 등록의 선후, 용도의 경중 등을 참작하여 결정하거나 분할하여야 한다. 만약 1필지의 토지가 단일지목으로만 사용되지 못하고 2종 이상의 지목이 수평적으로 경합하여 다양하게 이용될 때는 주된 토지의 이용상태에 따라 지목을 결정하게 된다. 지목의 판단기준은 장기적이고 직접적인 이용형태를 보아야 하므로 임시적, 일시적인 용도변경은 지목의 변경으로 보지 않는다.

(4) 경계

토지의 경계(境界 ; boundary)는 한 지역과 다른 지역을 구분하는 외적표시이며 토지의 소유권 등 사법상 권리의 범위를 표시하는 구획선이다. 경계는 현지에 설정되어 있는 지상경계를 지칭하는 것으로서, 토지구획은 경계를 따라 점으로 연결되거나 방향의 변화나 선으로 나타내고 분리하게 된다. 일반적인 경계 형성의 방법은 이를 따라 표시될 수 있는 점을 사용하기도 하고 토지에 있어서의 경계는 직선적인 형태로 이루어진 나무울타리나 벽, 담, 도로의 가장자리, 오솔길, 하천 등을 따라 설정한다. 이처럼 경계란 지상에 객관적으로 이미 존재하는 것이지만 주관적으로 그 경계를 알 수 없을 경우에 경계불분명 사태 또는 분쟁이 일어나게 된다. 지상경계는 우연히 또는 고의로 이동될 수 있기 때문에 여기서 발생되는 지상경계의 유동성을 고려하여야 한다. 법률가의 입장에서 경계선은 양쪽에 다른 부동산권이 존재하는 극히 가는 선, 또는 좀더 정확하게는 다른 쪽 면에는 다른 부동산 권리가 존재하는 면을 말한다. 이 권리는 이론적으로 지구 중심에서부터 하늘까지 무한히 연장되지만 실제로는 높이와 깊이가 제한된다(Dale, 1884).

측량경계선의 지상경계는 법적인 경계의 확보 및 측량작업에 특히 중요하다. 토지경계의 분쟁은 거의 대부분이 지상경계를 두고 분쟁하기 때문에 일반적으로 통용되는 경계는 지상경계로 인식이 된다. 외국의 경우는 대다수 새로이 등록되는 경계선과 법률적으로 유효한 경계선에 내해서, 또는 이후의 이동정리 측량시 지상경계 표지를 설치함으로써 특별한 법의 객체로서의 1필지를 표시하며 법의 보호를 받을 수 있다. 그래서 소유자 의무면에서나 소유권을 변경하고자 하는 경우 소유자나 사용자의 부담으로 측량을 시행해야 하고 소유한계를 나타내는 필지의 경계점은 서로 인접한 소유자 간에 경계표지를 설정하도록 하는 지상경계 위주로 하고 있어, 근본적으로 우리와 다른 토지관리를 하고 있다. 특히 지상의 경계표지를 법으로 보호하여 경계표지를 조금이라도 옮기거나 훼손시켰을 때는 벌을 받거나 벌금을 물도록 하는 등의 형벌을 규정하고 있다.

우리 나라는 도상경계의 개념을 채택하고 있는데, 도상경계는 전적으로 도면에 등록된 경계를 지칭하는 것으로서, 지적도의 경계는 지적조사에 의한 지적경계 결정시 지적측량에 의하여 국가공부에 등록된 경계이다. 이는 유일무이한 토지경계에 대한 입증자료이며 지적법상의 경계로 정의되고 있다. 이처럼 현행의 지적경계는 국가공부에 등록된 도상경계를 우선하여 소유권의 한계를 결정하고 소유권의 보호를 받게 하고 있다. 그러나 이는 지적측량에 의하여 도면이 형성되는 과정에서 이미 축척이라는 개념이 도입되면서 도상경계는 제도의 오차를 포함하게 되므로 지상에서의 본래 경계의 의미가 그만큼 감소된다. 도상경계의 가장 큰 취약점은 도면축척에 따르는 문제로서 등록 당시의 지상경계와 측량 성과에 따라 등록된 도상경계는 근원적인 문제를 가지고 있다.

경계선이 지상에서는 선의 개념으로, 지적도상에서는 0.1밀리미터의 기하학적인 선(line)으로 등록하였다 하더라도 이를 근거로 지상에 경계를 복원하는 경우, 축척에 따라 확대된 선(lane)으로 폭이 존재하게 된다. 그렇기 때문에 우리 나라처럼 도상경계를 채택하고 있는 국가에서는 지적경계 측설시 측량사가 지적도를 근거로 하여 현지 상황을 정확히 판단할 수 있는 능력과 경험이 필수적으로 요구된다.

(5) 면적

토지의 면적(area)은 직선의 크기를 나타내는 길이에 대하여 평면의 크기를 나타내는 양이다. 평면 위에 직선이나 곡선으로 둘러싸인 부분의 넓이를 평면적(平面積)이라 하고, 3차원 공간의 곡면 위 부분의 곡면에 따른 넓이를 곡면적(曲面積)이라고 한다.

다각형·원의 넓이 등은 평면적에 속하고 구의 겉넓이나 원기둥의 옆넓이는 곡면적에 해당된다. 직사각형의 넓이는 가로·세로 두 변의 길이를 나타내는 수의 곱으로 구할 수 있다. 이것은 한 변의 길이가 1인 정사각형의 넓이를 단위로 한 수이며, 모든 다각형의 넓이는 이것을 기초로 하여 구할 수 있다. 평면 위의 곡선도형에서는 내접하는 다각형과 외접하는 다각형의 넓이의 극한으로서 구할 수 있다. 공간에서의 곡면체의 겉넓이도 마찬가지로 구할 수 있으나, 이에 대해서는 여러 가지 난점이 있기 때문에 조심스럽게 정의하고 있다. 아르키메데스에 의한 포물선 등의 정밀한 구적법(求積法)을 비롯하여 그 후 수많은 구적법이 연구되었으나, 17세기에 이르러 뉴턴·라이프니츠가 발견한 미적분학에 의거하여 곡선으로 둘러싸인 평면도형 넓이의 개념과 그 구적법이 확립되었다. 특히, 넓이나 부피는 르베그에 의해 측도(測度)의 개념으로 일반화되었으며, 측도론은 현대수학의 기초이론의 하나가 되었다. 일반적으로 평면 위의 곡선으로 둘러싸인 부분의 넓이와 곡면의 넓이는 적분을 사용하여 계산한다. 필지를 구획하여 지적공부에 등록되는 면적은 토지의 한정되 구역 안에 대한 수평면상의 면적이다. 일반적으로 토지의 면적은 수평면인 것과 구면 또는 경사면인 것이 있으나 우리나라 지적법상의 면적은 한정된 구역 안의 수평면상의 면적만을 가리킨다. 이는 토지를 수평면상에 올려 놓았다고 가정하였을 때 그로 인하여 밑바닥에 이루어지는 도형 안의 면적이다.

(6) 소유자

토지 소유권(ownership, property)은 토지를 직접·배타적·전면적으로 지배하는 물권, 어떤 물건을 자기가 사용하는 것은 물론, 그것을 타인에게 임대하든지(收益), 매각 또는 파괴하든지(處分) 자기의 자유의사대로 할 수 있는 것을 내용으로 하는 권리이며, 물권의 가장 기본적이고 대표적인 것이다. 우리나라 민법은 소유권의 내용에 관하여 소유자는 법률의 범위내에서 그 소유물을 사용, 수익, 처분할 권리가 있다 라고 규정하여 토지소유권의 내용도 역시 토지를 사용, 수익, 처분할 수 있는 권리임을 밝히고 있다. 소유권은 재산권의 기둥을 이루며, 이는 물건을 일시적으로 지배하는 제한물권과 대립되는 것이다. 제한물권은 지상권, 지역권 등을 말하는 것으로서 이것이 설정되면 소유권의 내용은 빈 것에 가깝게 되는 것 자체가 소유자의 자유로운 처분의 결과일 뿐만이 아니라, 제한물권이 소멸하면 원상회복되는 탄력성을 지니고 있다.

소유권에는 존속기간이 있을 수 없어 소멸시효에 걸리지 않는 특징도 있다. 우리나라에서 토지소유자라는 표현은 1910년대에 토지조사 당시부터 있었던 말로 지주라는 말과 혼용되었다. 토지소유자나 혹은 지주나 내용은 똑같이 토지를 소유하는 자라는 의미로 동등하게 쓰였다. 현재에는 세법, 지적법 등에서 지주라는 용어 대신 토지소유자라고 하고 있다. 현재 지적공부에 등록된 토지소유자는 당초 토지조사 및 임야조사 당시 사정으로 이를 확정시킨 것이다. 소유권 이외에도 지상권, 지역권, 전세권, 저당권 등의 물권과 그밖의 임차권, 환매권, 가등기 등이 있으나 우리나라에서는 토지대장에 소유권 이외의 기타권리는 등록하지 않는다.

(7) 등급

등급(land grade)은 필지별로 토지의 지목, 품위 또는 정황에 따라 단위 면적당 설정한 등급을 의미하는 것으로 지적공부에 등록된 모든 토지는 원칙적으로 등급을 설정해야 한다. 토지등급의 설정, 수정대상은 토지구획정리, 농업생산기반정비, 도시개발사업 등이 완료된 지역, 신시가지, 준시가지 또는 집단지가 조성된 지역, 도로가 개설되었거나 확장 또는 포장된 지역, 시장 또는 공장지대가 조성된 지역, 상수도나 하수도의 신설 및 연장된 지역, 공공기관 및 공공시설이 신설된 지역, 기타 사유지가 현저하게 달라진 지역 등이 해당한다.

토지등급은 지가를 파악하는 수단으로 사용되기도 하는데 지가는 화폐와 교환되는 토지의 가치이다. 토지는 이동되지 않는 특성 때문에 가격의 결정은 기타 재산이 받는 생산요인의 영향과는 다르다. 토지는 영구적인 자산이므로 자산의 가격결정이 다른 수익능력보다 영구성이 있다. 그래서 시장가격 결정에서 다른 상품에 비하여 탄력성이 매우 적은 특성이 있다.

(8) 기타

우리 나라의 지적도에는 토지 소재, 지번, 지목, 경계 외에도 도면의 연결관계를 나타내는 색인도, 도면의 제명 및 축척, 도면접합의 기준 및 방위를 위한 도곽선, 절대적 위치를 표시하는 도곽선 수치 등이 표시된다. 그렇지만 지적제도는 목적이나 국가별로 그 종류가 다양하지만 지적도의 전산화에 따른 공간도나 통합 지적공부의 발전모형이 구축되는 과정에서는 토지에 관한 2차원적인 정보 외에도 환경, 자원, 시설물, 문화재 등의 필요한 사항을 선택적으로 추가하거나 도시정보시스템 및 지리정보시스템 등이 포함될 수 있다. 또한 토지이용 규제를 위하여 도시계획법에 의한 용도지역 지구를 표시하기도 하며 기타 토지 규제사항을 등록할 수도 있다.

제5장

지적제도의 발달

제1절 상고의 지적제도

상고시대는 우리나라의 문화가 태동하기 시작한 여명기였다. 이때는 수렵생활에서 벗어나 농경에 정착되어 가는 시기여서 무엇보다 농경의 대상인 토지에 대하여 대단한 관심을 가졌다. 규원사화(揆園史話)나 단기고사(檀奇古史) 등과 고조선의 정전제도에 관한 기록내용이 모두 토지를 개간하여 농경지화하는데 관한 것이며 또 경작지화한 토지를 분배함에 있어 일정한 면적에 따른 구획설정, 즉 면적과 경계결정을 어떻게 하고 이를 또 어찌 관리할 것이냐를 주 대상으로 하고 있다. 이런 사실은 단군조선 지적제도의 내용으로도 알 수 있다.

고대 단군조선도 역시 토지측량과 이에 대한 결과를 묘획(描劃)한 지도 제작도 이루어졌다. 2대 부루(扶婁) 10년(BC 2231년) 4월에 이미 정전법(井田法)을 시행하여 토지대장을 만들어 세금을 내게 했고, 12년(BC 2229년)에 신지 귀기(神誌 貴己)가 칠회력(七回曆)과 정전법에 의하여 구획된 지적도인 구정도(邱井圖)를 만들어 바쳤다.

14대 고불(古弗) 58년(BC 1664년)에 전토(田土)와 산야를 측량하여 조세율을 개정했고, 20대 고흘(固忽) 40년(BC 1664년)에 공공을흘(共工乙忽)이 구환(九桓) 지도를 만들어 바쳤다. 23대 아흘(阿忽) 55년(BC 1183년) 임금이 영고탑(寧古塔)을 친히 시찰하고 정전법을 가르쳤다. 제36대 매륵(買勒) 25년(BC 680년) 오경박사(五經博士) 우문충(宇文忠)이 토지를 측량하여 지도를 제작했다(고영동, 1992).

임금이 친히 정전법을 가르쳤다는 것은 정전제(井田制)가 당시 가장 이상적인 제도였던 토지관리 방식으로서 기술적으로 도량형(度量衡)을 표시하는 측량술이 상당히 발달했다는 것을 알 수 있다. 고조선 시대의 지적제도 특성을 보면 정전제에 있어서는 토지분배에 있어 일정한 면적으로 구획해야 했고 이 구획은 실지의 토지를 측정하여 경계를 설정하였다.

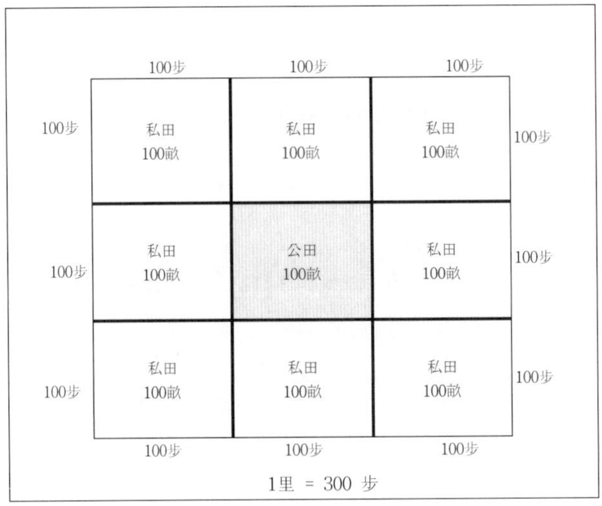

(그림8) 고조선의 정전기법

따라서 고조선의 지적제도의 특성은 그의 정전제에 의한 경계의 설정 및 관리에서 두드러지게 나타난다. 그런데 이와 같은 경계설정은 현재와 같이 지적도상의 경계를 중시하는 것이 아니라 현지 지상의 사실경계를 보다 중시하여 이의 효율적 설정 및 관리에 그 초점을 두었다.

정전제도는 일종의 구획정리나 농경지 정리와도 유사하다고 할 수 있는데 현재의 구획정리나 농경지정리와는 목적이나 구획설정 방법 및 분배내용상 약간의 차이를 보이고 있다. 토지를 개간하여 농경지나 택지화하는데에 따라 토지의 단위구획을 설정하는데는 구획설정에 필요한 어떤 특별의 기술방식이 있었을 것이며 이 기술방식은 소위 측량에 의한 것이었다. 만약, 측량방식에 의하지 않고서는 토지를 정전제에 의하여 합리적으로 구획하지 못했을 것이기 때문이다.

그러나 당시의 측량기술은 기술면에 있어서 각도측정의 방식은 많이 발달하지 않았으며 거리측량이 측량의 전부였다고 할 수 있다.

고대에는 수를 표시하거나 의의를 나타내는 데 결승(結繩)를 사용하여 그 매듭으로서 구체적 내용을 나타내기도 하고, 죽으로서 산법이나 뜻을 표하기도 했는데, 단군조선시대에도 예외는 아니어서 결승으로 토지를 계량하고 대나무에 그의 내용을 기록했을 것으로 추측된다. 고대 부족적 성읍국가였다고 보여지는 단군조선에 농경이 성행함에 따라 토지의 경계다툼이 빈번했고 또 산지개간으로 농경지 조성이 활발해져 토지의 합리적 관리가 요구되고, 이의 실현을 목적으로 지적방식을 택하여 토지와 산야에 대한 계량을 실시한 것 같다. 이때 지적방식에 따른 토지의 측량과 이의 결과를 묘획한 지도의 제작도 이루어지고 있었는데, 36대 매륵(買勒)때의 지도관계 기술 외에 20대 고홀 40년에 천하지도를 제작하여 올렸다(고동영, 1993).

지도는 물론 지리지상의 지도인 것 같다. 그러나 토지의 측량에 따른 현재의 지적도와 비슷한 토지도면이 있었을 것인지는 확실치 않다. 서경우서(書經虞書) 익직편(益稷編)에는 순제(舜帝)로부터 치수(治水)명령을 받은 우문명이 단군조선의 일후국인 도산국의 왕녀에게 장가들었다는 기록이 있고, 또 세종실록지리지에는 "우왕자부루 수금간옥첩 우회제후 도산야(禹

王自夫妻 受金簡玉牒 禹會諸候 塗山也)"라 하여 우가 도산국에서 치산법을 배워 갔다고 했다(문정창, 1993).

도산국은 연구결과 우리 나라의 일부분으로 밝혀졌다. 치수사업은 고도의 측량기술을 요하는 부문인데 역사상 유명한 우의 치수사업 성공이 바로 도산국의 치수기술에서 발달된 것이니 우리 나라 고조선 사회의 치수기술이 상당한 수준에 달하였음을 알 수 있다. 이런 사실은 단군조선 때부터 토지의 측량술이 발달했다는 단기고사의 기술이 사실에 가까워지는 것이기도 하다.

동서양을 막론하고 측량기술은 치수에서 비롯된 것으로 추측할 수 있는 것이다.

고대 이집트에서는 나일강의 범람으로 토지경계를 찾기 위하여 측량술이 발달했다.

가까운 중국에서는 한대의 화상석에 전설상의 신인 복희 씨가 규(規 : 컴퍼스), 여왜 씨가 구(矩 : 자)를 손에 들고 있는 부각이 있다. 화상석에는 여러 가지의 의미가 있겠지만 거기에는 측량에 필요한 컴퍼스와 자가 그려져 있어 일찍이 측량술이 행해지고 있었음을 암시하고 있어, 요순시대부터 황하나 양자강 부근에서 치수사업이 성행하여 이 치수사업에 따른 수학과 측량술이 발전되고 있었을 가능성이 보인다.

우리 나라에서도 고조선 사회에 있어서 치수사업을 중시했다는 기록이 단기고사나 규원사화 등에 보인다. 규원사화에는 "어국삼십여년 정치홍수 호파도천(御國三十餘年 正値洪水 浩波稻天)"이라 하여 건국된 지 30년만에 대홍수가 일어났다고 했다.

고조선 때는 이런 홍수관리에 따른 측량기술이 발달 보급되었을 것이며 한걸음 더 나아가 토지의 개간으로 농경지 조성에 있어 정전제에 따라 분배할 토지의 구획설정, 즉 경계설정에 있어 일정한 면적으로 나누는 면적계량에 대한 측량술이 발달하고 있었을 것이다. 그리고 측량술이 행해졌다면 이 측량결과를 기록한 일정형식의 공적 전적류도 있을 법하나 구체적 사료가 없어서 당시의 실정을 알 수 없고, 다만 그 당시는 아직 국가에서 토지를 전적(田籍) 등에 기록하여 밝히는 방식은 발전되어 있지 않은 듯하다.

제2절 삼국시대의 지적제도

1 고구려

고구려에는 비교적 일찍이 율령이 분포되어 국가적 성문법 체계를 형유, 정치질서를 이 율령에 의해 행하고 있었으므로 지적방식에 있어서도 제법 완비된 토지도면과 토지대장 즉 전적류가 있었을 것으로 보여진다. 일찍이 중국에서는 주의 군국여지도(君國餘地圖), 독항지지도(督亢之地圖) 한의 우공도(禹貢圖)가 있었고 신라에서도 토지대장류가 존재했던 점으로 보아 신라보다 대륙에 더 가까웠던 고구려에 지적(양안)인 토지도면과 토지대장이 있었을 가능성이 충분하다.

삼국사기에 의하면 고구려 27대 영류왕 11년 9월에 "유사입당 하태종(遣使入唐 賀太宗)… 겸상봉역도(兼上封域圖)"라 했는데 사신을 당고조에 파견할 때 봉역도(封域圖)를 주었다는 것이다. 이런 사실은 구당서에서 보이는데 고구려의 봉역도는 고구려 강역의 측회도인 것 같다

(홍이섭, 1946).

봉역이란 흙을 쌓아서 만든 경계란 뜻도 있는데 이 봉역도는 지리상의 원근 지명 산천 등을 기록하고 있었던 것이다. 그리고 고구려 때에 어느 정도 지적도적인 성격을 띠는 도면으로 1953년 평남 순천군에서 요동성총(遼東城塚)이란 고구려 고분벽화가 발견되었다. 여기에 요동성의 지도가 그려져 있는데 요동성의 지형과 성시의 구조, 도로, 성벽 주요 건물들을 상세하게 그렸을 뿐 아니라 하천과 개울, 산 등도 그려져 있다.

요동성 지도는 우리 나라에 실물로 현재하는 도시 평면도로서는 가장 오래된 것으로 고대 이집트나 바빌로니아의 도시도, 경계도, 지적도와 같은 내용의 유사성이 있으며 회화적 수법으로 그려져 있다(전상운, 1983).

(그림9) 요동성도

요동성 벽화에서 눈길을 끄는 것은 사신(청룡·백호·현무·주작)을 오른쪽 곁방의 안벽을 기준으로 한 전후좌우 개념이 아닌 동서남북의 방향에 맞추어 그린 것이다. 때문에 요동성총 곁방에서는 북벽이 안벽이 되어 오른 벽과 앞벽은 있으나 왼쪽이 없다. 결국 요동성총에서는 남향인 무덤 칸의 방위(方位)가 앞방과 2개의 곁방, 4개의 작은 널방에 일관성 있게 적용되었다(전호태, 2000).

이것은 아직 토지등록제도가 발달하지 못한 상황의 산물로서 그때는 전적과 도면 양자의 등록사항의 동일성이 현재와 같이 강하게 요구되거나 전적, 도면이란 이원적 체제의 필요성이 강조되지 않았기 때문에 자연 그대로의 성질 및 내용과 가치가 현재의 지적도와 다른 형태로 나타나게 된 것이었다. 이와 같은 봉역도나 요동성총도의 내용을 미루어 볼 때 고구려에서는 측량척도를 사용하여 토지를 계량하고 이들 도화한 오늘날의 지적도와 유사한 토지도면이 있었을 것이 인정된다.

토지를 측량하여 토지면적을 산출하는 방식은 토지의 지형대로 측량하여 면적을 산출하는 것이 아니라 당시 수학이론에 의하여 면적산출이 용이한 방전(方田), 직전(直田), 규전(圭田), 제전(梯田), 원전(圓田), 호전(弧田), 환전(環田) 등으로 토지형태를 구획하여 측량해서 면적을 산출하는 것이다. 이런 방식은 아직 토지측량기술과 측량기기가 발달하지 못한 고대에 있어서의 공통된 토지측량 방식이었다. 고구려의 토지대장에 관하여는 직접적 기사는 없으나 다만 삼국사기에 토지대장의 존재를 추측케 하는 기록이 보인다.

삼국사기 권 제45, 온달열전에는 "온달고구려평강왕시인야…내매금천매득전택노비우마 기물 자용완구(溫達高句麗平岡王時人也…乃賣金釧買得田宅奴婢牛馬 器物 資用完具)"라 하여 평강왕(평원왕)때 온달이 평강공주와 결혼하여 가정을 꾸밀 때 공주의 금붙이를 팔아서 토지, 가옥 등을 사들였다 했다.

전택을 사들였다는 기록은 토지의 매매사실 뿐만 아니라 이런 매매행위에 속한 소유권리의 이전과 관계된 문적이 있었음을 암시한다. 전택을 구입하는 데 있어 대상물 분량을 표시한 전적이 있는 것으로 보아 이를 매매징표로 교환했을 것이다. 더욱 고구려에서는 경무제(경畝制)로 토지면적을 계량하고 있었으므로 어느 곳의 전지 몇 경, 어느 지역의 산장 및 경무로 기재한 전적이 관행되었던 것 같다. 이 전적이 토지매매에 따른 사적매매 문기인지 국가에서 이 매매사실을 증명하기 위하여 작성한 토지대장인지는 확실하게 말할 수는 없으나, 어쨌든 토지의 명세를 밝히는 문적이 있었음은 틀림없다고 보여진다.

그것은 한반도에 삼국이 개국될 당시 중국의 5호 16국시대의 고창국(高昌國) 토지문서, 즉 자합문서(貲合文書)가 신강토로번(新彊吐魯番)에서 근래 출토되었는데 그것은 전토등록과 자산의 평가에 관한 기록으로 그 문서내용의 일부 중에 제2지 지배에 기재된 것은 다음과 같다.

齊都齒田八畝半 常田七畝
棗七畝 石田三畝 桑二畝半
得吳並齒田四畝半
貲合八十斛
— 右孝敬里

2 백제

백제는 국가체계의 정비과정에서 미술, 건축기술, 천문관측 및 지리적 지식이 풍부하여 찬란한 문화를 개발시켰다. 그래서 천문지리와 항해지리 지식 및 해도작성 기술이 높은 수준에 달했을 뿐만 아니라 토지의 측량에 따른 전적 및 도면도 비교적 발달하고 있었다. 삼국사기에는 백제 제30대 의자왕(657년) 때 왕세자 41명에게 식읍을 나눠주었다 했는데 왕자에게 식읍을 공평하게 하기 위해 면적은 말할 것도 없고 고대의 일반적인 토지구역 표시의 방법이 사용되었다.

구역 표시방법은 대개 '표이산천(標以山川)', 즉 산천으로 구역경계를 정하거나 일 고을 등으로 식읍구역을 표시하는 것이 고대의 방식인데 이와 같이 식읍의 면적과 구역을 기재하여 표시하는 데에는 오늘날의 토지대장이나 지적도 같은 것이 필요했을 것이다.

백제의 지리학이나 도적에 관하여는 학자들이 삼국유사 권2 남부여조에 있는, "우석자하남치임주자사 기시도적지내 유여주이자 임주금가임군야 여주 금지부여군야 백제지리지왈 후한서왈 삼한범칠십팔국 백제시기일국언(又昔者河南置林州刺史 其時圖籍之內 有餘州二字 林州今佳林郡也 餘州 今之夫餘郡也 百濟地理志曰 後漢書曰 三韓凡七十八國 百濟是其一國焉)"란 기록을 많이 인용하고 있다. 위의 기록에서 도적이란 현재의 지도나 지적도를 말하는 것으로 추측되는데 백제지리지라는 것으로 보아 측회도인 것 같다(이찬, 1970).

일찍이 백제는 바다를 건너 일본 아스카(飛鳥) 문화를 꽃피워 대화 2년(648년) 반전수수(班田收授)의 실행에서 조(詔)에 강계를 보아 쓰거나 혹은 그리도록 명하여 토지의 측량과 소유자 및 경지의 위치를 표시한 토지대장(田籍)과 지적도(田圖)를 작성하고 있었다.

천평승보 3년(751)의 '근강국수소간전도(近江國水沼墾田圖)'와 동대사령의 '간전도·개전도(墾田圖·開田圖)'가 지금까지 현존하여 지적도로서는 세계 최초의 것이라고도 하니, 이 사료로 보아 동시대에 일본문화의 진원지인 백제에는 토지대장이나 지적도가 있었을 것은 당연하다고 볼 수 있다. 이외에 백제의 토지대장이나 지적도에 관하여 명백한 기사내용은 거의 없다.

다만, 토지도면이나 위치표시에 관한 직접적인 사료는 아니지만 금석문에 분묘의 위치표시와 도면에 관한 자료가 일부 있는데, 이에 의하여 일반적으로 백제에 관행되었던 토지위치 표시와 도면에 관하여 추측해 볼 수 있다.

1971년 7월 공주에서는 백제 무녕왕릉이 발굴되고 그곳에서 지석 2개가 나왔다.

하나의 지석(갑 : 523년 제작) 이면에는 방위도, 즉 능역도(陵域圖)와 신과의 묘지 매매에 관한 문기가 보이는데 묘지 한계의 표시로 방위 간지를 사용하고 있다.

그리고 또 하나의 지석(을 : 526년 제작) 이면에는 '우일건(右一件)'이란 문자가 있는데 이것을 '우도면내의 토지 1건(右圖面內의 土地 1件)'이라 본다면(이병수, 1972), 이 우도면 운운한 것이 위의 묘지방위도, 즉 지적도(地籍圖)를 지칭하는 것이다. 무녕왕릉에서 출토된 이들 금석문의 지석은 백제의 지적제도에서 실시된 토지관계 전적이나 도면은 물론 아니다.

그것은 왕실이란 귀족신분 계급에 발판을 둔 특성과 능(陵)의 구역 및 그 능에 관하여 신으로부터 토지를 구입한 사실 등을 기술하고 있는 자료로서의 한계성을 갖는 지석에 불과하지만, 이 능역도에서 우리는 백제의 지적제도에 관행되었을 것이라는 분묘위치 표시의 내용을 추측할 수 있다.

당시의 지적제도는 현재와 같이 과학적, 통일적인 제도는 아니었다. 그것은 당시 사회실정으로는 소박한 토지측량 제도로서 토지분급과 조세징수란 토지정책의 목적달성에 만족했기 때문이다. 그래서 토지대장류에도 두락제(斗落制)나 결부제(結負制) 에 의해 토지의 개략적인 사항이 등재되고, 또 토지도면(지적도)은 현재와 같은 지적도의 형식이 아니라 지리지지에 상응하는 지도적 성격이 짙은 유형으로 작성되고 있었다.

3 신라

신라는 삼국 중 대륙문화의 접촉이 제일 늦어 자체적으로 고유한 문화를 창출하여 국가체계의 완비와 더불어 율령정치의 실행으로 대륙문화의 영향을 강하게 받았다.

토지제도로는 사전, 관료전, 녹전, 정전, 구분전의 제도가 있었다. 이와 같은 토지제도 하에서 사여(賜與)되거나 정전으로 주어지는 토지에 대하여는 토지의 면적과 소재, 위치 등을 명확히 밝히는 토지측량술이 행해졌음은 분명하다. 삼국사기, 신라본기 제1 파사니사금(婆娑尼師今) 23년 8월조에는 음즙벌국(音汁伐國 : 安康)과 실직곡국(悉直谷國 : 三陟)이 서로 지경(地境)을 다투었으나 왕은 이를 해결치 못하고 금관국 수로왕을 초빙하여 그로 하여금 이치를 바로 세움으로써 다투는 땅을 음즙벌국에 속하게 했다는 기록이 있다.

이것은 신라에서 토지측량이 중요시되었음을 암시하는 기사로서 수로왕이 토지경계를 밝히는데 있어 측량방식을 사용했는지, 아니면 그 지역의 역사적 연혁을 밝혀 토지의 귀속을 결정했는지는 알 수 없으나 여하튼 이 기록은 이미 신라 초기인 서기 102년경부터 토지의 경계와 토지의 소속을 상당히 중요시했음을 보여주는 내용이다.

신라장적(新羅帳籍)에는 토지의 종목과 토지면적 및 인구수 등이 기재되어 있는데(강진철, 1970), 토지종목에 따른 토지면적은 지방관서에서 토지측량에 의하여 구체적으로 면적을 산출한 것을 보여주는 것이기도 하다. 이와 같이 신라시대 토지에 관하여 여러 가지 정책적 목적으로 토지측량이 행해졌다면 그의 실제의 측량방식은 어떠 했는가가 관심의 대상이나 여기에 대하여는 확실한 자료가 없다.

삼국사기 권 제38 잡지 제7 직관상 국학조에는 "혹차산학박사약조교일인 이철경삼개구장육장교수지(或差算學博士若助教一人 以綴經三開九章六章教授之)"란 기록이 있다. 이는 국학에 산학박사 또는 조수 한 사람은 두어 철경, 삼개, 구장, 육장을 교수하여 관리를 양성했다는 것이니 여기의 교과목의 삼개와 구장, 육장은 측량에 관한 학술서이다. 그러므로 교과목을 교육받은 관리가 실제에 토지를 측량할 때에는 삼개나 구장 및 육장의 측량방식에 의했을 것은 당연한 일이다. 구장산술, 방전장의 내용을 보면 토지를 방전, 직전, 규전, 제전, 원전, 호전, 환전 등 몇 가지 형태로 설정하고 있는데 각 경우의 방식은 그림과 같다.

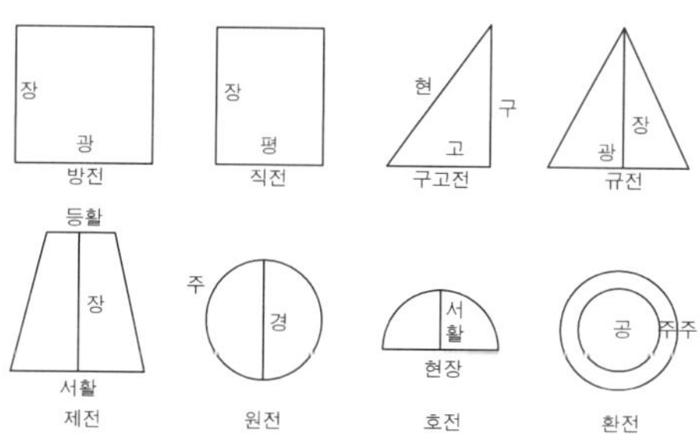

(그림10) 토지측량 방식의 형태

- 방전(方田)형태의 토지는 장(長)과 광(廣)을 재고 직전은 장과 평(平)을 잰다.
- 구고(句股)의 토지는 구와 고를 측하고 규전(圭田)의 토지는 장과 광을 잰다.
- 제전(梯田)은 동활(東闊)과 서활(西闊) 및 장을 측량하고 원전(圓田)은 반원주(半圓周)와 반경(半徑)을 측량한다.
- 호전(弧田)일 경우 현장(弦長)과 시활(矢闊)을 재고 환전(環田)일 경우 내주(內周)와 외주(外周)를 잰다.

이때 실제 측량에 있어서는 인승자(引繩者)가 측량척을 양쪽에서 잡고서 토지의 자연형태에 가장 가깝게 토지를 위의 여러 형으로 구획하여 토지 주위를 돌면서 필지마다 장광, 구고, 현, 주 경 등을 재고 보(步)의 10분의 1인 척위(尺位)까지 측정했다. 그리고 이렇게 측정한 수치는 일종의 야장인 부책에 기재하여 후일의 토지면적 산출에 대비했다.

토지측량시 휴대한 부책에는 비단 토지의 형태에 따른 실측거리를 기재함에 그치지 않고 토지의 모양도 아울러 그려서 후일의 참고자료로 했을 것이며 토지의 소유자 및 경작자도 기록했을 것이다.

당전령을 보면 "제전광일보장이백이십보위무백무위경(諸田廣一步長二百二十步爲畝百畝爲頃)"이라 하여 당나라는 토지면적 계산에 소위 경무제의 대원칙을 명시한 데 반하여 같은 시대인 신라는 통일 이전부터 이미 토지면적을 결부법(結負法)에 의하여 계량하고 있었다.

신라의 결부에 관한 기록으로는 정약용의 목민심서 전정조의 "신라지시기유결부(新羅之時己有結負)"와 경세유표 결부고변(經世遺表 結負考辨)의 "신라지세기용결부지법(新羅之世己用結負之法)"이 참고되며, 또한 민주면의 동경잡기의 "신라부민지제 파주당제 전유조 정유조 계전이결 급민구분세업전급시전(新羅賦民之制 頗做唐制 田有租 丁有調 計田以結 給民口分世業田及柴田)"이라 한 기록 또한 큰 의미를 준다. 이 기록들은 신라 때 이미 결부로 토지면적을 계량하고 있었음을 밝혀주며 이들 기록 외에도 신라에서 결부가 실시된 것을 더욱 실감케 하는 신라왕조 당시에 기술된 자료 또한 많다.

삼국사기 권8 신라본기 성덕왕 15년조에는 "출성정(일운엄정) 왕후…전이백결(出成貞(一云嚴貞) 王后…田二百結)"이란 내용이 있고, 금석문인 최치원찬의 초월산숭복사비명(887-897년)에는 "기성구원 칙수운왕토 차비공전 어시괄이이봉 구지선가 익구롱여이백결 주칭곡합이천점(其成九原 則雖云王土 且非公田 於時括以邇封 求之善價 益丘壟餘二百結 酎稱穀合二千苫)"라 하고 일본 정창원에서 발견된 신라장적에는 "합답이백결이부사속(合畓二百結二負四束)" "합전육십이결십부(合田六十二結十負)" "합마전일결구부(合麻田一結九負)"라 한 것 등이 보이고 있다. 이들 자료는 모두 토지면적 표시에 결부를 쓰고 있는데 이들 외에도 신라 때에 결부의 쓰임에 대한 사료는 상당히 많다.

그런데 결에 대한 자의를 살펴보면 관자금장(管子禁藏)편에는 전결이란 문자가 있는데 전결은 전적을 뜻하기도 하고, 예기곡예주(禮記曲禮註)에는 "결위수검지야(結謂收斂之也)"라 하여 결에는 수검의 뜻 또한 있음을 알 수 있다.

원래 결부제는 자의 자체 그대로 수확량, 즉 토지의 생산력을 표시하는 것이 본래의 의미였는데 신라 때 이미 일정량의 수확을 생산할 수 있는 토지의 면적을 표시하는 용어가 변하여 생산량 = 경지면적이라는 토지면적 산출법으로 되었다.

이때의 결부는 후세 고려나 이조 때와 같이 지미에 따라 광협부동한 것이 아니라 1결은 동일한 평균면적을 나타내고 있었다. 토지의 형태에 따라 산출된 토지의 면적은 사방 1보(步) 되는 넓이를 1파(把), 10파를 1속(束), 사방 10보를 1부(負), 10부를 1총(總), 사방 100보(10총)를 1결(結)로 했다.

이런 면적산출법은 현재의 도상면적 측정법과는 상이한 것으로, 단지 실제 토지 측정치의 계산상 면적 산출에 불과한 것으로 소위 지상면적 측정법이라 할 수 있다. 그런데 고대에 면적표시법으로는 일반적으로 경무법과 결부법이 있었는데 신라 때에는 토지면적의 표시에 경무와 결부가 혼용되고 있었다 한다.

신라시대에는 토지의 측량술이 상당히 발달하여 토지 경제적 측면, 즉 세수량 파악과 토지분급의 관점에서 측량된 결과를 토지대장에 기록하여 공증하는 제도가 널리 보급되고 있었다. 신라에 토지명세를 기록한 문적류가 존재했음을 밝히는 기록은 삼국유사의 내용 중 여러 곳에 보이며 직접적인 토지대장은 아니지만 대장형식인 소위 정창원 신라장적에는 지방에서 중앙정부에 3년마다 보고했다는 토지수량과 호구관계의 기록, 그리고 또 개선사 석등기에는 신라 때에 토지대장에 기재되었으리라 추측되는 토지 표시의 구체적 내용이 나타나 있다.

삼국유사 권1 이서국조를 보면 거기에는 "안운문사고전 제사납전기운(按雲門寺古傳 諸寺納田記云)"이라 기록되어 있고 또 동권4 원광서학조에는 "납전어점찰보 영동평군지전 일백결시야 고적유존(納田於占察寶 令東平郡之田 一百結是也 古籍猶存)"이라 했는데, 이렇듯 '납전기'니 '고적'이니 하는 것은 그 작성목적이나 외적 형식은 어떻든 간에 사원에서 시주받은 전답의 명세를 기록하는 일종의 토지관계 문서임이 분명하다. 그런데 이들 문기 외에 신라의 토지문서에 관하여는 이마니시(今西龍)가 일단의 연구를 시도한 바 있다. 그는 막연한 토지관계 문적 외에 직접적으로 토지대장에 관계된 기록으로 "가야산(伽倻山) 해인사(海印寺)의 신라시대의 전권(田卷)에 대하여"란 미정고(今西龍, 1970)에서 매계 조위의 일서(逸書) 해인사 전권후(田卷後)를 인용하여 43폭의 전권이 해인사에 있었음을 기술하고 있다. 삼국유사의 기록과 연구 등은 신라에 토지관계 문적이 존재했으리라 추측케 하나 문적의 자세한 면모를 밝혀 주지는 못하고 있다.

토지대장이라 볼 수 있는 명칭이 삼국유사 권2 남부여, 전백제, 북부여조에 기록되어 있는데 거기에는 "부여군자 전백제왕도야 혹칭 소부리군…우안양전장적왈…소부리군전정주첩 금언부여군자 복상고지야(扶餘郡者 前百濟王都也 或稱 所夫里郡…又按量田帳籍曰…所夫里郡田丁柱貼 今言扶餘郡者 復上古之也)"라 하여 양전장적이란 문자를 쓰고 있다.

이 기록은 일연이 유사를 기술할 때 부여가 소부리라는 것을 밝히기 위해 양전대적, 즉 토지대장에 기재되어 있던 소부리군 전정주첩이란 문자를 인용한 것이다.

당시 일연이 본 양전대적, 즉 토지대장은 신라 제35대 경덕왕 16년(757년) 이전에 만들어진 것으로 거기에는 토지등록사항과 기재내용이 상세하게 기술되어 있었을 것이나, 일연은 지명입증에 필요한 것 외에는 유사에 인용치 않아 현재로서는 신라 때의 토지대장의 자세한 기재내용을 알 수 없게 되었다.

신라 때의 양전장적이 현존하지 않아 그 내용을 구체적으로 알 수 없는 처지이기도 하다. 그러나 구체적으로 토지대장에 기록된 내용은 아니지만 신라 제51대 진성여왕 5년(891년)에 건립된 전남 담양군 남면 학선리에 있는 개선사 석등기에는 신라시대의 토지매매 문서에 기록되고 있었다 보여지는 토지 표시에 관한 내용이 보다 자세하게 기록되고 있다. 이 석등기의 내용은 신라시대의 토지매매 및 토지의 종류에 대한 내용으로서 소유관계와 생산력을 연구하는 데 중요한 사료가 되고 있다(김추윤, 1997).

그러나 당시는 토지측량에 의하여 양안이 작성되고 이 양안에 관한 어떤 기록관행이 있었을 것인데 양안에 표시된 토지표시 형식이 일반 토지관계 문서에도 같은 형식으로 기재되고 있었을 것이 인정된다. 그것은 현재의 토지매매 계약서나 기타 토지문서의 토지소유, 지번, 지목, 면적, 소유자 등이 토지대장과 그의 형식은 동일하지 않지만 내용은 유사하게 기재되고 있는 것과 흡사한 것이다.

개선사 석등기의 내용을 토대로 신라시대의 토지대장에 등록하고 있었다 보여지는 내용을 추측해 보면 신라의 토지대장에는 토지소재지, 토지종목(지목), 사표, 토지면적과 소유자(매주, 매주)의 소재, 성명 등이 명기되고 있었음을 알 수 있다.

석등기의 내용 중 토지소재지는 “석보평대업저(石保坪大業渚)”인데 평은 삼국유사, 가락국기에도 신답평이라고 있으며 지금도 지명으로 많이 쓰는 들이다. 저는 전라도 익산의 고명을 금마저라 쓰는 저와 같은 의미로 남부지방에서 옛부터 지구명으로 쓰는 용어이다.

토지지목은 ‘(奧)畓’이고(오답은 사토의 오지에 있는 답) 4표는 1필마다 세 자로 표시하고 있는데 대업저답 다음의 “남지택토 서천 동령행토 북동(南池宅土 西川 東令行土 北同)”과 오답 다음의 “남지택토 동령행토 서북동(南池宅土 東令行土 西北同)”이라는 것이 토지의 사표이다.

면적은 ‘4결’ ‘10결’ 등이며 구소유자(매주)의 주소는 ‘오호비소리(烏乎比所里)’이고 성명은 공서와 준휴(2인 연명)인데 여기의 오호비소리는 삼국유사, 진한조에 보이는 우비소택과 마찬가지로 부윤대택의 경중대택명으로서 왕도귀족이다. 그리고 신소유자(매주)는 승 입운이다. 그런데 개선사 석등기에서 문제되는 것은 토지의 동서남북, 즉 사표의 앞에 기재되어 있는 휴전과 토라는 문자인데 이것은 토지의 형상을 표시하는 것이라고도 하고, 일설에는 휴전은 휴반, 휴계, 토지는 사의 토지, 즉 소재지라 하기도 한다.

그리고 정창원의 신라대적에 연수유전답 관모전, 마전, 내시령답 등의 토지가 있는 점으로 보아 신라의 토지대장에는 농민 보유지 이외의 토지, 즉 사원이나 귀족 문무관료의 토지도 등록되고 있었을 것이나 확실하지는 않다. 이와 같이 토지명세를 토지대장에 등재함에 있어서는 그의 양안의 편제를 현재와 같이 지번단위로 순차 기재 편철하고 있었을지가 관심사이나 신라 때는 토지대장의 형식이 오늘날과 같은 모양이 아니라 토지를 나열식으로 일엽에 순차로 기재하는 형식이었을 것이라 보여진다.

이것은 신라대적의 기재내용이나 당나라의 대곡문서 등을 보아 추측할 수 있다.

신라의 토지대장 이외에 토지형상을 도화적으로 표시하는 현재의 지적도와 같은 토지도면이 신라 때는 존재하고 있지 않았을까. 개선사 석등기의 내용중 토지형상을 문자로 표시한 “휴전” “토” 등의 문언이 있는 점으로 보아 신라 때 토지도면은 지리지지적 도면으로 한결 발달하고 토지형태는 문자로 토지대장에 기록 표시하는 방식이 점차 추진되고 있었던 듯하다. 이런 방식은 신라 이후 조선 말에 이르기까지 토지형상을 토지대장에 문자로 기록하거나 토지대장에 전형을 묘화하는 관행으로 이어져 오게 한 것이기도 하다. 토지의 위치를 표시하는 방법을 기술한 것으로는 개선사 석등기가 유일한 자료인데, 원문 중 토지위치 표시에 관한 것을 살펴보면 다음과 같다.

一百碩 烏乎比所里 公書後休二人

土南池宅土西川　　　　　畦田南池宅土

奧畓十結

東令行土北同　　　　　口東令行土西北同

畦上□

常買其分石保坪大業渚畓四結

反□□

여기서 보이는 "남지택토 서천 동령행토 북동"이니 "남지택토 구동령행토서북동"이니 하는 것이 토지의 위치를 표시하는 것, 즉 사지 표시의 문언이다. 이와 같은 토지의 사지 표시방법은 고대에 있어서 우리 나라와 중국에서 모두 공통적인 현상이었다.

과거에 당나라의 토지문서인 대곡문서가 중국의 토노번 돈황에서 발견되었는데 거기에는 개선사 석등기에서와 같은 토지의 사지 표시방식이 기록되어 있고 아울러 소유주의 명칭이 기재되어 있다. 대곡문서 중 2845호의 내용을 두세 개 찾아보면 다음과 같다.

白苟始田肆畝 佃人楊輩子 東桓王寺 西縣公廨佐史田 南王赤奴 北渠
縣公廨佐史田拾畝 佃人氾義感 東康多允 西康倚 南渠 北渠
羅行感田式畝 佃人高君定 東宋證 西和隆定 南安文通 北國點子

이와 같이 당시 중국의 당나라와 같은 시대의 신라에서는 토지의 사지를 해당 토지의 동서남북에 접속되는 타인의 토지나 자연지물로서 표시하고 있었음이 분명하다.

토지의 사지 표시가 이상과 같다면 신라시대에 금석문에 기재된 토지의 사지 표시방식이 토지대장에도 그대로 기록되고 있었는지 확실히 단정하는 확증은 없으나, 당시에 일반적으로 토지의 사지를 석등기에서와 같은 방식으로 표시하고 있었다고 한다면 토지대장에도 별 변화없이 그런 식의 사지 표시방식이 사용되고 있었을 것이다.

중국에서는 당시 사지 표시방식은 넓은 범위의 토지는 분수령이나 산천으로 표시하고 있었는데 이런 관행은 물론 신라에도 행하여졌고 고려사회에도 계수되었다. 이런 사지 표시방식은 지적도가 작성되지 않거나 지적도가 완비되지 않은 상황에서 토지의 위치를 문자로 표시하는 수단이었다.

사지 표시의 내용을 검토하면 지택은 삼국유사 진한의 경중택명 가운데 보이는 지택이며 '지택토(池宅土)'는 지택이란 부윤대택의 소유지이다. 서천의 천은 문자 그대로 천이며 영행토(令行土)의 영행은 인명이다. 북동은 북도 동과 같이 영행의 토지란 뜻이다. 석등기에는 토지의 동서남북 표시인 사표로서는 지택토, 천(川), 영행토 3자만 보이고 있으나 이외에도 신라에서는 대곡문서에서 나타난 바와 같이 사원토지, 공해전 및 개인토지 등으로 토지의 동서남북을 표시하고 있었던 같다.

토지의 사지 표시, 즉 동서남북을 표시함에 있어 천과 같은 자연지물의 경우 표시로 사용한 것은 자연스러우나 지택토나 영행토 등 개인의 소유지를 경계 표시로 한 것은 주목을 끈다. 개인 소유지를 인접 토지와의 경계 표시의 수단으로 사용하는 것은 이미 이때부터 지택이나 영행토의 개인토지 등도 계량하여 그것 자체의 사지경계를 표시하고 있는 관행이 널리 행해지고 있었음을 의미하는 것이다(김종현, 1977).

이렇듯 개인토지인 지택토나 영행토 등을 토지 사지 표시수단으로 사용하는 경계의식은 지택토나 영행토의 경계설정의 전제 하에서만 가능한 것이며 또 이런 사실은 당시 국가 토지정책과 그에 따른 토지소유제에 의한 토지사유 의식의 반영으로 이것은 토지제도상 토지사유가 고도로 성장 발달한 후의 산물이었다.

제3절 고려의 지적제도

고려시대에는 토지제도를 굳건히 다지는 가운데 전제개혁을 착수하고 전지측량을 단행함으로써 토지제도와 지적제도를 정비했다.

고려는 균전제 실시에 따라 토지분급과 조세징수의 합리화를 위해 토지측량 기술이 진일보되고 토지대장의 작성도 활발했는데 중앙에서 균전사를 파견해서 지방의 토지를 측량하고 토지의 비옥도에 따라 측량 척도를 달리했다(권용우 외, 1996).

토지의 분급계량은 국가적 관심사로 되어 전국적 규모나 일부 지역 등에서 측량을 실시하고 확실한 국토파악 세액의 공평한 산출을 도모하고자 했으며, 토지대장에 의하여 토지를 분급하거나 재분획하는 제도를 실시하고 있어서 토지대장의 종류도 다양했다. 그러나 토지대장이 완전한 형태로 지금까지 남아 있는 것은 없다.

1 토지의 측량기구

고려는 국가체제를 정비하면서 중앙에 최고부서인 삼성을 두고 그 하부 기구로서 국무를 분장하는 6부인 이부, 병부, 호부, 형부, 예부, 공부를 두었다. 그 중 호부에서 토지측량 업무를 처리하고, 또 특별관서로서 급전도감(給田都監), 절급도감(折給都監), 정치도감(整治都監), 찰리변위도감(拶理辨違都監) 등을 두어 토지분급, 양전 등 업무를 관장했다. 호부는 호구, 반전, 공부, 전량을 관장하는 부서인데 설치이후 명칭과 업무내용에 많은 변천이 있었다.

호부는 초기에 민관이라 칭하여 어사, 시랑, 낭중, 원외랑 등의 관원을 배치하고 사도, 금조, 창조 등을 호조에 소속시켰다.

급전도감은 고려초 전시과를 시행할 때 전지분급(田地分給)과 이에 따른 토지측량을 담당한 기관으로 문종대에 설치되었으나 무신란 이후 폐지되었다가 고종 44년(1275년) 다시 부활했다. 원종과 창왕을 거치는 동안 여러 번 개편되었다가 공양왕 4년(1393년) 호조에 흡수되었다. 급전도감(절급도감은 급전도감의 별칭)에는 관원으로 녹사(綠事) 2명, 이속(吏屬)은 기사(記事) 4명, 기관(記官) 1명을 두었다. 정치도감은 전지를 개량하기 위해 충목왕 3년(1347년)에 설치한 임시관청으로 충정왕 1년에 폐지되었는데 여기에는 판사(判事) 4명, 사(使) 9명, 부사(副使) 7명, 판관(判官) 12명, 녹사(綠事) 6명을 두고 이들이 전국에 파견되어 양전을 했다. 찰리변위도감(拶理辨違都監)은 충숙왕 5년에 제폐사목소(除弊事目所)를 개편한 것으로 전국의 토지, 공부 등에 관한 불법을 규찰하는 기구였다. 이상의 기구 외에 양인(量人)이란 벼슬도 있었다(김용운 외, 1982).

양전에는 산사가 직접 종사했으며 토지의 수속을 밝히고 조세를 정확히 계산하기 위한 전민계정사(田民計定使)를 중앙에서 지방에 파견하기도 했다. 충숙왕 1년(1314) 채홍철을 5도순방계정사로 삼아 1년간에 걸쳐 5도의 전적 작성을 끝내기도 했다.

한편 지방의 군현에는 향직단체가 수령을 보했는데, 이 중 재무를 맡은 관직은 사창, 창정, 부창정, 창리 등이었다. 사창은 창부, 창정은 창부향이었던 것이 성왕 2년(983) 관제개혁시 바뀌었는데 양전과 이들이 관련되었던 것으로 보여진다.

토지측량제도는 고려왕조 474년 동안의 양전은 신라통일 이후의 양전제를 그대로 답습하여 개선, 발전시켰다. 양전시는 산사를 대동한 양전사가 중앙에서 파견되어 지방관의 사전 기초조사를 재확인하는 정도로 일을 마친 때도 있었고 처음부터 전국적으로 일제히 양전하거나 또는 분쟁지에 한하여 측량을 한 때도 있었다.

고문서인 경북 칠곡군 약목면 복성리의 정두사 오층석탑조성형지기는 현종 22년(1031년)에 정두사 오층석탑을 건립할 때 시납된 전지에 대한 기록이다. 여기에는 광종 6년(955년)에 송양경이 1차로 측량하여 결심(結審)된 도행(토지대장)을 제작했다는 것과 광종 7년(956년)에 양전사 전수창부향 예언(前守倉部鄕 豫言), 하전 봉휴(下典 奉休), 산사 천달(算士 千達) 등이 송양경이 작성한 도행을 사용, 재조사하여 '작'이란 토지대장을 작성했다는 내용이 기록되어 있다.

이러한 토지대장은 현종 22년(1031년)까지 사창이 보관하고 있었다는 내용으로 남아 있다. 이 사료에서 토지조사 측량기구에는 책임자인 양전사(量田使)와 보조원이 있었음을 알 수 있다(허흥식, 1988).

고려 성종 10년(991년)에 조문선 등이 수로왕릉을 측량했다는 기록이 삼국유사 가락국기에도 보인다. 충숙왕 원년(1314년)부터 6년간에 걸쳐 대양전이 실시되었는데, 이로써 토지를 측량하여 부세를 정하고 식목도감에서 정한 조획에 따라 손익을 참작하여 정하도록 했다. 공양왕 원년(1389년)에도 측량을 했다는 기록이 있는데, 이때는 해빈과 해도의 토지는 측량하지 않았다. 다만, 잉여전과 신개간전은 매년 각도 관찰사가 관리를 파견하여 측량하고 전적을 만들어 주재관에게 보고하여 군수에 충당, 타인의 임의 사용을 불허하며 위반자는 처벌했다. 또한 동왕 3년에는 그간의 전국토에 관한 조사측량으로 토지면적이 밝혀졌다. 이에 따르면 경기 실전은 131,755결, 황원전은 8,387결이며 6도의 실전은 491,343결, 황원전은 166,643결이었다. 이것은 우리 나라 최초의 전국 경작토지에 대한 면적을 밝힌 통계이다. 그러나 여기에는 은결이 포함되어 있지 않으므로 실제의 토지는 이보다 훨씬 많았을 것으로 보인다.

2 토지측량척과 면적 산출

토지측량은 경지의 분배 및 지대의 할당에 공정을 기하기 위해 토질의 양부에 따라 전지의 등급을 매기는 전품제도 아래에서 실시되었다. 토지의 측량척도 학자에 따라 주척이 사용되었다고도 하고 지척이 사용되었다는 주장도 있는 등 이론이 많다.

측량척도의 사용에 있어서도 각 등전에 공통되도록 단일 측량척으로 측량했다는 주장과 3등급에 각각 다른 측량척, 즉 수등이척제(隨等異尺制)를 썼다는 의견으로 나누어진다.

그렇지만 고려 초에는 신라의 구제를 사용했을 것으로 추측되며 중기와 말기에 걸쳐 사용된 측량척은 다소 그 내용이 달라졌을 것으로 보인다. 제8대 성종 대에는 토지의 지품(상전·중전·하전)에 따라 각각 조세를 달리 징수했다. 제11대 문종 8년(1054년) 전국 토지의 전품을 불역(상전), 일역(중전), 재역(하전)의 3등급으로 구분하고 문종 23년(1069년)에 양전보수(量田步數)를 정함에 있어 1결은 방 33보로 하여 6촌을 1분, 10분을 1척, 6척을 1보로 하고, 2결은 방 47보로 정했다. 이것은 결부법을 쓰면서 양전의 보수인 측량척도의 기준을 국가에서 정한 것으로 평가되며 보(步), 적(尺), 분(分), 존(寸)의 순으로 측량척도의 단위수를 정했다. 6촌을 1분으로 했다는 6촌은 다수 학자가 모척=기준척으로서의 6촌이며 이 모척=기준척이 바로 주척이었을 것으로 보고 있다.

주척의 길이는 약 20cm(곡척 6촌 6분) 정도로서 신라 때 당에서 들어온 주척길이는 20.45cm, 세종 12년에 명에서 들어온 주척길이는 20.81cm로 보았다. 반면 일부 학자는 측량척도가 지척으로서 길이는 현재의 19.423cm인 10지척을 기준해서 1척의 길이를 6척 4촌으로 보고 있다. 고려후기에 와서는 면적 조절의 한 방법으로 전품의 등급에 상응하여 측량척도의 길이에 장단이 있게 했다.

비옥한 토지에는 길이가 짧은 양전척을 쓰고 척박한 토지에는 길이가 긴 양전척을 사용했다. 또한 세종실록, 전제상정소 준수조획, 용비어천가 등에 의하여 고려후기에는 지척을 사용한 것으로 추정된다. 측량하는 지척을 각각 달리하되 상등척은 20지, 중등척은 25지, 하등척은 30지를 각각 1척으로 계량했다. 3종의 양전척을 결정한 최초의 표준은 정상적인 농부의 2지를 기준으로 했다.

측량척도는 줄의 형태로 제작되어 사용되고 목제인 보조척이 쓰인 듯하다. 기본척은 조선 때와 마찬가지로 1보마다 소표, 10보마다 대표를 부착시켜 지형을 측량하고 보 미만의 길이는 1척을 10등분하여 1촌까지 눈금을 새긴 목척을 만들어 토지를 측량하되 보의 10분의 1까지 측정했던 것으로 보인다.

면적 산출을 위한 측량계산에는 일반적으로 '방·보(方·步)'의 방식을 도입하여 토지의 형태를 직사각형으로 구획하여 가로폭에 세로폭을 곱해서 넓이를 셈하고 보다 세밀한 측량에서는 토지의 형태에 따라 방전, 직전, 제전, 규전, 구고전 등으로 측량했던 것 같다. 그리고 이들의 넓이는 당시 고려사회에서 통용된 구장산술의 방전장의 수학이론에 따라 보수를 곱하여 측정하는 등 상당히 과학적으로 구획하여 측량했다.

3 토지대장 내용과 지번

고려의 토지대장은 고려말 공양왕 2년(1390년)에 전제개혁을 마치고 새로운 토지제도인 과전법을 실시함에 따라 전국의 구 토지대장들을 수도 개성에 모아 며칠에 걸쳐 불태우고 공사전적(公私田籍)을 사장하는 자는 국법에 위반한 것으로 취급하여 그의 재산을 몰수하는 등 중벌에 처했다. 이로 인해 고려 때의 토지대장은 현존하는 것이 없어 토지대장의 내용을 자세히 알 수 없다.

다만 고려 때의 토지기록 방식이 사찰문서나 금석문 등에 일부 남아 전하고 있기는 하나 이들 내용도 초·중기와 말기에 있어 다소의 차이를 보이고 있다.

고려 때의 토지대장은 도전장(都田帳), 양전도장(量田都帳), 양전장적(量田帳籍), 도행(導行), 작(作), 도전정(都田丁), 전적(田籍), 전부(田簿), 적(籍), 안(案), 원적(元籍) 등 다양한 명칭으로 호칭되었다. 그 중 도행(導行)은 준행(遵行)의 뜻, 준행장(遵行帳)은 타량성책(打量成册)의 초안, 또는 각 관아에 비치된 결세대장(結稅臺帳)이며 작은 관아의 양안, 준전정(遵田丁)은 준전장(遵田帳)이란 뜻이다. 이러한 토지대장에는 작성자가 날인하게 되어 있었다.

초기의 토지대장은 정두사 오층석탑 조성형지기에는 양안을 작성하게 된 동기와 아울러 토지 표시의 방식이 표시되어 있다. 이 사료에는 2개의 토지에 대하여 지목, 형상, 등급, 면적, 위치 표시, 소유주 등이 표시되어 있었다. 지목은 현재의 대와 같은 대가 등급은 하전으로 형상은 장과 방으로, 위치 표시는 당해 토지의 동서남북에 인접한 토지의 기재인 사지방식으로 면적은 토지형상의 장방에 의하여 계산, 기재되어 있다.

중기의 토지대장인 해동금석원에 수록된 고성 삼일포매향비에는 고려중기 때의 토지 표시 내용이 소개되어 있다. 매향비에는 3필의 토지라 기재되어 있는데 이들 토지는 매 필지마다 토지소재지, 면적, 지목, 사표, 진기 여부와 함께 소유자가 명시되어 있다.

토지소재지는 지명아래에 원을 접속하여 사용했고 지목은 전(田), 답(畓)으로 면적은 결(結), 경작지는 기(起), 휴경지는 진(陳)으로 토지위치는 동서남북에 인접한 토지의 기재로써 표시했다. 중기에 와서는 토지의 경작 유무의 상황을 진기로 표시한 점이 초기와는 다른 점이며 또 중기에는 소유자 중심으로 여러 토지를 기재하는 인적 편성주의를 토지대장 작성에 도입했던 것으로 보인다.

고려말에 이르러 정치와 사회가 혼란하여 토지대장과 지번제는 토지장부 정리가 제대로 되지 않았다. 더욱이 전제개혁에 따라 과전법이 실시되면서 구 토지대장이 없어지고 과전법에 맞는 신토지대장이 작성되었다.

고려말 공양왕 때 과전법 실시와 함께 자호(지번)제도가 창설되어 정단위로 자호를 붙여 대장에 기록했다. 정은 당시 지방행정구역의 등급표준으로 토지의 일정한 구획면적 단위이며 수정을 모아 1읍으로 했다. 이 정은 결·부·속 외에 결위에 있는 토지면적 파악의 단위이며 지역의 국역 사정에 따라 20결, 15결, 10결 등으로 1정을 만들어 '○○읍 ○○정'으로 토지를 표시한 듯하다(김종현, 1977).

지번은 정을 기준으로 정내에 있는 모든 토지를 천자문의 자순에 의해 천자정(千字丁)에서부터 야자정(也字丁)까지 지번을 부여하여 1천정에 이르게 했다. 이것은 조선에 와서 1자 5결 제도의 기초가 되었다. 말기에는 이와 같이 정을 단위로 대장을 만들고 각각의 정에는 지번을 붙인 나음, 그 토지 소유자의 이름을 쓰게 함으로써 조·중기의 인적 편성주의에서 물적 편성주의로 토지대장의 편제를 바꾸었다.

인명 중심으로 그 소유토지를 기재하면 토지등록의 잘못이나 부정을 알기 어려운 것이 당시의 실정이었으므로 이를 개혁하여 정마다 토지를 기재하여 토지를 정확히 파악코자 토지대장의 편제를 물적 편성주의로 바꾸게 되었던 것이다. 고려시대의 지적제도는 선진기술이 대륙을 거쳐 반도에 전래되면서 신라시대의 지적제도보다 한걸음 발전된 형식으로 진전되고 있었다.

제4절 조선의 지적제도

조선시대에는 고려의 양전제도가 보다 구체적으로 보완, 정비되었다. 종래의 국유인 왕토사상에서 소유관계의 발전적 변화가 나타나면서 경국대전 등 국가법령에 양전에 관한 조문이 공포되고 양안의 작성과 토지의 변동사항의 파악을 위한 개량 및 토지거래를 위한 문기와 이의 실질적 심사권을 행사한 입안절차를 통해 공신력을 부여하도록 했다(한국지적학회, 1987).

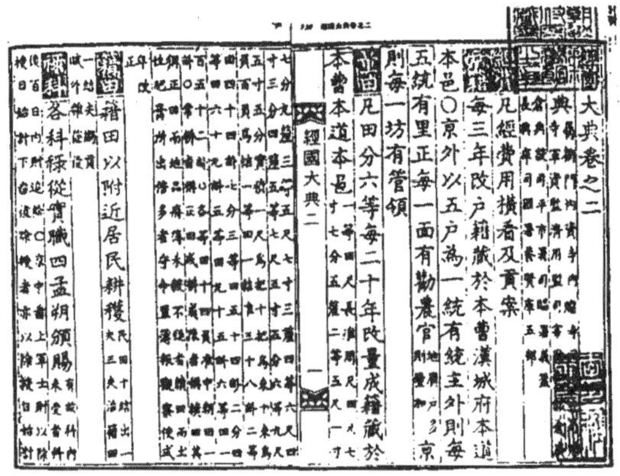
經國大典卷之二
凡經費用損者及貢案
每三年改戶籍藏於本曹漢城府本道
本邑○京外以五戶爲一統有統主外則每
五統有里正每一面有勸農官
則每一坊有管領
量田 凡田分六等每二十年改量成籍藏於
本曹本道本邑
經國大典二
籍田 籍田以附近居民耕穫
祿科 祿科從實職四孟朔頒賜

(그림11) 경국대전의 양전 내용

토지는 모두 6등급으로 나누고 20년마다 한번씩 다시 측량했으며 초기에는 등급별로 사용하는 척도 모두 달랐다. 토지대장은 양안이라 하여 본래 3부를 작성하여 호조와 본읍에 비치토록 하고 크기는 '2척2촌(二尺二寸)' × '1척5촌5분(一尺五寸五分)'으로 했다.

조선왕조 재정의 기반은 토지에 있었으므로 조정에서는 특별히 양전에 큰 관심을 가지게 되었다. 과세대상인 토지는 경작지의 사정이나 자연적 조건 등으로 그 상태가 변동될 수 있으므로 그에 대한 상황을 파악하는 양전의 실시는 세제의 올바른 운영을 위하여 필수조건이었다. 그리하여 세종대에는 20년마다 한 번씩 토지를 측량하는 양전법이 제정되었으며 이것이 경국대전에 수록됨으로써 이조 말까지 준수되는 성문법이 되었다. 양전에 관하여는 이 양전법 외에 양전 때마다 양전사목이 공포되기도 했으며 효종대에는 준수책이 공포되기도 했다. 이 시기에는 측량척도의 큰 변화가 있기도 했으며 말기에는 문란한 양전제에 따라 실학자들의 양전개혁론도 활발했다.

조선기는 여러 방면에 걸쳐 사회변동이 급격히 진행되는 시기였다. 당시 경제상 변화 가운데 가장 두드러진 것은 토지소유의 집중으로 사회의 기본적 모순을 형성하고 있는데, 이 토지소유의 집중이 많은 농민을 토지에서 이탈시켰기 때문이다. 이러한 상황이 전개되자 당시 사회의 모순을 근본적으로 해결하고자 하는 사상적 개혁론이 나타나기 시작했다. 학문에 있어서 이실구시(以實求是), 실사구시(實事求是)를 주장하며 이 정신을 실천하는 데 있어서 정치에 구현하기를 역설하는 실학파의 등장이 그것이다(지종덕, 1992).

이 시대는 대체적으로 서구의 후기 중상주의 시대여서 이른바 본원적 축적도 상당히 진보되었고 이후에 개화될 자본주의 경제체제를 준비하느라 해외 활약이 눈부시게 활발하던 시기이다. 실학파의 토지론은 공리사상의 원리를 구현하기 위한 기본조건으로 소유 또는 분배의 균형을 제도적으로 정립하는 것이었다(금장태, 1984).

실학파들의 토지개혁론은 유형원의 균전론, 이익의 한전론, 박지원의 한전론, 정약용의 정전론·여전론, 서유구의 둔전론 등이 그것이다.

실학자들은 토지제도의 문란을 해결하는 방편으로 토지지배방법인 결부법(結負法)을 경무법(頃畝法)으로 개편하고 어린도(漁隣圖)를 작성할 것을 주장했다.

국정이 문란해지면서 민란이 전국적으로 파급되자 민란의 수습책으로 제시된 시정 개혁론 중에서 허전, 강위를 비롯한 다수 인사들의 토지개혁론이 제기되었다.

토지개혁을 주장했던 사람들은 각 단계별 시기마다 당시의 사회 실정, 특히 토지소유 관계를 중심으로 하는 농촌 현실에 정통한 관리 및 학자와 사회운동가가 주류를 이루었다. 당초 토지개혁론은 초기에 과전법 체제라고 하는 현실적인 토지개혁 정책에 근거를 두었는데 실학자들은 실사구시로서 역대 고전의 섭렵 위에 현실을 바탕으로 제시했다.

정약용은 목민심서를 통하여 토지개혁을 위한 새로운 양전방안으로 정전제 시행을 전제로 하는 방량법과 어린도법 시행을 주장했는데 "결부제 하의 양전법의 결함은 전지를 측도하기 어려운 데 있는 것으로 이를 경무법으로 고치면 좋지 않겠는가. 1자 5결법이나 사표법의 부정확성을 시정하기 위해서는 어린도를 작성하지 않으면 안 된다. 진기(陳起)의 파악을 분명히 하기 위해서는 정전제나 어린도와 같은 국토의 조직적 관리가 필요하다. 연사(年事)의 흉풍을 조사하는 데는 어린도를 세고하면 부정을 막을 수 있다. 그 방법으로는 나라 안의 전을 모두 정방형으로 구분하여 사방이 100척으로 된 정방형의 1결의 형태와 같이 작성한다는 것" 등이다. 방량을 위한 구체적 방법은 모전(模田)을 작성하는 것과 방량법에 의한 측량을 할 때 모범이 되도록 하는 것이며, 이 밖에 모든 군현에서 측량의 방향을 일정케 할 것을 주장했다.

이것은 농지 소재를 정확하게 파악하기 위한 방법이며 결함을 근본적으로 시정하기 위해서 방량으로 파악된 농지에 어린도를 작성하는 것으로 해결하려 했다.

어린도는 방량법의 일환으로 작성된 것이며 양전시에 화공이 경전관 지시에 따라 휴단위

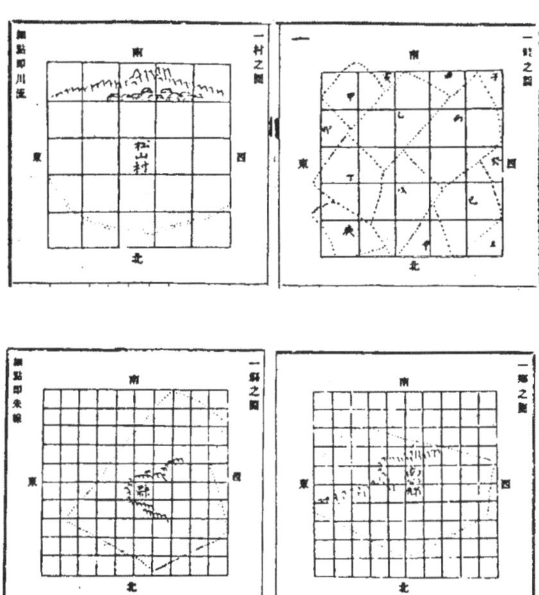

(그림12) 정약용의 어린도

(畦單位)로 도를 작성하고 휴내에 포함된 25구의 무(畝)와 무내에 포함된 전답의 경계를 묘사하는 것이다. 휴의 도면은 방량으로 확정된 휴전의 도면을 작성하는 것이다.

방법은 휴는 묵필로 자오선을 기준으로 그어지는 경위의 선으로서 경계를 구획하고 휴내의 25개의 무도 각각 1구로서 경위선으로 구획하여 내부에 포함된 전답 매필지는 실필지선으로써 구획토록 했는데 이 도면이 일휴지도(一畦之圖)이다.

어린도의 작성은 ①자오선을 바르게 하고서 이 선에 의해서 도를 작성하고, ②반드시 경위의 선은 그어야 하며, ③도의 표시방법은 분명토록 했다. 또한 도장에 대해 도설을 붙이고 소유권자에게 증서를 발행하는 문제 등 비설을 위해서 작성한 대장이 전적으로 그 당시의 양안과 흡사했다(한국지적학회, 1987).

서유구는 의상경계책(擬上經界策)을 통하여 구래의 양전법이 방량법과 어린도법으로 개정돼야 한다고 주장했다. 결부제와 양법이 동시에 전면적으로 개혁된다는 것은 구래의 토지제도에 큰 변혁이 오는 것이므로 여러 민란이 일어날 수 있다며 이것을 방량법의 실시에 따른 수법과 양법의 교육으로 대비하려 했다. 그래서 구고삼각법에 의해 양전수법십오제를 마련하고 있었다. 양전을 조직적으로 하나의 원칙 속에 전국토에서 시행하기 위해서 양전사업을 전담하는 전문관사 설치를 건의하기도 했다.

또한 전국 농지를 어린도로 작성할 것을 구상하고 정정방방(正正方方)의 매 10경의 농지를 1구로 하여 한 자호로 표시하고 이를 어린도에 있어서의 1구로 삼으려 했다. 전국의 농지를 10경 1구를 어린도로 작성하여 파악하면 향·읍·국의 농지면적을 정확히 파악할 수 있고 전정의 폐단을 시정할 수 있다는 것이다. 정약용, 서유구의 양전론은 체제변혁을 전제로 한 농업개혁을 구상하고 그 일환으로 그 시대 전정의 기반이었던 결부제를 폐지하고 그와 표상관계에 있는 양전법을 전면적으로 개혁하는 것이었다.

양전론은 그 후 김성규의 양정비고(量政備考), 이기의 전제망언(田制妄言), 그리고 구정양법사례병도설(丘井量法事例竝圖說) 등에 의해 계승되었다. 정약용의 양전론은 후학들에게 많은 영향을 주었고 일본의 지조 개정을 모델로 한 지조개정안은 토지조사시 영향을 주었다(박순표 외 2, 1993).

이기는 해학유서에서 종래의 양전방법이며 측량의 척도인 주척에 의한 수등이척법에 대한 개선으로서 망척제(網尺制)를 주장했다. 망척제는 전지를 측량할 때 정방형의 눈들을 가진 그물을 사용하여 전지가 그물 속에 들어온 그물 눈을 계산하여 면적을 산출하는 방법으로 방형, 원형, 직·호형(直·弧形)에 구애됨이 없이 그물 한눈한눈에 들어오는 것을 계산하도록 했다. 또한 전안을 작성하는데는 반드시 도면과 지적이 있어야 비로소 자세하게 갖추어진 것이라 했다.

도면은 명나라의 어린도와 같고 지적은 당시의 장적과 같은 것이다. 또 그림을 그릴 줄 아는 사람을 뽑아 산, 시냇물, 도로, 역읍(域邑), 여리(閭里) 등 모든 곳을 전지의 방, 원, 직, 호형 등에 따라 차례로 토지 모양을 닮게 그린다. 권내에는 모자모전(某字某田) 약간두(若干抖), 약천승(若千抍)이라고 써넣었는데 한 자호를 5결 이상으로 하고 산이나 천택 사이와 같이 지세가 협소하여 5결에 차지 않는 곳은 한 폭의 종이에 표시한다.

사계의 이르는 곳도 적어 서기에게 주면 서기는 그 차례를 찾아 장적에 기입하고 모리모소(某里某所), 모자호(某字号) 모전, 약간두, 약간승, 제 몇등, 약간결(若干結), 약간부(若干負)라고 쓰고 전주의 성명과 현재의 경작자 성명을 기입한다. 그리고 완성되면 관청과 면에 한 벌씩을 비치하여 필요할 때 고증할 수 있게 하는 한편, 사사문권(매매증서)은 관청에 제출하여 입안하게 할 것을 주장했다(지종덕, 1999).

조선왕조에서 양전업무를 담당한 기관은 중앙부서로서 호조가 있었다.

호조는 호구, 공물, 부역, 전토 및 식량, 기타 재화 경제에 관한 정사를 맡아보던 관청으로 태조1년(1392년)에 설치되었으며 소속기관으로서는 판적사, 회계사, 경비사의 3사가 있었다. 이 중 판적사가 양전업무를 담당했는데 이 판적사는 호구, 양지, 조세, 부역, 공납, 농사, 잠업의 권장, 풍흉의 조사 및 진대 염산 등에 관한 일을 맡아 보았다. 지방에는 관찰사 및 각 고을 수령이 양전 업무를 취급했으며 실제 양전에는 산사가 종사하며 때로는 중앙에서 양전사 또는 경차관을 파견하기도 했다.

조선왕조에 들어와서는 여러 번의 양전이 있었다. 측량척은 준수책의 규칙을 준수하며 1등척으로 만들며 양쪽 끝에는 낙인을 찍어 감영에 보내어 사용케 했다. 이것에 의하여 양승을 만들었는데 이것이 삼노끈이나 새끼줄일 경우 물에 젖으면 신축성이 생기므로 물에 젖어도 신축이 되지 않는 대나무자(竹索) 싸리나무자(木丑索) 따위로 만들어 측량케 했다. 또 이 측량척에는 1보마다 소표, 10보마다 대표를 부착케 했다.

1 토지측량의 기준

① 모든 토지는 6등급으로 나누어 20년마다 한번씩 토지를 다시 측량하여 지적을 만들어 호조, 본도, 본읍에 비치하여 둔다.
- 1등전의 척장은 주척에 준하여 4척 7촌 7분 5리이고, 2등은 5척 1촌 7분 9리, 3등은 5척 7촌 3리, 4등은 6척 4촌 3분 4리, 5등은 7척 5촌 5분, 6등은 9척 5촌 5분이다.
- 실면적(사방) 1척을 파라 하고 10파를 속, 10속을 부, 100부를 결이라 한다.
- 1등전 1결은 38무에 준하고 2등전은 44무 7분, 3등전은 54무 2분, 4등전은 69무, 5등전은 95무, 6등전은 152무에 준한다.
- 각 등전 14부는 중국 명률에 의하면 전 1무에 해당한다.
- 항상 계속하여 경작되고 있는 토지는 정전, 때로는 경작하고 때로는 휴경하는 토지는 속전이라 칭한다.

② 모든 토지는 1등척으로 측량한다.
- 2등 이하의 척도는 원전에는 있으되 지금은 사용하지 않는다.

③ 그러므로 각 토지의 등수를 체, 강할 때에는 결부의 실적에 차이를 둠으로써 이를 표시한다.
- 1등전 1부는 2등전 8분 5리, 3등전 7분, 4등전 5분 5리, 5등전 4분, 6등전 2분 5리로써 이에 대등시킨다. 이것은 매등 1부에 1속 5파를 감하는 셈이다.

④ 폐성된 기경선을 막론하고 5결이 되면 1자호를 붙여 지번순을 표시한다.
- 천자문 글자를 순차대로 사용하며 각 자는 다시 1, 2, 3으로써 그 순차를 삼는다.

- 전형이 명백치 않은 곳은 방전과 직전을 만들어 이를 측량하며 경사져서 떨어진 전지는 별도로 전형을 만들어 측량한다.

⑤ 모든 전지는 사방의 표식과 전주의 이름을 양안에 기록해둔다.

- 서로 분쟁 중의 토지가 판결이 난 경우에는 득송한 자로서 전주를 삼으나 미결인 경우에는 잠시 시집으로써 전주로 기록해 두었다가 추후에 조사하여 판별이 나면 토지대장 명의에 구애받지 않고 정정한다.
- 폐경전도 역시 전주를 기록해두며 무주지는 무주라고 기록해둔다. 문적도 없이 자기의 소유라 거짓 칭하고 전주라고 기록하는 자는 장 1백에 처한 후 원지에 정배한다.
- 아무 관계도 없는 자가 전주가 원지에 거주함을 기화로 타인의 권리를 자기의 명의로 허위 기록한 자는 장1백에 처한 후 3천리 밖으로 유형한다.

⑥ 속전 및 가경전으로 기록된 토지라도 이미 당시 경작되고 있는 경우에는 모두 정전에 따라 등급을 정한다.

⑦ 화전은 모두 6등으로 나눈다.

- 전지의 등수를 승강할 때에 수령이 실지와 맞지 않게 승강하면 수령을 구속 사문하고 처벌한다.

⑧ 북관제도에서는 양전을 필한 후에 새로 기경한 토지가 있을 때는 원결에 첨입하지 않고 모두 속전으로써 이를 기경함에 따라 조세를 징수한다.

⑨ 화전은 25일경으로서 1결을 삼고 별도로 화전대장을 만들어 자호를 배정하지 않고 다만 지명만 적어서 원전과 혼동되지 않도록 한다.

⑩ 기전의 수전은 4등전을 수위로 삼고 한전은 모두 6등으로 삼는다.

- 각종 위전 및 관둔전은 위전, 관둔전에 편입되기 전에 이미 등수가 정하여 있으면 승강하지 않는다. 다른 제도에서도 이와 한가지로 처리한다.

⑪ 균전사가 그 도의 수명의 범죄를 사문할 때 통훈대부 이하는 스스로 결정하고 통정대부 이상의 경우는 왕에게 보고하여 처단을 묻는다.

- 제감관 이하는 처형 또는 견책하되 만일 조관이 이에 연루됐을 경우에는 상부에 보고한다.
- 의당 법률에 저촉되는 자는 유형한 후에 보고한다.

⑫ 전지를 개량할 때에 감관 등 기경지를 폐경지로 하고 폐경지를 기경지로 하거나 또는 전형이 사실과 맞지 않거나 사(私)를 위하여 함부로 누락시키거나 고의로 사실과 어긋나게 하는 자는 매 1부에 대하여 태 10하며 장 1백에서 벌을 그친다.

⑬ 각 읍의 토지대장이 완성되었을 때에는 그 말단에 반드시 해부인의 성명을 기록해 둘 것이며 추후에 조사하여 착오가 있는 경우에는 감관은 낙루망창자율로서 논죄한다. 만일 과실로 인한 착오가 생긴 경우에는 감독하여 논죄한다.

⑭ 제감관 및 감관은 사대부로써 택차한다. 이 경우에 이를 염피하는 자는 원피차역률로서 논죄한다.

⑮ 토호가 전지의 결부 수를 속이고 그 죄를 면할 것을 꾀하여 노예 명의로 전부를 삼는 자는 조관을 막론하고 장 1백에 3년 종형에 처한다.

⑯ 토지를 측량할 때에 소관인(서원 및 지시인 등)이 민간을 함부로 착취하는 자는 은결율로써 논죄한다.

⑰ 모든 양전시 범인은 그 경중을 막론하고 사전(赦前)을 가리지 아니한다. 수형으로서 파직된 자는 5년이 경과해야만 복직할 수 있다.

⑱ 제언의 측량에는 희백척을 사용하며 정안(正案)에는 남에서 북쪽까지 몇 척, 동에서 서쪽까지 몇 척 둘레 몇 척이라고 등급란에 기록하고 결수, 자호를 쓰지 아니한다.

2 토지형태와 면적산출

전형과 면적산출에 있어서 조선시대 초기까지는 방전제를 사용했는데 그 후 점차 전제를 개정하고 전형의 종류에 의하여 면적계산의 법을 달리하게 했다.

토지의 실제 지형으로서는 위의 것 외에 양직전·사전·사불등전·미전·우각전·엔전·환전·호시전·오각전·육각전·사형전·대고전(兩直前·梭田·四不等田·眉田·牛角田·円田·環田·弧矢田·五角田·六角田·蛇形田·大鼓田) 등이 있었으나 이들은 방전, 직전 등의 형태로 만들어 그 면적을 산출케 했다. 따라서 이렇게 산출된 면적은 토지의 실제 면적과는 상당한 거리가 있었다. 각 전형의 면적산출법은 다음과 같았다.

방 전 : 한 길이를 자승
직 전 : 장광을 서로 곱함.
제 전 : 대소두의 절반을 상쇄하여 장으로 곱함.
규 전 : 장광의 절반을 곱함.
구고전 : 구·고를 서로 곱한 것을 절반함.

자번호 제도도 실시되었는데 토지에 대한 자번호제는 고려말부터 시행되어 왔고 조선조 초기에도 고려의 자번호제도를 습용하여 양전에서 결수를 계산하여 정을 만들고 정마다 1자를 부여했다.

자번호는 자와 번호로써 토지에 기호를 붙임에 있어 천자문의 글자를 썼다. 이는 천지인 등의 순서로 토지에 부호를 붙이고 다시 1자 내에 1, 2, 3등의 번호를 붙여 토지지번을 진행시켰다. 천자 제1호, 제2호, 지자 제1호, 제2호 등으로 한 것은 고려 때와는 다소 달라진 자번호제이다.

자번호제에서의 1자는 토지면적 5결로 한정하여 5결마다 1자중(字中)의 번호를 끝맺고 다음으로 넘어가게 했다. 따라서 자는 흡사 토지구역을 나타내고 번호는 오늘날의 지번에 해당된다. 세종 26년에 비로소 구체적으로 양전법을 정하여 5결마다 1자를 붙이고 자마다 순차 번호를 붙이도록 했다. 그러나 1자 5결제는 그 자체로 문제가 많아 인조 24년 8월 1자 5결의 곡정방안이 논의되었으나 시행을 보지 못했고, 그 후 숙종 35년의 해서양전(海西量田)에서 1자 5결의 양전방식이 행해졌으나 또한 1자 5결의 폐단이 생겼다.

한번 양전하여 자번호를 붙인 토지에 대하여는 그 후 개량한 경우에도 그의 자번호는 이를 변경하지 않는 것을 원칙으로 했다. 양전 후 새로이 기간된 토지가 있을 때는 그의 인접지의 토지의 자번호에 지번을 붙여 표시토록 했다.

후대에 와서 양전법이 해이해짐에 따라 양전관사는 개량 때 구자번호를 변경하게 되었고, 이런 경우 양안에는 토지의 상당란내에 자번호 변경의 사유중 구천자 금지자(旧天字 今地字) 등과 같은 용어를 기입하여 토지 식별이 용이하게 했다. 그런데 고의로 자번호를 변경하여 사사로움을 꾀하는 자가 생기면서, 신·구 자호의 기재 누락으로 신자호의 토지가 구자호의 어느 토지에 해당하는지 불분명해지면서 신구 양안의 대조시 명확하지 않음으로써 토지 표시와 토지의 실제와는 종종 혼란을 초래하기도 했다.

3 토지대장 내용과 지목

조선왕조에 와서는 현재의 토지대장에 상당하는 것의 양안이 있었다. 이 양안은 토지과세의 대장으로 사용되고 토지이동에 따라 수시로 정리되지는 않았으나 토지의 성질 및 연혁 등을 알 수 있는 중요한 토지부책이었다.

토지대장은 지방에 따라 전안, 양전대장(量田臺帳) 또는 타량성책 등으로 불리우고 또 조장연대에 의하여 신양안·구양안으로, 군현단위의 토지대장이면 모군모현양안, 면단위의 것이면 모면양안, 동리단위이면 모동리양안, 개인단위이면 모택양안이라 불렸다. 또 사궁장토에 관한 양안은 국왕이 열람하므로 이를 어람양안(御覽量案)이라고도 불렸다. 양안은 토지측량때 만들어진 것이므로 그의 측량한 명세가 기입되었다.

즉, 연 또는 세를 양안에 관기하며 강희(康熙), 건강(乾降), 가경(嘉慶), 옹정(雍正), 광무양안(光武量案) 등으로 불렀다. 혹은 간자를 관기하여 갑자양안(甲子量案), 강무양안(康戊量案)이라고도 불렸다.

양안은 종 2척 2촌, 횡 1척 5촌 5분의 크기이며 최상의 제지를 사용했고 철목(綴目)은 철로 싸여 있었으므로 철권대장(鐵券臺帳) 또는 철골대장(鐵骨臺帳)이라고도 한다.

경국대전에는 매 20년마다 한 번씩 양전하여 양안을 새로이 2부 작성하여 1부는 호조에, 1부는 각 군에 보관하여 징세 및 토지증명용에 공하게 했다. 그러나 실제로는 20년마다 새

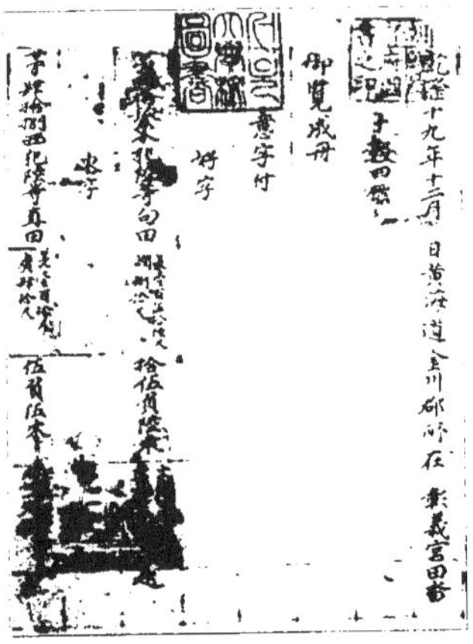

(그림13) 조선의 토지대장

로이 작성되지도 않았으며 지역에 따라 일부분의 토지가 개량되어 양안이 수정되었을 뿐이며 토지이동이 있어도 양안은 수시로 정리되지 않았다.

양안은 기재양식 및 내용에 있어서 그 종류가 많았으나 거의 동일했다. 거기에는 토지 소재, 지번, 면적, 결부, 측량순서, 토지등급, 토지의 모양(지형), 사표, 동기상황, 신·구 토지 경작자 또는 전주 등이 기재되었다. 다만 개인양안에는 작인이나 두락 및 도조관계를 더 기록하고 있다. 몇 가지의 양안을 살펴보면 다음과 같다(김종현, 1989).

(1) 강희양안

가장 잘 작성된 양안은 강희(康熙), 건강시대의 것으로서 이 시대에는 전제 및 세제의 개정이 많았다. 강희 60년 11월 김해부경자개량전안(金海府庚子改量田案)은 기해의 세, 발표된 양전사목(측량규정)에 의하여 개량된 것으로 강희양안 또는 경자양안이라 한다. 이 양안에서 "활천면"이란 면 이름이며 "윤자(閏字)"란 천자문 중의 1자로서 "양장동원(良將洞員)"과 함께 대자·소자를 뜻한다. 토지면적은 결부로 표시하고 5결마다 천자문의 1자를 부여했는데 윤자가 이에 해당한다. 제1단의 제20대 동범육등제전(東犯陸等梯田)이란 윤자의 21번지의 토지를 말하며 동범은 서에서 동쪽으로 진행하는 것(측량방향)으로 이 토지는 서의 토지를 측량한 후 차차 동으로 진행하여 본지를 측량한 것으로 풀이된다.

'육등'은 토지의 등급을, 제전은 지형을 뜻한다. 양전사목에는 지형을 7종으로 구분, 측량하여 양안에 기재토록 했는데 후기에는 예외규정도 두고 또 직접 지형을 그림으로 양안에 등재하게도 했다.

방 전 : 정방 4각형
직 전 : 장방형
구고전 : 직각삼각형
규 전 : 정삼각형
제 전 : 사다리꼴형
능 전 : 마름모꼴형
삼광전 혹은 요고전(腰鼓田) : 고형(鼓形)

제2단은 면적, 제3단은 결부, 제4단은 사표, 제5단은 동기의 상황을 기재하고 주(主)에는 그 토지의 경작자 또는 전주를 기록했다. 제6단은 전후의 경작자 또는 전규명이다.

"기상전답오결(己上田畓五結)"은 1자 5결에 해당한 그의 자호의 소계를 나타냈으며 다시 이를 전답으로 구분 결부를 표시하고 진기(陳起)와 아울러 다시 부부세전답(負賦稅田畓), 출부세전답(出賦稅田畓)의 결수를 기재했다.

(2) 어람양안

장토(庄土)에 대한 양안에는 장토의 소재, 면적, 소직인의 씨명(氏名) 등을 기재하고 유토 면세지, 즉 순전히 사궁장토에 한하여 이를 작성했다. 양안에서 미산은 토지 소재의 면명장용영신환

(面名壯勇營新煥) 둔전답이란 원래 장용영의 둔전답이었으나 궁장토로 변경된 것이며, 계란 어람제의 인, 경이란 경우궁을 가리키는 것이다. 정사 정월초 6일은 어람양안 조제일자, 빈자(賓字) 이하는 토지의 표시로서 토지의 위치, 품등, 토지형상, 광협, 사표 및 소작인 등을 나타내고 있다.

(3) 면양안

숙종 말년 완산군 우전면 일부에 해당되는 난전면양안(亂田面量案)에서 학자답이란 양전의 단위(5결)를 천자문의 순서로 표시한 것이며 제1행의 제1, 제2등은 양전단위에서의 지번, 제2행의 남범은 양전의 방향, 제3행의 사등은 전답의 등급, 직답은 전답의 형상, 제4행의 것은 지형의 실제 거리를 양전척으로 측량하여 표시한 것이다. 제5행은 위 토지의 실제 면적을 등급별로 계산하여 얻은 전답의 넓이(결부)로서 전결에 대한 세의 부과기준, 제6행은 전답의 사표, 제7행의 진기는 기경전인가 진전인가를 표시한 것이다.

주모(主謀)는 현재 그 전답을 소유하고 있는 사람을 기재한 것이다. 토지의 지목에 있어서는 조선시대에도 고려중엽 이래 행해진 수전, 한전의 2종으로 토지를 정했으며 중엽 이후는 수전의 수자(水字)와 전자(田字)와를 합하여 답자(畓字)를 만들어 쓰고 한자는 이를 생략하여 단지 전이라 썼다. 건물부지인 전은 이를 대라 칭하는데 지목은 비로소 전·답·대의 3종으로 되었다. 전에는 또 그 성질에 따라 정전, 속전, 강등전, 강속전, 가경전, 화전, 반전 등이 있었다. 정전이란 항상 경작하는 토지이며, 속전은 때로는 경작하고 때로는 휴경하는 전이다. 강등전은 양전시 그의 등급을 내린 전, 강속전은 일단 등급을 내린 후 아직 경작을 원하는 자가 없기 때문에 재차 등급을 내린 전을 말한다.

가경전이란 양안 기재 이외에 새로이 토지를 기경한 것으로, 이를 장외신기(帳外新起)라 한다. 해서지방에서는 이를 한광전이라 하여 별도로 장부를 만들었다.

반전이란 답으로써 전으로 변경하는 것을, 화전이란 산에 불을 놓아 칠(漆), 율(栗) 등을 파종하는 전이다. 화전에 대하여는 양전을 하지 않고 단지 견입면적(見込面積)에 의하여 25일경으로서 1결로 하고 별도로 성책을 만들어 자번호를 부여하고 소재지명을 기입해둔다. 기타 지목으로는 노전(蘆田), 초평(草坪)인 진전(陳田), 도전(睹田), 죽전(竹田), 송전(松田), 저전(苧田), 완전(莞田), 칠전(漆田), 과전(果田) 등의 토지가 있다.

답에는 원답인 원장부, 즉 양안에 답으로 등록되어 영구한 지목의 변화가 없는 것을 말하며 반답, 저답, 건답 등이 있는데 반답은 한전을 수전으로 변경된 것을 말하며 기타 지목의 토지는 그 명칭이 나타내는 것과 같다. 도전, 죽전, 저전, 완전, 칠전, 과전으로서 상당한 수익이 있는 토지는 다른 일반전지와 동일하게 취급하며 반전, 반답으로서 지목변화가 빈번한 토지는 조사 당시의 현상에 의하여 지목을 결정한다.

대는 건물의 부지로서 이를 가대(家垈), 가기(家基) 또는 기지(基址)라 칭한다. 보통 대라할 때에는 관습상 단지 건물이 존재하는 곳만을 지칭하며 이에 부속된 토지도 포함하여 대전(垈田) 또는 공대(空垈)라 했다. 대전 또는 공대에는 소채, 죽림을 재식하므로 이를 채전 또는 가원이라고도 칭했다. 기타의 토지는 삼림과 소야를 묻지 않고 모두 이를 산야라 칭하며 능원묘의 부속지 태봉산, 향탄산, 봉산, 항역산, 금산, 진보산성 등을 제외하고는 소위 무주공산으로 취급했다.

제5절 대한제국의 지적제도

1 양지아문의 토지측량과 양안

조선말의 일련의 근대적 개혁 주장은 여러 차례의 시행착오를 거치면서 마침내 광무개혁이라는 형태로서 매듭지어졌다. 당시 실정은 임오군란 이후는 청국, 청일전쟁 이후에는 일본, 아관파천 이후에는 러시아에 의지했으나 조정 내부에서 자주독립의 국민적 자각이 싹텄다. 청일전쟁이 끝난 1896년 이후 열강의 세력균형이 대한제국 성립의 외적요인이 되었고 자주독립에 대한 국민적 여론이 내적요인이었다.

국왕을 황제로 존칭하려는 움직임 속에 1897년 9월 17일 고종이 황제 위에 오르고 국호를 "대한제국(大韓帝國)"이라 했다. 토지개혁은 1884년 개화당의 갑신정변의 개혁, 1894~1895년까지 갑오을미개혁, 1896~1904년까지의 광무개혁으로 이어졌다. 이러한 시대적 배경 속에 시도되었던 정책개편은 토지측량인 양전을 기축으로 전개되었다.

토지측량의 주요한 의의는 토지조세, 지대 등의 수입원의 확대에 있었고 부수적으로 전품등제의 사정 등 조세징수의 기술적, 방법적 문제도 포함되어 있었다.

그리고 토지거래의 국가관리라는 측면에서는 종래의 입안제도를 염두에 두면서도 이전과 달리 전면적으로 확립된 사적소유권을 보장한다는 차원에서 양전사업을 추진할 것을 계획했다. 그런데 국가의 재정적 입장을 고려한 종전의 양전방식을 그대로 도입해서는 소기의 목적을 달성할 수 없어 대한제국 국가는 새로운 경제변동에 적합하도록 토지조사의 원칙을 수립했다.

양안 작성을 위한 토지측량은 1898년 6월 23일 내부 대신 박정양과 농공부 대신 이도재가 의정부에 '토지측량에 관한 청의서'를 제출하여 대신들의 격렬한 논쟁 끝에 국왕이 사업실시를 결정했다. 양전을 담당할 아문의 처무규정을 올리라는 국왕의 소칙을 받고 정부는 곧 내규를 작성하여 광무 2년인 1898년 7월 6일 전문 24조로 된 양지아문 직원급처무 규정을 칙령 제25호로 공포함으로써 양전사업을 담당할 기구가 탄생했고 양전사업에 관한 총본부는 양지아문이 되었다.

양전사업을 담당할 새로운 기구가 탄생한 것이다. 이전까지 양전은 원래 호조 소관이었고 갑오년의 양전에 관한 소칙에서는 양전을 내부에서 전담하도록 명하고 있었는데 비로소 양전을 위한 독립관청이 탄생한 것이다. 양지아문은 내부, 탁지부(度支部), 농공상부와 동등한 위치에 있으면서 서로 밀접한 관계를 맺게 했다.

특히 내부의 토목국과 판적국, 탁지부의 사세국, 농공상부의 농무부와 광산국 등이 관련된 기구였다. 그 기관에서 양전조례 등 각종 법령을 정비하면서 준비작업을 시행하다가 1899년 여름부터는 양전사업을 본격적으로 실시했다(지종덕, 1995).

양지아문의 직제는 본부의 임원과 양전사업에 종사하는 실무진으로 구성되었는데 본부임원은 총재관 3명, 부총재관 2명, 기사원 3명, 서기 6명 등이 있었고 양전사업에 종사하는 실무진으로는 양무감리와 양무위원, 조사위원 및 기술진이 있었다.

양지아문의 총재관은 박정양, 심상훈, 이도재 등 내부와 탁지부 및 농공상부의 3대신을 임명하고 부총재관으로 이채연과 고영희를 임명했다. 이들은 현직의 관료로서 다른 부서로 선임되거나 전임될지라도 토지측량을 마치기 전까지는 양지아문의 사무를 겸임하여 담당토록 했다.

기사원은 3명으로서 총재관이 내부, 탁지부, 농공상부 주임 중에서 각 1명씩 천거했으며 서기는 6명으로서 총재관이 내부, 탁지부, 농공상부 판임 중에서 각 2명씩 천거했다. 그리고 기사원이나 서기에게는 영어를 하는 사람을 각 1명씩 선발하여 배치했다. 이들의 임무는 총재관이나 부총재관의 지휘감독을 받아 당해 아문의 일반사무에 종사하는 것으로 봉급은 본직의 등급에 따라 지급했다.

고원(雇員)은 3명, 사령은 9명, 방직은 3명으로서 이들은 내부, 탁지부, 농공상부에서 각각 균등하게 선발되어 왔고 그들의 임무는 여러 가지 잡무에 종사하는 것으로 봉급은 그들이 속해 있는 부서에서 지급토록 했다. 양지아문은 처무규정이 마련되고 총재관이 임명되면서부터 양전 사무를 위한 기구정비에 착수했지만, 그러한 준비과정을 거쳐 본격적으로 활약을 개시하게 된 것은 1898년 양지아문 예산이 예산비 중에서 지출되도록 조서가 마련되었고 청사도 새로 배당되고부터이다. 예산은 9월에서 12월까지 4소분이 지출되었고 청사는 '중서서린방일영대계혜정교남변전한성부재판소(中署瑞麟坊日影臺契惠政橋南邊前漢城府裁判所)'로 정해졌다(김용섭, 1990).

양지아문의 토지측량은 우선 토지의 여러 권리에 대한 관리체계를 확립하고자 할 때 국가가 당장 직면하는 문제가 토지측량의 원칙을 세우는 것이다.

토지조사는 가장 먼저 개별토지를 정확히 측량한 후 해당 소유권자를 조사하고 국가가 추인하는 사정과정을 절차로 했다. 토지측량의 정확성을 높이기 위해서는 기존의 국가 수조지 파악에 주안점을 두었던 양전방식에서 한 걸음 더 나아가 개별토지의 모습과 경계를 가능한 정확히 파악하여 장부에 등재해야 했다. 그래서 양지아문에서는 근대적 측량제도를 도입하여 전국의 토지를 측량하는 사업을 추진하기 위해 미국인 측량기사인 거렴(巨廉 : Reymond Edward Leo Krumn)을 초빙하여 수기사에 임명했다.

초빙기사는 양지아문 총재관의 지휘감독 아래 측량사무를 담당하고 국내 전지의 설보인수(設洑引水) 및 도로, 교량과 건축포대요애처(建築砲臺要隘處)를 병위심찰(並爲審察)하는 일, 견습생을 양성 지도하는 일 등을 맡도록 되어 있었다. 실제 이들은 한성부에 투입되어 측량실무에 종사하기도 했다. 그러나 서구식 측량제도는 쉽게 정착되지 못했다. 이는 초빙기사들에 대한 비용문제를 비롯해 도입 자체를 반대하는 여론 등 서구식 측량제도의 도입은 여러 문제로 일단 중단되고 전통적인 양전방식을 그대로 활용하는 방식을 채택했다.

특히 업무량이 방대하고 기간이 장기화 될 것에 대비하여 양무감리와 양무위원을 두고 양무감리는 각 도에, 양무위원은 각 군에 파견하고 견습생을 대동해서 측량토록 했다.

그러나 전통적인 양전방식을 그대로 적용하지는 않았고 서구식 측량법의 도입에 대한 반대여론을 의식해서 국조구전(國朝旧典)에 근거한 양전 원칙을 정하기는 했어도 본래 의도했던 토지조사사업의 목적을 달성하기 위해서는 질적으로 바뀐 방식을 마련하지 않으면 안 되었다. 국조구전의 원칙은 종래의 자호지번제(字号地番制)를 그대로 적용하고 지번은 천자문

순서에 따라 붙이고 1자호당 5결로 하며 1자호내에 있는 토지는 필지에 따라 일련번호를 붙이고 5결이 찼을 때 다음 자호로 넘어가도록 했다.

토지파악 단위는 생산량을 기준으로 한 종래의 결부제를 채용했다. 결을 최고단위로 하고 그 아래에 1결은 100부, 1부는 10속, 1속은 10파로 정하되 5파 이상은 1속으로 하고 4파 이하는 버린다. 그리고 전품 6등제를 채택하는데 양전척 만 척을 기본단위로 하고 동적이세제를 채택하여 1등전 만 척을 1결로 하고 전품을 6등급으로 나누어 하품으로 갈수록 15부씩 체감하는 것이다.

이처럼 양지아문의 토지조사는 국조구전의 자호지번제, 결부제, 전품육등제라는 원칙을 채용하기는 했지만 실제 운영에서는 여러 면에서 차이가 났다.

특히 전품도형제를 적극 도입했는데 토지측량을 하여 토지소유권 확인을 위해서는 먼저 지적도를 작성해서 토지의 실상과 경계를 확정해야 했으므로 여건이 허락하는 범위에서 토지의 실체에 역점을 두고 사업을 추진했다. 구체적인 작업은 전답도형을 다양하게 표기하고 아울러 전답도형제를 적극적으로 도입하면서 시작되었다.

사표나 장광척의 표기방식도 이에 따라 전과 달리 더 구체적으로 조사, 기록되었다. 면적표기도 양전실적척을 기준으로 하는 절대면적제를 채용했고 결부는 양전실적척을 계산, 전품등제를 판정하여 환산한 결부제는 세금부가 단위로서만 기능했다. 이처럼 양지아문의 양전사업은 측량방식에서 조선후기 이래의 양전개혁론을 적극 수용하여 종래 지적된 여러 폐단을 제거하는 방향으로 추진되었다.

양전사업은 전국의 토지재산을 파악한다는 목표 아래 전답은 물론 가사, 염전, 화전 등까지 조사대상으로 했다. 세원확보라는 국세조사 차원과 소유권에 대한 국가관리라는 차원에서 소유권자 파악을 시도한 것이다. 그래서 세역전에 대한 조사방침이 정해지고 전품을 상향조

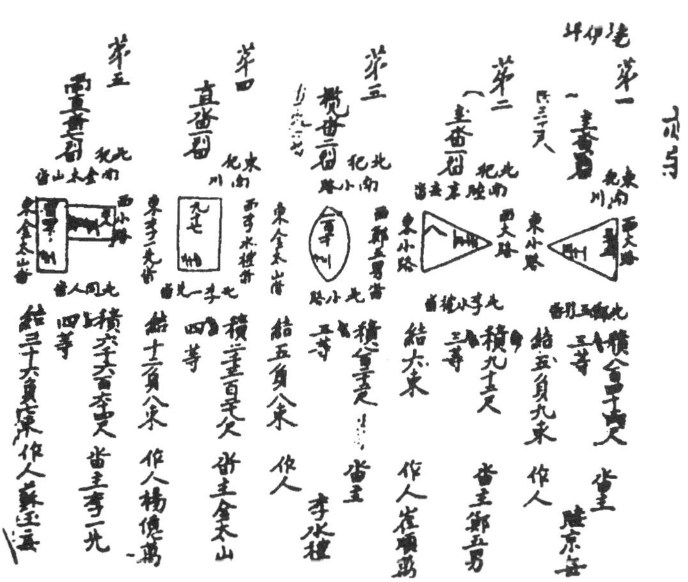

(그림14) 대한제국의 토지대장

정하여 무주지 없이 전국 부동산에 대한 소유자를 파악했다.

측량대상 지역은 우선 지역별로 가장 결폐가 심한 지역을 우선 고려했는데, 경기지역의 측량은 용인군부터 시작되었다. 이곳이 처음 측량지역으로 선정된 이유는 1841년 이래 누적된 전정의 폐단 때문이다. 각 지방에서 토지측량 담당자는 양무위원과 학원들이었는데 이들은 원칙적으로 양지아문에서 파견한 사람들로 충원되었다.

대개는 초기 양전을 담당한 학원 중에서 선발 임명하거나 양지아문에서 양성해서 임명하는 방식을 취했다. 그래서 용인군의 양전은 1899년 11월부터 12월경까지 2개월 동안 16개 면에 걸쳐 시작되었는데 경기도 양무감리인 이종대 지휘 하에 이상호, 원직상, 김기종 등 3명의 양무위원을 중심으로 측량이 실시되었다. 당시 전국적으로 각 지역에서 양무관리들이 하루에 측량하는 필지는 대체로 일정했다.

경기도 수원군 동북면에서는 1900년 2월 15일부터 22일까지 8일 동안 위원 이규상, 학원 박회구, 원극석, 오영국, 백난홍 등이 3조로 나뉘어 정에서 육까지 21자, 총 1,507필지의 토지를 측량했다. 측량과 양안이 작성되는 동안 지방민들은 측량 시행방식과 결과에 관심이 많았는데 특히 경기도내 용인과 수원의 두 차례에 걸친 재측량은 그러한 사례를 크게 표출시킨 대표적 사례였다(지종덕, 1995).

양지아문의 양안은 경자양전 당시의 전답도형 표기인 ①방형 ②직형 ③제형 ④규형 ⑤구고형 등의 5도형과 함께 ⑥원형 ⑦타원형 ⑧호시형 ⑨삼각형 ⑩미형을 추가하여 열 가지 전답도형을 사용하여 작성했다.

여기에 맞지 않은 것은 변형하여 처리하도록 했는데 등변, 부등변은 물론이고 사·오변 그 이상의 형에 이르기까지 형태에 따라 다양하게 기재했다. 남형·사형·삼광형·우각형·부등형·반환형·직대우각형 등이 그것이다. 이와 같은 양안에 기록된 전답도형 표기법은 전통적인 측량법을 확대, 발전시키고 토지형상을 가능한 있는 그대로 표시함으로써 종래의 양안보다 토지의 실상을 효과적으로 파악할 수 있게 만든 것이다.

토지형상을 더욱 분명히 파악하기 위해 양지아문에서는 양안에 전답도형도 칸을 별도로 만들었는데 이른바 지적제도를 양안에 도입한 것이다.

전답도형을 세분하여 실제에 가깝도록 표기하더라도 추상적인 언어로 전답도형을 표기하고 사표와 장광척수를 기재하는 데 그친다면 토지의 실제 위치와 형상을 제대로 알 수 없기 때문이다.

양지아문의 양안 작성의 또 다른 특징은 각 토지에 실적 수를 기입하여 절대면적을 표시한 점이었다. 종래에는 장광척만을 기록한 데 반해 전답도형도의 각 변에 척수를 기입하고 전체 실적을 표시함으로써 필지당 토지면적을 확정했다. 이것은 전답도형 유형의 세분화와 더불어 새롭게 나타난 양안 표기상의 주요한 변화였다.

종래의 토지측량에서 주요한 척도였던 결부제와 전품 6등제를 그대로 채용하면서도 적용방식에서는 새로운 면모를 보인 것이다.

양전사업에 있어서는 척과 적이 결부 산정의 기준이었으며 결부는 등급 산정에 따라 산정하는 수세액을 결정하는 보조적 의미를 띠었다. 전답의 절대면적을 먼저 파악한 후 등급을 판정하고 결부를 결정한 것이다. 그리고 종래 토지 파악과 전세 부과의 척도였던 결부제를 썼지만 의미는 전과 차이가 있었다. 종전처럼 가변성을 전제로 마련된 결부제를 기초로 토지 소유권을 사정할 수는 없었기 때문이다(최원규, 1995).

절대면적 단위의 도량형제와 세분화된 토지의 형상파악 방식은 전과 다른 발전적 형태였다. 결과적으로 양지아문 양안은 토지소유권을 사정하기 위해 토지측량도 토지의 절대면적과 실상파악에 역점을 두고 추진해 간 것이다.

양안 작성은 3단계로 구분되었는데 1단계는 실제로 들에 나가 측량해 기록하는 야초책(野草册)을 작성하는 것이고, 2단계는 관아에서 이를 모아 편집하는 중초책(中草册) 양안을 작성하는 것이며, 3단계는 양지아문에서 이를 정리해서 완성하는 정초책(正草册) 양안을 작성하는 것이다.

양안은 5결 단위로 자호를 붙이고 자호 아래 필지마다 4칸으로 구별하여 제1칸에는 지번·양전방향·지형·지목·야미수, 제2칸에는 지형도 및 사표와 장광척수, 제3칸에는 면적척수·토지등급·결부수, 제4칸에는 시주와 시작의 성명(대지의 경우에는 대주와 가주의 성명 및 와가, 초가의 칸수)을 기재했다.

난밖에는 지역명(중조책의 경우에는 양전날짜, 지심인의 성명도 기재)을 기재했다. 양안은 면단위로 작성되었고 면별로 전답의 면적척수와 결부수, 거민호수와 초가, 와가의 칸수를 합계하여 면적을 산출했다.

2 지계아문의 토지측량과 양안

양전사업은 개혁의 기초작업이었지만 광무 5년인 1901년 12월 이래 중단되고 있었는데 그 이유는 흉년으로 인해 차후의 양전사업이 곤란할 것이라는 판단에서 풍년이 될 때 까지 중단되었다. 그러다가 1901년 10월 20일에는 총 20개조로 되어 있는 지계아문직원급처무 규정을 칙령 제22호로 공포해 지계를 발행할 수 있는 기구를 설치했는데 이것이 지계아문이다. 지계아문의 처무규정에는 모두 26개 조항이 규정되어 있는데 지계아문은 한성부와 13도 각 군의 전토계권의 이정 실시하는 사무를 전행하는 기관으로 규정되었으며 시급한 필요에 의해 임시로 설치된 권설관청(權設官廳)이었다.

직원은 총재관 1명과 부총재관 2명, 위원 8명 및 기수 2명으로 구성되었다. 주요내용은 전토의 답사(踏査)와 신계(新契)의 환급 및 구계의 격소(繳銷), 매매증권의 발급 등으로 이루어지는 지계사업에 대해 대체적인 규정을 명문화하고 있다. 이 칙령은 지계사업에 관한 기구와 절차뿐만 아니라 지계의 양식에 이르기까지 포괄적인 규정을 담고 있다. 그러나 관계발행의 목적 및 규정에 관한 구체적인 조항을 철저하게 마련하지 못했는데 이는 김중환의 안이 제기된 후 8일만에 조급하게 만든데서 연유했다.

1902년 1월부터 지계아문에서는 종전 양지아문의 양전과 양안작성 업무를 인수하는 작업이 수행되었고 3월 17일에는 양지아문과 통합하여, 명실공히 토지의 측량과 관계의 발급기관으로 성립했다.

지계아문의 초대 총재서리 부총재는 당시의 실권자인 이용익이고 지계사업을 담당할 관리는 지계감독, 지계감리, 지계위원 등으로 이루어졌다. 특히 지계감독은 원래 처무규정에는 해당조항이 없었으나 각 도의 관찰사로서 양전과 지계사업을 통괄하면서 각 군현의 행정실무를 직접 명령 지휘하는 계통이 필요했기 때문에 마련된 것이다. 양전과 관계발행의 실무책임자도 역시 지계감리였다. 지계감리는 각 도에 1명씩 파견되어 관찰사와 대등 조회하고 각 군의 지방관에게 지령, 훈령들을 내리면서 양전을 실시하고 지계를 발행하는 모든 업무를 실질적으로 관장하고 있었다. 실제 전토의 답사와 신계의 환급 및 구계의 격소 등을 총괄하는 관리였다(지종덕, 1995).

양전과 관계사업은 대개 지계위원, 혹은 사무원을 동원하여 이루어지고 있었다. 지계아문의 사업은 1902년 3월 11일부터 강원도 지방을 비롯하여 본격적으로 시작했다. 지계아문의 토지측량과 관계발급에 있어서 우선 지계아문에서 추진하는 양전사업은 종전보다 세밀한 양전규정인 지계감리 응행사목을 명문화 해놓고 있었다.

토지측량에 관해서는 정전, 정답의 경우 토지형상을 실제 농지형태와 부합되게 다양한 형태로 양안에 등록하게 했다. 토지등급은 전과 마찬가지로 국조구전에 의하여 6등으로 했지만 토질의 평가와 본가, 토지가격과 곡출(穀出)을 채탐하고 지심인의 평론 및 구양안의 등급을 비교하여 결정하는 등 종전보다 합리적 기준을 마련하고 있었다.

양전과정과 관련해서 주목할 점은 토지의 객관적 측량을 강조하면서도 한편으로는 구양안을 기본자료로 활용하여 양안을 작성할 것도 제시하고 있다는 점이다.

양안작성 과정은, 새로운 양안은 구안인 광무 이전 양안의 자호범수와 사표에 따라 작성할 수도 있다는 점으로 종전 양안의 자호순서와 필지수 및 양전방향을 그대로 준수하여 작성해도 좋다는 것이다. 또한 그것에 의하여 중초를 작성하고 이를 근거로 해서 다시 현지 측량과정에서 수정하는 방식을 제시했다.

구양안→신양안의 초본→중초→진락성책 등의 순서로 양안을 작성하고 이러한 과정을 통해 지계아문의 정서책 양안이 만들어졌던 것이다. 현지조사를 바탕으로 양안이 작성되지만 응행사목에 규정되었듯이 구양안을 토대로 하여 작성되는 양안도 허용하고 있다는 점에서 이전의 양지아문에서 실시조사를 통한 양전방식과는 상당히 달랐다.

지계아문 양안은 양지아문 양안의 지형도, 작인, 성명(대지의 경우 가주의 성명), 가옥(와가·초가)의 칸수를 삭제하고 두락(斗落) 및 일경(日耕)을 추가로 기재했는데 이러한 점이 광무양안의 기재방식과의 차이점이다.

이는 양안을 민간의 문기에 표시된 자호지번과 대조하기 쉽게 만들어야 한다는 점과 더불어 빠른 시일 내에 만들어야 한다는 점을 동시에 고려하여 제시된 방식이다. 그래서 토지면적을 표기할 때 실적과 결부만이 아니라 두락과 일경을 함께 표시했다. 이 시기의 양전론자들은 여러 차례 민간에서 사용하는 데 익숙한 두락과 일경을 객관적인 면적단위로 채용할 것을 주장했다.

대표적인 것이 구정량법론자(丘井量法論者)들의 양전 사례와 이기의 급무팔제의(急務八制議)이다. 여기서 전답 각기 400평방 척이나 600평방 척을 기준 면적으로 하는 두락제를 채용할 것을 주장했다. 그렇지만 실제 지계아문의 양안에 반영된 것은 전의 1각경(刻耕)과 답의 1승락(升落)을 기준 면적으로 하는 절대면적 단위였다. 그래서 답의 경우 1승락은 50평방

척, 1두락(10승락)은 500평방 척, 1석경(15두락, 150승락)은 7,500평방 척인 반면 전의 경우 1각경은 125평방 척, 1시경(8각경)은 1,000평방 척, 1일경(4시경, 32각경)은 4,000평방 척으로 구분되어 설정되었다. 이 단위는 민간에서 사용되는 두락이나 일경과는 다른 것이며 양전 실적수에서 기계적으로 산출된 수치이다(지적기술연수원, 1977).

이것은 농촌의 관행을 채용하여 면적단위를 확립할 필요가 있다는 전제 하에 지방에 따라 150평 내지 300평에까지 다양하게 쓰이는 1두락의 면적을 일률적으로 규정할 필요성과 전과 답의 기준면적을 달리 설정해야 할 필요성, 그리고 양전 실적수에서 기계적으로 기준면적을 산출할 때의 간편함 등을 고려했던 것이다.

한편, 이 시기는 전국적으로 공정한 토지측량을 요구하는 움직임이 나타나고 있었다. 어느 지방의 양전에서 종래 토지면적과 등급을 평가할 때 지심인이나 전답 시작으로 하여금 양원과 더불어 참가하게 하여 공평을 기했으나 정작 양전을 마치고 양안을 만든 후에야 암등남척이라고 하여 측량에 문제가 있다고 지적하거나 신집가구라고 하여 결수의 증가를 구실로 하여 소장을 올리는 폐단이 많이 발생했다.

그러므로 유사 및 전주두민이 참여하여 해당 토지를 양전할 때 바로 그 자리에서 직접 인정하여 추후에 폐단이 생기지 않도록 했다. 지계아문의 양전은 토지위치와 상태파악도 중요했지만 지계발행을 위해 토지소유자를 파악하는 것이 관심사였다.

지계아문의 양안은 국유지는 관둔 및 각 궁방의 토지를 명시해 놓고 있고 민유지는 시주, 진주로 표기했다. 용인군과 수원군 양안에서 알 수 있듯이 장래 지계발행을 위해 일부 지역에서 시주의 거주지를 파악하는 등 양전과정에서 세밀한 배려가 있었다. 실제 지계의 발급대상은 전답, 산림, 천택, 가사의 소유자가 반드시 관계를 가지게 되어 있고 구권은 물시하여 하나도 빠트리지 않고 지계아문에 수납토록 했다.

관계의 발행은 매매 혹은 양여의 경우에도 해당되며 전질의 경우에도 관의 허가를 받도록 했다. 지계는 토지조사를 통해 결부와 사표와 간수 및 변석 등 토지에 관한 일체의 조사를 바탕으로 하여 발급되기 때문에 원칙적으로 양안상에 등재된 시주에게 지급되었다. 다만 양안상의 모든 시주에게 지급되는 것이 아니라 시주와 더불어 구권상의 명문을 반드시 확인한 연후에 지계를 발행했다.

이처럼 지계는 실제 소유권을 입증할 수 있는 매매문권을 토대로 관계와 교환함으로써 소유권자를 확정하면서 발급이 이루어졌다.

지계발급에서 시주가 토지소유권자로서 인정되고 수정되는 과정은 양전과정에서 잠정적으로 인정되었던 시주가 최종적으로 토지소유권자로 사정되는 것이다. 1904년에 이르러 지계아문에서 담당한 지계사업은 커다란 난관에 부딪치고 말았다.

어느 지방에서 지계발급 사무가 중단되는 사태가 발생했는데 지계를 대군에서 먼저 실시하지 않고 소군에서 실시하는 것을 의심하던 차에 3개면 지역의 이장에게 태형을 내리자 지역민의 반발을 크게 사게 되었고, 이에 폭동을 일으켜 지계감리를 축출하고 지계문서를 소각한 것이다. 이렇게 민란에까지 이르게 된 원인은 기본적으로 지계의 강제 발행 규정을 강압적으로 시행하려는 것에서 발생했다(왕현종, 1995).

결국 1904년 1월 11일에 의정부에서 전격적으로 지계아문을 폐지하는 결정을 했다. 그후 탁지부에 양전기구가 설립된 것은 4월 19일인데 당시 탁지부 대신인 박정양의 청의에 따라 칙령 11호 탁지부 양지국 관제가 제정되었다.

양지국이 담당한 사무는 "국내 토지측량에 관한 사항과 전답가사산립천택(관계발행)에 관한 사항"이었다. 각 지방에 파견할 직원으로는 양지감독, 양지감리, 양지위원이 설정되었는데 그들의 임무는 행량과 발계라는 지계사업을 계속 잇는 역할이 주어진 것이 아니라 단지 조세와 관련된 행량으로 한정되었다. 이러한 배경에는 일제가 외국인의 토지소유를 금지시키려는 대한제국의 정책에 반대하여 자신의 의도대로 금융자본에 의거하여 농업이민과 토지침탈을 관철시키려는 방침을 세우고 있었다는 점이 작용했다. 그래서 지계아문이 주관한 지계사업은 중단되고 측량만이 탁지부 양지국으로 인계되어 양지국은 단지 측량을 담당하는 기관, 기간의 양전 및 지계사업을 마감하고 정리하는 기관으로 기능이 축소되었다. 결국 구한말에 시도된 양전사업은 토지의 국가관리화와 소유권의 확정사업을 완결하지 못한 채 마감되었던 것이다.

1904년 8월 23일 일본의 강요로 제1차 한일협약이 체결되었다. 1904년 10월 14일 탁지부는 일본인 메가다(目賀田種太郎)를 재정고문으로 고용했다. 그는 구한말 조정에서 실시한 양전 및 지계발행이 일본인의 이해에 상반되는 것으로 인식했다. 한편, 지적과 토지소유권을 명확히 하여 보호함과 아울러 지세 부담의 공정을 기하여 재정의 기초를 확고히 하고 토지의 매매양도를 용이, 확실하게 하여 토지의 개량 및 이용을 도모하고 그의 생산력을 증진시키려 했다.

한편, 정확한 토지조사를 행하여 토지소유권을 확정함과 동시에 지적의 정리를 실행하는 것을 급선무로 생각하여 이를 정리한 재정정리계획의 준비 및 추진에 들어갔다. 1905년 을미계약이 체결된 뒤 통감부가 설치됨에 따라 조정은 1905년 2월 26일 탁지부의 기존 양지국을 폐지하고 사세국을 설치했다.

이 사세국에서 전세 및 유세지에 관한 사항, 양안조사, 수정 및 출납 보존에 관한 사항을 취급했다. 1905년 4월 탁지부 분과규정에 의하여 사세국 양지과에서 국내 유세지 측량, 양안조사, 수정 및 출납 보존에 관한 사항을 취급했다. 1906년 3월 21일에는 탁지부 관제를 개정하고, 1906년 4월 13일 탁지부 분과규정에 의해 탁지부 사세국 양지과에서 토지측량, 양안조사, 수정 및 출납 보존에 관한 사항을 취급했다.

토지의 실지측량에 당하게 되자 여러 가지 잡다한 문제가 발생했다. 이 같은 문제에 대처하기 위해 측량방법의 기준을 정할 필요가 있었다.

기준을 정하는 데는 대만, 오키나와에서 행한 측량방법 중 가장 좋다고 인정되는 것을 기본으로 했다. 토지에 관한 구관을 참작하고 또 양지아문 졸업생이 측량을 행한 용산, 평양, 대구, 전주 등의 시가지와 진해, 청진, 거제도 등의 항만, 도서, 또 경성 교외의 산악, 인천 교외의 염전 등에서의 측량 실적과 경비 등을 고려하여 1907년에 측량규정을 제정했다. 이 규정은 소삼각 측량을 기준으로 척도는 미터법이 채용되었다.

한편, 기수견습자 양성의 진척에 따라 1907년 이후 기술원의 측량연습을 시킬 필요를 느껴 양지과 및 각 출장소로 하여금 부근의 토지를 측량했다. 당시 탁지부 사세국 양지과는

1908년 경성의 용산 시가지를 측량했고, 1907년 대구 출장소에서 대구 시내, 1908년 평양 출장소에서 평양 시내, 전주 출장소는 전주 부근의 일부를 측량했다. 또 각 지방 재무기관이 시행한 국유지의 측량에 토지조사측량 기수와 견습생을 채용했다.

3 경기도의 토지조사시험 측량

대한제국시 경기도 부평군의 시험조사는 우리 나라의 본격적인 토지조사사업을 위한 가능성 타진을 위한 목적으로 시도된 준비단계였다. 당초 예정은 다른 면도 조사할 예정이었으나 당시의 형편상 부분적인 조사만 시행하고서 중지되었다. 그런데 이를 위한 토지조사를 실시하기 위해 견습자를 양성하는 한편 측량실시 연습의 필요성을 느껴 양지과 및 각 출장소로 하여금 부근 토지를 측량케 하였다(지종덕, 1997).

또한 토지조사사업에 대한 주민의 의향 및 지방의 상황을 고찰하고 토지조사의 경험을 얻을 목적으로 예비조사를 1909년 11월 17일부터 1910년 2월 4일까지, 측량은 1909년 11월 20일부터 1910년 2월 20일까지 경기도 부평군의 일부에서 경험적으로 조사 시행했다. 그 결과 민정도 극히 평온해졌고 아무 장애도 없었으며 예상 외로 좋은 성적을 얻어 장래의 본격적인 조사에 대한 유익한 경험을 얻었다.

부평군에 있어서의 예비조사는 주로 ①지주로 하여금 소유지의 신고서를 제출토록 하고, ②지주는 그 소유지에 자호, 사표, 지목 및 지주명 등을 기재한 표항을 세우고 실지의 조사에 입회하여 지계의 안내를 하도록 하고, ③지주는 매 동리마다 1명 또는 2명의 위원을 두고 조사에 관한 사무를 집행했다. 이것은 위원이 지주를 대신하여 신고서의 작성과 안내 등을 겸하도록 한 것이다.

예비조사는 예정대로 진전되지 못해 중단되었는데 모든 조사를 종료한 것은 다음 3개 면에 불과했다. 그 밖의 면들에 대해서는 단지 준비조사 및 도근측량의 일부분을 시행함에 불과했는데 그 내용은 다음과 같다(이진호, 1996).

- 조사 및 측량의 전부를 종료한 곳 : 군내면, 동면, 서면
- 준비조사 및 도근측량 일부분을 시행한 곳 : 당산명, 주화천면, 상오정면, 하오정면, 옥산면, 수화면
- 도근측량 일부만을 시행한 곳 : 석탄면, 동소정면, 마장면, 석천면정면, 옥산면, 수화면
- 전혀 착수하지 않은 곳 : 황어면, 모월천면

예비조사와 조사원의 조직은 다음과 같다.

사무=감독원 준비조사원 : 면·동·리의 강계조사, 신고취집 및 관습조사에 종사
실지조사원 : 1필지의 조사에 종사
부 속 원 : 주로 통역에 조사
측량=감독원 도근측량원 : 도근측량에 종사
세부측량원 : 1필지의 측량에 종사
검 사 원 : 검사에 종사

또한, 법규의 제정에 필요한 자료를 얻기 위해 전국에 걸쳐 일반적 구습을 조사하고 국원을 주요지역에 파견함과 아울러 지방재무서 228개소에 위탁하여 조사했다.

조사의 주요사항은 ①행정구역 및 토지의 명칭, ②과세지 및 비과세지의 종류 및 구분, ③경계, ④지위등급별 면적 및 결수 사정의 관례, ⑤두락 및 일경의 면적, ⑥소유권, 질권, 저당권, 영구소작권 등에 관한 관례, ⑦매매가격 및 임대가격, ⑧수획고 및 수획물의 가격과 아울러 수지계산, ⑨토지에 관한 문서 장부의 종류 등이었다.

탁지부의 지적 업무와는 별도로 내부에서도 지적 업무를 취급했다. 세수입 확보를 위해 탁지부에서 추진되는 전국의 토지조사 이외에 토지소유권의 증명은 내부에서 관장했다. 1905년 2월 26일 내부에 지방국, 경찰국, 회계국의 3국을 두고 지방국에 판적과를 설치하여 호구적 및 지적과 관유지 명목환전 등에 관한 사항을 취급했다. 1906년 9월 24일 칙령 제50호로 지방관 관제를 개정하여 각 도의 관찰사로 하여금 도내의 지적 업무를 취급했다. 이로써 지적업무는 이원화되었는데 토지세수 파악을 위한 전국적 토지조사 업무는 탁지부, 토지조사 결과에 따른 지적의 유지관리는 내부소관이었다.

1909년 11월 17일에는 경기도 부평군에서 시험적으로 세부측량을 시작했는데 이것이 토지조사사업으로 실시한 세부측량의 효시이며, 동년 11월 20일 부평군에서 시험적인 도근측량을 개시했는데 이것이 도근측량의 효시였다.

1910년 3월 14일에는 칙령 제23호로 토지조사국 관제를 공포하고 본격적인 토지조사사업에 착수했으며 토지조사국은 탁지부 대신의 관리에 속하게 하고 토지조사 및 측량에 관한 사항을 관장케 했다. 1910년 8월 23일에는 우리 나라 자체의 토지조사법(土地調査法)이 공포되는 등 제 법규에 의하여 1필지 조사와 대삼각 측량을 실시함으로써 우리 나라 최초로 조직적인 국토 전반의 측량과 지도제작사업이 추진되어 지적사무의 기반을 다지기 시작했다. 그러나 애석하게도 1910년 일제의 한국 강점으로 대한제국의 토지조사사업은 일제의 조선토지조사사업에 인계되었다.

제6장 토지조사사업

제1절 토지조사의 배경

대한제국시대에는 양전과 양안이 엄격하게 제대로 시행되지도 못하였고, 또 당시의 소작제도 하에서는 지주와 소작인 사이에 많은 토지분규가 야기되기도 하였다.

대한제국 조정에서 시도한 토지조사사업은 당시의 문란하였던 토지제도를 바로 잡자는 취지에서 출발하였으나 국운이 다하여 일제강점의 비운을 맞게 되어 완료하지 못하였다. 일제는 한국을 강점한 후 가장 긴급하고, 또 효과적인 민심수습 및 토지수탈의 방편은 지적제도를 확립하는 길이라 인식하고 구한말 때 수립된 토지조사계획에 약간의 수정을 가하여 본격적으로 토지조사를 강행하였다. 당시 우리 나라는 다음과 같은 이유 등으로 토지조사에 따른 지적제도의 확립이 절실히 요구되고 있었다.

1 토지소유의 합리화

우리 나라 토지의 관리형태는 토지를 소유하는 지주와 이를 경작하는 소작인 간에 이른바 소작제도가 실시되고 있었다. 그러나 장기간의 소작제도는 토지소유권에 관한 많은 분규를 가져왔다. 특히 문중 재산의 경우 그 소유권 다툼에 심각한 양상을 띠게 되어 토지이용의 극대화와 소유의 안전관리를 도모하기 위해 지적제도 확립의 필요가 절실하였다.

2 토지소유 증빙문건의 미비

조선시대 말에서 구한말까지 우리 나라는 전국적으로 통일된 현대식 토지조사를 실시한 적이 없는 상태였다. 토지를 정확히 표시 등록할 수 있는 기법이 개발되지 못해 토지소유 문건이 위조, 은닉되는 사례가 비일비재하였다.

3 계량단위의 통일성 결여

토지면적의 표현방법으로 전국에 걸쳐 통일된 기준이 없어 지역마다 실질면적에 차이가 컸다. 때로는 '마지기', '몇 짐', '하루갈이', '결' 등 원시적 단위로 호칭되기도 하고 단위면적도 서로 달라 정확한 면적을 산출하지 못하였다. 이와 같은 토지제도상의 모순을 시정하고 토지행정의 확립을 도모하기 위해 조선총독부는 1910년대부터 토지조사사업을 실시하였다. 당시 토지조사사업은 다음과 같은 목적으로 실시되었다.

① 토지소유권 조사
② 토지의 가격조사
③ 토지의 외모조사

이 중에서도 지적의 확립을 가져 올 토지소유권 조사가 제일 큰 비중을 차지하였다.

토지조사사업을 분야별로 보면 대략 다음과 같은 내용이었다. 첫째, 전국의 토지에 대하여 토지소유자 및 강계(彊界)를 조사, 사정함으로써 토지분쟁을 해결하고 토지조사부, 토지대장, 지적도를 작성한다. 둘째, 과세의 공평을 기하기 위해 시가지의 경우 토지의 시가를 조사한다. 시가지 이외의 지역에서는 대지는 임대가격을, 기타 전, 답, 지소 및 잡종지는 그 수익을 기초로 지가를 결정하여 지세제도를 확립한다.

셋째, 지형측량으로서 우리 나라 전체 국토에 대한 자연적 혹은 인위적으로 형성된 지물과 고저를 표시한 지형도를 조제하여 이를 밝힌다(대한지적공사, 1989).

제2절 토지조사의 계획

1 제1차 사업계획

구한말의 토지조사사업은 일제강점으로 인해 조선총독부가 인수하였다. 조선총독부는 토지조사를 완료할 때까지 세 차례에 걸쳐 사업계획을 수정하였다.

제1차 사업계획은 재정상의 이유 등으로 구한말 때 수립한 토지조사계획의 미비점을 보완, 1910년 12월 사업계획을 수정하여 총경비 1,598만 6,502원으로 1910년 3월부터 1916년 12월까지 7년 1개월의 계속사업으로 토지조사를 실시하기로 하였다.

이는 구한말 간의 비하여 경비면에서는 185만 6,495원이 증액되었으나 기간은 7개월이 단축된 것이었다.

조선총독부가 수립한 제1차 사업계획의 조사요강은 대략 다음과 같다.

① 토지조사는 대지, 농경지에만 국한하고 그 밖의 토지는 조사지역 안에 들어 있는 것에 한하여 조사한다.
② 조사지역의 예정면적은 구한말 때와 같이 한다.

③ 조사기구는 구한말 토지조사국의 예를 따른다.
④ 노동임금이 싼 조선인을 많이 채용하여 경비를 절약하고 사업의 감독, 계획 등을 담당하는 간부급은 모두 일본인으로 충당한다.
⑤ 1개 군의 조사가 완료되면 전체 사업의 완료를 기다릴 것 없이 토지대장과 지적도 등을 조제하여 해당 부, 군에 인계한다.

(표3) 토지조사사업의 작업진행

작업구분	사업량	착수 및 종료 연월일	공 정
대삼각측량	2,700점	1910.5~1914.9	1점 15일
소삼각측량	24,500점	1910.5~1915.2	1점 3일
조사	13,775,000필	1910.6~1915.9	1일 20필
도근측량	〃	1910.6~1915.9	1일 60필
1필지측량	〃	1910.8~1915.11	1일 12필
검사	〃	1910.11~1916.2	1일 80필
정리	〃	1911.4~1916.8	1일 20필
면적계산	〃	1911.1~1916.3	1일 30필
제도	〃	1911.2~1916.3	1일 40필

※ 1필지의 면적은 600평

계획에 따라 중부지방에서 조사를 시작, 점차 남북으로 옮겨 전 국토를 조사하였다. 도서지방은 농경지 및 대지면적이 많고 교통이 편리하여 주민이 많은 곳만 우선 조사하였다.

대삼각측량은 일본의 육군 육지측량부가 설치한 일본 국내의 1등 삼각측량과 연락을 갖기 위해 쓰시마 섬(對馬島)의 1등 삼각점인 온다케(御岳)와 아리아케 산(有名山)을 기초로 우리나라의 대삼각점인 절영도와 거제도의 경위도 및 점 사이의 거리를 결정한 뒤 전국에 걸쳐 대삼각측량, 소삼각측량, 도근측량 및 세부측량을 거쳐 전국토의 측량을 실시하였다.

2 제2차 사업계획

토지조사사업 계획상 처음 조사지역의 면적은 275만 500정보로, 필지수는 1,377만 500필로 예정하였으나 조사가 진행됨에 따라 면적은 약 60%인 165만 3,000정보, 필수는 약 19.2%인 264만 4,949필이 늘어나 총면적을 440만 8,000정보, 필수는 1,641만 9,949필로 잡았다. 이 밖에도 부면에 비치할 지세명기장의 조제, 조사측량 후의 이동지 정리필수의 증가, 지형측량의 추가 실시에 따른 경비의 증가요인이 발생함에 따라 ①종래 계획하였던 지권발행의 폐지, ②1필지 조사와 측량의 동시 실시 등으로 경비를 절약하기 위해 1913년 4월에 사업계획을 고쳐 예산총액을 1,997만 9,999원, 조사기간을 8년 7개월로 하여 1918년 9월까지 조사 및 측량의 완료계획을 세웠다.

제1차 계획을 변경한 내용은 대략 다음과 같다.

① 지세 명기장은 토지대장이 부군에 인계되기 전에 조제한다.
② 이동지 정리는 전문외업반을 편성하여 실시한다.
③ 지형측량은 삼각점 명세표 및 지적원도를 축도하여 4개년에 걸친 실측으로 1/50,000 지형도를 만든다.
④ 부동산 등기제도의 실시에 따라 1912년 10월 지권의 발행계획은 폐지한다.

이상의 계획변경으로 인한 각 업무의 완결기간은 다음과 같다.

(표4) 업무의 완결기간

완료 예정연도	완료사업 내용
1916년	삼각측량, 도근측량, 세부측량
1917년	서무, 조사, 제도, 적산, 이동지 정리
1918년	지형측량사업

3 제3차 사업계획

제2차 조사계획은 조사필 수를 1,641만 9,949필로 잡았으나 조사가 진행됨에 따라 203만 1,658필이 증가하여 전체를 1,845만 1,607필로 하였다. 이동지 정리 필수도 당초 계획의 2배에 달하였다. 1913년 9월, 각 필지별로 지가를 산출하였는데 그 집계사무가 시행됨에 따라 사무간소화 및 경비절감의 필요성이 대두되었다.

한편, 종사원의 사기 향상을 위한 상여금제도를 마련하였다. 또 조사기간을 제2차 계획보다 3개월 더 연장한 8년 10개월로 하여 1918년 12월까지 전 사업을 끝마치기로 하였다. 제3차 사업계획의 사무간소화 및 공정의 진도를 높이기 위해 채택한 사항은 다음과 같다.

① 경제적 가치가 적은 도서 및 북한의 조사와 측량은 간소화
② 결수연명부와 토지신고서의 대조사무를 폐지
③ 세부측량 원도 및 지적도에 등고선 등의 지형선 등재를 폐지
④ 면적 일람부 조제방법의 개량 및 이동지 정리방법의 간소화
⑤ 지형도 제판사무를 일본 육지측량부에 위탁
⑥ 사무분장 규정의 개정
⑦ 측량 외업원의 증원
⑧ 원도등사를 위한 전문적 기술자인 사도부의 채용
⑨ 외업원의 사무소 경비 지급 및 내업원의 시간 외 특별근무수당 지급
⑩ 사업종료 특별상여금 지급

(표5) 작업구분별 업무의 완결기간

주관과	작업 구분	내업 종료	외업 종료	잔무 완료
총무과	분쟁지 조사처리	1917. 10	-	-
	사정	1917. 12	-	-
	고등토지조사위원회	1918. 12	-	-
	비서, 서무, 회계	1918. 12	-	-
기술과	삼각측량	1916. 12	1915. 12	
	지형측량	1918. 9	1918. 3	1918. 10
조리과	준 비	1916. 9	1916. 6	1917. 3
	등 급	1917. 10	1917. 7	1917. 12
측지과		1917. 5	1917. 1	1917. 8
제도과	면적계산	1917. 8	-	1917. 12
	제 도	1917. 10	-	-
	이동지 정리	1918. 3	-	1918. 4
정리과	부 서	1918. 1	-	1918. 4
	이동 정리	1918. 4	1918. 1	-

* 지형측량은 당초 1/25,000도 구역에서는 1/50,000도를 조제하지 않을 방침이었으나 이 계획에서는 축도에 의하여 1/25,000도를 1/50,000로 하고 부제 시행지에서는 1/10,000도를 작성하였다.

제3절 토지조사의 실시

1 임시토지조사국의 관제 및 정원

(1) 개설 당시

1910년 9월 속령 제361호로 임시토지조사국 관제가 공포되어 1910년 10월 1일부터 시행되었다. 조선총독부 임시토지조사국은 구한말 토지조사국의 사업을 승계하였다.

임시토지조사국의 관제 및 정원은 다음과 같다.

총 재
부총재 1인(勅任)
서무관 전임3인(秦任)
사무관 전임2인(秦任)
감사관 전임1인(秦任)
기사 전임4인(秦任)
서기 전임50인(秦任)
기수

총재는 정무총감이 겸직하였다. 감사관, 서기 및 기수는 구한말의 토지조사국 증치직원(增置職員)과 같이 필요하다고 인정될 때에는 사업비 예산의 범위내에서 증치할 수 있도록 하였다. 사업의 신축에 따라 관계 행정관서와의 균형을 유지하기 위해 수차에 걸쳐 관제 및 정원을 개정하였다.

(2) 관제 및 정원의 개정

임시토지조사국의 관제 및 정원은 개국이후 7회에 걸쳐 다음과 같이 개정하였다.

(표6) 임시 토지조사국의 관제 및 정원

관 명	1910 10.1	1911 6.1	1912 4.1	1913 5.17	1916 4.25	1917 2.26	1918 4.30	폐국때	비 고
총 재	-	-	-	-	-	-	-	-	1912. 4. 1 총재 삭제
국 장 (부총재)	1	-	-	-	-	-	-	1	1912. 4. 1 부총재를 국장으로 개정
사무관 (서기관)	3	-	-	2	-	7	-	7	1915. 5. 1 서기관을 사무관으로 개정
부사무관 (사무관)	2	-	5	7	-	11	9	9	1915. 5. 1 사무관을 부사무관으로 개정
감사관	1	-	-	-	-	-	-	1	
기 사	4	5	7	6(내1, 칙임)	5	-	4	4	1915. 5. 1(내1,칙임)을 삭제
서 기									
기 수	50	50						50	
서기보									1912. 4. 1 추가
기수보									1912. 4. 1 추가

① 1911년 기사 4명을 5명으로 증원하였다.

② 1912년 3월 총재직을 없애고 부총재를 국장으로 하였다. 또 사무관 2명을 5명으로, 기사 5명을 7명으로 증원하고 새로 서기보 및 기수보의 관직을 설치하였다.

③ 1913년 5월 서기관 3명을 2명, 사무관 5명을 7명, 기사 7명을 6명으로 조정하였다. 서기관을 2명으로 감축한 것은 종래 총무, 조사, 측량의 3과장을 서기관으로 충당하였으나 기술분야인 측량과장은 기술관으로 충당토록 개정될 것에 따른 것이고, 사무관 2명의 증원은 사업의 진척에 기인한 것이며, 또 기사 1명을 감한 것은 기술감사관 1명으로 이에 대리케 하였기 때문이다.

④ 1915년 4월 서기관을 사무관, 사무관을 부사무관으로 개정하고 기사 중 1명을 칙임으로 할 수 있는 규정을 삭제하여 1915년 5월 1일부터 이를 시행하였다. 관제의 개정은 총독부내에서 일반적으로 행해진 예에 따른 것이며 직무의 내용에 대하여는 아무 변경이 없었다. 또 기사 중 1명을 칙임으로 할 수 있는 규정을 삭제한 것은 본국 사무분장규정 개정 후의 사무처리 상황에 기인한 것이며, 특히 칙임 기술관을 둘 필요가 없어졌기 때문이었다.

⑤ 1915년도 말에 이르러 대삼각측량의 실지작업이 종료됨에 따라 1916년 4월에 기사 6명을 5명으로 감축하였다.

⑥ 1917년 2월 사무관 2명을 7명, 부사무관 7명을 11명으로 개정하였다. 이 개정은 고등토지조사위원회 사무의 확장에 따른 것이었다. 동 위원회에 접수되는 불복신립사건 수는 매년 누적되어 1916년 말에는 1만여 건에 달하였다. 앞으로 토지사정의 진척에 따라 사건 수가 증가할 상황이라 고등토지조사위원회의 관제를 개정하여 위원을 증원하고 본국 사무관을 증원하여 총독부 사무관으로 겸임시켜 이를 위원에 가담케 하였다. 또 부사무관을 증원하고 간사에 충당하였다.

⑦ 1918년 4월 부사무관 11명을 9명, 기사 5명을 4명으로 개정하였다. 이는 사업이 점차 완료단계에 접어들게 되었기 때문이었다.

(3) 증치 직원의 정원 및 개정

본국 관제는 필요하다고 인정할 때 감사관, 서기, 서기보, 기수 및 기수보를 사업비 예산의 범위 내에서 증원할 수 있도록 규정하였다. 원래 감사관, 서기, 서기보, 기수 및 기수보 등 직접 작업에 종사하는 직원은 다른 고급직원과는 달리 사업의 확장 또는 진척에 따라 예산과 관련하여 수시로 증원하지 않으며 사업에 지장을 초래케 되므로 관제에서도 이들 직원의 정원에 대하여는 그의 최소 인원을 명시하고 그 이외의 인원은 이를 총독에게 위임함으로써 관제정원을 빈번히 개정해야 하는 번거로움을 피하였다. 증치직원의 정원은 당초 이를 공시하고 매년도 사업비 예산에 계산하였다.

감사관, 서기, 서기보, 기수 및 기수보의 인원은 즉시 증원할 수 있는 인원에 상당하므로 특히 공시할 필요가 있었기 때문이었다. 매년도에 증치할 수 있는 예정 최다인원을 보면 다음과 같다.

증치인원은 매년도 예산에 요구된 인원으로서 만약 예산으로서 익년도에 이월된 경우는 이월예산 경리에 의하여 그 범위내에서 약간의 인원을 증치할 수 있었다. 그런데 1915년 3월에 이르러 삼각측량의 실지작업이 종료됨에 따라 이에 종사한 직원을 정리하기 위하여 증치직원의 정원을 공시할 필요가 있어 3월 총독부 훈련 제9호로 공포하고 3월 15일부터 시행하였다.

(표7) 증치예정 최다인원

연도	감사관	서기, 서기보 기수, 기수보	연도	감사관	서기, 서기보 기수, 기수보
1910	16	470	1915	45	3,057
1911	37	1,734	1916	44	2,575
1912	45	1,785	1917	32	1,195
1913	38	2,377	1918	8	76
1914	50	2,755			

감사관 31명
서기 818명 기수 1,971명
서기보 기수보

본국에서 추진하는 각종 작업은 이미 종료한 것이 있는가 하면 아직 확장을 요하는 것도 있어 종료시기가 일정치 않았다.

따라서 한편으로는 감원을 하는 동시에 또 한편에서는 증원을 하지 않으면 사업의 진척에 지장을 가져와 증치직원의 정원을 개정하는 횟수가 잦아지게 되었다.

2 임시토지조사국의 사무분장

(1) 개설 당시

본국 개국 당시에는 대체적으로 구한말 토지조사국의 조직 및 사무분장을 답습하였다. 그 조직은 다음과 같았다. 관방 및 군 제도는 계급이 복잡하고 사무도 번잡하였으므로 총독부 소속 타관서와의 균형을 맞추기 위해 이 제도를 개정하여 서무, 조사, 측량의 3과를 두게 하였다. 출장소는 종래의 예에 따랐으며 과에는 과장을 두고 서기관으로 보하였다. 출장소에는 출장소장을 두고 감사관, 또는 기사로서 보하였다. 임시토지조사국의 사무분장은 다음과 같다.

〈서무과〉

① 기밀에 관한 사항
② 관인 및 국인의 보관에 관한 사항
③ 문서의 접수, 발송 및 편찬 보존에 관한 사항
④ 통계보고의 자료수집에 관한 사항
⑤ 토지소유권의 쟁의에 관한 사항
⑥ 회계에 관한 사항
⑦ 타과에 속하지 않은 사항

〈조사과〉

① 조사사무의 계획 및 실행에 관한 사항
② 조사사무의 감독에 관한 사항
③ 토지대장 및 장부 조제에 관한 사항
④ 토지조사위원회에 관한 사항

〈측량과〉

① 삼각측량의 계획 및 실행에 관한 사항
② 삼각측량의 감독에 관한 사항
③ 도근, 세부측량의 계획 및 실행에 관한 사항
④ 도근, 세부측량의 감독에 관한 사항
⑤ 지도의 조제에 관한 사항
⑥ 토지의 면적계산에 관한 사항

이와 같이 개국 당시에는 3과제도로서 과장을 직접 총재, 부총재에 예속시킴으로써 사무처리가 매우 간편하였다. 원래 본국의 사무는 다양하므로 그 분업의 성질에 따라 이들 계통을 밝혀 그 분류를 바르게 하고 서로 연관되는 제도를 수립하여 상부하지 않으면 도저히 유종의 성과를 거둘 수 없다는 것은 이미 구한말 때에 경험한 바 있다.

소분과제는 사무에 편리한 점이 많아 본국에서는 이를 감안하여 1911년 2월에 처무세칙을 제정하였다. 이 세칙은 과에 계 또는 과를 두고 과의 사무를 다시 소 구분하여 분장하였다. 이로써 당시의 분과제도는 구한말 토지조사국 때의 관방은 서무과로 조사, 측량의 2부는 같은 명칭의 과로 개편하였다.

〈서무과〉

[비서계]
① 기밀에 관한 사항
② 직원의 진퇴 신분에 관한 사항
③ 직원의 복무에 관한 사항
④ 관인 및 국인의 보관에 관한 사항

[문서계]
① 문서의 접수 발송 및 편찬 보관에 관한 사항
② 도서 및 인쇄에 관한 사항
③ 통계 및 보고에 관한 사항
④ 관보 및 국보의 보고, 편집 정리에 관한 사항
⑤ 고등토지조사위원회에 관한 사항
⑥ 타계의 주관에 속하지 않은 사항

[회계계]
① 예산, 결산에 관한 사항
② 출납 및 용도에 관한 사항
③ 관유재산에 관한 사항
④ 영선에 관한 사항
⑤ 청중 취급 및 용인의 감독에 관한 사항
⑥ 전 각호 외 회계에 관한 사항

〈조사과〉

[사정과]
① 조사사무의 계획 및 실행에 관한 사항
② 조사사무의 감독에 관한 사항
③ 토지에 관한 관습 및 토지제도의 조사에 관한 시항
④ 조사원의 양성에 관한 사항

⑤ 타과의 주관에 속하지 않은 사항

[정리과]

① 토지대장, 기타 장부조제에 관한 사항

② 지방토지조사위원회에 관한 사항

〈측량과〉

[삼각과]

① 삼각측량의 계획 및 실행에 관한 사항

② 삼각측량의 감독에 관한 사항

③ 삼각측량원의 양성에 관한 사항

④ 타과의 주관에 속하지 않은 사항

[측지과]

① 도근측량 및 세부측도의 계획 및 실행에 관한 사항

② 도근측량 및 세부측도의 감독에 관한 사항

③ 도근측량원 및 세부측도원의 양성에 관한 사항

[제도과]

① 지도조제에 관한 사항

② 토지면적 계산에 관한 사항

③ 제도원, 적산원의 양성에 관한 사항

(2) 사무분장의 개정

임시토지조사국 개국 이래 분과규정 및 사무분장에 관한 처무세칙은 사업의 확대에 따라 여러 차례 개정하였다. 그 중요한 내용은 다음과 같다.

첫째, 1912년 6월 서무과를 총무과로 개편하고 그 분장사항을 개정하였다. 개정내용은 종래 명문으로 규정되었던 사업의 일반계획 및 감리, 성안의 심사에 대한 소관을 명확히 하고 사업시행의 통일을 도모할 필요와 또 종래 조사과의 소관으로 된 토지조사위원회에 관한 사항 및 조사과, 측량과의 소관인 직원 양성에 관한 사항은 그 성질로 보아 이를 총무과에 이관하는 것이 타당하기 때문에 총무과로 이관하였다. 이 개정은 본 사업의 진척에 관한 중요한 개정이었다. 분과규정 개정과 동시에 소분장인 계, 과의 소관을 개정할 필요가 있어 6월 사무분장에 관한 처무세칙의 전부를 개정하였는데 내용은 다음과 같다.

〈총무과〉

[비서계]

① 기밀에 관한 사항

② 직원의 신분 진퇴 및 상벌에 관한 사항

③ 직원의 복무에 관한 사항
④ 관인 및 국인의 보관에 관한 사항
⑤ 사무원 및 기술원의 양성에 관한 사항

[문서계]
① 문서의 접수, 발송, 편찬 및 보존에 관한 사항
② 도서 번역 및 인쇄에 관한 사항
③ 통계 및 보고에 관한 사항
④ 관보 및 국보의 보고, 편집 정리에 관한 사항
⑤ 타계의 주관에 속하지 않은 사항

[감리계]
① 사업의 일반계획 및 감리에 관한 사항
② 의안의 삼사에 관한 사항
③ 토지조사위원회에 관한 사항

[회계계]
① 예산, 결산에 관한 사항
② 출납 및 용도에 관한 사항
③ 관유재산에 관한 사항
④ 영선에 관한 사항
⑤ 청중 취급 및 용인의 감독에 관한 사항
⑥ 전 각호 외 회계에 관한 사항

〈조사과〉

[사정과]
① 조사사무의 계획 및 실행에 관한 사항
② 조사사무의 감독에 관한 사항
③ 조사원의 강습에 관한 사항
④ 타과의 주관에 속하지 않은 사항

[정리과]
① 토지신고서, 기타 도서의 검사에 관한 사항
② 토지대장 및 장부조제에 관한 사항

〈측량과〉

[삼각과]
① 삼각측량의 계획 및 실행에 관한 사항

② 삼각측량의 감독에 관한 사항
③ 삼각측량원의 강습에 관한 사항
④ 타과의 주관에 속하지 않은 사항

[측지과]
① 도근측량 및 세부측도의 계획 및 실행에 관한 사항
② 도근측량 및 세부측도의 감독에 관한 사항
③ 도근측량원 및 세부측도원의 강습에 관한 사항

[제도과]
① 지도의 조제에 관한 사항
② 토지의 면적계산에 관한 사항
③ 제도원, 적산원의 강습에 관한 사항

둘째, 1912년 11월 분과규정의 일부를 개정하여 조사과의 분장사무를 개정하였다. 종래 조사과에 속하였던 준비조사 사무는 이를 총무과에 이속시키고 또 지위등급조사 및 준비조사 이외의 사무는 이를 모두 측량과의 소관으로 하였다.

셋째, 1913년 초 본국의 사업이 차차 진척되고 또 국무도 점차 복잡해지게 되자 종래의 분과제도가 국중 국(局中局)을 두고, 과중 과(課中課)를 둔 형상이 되어 사무처리상 큰 불편을 느꼈다. 또 사무의 통일에도 문제가 있었다. 1913년 9월 분과규정에 일대 개정을 가하여 종래의 3과를 6과로 나누고 분업의 성질에 따라 각기 소관을 밝힘으로써 서로 상충되지 않도록 상부하여 전 사업에 대한 성과거양을 기하였다. 이 개정은 본국의 조직제도에 있어서 형식과 실질의 대혁신이었고, 이로써 원만히 업무를 추진할 수 있었다. 분장 내용은 다음과 같다.

〈총무과〉

[비서계]
① 기밀에 관한 사항
② 직원의 신분 진퇴 및 상벌에 관한 사항
③ 직원의 복무에 관한 사항
④ 관인 및 국인의 보관에 관한 사항
⑤ 사무원 및 기술원의 양성에 관한 사항

[회계계]
① 예산, 결산에 관한 사항
② 출납 및 용도에 관한 사항
③ 관유재산에 관한 사항
④ 영선에 관한 사항

⑤ 청중 취급 및 용인의 감독에 관한 사항
⑥ 전 각호 외 회계에 관한 사항

[분쟁지계]
① 분쟁지 및 소유권에 의문이 있는 토지의 심사에 관한 사항
② 고등토지조사위원회에 관한 사항

[서무계]
① 의안, 기타 문서의 심사에 관한 사항
② 지방토지조사위원회에 관한 사항
③ 문서의 접수, 발송, 편찬 및 보존에 관한 사항
④ 도서 번역 및 인쇄에 관한 사항
⑤ 통계, 보고 및 국보에 관한 사항
⑥ 지방경제 및 관습조사에 관한 사항
⑦ 타계의 주관에 속하지 않은 사항

〈기술과〉
[삼각과]
삼각측량의 계획 및 실행에 관한 사항

[지형계]
일반도 측량 및 일반도의 조제에 관한 사항

〈조리과〉
① 면·동의 명칭 및 강계의 조사, 기타 조사의 준비에 관한 사항
② 지위등급조사에 관한 사항

〈측지과〉
① 도근측량에 관한 사항
② 세부측도에 관한 사항
③ 토지신고서, 기타 도서의 검사에 관한 사항

〈제도과〉
① 지적도의 조제에 관한 사항
② 토지의 면적계산에 관한 사항

〈정리과〉
① 토지대장, 기타 부속장부의 조제에 관한 사항
② 이동지의 정리에 관한 사항

이밖에도 각 과에 수개의 내업반 및 외업반을 편성하였다(대한지적공사, 1989).

제4절 토지조사 내용과 성과

1 토지조사의 내용

토지조사 방법은 사무와 측량의 2개 부문으로 크게 나누어졌다. 사무에 속하는 것은 주로 인사, 회계, 문서의 처리 외에 소유권의 조사, 지가의 조사 및 일반업무의 계획관리에 관한 사항들이었다.

소유권의 조사 및 지가의 조사에 관계되는 사항은 다음과 같다.

① 준비조사
② 1필지조사
③ 분쟁지조사
④ 지위등급조사
⑤ 장부조제
⑥ 지방토지조사위원회
⑦ 사정
⑧ 고등토지조사위원회
⑨ 이동지 정리

측량에 관계되는 사항은 다음과 같다.

① 삼각측량
② 도근측량
③ 세부측량
④ 면적계산
⑤ 지적도 등의 조제
⑥ 이동지측량
⑦ 지형측량

소유권 및 지가조사와 측량업무는 이를 외업과 내업으로 다시 구분하였는데 외업이란 현지에 나가서 조사 또는 측량하는 것, 내업이란 외업에서 얻은 자료를 정리하여 성과를 작성하는 사무이다.

2 토지조사의 성과

(1) 사업별 실적

토지조사사업은 1910년의 화폐로 2천여 만 원이 투입되었고 연인원 7천여 명이 동원된 8년 8개월의 장기간에 걸친 사업이었다.

(표8) 토지조사사업의 지목필수와 면적

지 목	필 수	면 적	비 고
전	9,758,325필	2,791,510정보	
답	6,152,096필	1,545,594정보	
대	2,355,494필	129,664정보	
기타	841,605필	404,293정보	
계	19,107,520필	4,871,071정보	

토지조사사업의 완료로 외업 및 내업에서 얻은 업무성과는 다음과 같다.

(표9) 토지조사사업의 외업과 내업성과

업 무	실 적	비 고
준비조사	28,113동	부군의 강계조사(동리수)
1필지 조사	5,181,652건	토지소유신고서 수합
분쟁지 조사	33,937건 99,445필	분쟁지 조사해결 소송사건(6,976건)
지위등급조사	18,352,380필	토지의 지가조사
장부조제	28,357책 109,998책 21,050책 812,093매	토지조사부 토지대장(집계부 포함) 지세명기장 지적도
지방토지조사위원회	107회	개최 횟수
사정	19,107,520필	50회에 걸쳐 소유권과 강계인정(동·리수 28,209동)
이동지측량	1,818,364필	사정완료토지 정리
삼각측량	13개소 400점 2,401점 31,646점	기선측량(39,758m) 대삼각본점 대삼각보점 소삼각점
수준측량	2,823점	선로 길이 6,693km
도근측량	3,551,606점	1,2등 도근점
1등지조사 및 세부측량	19,101,989필	소유권조사 강계 및 지역의 측량
지형 측량	1,431,200방리	

(2) 현대식 토지등록제도의 확립

토지조사사업은 조선 말에서 구한말까지 문란하였던 토지소유 및 양전을 바로 잡고 확실한 지형지물 표시제도를 확립하는 대역사였다.

지적 및 지세와 토지의 외모조사에서 조사된 토지관계 사항들은 군사, 산업, 교통 등 다방면에 걸친 국토의 종합적 관리 및 토지행정에 귀중한 자료를 제공하였다.

또한 토지분량 파악의 근간인 지적제도의 확립으로 전국적 토지의 명확한 실상과 토지등록의 통일성은 물론, 토지소유의 등기제도 확립을 가져다 주었다.

제5절 임야조사 추진과 성과

1 시험사업과 예산

임야조사사업도 경기도에서 1916년 1월 부천군 부내면, 다수면, 계만면 3면에서 총독부 후원 하에 실지 시험조사를 한 것이 최초이다. 1917년 8월 우선 총독부로부터 연도·일별 소요경비의 배정과 인원배치를 받는 한편 도의 종사원을 채용했는데 부내면은 인천시 북구, 다수면은 동남구 주안동, 계남면은 구로구와 부천시 중구와 남구 일대이다.

임야조사 시험사업은 1916년부터 시작했으나 실지 조사측량은 1917년부터 본격적으로 개시했고 근거법인 조선임야조사령(朝鮮林野調査令)은 1918년 5월 1일 제정되었으며 그 이전에는 근거법 없이 시행했다. 이를 위해 부칙에 "본령 시행 전에 도장관(道長官)이 실행한 임야조사 및 측량에 관한 수속 및 기타의 행위로서 조선총독부가 지정한 지역내의 임야에 관계되는 것은 본령에 의해 실행한 것으로 간주한다"고 보완했다.

임야조사령에서는 임야의 조사, 측량은 토지조사령에 의해 실시된 것을 제외한 것이며 지목과 지번을 부여하고 임야의 소유자는 도 장관이 지정하는 기간 안에 이름, 주소, 임야의 소재나 면적을 부윤, 면장에게 신고하고 국유 임야상에 대해서 연고가 있는 자는 신고토록 했다. 그리고 부윤, 면장은 임야조사와 측량을 실시하고 조사서 및 도면을 작성하여 신청서를 첨부하여 도 장관에게 제출하며 비용도 부담토록 했다. 또한 부윤, 면장은 연고자로 하여금 두 사람 이상의 총대(總代)를 선정하여 측량 사무에 종사시킬 수 있으며, 연고자, 또는 이해관계를 입회 또는 필요한 서류의 제시를 명할 수 있게 하였다.

도 장관은 임야의 소유자와 강계를 사정토록 했고 1908년 법률 제1호 삼림법 제19조의 지적계출(地籍届出)을 하지 않아 국유로 된 임야는 옛소유자 또는 그 상속인의 소유로 사정토록 했다. 임야조사위원회의 재결은 이유를 첨부한 문서로 하고 그 등본을 불복 신청자에게 교부하고 공시토록 했으며 도 장관은 임야대장과 임야도를 작성하여 사정, 재결사항을 등록하고 임야내에서 개재하는 임야 이외의 토지로서 조사, 측량을 하지 않은 것에 대해서 본령의 전부 또는 일부를 준용할 수 있도록 했다.

부천군 조사의 결과를 감안하여 그 필 수와 면적을 예상하고, 부군마다 진행과 순서를 정하여 경성부 부근과 비교적 권리사상이 발달한 철도연선(鐵道沿線)부터 시작하여 점차 시골 산간부로 옮겨가 1922년까지 사업을 완료하기로 했다. 조사기관은 경기도 임무과(종전 권업과)에 조사계를 두고 기수 1명과 고원(雇員) 16명, 측량원과 사무원 50명으로 편성했고, 다시 내업반·외업반으로 업무분담을 정했으며 임야조사 내규와 종사원 지침을 제정했다. 이 사업의 경비는 매년도의 실행계획에 의하여 국비의 배정을 받는 이외에, 당초에는 각면 협의비로 임야의 소유자와 국유 임야의 연고자로부터 일정한 표준율로 거출했으나 임야조사령 반포 후는 부면(府面) 부담으로 되었다.

부면은 예산을 편성했는데 부는 부비(府費), 면은 임야의 소유자와 국유 임야의 연고자에 대하여 1918년 7월 내규 제1126호 통첩에 의하여 부과 징수했다.

1919년 이후 제 물가가 현저하게 폭등해 경기가 매우 어려웠으므로 협의비에 의했던 각 면은 곧 예산을 증액하여 추징하고 그외 부면에 대해 총독부는 내무국장 통첩으로 1920년 1월에 다시 종전의 배액 부과의 건을 인가하고 면은 예산을 증액, 추가 징수했다. 고양, 양주, 시흥, 부천(시험지구인 다수면, 부내면, 계남면은 별도), 수원, 화성, 김포, 강화, 파주, 장단, 개성 각 군은 임야조사내규(林野調査內規)에 의거 표준율에 따라 징수했다.

경성부를 비롯해 인천부, 안성, 용인, 이천, 여주, 광주, 양평, 가평, 포천, 연천 각 군은 1918년 7월 내제(內制) 1126호 통첩에 의하여 부비로 지급하고 기타 군, 각 면은 임야 소유자 또는 연고자에게 부담시켰다.

2 조사범위와 경계측량

임야조사의 범위와 수량에 있어서는 임야와 개재지 전부 또는 일부를 조사하는 것과 임야와 분묘지만 조사한다는 등 몇번 변경했으나 1918년 10월 임야조사령 시행규칙 개정으로 임야와 개재지 전부를 조사한다고 확정했다.

종사원은 1917년 전국 임야조사계획이 수립되자 총독부는 감독원을 양성할 목적으로 종사원을 모집해 서류심사 후 우수한 자를 선택했다. 그리고 임야조사법규와 평판측량의 강습을 받게 하고 시험에 합격한 자를 각도에 배치했는데 경기도는 일본인 8명, 한국인 8명을 고원으로 채용했다. 이들은 대부분 임시 토지조사국에서 세부측량을 한 경험이 있는 자 및 총독부에서 국유 임야구분조사 경험자와 토목측량, 철도측량에 조사한 자 또는 농림학교 졸업자들이다. 외업과 내업에 종사하는 종사원은 도에서 직접 채용했는데 세부측량과 도부의 작성, 면적계산에 경험이 있는 자로 했다.

특히 경비를 절약하기 위해 민중과 접촉이 원만하고 물자 결핍에도 견디며 풍토에 익숙한 한국인을 채용했는데 구두시험으로 60명을 우선 선발하여 임야관계 예규와 평판측량을 강습한 후 시험에 합격한 55명을 채용했다. 조사반은 미리 준비 조사하여 1필지마다 실지에 임하여 소유권과 경계의 조사측량을 하며 분쟁사건의 화해처리 등에 종사할 외업반을 당초 7조로 편성했고 1반의 편성은 조사원 7명(1인은 검사원)과 감독원 2명으로 했다. 조사원에게는 각 2명, 감독원에게는 측량인부 각 1명, 감독은 일본인 고원과 한국인 고원으로 하고 일본인 감독원을 상석감독원으로, 한국인 감독원을 차석으로 했다. 내업반은 외업반에서 송달되어 오는 신고서, 통지서, 야장원도(野帳原圖)에 대하여 일반검사 및 면적 산정을 하여 임야도, 임야소사를 소제하는 사무를 십행했다.

당초는 조사원 6명, 고용원 2명의 소수인원으로 이 사무를 담당시켜, 한때 부군청내에 두었는데 감독상 불편이 많아 도청으로 이전했다. 내업업무가 증가함에 따라 새로 조사원을 채용하고, 임야도 작성반, 면적 산정반, 조사서 작성반, 일반검사반 등 4개반으로 분담했다. 또한 서무계를 두어 조사원, 고원 각 1명을 배치하고 문서의 왕복정리를 하게 했고 각 반에는 조사원 4명을 배치하고 각반의 감독과 검사를 위해 고원 1명을 주임기수로 충당하여 내업 전반의 계획 및 지도감독에 임하도록 했다.

임야조사는 임야소유자와 국유림의 연고자에게 신고 또는 통지하여 이를 토대로 조사하는 것을 원칙으로 했고 도지사는 임야조사 착수 전에 지역과 신고기간을 고시했다.

고시는 조선총독부 관보, 기도보(機道報)에 게재하고 도게시장(道揭示場), 관내 각 부군면리 게시장에 게시하고 경성일보, 매일신보, 조선신문에 게재했다. 동시에 고등법원, 관할재판소, 토목부, 경무국, 철도부, 체신국 등 국유지 소관청에도 통지했다.

부군은 신고기간 고시 후 곧 면리장 총대, 임야소유자, 국유임야 연구자 등을 모아 도청직원을 파견, 임야조사의 추지와 신고상의 주의사항에 대하여 설명했다.

실지측량에 있어서 외업준비는 도 근망도의 조제, 신고서의 정리, 참고서류의 조제 취합, 삼각점과 도 근점의 전개를 위한 한편 각 면 총대의 임명, 경계표항, 건설의 독려를 위해, 종사원 숙소를 선정했다. 또한 조사의 취지를 민중에게 알리기 위하여 도 직원을 보내서 강연을 하도록 했다.

조사측량은 1리·동을 단위로 1부면마다 시행했는데 면·리·동계 조사와 함께 1필지에 대하여 소유, 연고관계 및 경계를 조사 측량하여 원도를 만들었다.

조사와 측량은 별도로 하는 것이 이상적이나 인원 관계로 인해 특수한 경우를 제외하고는 동시에 했다. 같은 리·동에 있어서 소유자 또는 연고자가 같은 동일지목의 1단지는 이를 1필지로 했고, 다음의 사항에 해당하는 경우에는 1필지로 했다.

①도로, 하천, 구거, 제방, 성첩, 철도선로, 수도선로로 구분됐을 때, ②소유권에 관한 증명 또는 등기를 했거나 저당권 설정의 증명, 등기가 있는 임야, ③분쟁에 걸려 있는 것, ④소관을 달리하는 국유지, ⑤국유임야로서 갑종 또는 을종요존예정임야(乙種要存豫定林野) 또는 제1종 부요존 임야 등의 취급을 달리하는 것, ⑥기타 특히 별필로 하는 것이 적당하다고 인정되는 것이다. 실지조사에 있어서는 매필지마다 소유권 또는 연고에 대하여 조사하고 경계까지 결정하는 동시에 지목등급까지 조사했다. 더욱이 국·사유 구분과 연고지에 대한 처분 예상까지 야장에 기입했다.

소유권은 임야조사령 반포 이전에는 국유·공유(부면 또는 리·동, 지방비, 공립학교, 향교의 토지)·사유로 구분했으나 1912년 훈령 제4호 삼림산야 및 미간지 국유사유 구분표준에 의하여 미간지에 대하여는 1914년 토지훈령 제18조에 의하여 이를 조사했다.

연고지의 인정은 1912년 부령 제1호 조선 국유삼림 미간지 및 임산물 특별처분령에 의한 중요 물산제조업자 및 목재업자 자격의 건에 의해 구분했다. 그중 미처분에 속하는 연고임야 처분예상조치에 대하여는 1912년 부령과 1914년 관통첩 제94호 국유 삼림 무료임대에 관한 건에 의하여 조사했다.

임야 재개지는 모두 토지조사의 규정에 준하여 조사했고 능원묘(陵園墓), 기타의 분묘지에 대하여는 국유가 아닌 것은 그 권리관계를 명확히 했다. 사유 또는 연고지에 대하여는 그 신고서의 정부, 총대인인(總代認印), 소유자와 연고자 주소, 성명, 명칭 또는 대리인, 관리인, 이해관계인, 단체 등의 신고에 관계된 자격, 토지의 소재, 사표, 기타 사항을 검사하는 동시에 실지의 지황(地況), 임황(林況) 등을 조사했다.

동일 토지에 대하여 두 사람 이상의 소유권, 연고권을 주장하는 자가 있는 경우는 일응 화해를 시도하여, 성립하면 화해조서를 작성하여 신고서에 첨부하고 성립이 안 되면 분쟁으로 취급하여 분쟁조서를 작성했다. 경계조사는 1필지마다 소유 또는 연고의 분계(分界)를 확정하는 것으로 모두 근접관계자의 협정에 의하는 것으로 하여 그 소유자 또는 연고자로 하여금 1필지 주위에 표항을 세우도록 했다. 실지와 신고 또는 통지서 기재의 사표와 대조하고 지주, 관리인, 이해관계인 또는 그 대리인과 지주총대를 입회 하에 결정토록 했다. 경계에 의의가 발생했을 경우에 조사원은 적당히 경계를 정하여 화해를 시도하고 협정이 불가능할 때에는 분쟁지로 다룬다. 국유지로 이미 경계가 결정된 것은 국비에 의하여 답사를 하고 필요한 경우에는 양쪽 보관관청의 입회를 구했다. 면·리·동계의 조사는 미리 관계 면·리·동장 입회 하에 표항을 세워 놓게 하고 실지조사하여 결정했다. 측량방법은 평판측량을 사용하여 삼각점, 도 근점에 의해 도해법(圖解法)으로 했다.

도곽(圖郭)내에 포용하는 지역은 전부 표시하고 1필지가 도곽을 넘으면 도곽 외 여백에 기재했고 여백에 도시하기 어려운 경우에는 도곽으로 절단해서 2도엽의 도면에 도시했다. 도면상에 지번, 지목, 소유자 또는 연구자 성명을 기입, 순차적으로 연속하여 측량했다. 측량감독은 외업감독원이 전담했는데 그들은 항상 조사지를 순회했다. 특히 숙련치 못한 조사원이나 불성실하다고 인정하는 조사원의 현장에는 자주 순회하여 법규 적용과 운용을 알려주며 주의를 주고 차석 감독원은 각 리의 측량상 기지점(旣知點)이 먼 곳이나 측량이 불편한 곳을 선정하여 순회 검사를 했다.

3 소유권 사정과 도부작성

소유권 사정을 위한 분쟁지조사는 분쟁사건의 조사가 권리관계의 결정이므로 가장 곤란한 업무였다. 역대의 비정(秕政)은 토지분쟁의 원인이 되었고, 평민의 권리는 항상 권력자에게 침범당했으며 평민의 토지는 수탈, 강점당하는 역정(歷政)이 되풀이되었다.

분쟁의 종료는 소유권, 경계 및 연고의 분쟁으로 국대국(國對國), 민대민(民對民)이다. 국 대 민 분쟁은 주로 구분조사나 처분조사를 국유라고 결정된 것에 대하여 불복하는 것이고 민 대 민은 주로 분묘, 입장, 점유, 매매관계로 발생하는 것이다. 면 대 면 경계, 면 대 부락민, 부락민 대 개인소유의 분쟁은 적었다. 권리를 증명하는 서류인 입지(立旨), 입안(立案), 완문(完文) 등이 중복되거나 불비가 많아 오히려 분쟁을 일으키는 요인이 되었다.

심사에 대해 불복이 있을 때는 조선총독부 임야조사위원회(1918. 4. 29)에 이의 신청을 했고 이곳에서 재결했다. 임야조사위원회는 고등토지조사위원회와 같은 성격의 기구로서 분쟁지 사징의 중요성과 분쟁을 두려워하여 성무총감을 당연직 위원장으로 한 것도 같은 맥락으로 볼 수 있다. 임야조사에서 사정은 토지조사령에 의해 사정하지 않았던 임야와 임야 내 개재지에 대한 행정처분으로 도지사는 조사측량을 한 사항에 대하여 1필지마다 그 토지소유자와 경계를 임야조사서와 임야도에 의하여 사정했다.

권리확정은 사정 또는 재결에 의해 확정하는 것으로서 사정에 대하여 불복이 있는 자는 공시기간 만료 후 60일 이내에 임야조사위원회에 신청을 하여 재결을 구하도록 했다.

임야조사는 임야신고와 실지입회를 기초로 했는데 정당한 사유없이 입회를 하지 않을 경우에는 사정에 대하여 이의를 제기할 수 없었다.

사정으로 확정되었거나 재결을 거친 사항이라도 처벌받을 행위로 사정 또는 재결이 되었을 때, 증빙문서가 위조 또는 변조되어 처벌될 행위로 결정이 났을 때, 형사소송의 개시 또는 실행이 되었을 때는 사정이나 재결이 되었을 때도 3년 안에 임야조사위원회에 재심을 신청할 수 있었다. 사정과 재결사항은 이유 여하를 불문하고 소송을 제기할 수 없게 했다. 사정은 부윤·면장으로부터 전달된 조서도서, 분쟁지조사, 의문있는 토지조서 등을 심사하는 것인데 사정기관으로는 도에 임야조사위원회를 두었다.

분쟁사건의 심사는 일반조사의 심사와 동시에 행하는데 건수가 많고 내용이 복잡하여 심지어 하루 1건의 심의도 쉽지 않은 것이 있어 일시에 다수의 심사를 행하는 것이 불가능하기 때문에 심사전에 심사를 해놓고 일반조사 심사 때 처리상황만 부의(附議)했다.

임야조사 완료로 임야대장의 조제는 1920년 경성부의 사정 후 착수했다.

당초에는 조제 미숙으로 실적이 적었으나 1920년 6월 식산국장 통첩에 의해 사정 전이라도 사정지역 전부에 대하여 조제토록 하고 1922년부터는 3명 내지 5명에게 전담토록 하자 현저히 진행되어 1924년 3월 조제를 완료했다. 임야대장은 1필 1매로 하되 약 200매 한도로 하고 1부 1책, 면에는 리·동마다 별책으로 지번순대로 편철했다. 필수가 적은 리·동은 몇개 리·동을 합철해서 목차를 붙이고 공유지는 공유지연명부를 조제했다.

임야조사 도부는 임야신고서와 통지서철, 조사야장, 원도(일람도·개재지·부도 포함), 임야도, 임야조사서, 면적계산부, 분쟁지조서와 부속서류, 사정 후에 조제한 임야대장, 공유지연명부, 이동신고서와 통지서철, 연고에 관한 이동신고서철과 연고이동정리부이다.

도부는 사정을 완료하는 데 따라 인계했다. 임야조사서, 임야원도, 연고지이동정리부 등 신고서철은 도 임무과에 인계하고 임야도, 임야대장과 연명부, 임야신고서와 통지서철, 조사야장, 지적계산부, 분쟁지조서와 부속서류, 이동신고서와 통지서철은 부군청에 인계했다(권용우 외, 1996).

4 임야조사의 성과

임야조사사업의 결과는 3,479,915필에 16,302,429정보로 토지조사 성과인 19,107,520필 4,871,071정보에 비하여 필 수는 18%였고 면적은 3.35%였다. 이렇게 면적이 많아도 토지조사 기간과 거의 같은 기간에 사업을 완료한 것은 축척이 소축척이고 주로 토지조사에 종사한 기술자를 간단한 교육으로 활용했기 때문이다. 또한 임야는 경제적 가치가 높지 않아 분쟁이 매우 적은 것도 업무수행에 큰 도움이 되었다. 토지조사 및 임야조사의 성과중 가장 크게 부각되는 성과는 지적제도의 기초가 마련된 것이다.

이렇게 중요한 국토조사는 당초 구한국에서 시도했으나 끝까지 주관하지 못한 것은, 필요성을 인정하면서도 국내사정상 사업이 일제에 인계되었기 때문이다.

토지조사는 행정 및 기술은 일제가 주도했지만 실무처리는 주로 한국인으로 종사인원이 약 80%를 넘었고 외업, 제도, 적산, 면적측량 등의 내업도 거의 한국인이 처리했다.

임야조사와 측량은 별도로 하는 것이 이상적이었으나 인원 관계로 특수한 경우를 제외하고는 동시에 했다. 그래서 임야조사는 면적이 많더라도 토지조사 기간과 거의 같은 기간에 완료되었다. 이에 따른 성과를 토지조사성과와 비교하면 다음과 같다.

(표10) 토지조사와 임야조사 성과

구 분	토지조사사업	임야조사사업
기 간	1910년~1918년(8년 10개월)	1916년~1924년(9개년)
소요경비	20,406,489원(圓)	3,862,000원(圓)
종사원수	7,113명	4,670명
사정기관	임시 토지조사국장	도지사(권업과 또는 산림과)
재결기관	고등토지조사위원회	임야심사위원회(1919-1935)
조사기관	임시 토지조사국	부와 면
조사대상	① 전국 평야부의 토지 ② 낙산(落山) 임야	
도면축척	1/600, 1/1200과 1/2400	1/3000, 1/6000
지적공부	토지대장 109,188권 지적도 812,093장	임야대장 22,202권 임야도 116,984장
필 수	19,107,520필	3,479,915필
면 적	14,613,214,028평(坪)	16,302,429정(町) 0129
분 쟁 지	33,937건(99,455필)	17,925건(28,015필)
지형측량	지형도 925장 (50,000분도 620장 포함)	
삼 각 점	34,447점(대삼각점 2,801) (소삼각점 31,646)	
도 근 점	3,551,606점	
수 준 점	2,823점(선로장 6,693)	
이동측량	1,818,364필	49,321건(충남북 미상)

제7장 지적공부

제1절 지적공부의 정의

1 공부의 정의

일반적으로 '공부'라고 하는 것은 '법령의 규정에 따라서 관공서가 작성·비치하는 일체의 장부'를 의미한다. 이러한 공부에는 관공서의 금전출납부로부터 호적부·등기부·토지대장·지적도 등 여러 가지가 있을 수 있다. 그 중에서 토지대장과 지적도 등은 법률로 특별히 "지적공부"라고 규정했기 때문에 일반적인 공부와는 구별되어 특히 "지적공부"라고 한다. 공부라도 그것을 공공의 이용에 맡기거나 혹은 공공의 이용을 허용하지 않고 특정한 자에게만 그 이용을 허가하는 경우가 있다.

우리 나라는 지적공개주의의 이념을 채택하고 있지만, 지적공부를 거의 무제한으로 공공의 이용에 제공한다는 것이 지적공부를 누구에게나 열람시키고, 누구에게나 등본을 교부하는 것만을 가리키는 것은 아니다. 뿐만 아니라 지적공부에 등록된 사항을 기밀로 다루어서 그 이용을 제한하는 일이 없다는 의미도 포함하게 된다.

2 지적공부의 정의

지적공부(cadastral record)라 하는 것은 지적법에서 토지대장, 지적도, 임야대장, 임야도, 공유지연명부, 대지권등록부, 경계점좌표등록부, 지적전산자료로 특별히 규정해 놓았기 때문에 이 외에는 설령 지적사무에 쓰이고 있는 장부라 하더라도 지적공부라고 할 수 없다.

그래서 시·군에 비치하는 토지대장집계부 및 임야대장집계부는 자칫하면 지적공부로 오인하기 쉽지만, 집계부는 지적법에서 지적공부로 규정된 바 없기 때문에 이는 지적에 관한 장부는 되더라도 지적공부가 아니다. 마치 호적에 관한 각종 통계장부가 호적공부가 아닌 것과 그 이치가 같다. 토지대장과 임야대장은 사람이 가지고 있는 주민등록증과 같은 것이며 지적도와 임야도는 주민등록증에 붙어 있는 사진과 같은 것으로 보는 것이 이해하기 쉬운 비유이다. 일

(그림15) 지적공부의 종류

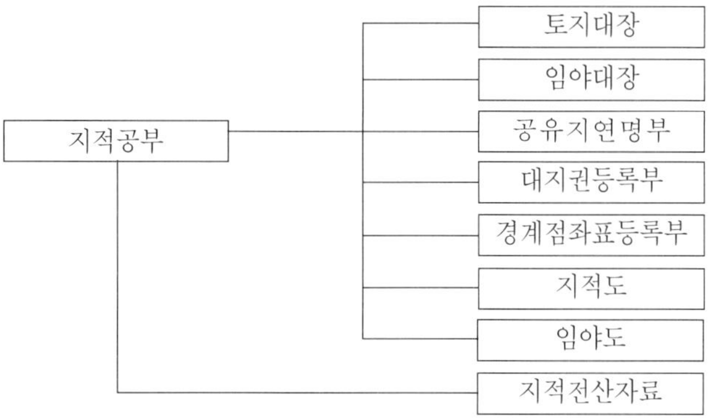

본에서는 과거부터 토지대장을 '공부'라 하고, 지적도는 '공도'라고 하여 구분하고 있다. 이것은 대장이나 도면을 모두 합쳐서 '공부'라고 하는 것보다도 오히려 구체적 표현 같기도 하다. 그러나 우리 나라는 현행 법률로서 지적공부에 대한 정의를 내렸기 때문에 일본의 경우와는 다르다.

현재의 토지대장과 지적도를 작성하게 된 법적 연원은 과거 토지조사법을 승계한 토지조사령(1912. 8. 13) 제17조에서 "임시 토지조사국은 토지대장 및 지도를 조제하되 토지의 조사 및 측량에 대하여 사정으로서 확정된 사항 또는 재결을 거친 사항을 등록함"이라고 규정한 데서 비롯한다. 또한 임야대장 및 임야도는 '조선임야조사령' 제17조에 "도장관은 임야대장 및 임야도를 조제하여 제8조 제1항의 규정에 의한 사정으로서 확정된 사항 또는 제11조의 규정에 의한 재결을 거친 사항을 이에 등록할 것"이라고 규정한 데서 비롯한 것이다(원영희, 1972).

우리 나라의 지적공부는 토지대장, 지적도, 임야대장, 임야도, 공유지연명부, 대지권등록부, 경계점좌표등록부, 지적전산자료로 구분된다. 토지대장과 지적도는 토지조사 사업의 결과에 따라 작성되었으며, 경계점좌표등록부(수치지적부)는 1975년 12월 지적법 개정시에 수치지적측량의 도입에 따라 작성되었다. 지적 파일은 1990년 12월 '전산등록 파일'을 지적공부로 보도록 규정되었다가 1995년 1월 '지적 파일' 2002년 1월 '지적전산자료'로 명칭을 변경하고 지적공부의 일종으로 규정하였다.

따라서 토지대장과 지적도에는 토지조사 사업에서 대상으로 한 토지, 임야대장과 임야도에는 토지조사 사업에서 제외된 토지, 즉 임야조사 사업의 대상으로 한 토지, 수치지적부에는 토지대장과 지적도에 등록된 토지 중에서 수치지적측량을 하여 등록한 토지가 각각 등록되어 있다.

이처럼 지적공부는 토지에 대한 일정한 사항을 등록하여 국가가 비치하는 유일한 공부로서 소관청은 지적공부를 "지적서고"에 비치·보관하고 이를 영구히 보존하고 있다.

3 지적공부의 비치

지적공부는 시·군인 소관청에 비치하게 되는데, 서울특별시·부산광역시·대구광역시 및 인천광역시 등 구제(區制)를 실시하는 시에서는 구청에 비치하고 있다.

여기에서 소관청(competent agency)인 시·군은 국가행정기관으로서의 시군을 가리키는 것으로서 결코 지방자치단체인 시·군을 의미하는 것이 아니다.

그렇기 때문에 지적 사무에 요하는 경비는 당연히 국가가 전액을 부담하게 된다. 따라서 지적 사무를 관장하는 소관청은 국가행정기관의 장의 자격으로 사무를 처리하는 것이 당연하다. 이는 우리 나라가 지적국정주의를 채택하고 있기 때문이다.

지적공부 비치는 토지거래 및 과세 그리고 토지정보를 위한 기초자료로서 이용하기 위해 토지를 측량하여 구획된 단위토지(필지)를 등록해서 관리하는 것을 말한다.

따라서 비치할 지적공부는 법률에 의하여 그 형식과 규격이 정해져 있으며 항상 일정한 장소에 비치 보관해야 하며 토지대장, 지적도, 임야대장, 임야도 및 공유지연명부, 대지권등록부, 경계점좌표등록부가 그 종류라 할 수 있다. 그리고 이외에는 지적에 관계된 장부라 하더라도 지적공부라고 하지 않는다. 지적법에서는 지적공부를 토지에 대한 일정한 사항을 등록하여 국가가 비치하는 유일한 공부로서, 소관청은 지적공부를 '지적서고'에 비치 보관하고 이를 영구히 보존하도록 하고 있다. 또한 천재 지변 등 위난을 피하기 위하여 필요한 때를 제외하고는 소관청의 청사 밖으로 반출하지 못하도록 하고 있다.

다만 등록사항을 마이크로필름, 자기디스크 그밖에 이와 유사한 매체에 기록, 보유하는 때에는 지적서고에 보관하지 아니할 수 있다.

제2절 대장

1 토지대장

토지대장(cadastral terrier, cadastral book)은 국가가 비치하는 지적공부의 하나로서 통상 토지대장이라고 할 때에는 토지대장 본책(本冊)에 별책(別冊)으로 된 공유지연명부(共有地連名簿)까지 포함하는 개념이다. 공유지연명부가 별책으로 되어 있기 때문에 토지대장의 부속물로 착각하는 수도 있으나, 공유지연명부는 엄연히 토지대장의 일부라는 것에 주의해야 한다.

우리 나라 토지대장은 일제시대에 작성한 것을 사용하다가 현재는 전산화에 의한 지적 파일에 의하고 있다. 구 대장의 근거는 일제시대인 1943년 3월 31일 제령 제6호로 공포된 '조선지세령(朝鮮地税令)' 제4조 및 제5조에서 당시의 지적소관청인 세무서에 토지대장과 지적도를 비치한다는 내용이 규정되어 있고, 같은 일자로 된 조선총독부령 제68호 '조선지세령 시행규칙(朝鮮地税令施行規則)'에는 "제4조 토지대장은 제2호 양식에 의하여 이를 조제할 것"이란 규정에 의하였다.

한편, 양식 중에서 제2호 양식의 1은 토지대장의 표지와 토지대장 갑지의 규격을 정하고 제2호 양식의 2는 공유지연명부의 표지와 공유지연명부의 갑지의 규격을 정한 사실로 당시의 공유지연명부가 토지대장의 일부임을 분명히 나타내고 있다.

당시 제령은 현재의 법률과 비슷한 것이고, 조선총독부령이라는 것은 현재의 대통령령과 비슷한 것이다. 그런데 광복 이후 우리 나라 지적법은 제40조에서 "조선지세령에 의한 토지대장 및 지적도, 조선임야대장규칙에 의한 임야대장 및 임야도는 각각 이를 본법(지적법)에 의한 토지대장·지적도·임야대장 및 임야도로 간주한다"고 한 경과조치를 하였다(원영희, 1972). 그래서 법령으로 "공유지연명부를 지적공부에서 제외한다"고 규정하지 않는 한 공유지연명부는 토지대장의 일부이다.

- 토 지 대 장 (법률상 명칭)
  - 토 지 대 장
    - 표지(表紙)
    - 갑지(甲紙)
  - 공유지연명부
    - 표 지
    - 갑 지

(그림16) 토지대장의 구성

(1) 토지대장의 형식과 내용

토지대장의 형식에 있어서 스위스의 부동산등록부는 원래 40×70cm의 회계장부식 대장으로 사용하고 있었으나 최근에 이를 카드화하여 캐비닛에 행정구역별로 비치 보관하고, 지번별로 견출표를 순차적으로 부착하였으며, 행정구역별로 표색을 달리하여 격납시 쉽게 구별할 수 있도록 하고 있다.

카드 크기는 30×42cm, 지질은 표리(表裏) 사이에 얇고 빳빳한 플라스틱을 넣어서 접착해 오래 견딜 수 있도록 한 특수지이며, 연한 청색을 넣었다.

격납상에서 한 장의 카드를 인출하면 색으로 표시된 견출번호지가 이가 빠진 것처럼 보여 금방 알아볼 수 있도록 되어 있지만 별도로 인출표시판을 카드 사이에 끼워두어 다시 격납할 때 편리하도록 한다. 그리고 각 격납상 위에는 카드 열람 커버가 있어 카드 인출시는 반드시 커버를 씌워 사용하도록 하여 오손과 불의의 사고를 방지하도록 되어 있었고 증명발급도 반드시 소유자 또는 이해관계인을 확인한 후 16절 크기의 축소판으로 복사하여 날인 후 교부하고 있다.

부동산 등록카드의 기재사항은 우리 나라의 토지대장, 가옥대장, 부동산등록부의 표제부, 갑·을구를 종합한 것이므로 상세한 편이고 특수타자기로 정리하고 있어 글자체나 말소선이 선명하고 정리상황이 깨끗하여 위조의 미연 방지에도 효과적이다.

등록내용은 1지번내의 토지 표시부분은 물론 모든 지상물이 등록되며 건물의 종류 및 면적, 기타 부속시설물과 정원의 내용 또는 관상수목의 종류 및 수량까지도 등록되고 있다. 또한 지적도 호수와 관계장부와의 연관번호, 색인번호 등이 표시되어 있으며 이것은 유럽지역에서 일반적으로 사용되는 방식이다.

또 근저당 설정이나 기타 권리관계가 나타나고 특히 지역권이라 할 수 있는 이웃 지번과의 이해관계 싱황이 표시되도록 되어 있는데 권리(rechte)와 의무(asten) 난으로 구분하여 관계토지 지번이 순차적으로 기록된다. 그 내용은 도로사용권, 도로이용 부담내용, 채광시설

설치권, 건축권 등 갖가지 권리와 의무사항을 잘 알 수 있게 기록하도록 되어 있다. 또한 모든 건물들은 인접건축물과 5m 이상 떨어져 서로 들여다 볼 수 없어야 하고, 화재 등을 예방할 수 있도록 조치케 하기 위하여 인접 건물주의 동의를 필요로 할 경우에는 해당지번이 기록되어 있다.

독일의 토지등록부는 우리 나라의 토지대장이나 스위스의 부동산 등록부처럼 지번별 대장이나 지번순으로 되어 있는 게 아니라 토지소유자 1인의 소유토지는 모두 한 장의 카드에 기록하게 되어 있다. 이 카드는 컴퓨터에 수록된 자료를 프린트한 것이기 때문에 지질이 우수하거나 스위스의 카드처럼 빳빳한 것이 아니고 16절 크기의 모조지로 된 인쇄본을 그대로 100매씩 바인더(binder)에 편철하여 보관한다. 소유자별 토지등록 카드에는 상단에 지적구역 번호와 색명(Gemeinde), 주군(Landkreis), 토지등기소 관할구역명(Grundbuchbezirk)이 표시되어 있고, 다음에 문서작성 기관으로서의 지적사무소와 세무서, 등기소명이 있으며 카드 고유번호와 카드 작성연월일 또는 페이지 번호가 표시되어 있다.

등록사항으로는 토지구역 약도와 지적도 번호, 토지소유자와 권리자 및 지분, 네 자리 수의 본번과 세 자리 수의 부번 표시, 관련장부 번호, 가로명으로 표시된 토지의 위치, 지목, 면적, 농경지의 경우에는 토양의 종류 및 등급, 소출액 등이 있고 일반적으로 지적도상의 소구획 번호 등이 등록된다.

지번별 색인등록에는 지적도 번호, 지번, 카드 고유번호, 도면상 소구획 번호, 등록연도 및 면적 등이 표시되어 있어 소유자별 토지등록 카드를 쉽게 찾을 수 있도록 되어 있다. 또 다른 성명별 색인목록에는 A, B, C 순서로 소유자 성명과 카드 고유번호가 표시되어 있다. 이 색인목록 또한 모두 전자자료실에서 프린트 되는 카드를 10매를 1권으로 파일 캐비닛에 넣어 보관한다.

네덜란드의 토지대장에는 우리 나라의 토지대장과 비교될 수 있는 위치대장(location book이란 것이 있다. 이것은 각 필지순으로 동일 지번내의 모든 부동산 목록이 등록된다. 그 내용은 지번, 지목, 면적, 지적도 번호, 관련장부 연결번호, 분할지번과 면적 등의 이동상황과 등급 등이 표시된다.

측량사무소에서 사용하는 대장에는 카드식으로 된 목록이 있다. 그 크기는 21×13cm의 작은 카드인데 여기에는 소유자 변동사항과 관련장부 번호, 도면번호 및 도면 소구획 번호, 과세 개시연도 등이 요약되어 있다. 이 카드는 지번순으로 작성 비치되며 주로 부동산 등록대장에 참고가 된다. 그리고 부동산 등록부가 있는데 이것은 소유자별로 작성되며 위치대장에 주로 참고가 되며 모든 동일소유자의 부동산이 등록된다. 그 크기는 위치대장과 같고 기재방법은 필기식이다.

소유자 사항에 대하여는 주소, 성명과 직업 및 공유자 관계, 기타권리 등이 상세히 표시된다. 그 외에 지적도 및 관련장부 번호, 지목, 면적, 과세상황 등이 등록된다.

이탈리아의 지적공부에는 우리 나라의 토지대장과 유사한 위치대장과 부동산등록부, 지적도가 있다. 위치대장에는 필지순으로 동·리지역내의 모든 부동산 목록을 등록하며 그 내용은 지목, 지번, 면적, 지적도 번호, 관련대장 연결번호, 분할지번 및 면적 등의 이동상황과 등급을 표시한다. 부동산 등록부에는 소유자별로 알파벳 순서로 작성되는데 위치대장에 주로 참고가 되며 동일소유자의 부동산을 등록한다(박순표 외, 1993).

(2) 토지대장의 유형

1) 장부식 대장

장부식 대장(ledger)은 우리 나라의 부동산 등기부나 영국, 네덜란드의 구 토지대장은 한정된 크기로 제작된 부기원장과 같은 대장에 등록 순서대로 수기방법에 의하여 기록한다. 이러한 대장은 토지대장의 열람이나 이동정리시 취급하기가 매우 불편하고 말소된 필지를 제거할 수가 없으며 새로운 페이지를 추가할 수도 없어 추가사항은 관련 장부번호로 연결하여 다음 번호의 대장을 참조해야 한다. 이러한 장부형태는 필지별로 토지등록사항의 내역을 알 수 있는 이점이 있으나 현재 사항만을 알 필요가 있을 때에는 불편한 점이 많고 연대적 편성주의를 채택하는 경우에 주로 사용된다.

2) 편철식 대장

편철식 대장(bound volume)은 우리 나라 구 토지대장과 같이 최초의 사정 필지를 기준으로 하여 50~200필지별로 장부식으로 편철하였다가 토지분할 등에 의하여 추가할 때에는 삽입지를 넣어 다시 편철 정리하며, 불필요한 부분은 제거할 수 있어 장부식 대장의 불편을 보완한 것이다. 이 방법은 지번별 순서에 의해 등록하는 물적 편성주의를 채택하는 경우에 주로 쓰이며 토렌스 시스템에서 찾아볼 수 있다.

3) 편철식 바인더

우리 나라의 토지대장을 카드화 한 이후 분실 또는 다른 카드와의 혼합을 방지하기 위하여 다시 지번지역별로 바인더에 다시 묶어 관리하고 있는 소관청이 있는데, 이 편철식 바인더(loose-leap binder) 대장은 손쉽게 필요한 필지별 카드나 자료를 빼내거나 삽입하기가 용이하고 바인더의 크기에 따라 필지 수를 증감시킬 수 있는 장점이 있다. 이 방법은 영국이나 독일에서도 사용되고 있으며, 독일에서는 전산기의 라인프린터에서 출력된 필지별 대장을 그대로 잘라 편철하고 있다.

4) 카드식 대장

카드식 대장(card or loose page system)은 카드의 지질이나 크기, 규격 등은 각 나라별로 다양하나 최근에는 대장을 카드화하는 경향이 두드러지고 있다.

스위스에서는 카드 속에 얇은 플라스틱 합성수지 제품을 넣어 탄력을 좋게 하고 타자기를 사용하여 기록할 때 편리하도록 하고 있으며, 독일은 컴퓨터 인쇄용지만을 그대로 사용하고 있다. 우리 나라에서는 토지대장의 카드화 작업시 켄트지 사이에 나일론 망사를 넣어 접착시켜 잘 찢어지지 않고 오래 견딜 수 있도록 하였다. 카드식 대장은 스위스와 같이 파일 캐비닛에 대장을 지번순으로 보관하고 손쉽게 찾아 쓸 수 있으며, 복사기를 이용하여 증명발행 등에는 매우 편리하나, 분실되거나 뒤섞일 염려가 있다.

(3) 토지대장의 작성원칙

토지대장을 작성하는 원칙은 대체적으로 다음과 같다.

첫째, 토지대장은 1개의 동·리마다 별책으로 함을 원칙으로 하지만 매수가 적은 것은 수개의 동·리를 합철할 수 있다.

둘째, 토지대장은 1동·리 안의 토지의 각 지목을 통하여 지번순으로 등록하였다. 즉, 지목의 여하에 불구하고 지번순으로 하기 때문에 1번 전, 2번 대, 3번 잡종지 등 지목이 혼합 표현되는 경우가 많았다. 토지대장은 토지의 소유자별로 되어 있지 않기 때문에 토지대장에서 토지를 찾고자 할 경우에는 '지번'을 알면 가장 쉽게 그 토지를 찾아낼 수 있다. 그러나 지목 또는 소유자만으로 그 토지를 찾으려면 토지대장을 한 장 한 장 넘기면서 찾아낼 도리밖에는 없는 것이다.

셋째, 지상권을 설정한 토지일 경우에는 토지대장 '연월일'란에 설정 연월일을, '사고란에 그 권리구분, 즉 지상권설정 존속기간'을, 또 '소유자 주소·성명 또는 명칭'란에 지상권자의 주소·성명 혹은 명칭을 주서한 것이다.

넷째, 토지소유자나 지상권자의 주소가 토지의 소재와 동·리를 같이 할 때에는 그 주소에 동·리명을 생략할 것이며 읍·시·군 또는 도(서울특별시·부산시 포함)를 같이 할 때에도 이에 준하여 주소에 그 기재를 생략해야 한다.

다섯째, 공유지에 대해서는 '소유자의 성명 또는 명칭'란에 ○○○외 ○인 이라 기재하고 따로 공유지연명부에 기재해야 하나, 다만 공유자가 2명으로서 그 소유권 비율이 동일할 때에는 토지대장 본지에 2명의 성명을 연기하고 공유지연명부에는 기재를 요하지 않는다.

여섯째, 토지대장은 약200매로서 1책으로 하나, 만약 토지분할 등의 사유로 1책의 매수가 많아져 취급이 불편할 경우는 적당히 분책해야 한다.

일곱째, 공유지연명부에 대해서는 앞의 사항을 준용하도록 한다.

0 1 2 3 4 5 6 7 8 9 10 ■ 1 2 3 4 5 6 7 8 9 10 11 12 13 14 15 16 17 18 19 20 21 22 23 24 25

고유번호	11080302-10400-0001	토 지 대 장		도면번호	3	장번호	1
토지소재	서울특별시 마포구 창전동	지 번	400 - 1	축 척	1 : 600	비 고	

토 지 표 시			소 유 권		
지 목	면 적 (m²)	사 유	변동 일자 변동 원인	주 소	등 록 번 호 성명 또는 명칭
(08) 대	☆ 1 9 9 ☆	(03) 1983년1월25일 산2-1 번에서 등록 전환 (인)	1988년 10월 7일 (03)소유권 이전	산 2	400101-1234567 조 갑 동
			년 월 일		
			년 월 일		
			년 월 일		

(그림17) 토지대장

1) 대장의 등록사항(지적법 제9조 제1항 및 시행규칙 제9조 제1항)

① 토지의 소재
② 지번
③ 지목
④ 면적
⑤ 소유자의 성명 또는 명칭·주소 및 주민등록번호(국가·지방자치단체·법인·법인 아닌 사단이나 재단 및 외국인은 그 등록번호)
⑥ 토지의 고유번호(각 필지를 서로 구별하기 위하여 붙이는 고유번호)
⑦ 도면번호와 필지별 대장의 장번호 및 축척
⑧ 토지이동의 사유
⑨ 토지 소유자가 변경된 날과 그 원인
⑩ 토지등급 또는 기준수확량 등급과 그 설정·수정 연월일
⑪ 개별 공시지가와 그 기준일

2) 공유지연명부의 등록사항(지적법 시행령 제9조 제2항 및 시행규칙 제9조 제2항)

① 토지의 소재
② 지번
③ 소유권 지분
④ 소유자의 성명 또는 명칭·주소 및 주민등록번호
⑤ 토지의 고유번호
⑥ 필지별 공유지연명부의 장번호
⑦ 토지소유자가 변경된 날과 그 원인

3) 대지권등록부의 등록사항(지적법 시행령 제9조 제3항 및 지적법 시행규칙 제9조 제3항)

① 토지의 소재
② 지번
③ 대지권 비율
④ 소유자의 성명 또는 명칭·주소 및 주민등록번호
⑤ 토지의 고유번호
⑥ 전유부분의 건물 표시
⑦ 건물의 명칭
⑧ 집합건물별 대지권 등록부의 장번호
⑨ 토지소유자가 변경된 날과 그원인
⑩ 소유권 지분

(4) 간주지적도 지역의 토지대장

과거의 조선지세령에 대하여 조선총독이 지정하는 지역에 있어서는 임야도를 지적도라고 간주하였고, 이 지역의 토지는 일반 토지대장에 등록하는 것이 아니라 따로 토지대장을 작성하

였다. 이렇게 따로 작성된 토지대장을 각도에서 산토지대장, 별책토지대장, 을호토지대장 등으로 각각 달리 명칭하였으나 이는 모두 같은 종류의 대장을 의미한 것이다.

산토지대장은 일반 토지대장과 양식이 같으나, 면적은 임야와 마찬가지로 무단위로 산정한 것을 기준하여 평단위로 하게 되었기 때문에 면적은 30평의 배수로 표현되는 것이 특징이다. 일반 토지대장은 대개 1평 단위로 되어 있어 면적의 끝숫자가 0, 1, 2, 3, 4, 5, 6, 7, 8, 9 중의 어느 한 자에 해당되지만, 산토지대장에는 30평, 60평, 90평, 120평, 150평…등 30평 단위로 등록되었기 때문에 면적을 보면 산토지임을 짐작할 수 있다.

2 임야대장

학술논리상으로 임야는 토지등록의 대상인 토지의 범주에 속하기 때문에 당연히 토지대장에 등록하는 것이 원칙이다. 즉 임야도를 별도로 할 것이 아니라 지적도에 통합하는 것이 가장 이상적이다. 그럼에도 현재 평지는 토지대장에 등록되었고 산은 임야대장에 등록되어 있는데, 토지대장에 등록하는 측량과 임야대장에 등록하는 측량은 정밀도에 많은 차이가 있다.

일반적으로 지적측량은 기속측량이기 때문에 축척은 등록 당시의 축척을 그대로 사용하므로 토지대장등록지는 보통 1/1,200 축척으로 측량하고, 임야대장등록지는 대개 1/6,000 축척으로 측량하게 된다. 이와 같은 관계로 토지대장등록지의 측량 정밀도는 임야대장등록지의 측량 정밀도에 비하여 약 5배가 높다.

그러므로 똑같은 면적의 토지와 임야를 측량하는 데 소요되는 노력, 경비 및 시간은 토지가 임야보다 약 25배의 노력, 경비 및 시간이 소요되는 것이다. 1/6,000 도면 1매를 같은 크기의 1/1,200 도면으로 하려면 축척으로 따져서 5배가 되고 도면 매수로는 5의 제곱인 25배가 되기 때문이다.

그렇기 때문에 토지대장과 임야대장의 이원적인 존재가 효율적인 지적제도라고 할 수 없으나, 우리 나라는 이미 이원화된 실정이므로 어쩔 수 없는 경우이다.

지목 중에서 '임야'라는 것은 수림지, 죽림지, 암석지, 사력지, 사지, 초생지, 황무지, 습지, 간석지 등 대개가 불모지로서 평지의 논밭으로 둘러싸인, 이른바 개재지는 모두 토지대장에 등록되었다. 다만, 산간벽지 혹은 허허벌판의 황무지 등만이 임야대장 등록상의 대상이 되었다. 법지적 측면에서는 모두를 동일시해야 하지만 세지적 측면에서는 토지는 정밀하게 등록하고, 임야는 토지와 같은 정밀도를 요하지 않았다는 점이 수긍이 되는 것이다. 이에 따라 임야대장등록지의 면적단위는 토지대장등록지의 단위보다 정도를 훨씬 뒤처지도록 하는 것이 당시의 실정에 맞는 조처였다. 현재의 임야대장은 1918년 5월 1일 제령 제7호 '조선 임야조사령' 제17조에 의하여 임야도와 함께 처음으로 작성되어 당시 부·군·도에 인계된 것이다.

그 후 1920년 8월 22일 조선총독부령 제113호 "임야대장규칙", 1943년 3월 31일 조선총독부령 제69호 "조선임야대장규칙 및 현행 지적법"에 점차 승계되어 현재 소관청에 임야도와 함께 비치하고 있는 지적공부이다.

임야대장에는 지적법 제22조 및 제23조에 의하여 토지대장에 등록되지 않은 임야 또는 국가가 특히 임야대장에 등록할 필요가 있다고 인정하는 토지에 대하여 그 소재·지번·지목·

면적·소유자의 주소 및 성명 또는 명칭을 등록하게 되어 있었다. 그러나 문제가 되었던 것은 토지대장에는 지적법 제4조에 의하여 "지상권의 목적인 토지에 대하여서는 지상권자의 주소 및 성명 또는 명칭"을 기재하게 되었으나, 임야대장에는 이 사항이 누락되었다. 지상권은 임야대장에도 반드시 등록할 필요가 있었다.

임야대장은 토지대장의 양식에 준하여 작성되었기 때문에 등록사항도 토지대장과 같이 공유지연명부를 포함해서 법률적으로는 "임야대장"이라고 한다. 국가가 임야대장 및 임야도를 비치하는 것은 산림 경영상의 필요보다는 지적관리의 필요에 의한 것이다(원영희, 1972).

제3절 도면

1 지적도

지적도(cadastral map)는 토지대장에 등록된 토지의 경계를 밝히는 것을 주목적으로 국가가 만든 토지의 평면도로서 토지소유권 확립상 가장 중요한 역할을 하고 있는 지적공부 중의 하나이다. 우리 나라의 지적도는 축척 1/1,200이 대부분으로 지적도 1장의 도곽내 면적은 200,000m^2(60,500평)이므로 약 20정보(町步)에 해당한다.

(1) 지적도의 등록사항

지적도는 토지대장에 등록된 토지의 소재·지번·지목·경계를 등록하게 되어 있으므로 토지대장에 등록되지 않은 토지는 지적도에 등록될 수 없는 것이다.

지적도를 보면 토지대장에 등록된 토지 외에 단지 산(山)·해(海) 등으로 표시되어 있는 부분을 볼 수 있는데, 이는 그 부분이 산이나 바다라는 것을 가리키는 것이지 결코 산이나 바다로 지적도에 등록한 것은 아니다.

우리 나라에서 토지조사법에 의한 조사 당시에는 도로·하천·구거·제방·성첩·철도선로 및 수도선로 등은 이른바 비과세지라 하여 지적도에 등록하지 않고, 그 지목만을 해당개소에 도·천·구 등으로 표시하여 왔다.

1950년 지적법이 제정되어 제37조의 규정에 따라 이들 도로·하천·구거 등도 모조리 지적공부에 등록하게 된 후부터 이와 같은 도·천·구 등의 표시는 전부 없어지게 되고, 이들 비과세지도 지번·지목·면적 및 소유자 등이 토지대장에 등록되는 동시에, 지적도에도 당당히 1필의 토지로 등록되고 있는데, 이는 우리 나라의 지적제도가 세지적에서 법지적으로 탈바꿈하는 모습이다.

지적도에 등록하는 토지는 그 경계선만이 표시될 뿐 지형학적 표현인 등고선, 기타의 현형 등 보통 토목측량에서 표시하는 것은 일체 나타내지 않도록 되어 있기 때문에, 예를 들면 산악·하천·도로·구거 등에 대하여 지적도에 표시된 선은 결코 산악·하천·도로·구거 등의 현형이 아니라 어디까지나 지적법상 토지경계선이다.

□ 도면의 등록사항(지적법 제10조 및 시행규칙 제10조)

① 토지의 소재

② 지번

③ 지목

④ 경계

⑤ 도면의 색인도(인접도면의 연결순서를 표시하기 위하여 기재한 도표와 번호)

⑥ 도면의 제명 및 축척

⑦ 도곽선 및 도곽선 수치

⑧ 좌표에 의하여 계산된 경계점간 거리(경계점좌표 등록부를 비치하는 지역)

⑨ 삼각점 및 지적측량 기준점의 위치

⑩ 경계점좌표등록부를 비치하는 지역 안의 지적도에는 도면 제명 끝에 '(좌표)'라고 표시하고, 도곽선 오른쪽 아래 끝에 '이 도면에 의하여 측량을 할 수 없음'이라고 기재

⑪ 소관청의 직인(전산정보처리조직에 의하여 관리하는 도면의 경우에는 제외)

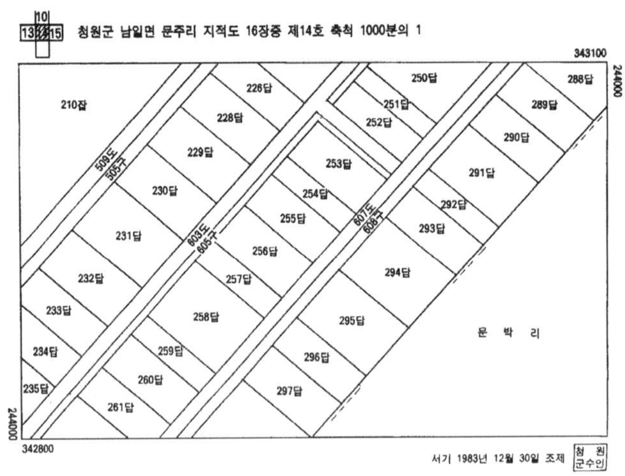

(그림18) 지적도

(2) 지적도의 용지와 체계

1) 지적도의 용지

지적도는 양질의 켄트지(kent paper)로 만들고 이면에 한지 2매를 가로·세로 붙인 것이 대부분인데 이를 한지의 배첩이라 한다. 한지의 배첩은 지적도의 수명을 보장하려는 것이 가장 큰 목적이고 또 그 가로·세로 붙이는 것은 도면용지의 신축비율을 가로나 세로에서 똑같이 되게 하려는 배려에서 나온 조처이다.

2) 증보도와 부호도

지적도는 토지조사령에 의한 토지조사에서 작성된 지적도와 그 후 새로 작성된 증보도의

2가지를 합쳐서 부르는 것으로 증보도를 지적도의 부속도면이나 보조도면이라 할 수 없다. 그런데 토지측량 규정을 비롯한 각종 규정 및 예규에서나 기타에서 가끔 '본도'라는 용어를 쓰고 있다. 본도라는 것은 '토지조사령에 의하여 이미 완성되어 시행중인 도면'이라는 것이다. 그래서 증보라고 관기하지 아니한 지적도가 바로 본도이다. 증보도라는 것은 본도에 등록하지 못할 위치에 등록할 토지가 생겼을 때에 새로 만드는 지적도이지만 엄연히 토지조사법에 의한 지적도와 대등한 자격이다. 대도시의 경우에는 부호도라는 것이 있다.

부호도는 지적도에 등록된 토지의 도형 안에 지번이나 지목을 주기(註記)할 수 없는 경우 도형 내에는 단지 부호만 주기하고 다른 도면용지에 따로 그 부호를 추출하여 지번, 지목 등을 주기한 것이다. 그렇기 때문에 부호도는 지적도의 일부분이며 절대로 부속품 또는 보조품이 아니다.

(3) 일람도와 지번색인표

1) 일람도의 법률적 위치

지적도와는 별도로 '일람도'라는 것이 있는데 일람도는 지적도의 효용을 돕는 것이기 때문에 자칫하면 지적도로 오인하기 쉬우나 법률적으로 지적도는 아니다.

일람도는 지적도를 구성하는 부분은 아니지만 그 효용을 돕는 것으로 원래 포용하는 동리의 대략적인 상황을 나타내는 것이 주목적이고, 동리의 지적도의 접속관계를 밝히며 지적도의 번호로 목적하는 토지를 쉽게 찾아내기 위하여 작성한 것이다.

근거로는 1914년 6월 30일 임시토지조사국훈령 제25호로서 제정된 "제도적산 실시규정(1914. 10. 14. 및 1915. 5. 4. 개정)" 제1조에 제도의 업무를 나누어 지적도 조제 및 일람도 조제의 2로 함이라고 하여 확실하게 지적도와 일람도를 구별해 놓았기 때문이다.

충청남도 연기군 전의면 원성리 일람도 축척 12000분의 1

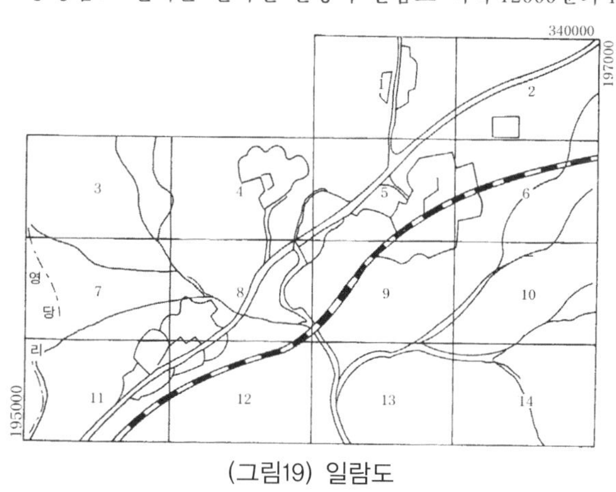

(그림19) 일람도

제도적산 실시규정 제22조 제2항에는 "일람도에는 지번색인표 및 지번병결번표(地番索引表 及 地番並缺番表)를 부할 것"이라 규정하여 지번색인표는 일람도의 부속으로 규정된 법규

밑에서 작성된 것이다. 따라서 지적도와 대등품은 일람도이고, 일람도의 부속품은 지번색인표라는 체계가 성립된다. 그후 몇번 관계법령의 개정이 있었으며, 1943년 3월 31일 지세 및 지적관계 법규를 정비 통합한 조선 지세령 부칙 제93조에 "구령에 의한 토지대장 또는 지적도는 각각 이를 본령의 토지대장 또는 지적도로 간주한다"고 규정함으로써 지적도라 할 때에 일람도(지번색인표 포함)는 이에 해당되지 않게 되었다.

그 후 지적법 부칙 제40조에 "조선지세령에 의한 토지대장 및 지적도, 조선 임야대장 규칙에 의한 임야대장 및 임야도는 각각 이를 본법에 규정한 토지대장, 지적도, 임야대장 및 임야도로 간주한다"고 규정하였기에 일람도가 지적도와 대등한 위치에 있기는 하지만 엄밀히 법적인 지적공부라고는 할 수 없다.

2) 일람도와 지번색인표의 분리

1921년 3월 18일 조선총독부 훈령 제10호로서 제정된 토지측량 규정(1925. 5. 5. 개정) 제59조에 "지적도를 작제한 때 또는 등록사항을 가제정정하여 일람도 및 지번색인표의 정리를 요할 때에는 이에 근거하여 일람도 및 지번색인표를 정리할 것. 단, 1정리동의 지적도 또는 수 정리동을 합하여 작제한 지적도가 3매 이하일 때에는 일람도의 작제를 요하지 않음"이라 규정함으로써 지적도와 일람도를 분리하여 별개로 규정했는데, 일람도와 지번 색인표까지 분리하여 별개로 취급했다. 특히 지번색인표는 지적도에 등록된 토지의 지번을 쉽게 찾아 낼 수 있도록 한 것으로 일람도에 부속되는 것이므로 그것이 별지로 되었다 하더라도 이는 독립적인 것이 아니다. 1954년 11월 12일자 대통령령 제951호로서 공포된 지적측량규정 제88조에도 "지적도 또는 임야도를 조제하였을 때, 또는 등록사항을 가제정정하여 일람도와 지번색인표 정리를 요할 때에는 본도를 기본으로 하여 일람도와 지번색인표를 정리하여야 한다"고 규정함으로써 일람도와 지번색인표를 분리하였는데 이 규정은 일람도를 정리할 때에는 지번색인표도 꼭 정리하라는 훈시규정으로 볼 수 있는 것이다(원영희, 1972).

경기도 고양시 덕양구 도당동 지번색인표

결번		지번									본번							
지	번	본번	지번	도호	본번	지번	도호	본번	지번	도호	지번	도호	지번	도호	지번	도호	지번	도호
65			—			—			—		1—6	1	650—681	24	—		—	
77			—			—			—		7—22	2	682—715	25	—		—	
359			—			—			—		23—102	7	716—760	21	—		—	
360			—			—			—		103—149	6	—		—		—	
354			—			—			—		150—159	5	—		—		—	
356			—			—			—		160—172	11	—		—		—	
			—			—			—		173—174	17	—		—		—	
			—			—			—		175—205	18	—		—		—	
			—			—			—		206—247	12	—		—		—	
			—			—			—		248—291	13	—		—		—	
			—			—			—		292—337	8	—		—		—	
			—			—			—		338—393	14	—		—		—	
			—			—			—		394—396	3	—		—		—	
			—			—			—		397—410	4	—		—		—	
			—			—			—		411—464	9	—		—		—	
			—			—			—		465—484	10	—		—		—	
			—			—			—		485—495	16	—		—		—	
			—			—			—		496—535	15	—		—		—	
			—			—			—		536—578	20	—		—		—	
			—			—			—		579—632	19	—		—		—	
			—			—			—		633—649	23	—		—		—	

(그림20) 지번색인표

(4) 지적도의 도곽

1) 도곽의 규격

지적도의 도곽은 평면 직각종횡선으로서 구획하되 길이는 실척으로 종선은(남북) 1척 1촌, 횡선(동서) 1척 3촌 7푼 5리의 구형(矩形)인데, 이는 축척 1/1,200에서는 종선 400m, 횡선 500m에 해당하고 축척 1/600에서는 1/1,200의 경우의 절반인 종선 200m, 횡선250m에 해당하며, 축척 1/2,400에서는 1/1,200의 경우의 2배인 종선 800m, 횡선 1,000m에 해당된다.

2) 도곽선의 방향

지표상의 한 지점에서 다른 지점과의 관계를 결정하고 기록하는데 있어서 방향의 개념은 매우 중요하다. 지구표면상에서 북방향의 기준선을 결정하는 것은 전적으로 임의적이다. 한 지점으로부터 다른 지점에 대한 방향을 측정하기 위해 사용되는 북의 기준방향에는 크게 세 가지가 있다.

① 북의 기준

㉠ 진북

방향을 말할 때 일반적으로 북쪽을 말할 경우 진북(true north)을 가리키는 것으로 진북이란 자전축의 북극방향을 말한다. 따라서 지구상의 어떤 지점으로부터 북까지 이은 선은 진북의 기준선이 되는 것이다.

진북을 가리키는 가장 신뢰할 수 있는 지표는 북극성이다. 그래서 북반구에서 밤하늘의 별자리를 관찰함으로써 쉽게 진북을 알 수 있다. 진북방향을 알 수 있는 또 다른 방법은 물체의 그림자의 자취를 통해서이다. 즉 태양에 비춰진 막대의 그림자를 시간간격을 두고 조사하여 그림자의 자취방향을 이으면 해가 뜨고 지는 방향인 동서의 기준선이 선정되며, 이 기준선에 수직선을 그으면 진북방향을 알 수 있다.

㉡ 도북

진북 또는 지리적인 북쪽이 항시 방향의 기준이 되고 있지만 우리가 흔히 이용하는 지도상에서 북쪽 방향을 경·위선 좌표체계에서 지도의 하단에서 상단으로 경선이 지나가며 지도의 위가 북쪽을 가리키게 된다. 이렇게 지도상에서 경위선 좌표에 따라 설정되는 북쪽을 도북(grid north)이라고 한다.

도북은 진북과 늘 일치하지는 않는다. 도북은 지도상에서 위아래로 달리는 평행선인데 비해, 진북을 나타내는 선은 북극을 향해 수렴하고 있기 때문이다. 따라서 지도의 중심에 놓여진 경선의 경우 진북방향을 나타내게 되지만, 지도의 중심에서 멀어질수록 진북과 도북과는 편차를 나타내게 된다. 이러한 편차는 만일 지도화 되어야 할 면적이 작을 경우 별로 문제가 되지 않지만 넓은 면적을 지도화 해야 할 경우 지도의 주변부로 갈수록 진북과 도북과의 편차가 커지므로 다소 문제가 된다.

㉢ 자북

진북은 지도 제작자들에게 매우 중요하고, 도북은 실내에서 지도를 통해 연구할 때 도움을 준다면, 야외에서 지도를 사용하는 사람들에게 편리한 것은 자북(magnetic north) 방향이다. 자북을 알아내기 위해서는 야외에서 나침반을 이용하면 쉽게 측정된다. 자북을 기준방향으로 이용하는 이유는 지구 자체가 거대한 자석이며, 그 자장이 남북으로 뻗어나가기 때문이다. 우리가 사용하는 나침반의 자석은 그 자장이 남북으로 뻗어나가므로 이들 자장 간에 반대방향으로 흡인력이 작용하게 되고 그 결과 나타난 나침반의 나침방향으로 자북방향을 측정하게 된다.

이론상으로는 지구상의 어떤 지점도 나침반의 방향이 지구의 자북을 가리킨다고 생각할 수 있지만 실제로는 그렇지 않으며, 그 차이는 장소에 따라 다르다.

② 편차각

편차각이란 진북, 도북, 자북의 3개 기본방향 간에서 생기는 각도의 차이를 말하는 것이다. 따라서 편차각에는 진북과 도북 간의 차이를 나타내는 편차각인 도편각(grid declination), 진북과 자북과의 차이를 나타내는 자편각(magnetic declination), 그리고 도북과 자북과의 차이를 나타내는 도자각 또는 GM각이 있다. 이러한 편차각들 중에 가장 문제가 되고 있는 것은 자편각이라고 할 수 있다.

지구의 자장에서의 북극은 캐나다의 북서 변방지역에 위치하고 있는데, 이는 진북에서 남으로 약 1,300km 떨어진 지점이다. 이렇게 진북극과 자북극의 위치가 서로 다르다는 점은 진북과 자북을 가리키는 기준선이 거의 일치하지 않게 되고 나침반의 바늘은 진북방향을 가리킬 수 없음을 알게 해준다.

자편각은 예측할 수 있으므로 자편각의 차이가 같은 지점들을 이어서 등편각 선도를 만들 수 있다. 일례로 미국의 경우 자편각은 미국 북동부와 북서부로 갈수록 커지고 있으며, 편차각이 22도에 달하고 있다. 뿐만 아니라 각 지점에서의 도편각은 고정된 것이 아니라 항시 변하고 있다. 이유는 자북극의 위치가 조금씩 움직이고 있기 때문이다. 따라서 항해사들은 항시 새로운 자편각이 입력된 해도를 사용해야만 한다.

③ 북방위의 표정

㉠ 지도의 방위

토지검사나 지압조사는 등급도 등을 현지에서 휴대하여 실시하는 예가 많다. 이 경우 지도의 방위를 간단하게 맞출 수 있는 방법을 알아야 편리하다.

지도에서는 일반적으로 위쪽이 북, 아래쪽이 남, 오른쪽이 동, 왼쪽이 서가 된다.

또한 한문식의 세로쓰기로 작성된 지도는 극히 특별한 경우를 제외하고는 지도의 아래위 도곽선에 수직으로 글자의 방향을 잡았다. 이에 따라 지도에 쓰인 글자의 위쪽이 북이고 아래쪽은 남이 된다.

결국 어떤 방법으로든지 현지에서 남북방향을 알 수 있으면 지적도의 남북선을 현지의 남북선에 맞춤으로써 도면이 표정되어 원하는 토지를 찾을 수 있게 된다.

㉡ 북방향을 찾는 법

지남철은 자침 혹은 나침이라고도 하는 것으로 남북방향을 가리키는 가장 일반적인 장비이다. 지남철을 준비하지 못하였을 때에는 천문측량을 하여 남북방향을 결정하는 방법이 있다. 천문측량은 일상생활에서 실시하기에는 너무 거창하여 적합하지 않으므로 다음과 같이 간단한 방법으로 한다.

• 태양

태양은 대략 12시에 그 지방의 자오선상에 오므로, 12시에 있어서의 태양의 방향은 남쪽이고 반대방향은 북쪽이 되는데, 태양이 자오선상에 오는 것을 천문학에서는 일남중이라고 한다. 만약, 시계가 없어서 12시를 판단하기 어려울 경우에는 땅 위에 30cm 가량의 막대기를 똑바로 세우면 그 그림자가 제일 짧아지는 순간의 그림자의 방향을 북으로 하는 방법도 있다.

• 자연지물

북반구에서는 태양이 남쪽에서 북쪽을 향해 비추므로, 태양의 빛과 열을 많이 받는 곳은 남쪽이라는 점을 이용하여 남북을 알 수 있다. 나무를 베어낸 그루에서 연륜(나이테) 사이가 넓은 쪽이 남쪽이고 반대로 연륜 사이가 좁은 쪽이 북쪽이다.

또한 바윗돌에 이끼가 많이 생긴쪽이 일반적으로 북쪽이다. 그리고 나무의 가지가 잘 자란 쪽이 남쪽이고, 그렇지 않은 쪽이 북쪽이라는 것을 이용하여 남·북 방향을 알 수도 있다. 산비탈의 눈이 녹은 상태를 보고서 남·북 방향을 아는 방법도 있다. 그러나 이러한 것은 모두 대략을 짐작하는데 사용될 뿐, 결코 절대적인 것이 아니다.

• 시계

시계가 12시를 가리킬 때의 태양은 그 지방에 남중하므로 그 순간 태양의 방향이 남쪽이다. 하지만 12시가 아닌 임의의 시간에서도 방향을 찾을 수 있다.

예를 들면 8시, 15시 등에서 시계를 가지고 방향을 알아내는 방법이다.

첫째, 태양을 똑바로 향하여 선다.

둘째, 시계를 수평으로 하여 시침(단침)을 태양의 방향에 맞춘다. 이때에 바로 맞추었느냐 그렇지 않으냐는 시침과 그 그림자가 겹치는 것으로써 확인할 수 있다. 만약 시침이 태양을 똑바로 가리키지 않았으면 문자판 위에 시침의 그림자가 생기게 되므로 그림자와 시침이 겹치도록 하면 된다. 이때 주의할 것은 분침(장침)은 전연 관계없다.

셋째, 시침이 태양을 가리킨 때에는 시침의 방향과 문자판 위에서 12시의 눈금의 방향이 이루는 내각을 2등분한 선의 방향이 남쪽이 된다.

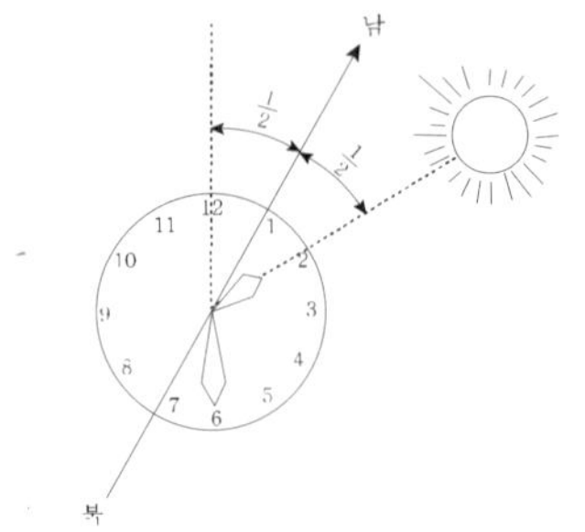

(그림21) 시계로 북방향을 찾는 방법

이 방법을 사용할 경우 6시 이전 또는 18시 이후에는 방향이 각각 반대가 된다. 만약, 남북선(자오선)을 미리 알고 있을 때에는 이 방법을 거꾸로 이용하여 시계가 고장난 경우라도, 대략의 시간을 알아낼 수 있다.

고장난 시계의 12시의 눈금을 남쪽으로 향하게 하고, 시계의 문자판 위에서 태양의 현재 방향의 시간을 읽은 다음, 거기다가 12시와 지금 읽은 시간과의 차 만큼 가감하면 그 순간의 대략 시간을 알 수 있다. 태양이 12시 이후에 위치할 경우는 차를 가하고, 반대로 12시 이전에 위치할 경우는 차를 감하여 산출하는 것이다.

예를 들면, 고장난 시계의 12시의 눈금을 남쪽에 맞추었을 경우 태양이 시계의 13시의 눈금방향(1시의 눈금)에 있다면 이는 태양이 12시 이후에 위치하는 경우이므로 13시+(13시－12시) = 14시가 되는 것이다.

만약 이 경우에 10시의 방향에 태양이 있다면, 이는 태양이 12시 이전에 위치하므로 그 순간은 10시－(12시－10시) = 8시가 되는 것이다.

㉣ 북극성에 의한 법

북극성은 엄밀히 말하면 정확한 북극에 위치한 것이 아니라 북극에서 약 1도 가량 떨어져 있으나, 일상 생활에서는 '북극성은 북극에 있다'고 해도 틀리지 않다.

북극성은 북두칠성이라 부르는 큰 곰자리 α성과 β성(지시성)을 연결하는 연장선상에서, 2별의 거리의 약 5배가 되는 곳에 있는 2등성으로서 극성이라고도 하고 '폴라리스(polaris)'라

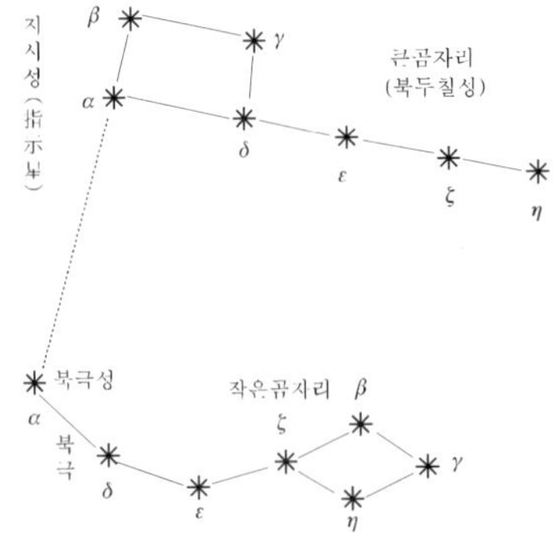

(그림22) 북극성 찾기

고도 하는데, 학명은 αUMi라고 한다. αUMi는 작은 곰자리 α성이라는 의미이며, 지구로부터 800광년의 거리에 있는 별이다.

(5) 지적도의 축척

지적도의 축척은 우리 나라의 대부분이 1/1,200이고 시가지는 1/600이며 서북지방(평안남북도, 함경남북도 등지)의 산간부는 대부분 1/2,400인데, 축척이 분수로 표현될 때에는 분자가 같으면 분모가 큰 것이 축척이 작고, 그와는 반대로 분모가 작은 것이 축척이 크다. 1/600은 1/1,200보다 축척이 크다고 하며 일반적으로 축척이 크면 도면의 정밀도가 높다. 우리 나라 서북지방의 지적도의 축척이 일반 토지보다 작은 것은 토지조사 당시인 1910년대에는 우리 나라의 지적제도가 토지에 대한 세금의 부과를 주요 목적으로 한, 이른바 세지적으로 출발하였기 때문에, 당시 미개척지가 많아 토지의 가격(지가)이 아주 싼 서북지방은 지적도의 축척을 작게 함으로써 토지조사비의 절약을 꾀하였던 정책상의 유산이다(원영희, 1972).

1) 축척의 표현

축척(scale)이란 지도상에서 거리와 지표상에서의 거리와의 관계를 나타내는 것으로 학술적으로는 직선거리로서 축척을 나타내는 방법과 면적으로서 축척을 표시하는 방법이 있다. 일반적으로 많이 쓰고 있는 방법은 직선거리의 축척방법이다.

① 거리단위의 축척

지도상에서의 거리와 지표면에서의 거리와의 관계를 나타내는 축척방법에는 크게 세 가지의 방법으로 분수식, 서술식, 그래프식 방법이 있다.

㉠ 분수식

분수식 방법은 똑같은 단위로 해서 지상거리에 대한 도상거리의 비율을 산출하여 나타내는 것이다. 따라서 분수식 축척방법에서는 1 : 100,000 또는 1/100,000 등으로 표기한다. 분수식 축척법은 단위를 동일하게 하였으므로 단위에 대해서는 자유롭다고 볼 수 있다. 다시 말하면 mile, m, km 등 어떤 측정단위로 하든지 간에 도상거리와 지상거리의 비율은 항상 똑같다.

축척이 1/100,000이라면 도상에서의 1cm가 지상에서는 100,000cm를 나타내며 또한 도상에서의 1인치는 지상에서는 100인치를 나타내는 것이다. 이와 같이 분수식 방법의 장점은 동일한 측정단위를 사용하여 직접적으로 도면과 지표면상의 거리관계를 비교하기 쉽고 어떠한 거리의 측정단위를 사용해도 상관없다는 것이다. 지적도는 토지소유권이 범위를 등록하는 특수도이므로 임야도와 같이 분수식 표현방법을 사용하고 있다.

㉡ 서술식

축척을 나타내는데 가장 익숙한 방법은 말로 서술하는 것이다. 일례로 1cm가 1km를 나타낸다든지 또는 1cm : 1km 등으로 서술하는 것이다. 이러한 서술방법은 지도와 지표면과의 크기 관계에 대한 정보를 쉽게 알려주기는 하나 때때로 혼돈을 가져오며, 실제로 지도를 통해 얼마나 축소되었는가를 정확하게 이해하기 힘들다.

㉢ 그래프식

도상거리와 지상거리의 관계를 나타내주는 데 가장 보편적으로 사용되는 축척방법은 그래프식(graphic scale) 방법이다. 이는 지도상에 가는 막대 또는 선을 그려서 지도의 축척을 단위로 세분화하여 표현해 내는 것이다. 마치 우리가 흔히 사용하는 자(ruler)와 같이 눈금이 표시되어 있고 측정단위가 적혀 있기 때문에 지도상에 나타난 거리를 쉽게 지상거리로 전환시켜 생각할 수 있다.

그래프식 방법으로 축척을 나타낼 경우 가장 큰 장점은, 만일 지도를 확대하거나 축소하는 경우 지도 크기에 비례해서 그래프식 축척의 크기가 확대되거나 축소된다는 점이다. 이에 비해 분수식이나 서술식으로 나타낼 경우 지도의 크기가 변경되면 표시된 축척은 사실상 무의미하게 된다.

또 다른 장점으로는 막대로 지도의 축척을 나타내면서 km와 mile을 동시에 위, 아래로 같이 표시할 수 있다는 점이다. 그러나 그래프식 방법으로 축척을 나타낼 경우 지도상에는 분수식과 서술식과 같은 1/100,000과 같은 축척이 명시되지는 않는다.

이밖에도 지도가 지구 전체를 나타내는 지도일 경우 저위도와 중위도, 고위도 지역에서 축척이 다르게 되는 경우가 많다. 이런 경우 하나의 표준 축척으로 나타내는 것이 아니라 위도에 따른 가변적인 축척(variable graphic scale)으로 보다 정확하게 도상거리와 지상거리와의 관계를 알려주어야 한다. 일례로 메르카토르(Mercator) 도법을 이용하여 세계지도를 제작할 경우나 또는 극중심 평사도법으로 지도를 제작할 경우 가변적 그래프식 축척방식을 사용한다.

가변적인 그래프식 방식으로 나타낸 지도의 경우, 원하는 지점에서의 축척을 알려고 할 때 거리를 측정하기 원하는 지점의 위도에 해당되는 부분의 축척을 조사하고 여기서 사용된 거리측정 단위를 토대로 하여 결정한다.

② 면적단위의 축척

일반적으로 지도에서 사용되는 축척은 거리를 기준으로 하여 축척을 결정하고 있다. 그러나 때때로 지도를 사용하는 사람들 가운데 지도상에 나타난 형상들의 크기, 즉 면적에 더 관심이 많은 경우가 있다.

도상면적과 지상면적과의 관계를 나타내야 할 필요가 있을 경우에는 물론 거리단위로 나타낸 축척으로부터 면적의 단위로 변환시켜 알 수는 있지만, 지도상에 직접적으로 면적단위로 나타난 축척을 표시해 두는 것이 쉽고 빠르게 지도로부터 정보를 얻을 수 있다. 일반적으로 사용되는 면적단위 축척(areal scale)의 표시방법은 그래프식 방식으로 적절한 크기의 정사각형이나 원으로 나타내며, 가변적인 축척으로 나타내어야 할 경우는 선정된 몇몇의 위도상에서의 축척을 나타내는 서로 다른 크기의 네모나 원으로 표현한다.

2) 축척의 구분과 비교

① 축척의 구분

우리는 흔히 서로 다른 지도를 비교하면서 "A지도는 B지도보다 소축척 지도이다" 또는 "이 지도는 소축척이고 저 지도는 대축척 지도이다"라는 표현을 한다. 그러나 이러한 진술들은 엄격히 말하면 매우 애매모호하고 혼란을 주게 된다.

실제로 국제적으로 수용되어 통용되고 있는 축척에 따른 지도 구분법은 없다. 흔히 1/50,000 미만(예 : 1/25,000, 1/10,000, 1/5,000)의 지도를 대축척 지도, 그리고 1/250,000 이상(예 : 1/1,000,000,000)의 지도를 소축척 지도라고 하며 1/50,000에서 1/250,000 사이의 지도를 중축척 지도라고 구분하고 있다.

분모가 작을수록 대축척 지도이며, 분모가 클수록 소축척 지도이다. 이와 같은 축척의 구분은 상당히 임의적이지만 상대적으로 축척의 크기를 비교하는 데 기초가 되고 있다. 축척 크기와 지도상에 나타난 상세도와 지도상에 나타난 지표면의 면적간의 관계를 보면 대축척 지도일수록 같은 지면의 지도상에 나타난 지표면의 면적은 매우 좁다. 그러나 포함된 면적이 좁은 대신에 매우 상세한 정보를 담고 있다.

도시계획도나 지적도와 같은 대축척 지도에서는 도로폭이라든가 지상물 간의 거리 등이 매우 상세히 나타난다. 반면에 소축척 지도일수록 도면상에 포함된 지표면의 면적은 매우 넓은 편이나, 지도상에 나타난 정보는 상대적으로 상세하지 못하다. 일반적으로 소축척 지도는 지표상의 형상들의 위치나 방향들을 나타내며, 지도책이나 책 등에 실리는 지도들의 대부분은 1/1,000,000 이상의 소축척 지도들이다.

② 축척의 비교

분수식이나 서술식으로 나타낸 지도들을 가지고 크기를 비교할 때 자칫 잘못하면 오류를 범하기 쉽다. 도상거리(분자)는 항시 1로 나타내며, 지상거리(분모)에 따라서 축척의 크기가 달라지기 때문이다. 따라서 1/20,000의 지도는 1/40,000의 지도보다 2배가 더 큰 축척의 지도이다. 지도의 축척과 지도의 크기, 지상의 포함면적 간의 관계를 보면 더 정확하게 축척의 개념을 이해할 수 있다.

4장의 똑같은 크기의 지도가 있는데 축척이 (a)지도는 1/40,000 (b)지도는 1/30,000 (c)지도는 1/20,000 (d)지도는 1/10,000으로 각각 다를 때, (a)지도보다 축척이 2배 큰 (c)지도는 (a)지도의 면적의 1/4에 해당된다. (d)지도는 (b)지도보다 축척이 3배가 크지만 면적은 (b)지도의 1/9에 해당된다. 지상의 포함면적은 축척의 변화의 제곱에 반비례한다. 따라서 지도의 축척이 1/4로 감소되었다면 지도상에 나타난 면적은 원래 지도상에 나타났던 면적의 1/16로 줄어들게 된다.

(6) 지적도의 건물등록

1) 한국

건물등록의 연혁을 보면 1893년 이후 가계제도가 실시되고, 1906년부터 단기적이긴 하나

가옥에 대한 증명제도가 시행되었다. 그 후 1910년 한일합병으로 일본제도를 이용하여 건물등록사항에 대한 등기제도가 시행되면서 그 동안 부동산에 대한 개념이 건물에 종속된 택지에서부터 토지와 건물이 독립적으로 취급되었다.

가계제도는 전국의 중요항구와 도시에서 외국인의 건물 취득에 대하여 소유의 효력을 얻기 위한 제도로 시행된 것이다. 가계는 가옥의 소유에 대한 관의 인증으로서 한성부에서부터 발급되었으며 후에 각 도시에서도 발급하였다. 이 제도에는 가옥의 양도시에 갱신할 수 있도록 한 일종의 공증제도인 동시에 건물의 등록제도인 것으로서 1903년에는 가계발급규칙이 공포되었고, 이 규칙에 의하여 가옥의 신축, 매매, 상속, 전당의 경우에도 신가계를 발급하였으며 가계원부에 등록하도록 하였다.

가계제도는 조선시대의 토지, 건물 매매시에 시행한 관의 입증제도인 입안제도에 비하여 비교적 간편하였으나 널리 시행되지는 못하였다. 그 후 근대적 공시제도라 말할 수 있는 새로운 토지가옥증명제도의 시행으로 가계제도는 중지되었으며, 새로운 거래 등에 대하여 주거지의 통수나 동장에게 인정을 받고 군수에게 제출하여 실질적인 심사를 거쳐 공부인 토지가옥증명부에 등록, 열람을 실시하고 계약서에 소유권에 대한 증명을 하여 교부하였다.

1912년에는 조선부동산등기령이 제정되어 앞서 토지가옥증명규칙과 토지가옥소유권증명규칙을 대치하였으며 그 후 토지조사사업의 시행으로 토지의 등록은 보다 완벽을 기할 수 있었으나, 건물등록제도는 차츰 빛을 잃기 시작하였고 건물등록부의 비치 운영에 의한 등기제도가 확립되기 시작하였다.

현행 건물등록제도는 지방세법의 규정에 의한 가옥과세대장을 근거로 하여 유지 관리되어 오고 있다. 따라서 지방행정관청의 세무공무원들이 현지조사를 실시하여 건물의 면적을 측정하고 소유자를 조사하며 기등기 건물은 등기부에 의하여, 그리고 미등기 건물은 현지조사 결과를 기초로 최초의 가옥과세대장을 작성하였다.

이때 건물의 크기는 16절 크기의 방안지를 사용하여 건물약도를 작성하고 이를 가옥과세대장의 부속서류로 관리하였다가, 건축허가 기관이 건축 준공을 하게 되면 이 결과를 세정부서에 통보하고 이를 가옥과세대장에 등제한 후 민원인의 신청에 따라 가옥증명을 발급하고, 소유자는 이를 법원에 제출하여 건물등기를 완료한다.

이후 가옥과세대장을 건물등록대장으로 명칭을 변경하고 건물약도의 사용은 하지 않는다. 따라서 건물등록 관리절차에 대하여 별도의 법률체계가 없고 서울특별시와 각 시·도에서는 건물등록대장 관리운영지침을 독자적으로 제정하여 산하기관에 시달 적용해 왔다. 건물등록사항의 변경에 관한 공부정리는 소유권에 관한 사항은 등기소로부터 부동산등기필 통지서를 교부 받아 수시로 정리하고, 건축허가 또는 신고와 관련된 사항은 변경이 완료된 경우 건축신축의 경우와 마찬가지로 지방세 부과를 위하여 통보되는 이동통지서를 근거로 가제정정되거나 소유자의 자진신고로서 정리되고 있다. 건축 준공시에는 측량에 의한 면적, 위치 측정 절차가 미흡하므로 상당부분이 실지 건축면적과 등기면적이 일치하지 않는다.

그러나 스위스, 독일, 네덜란드, 영국, 스웨덴 등의 구미지역 국가에서는 건물을 토지의 종속물로 보기 때문에 지적도상에 건물을 토지와 함께 등록하고 일본, 대만에서는 토지와 건물을 독립된 물권으로 보기 때문에 별도의 건물대장과 지적도를 비치하고 있다.

그러나 우리는 외국과 달리 지적도에 건물을 등록하지 못하여 국가행정력의 낭비 및 국민의 불편을 가중시키고 있으므로 조속히 보완해야 할 과제이다.

2) 외국

① 일본

1940년에 지조법을 개정 분리하여 가옥세법을 제정함으로써 가옥대장을 작성하게 되었고, 1947년 도도부현세(都道府縣稅)를 신설하는 조세제도의 개편에 의해 지조법을 폐지하고 지방세법이 시행됨에 따라 가옥대장법을 제정함으로써 가옥에 대한 대장체제가 완비되고, 1960년 지적과 등기의 통합에 따라 가옥대장법을 폐지하고 부동산등기법에 통합하였다. 건물은 토지와 분리하여 대장으로서의 건물등기부와 도면으로서의 건물의 소재도, 건물도면 및 구분건물에 대한 각 층 평면도가 작성된다.

㉠ 건물등기부 : 건물 소재와 건물의 종류 및 상면적, 가옥번호 또는 건물의 번호와 부속건물이 있을 때는 그 종류, 구조 및 상면적을 등록한다. 그 외에 토지등기부와 마찬가지로 소유권 및 기타 권리관계가 등기된다.

㉡ 건물소재도 : 건물의 위치를 알 수 있도록 지적도와 같은 축척과 크기로 작성되며 각급 등기소에 비치한다. 각 필지의 토지경계선과 지번, 가옥번호가 표시되어 건물이 특정되고 이중 등기 방지의 기능을 갖는다. 건물 소재도의 작성은 건물도면을 기초로 하여 단위행정구역별로 만들어지고 도면의 축척은 1:500이다.

㉢ 건물도면 : 등기신청서에 첨부되는 도면으로서 각 건물의 위치와 형상을 지적도의 토지경계선과 비교하여 토지가옥조사사의 실지 측량결과를 기초로 하여 작성되며 건물 소재도에서 필요로 하는 사항을 기입토록 한다. 이 도면은 토지 1필지 단위로 작성되며 도면축척은 건물 소재도와 마찬가지로 1:500이다. 건물 도면에는 주된 건물과 부속건물이 표시되고 방위와 인접지번까지도 기재된다.

㉣ 각층평면도 : 구분건물에 대한 건물 각층의 형상, 상면적 등을 명확히 하기 위하여 제출되는 도면으로서 축척은 1 : 200로 하지만 이 축척이 적당하지 못할 때에는 다른 축척으로 작성할 수 있다. 가계평면도는 건물 도면과 마찬가지로 부속건물을 포함하여 1개의 건물마다 각 1매의 도면용지를 사용하고 여백이 충분한 경우에는 건물 도면과 가계평면도를 병기할 수 있다.

② 스위스

대부분의 구미 각국이 그러하듯이 건물등록제도를 따로 두지 않고 토지등록 내용에 포함시키고 있기 때문에 건물의 위치나 형상은 지적도에 등록되고 면적이나 용도 또는 모든 권리관계가 토지등록부에 등록되어 있다. 따라서 건물의 등록은 1800년대 말부터 시작되었던 지적조사 때에 이미 건물측량을 지상측량방법으로 실시하였다.

건물에 관한 표시사항은 토지등록부의 토지표시란(Beschreibung des Grundstucks)에 기재되며 구분소유권에 대하여는 구분표시 도면을 첨부한 개별용지를 사용하여 등록하고 층별면적, 구분경계 및 구조 등을 관련 보조장부에 기재한다. 지적도에는 건물의 정확한 측지학적 위치와 함께 주거표시로 쓰이는 건물번호가 가로를 따라 기우식으로 부번되어 있으며, 중요한 건물에 대하여는 그 건물의 각층이 표시되어 있다. 또한 보조 지적도가 있어 건물의 이용구분과 각 건물선의 길이가 정확히 표시되어 있다.

③ 말레이시아

말레이시아의 국토법(National Land Code)은 건물의 등록과 집합건물의 등록방법 및 건물의 관리에 대하여 상세한 규정을 두고 있다. 특히 구분소유 건물에 대한 등록과 관리는 각국에서 많이 인용 소개하고 있으며 2층 이상의 구분소유 건물은 층별권원(strata title) 또는 권리의 수평분할(horizontal sub-disvision)로 체계적인 관리가 이루어지고 있다. 집합건물의 도면은 평면도 이외에 보조도로서 입면도와 층별도(strata map)가 있으며 각층의 평면도가 복잡하지 않아 벽의 권리귀속 문제까지도 명시되어 있다. 그러나 집합건물의 등록관리에 있어서도 많은 문제가 발견된다.

현재 상가, 사무소 등의 고층건물은 일반적으로 임차권의 형식으로 처리되고 있는 경우가 많으나 아파트와 연립주택은 대부분 구분소유권에 의한 집합건물로서 각호가 전용부분에 대해서는 부동산 거래의 객체로서 독립적인 물권의 행사가 요청되고 있다. 이러한 집합건물의 급증에 비하여 건물의 수평적 분할표시방법이 획일화 되지 못하고 있으며 건물의 등기에 있어서도 등기소마다 등기방법이 통일되지 못하여, 전용부분과 공용부분을 합병하여 등기하거나 또는 구분소유권을 공유지와 같이 취급하여 지분등기로 처리하는 혼란을 빚고 있다. 따라서 집합건물에 있어서는 부동산 거래의 안전을 위한 공시제도로서의 기능이 거의 상실되고 있다(박순표 외, 1993).

2 지적도로 간주하는 임야도

간주지적도(看做地籍圖)는 임야도를 지적도와 같게 취급한다는 것으로, 1914년 4월 25일 조선총독부령 제45호로서 공포된 토지대장규칙 제3조 제3항에 "따로 고시하는 지역에서는 토지대장에 등록한 토지에 대하여 임야도로서 지적도로 간주한다"고 규정하였다.

이것을 계승 보완하여 1943년 3월 31일 제령 제6호(최종개정 1944. 3. 31.) 조선지세령(朝鮮地稅令) 제5조 제3항에는 "조선총독이 지정하는 지역에서는 임야도로서 지적도로 간주한다"라고 규정하였다. 1924년 4월 1일 조선총독부 고시 제60호로 시작하여 그 후 1934년 2월 1일 조선총독부 고시 제36호에 이르기까지 15회의 개정을 거쳐 "임야도로서 지적도로 간주하는 지역 지정의 건"으로 수천 개의 지역을 지정 고시한 바 있다. 이는 육지에서 멀리 떨어진 도서부나 혹은 토지조사 구역에서 멀리 떨어진 산간벽지(약 200間) 등에 전·답·대 등 과세지가 있을 경우 이를 지적도의 축척인 1/600, 1/1,200, 1/2,400로 측량하지 않고, 임야도의 축척인 1/3,000, 1/6,000로 그대로 측량하여 임야도에 그 전·답·대 등을 존치시킨다는 것이다.

특히 임야도에 녹색 1호선으로 구역을 표시하였다. 간주지적도 구역의 토지대장은 일반 토지대장과는 달리 별책으로 되어 있다. 하지만 임야도를 지적도로 간주하는 지역의 임야도가 지적도이냐 아니면 임야도이냐 하는 법적 문제는 임야도가 맞다. 임야도를 지적도로 간주한다면 법률상 이 임야도를 지적도로 보아서 지적도와 같게 취급할 뿐 임야도가 절대로 지적도는 아니므로 '간주'한다는 것 자체가 양자간에 본질적인 차이를 스스로 인정하는 것이다. 그러므로 임야도로서 지적도로 간주하는 지역의 임야도는 지적도가 아닌 그대로 임야도이지만 법적으로는 완전히 지적도로서의 대접을 받게 된다.

3 임야도

임야도는 임야대장과 같은 법적 근거에 의하여 시·군에 비치하는 지적공부의 일종이다. 임야도의 등록사항은 지적도의 등록사항에 준하며, 축척은 보통 1/6,000이나 시의 지역은 1/3,000로 하고, 면적이 광대한 국유임야 등은 1/50,000로 된 것도 있다. 임야도 1도곽이 크기는 종선(남북) 1척 3촌 2푼, 횡선(동서) 1척 6촌 5푼의 구형으로서 이는 축척 1/6,000에서는 종선 2,400m, 횡선 3,000m에 해당하고 축척 1/3,000에서는 종선 1,200m, 횡선 1,500m에 해당된다.

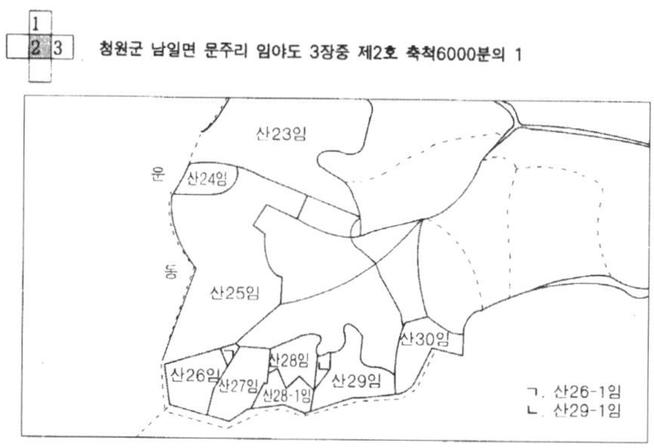

(그림23) 임야도

축척 1/50,000인 경우에는 따로 도곽을 정하지 않고 1/50,000 지형도의 도곽을 그대로 사용하므로 그 도곽의 절대적인 길이는 위도에 따라 약간씩 변화하는데, 북반구에서는 위도가 높을수록 그 횡선의 길이는 짧아지며, 같은 도면에서도 위 횡선보다 아래 횡선이 약간 길다. 임야도에도 이에 대등한 위치에 있는 일람도가 있는데 이는 지적도 일람도의 예와 같이 법률적인 임야도는 아니다(원영희, 1972).

제4절 경계점좌표등록부

우리 나라에서 경계점좌표등록부(numerical terrier)는 1976년 5월 7일부터 시행된 지적법 전면개정에 따라 수치지적부라는 명칭으로 처음 등장하였다. 경계점좌표등록부는 지적공부 소관청인 시장, 군수가 필요하다고 인정하는 지역내의 토지에 관하여 작성, 비치할 수 있도록 하였다.

경계점좌표등록부는 각 필지 단위로 경계점의 위치를 평면직각종횡선 좌표로 등록 공시하는 지적공부로서 1976년 수치측량의 도입에 따라 새롭게 도입된 지적공부이다.

0 1 2 3 4 5 6 7 8 9 10 ▇ 1 2 3 4 5 6 7 8 9 10 11 12 13 14 15 16 17 18 19 20 21 22 23 24 25

고유번호	11080302-30448-0005	경계점좌표등록부	도면번호	8	장번호	1
토지소재	서울특별시 마포구 창전동	지번	448-5	비고	1 : 500	

부호도	부호	좌표 X m	좌표 Y m	부호	좌표 X m	좌표 Y m
1 2 3 4	1	4 5 1 1 4 3 5 7	1 9 1 6 8 8 5 0			
	2	1 1 4 7 3 1	1 6 9 6 2 3			
	3	1 1 3 9 6 1	1 6 9 9 1 2			
	4	1 1 3 8 2 5	1 6 9 5 5 1			

(그림24) 경계점좌표등록부

그러나 경계점좌표등록부에는 토지의 각 굴곡점의 평면종횡선 좌표수치 등이 등록되지만 이것만으로는 토지의 형상을 판단하기 어렵기 때문에 별도로 안내도 역할을 하는 도면을 비치하고 있다. 경계점좌표등록부 지역의 지적도는 '좌표'라고 표시하여 도해지역의 지적도와 구별하고 있다.

경계점좌표등록부 시행지역에서는 경계의 결정과 지표상의 복원은 평면직각종횡선 좌표수치에 따르게 되므로 이 지역의 지적도는 일반지역의 지적도처럼 지적측량용으로 사용될 수 없다. 경계점좌표등록부의 등록사항은 다음과 같다.

① 토지의 소재
② 지번
③ 좌표

④ 토지의 고유번호
⑤ 도면번호
⑥ 필지별 경계점좌표등록부의 장번호
⑦ 부호 및 부호도

수치지적부는 토지의 경계만을 등록하는 것이기 때문에 이를 비치한다 해도 별도로 토지의 면적, 소유자, 연혁 등을 등록할 토지대장을 비치하는 것이 보통이며 안내도 역할을 할 수 있는 지적도까지 비치하여야 한다. 이와 같은 경계점좌표등록부는 구획정리지구 등 수치측량 방법으로 지적 확정측량을 실시한 지역에 대하여 토지대장과 지적도 이외에 경계점의 위치를 평면직각종횡선 수치로 등록 관리하기 위하여 작성하는 대장형식의 지적공부이나 등록사항은 도면에 등록하는 경계점의 위치를 좌표로 등록하기 때문에 경계점좌표등록부는 대장형식의 도면으로 보게 되는 것이다.

제5절 지적전산자료

지적전산자료(cadastral D/B file)는 대장과 도면을 전산정보처리 조직에 의하여 처리할 수 있는 형태로 작성한 파일을 의미하는 것으로, 대장 파일(alphanumeric D/B file)과 도면 파일(graphic D/B file)로 구분한다.

지적전산자료는 1990년 12월 지적법 개정시에 최초로 지적공부의 등록사항을 전산처리 조직에 의하여 처리할 경우 '전산등록 파일'을 지적공부로 보도록 의제되어 있었으나 1995년 1월 지적법 개정시에 전산등록 파일을 '지적 파일'로 명칭을 변경하고 지적공부의 일종으로 규정하였다. 이와 같은 지적 파일은 2001년 1월 지적법 개정시에 '지적전산자료'로 명칭을 변경했고, 지적전산자료의 이용 또한 활용절차, 사용료, 담당자의 등록 등에 관한 세부사항을 규정하였다.

1 전산처리 담당자의 등록

주무부장관, 특별시장, 광역시장 및 도지사(사용자 권한 등록관리청)는 지적공부 정리 등을 전산정보처리 조직에 의하여 처리하는 담당자(사용자)와 권한을 사용자 권한 등록 파일에 등록 관리해야 하고 소관청(지적전산처리용 단말기설치 기관장 포함)이 당해기관 소속공무원을 사용자로 등록하고자 할 때에는 사용자 권한 등록신청서를 당해 사용자 권한 등록관리청에 제출해야 하며, 신청을 받은 사용자 권한 등록관리청은 사용자 권한 등록 신청의 내용을 심사하여 사용자 권한 등록 파일에 등록하고 그 등록사항을 소관청에 통지해야 한다.

사용자 권한 등록 관리청은 사용자 권한 등록 파일에 등록된 사용자가 근무지 또는 직급이 변경되거나 퇴직 등을 한 경우에는 사용자 권한 등록내용을 변경해야 한다.

2 사용자번호 및 비밀번호

사용자 권한 등록 파일에 등록하는 사용자 번호는 사용자 권한 등록관리청별로 일련번호로 부여하여야 하며, 한번 부여된 사용자 번호는 변경할 수 없다.

사용자 권한 등록관리청은 사용자가 다른 시·도 등으로 전출하거나 퇴직한 후에도 사용자의 책임을 규명할 수 있도록 사용자 번호를 별도로 관리하여야 하며, 사용자의 비밀번호는 사용자가 3~6자리로 정해 사용한다. 사용자의 비밀번호는 타인에게 누설되어서는 안 되며 누설되거나 누설될 우려가 있는 경우에는 즉시 변경해야 한다.

3 사용자 권한 구분

사용자 권한 등록 파일에 등록하는 사용자의 권한 구분은 다음과 같다.

□ 사용자 신규등록
□ 사용자 변경삭제
□ 법인 아닌 사단, 재단등록번호의 업무관리
□ 법인 아닌 사단, 재단등록번호의 직권 수정
□ 외국인 토지관리
□ 지목코드 등 지적 전산코드의 입력, 수정, 삭제
□ 지적 전산코드의 조회
□ 지적 전산정보자료의 조회
□ 지적통계의 관리
□ 토지관련 정책정보의 관리
□ 신규등록 및 토지이동의 접수
□ 신규등록 및 토지이동의 정리
□ 소유권 변동관리
□ 토지등급 및 기준수확량 등급변동 관리
□ 창구민원 업무관리
□ 일반 지적업무 관리
□ 1일 마감업무 관리
□ 전산자료 정비
□ 개인별 토지소유 현황 조회
□ 비밀번호 수정

4 전산자료의 이용

지적전산정보자료의 이용제도가 신설되기 전에는 전국의 시·도 단위는 물론 시·군·구 단위의 각급 행정기관과 검찰청·세무서·교육청·병무청 등 유관기간에서 무질서 또는 산발적으로 지적전산정보자료의 이용신청이 있어 많은 인력과 행정력의 낭비요인이 있었다. 그래서 지적에 관한 전산정보자료를 이용 또는 활용하고자 하는 자는 관계 중앙행정기관의 장의 심사를 거쳐 주무부 장관의 승인을 얻어 사용하도록 새로운 제도를 신설하고 시·도 단위의 출력자료는 시·도지사에게, 시·군·구 단위의 출력자료는 소관청에게 권한을 위임하였다.

2001년 지적법을 개정하여 지적전산정보자료를 지적전산자료로 변경하고 지적전산자료의 이용 또는 활용절차, 사용료, 담당자의 등록 등에 관한 세부사항을 보완하였다.

5 전산자료의 이용제한

정보의 이용에 있어서 헌법 제17조에서는 "모든 국민은 사생활의 비밀과 자유를 침해받지 아니한다" 라고 규정하고 있다. 정보통신망이용촉진 및 정보보호에 관한 법률 제49조에서는 "누구든지 정보통신망에 의하여 처리·보관 또는 전송되는 타인의 정보를 훼손하거나 타인의 비밀을 침해·도용 또는 누설하여서는 아니된다"라고 규정하고 있다. 또한 공공기관의 개인정보의 보호에 관한 법률 10조 제1항에서는 "보유기관의 장은 다른 법률에 의하여 보유기관의 내부에서 이용하거나 보유기관 외의 자에게 제공하는 경우를 제외하고는 당해 개인정보 파일의 보유목적 외의 목적으로 처리정보를 이용하거나 다른 기관에 제공하여서는 아니된다"라고 규정되어 있어 타인의 비밀을 침해할 수 있는 특정인의 토지소유 현황에 관한 정보 등의 지적적산자료의 제공은 불가능하다.

반면, 개별 법률에서 구체적으로 공개의 범위와 자료제공의 절차 등이 규정되어 있고 공공목적에 활용하고자 하는 경우에는 지적적산자료를 제공하고 있다.

즉, 국회법 제128조(보고·서류제출 요구), 국회에서의 증언·감정 등에 관한 법률 제4조(공무상 비밀에 관한 증언·서류의 제출), 국정조사 및 조사에 관한 법률 제10조(감사 또는 조사의 방법), 경찰관직집행법 제8조(사실의 확인 등) 및 공직자윤리법 제8조(등록사항 심사) 등에 규정된 감사·수사·사실조회 등에 필요한 경우에는 제한적으로 적법성·사적권리 침해 및 목적 외 사용여부 등을 조사하여 관련정보를 제공하도록 하고 있다.

따라서 사생활의 비밀과 자유를 침해하게 되는 채권확보 또는 담보물건 확인 등의 목적으로 특정인·특정법인·특정단체 등의 토지소유 현황에 관한 지적전산자료의 제공은 원칙적으로 불가능하다.

6 전산자료의 이용절차

지적전산자료를 이용 또는 활용하고자 하는 자는 관계 중앙행정기관의 장의 심사를 거쳐 다음의 구분에 따라 행정자치부 장관, 시·도지사 또는 소관청의 승인을 얻어야 한다.

다만, 지방자치단체의 장이 승인을 신청하는 경우에는 관계중앙행정기관의 장의 심사를 받지 아니한다.

첫째, 전국단위의 지적전산자료 : 행정자치부 장관
둘째, 시·도 단위의 지적전산자료 : 시·도지사
셋째, 시·군·구 단위의 지적전산자료 : 소관청

지적전산자료의 이용 또는 활용을 신청할 수 있는 지적공부에 관한 전산자료는 필요한 최소한의 범위에 관하여야 한다. 이 경우 지적공부의 형식으로 복제하거나 전산정보처리 조직에 의하여 기록·저장 및 관리하는 불가시적인 지적공부 자체의 제공을 요구하는 내용의 신청은 할 수 없도록 규정하고 있다.

지적적산자료를 이용 또는 활용하고자 하는 자는 다음의 사항을 기재한 신청서를 관계 중앙행정기관의 장에게 제출하여 심사를 신청하도록 하고 있다.

첫째, 자료의 이용 또는 활용목적 및 근거
둘째, 자료의 범위 및 내용
셋째, 자료의 제공방식·보관기관 및 안전관리대책 등

지적전산자료의 이용 또는 활용을 위한 심사신청을 받은 관계중앙행정기관의 장은 다음 사항을 심사한 후 결과를 신청인에게 통지하도록 하고 있다.

첫째, 신청내용의 타당성·적합성·공익성
둘째, 개인의 사생활 침해여부
셋째, 자료목적 외 사용방지 및 안전관리대책

지적전산자료의 이용 또는 활용에 관한 승인을 얻고자 하는 자는 승인신청을 할 때에는 관계중앙행정기관의 장의 심사결과를 제출하여야 한다. 다만, 중앙행정기관의 장이 승인을 신청하는 경우에는 심사결과를 제출하지 아니할 수 있다.

지적전산자료의 이용 또는 활용에 관한 승인신청을 받은 행정자치부 장관, 시·도지사 또는 소관청은 다음의 사항을 심사하도록 하고 있다.

① 신청내용의 타당성·적합성·공익성
② 개인의 사생활 침해여부
③ 자료목적 외 사용방지 및 안전관리대책
④ 신청한 사항의 처리가 전산정보처리조직으로 가능한지의 여부
⑤ 신청한 사항의 처리가 지적업무수행에 지장이 없는지의 여부

행정자치부 장관, 시·도지사 또는 소관청은 심사를 거쳐 지적전산자료의 이용 또는 활용을 승인한 때에는 지적전산자료 이용대장에 그 내용을 기록·관리하고 승인한 자료를 제공한다.

7 전산자료의 사용료

지적전산자료의 이용 또는 활용에 관한 승인을 얻은 자는 다음의 사용료를 납부하여야 한다. 다만, 국가 또는 지방자치단체에 대하여는 사용료를 면제하고 있다.

첫째, 지적전산자료를 인쇄물로 제공하는 때에는 1필지당 30원
둘째, 지적전산자료를 자기디스크 등 전산매체로 제공하는 때에는 1필지당 20원

지적전산자료의 사용료는 지적전산자료를 행정자치부 장관이 제공하는 경우에는 수입인지로, 시·도지사 또는 소관청이 제공하는 경우에는 그 지방자치단체의 수입증지로 납부하도록 하고 있다.

8 운영방법

지적전산자료에 관련한 지적업무의 처리, 지적전산프로그램의 관리 등 지적전산시스템의 관리 운영 등에 관하여 필요한 사항은 주무부 장관이 따로 정하도록 규정하고 있다(유병찬, 2002).

제 8 장 1 필지

제1절 1필지의 정의

1 1필지의 어원

1필지는 '1필의 토지'의 준말로서, '1지번의 토지'를 의미한다. 토지등록의 단위구역을 1필지라고 하며 붓필(筆)자를 붙이게 된 것는 옛날 필기도구나 제도용구는 벼루(硯)에 먹(墨)을 갈아 쓰는 붓(筆)밖에 없었기 때문이다.

그래서 토지에 대한 기록이 필요할 때에는 붓으로서 한번 돌려 그려 놓고 이것은 ○○○의 토지, 또 한번 돌려 그려 놓고 이것은 ○○○의 토지라고 하듯이 "붓을 한번 돌려 그린 구역의 토지"라는 의미에서 생성된 것이다. 1필지, 1필의 토지, 1지번의 토지 등은 모두 같은 의미로서 1개의 지번을 붙이는 토지를 의미한다.

필지(筆地 : parcel ; land unit)를 분할한 것을 분필이라고도 하는데 이는 한 붓으로 그리던 토지를 몇 조각으로 나누어 그리는 토지로 한다는 것이다. 또한 토지를 합병하는 것을 합필이라고 하는 것은 몇 조각으로 나누어 그리던 것을 합쳐서 한 붓으로 그린다는 것이다.

1지번의 토지를 1필지라고 하는 것은 과거의 법률용어로서 등기법령에 사용해 오다가 조선 지세령의 개정에 따라 등기법령중의 "1필의 토지"라는 것은 "1지번의 토지"로, "분필"은 "분할"로, "합필"은 "합병"으로 고쳤다. 이후 법률상으로는 '필'이라는 명칭은 자취를 감추었으나 오랜 관습에 따라 공문서에도 '필'이라는 용어를 자주 사용하였던 것이다. 그래서 1필의 토지를 가리키는 1필지라는 용어는 이후 다시 사회에서 빈번하게 사용되었다. 현재에도 '1지번의 토지'라고 하기보다는 '1필지'라고 표현하는 것이 사회에서도 의미가 쉽게 전달되고 있다(원영희, 1972).

2 1필지의 정의

토지의 등록은 특정 기본단위를 기초로 해야 하며 지적에서 기본단위는 1필지로 하고 있다. 이러한 토지단위는 권리 및 소유권에 관한 정보를 포함한 토지정보의 유지를 위한 기본

영역이다. 필지는 사용목적에 따라 소유권 필지, 세금필지, 용도필지 등 여러 가지 필지가 있을 수 있으며 이런 경우에는 독특한 식별이 가능해야 한다(이태식, 1993).

이와 같이 토지등록의 기본단위가 되고 있는 필지에 대한 개념은 '독특하고 동일한 이해관계가 인식되는 토지의 연결공간'으로 설명하기도 한다.

쿡(R. N. Cook)은 "필지란 공부상에 하나의 종류로 기술된, 그리고 공적이나 사적으로 분리소유 또는 분리거래될 수 있는 토지상의 여러 지구 중의 하나로서 연결토지"라고 하고 있다. 또한 CLIPP(Compatible Land Identifier - The Problem, Prospects, Payoff)에서 발표된 필지의 정의는 필지는 한 개의 권리증서(Deed)로 설명되는 토지의 연속면적 또는 도면위의 많은 획지(lot) 중의 하나이다. 공적, 사적으로 토지소유가 분리되어 있고 개별적으로 양도될 수도 있다. 자료색인을 용이하게 하기 위하여 도로, 철도, 고속도로의 분절을 필지로 취급할 수도 있다(Fisher, 1973).

ALI(American Law Institute)에서는 토지에서 필지는 대상토지의 위치나 경계를 설치할 수 있는 그런 한계를 설명할 수 있는 토지의 일정한 양을 말한다.

우리 나라 지적법에서는 "하나의 지번이 붙은 토지의 등록단위"를 필지라고 한다.

종합해 보면 필지는 소유권리의 종합된 형태로 연결되는 폐쇄공간이며 단일성, 연속성, 동질적인 권리와 물권이 인정될 수 있는 연속된 면적을 의미한다고 볼 수 있다.

필지는 토지권원이나 토지정보시스템 이용을 위해서 구성된 블록으로서 최적으로 선택된 단위이다. 필지는 토지면적의 최소단위로서 공적, 사적 기록의 실체로서 필지는 토지관련 자료의 위치색인으로 이용될 수 있다. 토지의 범주에 대해서 한계가 있지만 성질에 있어서는 영구적이다. 이러한 영구적 특성으로 인하여 권리, 소유자, 사용 등은 변화하지만 토지는 영원히 남는다는 인식 하에 필지를 정보기록에 있어서 가장 이상적인 기초로 사용하게 되며 필지의 범위는 지하, 지상, 공중의 일정한도의 권리를 모두 포함한다.

필지의 연속성은 토지물권의 공간적 내용과 관련이 있고, 반면 동질성의 기준은 필지에 둘러싸여 있는 토지의 권리특성과 관계된다. 필지의 구성방법은 그것을 이용하려는 기관에 초점을 맞추어 결정된다. 공공토지나 국가토지의 관리에 필요한 시스템에서는 임대나 허가에 관련된 사항들이 기록되어야 할 것이고, 토지등록이나 재산평가를 위한 시스템에서는 자유토지보유 권리에 보다 더 관심이 있을 것이다.

지역권, 소유자 요구, 단기임대, 다른 특수한 권리 등의 상태는 지적을 위한 필지를 구성하는 데 심혈을 기울여야 할 문제이다. 새로운 토지정보 관리를 위한 시스템이나 토지데이터의 재정비는 필지를 중심으로 해야 하며, 궁극적으로 필지를 중심으로 하는 토지정보에 있어서 필지 단위의 상세한 기록을 필요로 하는 것은 토지에 대한 보다 효율적인 관리행정을 기대하기 때문이다.

이와 같이 1필지는 지적공부에 등록하는 토지의 법률적인 단위구역을 말하는 것으로서 이는 국가권력으로서 결정하는 인위적인 토지단위인데, 1필지로 구분하는 가장 중요한 목적은 토지에 대한 권리가 미치는 한계를 구획하는 데 있다.

그러므로 단순히 자연현상으로서의 지형학적인 단위가 아닌 '법적인 토지등록 단위'라고도

할 수 있다.

법적인 토지등록 단위는 지적법에서 "토지에는 1구역마다 지번을 붙이고 그 지목·경계 및 면적을 정한다"고 규정한 내용의 '1구역'을 의미하며, 1필지에는 지번·지목·경계 및 면적이라는 특정한 사항이 필요하게 되고, 그런 의미로서는 1필지는 '1개의 지번을 붙이는 토지'라고 할 수 있는 것이다.

1필지는 폐합다각형으로서 구성되며 다각형의 각 굴곡점 간은 직선으로 도면에 등록하도록 되어 있다. 이는 과거의 지적측량 규정에서 "토지의 경계선은 되도록 현형과 틀리지 않는 정도로 경계점을 측정하여 직선으로서 연결해야 한다"는 의미의 원칙적인 규정에 근거를 둔 것이다.

제2절 1필지의 역할

토지관리에는 토지의 기본단위인 1필지가 필수적이다. 이러한 토지단위는 권리 및 소유권에 관한 정보를 포함한 토지정보의 유지를 위한 기본구역이 된다. 이상적인 구역은 토지정보에 대한 공통의, 그리고 자연적인 관련이어야 하며 또한 위치와 경계가 알려져 있고 유지되는 지표분할이어야 한다. 필지는 그러한 것들 속에서 소유권 및 제반권리가 법적으로 인식되는 애매 모호하지 않게 정의된 단위이다. 그래서 필지란 법적 권리의 역사로서 계속되어 있는 토지를 둘러싸고 있다(Mclaughlin, 1975).

필지는 권리의 유일하고 완전한 묶음을 위한 토지단위이다. 공공용지, 철도, 고속도로, 시설물의 연결도로 등도 편의상 역시 필지로 구분된다. 필지 개념은 공부상에 하나의 종류로 기술된, 그리고 공적이든 사적이든 분리 소유된, 또는 분리하여 거래될 수 있는 토지상의 여러 지구 중의 하나로서의 연결 토지이다. 자료색인을 쉽게 하기 위해 부분도로, 고속도로, 철도, 송유관, 기타 시설의 지역권 등도 마치 그것이 하나의 필지인 것처럼 취급될 수 있다.

필지경계가 토지 위의 어디에 위치하는가를 결정하기 위해서는 법적으로 인식된 토지상의 여러 다양한 권리들을 분류하는 것이 필요하다. 기타 권리들의 경계는 공통적일 수도 있고 그렇지 않을 수도 있다. 이와 같은 권리의 주요형태는 획득되거나 이전될 수 있는 일련의 권리들과 관련있는 토지소유권이다.

통상은 하나의 필지가 하나의 완전한 권리묶음이 할당된 모든 토지를 포함한다. 그러나 어떤 경우에는 권리들 중의 일부와 관련된 토지만에 대해 경계확정을 해야 할 필요가 있을지도 모른다. 발전된 지적제도에서 몇몇 형태의 자료를 위해서는 다른 형태의 추가 경계를 갖는 특별한 중첩이 필요할 수도 있다.

토지운용은 유일하게 인식된 토지자원의 이용이나 관리를 위한 토지단위와 관련이 있을 수 있고, 농업사업도 그러한 단위이다. 필지의 역할은 현행 지적제도를 조사해 봄으로써 알 수 있는데 지적제도는 일반적으로 개개의 서류철, 등록공부 혹은 하위시스템에 유지되어 있는 정보의 본질에 따라 분류된다. 이러한 자료철은 법률기록, 과세기록, 특별평가기록, 자원 및 환경기록 등을 포함한다.

1 법률기록

법률기록은 토지상의 법적권리를 결정하는 기록이다. 그것들은 토지, 부동산, 측량 및 관련활동 등에 관한 법령이나 보통법에 의해 확립된다. 이러한 기록들은 일단의 권리들이 인식되고 하나의 정의된 사람, 사람들 혹은 기업에 의해 소유된 토지단위에 따라 조직화된다. 그러한 단위를 개개의 토지필지로서 인식하는 것이다.

미국에서의 권리 정보는 일반적으로 기초공부 기록으로서 기술되는 시스템에서 얻어진다. 기술하는 것이 본질적으로 권리의 이전에 영향을 주지 않기 때문에 법적인 방법은 거래의 증거에 우선권을 주는 식으로 발전해 왔다.

방법의 본질과 공적 등록기관의 이용은 공고의 원칙과 관련이 있다. 이러한 원칙은 양도인, 양수인 색인과 토지 색인을 결과적으로 만들어내게 된다. 그러나 이러한 공공시스템의 본질은 법률가나 권리조사자, 권리서류의 작성과 보증담당 보험업자에게 특권을 생기게 한다.

필지경계 정보는 권리서류를 통하여, 그리고 측량자의 서류철에서 배분된다. 그리고 때로는 그 정보는 도해형태로 축소되거나 공공관청에 저장된다. 그러나 일반적으로는 이러한 정보를 위한 특정의 저장소나 서류철은 없다. 그래서 필지의 경계기록은 권리기록에 비해서 조금 개발되어 있다.

2 평가기록

평가기록은 토지의 공평하고 효율적인 가치평가를 위해 필요한 정보를 포함해야 하고 또한 토지에 대한 계속적인 평가 개선을 제공해 주어야 한다.

과세필지 및 기록은 토지의 평가가능 필지와 이러한 필지에 대한 가치평가를 위해 쓰이는 정보에 의해 특정지을 수 있다. 대부분의 경우 과세기록을 위한 필지는 법률기록을 위한 것과 동일하나. 소유권 및 기타 권리기록 시스템의 본질은 평가기록 시스템에 영향을 주어 왔다. 때때로 가치평가 목적을 위한 소유권 정보는 평가담당 공무원에 의해 편철되고 있다.

평가기관은 토지필지 도면의 주요 원천이 되고 있다. 과세공무원들은 토지필지 전체목록에 관한 포괄적인 자료를 유지하기 위한 가치평가 기능에 근원하는 책임에도 불구하고 엄격한 소유권 정보에 대해 때때로 한정된 필요성만을 갖고 있다. 그들은 자원, 환경, 구역 설정 및 특별 평가정보를 필요로 하며 그러한 정보를 잘 정의된 필지에 관련시키고자 한다. 그 후에 비로소 세금고지서를 보낼 사람의 이름과 주소를 필요로 하게 되는 것이다.

3 규제기록

공공토지 이용 및 규제기록은 토지에 대한 사회의 권리를 나타낸다.

구획 설정 및 기획담당 공무원들은 잘 정의된 필지와 관련소유권 및 권리에 관심을 가지고 있다. 또한 경계변동과 토지행위(land activities)에 영향을 줄 기타 행위에 대해 관심을 갖는데, 정보욕구는 법적이든 그 외의 것이든 적절히 계획을 짤 수 있는 모든 행위에 대해서 작용한다. 그리고 많은 지도를 정보의 원천으로서 의지하고 있고 지역지구제(zoning)에 일치하는가를 추적하기 위해서 분할(subdivision) 기록 등과 같은 추가정보를 필요로 한다.

구획 설정 및 계획기관 역시 토지필지에 있어서의 소유권 및 그 외 권리에 대한 정보의 중요한 원천이 되고 있다. 그러나 구획 설정 제한이 권리목적을 위한 토지상의 권리부담 기록의 일부로서 고려되고 있지는 않다. 이러한 제한들은 때때로 개인적으로 비치되어 있는 권리부담보다 더 중요한 것이다. 분리되어 있는 법적, 그리고 공공 토지이용 및 규제기록으로부터 하나의 필지에 있는 소유권 및 기타 권리의 완전한 모습을 조립해내는 것은 여전히 어려운 과업이다.

4 시설기록

하부구조(infrastructure)에 관한 기록으로 볼 수 있는 시설기록은 때로는 대규모 토지필지에서 분할되는 고속도로, 하수도, 연결도 외에 그와 유사한 것들을 포함한다.

토지자산법(property laws)은 “부속적이거나 제한적인 지역권”이라는 말로서 관계를 법적으로 표현한다. 그러한 지역권을 포함, 유지하고 있는 필지들은 독립적으로 기록될 것이나 공존관계는 양자 사이에 존재한다.

하부구조 기록은 널리 분산되어 있는데 그것들은 여러 공공기관이나 민간기관의 토지가 되어 왔다. 그러한 기록이 존재한다는 것이 결정된 후라도, 누가 특정 필지에 대한 기록을 갖고 있는가를 결정하는 것은 어려운 일이다.

5 자원기록

자원 및 환경기록은 개개의 토지필지와는 반드시 일치할 필요가 없는 토지의 자연적 분할과 관련이 있다. 토양, 수로, 표면, 그리고 습지기록 등이 그 예이다.

이러한 자원 및 환경기록은 인위적인 토지분할 없이도 유지될 수 있으며 조종 유지되고 있다. 지도는 전통적인 형태이건 측지 관련정보 형태이건 간에 이러한 기록을 가장 보편적으로 표현한 것이다. 자원 및 환경정보에 대한 수요가 있기 때문에 그 기록자료 파일은 크게 팽창되었다. 이러한 양상은 인간과 자연세계와의 관계, 그리고 상호 영향 등에 관해 점차로 많이 알게 된 것과 관련이 있다.

인간과 환경과의 이러한 상호관계 때문에 소유권 수준 혹은 필지 수준에서의 자원 및 환경정보가 필요하다. 예로서 지표 및 지상수시스템 관리는 토지의 자연적 분할에만 의존하는 자연수로 및 망에 관한 지식에 의존하고 있다.

관리는 토지소유자의 법적으로 인식된 필지에 따른 하천부지소유자의 권리(riparian rights)에 대한 지식에 의존한다. 필지와 관련이 있을 수 있는 또 다른 환경적 관심은 수질 오염에 관한 것이다.

사회에서, 광범위하고 막대한 물리적·자원적·환경적 정보가 수집되고 조립되면 저장되고, 기관과의 조정이 거의 없이 소멸되는 것은 놀라운 일이 아니다. 때로는 자원 및 환경정보는 그것이 계획이나 규제행위 목적을 위해 어떻게 쓰여지고 있는 가에 대한 명확한 이해없이 수집되고 있다. 이러한 목적과 현존의 기록시스템들은 자원 및 환경정보를 기본토지 단위(필지)에 관련시켜야 하는 필요성을 예시해 준다.

필지는 많은 기록들이 이루어지는 단위이며 토지의사 결정이 행해지고 실행되는 단위이다. 그래서 필지의 관련은 자연적 및 인위적 토지분할과 관계된 정보를 위해서 필요하다. 이것은 그 시스템에 법적인 절차에 관련된 안전성을 주는 유일한 선택이다. 몇몇 토지정보 시스템을 위해 하였던 것처럼 자의적인 토지단위의 선택은 비록 단기적으로는 비용이 저렴할지라도 내재적으로 불안정하게 된다. 이러한 선택은 토지소유자가 보유하고 있는 소유권 및 기타 권리기록의 중요성을 인식하지 못함으로써 토지계획에 있어서 토지정보의 궁극적 이용을 인식하지 못하는 것이다.

제3절 1필지의 성립

1 1필지의 성립요건

1필지는 토지에 대한 법적인 단위구역으로 자연적인 지형에 따라 성립되는 것이 아니며, 1필지의 성립에는 일정요건이 구비되어야 한다.

첫째, 지번부여지역의 동일
둘째, 소유자의 동일
셋째, 지목의 동일
넷째, 지반의 연속
다섯째, 도면축척의 동일
여섯째, 소유권 이외 권리관계의 동일
일곱째, 등기여부의 동일

여기에서 유의할 것은 아무리 지목이 다르다 하더라도 지목이 다른 양입지(量入地) 및 협소한 다른 지목의 토지가 집단하였을 경우에는 이를 본지에 합병하거나 혹은 그 주된 토지의 지목으로 통일하는 특례가 있다.

(1) 지번부여지역의 동일

1필지로 하려면 지번지역이 같아야 한다. 지번부여지역은 대개 행정구역의 최하조직인 동·리와 일치하는 것이 원칙이다. 특히 도서지방에서는 편의상 같은 동·리 중에서 1개의 섬마다 기번하는 경우가 있어 이러한 것은 원칙에 대한 예외에 속하게 된다.

과거 우리 나라에는 일본식으로 된 지명도 있다.

서울특별시 종로구 종로3가동(서울特別市 鐘路區 鐘路三街洞)은 경성부 종로구 종로 3정목(京城府 鐘路區 鐘路三丁目)과 같이 정목이라는 것이 동·리급인 '종로'의 하부구획으로 되어 지번은 이 정목에서 기번하였다.

이후 '정목'은 '가(街)'로 개칭되어 종로3가, 을지로6가 등으로 불렀다. 그 후 행정구역의 말단을 동·리로 통일시킴에 따라 '종로3가'는 '종로3가동'으로 됨으로써 '정목' 혹은 '몇가'란 명칭이 자연 소멸되었는데 '정목'이라는 행정구역도 과거에는 지번지역이 되었다.

(2) 소유자의 동일

1필지로 하려면 그 소유자가 같은 토지라야 한다. 1필지는 토지등록의 단위가 되고 토지거래의 단위가 된다. 또한 토지에 대한 권리의 한계를 구획하는 것이기 때문에 만일 이해관계가 엇갈리는 두 사람 이상의 토지를 합쳐서 1필로 할 경우는 토지에 대한 소유 한계가 애매모호하여 정당한 소유권 행사를 할 수 없으므로 토지등록의 단위로는 부당하다. 그런데 공유지인 경우는 이와 반대로 1구역의 토지를 공동으로 소유하는 전원의 이해관계가 일치하므로, 설사 공유자의 수효가 많다 하더라도 동일체인 단수의 소유형태로 볼 수 있기 때문에 소유자가 다른 토지를 합쳐서 1필지로 한 것과는 경우가 다르다.

(3) 지목의 동일

1필지로 하려면 지목이 같아야 한다. 지적법에서 지목은 토지의 종류에 따라 구별하여 결정하도록 규정되었기 때문에 지목이 다른 토지를 합쳐서 1필지로 할 수 없는 것은 지목결정에 있어서 대원칙이다. 그러므로 1구역의 토지(1필지)에는 28종의 지목 중에서 어느 것이든지 가장 적당한 것으로 1개만을 골라서 그 지목으로 해야만 지목이 '구별'되는 것이다. 현재 우리 나라에서는 결코 1필지에 2개 이상의 지목이 존재할 수 없기 때문에 지목이 다른 토지는 당연히 다른 별필(別筆)로 한다.

(4) 지반의 연속

1필지로 할 토지는 지번지역의 소유자와 지목이 같다고 하더라도 반드시 지반이 연속되어야 한다. 따라서 도로·하천·구거·제방·철도용지·수도용지 등에 의하여 지반이 단절 구획된 것은 1필지로 할 수 없다.

(5) 도면축척의 동일

1필지로 할 수 있는 토지는 등록된 도면의 축척이 같아야 한다. 도면은 지적도와 임야도를 합쳐서 의미하는 것으로 일반적으로 지적도는 1/500·1/600·1/1,000·1/1,200·1/2,400이고 임야도는 1/3,000·1/6,000이다. 도해지적에서 토지의 경계는 도면에 등록된 선을 의미하기 때문에 축척이 다른 도면에 등록된 토지는 1필지로 합병할 수 없다.

그러므로 도면축척의 동일은 토지를 도면에 신규등록하는 경우가 아니고 이미 2필지 이상으로 등록되어 있는 토지를 1필지로 합병하는 경우의 요건이 된다.

그런데 수치지적의 경우는 도면의 축척에 관한 문제가 발생하지 않기 때문에 축척에 관한 조건은 빼놓고 다른 조건만 충족된다면 1필지로 합병할 수 있다.

(6) 소유권 이외 권리관계의 동일

토지에 대해서는 소유권 이외에도 여러 가지 물권이 있는데 이들이 같아야 1필로 할 수 있다. 예를 들면 지상권자 및 그 존속기간이 같아야 1필지로 할 수 있는 것이다. 기타 감면세에 대한 각종 연기(年期)를 인정하는 경우 등에는 그 연기의 종류와 기간이 같아야 이를 1필지로 할 수 있다. 필지는 토지거래의 단위이기 때문에 물권이 다를 때에는 당연히 다른 필지로 하여야 한다는 반대이론이 성립한다.

(7) 등기여부의 동일

1필지로 할 수 있는 토지는 등기 혹은 미등기의 구별이 같아야 한다. 기등기(既登記)는 기등기끼리 미등기(未登記)는 미등기끼리가 아니면 1필지로 할 수 없는데 이는 지적공부에 각각 등록된 토지를 1필지로 합병하는 경우에 유의할 사항이다.

(8) 별필지로 할 수 있는 경우

1필지로 할 수 있는 토지는 제반요건을 구비한다 하더라도 예외적으로 다음과 같은 경우에는 실지의 상황에 따라 이를 별필로 할 수 있었다.

① 전 또는 답의 면적이 약 16,500m^2(약 5,000평)를 넘고 또 그를 구획하는 목표가 될 만한 지물이 존재할 때
② 전·답 또는 대의 형상이 현저하게 구부러졌거나, 또는 협장(狹長)하고 이를 구획할 목표가 될 만한 지물이 존재할 때
③ 임야를 제외한 토지의 위치에 현저한 고저차가 있을 때
④ 시가를 형성하는 지역내의 대로서 돌담, 벽돌담과 같은 영구적 건설물에 의하여 구획되었을 때
⑤ 이외에 시장·군수가 특별히 별지번으로 하는 것이 적당하다고 인정할 때 등

특히 별지번으로 하는 것이 적당하다고 인정할 때라는 것은 지미(地味)가 현저하게 차이 있을 때, 기타 토지소유자가 특별히 별지목으로 하여야 할 상당한 이유가 있을 때 등이다(원영희, 1982).

2 1필지의 묘사

필지 묘사(Delineation the Cadastral Parcel)에 있어서 법적 및 측량 관행은 중요하다. 토지에 관련된 권리의 본질과 이러한 권리 및 필지의 자연적 특질의 공간적 범위가 정의되어야 한다. 법적 및 측량 관행과 결과의 기록은 전통과 관련있는 많은 요인들의 함수이다. 권리기록에 대한 법적제도에서 필요한 개선책을 상세히 논의하는 것은 많은 어려움이 있다. 필지의 물리적인 묘사는 측량법과 실무에 달려 있는데, 필지 묘사를 위한 측량과정은 나음의 단계를 포함하게 된다.

① 필지경계에 관련되는 정보수집
② 정보분석
③ 경계표식의 지상설치
④ 필지의 식별번호 부여, 필지 식별번호와 경계정보의 등록
⑤ 필지목록과 경계정보의 저장
⑥ 정보의 전달

제4절 양입지의 원칙

1 본지와 양입지

본지(本地)라는 용어의 개념은 몇 개의 토지 중에서 가장 주가 되는 토지라는 의미이다. 가령 1,000m^{2}의 답이 있고, 거기에 접속되어 있는 한 모퉁이에 답의 소유자가 소유하는 1m^{2}의 토지가 있어 그 답에 급수를 하고 있을 때에는 1,000m^{2}의 답을 본지라고 한다.

본지의 편익을 위하여 설치된 소류지·통로·수로 및 본지에 포위되었거나 또는 접속하여 지목을 달리하는 협소한 토지는 이를 본지에 병합하는 것이 보통인데, 이렇게 본지에 병합하는 다른 지목의 토지를 양입지(量入地) 또는 편입지(編入地)라고 한다. 양입지는 지적정리상의 복잡성을 피하기 위하여 채택된 제도이다.

2 양입지의 결정방법

양입지는 그 실지의 형편에 따라 결정할 사항이나 다음의 기준에 의한다.

첫째, 전 또는 답에 있어서는 그 다른 지목의 토지면적이 본지의 지적의 약 10%를 넘는 것 또는 약 330m^{2}를 넘는 것.

둘째, 대에 있어서는 다른 지목의 토지면적이 본지의 면적을 넘는 것 등은 양입하지 않으나, 특히 물간장·도급장 및 공작장·물치장 등은 설령 그 면적의 본지인 대의 면적을 넘더라도 예외적으로 이를 양입하는 것이 통례이다. 물간장은 영동지방에 있는 오징어 혹은 명태덕이라 일컬으며, 도급장은 벼를 타작하기 위한 장소, 공작장은 시멘트·모르타르로서 기와를 찍어내는 노천공장 등, 물치장은 정기적 혹은 부정기적으로 목재와 곡물을 쌓아두는 장소이다. 그런데 염전이나 광천지는 면적의 크고 작음에 상관없이 이를 양입하지 않아야 한다.

제9장 토지경계

제1절 토지경계의 개념

토지경계를 경계(境界 : boundary)라고도 하는데 현재의 '경계'는 지적공부에 등록하는 단위토지인 1필지의 구획선을 의미한다. 특히 도상이나 지상임을 밝히지 않고 '경계'라고 표시할 때에는 도상경계를 가리키는 것이 원칙이다.

지적법상의 '경계'라는 것도 모두 도면상에 그려진 경계를 뜻하는 것이지 지상의 현실적인 말뚝·휴반 등을 가리키는 것이 아니다. 본래 경계라는 말은 일이나 물건이 어떤 표준 밑에서로 맞닿는 자리를 의미하는 것으로 토지의 경계 중에서 어떤 표준은 1필지를 가리키고, 맞닿는 자리는 도면상의 구획선을 가리킨다.

1 도상경계와 지상경계

(1) 도상경계

법률가의 입장에서 경계선은 양쪽에 다른 부동산권이 존재하는 극히 가는 선, 또는 좀더 정확하게는 다른 쪽 면에는 다른 부동산 권리가 존재하는 면을 말한다. 이 권리는 이론적으로 지구 중심에서부터 하늘까지 무한히 연장되지만 실제로는 높이와 깊이가 제한된다(Dale, 1984). 도상경계는 전적으로 도면에 등록된 경계를 지칭하는 것으로서 지적도상의 경계는 지적조사에 의한 경계결정시 지적측량에 의하여 국가공부에 등록된 경계이다. 이는 우리 나라에서 유일무이한 경계에 대한 입증자료이며 지적법상의 경계로 정의된다.

그러므로 현행법상의 지적경계는 국가공부에 등록된 도상경계를 우선하여 소유권의 한계를 결정하고 소유권의 보호를 받게 하고 있다. 그러나 이는 지적측량에 의하여 도면이 형성되는 과정에서 이미 축척이라는 개념이 도입되면서 도상경계는 제도오차를 함유하게 되므로 지상에서의 본래 경계의 의미가 그만큼 감소된다.

도상경계의 가장 큰 취약점은 도면 축척에 따르는 문세로서 등록 낭시의 지상경계와 측량성과에 따라 등록된 도상경계는 근원적인 문제를 가지고 있다.

경계선이 지상에서는 선의 개념으로 지적도상에서는 0.1mm의 기하학적인 선(line)으로 등록하였다 하더라도 이를 근거로 지상에 경계를 복원하는 경우 축척에 따라 확대된 선(lane)으로 경계선은 폭이 존재하게 된다. 지적도상 경계선의 굵기와 지상에 경계를 복원할 때 경계선의 굵기는 다음과 같다(강석진, 1993).

(표11) 축척별 도상경계와 복원경계의 비교

축척	도상에 등록된 선의 굵기(Line)	지상에 복원시 선의 굵기(Lane)	제도오차 고려(Line)	지상에 복원시 선의 굵기(Lane)
1/500~1/600	0.1mm	5cm~6cm	0.2mm	10cm~12cm
1/1000~1/1200	0.1mm	10cm~12cm	0.2mm	20cm~24cm
1/3000~1/6000	0.1mm	30cm~60cm	0.2mm	60cm~120cm

그렇기 때문에 도상경계를 채택하고 있는 국가는 지적경계 측설시 측량사가 지적도를 근거로 하여 현지 상황을 정확히 판단할 수 있는 능력과 경험이 필수적으로 요구된다.

(2) 지상경계

지상경계는 현지에 설정되어 있는 지상경계를 지칭하는 것으로서 토지구획은 경계를 따라 점으로 연결되거나 방향의 변화나 선으로 나타내고 분리하게 된다. 우리 나라 민법 및 형법상의 경계는 현지경계이다. 일반적인 경계형성의 방법은 산등성이를 따라 표시될 수 있는 점을 사용하기도 하고 토지에 있어서의 경계는 직선적인 형태로 이루어진 나무울타리나 벽, 담, 도로의 가장자리, 오솔길, 하천 등을 따라 설정한다.

본래 경계란 지상에 객관적으로 이미 존재하는 것이지만 주관적으로 그 경계를 알 수 없을 경우에 경계불분명 사태 또는 분쟁이 일어나게 된다. 지상경계는 우연히 또는 고의로 이동될 수 있기 때문에 여기서 발생되는 지상경계의 유동성을 고려하여야 한다. 측량경계선의 지상경계는 법적 경계의 확보 및 측량작업에 특히 중요하다. 경계분쟁은 대부분 지상경계를 두고 분쟁하기 때문에 일반적으로 통용되는 경계는 지상경계를 지칭한다(백은기 외, 1982).

대다수의 외국에서는 새로이 등록되는 경계선과 법률적으로 유효한 경계선에 대해서 지상경계 표지를 설정하고 이동정리 측량시 지상경계 표지를 설치함으로써 특별한 법의 객체로서의 1필지를 표시하며 법의 보호를 받을 수 있다. 그래서 소유자 의무면에서나 소유권을 변경하고자 하는 경우 소유자나 사용자의 부담으로 측량을 시행해야 하고 소유한계를 나타내는 필지의 경계점은 서로 인접한 소유자 간에 경계표지를 설정하도록 하는 지상경계 위주로 하고 있어 근본적으로 우리와 다른 지적관리를 하고 있다.

특히 지상의 경계표지를 법으로 보호하여 경계표지를 조금이라도 옮기거나 훼손시켰을 때는 벌을 받거나 벌금을 물도록 하는 등의 형벌을 규정하고 있다.

2 법률상의 경계

(1) 지적법

지적법상의 경계는 소관청이 자연적 또는 인위적인 사유로 항상 변하고 있는 지표상의 경계를 지적측량에 의하여 소유권이 미치는 범위와 면적 등을 정하여 지적도 또는 임야도에 등록 공시한 구획선 또는 수치지적부에 등록된 좌표의 연결을 말한다. 일반적으로는 지표상의 경계가 아닌 지적공부에 등록된 경계를 뜻한다. 따라서 지적공부에 1필지의 토지로 등록되었다면 토지에 대한 소유권의 범위는 지적공부에 등록된 경계선에 의하여 확정된다고 볼 수 있어 민법상의 경계개념과는 다르다.

(2) 민법

민법 제237조 제1항에는 "인접하여 토지를 소유한 자는 공동비용으로 통상의 경계표나 담을 설치할 수 있다" 라고 규정되어 있으며 동 제2항에는 "전항의 비용은 쌍방이 절반하여 부담한다. 측량비용은 토지의 면적에 비례하여 부담한다"라고 규정되어 있으며 동법 제239조에 "경계에 설치된 경계표, 담, 구거 등은 상린자의 공유로 추정한다."

그러나 "경계표, 담, 구거 등의 상린자가 일방의 단독비용으로 설치되거나 담이 건물의 일부인 경우에는 그러하지 아니하다."라고 규정되어 있어 민법상의 경계는 실제 토지 위에 설치한 담장이나 전, 답 등의 구획된 둑 또는 주요 지형지물에 의하여 구획된 구거 등을 말하는 것으로 일반적으로 지표상의 경계를 의미한다.

(3) 형법

형법 제370조에는 "경계표를 파손, 이동 또는 제거하거나 기타 방법으로 토지의 경계를 인식 불능케 한 자는 3년 이하의 징역 또는 500만원 이하의 벌금에 처한다"고 경계침범죄에 관하여 규정되어 있다. 이 경우 경계는 소유권 등 권리의 장소적 한계를 나타내는 지표를 말함이요, 설사 실체상의 권리관계에 부합하지 아니하더라도 관습으로 인정되거나 일반적으로 승인되어 왔다거나 이해관계인의 명시 또는 묵시의 합의에 의하여 정하여진 것이나 또는 권한 있는 당국에 의하여 확정된 것이어야 함도 아니고, 사실상의 경계로 되어 있다면 침해의 객체가 되는 것이며 기존 경계를 진실한 권리상태와 부합하지 않는다는 이유로 당사자의 한쪽이 측량과 같은 방법을 써서 권리에 합치된 경계라고 주장하여 표시한 계표는 본조에서 말하는 경계라고 할 수 없다고 하여 지표상의 경계를 의미하고 있다(유병찬, 1993).

3 토지경계의 유형

(1) 일반경계

일반경계(general boundary)의 개념은 토지의 경계선이 물리적인 자연적 특징이나 인공적인 특징과는 명확히 구분되어져야 한다는 생각에서 출발한다.

일반경계의 사례는 1875년 영국 토지거래법(Land Transfer Act)에서 찾아볼 수 있으며, 영국의 육지측량부(Ordinace Survey)에서 제작한 1/1,250의 대축척 지형도에 경계를 표시하는데 이 지도는 영국의 토지등록사무소(Land Registry)에서 인정해 이용하고 있다.

일반경계는 토지의 경계가 자연적인 지형지물을 이용하여 설정된 경우를 의미하는데, 즉 경계가 도로(road), 벽(wall), 담장(fence), 울타리(hedge), 도랑(ditch), 개천(stream), 해안선(foreshore) 등으로 이루어진 경우이다. 따라서 권리의 등기목적을 위해 지상에 특별한 경계표지를 설치해 놓을 필요는 없는 것이다(대한지적공사, 1984).

이 경우 토지등록을 위한 별도의 지적도를 작성하지 않아도 된다. 물론 이 도면은 정확도면에서 뒤떨어지고 지적경계가 담장의 중앙부를 연결하는 선으로 이루어져야 하며 굴곡점 위치가 좌표로서 확정되어야 하는 등 1필지의 경계로서는 부족함이 많지만 지가가 그리 높지 않은 지역에서는 비교적 저렴한 토지등록방법으로 이용되고 있다.

(2) 고정경계

고정경계(fixed boundary)는 경우에 따라서 특정경계(specific boundary)로 인정되고 있으며 특별히 정밀 지적측량에 의하여 경계가 결정되며, 일반경계와 법률적 효력은 유사하나 정확도가 높다. 이 경계는 토지등록이나 이용신청의 경우에 토지소유자의 별도 부담으로 일반 지형도상의 경계를 새로운 지적측량과 토지조사에 의하여 기존의 일반경계에 정보를 추가시킨다. 특히 고정경계의 경우도 토지등록 경계선에 대한 국가의 보증은 인정되지 않기 때문에 고정경계를 인정받기 위해 신청하는 사람은 많지 않다.

고정경계의 위치를 결정하는 방법은 자연지형, 보증경계에 대한 정부표지 설치, 표석, 측량경과에 따른 표항, 점유, 현지측량 등이 있다.

(3) 보증경계

보증경계(guaranteed baundary)는 토지측량사에 의하여 정밀 지적측량이 수행되고, 또한 토지 소관청으로부터 사정(adjudication)의 행정처리가 완료되어 확정된 지적경계를 말한다. 그런데 보증경계도 지적경계에 대한 정확도에 대하여는 특별한 보장은 없다.

경계의 보장이란 수치지적이나 도해지적에 있어서 하자가 있는 지적측량을 수행하였을 경우 이에 대한 경제적 피해보상을 의미하는 것이나, 이것을 법률적으로 보장할 수는 없다. 또한 이 지역에서의 토지소유권은 법률적으로 보증되기 때문에 지적경계와 일반경계와의 구별은 의미가 없다. 토렌스 시스템 시행지역에서 법률적으로 보호하는 것은 선의의 제3자에 대한 소유권이며 경계를 보증하는 것은 아니다.

제2절 토지경계의 결정

1 경계결정 변천사

(1) 외국

1) 고대 로마

고대 로마에서는 토지의 현지 경계선의 좌우에 각각 2.5보식(약 1.8m) 넓이(약 3.5m)의 구역을 공지로 남기고 경계표식를 설치토록 하였다. 현지 경계분쟁에서 원고가 진정한 경계라고 주장하는 선이 이 공지 안에 있을 때에는 이를 경계분쟁(controversia de fifine)이라 일컫고 전문적인 토지측량사가 직접 재판하였다. 반대로 원고가 주장하는 경계가 이 공지의 밖으로 나갈 때에는 이를 장소분쟁(controversia de loco)이라 일컫고 소송에 의하여 재판관이 재판하였다. 이러한 소송들은 당사자 쌍방이 함께 원고가 되거나 혹은 피고가 되어 합리적인 확정을 도모하지 않으면 안 될 쌍면소송이었다.

그 후 두 개의 구별은 폐지되고 어떠한 경우라도 재판은 항상 재판관이 하였으며 토지측량사는 감정인으로서만 관여하게 되었다. 고대 로마의 재판소는 그 경계가 분명한 때에는 그 경계를 확인하여 주고 경계가 불분명할 때에는 일반적으로 공유지로 다루어 공유물 분할규정에 따라 분할할 수 있었으며, 또 그것이 현재 불분명하거나 장래에도 불분명할 염려가 있을 때에는 새로운 경계선을 결정함과 동시에 그 상대방에게는 배상명령을 할 수 있다.

2) 독일

독일의 보통법은 로마법을 계승하였으며 경계소송은 이를 두 가지로 대별하였다.

첫째는 경계법에 대하여는 당사자간에 다툼이 없고 다만 경계표지 설치를 목적으로 하는 것, 둘째는 경계선 그 자체에 대하여 인접지의 당사자간에 다툼이 있어서 경계선을 확정함을 목적으로 하는 것으로 구분하였다. 두 가지 구분 중 후자의 경우는 소유권 반환소송의 한 형태로서 쌍면소송으로 다루어졌다. 이 소송은 원·피고 쌍방이 각각 소송을 제기한 것과 같이 다루었기 때문에 원고의 청구가 이유있을 때는 물론, 설령 그 청구가 이유없다고 판정된 경우더라도 재판소는 반드시 그 경계를 확정하지 않으면 안 되었다.

이 경우 재판소는 우선 당사자가 주장하는 소유권의 상태를 기준으로 경계선을 정하고, 그 다음은 당사자가 상태도 밝힐 수 없을 때에는 점유의 상태를 짐작하여 경계를 정하며, 마지막으로 점유의 상태마저 밝힐 수 없을 경우에는 경계분쟁이 있는 부분의 토지를 공유로 간주하여 이 부분을 당사자간에 분할하는 방법을 사용하였다.

3) 프랑스

프랑스의 경우도 대체적으로 독일의 경우와 비슷하여 경계선에 대한 소송은 이들 경계 그 자체에 다툼이 없는 때라도 경계표 설치를 청구하는 소(訴)와 이것과는 달리 경계선 그 자체에 다툼이 있는 소의 두 가지로 구별하였다.

프랑스의 경우 주목할 것은, 부동산의 소유권에 관한 소송일 경우 일반적으로는 지방재판소의 전속관할에 속하는 데 반하여 이 경계에 관한 소는 지방재판소보다 관할구역이 좁아 당해지역 특성을 파악하기에 유리한 조건을 가진 구재판소의 관할로 함으로써 실질적인 경계선의 재판을 할 수 있도록 하고 있다.

4) 일본

일본의 경우는 무가정치 시대에는 지적경계 분쟁을 주로 봉행(奉行)(시장·군수)이 재판하였다. 그 후 메이지(明治)정부는 지적경계 분쟁심의를 구재판소의 관할로 하는 한편, 경계는 계한(界限)이 확정되지 않을 때 또는 쟁론이 있을 때에는 소유권의 증서에 기재한 평수 및 그 계한에 따라 이를 정한다. 다만 그 소유권에 대하여 쟁론이 있을 때에는 우선 그 재판을 받음을 요한다고 하고 있는데, 이는 일본 구민법 제22조에 규정해 대체적인 업무집행의 규범으로 하였다. 그 후에 지조개정 등 경계와 관련한 법령을 제정 개폐하면서도 경계결정의 구체적 사항을 규정하지는 않았고 주로 법원의 판례로서 경계결정의 표준을 삼았다.

(2) 한국

1) 근대 이전

한국에서 경계를 결정하는 기법은 이미 단군조선 시대에도 있었다. 고대에는 경계를 호칭할 때 경계(經界)라는 특별한 용어를 사용하였다.

토지분쟁에 관한 구체적인 기록은 없으나 평양지에는 옛부터 나무를 세워 경계표시를 하고 이를 법수라 하였다. 그런데 점차 경계가 변란되어 목표가 없어지자 승정 신미년, 이조 인조 9년(1632년)에 구획을 다시 정리하여 4격에 돌을 세워 경계를 한정하였다.

법수란 기전에 관한 독특한 경계표인데 평양지 선자가 오래 전부터 전해오는 것을 기술한 것으로 기전에 있어서 살피(land mark)의 독특한 명칭으로 사용된 것으로 인정된다. 근대 이전까지는 일반적으로 토지를 전지, 전토, 농토 등 여러 가지로 표현하여 왔으나 거의 전부가 농경전답을 가리켰고 집터는 가기(家基)라고 하였으며 분묘지에 대해서는 이를 묘지 또는 산소라고 표현하였다.

경계라 하면 예외없이 휴반, 애안 등 현지의 경계를 가리키고 가기는 담을 가리켰으며 묘지의 경우는 지류계(地類界)를 가리키는 것이 관례였다.

경계를 부동의 휴반, 애안, 담, 지류계 등 구획 목표물에 의하는 것을 관행으로 할 때는 구획물의 위치와 상위하는 경계 주장은 할 수 없었고 경계분쟁은 현지에서 경계지물 설치시에 일어났으므로 국가의 개입없이 당사자간에 해결되었다.

구획물이 자연적, 인위적으로 멸실되었을 때에는 당사자의 주장과 참고인의 진술 등은 물론 과거 수년간 그 토지의 수확량, 경종의 소요시간 등을 참작하여 지방유지가 중재, 결정함으로써 사법재판을 거치지 않고도 민간차원에서 해결하는 사례가 많았다.

2) 근대 이후

근대식 지적제도가 창설된 1910년대 말부터 지적경계라 하면 지적공도상의 구획선 자체를 지칭하였으며 1976년부터는 수치지적부의 좌표의 연결도 지적경계로 하였다.

경계 결정에 있어서는 토지조사 당시 토지소유자와 그 강계(疆界)를 확정하는 강계선과 토지소유자는 같으나 지목이 다른 관계 등으로 지적정리상 별필로 해야 하는 토지간의 경계선과 토지조사지와 토지조사 미시행지와의 2가지를 의미하는 지역선으로 구분되었다.

강계선은 이를 사정선이라고도 부르며, 강계선이라는 것이 법률적으로 탄생하게 된 것은 임시 토지조사국장이 시행한 토지사정 당시였으며 그 뒤 도지사가 시행한 임야 사정에서는 사정선을 강계선이라고 하지 않고 경계선이라고 불렀다.

경계결정을 의미하는 토지 사정의 시초는 구한말인 1910년 8월 23일 법률 제7호의 토지조사법 제7조에 "지주 및 토지의 강계는 지방토지조사위원회에 자문하여 토지조사국 총재가 사정함"이라고 규정한데서 비롯된다. 이와 같은 토지의 사정은 토지소유자와 강계가 대상이 되고 토지소유자의 권리는 행정처분인 사정으로 확정되었다. 당초 토지조사법에 의한 사정을 거친 토지소유자의 권리는 사정 공시 후 90일 이내에 고등토지조사위원회에 불복신립하여 재결을 구하도록 하였다(토지조사법 제7조 및 제8조).

일제의 통치 하에 1912년 8월 13일 제령 제2호로 공포된 토지조사령에 의하면, 임시토지조사국장이 사정한 토지소유자의 권리는 60일 이내에 고등토지위원회에 불복신립한 것 외에는 사정의 확정에 의하여 절대로 이를 변경할 수 없는 것으로서, 토지조사령 제16조에 의한 재심신립의 경우에 예외가 인정될 뿐이며, 조선임야조사령에 의한 사정의 권리는 사정공시 후 60일 이내에 임야위원회에 재결을 구한 것과 동령에 의한 재심신립의 경우를 제외하고는 토지조사령에 의한 경우와 같은 효력이 있었다.

이러한 것은 토지조사와 임야조사 당시에는 다수의 토지분쟁을 해결하고 신속히 토지제도를 정리함에 있어 이와 같은 행성저문에 의한 것이 이 시기에 가장 알맞은 방법으로 판단되었기 때문이다.

다만, 강계선이 아닌 지역선에 대해서는 지적조사상 타인소유지와의 관계를 결정하는 사정을 한 것이 아니기 때문에 토지조사령의 불복신립은 지역선에 대해서는 할 수 없었는데 현재는 강계선, 지역선을 구별할 것 없이 경계선으로 통합되었으므로 불복신립은 신경 쓸 필요가 없게 되었다. 이러한 과정을 거치면서 우리 나라에 현대식 지적제도가 운영됨으로써 경계분쟁의 당사자가 지적공부를 근거로 시행하는 지적측량사의 지적측량 결과에 따라 승복하고 따로 소송을 제기하지 않는 것이 상례였다(백은기 외, 1982).

만약, 측량 성과에 불복하여 토지경계 확정에 대한 소송이 제기된다면, 토지경계 확정의 소에 있어서 법원이 경계를 확정하는 방법은 법원으로서는 원·피고 소유의 토지 내의 일정한 지점을 기초점으로 선택하고 이를 기준으로 방향과 거리 등에 따라 위치를 측정하는 등의 방법으로 지적도상의 경계가 현실의 어느 부분에 해당하는지를 명확하게 표시할 필요가 있고, 당사자가 쌍방이 주장하는 경계선에 기속되지 아니하고 스스로 진실하다고 인정하는 바에 따라 경계를 확정하여야 한다는 판례에서 알 수 있다.

법원은 지적측량사가 지적공부에 의하여 실시한 지적측량 결과를 판결자료로 채택하여 활용하는 데 많은 비중을 두게 된다. 이는 당사자간에 토지간의 경계에 다툼이 생긴 경우, 우선 증거에 의해 객관적인 경계선의 소재를 찾아 이것을 발견하면 그 경계선을 확인적으로 확정하고 증거상 객관적인 경계선을 형성적으로 확인하는 것이다.

토지경계 확정소의 의의 및 권리보호의 필요성은 인접한 토지의 경계가 사실상 불분명해 다툼이 있을 경우에 재판에 의하여 그 경계를 확정하여 줄 것을 구하는 소송으로서 토지소유권 범위의 확인을 목적으로 하는 소와는 달리 인접한 토지경계가 불분명하여 그 소유자들 사이에 다툼이 있다는 것만으로 권리보호의 필요가 인정된다.

2 경계의 결정방법

(1) 점유론

토지소유권의 경계는 불명하지만 양지의 소유자가 각자 점유하는 지역이 명확한 1개의 선으로서 구분되어 있을 때에는 이 1개의 선을 소유지의 경계로 하여야 한다는 논리이다. 우리나라에도 "점유자는 소유의 의사로 선의·평온·공연하게 점유한 것으로 추정한다"라고 명백히 규정하고 있다(민법 제197조).

독일에는 "경계쟁의의 경우에 있어서 정당한 경계가 알려지지 않을 때에는 점유상태로서 경계의 표준으로 한다"는 규정이 있는데(독민법 제920조 제1항), 이는 이해당사자의 의사에 따른 점유를 우선하는 민법 태도에 따른 것이다.

일본의 경우에도 "점유자는 반증이 없는 한 이를 소유자로 인정한다"는 규정이 있고(일민법 제168조 제1항), 1936. 3. 10 대심원 판례는 "소유권의 경계가 판명하지 않지만 양소유자의 각자 점유하는 지역이 절연한 1선으로서 구분되어 있을 때에는 이 선으로써 소유지의 경계로 함을 요한다"라고 하고 있다. 따라서 이 점유론은 지적공부에 의한 경계복원이 불가능한 경우의 지상경계 결정에서는 가장 중요한 원칙으로 채택할 수 있다.

(2) 평분론

경계가 불분명하고 또 점유상태까지 확정할 수 없을 경우에는 분쟁지를 물리적으로 평분하여 쌍방 토지에 소속시켜야 한다는 논리이다. 이는 분쟁 당사자를 대등한 입장에서 자기의 점유경계선을 상대방과는 다르게 주장하기 때문에, 이에 대한 해결은 마땅히 평등배분하는 것이 합리적이기 때문이다. 일본 대심원의 판례(1936. 3. 10)에서는 "그 점유의 경계조차 알 수 없을 때에는 분쟁중인 지역을 평분하여 경계를 정할 수밖에 없음을 양해할 수 있다"고 하고 있으며, 독일도 "점유상태를 알 수 없을 때에는 경계지면을 등분하여 쌍방 토지에 할부함을 요함"이라는 내용의 규정을 두고 있다(독민법 제920조 제2항).

(3) 보완론

현 점유선에 의하거나 혹은 평분하여 경계를 결정하고자 할 때에 새로 결정되는 경계가 조사된 신빙할 만한 다른 자료와 일치하지 않을 경우에는 자료를 감안하여 공평하고도 정당한 방법에 따라 경계를 보완하여야 한다는 논리이다. 이 경우는 반드시 경계의 일직선을 고집할 필요 없이 적당한 형태로 결정하는 것이 바람직하다(백은기 외, 1982).

현지의 경계결정에 대해서 독일에서는 점유의 현황, 공정면적과의 관계, 공원, 기타의 지도, 경계목 또는 경계석, 임상, 지형, 검증, 증언, 감정결과 등을 참조하도록 하고 있다.

제3절 토지경계의 등록

1 경계의 설정기준

경계의 형성방법으로는 점을 사용하게 되며 필지의 경계는 직선의 형태로 이루어진 울타리, 벽, 담, 도로, 하천 등의 가장자리를 따라 설정하는 것이 통례이다. 한국은 토지조사사업 당시부터 토지의 경계설정 기준을 정하여 사용한 바 있다.

현지 경계는 특별한 사정이 없는 한 인공적인 석제, 콘크리트제의 표주, 전답의 휴반, 애안, 능선, 계곡, 혹은 통로, 구거, 수목 등 자연지물로 하는 경우가 많았다. 이 중에서 표주 등은 소형이고 또 그 중심점을 표시하기가 쉽기 때문에 별 문제가 되지 않지만 휴반, 애안, 능선, 계곡, 통로, 구거 등일 때에는 상당한 폭이 있기 때문에 경계위치는 그 물건의 중심이라든가 혹은 어느 선이라고 명백하게 지적할 필요가 있었기 때문이다. 이같은 시대적 배경하에 현행 지적법에서는 경계를 새로이 결정하기 위하여 토지의 구획이 되는 주요 지형지물 또는 지상구조물을 경계로 설정할 때는 다음과 같이 설정기준에 따르도록 하고 있지만 토지의 구획이 되는 지형지물 또는 지상구조물의 소유권이 다른 때에는 그렇지 않다.

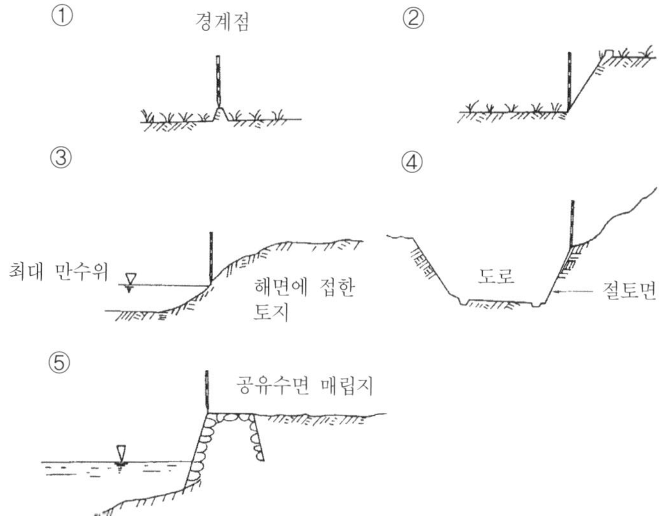

(그림25) 경계설정의 기준

① 연접되어 있는 토지 사이에 고저가 없는 경우에는 그 지물 또는 구조물의 중앙을 경계로 설정
② 연접되어 있는 토지 사이에 고저가 있는 경우에는 그 지물 또는 구조물의 하단부를 경계로 설정
③ 토지가 해면 또는 수면에 접하는 경우에는 최대 만조위 또는 최대 만수위가 되는 선을 경계로 설정
④ 도로, 구거 등 토지에 절토된 부분이 있는 경우에는 그 경사면의 상단부를 경계로 설정
⑤ 공유수면 매립지의 토지 중 제방 등을 토지에 편입하여 등록하는 경우에는 바깥쪽 어깨부분을 경계로 설정

2 설정경계의 등록

1필지의 경계는 토지소유권 보장에 있어서 가장 선차적인 요소로서 이를 설정하고 지적공부에 등록함으로써 경계에 대한 법률관계가 성립된다. 그래서 1필지의 경계를 등록하기 위해서는 경계설정 기준에 의해 설정된 합의경계에 따라 국가가 지적측량이란 수단으로 결정 등록함으로써 확고하게 공시되는 것이다. 국가가 1필지의 경계를 설정등록하는 이유는 토지의 외형은 자연현상이나 인위적인 작동에 의하여 변모가 가능하므로 경계를 가변적인 지표현황에만 의존하게 되면 경계의 안전성을 보장할 수 없다는 논리적인 근거에서 찾을 수 있다(청주대 사회과학연구소, 1987).

(그림26) 경계의 등록

경계등록을 위한 경계확정을 위해서는 필요한 정보의 수집 및 분석, 지상의 경계설정 및 보호, 경계선내 정보의 보존 및 관리, 경계변동 및 지적경계의 법률적 보장 등이 고려되어야 한다. 1필지의 경계를 지적공부에 등록하는 방법으로는 지표상에 설정된 경계를 정해진 축척에 따라 측정하고 그 성과를 도면에 선으로 등록하는 도해지적과 경계의 굴곡점을 평면직각종횡선 좌표로 등록하는 수치지적이 활용되고 있는데 대부분 국가들이 도해지적을 많이 채택하고 있다. 경계를 등록 보존함에 있어서 필지의 형태와 경계선이 오랫동안의 관리 후에는 등록 당시의 위치가 변경될 가능성이 있다.

지적공부에 등록된 지적경계가 지상의 경계변동으로 인한 교차는 경계등록 보존에 문제가 있는 것은 아니나 지상의 경계에도 불구하고 경계가 등록된 도면에 변화가 발생하여 교차가 허용오차를 벗어나는 경우 경계등록의 공부로서 역할은 이미 상실된 것이다.

3 등록경계의 복원

경계복원이란 지적도상의 경계점을 지표상에 복원하여 결정하는 것으로 경계를 인정하는 판단과 측량기술이 복합된 것이다. 경계의 복원은 지적공부에 등록할 당시에는 실존하였다가 현재는 망실되거나 인식불능인 지표상의 경계표를 원상회복하는 작업으로 설계도에 의해 지상의 점을 설치하는 측설과는 현격하게 다른 의미를 가진다.

경계복원시에는 지적공부를 용이하게 사용할 수 있어야 한다는 조건과 등록 당시의 상황을 관련자료에 의해 제대로 판단할 수 있는 능력이 필요하다.

현지 경계의 확인에 있어서도 지적경계가 명확하지 못할 때에는 지적공부에 의한 경계복원을 대원칙으로 하지만 지적공부가 현지와 부합하지 않을 때에는 그에 의한 경계복원은 불가능하거나 엄격한 제약을 받게 된다. 경계복원 측량이 단순하게 지적도상의 경계를 실지에 측설하는 것으로 확정하기 어려운 경우도 많다. 특히 복원할 필지의 경계를 등록할 당시의 사회적, 제도적 여건과 등록방법 및 절차에 대한 분석없이 단순히 주어진 도면이나 수치기록 등에 의존해서 지상에 복원하려 한다면 과거 존재하였던 지상경계표의 위치를 정확하게 회복하기가 쉽지 않을 것이다(원영희, 1985).

경계복원 측량에 있어서 그 경계가 생성되는 시기의 방법대로 측량을 하도록 규정한 것도 여기에 뜻을 둔 것이라 할 수 있다. 복원력의 유효성은 공차 이내이어야 하며, 기하학적 허용범위 안에서만이 경계보존이 가능하고 복원력이 떨어져 허용한계를 넘었을 경우에 등록효과는 상실된다. 경계복원력과 관련하여 근래 들어 지적경계 측량과 관련한 신문기사[(조선일보, 1992. 10. 5)(중부매일, 1991. 6. 12)(한국경제신문, 1992. 11. 10)(동아일보, 1994. 4. 4)(동아일보, 1990. 7. 17)]가 종종 보도되고 있어 도해법에 의한 도상경계 등록의 한계와 심각성을 입증해 주고 있다.

경계복원 측량은 기술상의 정확도와 법률상의 소유권 보호 목적과 국민의 인식도가 동시에 만족할 수 있어야 하기 때문에 더욱 어려움이 수반된다. 기술적으로는 현대화 된 기법에 따라 기술적 적용을 할 수 없고 경계등록 당시의 실시방법을 추적하게 되므로 현대적 측량기법과의 마찰문제가 발생한다. 지적경계가 불명확하거나 분쟁이 있을 때에 과연 그가 지상의 어느 선, 어느 점인가를 가려내는 것은 사법적 판단이 필요하나 빈도가 많은 이런 사건을 모두 사법재판에 의존하기보다는 오히려 간편한 행정행위로서 이를 해결하는 것이 사무능률이나 국민의 재산권 행사 측면에서도 바람직하다.

그래서 과거에는 경계복원이 민사소송법에 의하던 것이 행정소송법에 따르게 되었으며 경계복원 역시 측량방법을 시행하기 전에 현지답사를 통해 토지의 연혁과 경계의 변동 유무를 추적하여 많은 사전지식과 토지의 내력을 알아야 하는 특수성을 갖는다.

4 경계등록의 기법

(1) 도해지적 기법

도해지적(graphiccal cadastre) 기법은 토지 경계점를 도해적으로 측정하여 도면(지적도·임야도)에 등록하고 지적경계의 효력은 도면에 등록된 경계에만 의존하게 된다.

작업 기법이 간편하고 경계를 기하학적으로 표현하고 있어 위치나 형태를 파악하기 쉽다는 장점이 있다. 그러나 실지거리를 축도하여 수작업이나 자동제도에 의해 도면을 작성하는 방법이므로 소축척에서는 제도오차가 매우 커진다는 문제가 있다.

경계는 지상보다 도상에 명백히 나타나 있어 경계분쟁의 소지가 적은 지역에 적합하고 경계의 식별이 용이하여 열람에 있어서는 최적의 가시적인 효과를 가지고 있고 토지위치와 형태를 현장감있게 파악하기에 용이하다.

지적법령에는 세부측량에 대한 정확도의 제한규정이 축척에 대한 구분없이 기초점을 이용하지 않은 경우에는 도상 15cm에 대하여 1mm(1/600경우 90m에 60cm) 등으로 표시하고 있으며 지상거리에서는 L=1/10mm(1/600경우 6cm로 0.1mm) 등으로 표시되어 거리오차만을 나타내고 있으며 위치오차는 명확히 나타나 있지 않다. 다만, 지적측량 성과의 검사를 위한 규정으로서 수치지적 시행지역에 있어서의 연결오차 중 경계점에 대하여는 ±10cm를 인정하고 있다(지적법시행령 제44조 제2항 및 동시행규칙 제34조 제4항).

실제로 세부측량을 도해지적 측량방법으로 시행하는 경우 축척 1/500에서 거리를 망원경 앨리데이드에 의한 측판측량을 시행할 때 경계 식별 위치오차 5cm인 담장을 경계로 한 경우의 위치오차는 다음과 같다.

$$mf = \sqrt{mp^2 + mi^2 + md^2}$$

md : 제도오차
mp : 평균제곱근 오차
mi : 경계 식별에따른 위치 오차

또한 도해측량 지역에서 세부측량을 측판측량법에서 경위의 측량법으로 전환하는 데 있어 측량상의 위치오차는 다음과 같다.

(표12) 외심오차에 따른 위치오차

축척	1/300	1/1000	1.1200
도상오차(mm)	0.1	0.05	0.025

(표13) 독정오차에 따른 축척별 측정점 위치오차

축척	1/600	1/1000	1/1200
독정오차 0.1mm	8.5cm	14.1cm	17.0cm
독정오차 0.2mm	17.0cm	28.2cm	34.0cm

(2) 수치지적 기법

수치지적(numerical cadastre) 기법은 현장에서 측정한 거리, 각 등의 수치적 요소를 근거로 평면직각 좌표를 계산하여 수치지적부에 등록하는 방법이다. 축척과 제도오차의 영향이 없는 1 : 1 축척인 무축척의 개념으로 경계점의 위치를 좌표로 표시하고, 이를 컴퓨터에 입력시켜 후속 측량에 이용할 경우 임의 축척으로 도면을 출력할 수 있으며 경계점을 복원하는 경우에도 양호한 성과를 얻을 수 있다.

수치지적의 필지형태는 2차적인 작도로 알 수 있고 경계점은 좌표로 정확하게 보존할 수 있다는 장점을 갖고 있으며 영구적인 관리를 할 수 있다. 특히 정도를 높이고 전산조직에 의한 자료처리 및 관리가 가능하므로 점차 확대되는 추세이다.

수치측량에는 지거법(orthogonal method)과 극식법(polar method)이 주로 활용된다.

① **지거법** : 수치지적의 측량방법으로 종래부터 사용된 것은 지거법 또는 직각법이다. 지거는 지상의 세부위치를 구할 때 사용하는 것으로 측선으로부터 직각의 방향에서 관측한 거리를 지거 또는 옵셋(off set)이라 하는데 지거법은 기준선으로부터 측정점까지 직각거리를 재어 나타낸다. 지거법은 견고한 기초점망이 구축되어 있으면 작업이 간편하고 정도가 높다. 그러나 지거법 사용을 위한 기초점은 교통혼잡이나 주거 밀집지역에서는 장애를 받기 쉽고 후속 측량시 원래의 측량과 동일한 정도를 유지하기 위해서 비용이 많이 든다.

② **극식법** : 수치지적 측량에서 극식법은 그 동안 중요한 방법으로 인정되지 못하였는데 현재까지도 정도는 지거법보다 좋지 못하다. 그러나 최근에 전파, 광파장비의 개발과 전산장비의 과학화로 극식법의 이용이 확대되고 있는데 특히 모든 측량과정을 자동화하는 경향이어서 더욱 많이 활용된다. 극식법은 지거법처럼 기초점들을 연결해 기선을 설치, 유지관리하는 기초점망이 필요치 않고 경계점은 삼각망이나 도근점 등의 기초점에서 직접 결정하기 때문에 지형과 장애가 있는 지역에서의 적용이 유리하다.

수치지적 측량에 의하여 지상에서 경계점에 대한 위치오차와 거리오차는 지거법에 의하여 결정하는 경우 평균제곱근 오차(mp)는 오차전파의 법칙에 의하여 다음 식으로 나타 낼 수 있다.

$$mp = \sqrt{mt^2 + mr^2 + mw^2}$$

mp : 평균제곱근, 오차 mt는 줄자로 측정한 거리에 대한 최소 제곱오차 ±1cm
mr : 기지도근점 방향과 직각방향에 대한 표준오차 10m에 대한 최소 제곱오차 ± 0.5cm
mw : 구심오차와 시준거리 10cm에 대한 최소 제곱오차 ±2.5cm

따라서 누적오차를 계산하면 ±3cm이다. 또한 극식법으로 경계점의 위치를 결정하는 경우 평균제곱근 오차(mp)는 다음 식으로 나타낸다.

$$mp = \sqrt{md^2 + m\alpha^2}$$

md : 40m에 대한 ±2부터 ± 2.5cm의 정밀도를 가지고 있는 망원경 앨리데이드 또는 전자파 거리측정기를 사용하여 거리를 측정할 때 평균제곱오차
$m\alpha$: 방향오차로서 발생하는 위치오차 약 0.6cm

따라서 최종위치 오차 mp는 ±3cm이다. 경계식별에 따른 위치오차 mi를 고려한 최종위치 오차 mf는 다음과 같다.

$$mf = \sqrt{mp^2 + mi^2}$$

또는 1필지 거리측량 오차를 고찰하면 지적 세부측량에서 좌표에 의한 독립된 계산거리를 결정할 때 최대 허용오차는 다음과 같다.

$$\Delta = (C + aD + b\sqrt{D})cm$$

C : 최종 측정점의 불명확성 표시계수
aD : 거리측정시 정오차의 영향
$b\sqrt{D}$: 거리측정시 우연오차의 영향

독일에서는 수치지적 시행지역에서의 지적측량에서는 보다 강화된 공차를 규정하여

$$\Delta = (2 + 0.02D + 0.2\sqrt{D})cm$$

일본에서는 지적조사에 따른 지적 세부측량의 공차규정에서 필계점의 위치오차, 평균제곱근오차, 공차, 필계점 간의 도상거리나 좌표에 의한 계산거리와 직접 측정한 거리와의 공차를 다음과 같이 하고 있다.

갑 1지역 2cm 6cm $0.020m + 0.003\sqrt{Sm} + \alpha mm$

갑 2지역 7cm 20cm $0.040m + 0.01\sqrt{Sm} + \alpha mm$

S는 필계점간의 거리(m) α는 도해법을 적용하는 경우로서 A급은 0.2, 기타는 0.3을 당해 지적도의 축척분모에 곱한다(강석진, 1993).

또한 경위의 측량에서 측정점의 위치오차는 100m 거리에 대한 측정 정도가 측정거리의 1/3000 정도일 때 축척별 측정점의 위치오차와 방위각 측정시 수평각 오차에 따른 측정점의 위치오차는 다음과 같다.

(표14) 거리 100m에 대한 축척별 측정점의 위치오차

축척 \ 위치오차	0.05mm	0.1mm	0.2mm	비고
1/600	5.3cm	7.5cm	12.8cm	
1/1000	6.7cm	10.9cm	20.5cm	
1/1200	7.5cm	12.8cm	24.4cm	

(표15) 방위각 오차에 따른 측정거리와 측정점 위치오차

방위각 편차 / 측선거리	1분	5분	10분	비고
10	0.3	1.5	2.9	최대 측선거리 M×1/10mm 축척 1/600 에서 60mm 축척 1/1200 에서 120mm
20	0.6	2.9	5.8	
30	0.9	4.4	8.7	
40	1.2	5.8	11.6	
50	1.5	7.3	14.5	
60	1.7	8.7	17.5	
70	2.0	10.2	20.4	
80	2.3	11.6	23.3	
90	2.6	13.1	26.2	
100	2.9	14.5	29.1	
110	3.2	16.0	32.0	
120	3.5	17.5	34.9	

제4절 토지경계의 원칙

지적법에서 경계는 시장, 군수가 결정하도록 지적국정주의를 채택하도록 하고 있다. 이것은 현실적으로 보는 지상경계인 전·답의 휴반 등을 시장, 군수가 결정한다는 의미가 아니라 그 지상에 구획된 위치를 지적공도상에 결정, 기록하는 행위인 즉 지적공도상에 토지의 경계를 결정한다는 의미이다.

토지경계의 원칙으로 과거 지적측량 규정에 규정된 경계정정 측량이라는 것은 토지의 지상구획을 기준으로 지적공도에 등록된 경계선을 고치는 측량을 뜻한다. 법적으로 규정된 지적측량은 아니지만 경계감정측량은 지적도상의 경계, 즉 도면상의 경계가 실지는 어디까지냐 하는 것을 밝히는 측량이다.

이런 사실들을 볼 때 한국의 경계는 지적공도상의 도상경계를 가리킨다는 이론을 뒷받침해 준다. 따라서 토지경계라고 할 때에는 원칙적으로 지적공도상의 구획선을 뜻하는 것이며, 지상경계를 의미할 때에는 특히 지상경계라고 밝혀야 한다.

1 경계불가분의 원칙

토지의 경계는 유일무이한 것으로서 어느 한쪽의 필지에만 전속하는 것이 아니고 인접 토지에 공통으로 작용하기 때문에 이를 분리할 수 없다는 것이 경계불가분의 원칙이다. 이 원칙에 따라 인접된 토지의 경계는 이를 양필지로 나누어 분리할 수 없으며 경계선은 위치와 길이만 있을 뿐 너비는 없는 것으로 기하학상의 선과 그 성질은 같다.

그러므로 토지의 분할측량 등에 있어서는 측량기계를 어느 쪽에 설치하든 간에 분할선을

1개만 측정한 때에는 이론상 그 토지는 2필로 분할되는 것이며 2필로 분할한다고 해서 분할선 2개를 긋는 일이란 있을 수 없다(원영희, 1981).

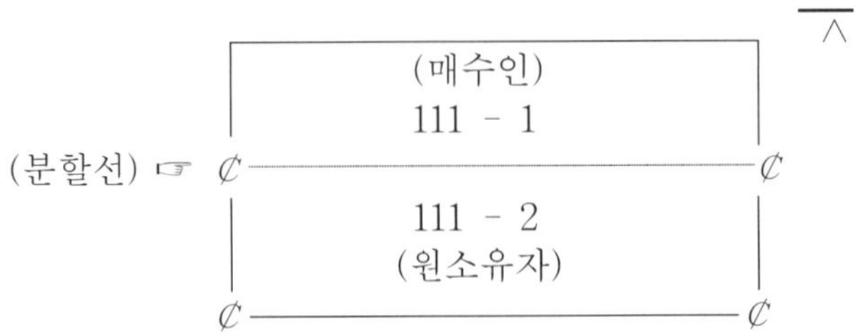

(그림27) 경계불가분의 원칙

2 축척종대의 원칙

동일한 경계가 축척이 다른 도면에 각각 등록되어 있을 때에는 축척이 큰 것에 따른다는 것이 축척종대의 원칙이다. 일반적으로 축척이 큰 도면은 축척이 작은 도면보다 그 정밀도가 높으므로 동일한 경계가 축척이 다른 도면에 각각 등록되어 있는 때는 축척이 큰 도면에 따라야 한다(지적법시행령 제26조 제2항).

이 원칙에 따라 축척 1/1,200 지적도에 등록된 경계와 축척 1/6,000 임야도에 등록된 경계가 서로 차이가 날 때에는 지적도에 등록된 경계에 따라 임야도의 경계를 결정해야 하는데 경계등록에 잘못이 있는 경우에는 그렇지 않다.

3 경계의 결정권자

지적국정주의 이념으로 국가기관에서 토지의 경계를 지적공도상에서 결정하도록 한 이유는 다음과 같다. 토지는 자연적으로는 홍수·풍화작용·지진 등으로 항상 형태가 변화하고 인위적으로는 도로의 개설, 주택의 건축, 경지정리 및 시가지계획에 따를 구획정리 등으로 인하여 변동되는 것이므로 토지경계를 지상에만 의존한다면 매우 불안하기 때문에 국가가 비치하는 공부에 국가가 자기권한으로서 이를 결정 표시하는 것이 안전하다는 이론에서 나타난 결과이다.

개인의 토지는 국유의 토지이든 간에 국가가 경계를 정한다는 절차는 국가가 비치하고 있는 지적공도에 토지를 등록하거나, 혹은 이미 등록된 토지의 분할·합병 등으로 인한 경계선의 정정을 하는 '지적도정리', '임야도정리' 자체가 바로 '국가가 경계를 결정하는 절차'이다. 지적도나 임야도의 정리는 실무적으로 경계의 결정이라는 중대한 행정행위(행정처분)이다.

4 강계선과 지역선의 결정

강계선은 사정선(査定線)이라고도 한다. 강계선이라는 것이 법률적으로 탄생하게 된 것은 임시토지조사국장이 시행한 토지사정 당시였다. 그 후 도지사가 시행한 임야사정에서는 사정선을 '강계선'이라 하지 않고 '경계선'으로 표현하였다.

토지사정을 하게 된 것은 1912년 8월 13일 공포된 토지조사령 제9조에 "임시토지조사국장은 지방토지조사위원회에 자문하여 토지의 소유자 및 그 강계를 사정"함이라고 규정된 데서 비롯되었다.

(1) 토지의 사정권자

토지의 사정은 "토지소유자와 그 강계가 대상이 되고 토지소유자의 권리는 행정처분인 사정으로서 확정되었다. 사정이라는 행정처분은 임시 토지조사국장에게 부여된 권한으로, 조선임야조사령에 의하여 도지사가 임야소유자와 경계를 사정한 것과 더불어 두 번에 걸쳐 한시적으로 시행하였다. 당시 토지조사령에 의한 토지의 사정은 임시 토지조사국장, 조선 임야조사령에 의한 임야의 사정은 도지사만이 하였다.

소유자의 권리의 확정에 관하여서는 사정 외에 재결이라는 행정처분이 있었다.

(2) 사정의 효력

토지조사령에 의한 사정을 거친 토지소유자의 권리는 사정 공시 후 60일내에 고등토지조사위원회에 불복신립을 한 것 외에는 사정의 확정에 의하여 절대로 이를 변경할 수 없다. 다만, 토지조사령의 제16조에 의한 재심신립의 경우에 예외가 인정될 뿐이며, 조선임야조사령에 의한 사정을 거친 토지소유자의 권리는 사정 공시 후 60일내에 임야조사위원회에 재결을 구한 것과 동령에 의한 재심신립의 경우를 제외하고는 토지조사령에 의한 사정의 경우와 같은 효력이 있었다.

그래서 일단 사정이 확정된 때에는 사정과 저촉되는 다른 증명 또는 등기 일체는 소유자의 신청에 의하여 말소 또는 변경되는데, 이것이 바로 행정처분으로 토지소유권을 확정하는 것이며 토지조사와 임야조사의 특징중 일부이다. 토지조사와 임야조사시에는 다수의 토지분쟁을 일시에 해결하고, 신속하게 토지제도의 정리를 행하는 데 있어서 이와 같은 행정처분이 가장 좋은 방법으로 판단되었던 것이다.

(3) 강계선

토지의 강계선은 토지조사령에 의한 토지조사 당시에 소유자가 각각 다른 토지와의 경계선, 즉 사정선을 가리킨다. 강계선은 토지소유자가 다른 토지라는 것이 절대적인 전제가 된다. 만약 소유자가 같거나 혹은 소유자를 모르는 토지와의 경계선은 '강계선'이 될 수 없고, 이는 바로 '지역선'이 되는 것이다.

따라서 '강계선 저편은 반드시 소유자가 다르다'는 원칙이 성립된다. 유의할 것은 강계선은 도면상(지적도상)의 것을 의미하고, 결코 지상의 표항 또는 휴반 등으로 된 것을 의미하지 않는다. 그리고 반드시 사정을 거쳐야만 '강계선'이 된다는 점이다.

(4) 지역선

'지역선'은 소유자는 같으나 지목이 다른 관계 등으로 지적정리상 별필로 해야 하는 토지와 토지와의 경계선과 토지조사 시행지와 토지조사 미시행지와의 지계의 2가지를 뜻하는 것이다. '지역선의 저편은 소유자가 같을 수도 있고, 또는 다를 수도 있다'는 원칙이 성립된다. 토지조사 미시행지는 과거 토지조사령 제2조와 같이 다른 조사 및 측량지 사이에 개재하지 않은 임야는 물론, 도로·하천·구거·제방·성첩·철도용지 및 수도용지처럼 지목만 조사하고 지번은 붙이지 않으며, 소유자 조사를 하지 않은 토지까지 합치는 개념이다. 강계선이 아닌 지역선은 타인의 소유지와의 관계를 결정하는 사정을 한 것이 아니기 때문에, 사정에 대한 것만을 대상으로 하는 토지조사령의 불복신립은 지역선은 할 수 없고 강계선만 할 수 있었다. 물론 이것은 토지조사 당시의 상황이고, 현재는 강계선·지역선을 구별할 것 없이 모두 경계선으로 통합되었다.

(5) 강계선과 지역선의 차이

강계선과 지역선은 합쳐서 경계선이라고 하는데 이를 도시하면 다음과 같다.

- 경계선(境界線)
  - 강계선(疆界線)=사정선(査定線) (소유자가 다른 때에 한함)
  - 지역선(地域線)
    - 소유자가 같은 토지의 구획선
    - 소유자를 알 수 없는 토지와의 구획선
    - 조사지와 미조사지와의 지계선(地界線)

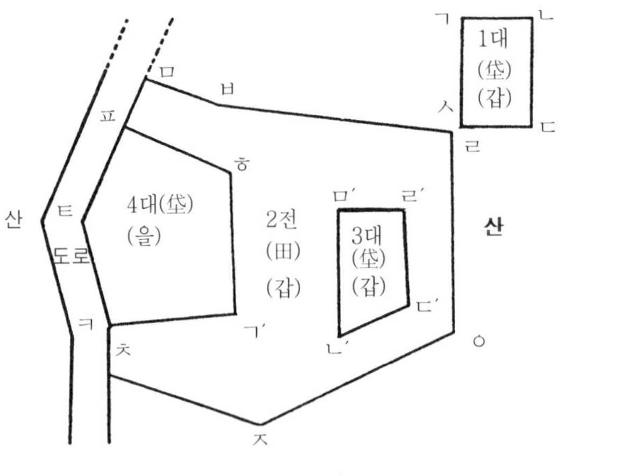

(그림28) 강계선과 지역선

강계선은 소유자가 다를 때의 경계선, 즉 사정선을 뜻하는 것이고, 지역선은 여기에 포함되지 않는다. 또한 지역선은 소유자가 같을 때 또는 소유자를 알 수 없을 때의 경계선을 뜻하는 것으로 강계선(사정선)은 여기에 포함되지 않는다.

ㄱ ㄴ ㄷ ㄹ ㄱ으로 둘러싸인 구역(1대) 및 ㅁ ㅂ ㅅ ㅇ ㅈ ㅊ ㅋ ㅌ ㅍ ㅁ으로 둘러싸인 구역(2전, 3대, 4대)이 바로 토지조사 시행지(조사지)인데, 이들은 토지조사 미시행지(비조사지)인 '(산)'과 접해 있거나 혹은 지목만 조사하고 소유자는 조사하지 않은 '도로'와 접해 있으므로 이 경계선은 지역선에 해당한다.

다음 ㄴ′ ㄷ′ ㄹ′ ㅁ′ ㄴ′ 로 둘러싸인 구역(3대)은 소유자가 같은 '2전'과 접해 있어, 이것 또한 지역선에 해당하지만, ㅍ ㅎ ㄱ′ ㅋ을 연결하는 선은 소유자가 다른 '2전'과 '4대'의 경계선이므로 이는 강계선에 해당한다.

예시에서 임시 토지조사국장이 사정한 것은 오직 ㅍ ㅎ ㄱ′ ㅋ을 연결하는 강계선뿐이고, 기타의 일체 경계선은 단지 토지조사 시행지와 미시행지를 구별한 선 혹은 같은 소유자의 토지이지만 지목이 다른 관계상 별필로 함에 필요한 선인 지역선에 해당할 뿐, 결코 이것들을 강계선으로 사정한 것이 아니다. 그래서 토지조사령에 의하여 측량한 1필지는 다음과 같이 3가지의 경우가 있다.

① 강계선만으로 형성되는 경우
② 강계선과 지역선의 혼합으로 형성되는 경우
③ 지역선만으로 형성되는 경우

이 중에서 사정을 한 것은 강계선뿐이므로 강계선을 가리켜 사정선이라고 한다. 여기서 1대의 경우는 경계선이 모두가 지역선만으로 이루어졌으므로 임시 토지조사국장은 그 경계선은 사정한 것이 아니고, 단지 이러한 지역선 안의 토지는 갑(甲)의 소유라고 소유자만을 사정한 것이다.

(6) 임야조사에서의 경계선의 성격

조선임야조사령에 의한 임야조사에서 도지사가 사정할 때의 '사정선'은 토지조사령에서와 같은 '강계선'이라는 말을 썼다. 임야에서도 '경계선'이라고 할 때에는 '사정선'이 포함되지만 반대로 '사정선'이라고 할 때에는 '경계선'을 모두 포함시키는 것은 아니다. 임야조사 당시에 사정을 하지 않은 경계선, 즉 토지조사에서의 지역선에 해당하는 경계선이 얼마든지 있었기 때문이다.

일부에서 토지조사 당시에 측량된 지적공도상의 1필지 경계선 전부를 강계선이라고 한 것은 잘못이다. 엄밀히 표현하면 '토지조사 당시의 경계선'이라고 해야 한다. 이러한 강계선과 지역선은 토지조사 당시에 법률적으로 구별된 것이나, 2가지로 불리는 것 모두가 토지의 경계선이므로 부득이 이를 구별할 필요가 없어 모두 '경계선'으로 통합하여 부르게 된 것이다(원영희, 1972).

5 휴반·애안 등의 소속

1필지의 현지 경계선의 위치하는 휴반(畦畔 : 둑) 및 애안(崖岸 : 벼랑 따위) 등으로서 그 소속이 분명하지 않을 경우는 다음과 같은 원칙으로 하였다.

첫째, 고저차가 있는 갑·을지간에 있는 것은 그를 고지의 소속

둘째, 고저차가 없는 갑·을지간에 있는 것은 그 중앙으로서 경계

셋째, 토지의 소속에 대하여 상이한 관습이 있을 경우에는 관습에 따른다.

그런데 상층지가 구거·제방 혹은 도로이고 하층지가 다른 지목인 경우에 그 애각(崖脚: 절벽진 언덕밑)은 상층지의 소속으로 하는 것이 원칙이나, 특수한 사정이 있는 것 및 애각의 경사가 완만하여 하층지와의 경계가 분명하지 못한 것은 토지를 경작한 흔적, 기타 적당하다고 인정하는 개소를 경계로 정해야 할 것이다.

반대로 하층지가 하천·구거 또는 도로이고 상층지가 다른 지목인 때에도 그 애각은 상층지의 소속으로 하는 것이 원칙이나, 하층지의 유지관리를 위하여 특히 필요한 부분의 토지 및 실지의 상황이 하층지의 일부를 이루고 있다고 인정할 경우 등에는 예외적으로 애각을 하층지의 소속으로 정해야 할 것이다.

일반적으로 경계를 결정함에 있어서 휴반·애안 등을 고지 또는 상층지에서 지지 또는 하층지로 붕괴할 확률이 크기 때문에, 만약 저지 또는 하층지의 소속으로 한다면, 그 저지 또는 하층지의 소유자가 사소한 감정이 있어도 그 호반이나 애안을 임의로 변경하면 고지 또는 상층지는 유지관리가 어렵기 때문이다.

6 매립지와 공유수면과의 경계

공유수면 매립은 공유수립매립법의 규정에 따라 실시하게 되거나, 가끔 공유수면과 매립된 토지와의 경계를 정할 필요가 생긴다. 이는 호안 또는 안벽의 천단을 기점으로 하기 때문에 천단으로부터 수직으로 그은 선 밖의 시설물은 공유수면에 있어서의 공작물로 처리해야 할 것이다. 공유수면매립지의 신규등록 측량을 할 경우는 이 경계선을 측량한 것이지만, 도로·제방·구거 또는 호안의 돌담 등은 개인의 사유를 인정하지 않고 매립준공 후에는 국가소유로 한다는 조건으로 매립을 허가한 때에 해당하는 것으로, 만약 허가조건에 이런 것들을 개인소유로 인정한다고 하였을 때에는 허가조건에 따라 매립지와 공유수면과의 경계를 결정해야 한다.

(1) 돌제

돌제는 하구(하천의 어구)의 개량공사 등에서 바다로 뻗쳐 나오게 만든 2줄의 제상구조물이다. 이는 하천 또는 바다에서의 퇴적된 물건이 하구에서 생기지 않도록 하구의 단면을 좁혀 물의 유세를 강하게 함으로써 퇴적된 물건을 밀어내는 역할을 하도록 한 것으로 공유수면과의 경계는 다음과 같다.

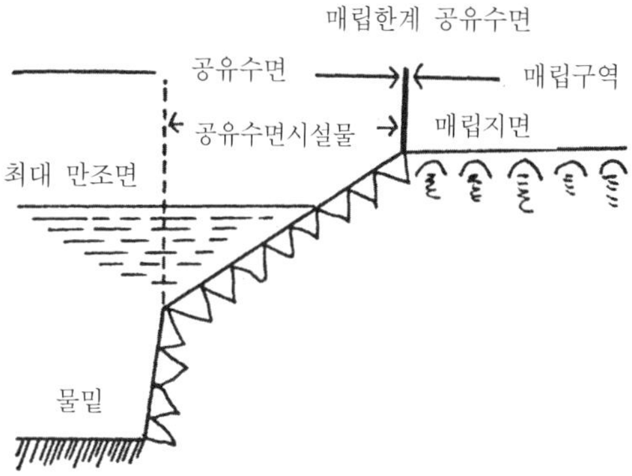

(그림29) 돌제

(2) 물양장의 경우

물양장(物揚場)은 계단식 등으로 오르내리며 물건을 운반할 수 있는 시설로서, 흔히 공유수면 깊숙히 설비되어 수면에 간만이 있더라도 사용에 지장이 없도록 설비한 것들인데, 공유수면과 매립지의 경계는 다음과 같다.

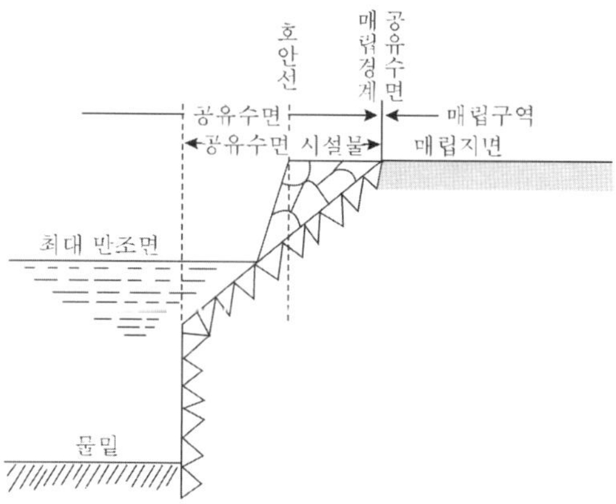

(그림30) 물양장

(3) 호안의 경우

호안(護岸)은 수류나 파도에 의한 하안 또는 해안의 토사가 붕괴하는 것을 막는 시설로서, 이는 장석·석적·시판·콘크리트 등으로 벽을 쌓는 것인데, 파도가 강한 해안에서는 상부에 파도가 닿은 다음 튀어 되돌아 오게 하는 시설을 하는 경우도 있다. 호안공사를 하였을 경우 공유수면과 매립지와의 경계는 그림과 같다.

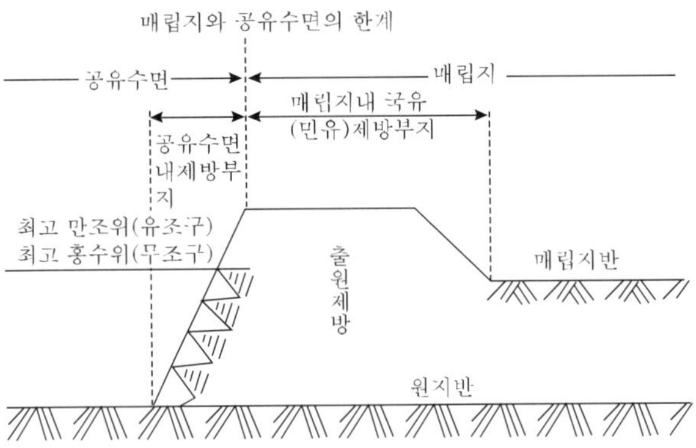

(그림31) 호안

7 경계의 상린관계

서로 인접하는 부동산을 이용하는 자 사이에 현지의 경계선을 확실히 하는 한편 이웃 거주자에게 불편을 주지 않도록 서로가 협력해야 하는 법률관계를 경계에 관한 상린관계라고 한다. 이것은 인접지의 소유자는 다른 관습이 없으면 공동의 비용으로서 보통 있을 수 있는 경계표나 담을 쌓을 수 있다든가, 건물을 건축할 때에는 경계로부터 0.5미터 이상의 거리를 두어야 한다든가 하는 규정들이다(원영희, 1972).

8 경계침범죄

경계침범죄는 형법 제370조에 해당하는 것으로서 경계를 손괴·이동 또는 제거하거나 기타의 무슨 방법으로 토지의 현지경계를 인식 불능케 하는 경우에 성립되는 죄이다. 경계침범죄의 처벌은 토지에 관한 권리의 범위를 표시하는 경계의 명확성을 보호하려는 의미에서 이루어지는 것이다. 경계침범죄에 해당하는 토지의 경계는 토지의 소유권·지상권·임차권 등 토지에 관한 사법상의 권리의 범위를 표시하는 경계뿐만 아니라 도·시·군·읍·면의 경계 등 공법상의 관계에 있는 토지의 경계도 포함한다.

경계침범죄는 사실상 그 경계를 인식 불가능하게 한 것만으로 성립되는 것으로, 설령 등기부에의 조회나 혹은 경계감정측량 등의 방법으로 새로이 정확한 경계를 알아 낼 수 있다 하더라도 이것으로는 경계침범죄의 성립 여부에는 아무 관계가 없다. 경계침범죄를 범한 자는 형법에 의하여 징역 또는 벌금에 처하도록 되어 있다.

9 경계확정의 소

이웃 토지와의 지상경계가 불분명한 경우에 법원의 판결에 의하여 경계선을 지상에 확정하여 줄 것을 청구하는 소(訴)를 경계확정의 소라고 한다. 현재 이 소송의 성질에 관하여서는 첫째, 객관적으로 결정되어 있는 이웃 토지와의 경계를 확인 선언하는 것이라는 확인소송설과 둘째, 판결로서 경계선을 형성하는 것을 요구하는 것이라는 형성소송설이 대립되고 있다. 그러나 실질상으로는 공유물 분할의 소나, 부를 정하는 소와 같이 비송사건에 지나지 않는 것이 형식상에서는 민사소송으로 취급되고 있다는 이른바 형식적 형성소송이라고 보는 것이 가장 옳을 것이다.

경계확인의 소는 본질적으로 비송사건이므로 원고는 경계선을 구체적으로 적시하여 주장할 필요는 없으며, 법원은 당사자가 경계선을 주장하더라도 이에 구속되지 않으며 또 당사자 사이에는 승소 또는 패소의 문제가 없다는 점에서 일반소송과는 다르다. 결국 법원은 당사자로서 소송을 수행하고 판결을 받기에 필요한 자격(소송수행권)을 가진 자인 경우 경계설정의 필요성을 긍정하는 이상, 언제나 본안 판결로서 경계를 설정해 줄 것이고 원고가 주장하는 경계선보다 불리한 판단을 하더라도 청구 기각의 판결을 할 성질이 아닌 것이 이 소의 특징이기도 하다.

제5절 토지경계의 표지

1 경계표지와 특성

(1) 경계의 표지

경계의 표지는 법적인 의미에서 자연적 또는 인공적으로 지표상에 영구히 고정시킨 목적물로서 일정한 면적의 토지에 대한 위치를 확인하는 방법인데 일반적인 표현은 경계를 나타내는 임의의 유형적인 토지표시이다. 캐나다에서는 영토지 사용규정에서 경계의 표지는 기둥, 말뚝, 나무못, 마운드, 구덩이, 도로, 기타의 물체나 장치로 모든 측량된 토지의 공인경계를 표시하는데 사용되거나 지형상, 측지상 또는 과세의 목적으로 설치하는 것을 의미한다(대한지적공사, 1983).

권리보호를 목적으로 하는 토지등록에서 가장 중요시하는 것은 경계설정의 기준과 경계표지의 설치에 관한 것이다. 표현의 기술적 측면에서 경계는 법률에 의해 규정되고 있지만 실제적 측면에서 경계는 표현적 특징에 의해 표시된다. 토지소유권에 대한 명확한 식별요소인 표시사항이 정확하지 않고는 어떠한 형태의 토지거래(conveyance)도 할 수 없다. 그러나 사실상 법률가나 법무사들이 토지거래나 토지소유권의 심의에 있어서는 매우 신중을 기하지만 문제가 야기될 소지가 많은 1필지 도면에 대하여는 무심히 넘어가는 수가 많다. 지적측량의 기본기능은 토지 1필지의 정의로서 1필지의 한계를 명확히 표시하는 것이며, 이 정의는 지상경계에 대하여 특정한 경계표지로 나타내고 1필지에 대한 등록사항은 숫자 또는 도해적인 형식의 표시로 나타낸다.

(2) 경계표지의 특성

경계표지들은 전천후에 잘 견디는 재료로 만들어야 하며 확실히 그러한 특성을 지니고 있다고 인정받고 있는 것으로 한다. 경계표지로서 가장 적절한 형태는 지역별 특성에 따르는데 토양의 산도에 따라 시멘트나 철제표지는 침식되고 벌레가 나무로 된 표지를 갉아 버릴 수도 있으며 석재 표지도 경계표지로 사용하기에 어려울 수 있다.

말목은 항상 움직일 수 있고 경계표지로 사용된 표석이 또 다른 건물의 시공시에 이용되거나 우연히 파괴될 수도 있는데 시가지에서 가장 영구적인 경계표지가 될 수 있는 것으로는 건물이나 담장의 모서리가 될 수 있으나 이러한 점들은 실제 지적경계와 일치하는 경우가 드물기 때문에 경계기준점으로 사용되지 못한다.

경계표석은 적어도 60cm 이상의 길이가 되어야 하며 표석 맨 윗면의 횡단면에는 직선으로 경계선을 그어야 하고 경계점을 표시하는 표석 맨 윗면 중앙에는 +자 표시 또는 구멍을 뚫어 표시한다(대한지적공사, 1982).

경계표지의 중심점이 경계점을 표시하지 않은 경우 그 경계표지가 추후 측량할 필지들의 경계상에 놓이게 되면 그 경계표지를 중심점으로 다시 옮겨 놓아야 한다.

지하경계 표지의 길이와 횡단면이 얼마 지나지 않아서 원래의 위치로부터 떨어져 나가서는 안 된다. 구 경계의 표지 설정은 기존 경계표지가 현행 규정에 일치하지 않은 경우에는 경계점 및 측량할 필지의 경계선 내부 또는 경계선상에 놓인 측량점을 새로운 경계표지로 정해 놓는다.

2 경계표지의 설치방법

(1) 경계표지의 설정

권리보호 목적을 위한 지적측량에서 가장 중요한 문제는 경계표지를 얼마나 잘 설치하느냐에 달려 있는데, 경계표지는 영구히 보존될 수 있으며 안전성이 있고 또한 식별(identity)이 용이하고 명확해서 곧바로 확인될 수 있어야 한다.

경계표지의 설치(monumentation)는 지적에 있어서 가장 중요한 형태이다. 그렇지만 어떤 경계표지라도 영구적으로 불멸일 수는 없으며 토지에 대한 경계의 공법상의 표시로 경계를 기술하거나 작도하는 등의 방법으로 등록하는 것은 각 개인 재산에 대한 법률적, 재정적 목적의 등록을 가능하게 하고 그 토지에 대한 경계분쟁이 발생하였을 경우에 복원할 수 있다는 점에서 필수적이다. 독일에서는 경계설정에서 1필지 경계는 고정계표에 의해 표시하고 부동산 지적부에 확정하여야 한다. 1필지 경계의 표시가 부동산 지적부의 그 확정과 일치하는 때에는 올바른 경계를 계표로 표시한 것으로 추정한다.

경계위치가 지적공부의 내용과 일치하지 않는 경계, 또는 분쟁중인 경계는 전문적인 지적측량에 따라 정확성이 확신되는 경우 지적도의 내용에 따라 경계가 확인된다.

그러나 건물, 담벽 또는 길의 자연적인 방법에 의해 경계가 영구히, 그리고 잘 알아 볼 수 있도록 확정된 경우에는 경계표지를 설치할 필요가 없는 경우도 있다. 특히 유효하지 않은 경계표지를 제거하였을 경우에 이를 표지대장에 기록한다.

경계표지 설정시에는 특별한 주의를 기울여 지하의 시설물을 해치거나 파괴하지 않도록 하여야 한다. 경계표지가 설정되면 경계표지의 기록문서를 작성하는데, 이때 지적정리 규정에 따라 일정한 경계표지대장을 작성한다.

경계표지대장에는 표지위치 및 설치일자, 출석한 관계인의 성명, 출석한 관계인에게 알려준 내용 및 그들이 인정한 내용, 경계조정 담당공무원과 출석 관계인들이 경계설정에 동의할 때 그들의 서명 등이 수록되어야 한다. 경계표지대장의 내용은 가능한 간단하게 요약해 경계의 상태에 대하여 명확하게 표시해야 한다. 경계의 기록문서는 경계분쟁 및 경계가 불확실한 경우에 있어서 확실한 입증수단으로 사용된다.

경계표지대장은 이해관계인이 경계설정 문서에 서명함으로써 경계설정 및 기록내용에 동의한다는 사실을 입증한다. 그러나 경계설정 기간에 특정 필지소유자가 그 경계설정에 관해 동의하지 않을 경우는 직권에 의한 재검사를 해야 하고, 해당필지 소유자가 경계설정에 관한 통보 또는 공고에 대하여 재검사를 요구하는 경우는 법적인 재검사를 해야 하며, 만약 경계설정이 잘못 되었다는 것이 확인되면 오류를 정정해야 한다.

(2) 경계표지의 설치방법

경계표지 설치방법에 대하여 외국에서는 경계표지 규정에 따라 경계 중심에 썩지 않은 규정표지인 유리관, 토관, 금속관 등이나 경계표석 또는 플라스틱에 의해 표시된다.

경계표지 설치를 할 수 없거나 불편한 경우에는 금속관이나 못 등과 함께 각인된 +자표, 또는 선을 긋거나 말뚝 등 다른 항구적인 표시수단을 가지고 경계설정을 할 수 있도록 하고 있으며 중심경계표시가 불가능한 경우에는 가능한 다른 방법으로 중심 외부에 경계설치를 한다.

경계분쟁이 없도록 법적 효력이 있는 경계점과 중심 외부의 경계표지 간의 간격을 가능한 조정한다. 측량검사를 완료하여 확정된 경계선에 분할에 의한 잔여필지의 경계선은 추후에 지상에 경계표시를 할 수 있도록 경계표지 설치작업을 해 놓는다.

이해관계자들이 동의하면 경계표지를 깊이 박을 수 있는데 그 경계표지로 인해 경작에 지장이 있을 정도여서는 안 된다. 한 개의 경계표지로부터 다음 경계표지까지를 잘 알아볼 수 있도록 경계표지 설치간격을 직선거리상에 설치한다. 각 표지 간의 간격이 200m를 넘지 않도록 긴 직선거리상에는 규정에 따라 경계표지를 분할 배치한다. 반원형의 경계가 형성될 경우 적어도 3개 이상 많은 수의 점으로서 경계설정을 한다. 경계선들은 더 이상 큰 규모의 다른 측량을 하지 않고도 찾을 수 있을 정도로 가능한 영구적으로 보존될 수 있는 경계표시가 되어야 한다. 지상표시를 하는데 있어서는 구멍뚫린 표석이 적당하다.

지하표지는 금속관, 못, 플라스틱 표지, +자 등이 쓰이는데 지하표시를 할 경우는 단단한 배수용 파이프, 유리관 및 금속관 등이 적당하며 표석 및 말뚝을 묻을 때는 그 지하표지가 손상되지 않게 정확하게 묻어야 한다. 한국에서는 특정한 경우 미리 경계점 표지를 설치토록 하는데 표지는 합성수지제와 철제로 구분하여 합성수지는 아스팔트, 콘크리트 등 이외 지역에 설치하고 철제표지는 아스팔트, 콘크리트지 역에 설치하도록 하고 있다.

3 경계표지의 유형과 보호

(1) 경계표지의 유형

1) 돌 경계표지

전통적으로 많이 쓰이는 경계표지는 자연석으로 만들어지고 있는데 대부분 길이는 0.5m 이상이며 단면적이 최소한 10cm×10cm으로 되어 있다. 돌은 기온변화에 강하며 특히 화강암과 굳은 석회암은 좋은 재료로 판명되고 있다.

(그림32) 돌 경계표지

돌로 만든 경계표지의 가격은 비싼데도 불구하고 중앙 및 서유럽에서는 아직도 각광받고 있다. 경계석은 돌의 위 표면이 보이도록 사실상 지표에서 일정한 높이로 해야 하며 토지의 경작이나 차량의 왕래가 없을 때 세울 수 있으며 경계선 중심에 경계석을 박아야 한다.

2) 콘크리트 경계표지

콘크리트 기둥은 처음에는 생산 가격을 낮추기 위하여 자연석 대신에 이용되었으나 외관이 좋지 않고 화강암보다 기온변화에 약하다는 단점을 갖고 있어서 서독에서는 많은 인기를 끌지 못하였으며 스위스에서는 사용이 중지되었다. 한편 폴란드에서는 콘크리트 경계표지의 이용이 허용되고 있고 덴마크에서는 일반적으로 콘크리트 말뚝이나 기둥이 경계표지로 사용되고 있다. 콩고, 마다가스카르, 스리랑카, 튀니지, 터키, 탄자니아, 남아프리카 등 아프리카와 아시아에서도 형태를 자유롭게 만들 수 있다는 장점 때문에 콘크리트 경계표지를 많이 이용하고 있다(Simmerding, 1986).

3) 플라스틱 경계표지

중앙 및 서부유럽에서는 플라스틱으로 만든 경계표지가 돌로 만든 표지의 대치용으로 도입되었는데 지상에서 볼 수 있는 경계표지의 크기는 약 10cm×10cm이다. 표지의 표면은 특이한 특성을 갖고 있으며 표지는 2인치 크기의 파이프 위에 올려놓는다. 플라스틱 표지의 특별한 이점은 땅을 파는 데 시간이 절약된다는 것이다. 파이프를 지면에서 뽑거나 지면으로 집어넣어서 지상에 있는 표지를 보호하며 표지가 충격이나 압력을 받아 뽑혀도 파이프는 제위치에 남아 있기 때문에 경계점을 쉽게 찾을 수 있다.

플라스틱 경계표지는 우리 나라도 채택하고 있는데 지적법에서는 경위의 측량법에 의한 세부측량시에 설치해야 할 경계표지는 아스팔트, 콘크리트 등 이외의 지역에 합성수지제로 규격은 4.5cm×4.5cm, 길이 45cm로 지상에 4cm 정도 나오도록 설치토록 하고 있다.

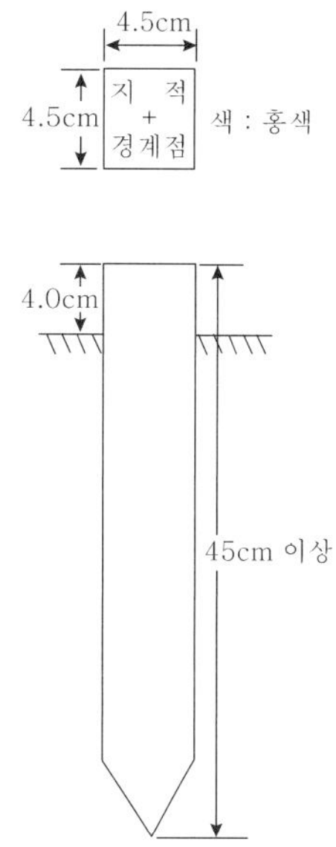

(그림33) 플라스틱 경계표지

4) 나무 경계표지

늪지나 사질토에서는 돌로 만든 경계표지가 충분히 지탱하지 못하고 쉽게 넘어지기 때문에 늪지나 사질토에서는 나무로 만든 경계표지를 이용한다. 오스트레일리아, 뉴질랜드, 터키, 탄자니아 같은 나라에서는 일반적으로 돌로 만든 표지보다는 나무로 만든 표지를 더 많이 이용하였다. 체코슬로바키아에서는 흙으로 만든 제방 위에 나무로 만든 쐐기 못을 박아 임야지의 소구획을 구분하였고, 동독과 동유럽에서는 과거에 일반적으로 흙으로 만든 제방이 경계표지로 가장 많이 이용되었고 나무로 만든 경계표지는 중세기 때부터 이용되었다.

5) 보올트·쇠파이프 경계표지

견고한 지반에서는 벽이나 콘크리트 표면 위에 철이나 알루미늄 보올트, 쇠파이프 등이 경계표지로 이용되었다. 캐나다는 지반에 막대기 윗부분에 알루미늄을 씌운 쇠막대기를 많이 사용하였으며 뉴질랜드에서는 알루미늄 기둥을 나무기둥과 교체하여 이용하였다.

우리 나라 지적법에서는 경위의 측량법에 의한 세부측량시에 설치해야 할 경계점 표지는 아스팔트, 콘크리트 지역 등에는 철제로 경계점 표지를 설치토록 하는데 철제 경계표지는 윗부분에 원형 철제를 씌운 쇠막대기로 구성되어 윗부분은 직경 2.5cm, 두께 2cm, 쇠막대기는 직경 1cm, 길이 15cm로 지상에 철제 윗부분인 2cm가 돌출되게 하고 나머지는 묻히도록 하고 있다.

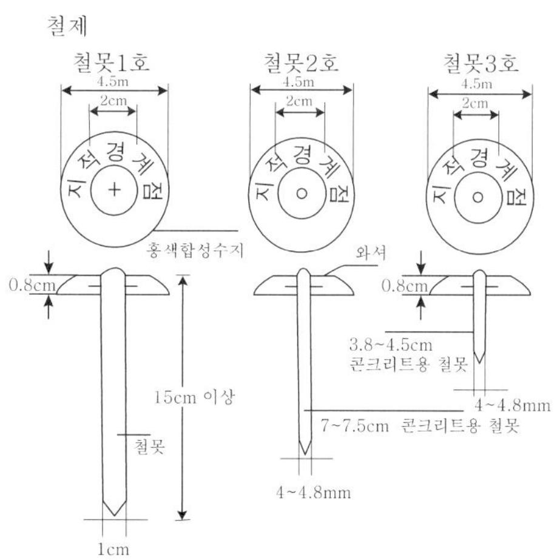

(그림34) 철제 경계표지

6) 기타

한때는 나무껍질에 주로 십자형의 구멍을 뚫어 경계를 표시하는 경계목이 전 유럽에서 사용되었었다. 이것으로 경계점을 표시하였고 경우에 따라서는 경계선의 방향을 표시하기도 하였는데 이것은 오늘날에도 노르웨이에서 찾아 볼 수 있다.

그 밖에도 여러 국가에서는 경계표지 대신에 벽, 담, 울타리, 구거 등으로 나타내었다. 핀란드의 여러 지방에서는 경계표의 재료를 황야에서 구하기도 했으며 경계점에 대략 1m×1m×1m 크기의 블록(block)을 세웠다.

특히 보츠와나에는 경계표지를 만드는 자세한 방법이 있는데 정착지 토지의 각 소획지 구석점에서는 지표 위에 12mm 굵기의 쇠기둥 혹은 길이 900mm 쇠기둥을 이용하는데 지표로부터 150mm 이상 나오면 안 된다. 이들 경계표지는 돌로 쌓아올려 만든 기념비나 잔디로 덮어서 높이나 폭이 600mm가 되도록 한다.

토양이 불확실할 때는 경계표지를 좀더 길게 만들어야 하며 특히 견고하고 암반이 있는 곳에서는 짧게 만들어야 한다. 경계석은 콘크리트 기초에 묻어야 하고 돌이나 콘크리트로 만든 경계석은 직경 12mm, 깊이 25mm의 구멍이 있어야 하며 울타리를 만드는 기둥이 경계표석으로 이러한 기둥을 돌로 쌓아 만든 기념비, 잔디, 색칠한 표지 등으로 표시하거나 경계표지 양쪽에 경계선의 방향으로 구거를 만드는 등의 조치를 해야 한다.

(2) 경계표지의 보호

옛날부터 대개의 정부나 국가에서는 경계표지를 법으로 보호하고 있다.

경계표지가 신성한 의식 및 숭배의 대상이 되는 곳에서는 경계표지에 대해 신성모독을 한 사람은 엄벌을 받았다. 오늘날에도 많은 국가에서 경계표지를 조금이라도 옮기거나 훼손시켰을 때는 벌을 받거나 벌금을 물도록 되어 있다. 죄인의 선고는 변함없이 법정에서 하고 있으며 부분적으로 행정부에서 벌금을 선고한다.

어떤 위반은 형법에 구체적으로 규정되어 있는데 오스트레일리아, 벨기에, 캐나다, 서독 등과 같은 국가에서는 이웃에 피해를 주기 위해 경계표지의 위치를 조금이라도 바꿀 경우는 형벌을 가하도록 되어 있다. 덴마크, 핀란드, 마다가스카르, 노르웨이, 네덜란드, 뉴질랜드, 폴란드, 포르투칼, 스웨덴, 스리랑카, 튀니지, 터키 등에서도 형법에 형벌을 구체화시켜 놓고 있으나 몇몇 국가에서는 지금까지도 형벌이 가해진 적이 없다.

(그림35) 국경의 경계석

결국 범죄의 범주에 경계표지 변경에 관한 죄를 포함시킨다는 것은 최소한으로 부정을 감소시키기 위해 중요한 것이다. 보타나, 체코슬로바키아, 독일, 폴란드, 탄자니아, 남아프리카와 같은 국가에서는 지적이나 구획 등의 제도에 관한 법에 형벌이나 벌금규정을 두고 있으나 스위스와 같은 나라에서는 경계보호를 전적으로 토지소유자에게 맡기고 있다.

경계표지를 설치하는 비용은 대개 경계표지 분실에 대한 책임을 가지고 있는 사람에게 부담시키고 있다.

한편, 한국에서는 경계표시의 보호에 관한 것은 없다. 다만 "축척변경 시행지역내의 토지소유자 또는 이해관계자는 시행공고가 있는 날로부터 30일 이내에 시행공고일 현재의 점유상태의 경계를 지상에 표시하여야 한다"고 규정함으로써 축척변경 측량시에 한해서 표시의무만이 있을 뿐이다. 이것은 우리 나라가 도상경계주의를 채택하고 있기 때문인 것으로 시급히 현행 지적제도를 개편하여 현지 지상에 설치되어 있는 경계, 즉 조사당시의 현지경계를 우선으로 하는 지상경계주의를 채택해야 한다(지종덕, 1989).

지상경계주의의 도입을 추진하기 위해서는 현행제도 및 지적공부의 질적 향상을 개편하기 위한 지적 재조사를 조속히 실시하고 이를 중요한 분기점으로 삼아야 할 것이다. 특히 조사결정된 경계를 합법적으로 인정하고 보호 관리하기 위한 법률상의 강제력을 부여하여 경계의 법적·기술적 기준을 보다 완벽히 하여야 할 것이다.

제 10 장 지번

제1절 지번의 의의

1 지번의 정의와 필요성

(1) 지번의 정의

지번(parcel number)이라 하면 토지에 붙이는 번호로서 각 필지에 대한 지리적 위치의 고정성과 개별성을 보장하기 위하여 리·동 단위로 필지마다 아라비아 숫자로 순차적으로 부여한 번호로서 토지의 식별과 위치의 확인에 활용된다(유병찬, 1993).

지번은 토지의 특정화를 위하여 지번지역별로 기번하여 필지마다 하나씩 붙이는 토지번호이다. 토지등록을 위해서는 토지를 필지별로 개별화하고 특정화 해야 하는데 물리적으로 연속되는 토지를 구획한 필지와 다른 필지와의 구분을 위해 중복되지 않은 고유의 번호를 부여한 것이 지번이다. 쉽게 표현하면 지번은 우리들이 흔히 말하는 '번지수'로서 이는 토지의 등록단위인 1필지에 붙이는 숫자를 주로 하는 번호인데, 토지에 대한 모든 거래는 이 지번이 확정되어야만 비로소 그 행위가 보장되는 것이다. 왜냐하면, 토지에는 지번이 확정되어야 그 토지가 특정되므로 다른 토지와 혼동되는 일이 생기지 않기 때문이다. 지번을 붙이는 가장 중요한 목적은 토지의 식별에 있고, 그 다음은 위치의 추측에 있으며, 지번지역은 일반적으로 말단 행정구역인 동·리로서 지번은 숫자를 요소로 한다는 점이다.

(2) 지번의 필요성

지번을 붙이는 가장 큰 이유는 토지에 이름을 부여함으로써 그 토지의 특정성을 살려 다른 토지와 분명히 구별할 수 있게 하는 것이다. 또한 지번으로서 그 토지의 위치를 추측할 수 있도록 함으로써 통신, 방문 등에 편리하게 하는 데 있다.

토지에 대하여 특정성이 보장되는 것은 지번뿐으로서 지번은 그 지번지역내에 있는 토지에 대하여 제각기 다르게 붙여지므로 토지의 특정성은 완전히 보장된다.

갑이라는 지번지역내에는 지번이 1이면 1인 지번이 하나뿐이고 2개가 있어서는 안 되므로

'갑리 1'이라고 할 때에는 특정된 토지 하나만을 가리키는 것이다.

지목과 같은 것은 지번지역내에는 같은 것이 얼마든지 있을 수 있기 때문에 지목만 가지고서는 토지를 특정하여 가리킬 수 없으며 면적 또한 특정성이 없다.

2 지번의 특성과 역할

(1) 지번의 특성

1) 특정성

토지는 세분된 각 필지마다 지번설정 지역별로 순차적으로 각기 다른 번호를 부여해 지번을 설정하기 때문에 동일지역내에 각 필지들은 각기 다른 숫자 번호를 가짐으로써 다른 필지와 구분되며 각 필지들은 부여된 숫자번호에 의해 특정되어진다.

그 결과 동일한 지번설정 지역 안에서 동일 필지에 1개 이상의 숫자번호를 붙일 수 없을 뿐만 아니라 동일한 숫자번호를 갖는 필지가 1개 이상 존재할 수 없기 때문에 각 필지에 부여된 숫자번호는 고유적이며 배타적이다. 그러므로 각 지번설정 지역에 속한 필지들은 지번에 의해 개별성을 보장받게 되기 때문에 지번은 특정성을 지니게 된다.

2) 동질성

지번은 본번과 부번으로 이루어져 있으며 본번은 단독으로 하나의 지번으로 역할을 하나 부번은 단독으로 역할을 하지 못하고 본번과 함께 표시함으로써 지번의 역할을 다하게 된다. 이러한 단식지번과 복식지번은 성질상 부번이 없는 단식지번이 복식지번보다 우세한 것 같지만 지번으로서의 역할에는 하등의 우열과 경중이 없다. 그러므로 지번은 유형과 크기에 관계없이 동질성을 지니게 된다.

3) 종속성

지번은 토지이동 사항이 발생함으로써 토지소유자의 신청 또는 직권에 의해 소관청이 결정해 지적공부에 등록함으로써 생성되며 지번 설정지역의 명시가 없으면 지번 자체만으로는 지번 설정지역 수만큼 동일 지번이 중복될 수 있기 때문에, 지번 설정지역의 명시 없이는 지번에 의한 각 필지의 특정성을 보장받기 어렵고 지번 설정지역의 분합에 따라 생성 또는 소멸된다.

특히 지번은 순차적으로 번호를 붙여 생성되기 때문에 새로이 지번의 최종 숫자 다음번호로 결정되어져 지적공부에 등록되어야 한다. 그러므로 지번은 지번 설정지역 및 이미 설정된 지번 등에 의해 형성되기 때문에 종속성을 지니게 된다.

4) 불가분성

지번은 대물적으로 부여한 것이기에 토지에 대한 권리관계의 변동 또는 설정에 따라 변동되지 않는다. 토지에 설정될 수 있는 권리인 소유권, 점유권, 제한물권이 1지번의 토지상에 중복된다고 해도 각 물권에 의해 지번에 분리되지 않으며 각 물권에 동일한 지번이 적용된다. 1지번의 토지상에 수인이 소유권을 가지고 있어도 지분에 의한 공유물 분할 없이는 지번 자체는 소유권에 의해 각각 분리되지 않으며 각자의 지분에 동일한 지번으로 존재한다. 그러므로 지번은 물권변동 또는 설정에 따른 각 권리에 의해 분리되지 않은 불가분성을 지니게 된다.

5) 연속성

지번은 순차적으로 설정하도록 규정해서 단식지번은 단식지번대로 일련번호로 되어 있고, 복식지번은 본번에 붙은 부번이 일련번호로 이루어져 있다. 토지조사 당시 지번 설정에서 착오로 인한 결번이 생긴 것을 제외하고는 행정구역의 분합, 등록전환, 토지합병, 토지말소로 인해서 결번이 생겼다 해도 토지대장이나 임야대장에 결번사유를 기록해 그 지번을 존속시키기 때문에 지적공부상의 지번은 연속성을 지니게 된다.

(2) 지번의 역할

1) 장소의 기준

인간의 사회적 활동은 특정의 토지를 중심으로 행해지는 것이 통상적이며 법률생활의 안정을 위해서는 일상생활에 따른 법률관계에서 고정적인 장소적 중심을 정하는 것이 요청된다. 인간과 장소와의 관계는 법률상 여러 사항에 관해 관련되는데 장소에 대한 중요한 것은 본적지, 주민등록지, 재산소재지, 법률행위지, 주소, 거소, 사무소, 영업소 같은 것이 있다. 장소를 나타내는 데 있어 번지를 명시하지 않는다면 사회적 활동 및 법률생활에 있어서 매우 불편함을 느낄 뿐만 아니라 많은 문제점이 야기될 수 있다. 그래서 모든 장소의 표기를 명확히 하는 데 있어서 번지는 매우 중요하다. 번지는 지번에 따라 같은 번호를 사용하기 때문에 지번은 장소를 표기함에 있어서 위치를 명시하는 데 중요한 역할을 한다.

2) 물권표시의 기준

부동산은 물권의 현상을 공시해 물권을 거래하는 자를 보호하기 위해서 공시의 원칙을 인정하고 있다. 우리 나라는 부동산에서 법률행위로 인한 물권의 득실변경은 등기해야 효력이 발생한다고 규정함으로써 물권은 원칙적으로 등기를 해야 보호를 받게 된다. 부동산등기부에서 물권대상을 표시하는 표제부에 부동산이 속해 있는 지번을 기재하지 않는다면 다른 표시사항으로는 토지와 건물 등의 부동산을 특정하기 어렵고 부동산의 위치파악이 불가능해 많은 불편과 문제점이 야기된다. 그래서 부동산의 표시를 명확히 하는데 있어 지번은 매우 중요한 역할을 한다.

3) 공간계획의 기준

공간계획 중에서 도시계획 실시계획의 인가신청, 고시, 공용수용의 사업인정고시 후 토지조사 작성 등에서 지번은 기본적인 요소이다. 또한 구획정리에 따른 환지계획 수립, 도시재개발사업에 따른 관리처분계획 수립에도 지번은 중요한 요소이다.

지가 공시는 표준지 선정을 필지별로 표준지 지가를 산정할 뿐만 아니라 과세를 위해 과세대상 매 필지에 대하여 표준적인 비교표 작성도 필지별로 작성하기 때문에 지번은 기초적인 요소가 된다. 특히 공간정보의 기록인 토지대장, 부동산등기부, 지적 파일이 지번별로 이루어져 있고 종합토지정보 시스템에 있어서도 색인 및 검색의 중심 코드로서의 기능을 하게 된다. 그러므로 지번은 공간계획의 수립 및 시행에서 기준이 되는 중요한 역할을 한다(지종덕, 1999).

3 지번의 표기

지번은 토지의 명칭적 역할을 하므로, 어떻게 표시해도 상관없는 것 같지만 표시에는 일정한 조건이 있어야 한다. 지번은 특정한 토지를 가리키므로, 가령 갑·을·병·정 등 십간의 순서로 하든지, 천지현황(天·地·玄·黃) 등 천자문의 순을 따르든지, 가·나·다·라 등 국문으로 하든지, A·B·C·D 등 로마글자로 하든지 하등관계가 없을 것 같다. 하지만 이와 같은 것들은 수적인 요소가 아주 적고 글자의 수가 한정되어 있으며 극히 특수한 경우를 제외하고는 매우 알기가 어려우므로 지번을 붙이는 근본 목적중의 하나인 지번으로 토지위치를 추측하기에 아주 불편하다. 특히 간결하고 명확하게 위치의 연속성을 최소문자나 숫자로 표현하는데는 한계가 있기 때문에 토지표시는 정확성, 단순성, 통일성, 융통성, 경제성, 검색성과 같은 특성이 있어야 한다.

일반적으로 어느 국가든지 지번체계는 토지 식별과 위치 추측이 용이할 수 있도록 지번 설정지역을 일정구역을 단위로 하고 지번 설정은 아라비아 숫자를 요소로 한다.

4 지번의 변천

우리 나라 지번제계는 고려말 전제개혁에 따라 과전법이 실시되면서 구 토지대장이 없어지고 신 토지대장이 작성되면서 지번인 '자호(字號)'제도가 창설되었다. 정(丁)단위로 자호를 붙여 대장에 기록했는데 정은 당시 지방행정구역의 등급표준으로 토지의 일정한 구획면적 단위이며 여러 개의 정을 모아 일읍(一邑)으로 했다. 정은 결·부·속(結·負·束) 외에 결 위에 있는 토지면적 파악의 단위이며 구역사정에 따라 20결, 15결, 10결 등으로 1정을 만들어 "○○邑 ○○丁"으로 토지를 표시했다.

지번은 정내에 있는 모든 토지를 천자문 자순에 의해 천자정(千字丁)에서부터 타자정(打字丁)까지 지번을 부여해 1천정에 이르게 했고, 정을 단위로 대장을 만들고 각각의 정에는 지번을 붙인 다음 소유자의 이름을 쓰게 함으로써 초·중기의 인적편성에서 물적편성주의로 토지대장의 편제를 바꾸었다. 인명 중심으로 소유토지를 기재하면 토지등록의 잘못이나 부정을 알기 어려운 것이 당시의 실정이었으므로 이를 개혁해 정마다 토지를 기재해 토지를 정확히 파악코자 토지대장의 편제를 지번단위인 물적편성주의로 바꾸게 되었던 것이다. 조선시대에도 고려의 자번호(字番號) 제도를 답습해 양전에서 결수(結數)를 계산해 정을 만들고 정마다 1자를 부여했다. 자번호는 字와 번호로써 토지에 기호를 붙임에 있어 천자문의 문자를 썼다.

천지인(天地人) 등의 순서로 토지에 부호를 붙이고 다시 1자내에 1, 2, 3등의 번호를 붙여 지번을 진행시켰는데 천자 제1호, 제2호, 지자 제1호, 제2호 등으로 고려시대와는 다소 달라졌다.

속대전 양전조의 기록을 보면 5결 1자의 토지가 여러 필지로 분할된 경우는 자호내에서 다시 일이삼(一二三) 등의 부번을 붙이도록 했다. 그래서 천자(千字)토지인 경우 천자제일(千字第一), 천자제이(千字第二), 지자(地字)토지인 경우 지자제일(地字第一), 지자제이(地字第二) 등과 같이 지번을 붙였다. 이것은 토지가 분할될 경우 지번에 부번을 붙이는 지번제도(枝番制度)가 조선중기부터 등장하고 있음을 보여주는 기록이다(김종현, 1985).

자호제에서 자는 토지면적 5결로 한정해 5결마다 1자중의 번호를 끝맺고 다음으로 넘어가게 했다. 따라서 자는 흡사 토지의 구역을 나타내고 번호는 오늘날의 지번에 해당된다. 세종 26년에 양전법을 정해 5경마다 1자를 붙이고 자마다 순차 번호를 붙이도록 했는데, 일단 한번 양전해서 자번호를 붙인 토지에 대해서는 그 후 개량한 경우에도 그의 자번호는 이를 변경하지 않는 것을 원칙으로 했다. 양전 후 새로이 기간(起墾)된 토지가 있을 때는 그의 인접지의 토지의 자번호에 지번(枝番)을 붙여 표시토록 했다. 그러나 후대에 와서 양전법이 해이해짐에 따라 양전관리는 개량 때 구자번호(舊字番號)를 변경하게 되었고, 이런 경우 양안에는 토지의 상당란내에 자번호 변경의 사유중 구천자영지자(舊天字令地字) 등과 같은 용어를 기입해 토지식별이 용이하게 했다.

대한제국시대에는 역둔토조사가 실시됨에 따라 조사 측량된 토지에 현재와 같은 형태의 지번을 대장에 기재토록 하고 아울러 자번호도 병기했다. 그러나 1910년 토지조사법에 의한 토지조사에 의해 지적제도가 정착되면서 자번호는 없어지고 현재의 지번제도로 개편되었다. 지번 부여의 원칙은 같은 동·리에 지번이 중복되거나 또는 결번이 생기지 않도록 했고 토지대장이나 지적도에서 손쉽게 찾아낼 수 있도록 했다. 특히 시가지 등에서는 항상 주민의 주소로 사용하기 때문에 부근의 지번으로 미루어 찾고자 하는 토지위치를 대략 알 수 있게 하는 것 등에 유의했다(권용우 외, 1996)

제2절 지번의 구성

1 본번과 부번

지번을 구성하는 요소 중에는 본번(本番)과 부번이 있다. 본번은 지번지역 단위에 1, 2, 3 등이라고 붙이듯이 부번을 붙이지 않은 번호를 말한다.

부번(副番)은 1976년 5월부터 시행하는 지적법에서 새로이 붙인 호칭으로서 종전에는 이를 지번 또는 부호라고 하였다. 부번은 -1, -2, -3 등으로 표기되는데 이는 의1, 의2, 의3 등으로 부르게 된다. 종전에 사용하던 부호는 의一, 의二, 의三 등으로 표기되었지만 지금은 -1, -2, -3 등의 부번으로 대체되었다.

지번은 본번만으로 구성되는 경우가 있고 혹은 본번에 부번을 붙여서 구성하는 예가 있지만 부번만으로는 지번을 구성할 수는 없다. 1, 5, 8 등은 본번만으로 구성된 지번이고 11-93, 1-55 등은 본번과 부번으로 구성된 지번이지만 -93, -155 등만 가지고는 지번이라 할 수 없다. 본번만으로 구성되는 지번을 단식지번, 본번에 부번을 붙여서 구성되는 지번을 복식지번이라고 한다.

2 지번의 호칭

과거의 토지대장 또는 임야대장상의 지번은 一·二·三 등의 한자로서 기입되어 있다.

지번의 호칭은 가령 지번 3이라고 할 때에는 3이라는 것 자체가 지번이 되는 것이며, 3번지라고 하는 것은 지번의 정식호칭이 아니다. 또한 지번이 '3의 2'인 경우에 이는 '3번지의 2', '3번지의 2호', '3의 2번지'도 아니고, '3의 2'가 그 토지의 정식 지번이다. 오늘날 우리들이 흔히 '3의 2번지' 또는 '3번지의 2호'라고 하는 것은 편의상의 호칭일 뿐 정식명칭은 아니다.

지적법에서는 다소의 예외를 인정하였지만 분할한 토지에 대해서는 분할 전의 지번에 부호를 붙이어 지번으로 하고, 합병한 토지에 대해서는 합병 전 토지의 지번 중에서 수위의 것을 지번으로 한다고 부번의 원칙을 정해 놓았다.

'3의 2'가 '3'에서 분할된 것이라 할 때에는 '3'이라는 자체는 분할 전의 지번이고 '의2'라는 것은 부호이므로 분할 전의 지점에 부호를 붙인다면 '3'에다가 '의2'를 붙여 얻은 '3의 2'가 그 분할지의 지번이 되는 것이지, 결코 '3번지의 2'나 혹은 '3번지의 2호'가 새로운 지번이 아닌 것이다. 그런데 '3번지의 2'라든가 혹은 '3번지의 5호'라고 하는 것은 마치 우리의 호적상의 이름에 씨, 군, 양 등을 붙이어 일반적으로 부르는 것과 마찬가지 경우라고 할 수 있다. 즉 호적상에 '홍길동'으로 되어 있는 사람의 이름은 어디까지나 '홍길동' 일뿐 결코 '홍길동 씨', '홍길동 군', '홍길동 양' 등이 정식적인 이름이 아니라는 것은 누구나 다 아는 사실이다. 토지대장이나 지적도에도 지번은 '3의 5', '11의 93' 등으로 되어 있는데, 결코 이것이 '3번지의 5'나 '11번지의 93' 등으로 되어 있지 않다는 것도 이러한 사실을 뒷받침하고 있다.

3 지번과 번지

지번은 '토지의 번호'라는 것으로 '어떤 번호의 토지'라는 뜻과는 아주 다르다. 반면에 번지라는 것은 '어떤 번호의 토지'라는 뜻으로 '토지의 번호'와는 아주 다른 의미이다. 지번이 '11-93'이라고 할 때에는 '토지의 번호는 11-93', '11의 93번지'라고 할 때에는 '지번이 11-93인 토지'가 된다. 두 가지에서 하나는 번호이고 하나는 토지 자체를 가리키는 것이다. 지번과 번지는 모두 토지의 번호에 관련되는 표현이지만 지번은 문서상의 것이고, 몇 번지는 땅을 지칭하는 것이다(원영희, 1979).

4 지번구성의 유형

(1) 단식지번

본번만으로 구성된 지번을 단식지번이라 한다. 단식지번은 부번이 없는 본번만으로 구성하기 때문에 그 표기가 단순하고 지번으로서 토지의 필수를 추측할 수 있는 장점이 있다. 단식지번은 광대한 지역의 토지에 적합한 것으로서 우리 나라 토지조사와 임야조사에서는 모두 이 유형으로 부번하였다. 현재는 집단 신규등록지 등에서 단식지번으로 부번하는 경우가 있지만 분할이나 합병지 등에도 간혹 이 유형을 채택하는 경우가 있다. 단식지번은 새로이 지적제도를 창설할 때 국가에서 많이 사용하게 되는 지번이다.

(2) 복식지번

복식지번은 본번에 부번을 붙여서 구성되는 지번이다. 복식지번은 일반적인 신규등록지와 분할지에는 물론 단지식에 의한 부번에 많이 사용하고 있다. 복식지번은 특히 단지식의 부번에는 예외없이 채택되기 때문에 복식지번은 반드시 단지식에 의한 지번으로 착각하기 쉬울 정도이다. 복식지번은 지번만으로 토지의 필수를 추측하기는 거의 불가능하며 표기가 복잡하다는 등의 결점이 있다. 그러나 단지식에서는 거의 절대적이라고 할 정도로 복식지번이 유리하다. 또한 신규등록지나 분할지 등에서 기존지역 질서의 유지를 위해서 복식지번으로 부번할 필요가 있는 경우가 많다.

5 지번표기의 유형

(1) 분수식 지번제도

분수식 지번제도(fraction system) : 원지번을 분자로 하고 부번을 분모로 한 분수형태로 나타내는 지번형태로서, 예를 들어 원지번 6의 2는 6/2로 표시되며 이것이 2필지로 분할되고, 동일구역의 유효한 최종 지번이 6/3일 때 원지번 6/2번지는 사라지고 6/4, 6/5로 표시된다. 독일에서 사용되는 이 방법은 우리 나라의 경우처럼 분할되어 떨어져 나가는 1필지에 대해서만 6/4로 표시되는 경우와 구별된다.

다른 경우는 본번지가 분모가 되고 부번이 분자가 된다. 분할의 경우 동일 리·동의 최종 지번 다음의 번호를 분자로 하여 표시된다.

예를 들어, 567번지가 2필로 분할되고 동일구역내 최종 부번이 1234라면 새로운 지번은 1235/567, 1236/567이다. 이것은 유래된 원번지가 구분되고 분할에 따른 새로운 카드가 최종에 편철될 수 있다는 이점이 있다. 이 제도는 독일, 오스트리아, 핀란드, 불가리아 등에서 채택하고 있다. 물론 대장에는 지적도 호수와 지적도를 4/6등분한 소구획 번호가 표시되므로 대장과 지적도의 연결상에는 별다른 어려움이 없다.

(2) 순차식 지번제도

순차식 지번제도(filiation system) : 인접지번 또는 지번의 자리수와 함께 원지번의 번호로 구성되어 지번상의 근거를 알 수 있게 된다. 이 경우 사정지번이 모번지로 편철 보존될 수 있다. 예를 들어, 989번지가 분할될 경우 이것을 989^a, 989^b, 989^c로 표시하고, 그 중 989^b가 또 3필로 분할될 경우 이것은 989^{b1}, 989^{b2}, 989^{b3}로 표시된다. 이것은 분할된 유래를 상세히 알려주는 이점이 있으나 분할필지가 여러 차례에 걸쳐 분할될 경우 상황이 복잡해질 수 있어 불리한 것으로 이 제도는 벨기에 등에서 쓰인다.

(3) 자유식 지번제도

자유식 지번제도(free numbering system) : 이 제도는 새로운 경계를 설정하기까지의 모든 절차상의 번호가 영원히 소멸되고 토지등록 구역에서 사용되지 않은 최종 지번 다음 번호로 대치된다. 예를 들어, 545번지의 토지가 분할되거나 545번지와 인접지번 1230번지가 분할되거나 합병되면 이상의 지번은 완전히 사라지고 그 구역의 최종 지번이 5675라면 분할된 지번은 5676, 5677과 5678로 표시된다. 이 제도에서는 지번의 완전한 변경내역을 알 수 있는 보조장부의 보존이 필요하다. 이러한 제도는 스위스, 네덜란드에서 채택하고 있다.

제3절 지번의 설정

1 지번부여지역

지번부여지역은 지번의 기산단위가 되는 구역, 즉 지번을 어디서부터 기산하여 붙이느냐 하는 경우에 있어서 그 구역을 말하는 것이다. 지적법에서 “지번은 이·동·로(路)·가(街) 또는 이에 준할 만한 지역을 지번지역으로 하고 그 지역마다 기번하여 이를 정한다” 라고 하여 지번지역은 우리 나라 말단 행정구역인 동·리를 주단위로 하고 있으므로, 지번은 무슨 리 몇번 또는 무슨 동 몇번이라고 하는 것이고 어느 군, 몇번 또는 어느 면 몇번이라고 하는 것은 절대로 있을 수 없다. 지번지역 중에서 동·리 외에 로·가라는 것은, 서울에서는 을지로3가, 태평로2가 등이 이에 해당하였으나 현재 말단 행정구역은 동·리로 통일되었기 때문에 로·가는 해당사항이 없게 되었었다. ‘이에 준할 만한 지역’은 주로 도서지방에 해당되는데 우리 나라 도서지방은 동·리를 지번지역으로 한 것이 아니라 동·리 중에서 도서를 지번지역으로 한 것도 있어 이럴 때에는 무슨 리, 무슨 도 몇번이라고 할 것이다.

‘이에 준할 만한 지역’이라는 표현은 장차 우리 나라의 말단 행정구역 명칭을 ‘동·리’라는 것 외에 다른 것으로 정하는 경우가 있다 하더라도 그것을 지번지역으로 할 수 있는 길을 열어 놓은 것이다.

2 지번설정의 유형

지번을 설정하는 것을 '부번(附番)'이라고 하며 지번은 지번지역마다 새로 기번하여 정하므로 같은 지번지역내에서 같은 지번은 절대로 존재하지 않는다.

토지조사 당시 지번은 그 지번지역의 동북쪽에서 출발하여 보통 사행식으로 진행하면서 지번지역의 서남쪽에서 끝나도록 하는 것이 가장 일반적인 방법이었다.

그러므로 지번을 알면 대략 토지의 위치를 알 수 있는데, 3이라는 지번의 토지는 대략 동·리의 동북쪽에 위치함을 추측할 수 있고, 동·리의 끝번이 1000일 때에 900대의 지번의 토지는 대략 그 동·리의 서남쪽에 있을 것이며 500대의 지번의 토지는 대략 그 동리의 중앙부에 있을 것이라고 추측할 수 있는 것이다. 지번은 가능한 이를 연속해야 편리하다. 토지조사 당시 지번설정은 지번지역의 동북쪽에서 서남쪽으로 하였다. 그러나 대규모의 부번작업이 아니고 극히 소구역인 경우에도 물론 이 원칙이 적용되었으나 토지가 단순하여 남북으로 분포된 경우에는 북에서 남으로 차례를 따라 설정하고, 만약 토지가 동서로 배열되었을 경우에 현재는 동쪽에서 서쪽으로 순서를 따라 설정하였다. 이것은 한문자를 위주로 하였던 시대의 방식이었고, 지금은 북서쪽에서 시작하여 남동쪽으로 하도록 하고 있다.

1개의 지번지역에서는 지적도의 도엽마다 연속하는 것이 편리하다. 이때 구태여 그 동·리의 지적도의 번호순으로 할 필요는 없으며 지적도가 있을 경우 그림처럼 점선방향으로 설정하는 것이 가장 적절한 방법이다.

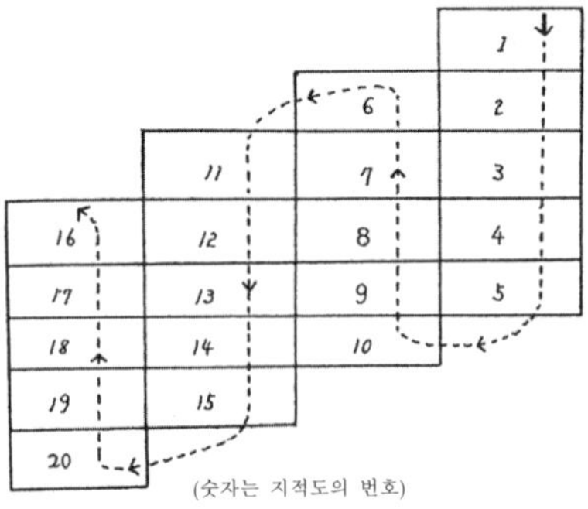

(그림36) 토지조사 당시 지번의 진행

이러한 지번 설정은 지적공부의 소관청이 실시하도록 되어 있는데 지번을 설정하는 것은 행정처분에 속한다. 현재 우리 나라 지번 설정은 1필지가 2필지 이상으로 분할될 경우 원지번이 본번에 가지번호인 부번을 붙여 2지번으로 한다. 부번에 의한 지번은 분할된 토지의 유래와 지적도상 사정선을 구분함으로써 도해적 측량의 기지점 선정기준으로 이용되고 있다. 그러나 사정선은 대부분 소멸되었고, 설령 남아 있다 하더라도 변동의 여지가 많으므로 측량 기지점의 기준으로 사용하기는 부적당하다.

그것은 모든 토지는 분할로 인하여 새로운 경계가 확정되고 이것은 독립된 법적지위 및 원번지와는 별도의 지적도상 효력을 가지게 된다. 더욱이 수치지적제도가 도입되어 도해제도상의 문제점이 보완되면 사정경계선을 확인할 필요는 없어지게 된다.

(1) 부번구역

1) 지역단위법

지역단위법은 지번지역내의 지적공도 또는 블록공도의 배열과는 관계없이 지번지역을 통하여 순차적으로 부번하는 방식으로서 도엽단위법이나 단지단위법과 구별된다. 지역단위법은 지번지역의 면적이 그다지 넓지 않을 때 또는 지번지역내의 지적공도의 장수가 비교적 적을 때에 통용하면 편리한 방법이다.

지역단위법은 이 밖에도 토지의 구획이 정연한 시가지 등에서 노선 전길이가 비교적 긴 가로별로 지번을 연결시킬 필요가 있을 때에 채택하면 좋다.

임야도처럼 그 축척이 작아 1개의 지번지역을 1~장 정도의 도엽에 포용할 수 있는 경우에도 지역단위법이 많이 채택되고 있다. 우리 나라 토지조사에 있어서는 1913년 4월까지는 북동기번법에 의한 지역단위법에 따라 부번해 오다가 그 뒤부터는 북동기번법에 의한 도엽단위법으로 부번방법을 바꾸었다.

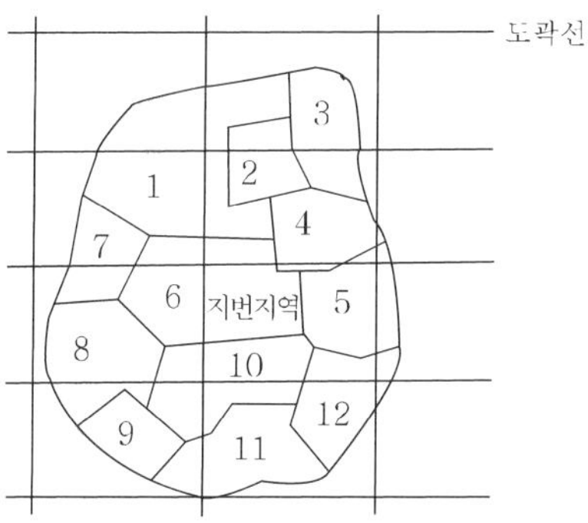

(그림37) 지역단위법

2) 도엽단위법

도엽단위법은 지번지역내의 지적공도 단위도엽의 부번이 끝나면 그 다음 도엽으로 옮겨가는 방식으로서 이는 현재 우리 나라를 비롯한 대부분의 국가에서 채택하는 일반적인 부번방식이다. 도엽단위법은 해당 지번지역의 면적이 비교적 넓고 지적공도의 장수가 많을 때에 흔히 채택하는 방식이다. 도엽단위법은 지번지역의 지적공도 제1호로부터 기번하여 그 도엽에 포용되는 필지를 모조리 연속 부번하고 다음 원도에 옮길 때에는 먼저 부번된 다음 번호부터 부번을 시작하며 되도록 먼저 도엽의 지번과 이를 연결시키는 것을 원칙으로 하고 있다. 그런데 도엽단위법에서는 지적공도의 제1호의 지번이 끝나면 제2호에 옮기고 그가 끝나면 제3호에 옮기듯이 그 도호의 순서를 따라서 연결부번하는 것이 원칙이지만, 경우에 따라서는 이 도호의 순서대로 하지 않고 다소 그 진행경로를 바꾸는 수도 있다.

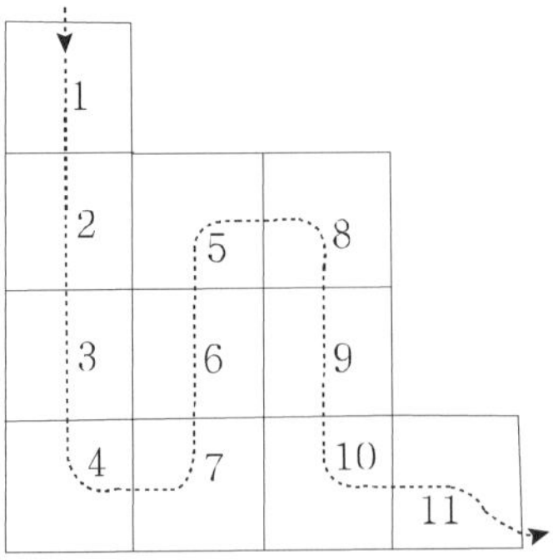

(그림38) 도엽단위법

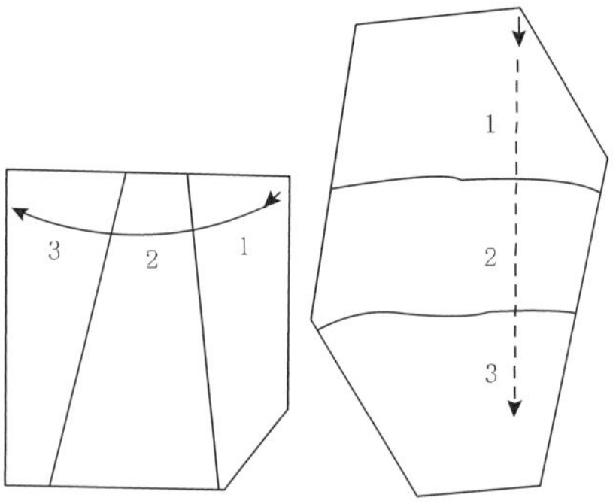

(그림39) 북동기번법

도엽단위법에서 1도곽내의 부번에는 북동기번법과 북서기번법이 있는데 한문자 위주인 과거의 경우에는 북동기번법이 편리하였다. 그러나 지금처럼 한글과 아라비아 숫자를 위주로 하는 시대에는 북서기번법으로 연속부번하는 것이 보통이다. 도엽단위법은 도엽마다 지번이 연속되어 있기 때문에 도면관리가 용이하다는 장점이 있다.

3) 단지단위법

단지단위법은 지적공도의 배열에 관계없이 몇 필의 토지가 1개의 집단을 형성하고 있는 이른바 1단지마다 연속부번이 끝나면 다른 단지로 옮겨 가는 방식이다.

단지단위법은 단지수는 많으면서도 면적이 각각 작게 구획된 시가지계획지구나 경지정리지구 등에 적합한 방법이다. '블록단위법'이라고도 하는 것으로서 지역단위법이나 도엽단위법과는 다르게 부번하는 것이 보통이다. 단지단위법은 지번으로 미루어 볼 때 토지의 색출을 용이하게 하려는데 가장 큰 목적이 있으므로 우리 나라에서는 거의 전부를 다음과 같이 특이한 복식지번을 붙였다. 본번 1번의 단지와 본번 2, 3, 4번 등의 단지로 크게 구별한 후 각 단지 내에서는 본번을 같이 하고 부번만 달리한 복식지번을 붙이기 때문에 지번으로 토지의 위치를 찾아내는 데 편리한 방법이다. 지번 '4-5'를 찾으려고 할 때에는 우선 본번이 4인 단지를 찾아낸 다음 그 속에서 쉽게 부번인 '-5'를 찾아내게 되는 것 등이다.

이는 마치 우리들이 일상생활에 이용하는 통, 반 제도와 비슷하다. 단지단위법 부번은 앞에서 논급한 이점이 있으나 반면에 단지 내의 지번에는 모두 -1, -2 등의 부번이 붙으므로 그 표기가 복잡하며 지번을 다루기에 불편하다는 결점이 있다.

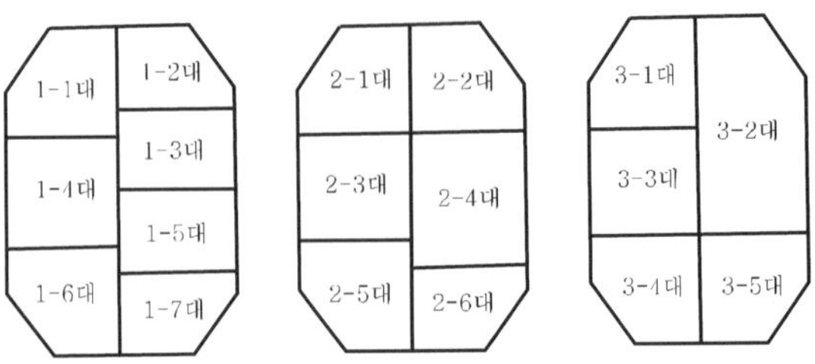

(그림40) 단지단위법

(2) 부번방향

1) 북동기번법

지번은 어떠한 방식에 따라 붙였든지 연속되어야 편리하다. 북동기번법이라는 것은 일반적으로 지번지역(동·리 등)의 북동쪽의 1번부터 기번하여 순차로 진행하다가 남서쪽에서 끝내도록 하는 방식이다. 이는 그 동·리의 북동에 1번이 있고 남서에 끝번이 있게 된다. 북동기번법은 한문자를 위주로 하는 사회에서 많이 쓰이는 방법이다. 한문자는 위에서 아래로, 혹은 오른쪽에서 왼쪽으로 옮겨 쓰는 것이 원칙이기 때문에 지적공도의 위쪽을 북으로 하고 오른쪽을 동으로 하는 제도 하에서는 북동기번법에 따르는 것이 편리하다. 북동기번법에서 필지가 동서로 배열된 경우에는 동쪽에서 서쪽으로 향하여 부번하고, 필지가 남북으로 배열된 경우에는 북쪽에서 남쪽으로 향하여 부번한다.

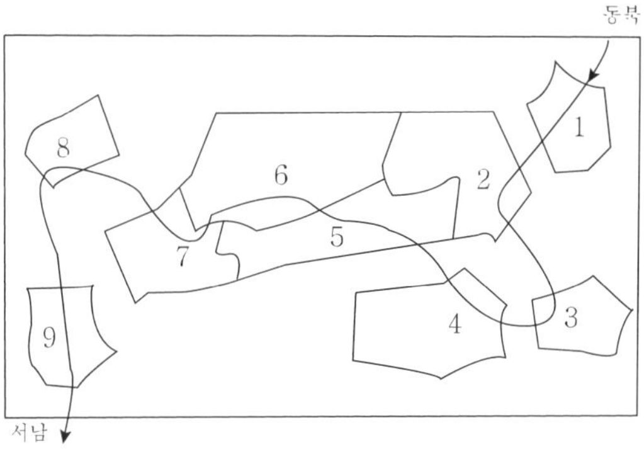

(그림41) 북동단위법

북동기번법은 한문자로서 표기하던 지번을 아라비아 숫자로 표기하기 시작한 1976년 5월 7일 이전에는 우리 나라도 채택했던 방법이다. 그렇기 때문에 과거 지번의 대부분이 이 방법에 의하여 부번되고 있었으나 현재는 북서기번법으로 고쳐졌다.

2) 북서기번법

북서기번법은 지번지역의 북서쪽에서부터 부번하고 순차로 진행하다가 남동쪽에서 끝내도록 하는 방식이다. 바꾸어 말하면 일반적으로 (그림42)처럼 1번은 그 동·리의 북서쪽에 있고 끝번은 남동쪽에 있게 하는 방식이다. 북서기번법은 한글, 영어, 아라비아 숫자등을 사용하는 사회에서 많이 쓰인다. 한글, 영어, 아라비아 숫자는 모두 위에서 아래로, 혹은 왼쪽에서 오른쪽으로 쓰기 때문에 북서에서 출발하여 순차적으로 부번하여 진행하다가 남동쪽에서 끝나는 북서기번법이 적합하다.

우리 나라는 1976년 5월 7일 이후부터 북서기번법을 채택하고 있지만 당분간은 이와 대칭적인 종전의 북동기번법으로 된 지번과 혼용하도록 하였다. 북서기번법에서 필지가 동서로 배열되있을 경우에는 서쪽에서 동쪽으로 향하여 기번한다. 그런데 북서기번법에서도 필지가 남쪽으로 배열된 경우에는 북쪽에서 남쪽으로 향하여 부번하는데 이는 북서기번법의 경우와 마찬가지이다. 북서기번법은 현재 세계 각국에서 많이 채택하고 있는 지번설정 방식과 일치된다.

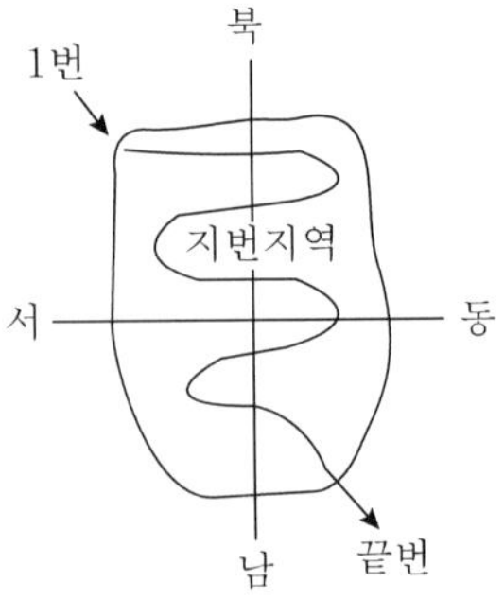

(그림42) 북서단위법

(3) 진행방향

1) 사행식

사행식(蛇行式)은 지번을 붙이는데 가장 널리 쓰이는 방식으로서, 우리 나라의 지번은 대부분 이 방식에 의하여 부번되었다.

사행식은 글자 그대로 뱀이 기어가는 식이라는 의미로 각 토지의 순서를 빠짐없이 따라가는 관계로 뱀이 기어 가는 형상이 되는 것이다. 이는 토지의 배열이 불규칙한 때에 가장 편리한 방식이다. 그러나 이 방법은 1에서 10까지 연속적으로 부번하였을 경우만 해도, 인접지번으로 일렬로는 연접되었지만, 옆을 볼 때에는 1번의 옆에 3번이 있고 3번의 옆에 6번이 있듯이 번호가 뛰어넘어 가는 결점이 있다.

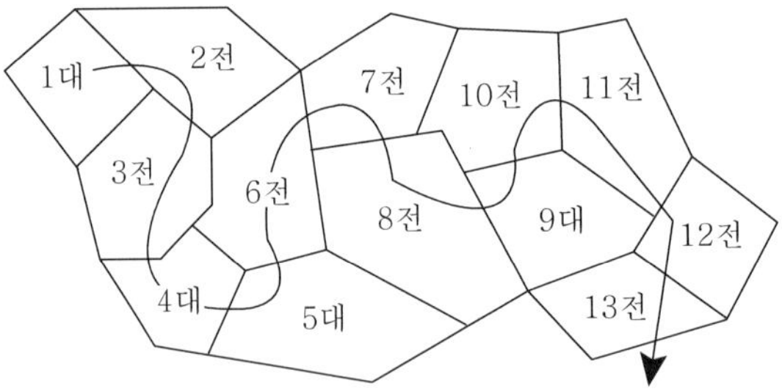

(그림43) 사행식

2) 기우식

지번을 붙이는 방법 중에서 기우식(奇偶式)은 도로 등을 중심으로 하여 한쪽은 홀수인 기수(奇數)로 하고 한쪽은 짝수인 우수(隅數)로 부번하는 방식으로, 시가지 등에 이용할 때에는 토지의 소재를 대략 추측할 수 있는 이점이 있는데 이를 교호식이라고도 한다.

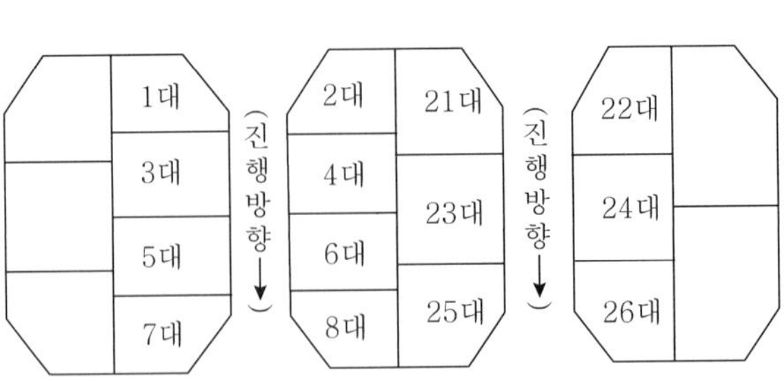

(그림44) 기우식

도로의 동쪽은 1, 3, 5, 7, 9 등 기수로 부번하고, 서쪽은 2, 4, 6, 8, 10 등 우수로 부번하였을 경우, 가령 지번 53을 찾으려면 이는 기수이므로 우선 도로의 동쪽에 있다는 사실을 알 수 있어, 그를 찾기에 편리한 점 등이 특징이다.

3) 절충식

절충식(折衷式)은 사행식, 기우식 등을 적당히 취사 선택하여 부번하는 방법이다. 가령 지적공도 1도엽에 포용하는 토지가 불규칙하게 배열된 것과 비교적 정연하게 배열된 것이 혼재할 때는 불규칙한 지역은 사행식으로 부번하고 정연한 구역은 기우식 혹은 단지식으로 부번하는 등 각종 부번방식을 혼용하여 잘된 부분에서 잘라 잘못된 부분을 보충하는 것이 좋다. 토지의 배열이 고르지 못한 지역에는 이 절충식으로 부번하는 사례가 가끔씩 있다.

3 지번설정의 기법

(1) 신규등록지

지적법에 의하면 토지대장이나 임야대장에 신규등록하는 경우 토지의 지번은 같은 지번설정지역에서 이미 등록되어 있는 인접지의 지번에 부번을 붙여서 토지의 지번으로 하고 특별한 사정이 있는 경우에는 적당한 지번을 붙일 수 있도록 하고 있다.

그래서 이미 등록된 토지가 100일 경우 그에 접속되었거나 혹은 그 지번과 가장 가까운 위치에 신규등록되는 토지의 지번은 100-1로 하는 것이 원칙이지만, 만약 신규등록할 토지가 그 동·리의 최종 지번의 부근에 있을 경우에는 최종지번의 다음 번호부터 기산해 설정한다.

(2) 분할지

토지를 분할한 경우 분할전 지번에 부번을 붙여서 분할된 토지의 지번으로 한다. 지번이 100인 토지를 2필로 분할했을 경우 100, 100-1로 한다. 이때 100이라는 분할전 지번에 '-1, -2, -3'이라는 부번을 새로 붙여서 만든 100-1, 100-2, 100-3은 분할된 토지에 붙이는 새로운 지번으로 100-1이나 100-2는 독립된 지번이 된다.

그러므로 101, 102, 103 등 분할되지 않은 본번이나 100-1, 100-2로 분할된 지번은 우열, 경중없이 똑같은 자격을 갖는다. 그러나 토지소유자가 어느 필지를 특별히 지정하여 지번 설정을 신청하는 경우에는 사유를 심사하여 소유자가 원하는 지번으로 설정한다.

(3) 합병지

토지를 합병했을 경우 합병전 지번중 선순위의 것을 합병지의 지번으로 한다. 지번이 101과 지번이 105인 2필을 합병했을 때에는 지번은 101이 되고 이미 있던 지번 105는 소멸된다. 그러나 100-1, 100-2, 103, 105, 109인 5필을 합병했을 때에는 지번이 본번의 선순위인 103이 되고 이미 있던 필지의 지번은 소멸된다.

서로 부번이 있는 토지인 111-2와 123-1, 135-3, 150-5, 177-9를 합병했을 경우 지번이 111-2로 설정된다. 그러나 토지소유자가 합병 전의 어느 필지를 특별히 지정하여 지번설정을 신청하는 경우에는 사유를 심사하여 소유자가 원하는 지번으로 설정한다(지적법시행령 제3조).

4 지번의 정비방법

(1) 결번

1) 토지조사 당시의 결번

우리 나라에 전국적인 측량을 하였을 때 부번의 착오, 토지의 합병 등으로 지번에 결번이 생긴 것이 있다. 이는 토지대장 지번란에는 그대로 지번을 기입하고 지목, 면적, 연혁, 사고란 등을 주색 2선으로서 말소한 후 '소유자의 성명 또는 명칭란'에 '결번'이라고 기재하여 놓았기 때문에, 그런 지번의 토지는 실지에 존재하지 않더라도 토지대장에는 1엽을 차지하고 있다.

2) 행정구역 변경에 의한 결번

지번지역은 우리 나라 말단 행정구역인 동·리로 하였기 때문에 동·리 등을 분합할 경우에는 자연 결번이 생기게 된다. 갑리(甲里)의 지번 100·101·103·109의 토지를 을리(乙里)에 편입한 경우 갑리에는 기존에 있었던 지번인 100, 101·103, 109라는 결번이 생기게 되는 것 등이다.

3) 합병으로 인한 결번

토지를 합병하였을 때에는 당연히 결번이 생기게 된다. 지번 3의 토지와 지번 9의 토지를 합병하였을 경우에는 일반적으로 합병 후의 지번은 3이 되므로, 합병 전의 지번 9는 합병과 동시에 결번이 되는 것이다. 이 결번은 부호가 붙지 않은 본번의 토지에만 있는 것이 아니고 부호가 붙어 있는 토지에도 있을 수 있다.

4) 토지말소로 인한 결번

지적공부에 등록된 토지가 해면이 되어 그 현상이 원상 복구되지 못하거나 또는 다른 지목의 토지가 될 가망이 없을 경우에는 토지소유자의 신고에 의하여 이를 말소하도록 지적법 시행령 제1조 제2항에 규정하였는데, 이와 같이 말소된 토지의 지번은 당연히 결번으로 취급된다.

5) 결번의 처리

결번은 여러 가지의 원인으로 생기는 것이지만 공통된 사실은 그 지번에 해당하는 토지가 현재에는 존재하지 않는다는 것이다.

결번은 결번 그대로 두고 이를 보충할 필요가 없다. 이유는 결번은 토지대장이나 임야대장에 그 사유를 명백히 기록해 놓아야 후일 연혁을 색출할 수 있기 때문이며, 그러기 위해서는 결번은 결번 그대로 두는 것이 편리하다.

(2) 중번

1) 중번의 원인

지번지역 내에 똑같은 지번이 2개 이상이 생기는 경우가 있으나, 지번은 1필지에 1개를 설정하는 것이 원칙이므로 같은 동·리에 같은 지번을 2개 이상 둘 수는 없다. 일반적으로 행정구역이 폐합될 때에 지번이 중복되는 예가 많다.

갑리(甲里)와 을리(乙里) 및 병리(丙里)를 합병하는 경우 갑리에도 1번이 있을 것이고 을리에도 1번이 있을 것이며 병리에도 1번이 있을 것이므로, 합병하여 1개로 된 새로운 동·리에는 1번이 3개가 생기는 결과가 되는 것이다.

1번 뿐만 아니라 2, 3, 4번…등 많은 지번이 중복될 것이며, 토지의 분할 등으로 인하여 부호를 붙인 지번도 흔히 중복 될 수 있다.

이때 첫째는 중복된 지번중의 1개는 그대로 두고 다른 것은 '의 1', '의 2' 등의 부호를 붙여서 지번으로 하는 방법, 둘째는 주 되는 1개 동·리의 지번은 전부 종전과 같이 두고 합병된 다른 동·리의 지번에는 '가' '나' 등을 관기하는 방법, 셋째는 지번을 전면적으로 경정(更正)하여 새로운 지번을 설정하는 방법 등이 있다. 지번의 변경은 중복된 지번의 처리에만 쓰는 것이 아니라 지번이 복잡할 경우에도 쓰는 방법이다.

2) 중번의 정리방법

① 부호를 붙여서 구별

중복된 지번의 처리에 있어서 그 중의 1개만은 그대로 두고 다른 것에는 '-1', '-2' 등의 부호를 붙여서 지번으로 하는 것이다. 1번이 3개가 있으면 합병된 새로운 동·리에 1번은 1개를 그대로 두고, 다른 2개에는 '-1', '-2'를 붙여서 결국 새로운 지번을 1, 1-1, 1-2로 하는 방법이다.

이는 지번순으로 편철하게 되어 있는 토지대장이나 임야대장에는 등록하기가 편리한 점이 있으나, 1-1과 1-2는 제각기 아주 동떨어져서 지번 1의 부근에서 1-1이나 1-2를 찾아낼 수가 없을 정도이기 때문에 이 방법은 잘 채택하지 않는다.

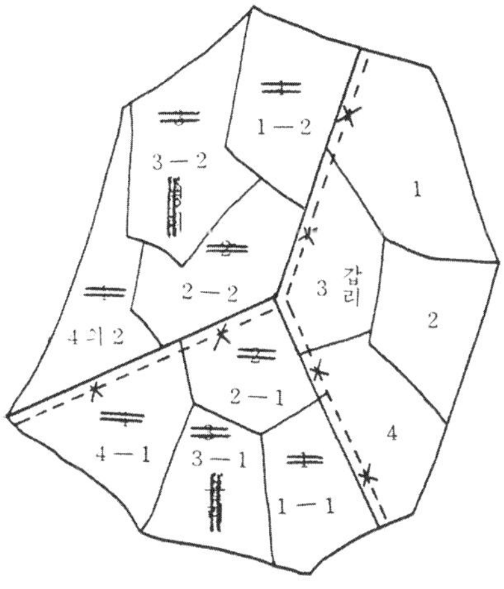

(그림45) 부호를 붙인 지번

② 관자를 붙여서 구별

중복되는 지번의 처리에 있어서 주가 되는 1개 동·리의 지번은 종전과 같이 그대로 두고 합병된 다른 동·리의 지번에 '가' '나' 등을 관기하는 것이다.

갑·을·병의 3개 동·리 중 갑리는 토지대장이나 임야대장·지적도·임야도를 그대로 두고, 을리에 속하였던 모든 지번에는 일일이 '가'자를 관기하여 새로운 지번을 '가1·가2' 등으로 하고 병리에 속하였던 지번에는 일일이 '나'자를 관기하여 새로운 지번을 '나1·나2' 등으로 하는 방식이다.

이는 토지대장이나 임야대장을 갑·을·병리로 있던 때와 같이 따로 편철하여 '가'호 토지대장, '나'호 임야대장 등으로 불러서 서로 구별하게 되어 결국 동·리는 합병되었어도 지적공부는 합병되지 못한 결과가 되는 것이지만 처리방법이 간단하기 때문에 과거 우리 나라는 대부분 이 방식에 따라 처리하였다.

이러한 처리방법은 고식적인 처리방법에 지나지 않으므로 근본적으로 개선하려면 구역의 지번을 경정할 수밖에 없다. 지번에 부호를 붙였거나 혹은 관자를 기입하였을 경우 그 요지를 공시함은 물론 등기소에도 통지하여야 한다.

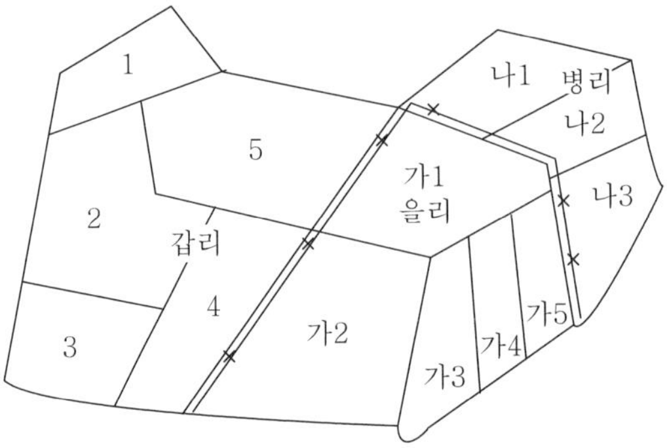

(그림46) 관자로 구별하는 지번

(3) 지번 경정(更正)

토지를 자주 분할함으로써 지번의 순서가 뒤바뀌고, 동·리를 합병함으로써 같은 지번이 중복되며, 그와는 반대로 동·리를 분할함으로써 결번이 많이 생기는 등 그 동·리의 지번이 매우 복잡해졌을 때에는 지번을 경정할 필요가 있다.

지번경정은 동·리(지번지역)의 전체 토지에 대하여 이를 실시하는 것인데, 종래의 지번에는 구애됨이 없이 아주 독자적인 입장에서 새로 부번하되 전부 본번, 즉 부호가 붙지 않은 지번으로만 하는 것이 가장 이상적이다.

지번을 경정하였을 경우에는 종전의 지번과 대비하여 신구지번대비표를 작성한 후 이를 공시하고 소관 등기소에도 통지하여야 하는데 지번 경정은 토지의 이름을 바꾸는 중대한 사항이므로 부득이한 경우 외에는 실시하지 말아야 한다(원영희, 1972).

제4절 지번의 과제와 개편

우리 나라 지번은 초기에는 자호형태로 출현하여 변천되다가 구한말에 토지조사사업으로 지번체계로 개편되어 모든 국가행정에 현재까지 사용되고 있다.

전국의 토지는 등록 당시 지번이 부여되고 모든 등록사항이 필지를 중심으로 관리되고 있으며 토지행정 뿐만 아니라 우편송달, 위치결정, 부동산 매매, 각종 서식 등 거의 대부분이 지번을 중심으로 운용되고 있으며, 특히 지번체계와 행정체계는 통일되어 있다.

반면 미국 및 유럽에서는 지번체계와 행정체계가 동일하지 않은 경우가 많아 지번체계는 지적업무와 등기업무, 조세업무에만 이용되고 우편, 행정체계는 가로를 중심으로 이용하는 경우가 많다.

이러한 이중성은 통일된 토지정보시스템 운용에 장애가 되고 있으며, 시스템 구축시 이중의 보조시스템을 구축하여 관리함을 기본으로 하고 있다.

특히 미국의 경우 지번의 개념조차 없는 토지가 상당수 존재함으로써 지적분야의 전산화가 진행되기 이전에 지번체계의 확정이 선행되어야 한다는 심각한 문제를 안고 있다. 이에 비해 우리의 지번체계는 많은 장점이 있으나 오랫동안 사용하는 과정에서 지번설정의 혼란, 지번표기의 혼잡, 지번형태의 혼용, 결번·중번의 혼재 등의 문제로 지번체계의 위치식별 역할이 감소되어 개편의 당위성이 점차 높아지고 있다.

특히 지번이 주소표시에 미흡하다는 판단에 의해 1998년부터 이를 대체하기 위한 방법으로 도로명 및 건물번호에 의한 새로운 주소표시제를 추진하고 있고 있는 실정이나 도로망이 불규칙한 많은 지방에서의 실효성 등 부정적 측면도 적지 않게 나타나고 있다.

이러한 시점에서 현행 지번체계의 문제점을 해소하기 위한 근원적인 해결방법은 지적 재조사에 의한 지번체계 개편의 실현이지만, 이는 국가사업으로 너무 장기간의 시간과 재원이 요구되므로 우선 단기적 방안으로 현행 지번체계를 단계적으로 개편, 정비하는 것이 바람직하다. 그래서 조속히 지번체계의 고유기능을 회복하고 특수성을 되살릴 수 있도록 보완하여 지적제도의 선진화에 부응할 수 있도록 하고 지번을 공간정보의 기초자료로 활용할 수 있도록 해야 한다.

1 지번의 과제

(1) 지번설정의 혼란

지번은 현재 북서에서 남동으로 순차적으로 지번을 설정하는 순차식 설정방법을 원칙으로 신개발지나 구획정리사업이 완료되어 있는 지역에서는 단지식 지번방법을 채택하고 있다. 단지식 지번은 토지위치를 식별하는데 많은 불편이 있고, 사행식은 인근지역의 지번이 연결되지 않고 번호가 넘어가는 결점이 있다(지종덕, 1990).

이는 토지개발이 심화됨에 따라 지번설정 및 말소 등이 빈번하기 때문에 지번의 위치표시 기능을 저해하고 있다. 지번 설정의 문제점에 관한 기사는 여러 번 신문에 보도된 바 있는데 "여의도 신지번 확정(서울신문, 1983)", "한 번지 여러 가구 동네 찾기 쉽게 새 지번으로(경향신문, 1984), "법정동·지번 재조정키로(조선일보, 1994), "질서없는 지번정비 추진(조선일보, 1997)" 등이 대표적인 사례 등이다.

이러한 지번설정의 문제는 국토 및 도시개발에 따라 계속적으로 확대되는 추세이므로 주민편의를 위한 시대적 요청에 부응할 수 있도록 지번체계의 정비가 시급한 과제이다.

(2) 지번표기의 혼잡

지번의 문자표기는 지적도 작성시 한문 숫자인 '一二三' 이나 '一二三의 一' 이었으나 1976년 5월 7일 이후 아라비아 숫자인 '123' 이나 '123-1' 등으로 변경한 관계로 현재 한문숫자와 아라비아 숫자가 혼용되어 도면의 혼잡을 배가시키고 있다.

특히 본번과 부번을 구별 표시함으로써 문자표기 길이가 커져 필지에서 지번이 차지하는 비중이 커져 혼잡성이 가중되고 있다. 지번표기도 한문숫자는 세로표기에 따라 필지중 간에 위에서 아래로 표기되어 있고, 아라비아 숫자는 가로표기에 따라 필지 중앙의 좌에서 우로 표기되어 있으며 때로는 필지형상에 따라 적당히 표기되어 있기도 하다.

더구나 필지의 면적이 작아서 지번을 필지의 중앙에 지번을 표기할 수 없을 경우는 "(ㄱ, ㄴ, ㄷ…),($ㄱ^1$, $ㄴ^1$, $ㄷ^{1…}$),($ㄱ^2$, $ㄴ^2$, $ㄷ^{2…}$)"의 부호를 붙여 도곽 외에 제도하고 도곽 외에 제도할 수 없을 경우는 부호도가 작성되어 있다. 부호표시가 일본문자(ア, イ, ウ, エ, オ)와 국문(가, 나, 다), ($가^1$, $나^1$, $다^1$), (ㄱ, ㄴ, ㄷ), ($ㄱ^1$, $ㄴ^1$, $ㄷ^1$) 등의 다양한 표기기호의 사용 및 똑같은 표기기호의 중복과 표시기호의 무질서로 도면의 복잡성과 지번판독이 곤란함은 물론 표기방법에 일관성이 없다(지종덕, 1994).

이와 같이 지번을 표기하는 지적도의 복잡성과 특히 지번판독의 어려움 등이 지속적으로 누증되고 있으므로 지번표기의 간소화가 당면한 과제이다.

(3) 지번형태의 혼용

지번형태는 처음 단식지번의 형태로 시작했으나 이후 복식지번이 추가로 사용되면서 단식지번과 복식지번이 무질서하게 혼용되고 있다. 지번형태에 있어서는 지번지역 일부의 지번 경정, 신규등록, 등록전환 등 지번지역 일부가 행정구역 개편으로 다른 지번지역에 속하는 경우 복식지번을 원칙으로 단식지번을 예외적으로 인정했다.

반면 지번지역 전부에 대한 지번 경정, 도시계획사업, 구획정리사업 등을 시행하는 지역에는 단식지번을 원칙으로 복식지번을 예외적으로 인정했다. 분할은 토지조사 당시 일정기간은 원지번이 단식지번일 경우 이를 말소하고 복식지번을 설정했으나 이후 단식지번을 존치시키고 나머지 필지에 복식지번을 설정했다.

합병도 단식지번이 있을 때에는 단식지번의 존치를 원칙적으로 하고 단식지번이 없을 때에는 복식지번을 존치시켰다. 이처럼 단식지번과 복식지번의 사용에 있어 원칙과 예외규정이 병존하도록 지번 설정에 재량권이 부여되어 지번 설정의 일관성이 결여되고 있다. 이와 같이 지번형태의 혼용이 전국적으로 산재되어 있으므로 국민의 불편함을 해소하고 지번특성과 역할의 효용성을 위해서 지번형태의 단일화가 시급히 해결해야 할 과제이다.

(4) 결번·중번의 혼재

지번은 결번과 이중 지번인 중번이 혼재되면 토지분량 및 위치의 특정성을 보장하지 못한다. 우리의 지번체계는 지번 설정 및 말소 등이 빈번한 까닭에 전국적으로 지번착오를 비롯하여 분할 및 합병 등으로 결번이 많이 생기고, 같은 지번이 중복되어 있는 등 지번만으로 토지분량 및 지리적 위치파악이 어려우며 공신력 또한 저하되고 있다(지종덕, 1993). 지번이 중복되는 것은 행정구역 통·폐합 때 발생하는데 갑·을·병을 합병하는 경우 갑에도 1번, 을에도 1번, 병에도 1번이 있으므로 합병으로 1개로 된 새로운 구역에 1번이 3개가 생기게 된다. 결과적으로 1번에 국한할 것이 아니라 2, 3, 4번 등 많은 지번이 중복되며 분할 등으로 인해 부호를 붙인 지번까지도 흔히 중복되고 있다. 이와 같이 결번과 중번의 혼재는 지번체계의 역할을 감소시키고 지적의 불신을 초래하고 있어 지번체계의 종합적인 문제를 근본적으로 해소하는 지번체계 변경사업이 현안과제이다.

2 지번의 개편

(1) 장기적 방안

지번은 도형의 공간적 위치와 속성정보를 연결하는 고리의 역할을 다하고 있으며 이미 구축되고 있는 국토정보센터의 기본 데이터베이스로 활용됨으로써 정보체계 구축에 소요되는 경비를 줄이고 변화된 정보를 지속적으로 제공받을 수 있는 환경을 조성하고 있다.

특히 현재의 지번체계는 소유권 등록체계의 중심점으로서 불가침의 영역인 안전성을 토대로 하여 단순한 형태로 절차상 명확해야 하는 간편성, 부정확한 등록은 배제하는 정확성, 시간이 걸리지 않은 신속성, 효율적인 등록을 나타내는 비용의 저렴성, 현재와 미래에 유용한 적합성, 식별정보 자체의 완전성을 요건으로 확립된 것이다.

따라서 지번은 각종 행정의 기초로 활용되고 있으며 현재까지 생활의 근거지를 표시하는 주소의 기초로서 기능을 다하고 있다.

다만 사회의 발달추세에 따른 토지세분화 현상으로 지번의 위치식별 기능이 미흡하다 하여 국가에서는 1971~973년에 주소표시 체계를 개편하는 방안으로 가구번호와 기초번호를 연결하여 새로운 주소표시 방법인 '가구방식'을 시험 적용한 바 있다.

1980년에는 "신 주소표시 실시 세부지침"을 규정하여 창원, 구미, 반월, 동해, 과천 등 신도시지역에 필수 적용토록 하고 기존 도시 중 재개발지역, 구획정리 등은 임의 적용토록 하여 전국에 걸쳐 확대한 바 있다.

가구방식은 동 경계정리방안, 가구획정방안, 공부정리방안, 관련법 개정 등 일련의 문제를 포함하는 것이었으나 문제의 방대함과 재정적, 행정적, 시간과 노력의 결여로 계속되지 못하고 중단되었다.

지번체계는 다방면에 걸쳐 국가의 각종 행정처리에 연계되어 있고 사업비 및 사회적 혼란 등으로 개편이 쉽지 않은 실정이므로 지번체계 개편의 효과를 높이기 위해서는 원천적으로 경계를 재획정하는 지적 재조사사업에 연계하여 전국단위로 시행하는 것이 가장 이상적이다. 개편의 절차상으로는 그간 지적된 지번체계의 모든 문제점을 개편할 수 있도록 법정동 경계를 조정하고, 법정동과 행정동의 통합을 실시하며 지번의 특수성을 다할 수 있도록 외국의 지번체계를 분석하여 우리의 실정에 맞도록 새로운 지번체계를 확립하는 것이 바람직하다.

(2) 단기적 방안

지번체계는 전국적으로 표준화된 통일성과 획일성의 특성을 가지고 80여 년 간 지적공부를 비롯하여 국가행정에 유용되는 전통성과 영속성의 특수성을 가지고 있다.

지번은 현재 지적공부에 등록된 토지의 소재를 기준으로 주소를 설정하고 국토통계 및 토지행정의 기초자료를 제공하고 있으며 지번단위로 지적공부에 등록된 사항을 토대로 토지거래 및 공간계획의 기초로 활용되고 있어 그 중요성을 간과할 수 없다.

우리 나라 지번체계에 있어서 최대 관건은 지번의 고유기능을 유지하면서 위치식별과 연관하여 어떻게 지번의 불합리성과 비능률성을 제거하여 주민의 불편을 최소화 할 수 있는가 하는 것이다.

지번체계의 개편은 막대한 국가예산 및 부수적인 행정처리의 문제 등이 발생하므로 이를 최소화 하기 위해서는 지번이 극히 문란한 지역에 관해서만 부분적인 정비사업을 시행하는 것이 현재로서는 무엇보다 효과적이고 실현 가능한 방법이다.

이는 그간 행정구역 개편 등의 경우 지번경정 사업이 있었던 것처럼 특수목적으로 일정구역을 지정해서 시행한다면 별문제 없이 사업효과를 높일 수 있는 것이다.

실제로 이러한 사례는 1974년 부산시와 여수시에서 시행된 바 있다.

부산시에서는 30여 년 간 구획정리사업이 완료된 지구인 전체지역의 6.2%에 대해서 실시했고, 여수시에서는 일제시대의 동 명칭 및 여러 행정구역에 걸쳐 있는 지번을 개선해야 하기 때문에 면적, 가구, 인구 및 지형을 고려해 행정구역을 변경하고 변경지역에 따라 새로운 지번을 부여했다. 이것은 지번체계에서 지번배열의 취약점을 보완하는 것이지만 시일이 지나면 결국 지번체계를 개편하여 토지와 건물을 통합, 관리하는 방향으로 발전될 것이므로 토지와 건물의 1대1 대응을 전제로 하는 것이다.

단기적인 지번체계의 개편은 그간 여러 차례 있었던 지번변경 사업이나 행정구역 변경에 따른 지번경정 사업의 노하우를 살린다면 점진적으로 지번체계의 혼란을 최소화 하고 발전을 지향할 수 있는 유용한 방법이 될 수 있다(지종덕, 2000).

제11장

지목

제1절 지목의 개념

지목(land category)은 토지의 주된 사용목적 또는 용도에 따라 토지의 종류를 구분, 표시하는 것으로 토지관리의 효율화를 위해 1필지마다 지형, 토성, 용도 등 현황에 따라 구분된 토지의 종류에 붙이는 법률상의 명칭을 말한다(대한지적공사, 1995).

그러므로 토지의 실제적인 이용현황은 지목으로 나타낸다. 지목은 이론적으로 토지의 용도에 의한 구분 외에도 지형구분과 토양의 성질, 수익력 등에 의하여 또는 지질생성의 차이에 의하여 구분하기도 하고 단식, 복식지목으로 구분하기도 한다.

지목표시는 고대부터 있었으나 근대 이전에는 지목의 구분이 명확치 않았고 1910년대 토지조사사업에서 체계적인 분류가 이루어졌다. 지목을 결정하는 것은 토지등록 단위가 1필지로서 토지에는 한 개의 지목만을 설정해야 한다는 원칙이다.

과학의 발달에 따라 토지의 이용이 고도화 또는 입체화 되면서 지하상가를 설치하는 등 수직적 경합이 되고 있으나 모든 토지는 필지별로 하나의 지목만을 설정토록 하고 있다. 둘 이상의 지목이 중복될 때는 등록의 선후, 용도의 경중 등을 참작하여 한 개만의 지목을 설정하여야 한다. 1필지의 토지가 단일지목으로만 사용되지 못하고 2종 이상의 지목이 수평적으로 경합하여 다양하게 이용될 때는 주된 토지의 이용상태에 따라 지목을 결정하게 된다. 주된 토지의 편의를 위해서 설치한 작은 면적의 도로, 구거 등의 지목은 이를 별도로 설정하지 않고 주된 토지에 포함시킨다.

제2절 지목의 유형과 분류

1 지목의 유형

(1) 지형지목

지표면의 형태, 토지의 고저, 수륙의 분포상태 등 땅이 생긴 모양에 따라 지목을 결정하는 것을 지형지목이라 한다.

지형은 주로 그 형성과정에 따라 하식지(河蝕地), 빙하지, 해안지, 건조지, 카르스트지, 대지, 분지, 습곡지, 단층지, 화산지 등으로 구분할 수 있으므로 지목도 현실화 하여 이대로 붙이는 것이다.

하식지는 강이 행하는 침식작용에 따라 형성되고 빙하지는 빙하가 녹아서 저지대로 이동함에 따라 진로의 저면, 측변의 표초, 암석 등을 밀고 깎아냄으로써 형성된다. 해안지는 주로 해식에 의하여 형성되고 건조지는 풍식이 지배적으로 작용함으로써 이루어지는 사막과 같은 건조지대에 발달하는 지형이다. 카르스트지는 석회암 대지가 침식되어 이루어진 요철(凹凸)이 심한 지형으로서 종유동(鐘乳洞) 등이 대표적인 지형이다. 한편 대지는 평야 및 분지 중에서 한 계단 높은 대상(臺狀)의 지역이고 분지는 주위가 산지로 둘러싸인 평지이다. 습곡지는 판형의 암체가 물결 모양으로 구부러진 구조를 만드는 변형작용에 따라 이루어진 지형으로서 때로는 조산도 이에 포함된다.

계층지는 횡압력이나 장력 때문에 암층이 있는 면(계층면)을 경계로 하여 서로 상하좌우에 어긋나는 토지이다. 화산지는 주로 화산작용에 따라 지하의 암석이나 광물이 녹은 상태의 암장(岩漿)이나 혼합물 등이 지표에 분출하여 이루어진 산지대를 말한다. 지형지목은 토지의 형태, 고저, 수륙의 분포상태 등을 표시하기 때문에 국토의 전체에 대한 종합계획 등에는 이용할 가치가 있지만 토지의 용도가 표현되지 않으므로 현행 지적제도가 지향하는 것처럼 필지 관리에는 부적당하다.

그러므로 지형지목은 우리 나라에서 현재 채택하지 않았지만 앞으로 지적제도가 입체화 되어 차원을 달리할 때에는 검토되어야 할 것이다.

(2) 토성지목

토지의 성질(토성, 토질)인 지층이나 암석 또는 토양의 종류 등에 따라 결정한 지목을 토성지목이라 한다.

토성은 암석지, 사력지(砂礫地), 조사지(租沙地), 세사지(細砂地), 미사지(微沙地), 점토지(粘土地), 사토지(砂土地), 사양토지(砂壤土地), 양토지(壤土地), 식양토지(植壤土地), 식토지(植土地) 등으로 구분할 수 있으므로 이대로 지목을 붙이면 된다.

암석지는 화성암, 퇴적암, 변성암 등이고 사력지는 직경 2mm 이상의 크기, 조사지는 직경이 2~0.25mm 크기의 모래땅을 말한다. 세사지는 직경 0.05~0.01mm 크기의 모래땅을 말하며 흙알맹이 직경 0.01mm 이하의 크기는 점토라고 한다. 한편 사토는 점토의 함유량이

12.5% 이하, 사양토는 12.5~25%, 양토는 25~37.5%, 식양토는 37.5~50%, 식토는 50% 이상의 흙을 말한다. 이 중에서 양토는 공기나 물의 투과성, 양분이나 물의 흡수 보전도 적당하기 때문에 작물재배에 적합한 토지이다.

토성지목은 주로 지층이나 암석 또는 토양의 종류를 표시하기 때문에 지형지목의 경우처럼 국토의 종합계획, 토목공사 등에는 이용하기 편리하지만 필지별 관리에는 부적당한 지목이다. 토성지목은 지형지목과 같이 우리 나라에서 현재 채택되지 않았지만 지적제도가 입체화되어 다목적화 될 때에는 검토되어야 할 것이다.

(3) 용도지목

토지의 용도에 따라 결정하는 지목을 용도지목이라고 한다. 지형지목이 지형을 주로하고 토성지목이 암석 또는 토양의 종류를 주로 하는데 비하여 용도지목은 이들과 관계없이 토지의 현실적 용도를 주로 하기 때문에 일상생활과 가장 밀접한 관계를 맺게 된다. 현재 대부분의 국가는 용도지목을 채택하고 있으며 우리 나라도 현재 거의 전부가 용도지목에 속한다. 용도지목은 1필지마다 구체적으로 그 용도를 표시하기 때문에 필지별 개인 관리의 효율화를 위해 지목을 붙이는 취지에 알맞은 지목이다.

다만, 시대적인 요구에 따라 미래에는 현재의 용도지목의 일색에서 벗어나 지형지목이나 토성지목을 보완하는 복식지목 제도의 채택도 검토되어야 할 것이다.

2 구성내용의 분류

(1) 단식지목

토지의 현황은 지형, 토성, 용도별로 분류할 수 있기 때문에 지목도 이들 기준으로 분류할 수 있다. 그런데 1필지의 토지에 대하여 어느 한 가지 기준에만 따라서 분류된 지목을 단식지목이라 한다.

단식지목은 토지의 이용상태가 단순한 지역에 적합한 것으로 우리 나라에서 현재 이것을 사용하고 있다. 예를 들면, 단식지목은 1필지의 토지에 대하여 용도라는 한 가지 기준만으로 붙여지기 때문에 단식지목이라 하고 전, 답, 대 등이 이에 속하게 된다.

(2) 복식지목

1필지의 토지에 대하여 2개 이상의 기준에 따라서 분류된 지목을 복식지목이라 한다. 복식지목은 토지의 이용이 다목적인 지역에 적합하며, 독일의 영구녹지대 중 녹지대라는 것은 용도지목이면서 다른 기준인 토성까지 더하여 표시하기 때문에 복식지목의 유형에 속한다. 이러한 복식지목도 1필 1목의 원칙에는 위배되지 않는다.

복식지목이라 하더라도 지목 하나가 2가지 이상의 분류기준에 따라 붙여졌을 뿐 지목의 수는 1필지에 힌 개뿐이기 때문이다. 우리 나라는 지금까지 용도지목을 채택해서 1필시바나 용도가 명시되는 기능을 가졌기 때문에 토지의 필지관리 측면에 적합하였으나 시대적 변화와 함께 다목적지적의 시대가 도래함으로써 국토의 종합적 계획 등에 적응할 수 있도록 용도지역 외에 복식지목도 검토되어야 할 것이다.

제3절 지목의 설정

1 지목결정의 원칙

(1) 법정지목의 원칙

법정지목(法定地目)의 원칙은 다양한 토지이용의 상태에 따라 모두를 지목화 할 수는 없으므로 지목의 종류를 법률로 정하여 이용형태를 분류하여 지목을 정하고 그 외의 지목 등록은 인정하지 않는다.

우리 나라에서는 총 28개의 법정지목을 규정하고 있으며 지목을 설정할 때에는 등록선후, 용도 경중, 일시불변경, 사용목적 추종 등의 사항을 고려하여 설정하게 된다.

지목은 국정주의의 원칙에 의하여 '국가가 결정'하도록 되어 있는데 이는 지적법에서 규정된 바와 같이 토지소유자의 신고가 있을 때에는 신고에 의하여 국가기관인 소관청이 지목을 정하고, 신고가 없거나 신고를 부적당하다고 인정하는 때 또는 신고를 요하지 않을 때에도 국가의 조사에 의하여 국가가 결정하도록 하고 있다.

지목을 결정한다는 것은 자칫 현지의 용도를 결정한다는 의미로 해석되기 쉬운데, 현지의 형성, 성질 및 사용목적에 비추어 법정지목 중 어느 것에 해당하느냐를 결정하는 것이다.

(2) 1필 1목의 원칙

1필 1목(一筆一目)의 원칙은 토지에는 1필지마다 지번을 붙이고 지목 및 경계를 정한다는 것으로 지목을 토지의 종류에 따라 구별하여 1개를 정한다고 한 것은 1필의 토지에는 1개의 지목만을 붙이며, 1필의 토지에 2개 이상의 지목을 붙일 수 없음을 밝힌 것이다.

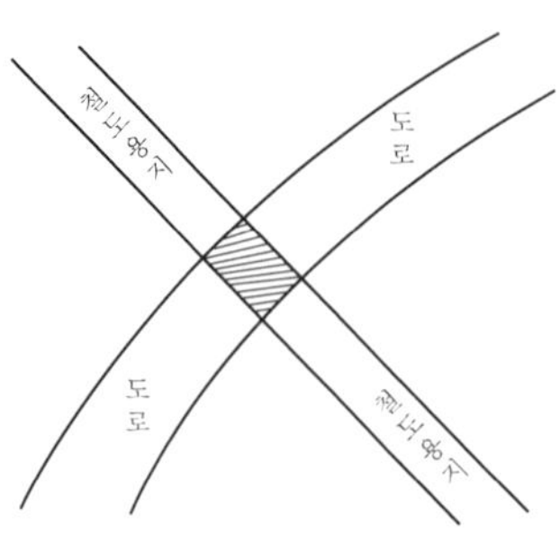

(그림47) 1필 1목의 원칙

1필지의 지목은 1개밖에 없다는 것을 "1필 1목의 원칙"이라고 한다. 지목결정에 있어서는 토지의 1구역(1필지) 마다 28개 지목 중 어느 것에 해당하느냐를 정하는데, 1필의 토지로서 1개 이상의 지목에 해당될 경우는 그 중에서 주된 지목 1개를 골라서 지목으로 해야 한다는 것이다.

철도 건널목 같은 경우 그림의 사선 친 부분은 도로의 연장이라고도 볼 수 있고 혹은 철도선로의 연장이라고도 볼 수 있기 때문에 이 부분은 도로 혹은 철도용지라고도 할 수 있다.

결국 1필의 토지로서 2개의 지목에 해당하나 이때는 설치시기의 선후 등을 감안하여 '도로' 혹은 '철도용지'로 지목을 결정하는 것이다. 같은 토지가 2개 이상의 지목에 해당하는 예는 얼마든지 있다. 시장은 대개 도로의 연변에 물건을 진열하고 매매하므로 지목을 잡종지라고도 할 수 있고 혹은 도로라고도 할 수 있다. 이런 경우 객관적으로 판단하여 주된 용도에 따라 지목을 1개만 결정한다.

(3) 주지목 추종의 원칙

주지목 추종(主地目追從)의 원칙이란 지목의 결정에 있어서 현실적인 지목은 각각 다르면서도 소유자는 같고, 각 필지면적은 비교적 작은 것이 인접하여 집단화 되었을 때, 혹은 본지(주된 토지)의 편의를 위해 설치된 작은 면적의 도로, 구거 등은 이를 본지에 합쳐서 본지의 지목으로 하는 것이다. 이를 주지목 추종의 원칙이라 한다.

그림에서 나타난 지목을 세분하면 다음과 같다.

① 집이 서 있는 부분은 대(垈)
② 연못은 유지(溜池)
③ 하수구는 구거(溝渠)
④ 돌이 있는 곳은 임야(林野)
⑤ 채소밭 및 꽃밭은 전(田)
⑥ 마당은 잡종지(雜種地)
⑦ 길은 도로(道路)

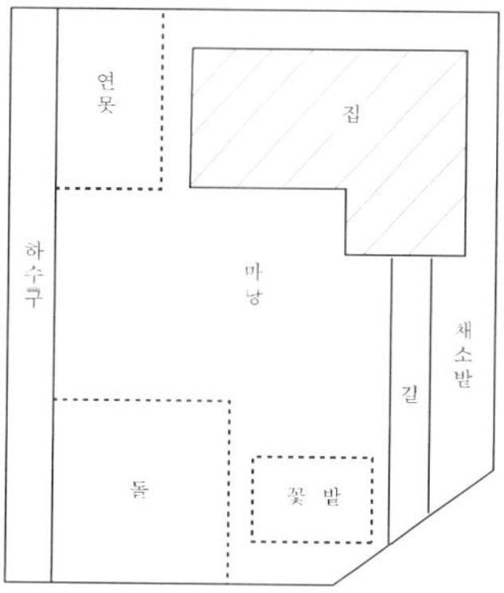

(그림48) 주지목 추종의 원칙

그러나 이 모든 것들은 1개의 대지를 구성하고 있으므로 모두 합쳐서 그 주된 지목인 대로 하는 것 등이 바로 주지목 추종의 원칙이다.

2 지목의 표기

우리 나라에서 지목을 지적공부에 표기하는 방법은 크게 지목명칭 전체를 기재하는 방법과 지목의 부호를 기재하는 방법으로 구분된다.

① 토지대장, 임야대장 : 지목명칭의 전체를 기재
② 지적도, 임야도 : 지목명칭의 부호를 기재

(표16) 지목의 부호

지 목	부 호	지 목	부 호	지 목	부 호	지 목	부 호
전	전	대	대	철도용지	철	공 원	공
답	답	공장용지	장	하 천	천	체육용지	체
과 수 원	과	학교용지	학	제 방	제	유 원 지	원
목장용지	목	주 차 장	차	구 거	구	종교용지	종
임 야	임	주유소용지	주	유 지	유	사 적 지	사
광 천 지	광	창고용지	창	양 어 장	양	묘 지	묘
염 전	염	도 로	도	수도용지	수	잡 종 지	잡

지목명칭은 원칙적으로 지목의 가장 처음 글자를 부호로서 표기하고 있다. 그러나 현행 지목은 첫 글자가 중복됨으로써 혼란이 올 수 있는 지목과 다른 이유로 첫글자를 사용하지 않은 지목이 몇 개 있으므로 부호를 기재하는 방법에는 두문자로 표기하는 방법과 차문자로 표기하는 방법으로 분류된다.

(1) 두문자 표기지목

우리 나라 지목 중에서 가장 대표적인 것으로서 지목명칭 중 첫번째 문자 한 글자만을 지목표기의 부호로 사용한다. 가령 목장용지를"목"으로 표기하는 것으로서 현행 지목 중 24개 지목이 여기에 해당된다.

(2) 차문자 표기지목

우리 나라 지목표기에서 지목명칭 중 두 번째 문자의 한 글자만을 지목표기의 부호로 사용하는 것으로 두문자로 표기할 때 혼란이 올 수 있는 지목에 사용한다. 가령 공원과 공장용지는 모두 첫글자가 '공'으로 공원인지 공장용지인지 구별할 수 없는 경우로서 공장용지, 하천, 유원지의 4개 지목이 여기에 해당된다(유병찬, 1993).

제4절 지목의 종류

우리 나라의 지목의 종류는 1910년대의 토지조사 당시에는 18가지였던 것이 1950년에는 21가지, 1975년에 24가지, 2001년에 28가지로 되었는데 이는 세부측량 당시에는 '지소'중에 포함되었던 '유지'를 독립된 지목으로 하고 또 '잡종지' 중에 포함되었던 '염전' 및 '광천지'를 그 후 잡종지에서 분리하여 각기 독립된 지목으로 한 까닭에 18가지에서 3가지가 늘어 결국 21가지가 되었고 1975년의 3가지가 늘어 24가지가 되었고 2001년에 4가지가 늘어 28지목이 되어 오늘에 이른 것이다.

지소에서 유지가 분리되어 독립 지목으로 된 것은 1918년 6월 18일 제령 제9호로서 지세령을 개정한 때라고 추측되며, 잡종지에서 염전과 광천지가 분리된 것은 1943년 3월 31일 제령 제6호로서 공포된 이후이다.

1950년 12월 1일 지적법에서는 지목의 종류를 21가지로 하고 이것들은 토지의 종류에 따라 구별하여 정한다고 규정하였다. 이러한 지목은 1975년 12월 31일 지적법 전문개정 시행 이후 지적법 제5조에 의한 지목으로 6개 지목을 신설하고 6개 지목을 통폐합하였으며 4개 지목의 명칭을 변경해서 24개 지목, 2001년 4개 지목을 신설해서 28지목으로 변천되었다.

그러므로 현행 28가지에 해당되지 않은 지목은 존재하지 않으며, 1필의 토지에는 1개의 지목만이 존재하게 될 뿐 2개 이상의 지목이 정해질 수 없는 것이다.

(표17) 우리 나라 지목변천의 현황

구 분	토지조사사업 당시	지적법 제정 이후	제1차 지적법 전문 개정 이후	현행 지적법상 지목
근거법	토지조사령(제3조)	지적법(제3조)	지적법(제5조)	지적법(제5조)
시행일	1910 - 1950	1951 - 1975	1976 - 2001	2002 - 현재
지목수	18개 지목	21개 지목	24개 지목	28개 지목
지목 종류	전, 답, 대, 지소, 임야, 잡종지, 사사지, 분묘지, 공원지, 철도용지, 수도용지, 도로, 하천, 구거, 제방, 성첩, 철도선로, 수도선로 (18개)	전, 답, 대, 염전, 광천지, 지소, 잡종지, 사사지, 공원지, 철도용지, 수도용지, 임야, 분묘지, 도로, 하천, 구거, 유지, 제방, 성첩, 철도선로, 수도선로 (21개)	전, 답, 과수원, 목장용지, 임야, 광천지,염전, 대, 공장용지, 학교용지, 도로, 철도용지, 하천, 제방, 구거, 유지, 수도용지, 공원, 체육용지, 유원지, 종교용지, 사적지, 묘지, 잡종지 (24개)	전, 답, 과수원, 목장용지, 임야, 광천지,염전, 대, 공장용지, 학교용지, 도로, 철도용지, 하천, 제방, 구거, 유지, 수도용지, 공원, 체육용지, 유원지, 종교용지, 사적지, 묘지, 잡종지, 주차장, 주유소용지, 창고용지, 양어장 (28개)
추가 지목		염전, 광천지, 유지 (3개)	과수원, 목장용지, 공장용지, 학교용지, 운동장, 유원지 (6개)	주차장, 주유소용지, 창고용지, 양어장 (4개)
변경 지목			성첩→사적지 분묘지→묘지 공원지→공원 사사지→종교용지 운동장→체육용지 (5개)	

현행 지목은 28지목 구분 자체의 문제뿐 아니라 공부상에 등록된 지목과 실지와의 불부합으로 지목 설정의 취지인 토지의 용도현황이 정확히 파악되지 못하고 있다. 또한 국토개발과 도시개발에 따라 토지 중복화 현상이 점점 확대되고 있으나 지표만을 표시하는 현행 제도에서는 지상과 지하를 포괄할 수 없는 점에 따라 도시화와 산업화 과정의 필지 세분화에 따른 지목 설정의 문제점이 제기되고 있다(지종덕, 1993).

특히 현재 지목 중에서 국제적으로 문제시 되고 있는 대륙붕, 영해문제 등을 포함한 해면이 지목분류상 언급조차 없는 실정으로 조속히 해결해야 할 과제로 남아 있다.

1 전

전(田 : dry paddy, barley field)은 양수를 직접 이용하지 않고 식물을 재배하는 토지를 말한다. 대개 식물에는 적건 많건 간에 양수가 필요하지만 답과 같이 그 양수를 직접 이용하여 식물을 경작, 재배하는 것과 달리 직접적으로는 물을 이용하지 않고 식물을 재배하는 토지의 지목을 전이라고 한다.

전은 보통 "밭"이라고 일컫는데 일본에서는 전(田)이라 하면 논(畓)을 가리키고, 밭은 전(화전전畑)이라는 글자를 쓰고 있다. 따라서 지목이 전이라고 할 때에는 우선 양수를 직접 이용하지 않고 식물을 재배해야 비로소 그 토지는 전이라는 지목에 해당하게 되는 것이다. 또 산간부에서는 지력을 배양하기 위해 전을 휴경(休耕)하는 경우가 있는데, 이때 휴경연수가 경작연수보다 짧은 것은 지목을 수정하지 않고 그냥 전으로 두는 것이 좋다.

전작식물(田作植物)은 전에서 재배하는 식물로 대개 다음과 같고 이러한 식물을 심은 토지는 모두 지목을 전으로 하는 것이 원칙이다.

① 곡식류 : 조·맥류(보리·밀·귀리 등)·옥수수·수수·피·육도
② 소채류 : 배추·무·호박·가지·감자·토마토·당근·파·마늘·고추·우엉·수박
③ 약초 : 인삼·도라지·당귀
④ 공예작물 : 삼·아마·피마자(아주까리)·기류(고리버들)·뽕나무·닥나무
⑤ 과수 : 배·복숭아·사과·포도·감·밤
⑥ 특수작물 : 죽순·묘목·화초·딸기

2 답

답(畓 : rice paddy, rice field)은 양수를 직접 이용하여 식물을 재배하는 토지를 말한다. 이는 양수를 직접 이용하여 식물을 재배하는 점이, 양수를 직접 이용하지 않고 식물은 재배하는 토지인 전과 다른 점인데, 여기서 재배라는 관념은 전의 경우와 똑같은 것이다. 답에서 재배하는 식물은 벼, 연(蓮), 미나리, 왕골, 택사(약초의 일종) 등이다. 주의할 것은 답에 주작물이 벼라 하여, 벼를 심는 토지의 지목을 모두 답이라고 할 수 없다는 점이다. 벼 중에서도 육도는 전에 심기 때문에 전, 답의 구분은 어디까지나 식물의 품종에 따를 것이 아니라 경작방식에 따라야 한다.

다음 연을 심은 때에는 지목을 지소로 하는 것이 아니냐는 의문이 생길듯 하지만, 연을 심은 후 제초를 하는 등 이를 재배하는 것이 확실하면 지목은 답으로 하여야 할 것이며 지소는 연이 자생하는 상태로 방치하는 경우 해당되는 지목인 것이다.

답에는 천수답(天水畓)이라 하여 주로 빗물에 의존하는 것이 있는가 하면 수리답(水利畓)이라 하여 구거, 저수지 등 수리시설에 의존하는 것이 있다. 이 모두 양수를 직접 이용한다는 공통점이 있으므로 천수답이건 수리답이건 지목은 답으로 해야 한다.

3 과수원

과수원(果樹園 : orchard)은 일정한 구역내의 과수류를 집단적으로 재배하는 토지와 이에 연접되어 있는 저장고 등 부속시설물의 부지의 지목이다. 과수원이라는 지목은 1975년 개정 지적법에서 처음 생겼는데 과거에는 전이라는 지목에 포함되었다. 과수라는 것을 식용으로 하는 과실을 생산하는 목본식물로서, 이를 집단적으로 재배하는 토지를 과수원이라 하고 그 지목도 같은 이름의 과수원으로 하고 있다. 그런데 지목을 과수원으로 할 토지는 객관적으로 과수원이라고 일컬을 만한 규모의 것이라야 한다. 다만 과수원 안에 있더라도 주거가 주 목적인 건축물의 부지는 그 지목을 대로 한다.

지목을 과수원으로 하는 것은 과실 중에서 구과, 견과, 이과, 장과, 핵과가 열리는 목본식물을 집단적으로 재배하는 토지뿐이다. 초본식물을 재배하는 토지의 지목은 과수원이 아니다.

(1) 구과

구과(毬果)는 소나무과 식물의 열매로서 이는 목질의 비늘조각이 여러 겹으로 포개어져서 구형이나 원추형으로 되어있고, 각 비늘조각 안에 비어져 난(속에 있던 것이 밖으로 내밀다) 씨가 붙어 있는데 솔방울, 잣송이 등이 이에 속한다. 다만, 우리 나라에서는 소나무나 잣나무를 재배하는 경우는 거의 없고 나무가 자생한 채로 거기에서 솔씨, 잣 등을 따내는 것이 대부분이다. 따라서 소나무나 잣나무가 집단적으로 서 있는 토지의 지목은 임야에 해당하는 것이 보통이다. 그렇지 않고 솔씨, 잣 등을 따는 것을 목적으로 나무를 집단적으로 재배하는 것이 확실하다면 그 지목은 과수원으로 된다.

(2) 견과

견과(堅果)는 건조폐과(익어도 껍질이 터지지 않는 열매)의 일종으로서 과피가 매우 굳고 단단하며 안에 1개의 종자가 있고 총포(화서 전체의 기부를 싸고 있는 것)가 변한 각두(殼斗)(깍정이·참나무·떡갈나무 등의 열매의 밑 받침)로 몸의 하부 또는 전부가 싸여 있는데 밤, 도토리 등이 이에 속한다. 이처럼 밤, 도토리 등을 따는 것을 주목적으로 이들 나무를 재배하는 것이 확실하면 이는 지목을 과수원으로 해야 한다.

그러나 소나무·잣나무의 경우와 마찬가지로 우리 나라에서는 이를 재배하는 예가 매우 드물기 때문에 실제로는 밤나무나 도토리나무가 서 있는 토지에 과수원의 지목을 붙이는 일은 거의 없다.

(3) 이과

이과(梨果)는 폐과의 일종으로서 자방은 응어리가 되고 그 바깥쪽에는 화탁의 변화인 다육부가 있는데 배·사과·능금 따위가 여기에 속한다. 이과를 따기 위해 나무를 집단적으로 재배하는 토지는 그 지목을 과수원으로 하는 대표적인 예가 되고 있다.

(4) 장과

장과(漿果)는 다육과의 일종이다. 장과의 외과피는 표피가 되고 중과피 및 육과피는 다육이며 액즙(물체에서 배어 나오거나 짜낸 액체)도 많고 그 내부에는 1개 또는 여러 개의 종자를 가진 과실이다. 포도·귤·감·토마토 등이 장과에 속한다.

다만, 이 중에서 포도·귤·감은 목본식물에서 열리므로 이는 과수에 해당한다. 따라서 이것을 재배하는 토지의 지목은 과수원으로 하지만 토마토는 초본식물에서 열리므로 이를 집단재배한다 하더라도 그 토지의 지목은 '전'이고 '과수원'은 아니다.

(5) 핵과

핵과(核果)는 다육과의 일종이다. 핵과의 외과피는 얇고 중과피는 다육이며 내과피가 변화하여 단단한 핵으로 된 과실로서 복숭아·살구·매실·앵두 등이 이에 속한다.

복숭아·살구·매실·앵두 등을 따기 위해 이 나무들을 집단재배하는 토지의 지목은 과수원으로 하는 것이 원칙이다(원영희, 1972).

4 목장용지

목장용지(牧場用地 : pasture)는 가축, 즉 집에서 기르는 짐승인 소·말·돼지·닭·양·염소 등을 기를 목적으로 만들어진 목초지, 건물, 울타리 등을 설비해 놓은 토지를 말하는 것으로서, 목장은 전형적인 축산업의 가장 집약적인 방법이라고 할 수 있다. 이와 같이 목장용지는 일정한 구역 안에서 축산업 및 낙농업을 목적으로 가축을 사육하는 초지와 이에 접속된 축사 등 부속시설물의 지목이다. 그런데 '과수원'의 경우처럼 목장구역내 있더라도 주거용 건축물의 지목은 '대'로 한다.

목장용지라는 지목은 1975년 개정 지적법에 처음 등장한 것으로서 구법에서는 지목 '잡종지' 속에 포함되어 있었다. 목장의 건물에는 축사, 사료창고, 사료조제실, 가공실, 퇴비사, 농기구사 등이 있고 그 외에 울타리, 도로, 배수시설 등을 필요로 한다. 목장은 외부 울타리를 경계로 하여 구역을 정하는 것이 가장 일반적인 방법이다.

5 임야

임야(林野 : forestry)는 일본에서 산림원야라고 부르던 것이다. 우리 나라에서는 이를 산림산야라고 고쳤다가 다시 약칭하여 '임야'라고 하게 되었다. 임야에 해당하는 토지는 매우 많은데, 현저한 것으로는 수림지, 죽림지, 암석지, 사력지, 사지, 초생지, 황무지, 습지, 간석지 등이라 할 수 있다.

(1) 수림지

수림지는 침엽수나 활엽수 등이 성장하여 일단을 이루는 지역을 말하며 지목 임야의 가장 대표적인 것으로 임산물의 주된 생산처이기도 하다. 임산물은 건축자재, 신재, 철도의 침목, 광산의 갱목, 전신주, 가구 등의 원료로 쓰이며, 한편으로 제지, 인조견사 등의 의류섬유와 코르크, 향료, 의약품, 화약약품 등 실로 많은 방면에 이용되고 있을 뿐 아니라 관개용수, 수력발전용수, 상수도용수 등의 수원을 기르는 데도 필요하다. 그 밖에 홍수나 산사태를 막고 항상 그 유량을 조절하여 평균수위를 유지하도록 하는 데도 필요하다. 수림지는 여름철에는 시원하게 하고 겨울철에는 모진 추위를 막아 기온의 격차를 적게하고 있으며 방풍, 방설 등의 작용도 겸하고 있다.

수림지에서 생기는 낙엽 또는 하초는 농업상 비료의 역할을 하고, 나아가서는 가축의 사료가 되는 중요한 부산물이라 할 수 있다. 한편 수림지는 야생조수가 살기에 알맞기 때문에, 관상에 도움이 됨은 물론 짐승의 모피를 얻는데도 큰 역할을 하고 있다.

(2) 죽림지

죽림지는 대나무가 숲을 이루어 자라나고 있는 이른바, '대나무 숲'을 말한다. 죽림지는 현행법상 그 지목을 임야로 하지만, 죽순을 재배, 생산하는 토지의 지목은 전으로 해야 한다. 대나무의 종류는 700여 가지가 되나 맹종죽, 솜대, 반죽, 산죽, 조릿대, 갓대, 해장죽, 왕대 등이 있고 한국에는 특히 전라남도, 전라북도 및 제주도에 많다. 대의 용도는 죽순을 따는 경우도 있지만 기둥, 담장, 서까래, 낚싯대 등에 이용하며, 이런 것은 거의 전부가 오래 묵은 노재(老材)들이다.

(3) 암석지

암석이란 지각을 구성하는 1종류나 혹은 2종류 이상의 광물로 이루어지고 화학성분이 일정하지 않은 불균질한 천연 물질의 총칭이다.

암석지의 지목은 임야로 한다. 흔히 암석이라고 할 때에는 마치 굳어 딱딱한 것의 대명사처럼 여겨지지만 암석은 굳은 것이나 무른 것 모두가 지구본체를 이루는 암권의 구성요소의 전부를 말한다. 암석은 주로 석영, 장석, 운모의 3가지로 이루어지는 화강암이라 할 수 있다. 암석은 성인(成因)에 따라 일반적으로 화성암, 퇴적암, 변성암의 3가지로 크게 나눌 수 있다.

암석 중에서 심성암과 변성암은 지각의 깊은 곳에서 생기고, 화성암은 지구 표면 혹은 지구 표면 가까운 곳에서 생기며, 퇴적암은 대개 물 밑에서 생기나 오랜 세월에 걸친 지각의 변동에 따라 그 위치가 서로 뒤바뀐 것이 많은데, 화성암 중에는 화강암과 현무암이 가장 많고 또 지각을 구성하는 암석 중 95%는 화성암이다.

1) 화성암

화성암은 지각 안에 있는 용융상태의 암장이 냉각되어 결정된 것으로, 암장(暗葬 ; 마그마)이 지각 깊숙한 곳에서 천천히 냉각하여 굳어 버린 것을 심성암, 암장이 지각을 뚫고 지구의 표면에 솟아 나와서 급격하게 냉각하여 굳어 버린 것을 화성암이라고 한다.

화성암 중에서 지구 표면에 솟아 나와 흘러내려서 이루어진 것을 용암, 암장이 끓어서 화산의 가스가 빠져 나간 뒤 많은 구멍을 가지고 있는 것을 경석이라고 하거나 혹은 부석이라고 한다. 경석은 빛깔이 백색에 가까운 회색인데, 가장 유명한 백두산은 경석으로 이루어졌기 때문에 멀리서 희게 보인다 하여 백두산이라고 이름지었다.

심성암은 화강암과 같이 큰 결정만이 모여서 되어 있지만, 화성암에서는 작은 결정이 모인 세밀한 석기 안에 비교적 큰 반정(斑晶)이 마구 섞여 있는 예가 많다. 이것은 암석이 냉각하여 굳어질 때까지의 시간에 관계가 있다.

2) 퇴적암

퇴적암은 수성암이라고도 하며, 물의 퇴적작용에 따라 생기는데서 유래한 이름으로서 그 종류는 쇄설암, 화학적 침전암, 유기질퇴적암의 3가지로 나눌 수 있다.

① 쇄설암

쇄설암은 빗물이나 하천의 작용으로 산에서부터 흘러 내려오는 사력이나, 해안의 암석 등이 파도의 힘으로 깨져서 된 사력 등이 평야, 호수 밑, 바다 밑 등에 퇴적되어 이루어진 것이 대부분이다. 그 밖에도 화산탄, 화산력, 암재, 화산회 등이 육지나 물 밑에 쌓여서 된 것도 있는데 이런 것을 특히 화산쇄설암이라고 부른다.

② 화학적 침전암

화학적 침전암은 호수나 바닷물에 녹아 있던 여러 가지의 화학적 성분이 물밑에 가라앉아 굳어진 것으로서, 이는 그 조직성분의 치밀함이 특징으로 천연적인 숫돌은 화학적 침전암의 대표적이다.

③ 유기질 퇴적암

유기질 퇴적암은 육지에 있던 식물이나 바다 속에 살고 있던 여러 가지 생물의 유체가 오랫동안 물 밑에 퇴적되어 굳어버린 것으로, 퇴적암의 가장 두드러진 특징은 지층의 구별을 뚜렷하게 해주는 것이다.

3) 변성암

화성암이나 퇴적암이 지각 속에서 토지의 압력이나 높은 열의 영향을 받으면 본래의 모양이나 그 암석을 이루었던 성분인 광물의 종류가 변경되어 이루어지는 암석을 변성암이라고 한다. 천매암이라고 하는 암석은 견운모와 녹니석 등 비늘 모양의 결정이 평행으로 배열되어 있어 한 장 한 장 벗기기 쉽다.

이것은 이미 존재하던 암석이 땅 속의 큰 압력에 못 이겨서 새로 이루어진 변성암으로, 이와 같이 압력의 영향을 받아 이루어진 변성암을 동력 변성암, 열기의 영향을 받아 이루어진 변성암을 열변성암 혹은 접촉 변성암이라고 한다.

(4) 사력지

사력지라는 것은 자갈이 많이 깔려 있는 땅, 즉 자갈밭을 말하며 지목은 임야로 한다. 자갈은 암석의 조각이 물의 운반작용에 의하여 강가나 바닷가의 바닥에 오랫동안 깔리어 반들반들하게 된 잔돌 또는 기타 자질구레하게 생긴 조약돌로서 직경이 대략 2cm 이상의 것을 말한다. 자갈은 대자갈, 중자갈, 소자갈로 구분할 수 있고, 강가에 쌓인 것은 강자갈, 바닷가에 쌓인 것은 바닷자갈이라고 한다.

그 밖에 지층에 있는 역암을 산자갈이라고 하나 지방에 따라서는 이 역암을 부스럭돌이라고 하는 예도 있는데, 역암은 사력에 속하기보다는 암석에 속한다고 볼 수 있으며, 자갈은 토목 및 건축공사에 많이 쓰이고 있다.

(5) 사지

사지는 순수한 모래땅을 말하는데, 일반적으로 모래라 할 때에는 자연히 잘게 부서진 돌 부스러기를 말하는 것이다. 사지의 지목은 임야로 하는 것이 원칙이다. 그러나 서울에 있는 한강 백사장 같은 것은 하천의 일부이므로 그 지목은 하천으로 되어 있다. 모래는 때로 자철광, 주석돌, 사금 등을 함유하는 경우도 있다.

일반적으로 모래의 지름은 1/16mm 내지 2mm 정도이며 강가 또는 바닷가에 쌓이는데 간혹 지층 중의 사층을 이루는 것도 있다.

(6) 황무지

황무지는 사람의 손이 가서 잘 가꾸고 거두지 않아 거칠어진 땅을 말한다. 황무지는 흔히 보는 거친 허허벌판에 듬성듬성 풀이 자라는 정도의 토지이다.

1922년에 영국의 시인 엘리이트가 제1차 세계대전 후의 유럽 세국의 황폐한 보습을 상징적인 재료와 구성에 의하여, 대전 종결 후의 혼란, 절망, 환멸 등을 솔직 대담하게 노래한 전형적인 장시의 제목을"황무지"라고 붙인 점을 상기하면 대략 어떠한 상태의 토지인가를 짐작할 수 있을 것이다. 황무지의 지목은 임야이지만 일본에서는 원야라는 지목이 따로 있어서 황무지의 지목으로 하고 있다.

(7) 습지

습지는 항상 축축한 토지로서 이는 수택(水澤)이 만들어져 지하수가 지표면 가까이 있는 토지이다. 이러한 습지에 사는 식물은 축축한 땅에 뿌리를 내리고 잎은 두터운 것이 특징인데 끈끈이주걱, 여뀌, 미나리, 방동사니 등 습지식물이 자라 이른바 습지초원을 이루는 예가 많으며 그 지목은 임야로 하는 것이 원칙이다.

(8) 간석지

간석지(干潟地)는 조수가 드나드는 갯벌을 의미한다. 평지 해안에서 바다의 깊이가 해안에서 멀리 얕기 때문에 물결은 해안에까지 나와서 서로 부딪쳐 부서지지 않고 여기에서 일어나는 파도가 바다 밑에 깔린 모래와 흙을 이동시키는 것이다.

이러한 과정을 밟아 쌓인 모래나 흙은 오랜 세월이 지나면 해안선에 평행한 주(洲)를 이루게 되는데, 이와 같이 이루어진 주와 해안선의 사이에 있는 바다를 석호(潟湖)라 하고 이러한 지형을 연안주라고 한다. 다음 강물을 따라 운반되어 내려온 흙과 모래는 강 어구에서 바닷물결에 부딪쳐 사주를 만들고 그 안쪽에 못을 이루는 경우도 있는데, 이것 또한 석호라고 부른다. 석호가 조수의 간만에 따라 썰물이 되어 개펄이 될 때나 그렇지 않으면, 이런 곳에 둑을 쌓아 간척을 하였을 경우는 이를 특히 간척지(干拓地)라고 한다. 간석지는 우리 나라 서해안과 낙동강의 하류에 발달해 있다.

이러한 간석지는 간척하여 염전 또는 답 등으로 이용하고 있기 때문에 간석지를 간척한 곳의 지목을 임야 이외의 지목으로 등록하여야 한다(원영희, 1972).

6 광천지

광천지(鑛泉地 : mineral spring)는 지중에서 광천이 솟아오르는 토지 및 그 유지에 필요한 토지의 지목이다. 그런데 광천이라고 하는 것은 광물성 물질·가스·방사능 물질 등을 포함하며 의학상 치료의 목적으로 목욕시 쓰이거나 또는 음료에 쓰이는 것을 뜻한다.

광천은 화학적 성분에 따라 단순온천, 단순탄산천, 중탄산토류천, 알칼리천, 식염천, 황산염천, 철천, 명반천, 산성천, 유황천, 방사능천 등으로 나눌 수 있는데, 이런 것들이 솟아 나오는 토지는 예외없이 지목을 광천지로 해야 한다.

광천지는 종래에 잡종지라는 지목에 포함되어 있다가 1943년 4월 1일 잡종지로부터 분리되어 독립 지목이 되었다.

광천지중에서도 가장 그 유례가 많은 것은 온천이다. 온천은 지중에서 솟아나오는 분천으로 과거에는 온도가 소재지방의 1년 평균온도보다 높은 것을 말하였다. 그러나 지금은 인공적인 가열을 하더라도 온천으로의 일정한 기준에 도달하면 이를 온천으로 취급하는 경우도 있다. 일반적으로 입욕(入浴)하여 따뜻한 감(感)을 느끼는 것, 평균체온 37℃ 이상의 것을 온천이라 한다. 온천은 그 수온에 따라 25℃ 이하는 냉천, 26℃~34℃는 미온천, 35℃~42℃는 온천, 43℃ 이상은 고온천으로 구분한다.

광천, 특히 온천의 용출구에 파이프를 장치하고 수십 미터 혹은 수백 미터 지점에까지 온천수를 끌어다가 여관, 공동목욕탕 등에 연결하는 경우가 많다. 이와 같이 용출구를 벗어나면 이는 광천이 지중에서 용출한다고 볼 수 없기 때문에 파이프의 부지는 지목을 광천지라고 할 수 없으며 현지의 상황에 따라서 잡종지 또는 기타 적당한 지목으로 하여야 한다.

7 염전

염전(鹽田 : salt march)은 바닷가의 평탄한 곳에 조수(바닷물)를 끌어들여 수분을 증발시켜 소금을 채취하는 천일염전, 염유지 및 그에 접속되어 있는 제염장의 부지의 지목이다. 염전이라는 지목은 1943년 3월 31일 제령 제6호로서 공포되어 그해 4월 1일부터 시행된 조선지세령에 의하여 새로 제정된 지목으로, 그때까지는 잡종지라는 지목 중에 '광천지'와 함께 포함되어 있었다.

염전과 광천지는 같은 소유자라 할지라도 반드시 별필로 하도록 되어 있어, 토지조사 당시부터 지목은 잡종지로 되어 있었다. 염전과 광천지는 각각 다른 토지와 구별되어 독립된 필지를 형성하였기 때문에 1943년 염전 및 광천지를 잡종지에서 분리하여 제각기 독립된 지목으로 하였어도 이미 토지는 각기 필지를 달리하고 있었으므로 새로 토지를 분할할 필요없이 지목만 수정하면 되었다. 염전은 일반적으로 제방, 염전 내부, 저수지, 염퇴장 등으로 구성된다. 염전 내부는 휴반으로서 제1증발지가 6단 2열, 제2증발지가 4단 4열, 결정지가 4단 48렬로 구획되고 각종의 수로, 용수로, 역수로, 배수로, 도수로 등과 함수류 등이 여기에 부속된다.

한편 증발지, 결정지 및 그 부속부분을 포함하여 일관된 제염작업을 할 수 있는 염전의 작업단위를 1부(符 : 5정보가 단위면적)라 부르며, 각 부간에는 부간배수로가 있는 것이 보통이다. 이와 같이 수개의 부와 각부 공통의 저수지를 합쳐서 1개의 염전이라고 하는데 그 지목은 모두 염전으로 한다.

8 대

대(垈 : housing site, building site)는 영구적 건축물의 기지(부지) 및 그 부속으로 인정되며 또한 본지와 연접되어 있는 정원, 물간장, 물치장, 공작장, 도급장 등과 영구적 건축물의 건축 예정지로서 현저한 설비를 한 토지의 지목인 것이다. 그런데 영구적 건축물은 객관적으로 판단할 문제이지만 보통 목재, 벽돌, 시멘트 블록, 철근콘크리트 및 이에 유사한 재료로서 지은 것은 일반적으로 영구적인 건축물이라고 할 수 있다.

건축물은 비단 우리들이 거주하는 주택만을 가리키는 것이 아니라 사람이 거주할 목적 외에도 공장, 시장, 수차장, 화장장, 도수장, 공동우물, 효자열녀의 비각 부지로 건설된 건축물은 모두 포함하는데 영구적인 이러한 건축물의 부지는 특별히 다른 지목에 해당하지 않는 한 지목을 대로 한다.

영구적인 건축 예정지로서 현저한 설비를 한 토지는 비록 현재는 건물이 세워져 있지 않더라도 이는 지목을 대로 한다. 여기서 현저한 설비는 객관적으로 이를 판단할 수 밖에 없는 것이나 대표적인 것이 축대를 쌓는 것이라 할 수 있다. 축대를 쌓는 것은 건축 예정지를 정돈하는 데 가장 효과적인 방법으로서, 이는 그 누구라도 건축 예정지임을 쉽게 알 수 있기 때문이다.

9 공장용지

공장용지(工場用地 : factory site)는 도시계획구역내에서 공장지역내의 제조업을 목적으로 하는 공장시설 또는 도시계획구역 이외에서 일정규모 이상의 제조업을 목적으로 하는 공장시설 부지 및 이에 접속한 부속시설 부지의 지목이다. 그런데 공업지역내에 있는 공장이라 하더라도 그 규모가 천차만별이어서 지목을 '공장용지'로 할 것이라면 적어도 일정한 구역과 상당한 설비를 갖추어 공장으로서의 객관성이 있어야 한다. 공장은 다수의 노동자가 분업에 의해 협력하면서 생산에 종사하는 시설이다.

'공장용지'라는 지목은 지적법개정(1975)시 처음 생긴 것으로서 종래에는 그에 해당하는 토지 대부분의 지목이 '대' 혹은 '잡종지'에 해당하였다. 공장시설 중에는 설령 영구적 건축물이 있다고 하더라도 그 지목을 '대'로 하지 않고 모두 이를 '공장용지'로 해야 한다.

도시계획구역 내에 자리잡은 공장으로서 일반적인 시설은 사무실, 경비실, 창고, 작업장, 상하수도시설 및 전기, 가스시설 등이 있고 그 부속시설로서는 전용의 식당, 병원, 운동장, 교육장 등이 있다. 그런데 이러한 부속시설물이 공장시설물과 접속하였을 때에는 그 지목은 모두 '공장용지'로 하는 것이 원칙이다.

도시계획구역 밖에 자리잡은 공장으로서 일정한 규모는 공장의 요건을 갖춘 것으로서 객관적으로 판단할 문제이다. 수공업, 가내공업이 아직 많은 우리 나라는 주택의 일부를 개조하여 소규모로 물건을 생산, 가공한다 하더라도 이는 그 주용도에 따라 지목을 '대'로 할 것이다. 또한 설령 거기에다 '무슨 공장' 등의 간판을 걸었다 하여 이를 '공장용지'의 지목으로 할 수는 없다.

10 학교용지

학교용지(學校用地 : school site)는 일정한 구역내의 학교의 교사와 이에 접속된 부속시설물의 부지 및 체육장 등의 지목이다. 학교는 일정한 목적, 설비, 제도 및 규모에 의해 계속적으로 피교육자에게 학습지도를 하여 교육을 실시하는 영속적인 기관으로서 법령에 의해 설치된 것이다.

지목을 '학교용지'로 하는 것은 학교가 직접적으로 교육의 목적에 사용하는 교사 부지 및 부속시설의 부지, 체육장, 실습지 등으로서 구내에 있거나 이와 접속된 것이 여기에 해당한다. 학교는 교육법의 규정에 따르면 다음과 같이 구분하고 있다.

① 초등학교, 중학교, 고등학교, 대학교
② 교육대학, 전문대학
③ 실업고등학교
④ 기술학교, 고등기술학교
⑤ 공민고등학교, 공민학교
⑥ 특수학교
⑦ 유치원
⑧ 각종 학교

학교 설립의 목적은 모든 국민으로 하여금 신앙, 성별, 사회적 신분, 경제적 지위 등에 의한 차별없이 그 능력에 따라 균등하게 교육을 받게 하기 위한 것이다.

학교는 공기업의 일종이지만 경제적이며 직접적인 수익성이 없는 것이 특징이다.

지목을 '학교용지'로 할 토지는 교육법에 규제하는 학교만을 대상으로 한다. 따라서 사설강습소에 관한 법률 등에 의하여 설립되는 학원 등은 여기에 해당되지 않는다. 지목을 '학교용지'로 하는 토지는 일정한 구역이 있어야 한다. 그런데 일정한 구역은 울타리, 경계표식 등에 의하여 객관적으로 구획이 확연한 범위를 뜻하고 있다.

11 주차장

주차장(駐車場 : parking lot, parking place, parking area)은 자동차를 주차시키기 위하여 일정한 설비를 갖춘 장소를 의미한다. 주차란 자동차가 승객을 기다리거나 화물의 하역작업, 그 밖의 사유로 계속적으로 정차하는 것, 또는 당해 운전자가 그 차로부터 떠나서 즉시 운전할 수 없는 상태를 말하며 주차장법 규정에 의하면 주차장은 3종류가 있다.

(1) 노상(路上) 주차장

주차장 정비지구 내의 도로 노면에 일정한 구역을 정하고 설치하는 주차용 시설로서, 일반 공공용으로 이용된다.

(2) 노외(路外) 주차장

노면 외에 설치하는 주차시설로서 일반 공공용으로 이용된다.

(3) 부설 주차장

건축물, 골프연습장, 기타 주차수요를 유발하는 시설에 붙여 설치된 주차장으로 주로 백화점이나 빌딩의 지하 등에 있다.

자가용차의 주차는 개인 차고에서 하는 것이 원칙이나, 한국에서는 자동차의 급격한 보급으로 심한 주차난을 겪고 있다. 자가용 차고가 없는 자동차가 많은 데다, 또 상점가나 오피스가 등에서도 주차장이나 차고가 적기 때문에 노상주차가 많다. 최근에는 자동차의 증가에 따른 주차공간의 부족으로 도로교통의 정체현상이 더욱 심해지고 있다. 1979년 주차장법의 제정으로, 건설교통부 장관은 이 법률에 의거하여 공공주차장을 정비하기 위한 주차장 정비지구를 지정하고, 특별시장·광역시장·도지사는 노상주차장을 설치할 수 있게 되었다. 그러나 도로의 신설·확장이 자동차의 증가추세에 있어 도로교통의 정체를 가중시키고 있다. 노외주차장의 종류는 철근콘크리트의 고층 다계식(多階式)의 것, 지하실 또는 탑 모양의 빌딩에서 차가 회전식으로 격납되는 것 등 많은 투자를 필요로 하는 것으로부터 광장에 담을 쌓은 섯 등 여러 가지가 있다.

현행 지목중 주차장은 2002년 1월 26일 지적법 개정시에 잡종지에서 분리되어 신설된 지목으로 자동차 등의 주차에 필요한 독립적인 시설을 갖춘 부지와 주차전용 건축물 및 이에 접속된 부속시설물의 부지를 주차장으로 규정하고 있다. 다만 주차장법 제2조 제1호의 규정에 의한 노상주차장 및 부설주차장, 자동차 등의 판매목적으로 설치된 물류장 및 야외전시장은 제외하고 있다.

12 주유소용지

주유소용지(注油所用地 : gas station site)는 석유정제업자·석유수출입업자 또는 일반 대리점업자로부터 휘발유·등유 또는 경유를 공급받아 점포에서 이를 고정된 주유설비에 의하여 실소비자에게 직접 판매하기 위하여 일정한 설비를 갖춘 시설물 부지와 저유소 및 원유저장소의 부지 및 이에 접속된 부속시설물의 부지를 의미한다.

주유소에 관한 것은 석유사업법 제2조 용어의 정의에서 '석유'라 함은 원유·천연가스(액화한 것을 포함) 및 석유제품을 말하고 '석유제품'이라 함은 휘발유·등유·경유·중유·윤활유와 이에 준하는 탄화수소유 및 석유가스(액화한 것을 포함한다)로서 대통령령이 정하는 것을 말한다. 그리고 '부산물인 석유제품'이라 함은 석유제품 외의 물품을 제조함에 있어서 그 제조공정에서 부산물로 생기는 석유제품을 말하고, '석유정제업'이라 함은 석유를 정제하여 석유제품(부산물인 석유제품 제외)을 제조하는 사업을 말하며 '석유 수출입업'이라 함은 석유를 수출하거나 수입하는 사업, '석유판매업'이라 함은 석유의 판매를 업으로 하는 것을 말한다.

또한 '석유정제업자'라 함은 규정에 의하여 등록을 하거나 신고를 하고 석유정제업을 하는 자, '석유수출업자'라 함은 규정에 의하여 등록(등록이 면제되는 경우 포함)을 하고 석유수출입업을 하는 자를 말한다. 그밖에 '석유판매업자'라 함은 규정에 의하여 등록을 하거나 신고를 하고 석유판매업을 하는 자, '석유비축대행업자'라 함은 규정에 의한 석유비축의무를 대행하기 위하여 석유의 비축을 업으로 하는 자를 말한다.

석유판매업을 하고자 하는 자는 시·도지사에게 등록하거나 신고토록 규정하고 있다. 시설기준은 저장시설, 주유기, 공중화장실로 구분되는데 크게 서울특별시와 기타지역으로 구분된다. 서울특별시의 시설기준은 40킬로미터 이상을 저장할 수 있는 지하저장시설, 주유기는 4대 이상, 공중화장실이 1개소 이상으로 되어 있다. 기타지역의 시설기준은 20킬로미터 이상을 저장할 수 있는 지하저장시설, 주유기는 2대 이상, 공중화장실이 1개소 이상으로 되어 있다. 공중화장실의 위치·규모 및 운영에 관한 사항은 시·도지사가 정하는 바에 의한다. 그밖에도 시·도지사는 관할지역의 도시계획·도로사정·환경여건 등 지역실정을 고려하여 별도의 등록요건을 정할 필요가 있다고 인정되는 경우에는 시설기준외의 사항(주유소간 거리기준에 관한 사항 제외)에 한하여 최소한의 범위 안에서 등록요건을 추가로 정할 수 있도록 하고 있다.

주유소의 저장시설 요건으로는 먼저 주유소에 설치된 저장탱크에 유류를 적하할 때 배출되는 휘발성 유기화합물질은 탱크로리나 자체 설치된 회수설비를 이용하여 대기로 직접 배출되지 아니하도록 해야 하고, 저장탱크에 설치된 가지관 또는 숨구멍밸브 등은 외부로 휘발성 유기화합물질의 배출이 최소화될 수 있도록 적절한 조치를 해야 한다. 다만, 안전상의 문제가 있을 경우에는 시·도지사가 시설의 설치를 면제할 수도 있다.

현행 지목중 주유소용지는 2002년 1월 26일 지적법 개정시에 잡종지에서 분리되어 신설된 지목으로 자동차, 선박, 기차 등의 제작 또는 정비공장 안에 설치된 급유, 송유시설 등의 부지는 제외하고 있다.

13 창고 용지

창고용지(倉庫用地 : warehouse site)는 재화(財貨)의 보관을 위해 시설된 건물 또는 설비를 위하여 독립적으로 설치된 보관시설물의 부지와 이에 접속된 부속시설물의 부지를 의미한다.

수륙교통이 편리하고 각종 화물의 교류와 매매가 성행하는 곳으로 철도의 교차점, 개항지(開港地)·대도시 등에 있어야 한다. 창고의 역사는 중세 이탈리아의 여러 항구도시에 있었던 길드(guild)들의 창고에서 비롯된다. 이때 이미 소속상인의 화물뿐만 아니라 타인의 화물도 보관해 주고, 보관료를 받았다. 이 제도는 그 후 북유럽과 서유럽의 여러 도시와 내륙 교통의 요충지대에 전파되어 중요한 사업시설의 하나가 되었으며 자본주의 경제조직의 일환으로 배급경로에서 중요한 위치를 차지하였다.

창고의 기본적인 기능은 재화의 보관이다. 보관이란 재화를 저장하고 관리함으로써 유통의 시간적인 조절을 도모하는 것을 말한다. 운송이 재화의 장소적 이전에 의해 재화의 가치를 증대하는 것에 비해, 보관은 생산과 소비를 시간적으로 조절함으로써 재화의 가치를 증대시킨다. 예를 들면 농산물과 같이 수확하는 것은 일정한 기간이고, 소비가 1년 동안 계속되는 것은 보관이 필요하게 된다. 곡물 등은 생산지의 농업창고에서 공공적 검사제도에 의해 등급별로 분류되어 해당창고에 보관된다. 공업제품에서도 계절적인 상품(선풍기 등)을 연산 평균적으로 생산한다고 하면 보관하지 않을 수 없다. 또 대량생산의 소량단위운송, 소량생산의 대량상품화, 과잉생산물의 가격유지 등을 위해서도 재화(화물)의 보관이 필요하다. 창고의 종류로는 누구의 재화를 보관하느냐에 따라 자가창고(自家倉庫)와 영업창고로 나누고, 재화의 종류에 따라 일반창고로 크게 구분된다.

자가창고는 개개의 기업이 자기의 재화만을 보관하는 것이고, 영업창고는 타인의 재화를 보관하기 위해 경영되는 창고이다. 타인의 재화를 보관하는 것을 전업(專業)으로 하기 위해 창고를 보유하는 것이 창고업이다. 특수창고에는 냉장창고·가구창고·곡물창고·면화창고·양모창고·누에고치창고·연초창고 등이 있고, 생산창고의 대표적인 것으로는 농업창고가 있다. 배급창고로는 도시창고·공업창고·소비창고가 있으며, 집산창고의 예로는 항만창고·철도창고 등이 있다.

관세관계면에서 보면 보통창고와 보세창고(保稅倉庫)의 구별이 있다. 이 외에 조합창고·공영창고 등도 있다. 보관되는 재화는 동산에 한하고, 대량보관에 적당한 것이어야 한다. 또 부패·변질·파괴·폭발·발화 등의 위험성이 없고 악취를 내지 않으며, 취급하기가 편리하고

적법공정(適法公正)한 것이어야 하며, 밀수품이나 도품(盜品)이 아니어야 한다.

창고의 구조와 설비는 재화를 안전하게 보관할 수 있을 정도로 튼튼해야 하며, 화재나 지진에 대한 고려를 해야 하고 , 방습·내열(耐熱)·방풍·환기 등의 설비와 도난을 예방할 수 있어야 하며, 충해(蟲害)에 대해 안전해야 하며, 반입·반출에 편리하도록 고려되어야 한다. 부대시설로는 해륙교통과의 연락을 원활하게 하기 위해 부두와 궤도를 설비하고, 화물자동차 기타 운송용 차량이나 선박 등을 갖추며, 하역의 능률을 증진하기 위해 승강기·기중기·인양기·컨베이어·스파이럴슈트(spiral chute) 등을 부설하고, 경우에 따라서는 상품견본실과 경매장을 설치해야 한다.

현행 지목중 창고용지는 2002년 1월 26일 지적법 개정시에 잡종지에서 분리되어 신설된 지목으로 물건 등을 보관 또는 저장하기 위하여 독립적으로 설치된 보관시설물의 부지와 이에 접속된 부속시설물의 부지를 창고용지로 규정하고 있다.

14 도로

도로(道路 : road)는 일반 공중의 교통, 운수에 쓰이는 통로로서 도로의 형태를 구비하고 용이하게 개폐할 수 없는 토지 및 부속시설 부지의 지목이다.

넓은 의미로 도로는 사람이나 물건 따위가 어떤 지점에서 다른 지점으로 옮겨가려고 땅위나 물 위, 공중에 장소적인 구별을 정하고 다니는 선을 가리키는 것이나, 여기서 말하는 도로는 협의의 도로이다. 도로의 부속물로는 다음과 같은 것들이 있다. 도로교(도로와 접속되어 있는 교량), 도선장(도선도 포함), 축구(도로 옆에 있는 부속 구거), 가로수, 지벽, 도로원표, 이정표, 도로표지, 수로재료의 상치장 등이다.

흔히 가로라는 것이 있는데 이는 특히 시가지의 도로를 일반도로와 구별하여 부르는 것으로서 그 근본은 어디까지나 도로임에는 틀림이 없다. 지목을 도로라고 하는 것은 비단 도로법이나 사도법, 기타 도로관계 법규의 적용을 받는 도로만이 아니라 널리 일반적으로 도로라고 일컫는 일체의 지물을 포함한다.

도로를 관리하는 기관에 따라 분류하면 국도, 지방도, 시, 군도, 사도 등으로 구분된다. 국도는 국가 도로망의 중추적 역할을 하는 도로로서, 그 노선은 대통령령으로서 지정하게 되어있는데 1급과 2급의 2가지가 있다.

지방도로는 각 지방의 간선도로망을 이루는 것으로서 그 노선은 소관 서울특별시장·부산시장 및 각 도지사가 지정하기로 되어 있다. 다음 시·군도는 시·군 관할구역내에 있는 도로로서 소관 시장, 군수가 노선을 정하기로 되어있다. 사도는 개인이 관리하는 도로로서 국도, 지방도, 시, 군도에 접속되어 있는 것을 의미한다.

도로교는 도로를 연결하기 위해 놓은 다리를 말하는데 이는 도로의 연장이다.

도로교는 일반적으로 도로가 하천, 구거 등을 통과할 때에 필요하지만 경우에 따라서는 2점 간의 고저차의 완화, 건물이나 공작물 등 장애물의 통과, 다른 교통로와의 교차 등에 필요한 경우가 있는데, 그 중요도에 따라 구조와 규모가 여러 가지 있다.

도로교는 교상을 철근콘크리트로 하는 것이 보통이나 특히 그 교량을 통과하는 하중을 고려하여 설계함은 물론, 배수에 대한 구조상의 배려도 반드시 있어야 한다.

도로교는 도로의 연장이므로 도로교 부지의 지목은 원칙적으로 '도로'임에는 틀림없으나 이는 현지의 상황에 따라 도로 이외의 지목인 하천, 구거 따위로 하게 될 경우가 많다(원영희, 1972).

15 철도용지

철도용지(鐵道用地 : railroad site)로 하는 것은 일반공중의 교통·운수에 쓰이는 철도부지로서 다음과 같다.

① 정거장 구내(철도선로를 포함)
② 정거장 구외에 있는 차고, 화물고 등의 부지
③ 직무상 상주를 요하는 철도직원의 사택 및 운수·보선에 종사하는 철도직원의 주재소, 신호소 등의 부지로서 정거장 구내에 접속한 것
④ 철도에 쓰이는 차량, 기계, 기구류를 수리 혹은 제작하는 공장 및 그 자재, 기계, 기구류를 저장하는 창고의 부지로서 철도선로에 연하여 있는 것 등

철도는 쇠로 만든 궤도를 따라 기계동력인 차량을 운전하여 사람 또는 화물을 운반하는 특수한 교통기관을 말한다. 서울에서 1968년에 자취를 감추어 버린 전차도 철도에 포함되고, 가솔린을 연료로 하는 기동차도 철도에 포함된다.

과거의 철도용지는 일반공중의 교통운수에 쓰이는 것만을 가리키는 것이고, 어떤 회사의 전용철도는 포함하지 않았다. 그것은 우리 나라에 지적제도가 수립된 1910년대는 철도선로를 비롯하여 도로, 하천, 구거, 제방, 성첩, 수도선로일 경우에 지번을 붙여 토지대장에 새로이 등록하지 않고, 단지 대략의 경계와 지목을 지적도에 참고로 게재하는 데 그치도록 규정되었기 때문에 똑같이 철도에 쓰이는 토지인데도 일부는 철도용지, 일부는 철도선로라고 지목을 나누었다.

철도용지에 해당하는 토지는 철도선로로 지목을 붙일 순수한 궤도 부지를 제외한 일반 공중용 철도용지였으나 지금은 모두 철도용지에 포함되었다.

다만, 회사의 전용철도에 쓴 토지는 지목이 철도용지가 아니고 잡종지이다.

과거 지목 중에서 철도선로가 되는 토지는 일반공중의 교통운수에 쓰이는 철도의 부지중에서 지목이 철도용지에 해당하지 않은 토지이다. 그래서 철도에 쓰이는 토지 중에서 철도용지라고 지목을 붙이지 않은 것은 모두 지목을 철도선로로 하였다.

철도에 쓰이는 토지는 궤도를 주축으로 정거장, 신호소, 차량, 공작기구 등의 제조 및 수리공장, 직무상 상주를 요하는 철도원의 사택 부지 등이 있다. 이 중에서 궤도의 부지는 전부 지목이 철도선로이고, 또한 궤도에 붙어 있는 교량, 암거, 건널목, 신호기 부지, 각종 표시의 부지, 대피시설 등도 모두 지목을 철도선로로 하였었다.

그러나 1950년 12월 1일 공포된 지적법에서 종래에 토지대장이나 지적도에 지번을 붙여서

새로이 등록할 수 없었던 철도선로를 비롯한 도로, 하천, 구거, 제방, 성첩, 수도선로 할 것 없이 국토는 모두 지번, 지목, 면적, 경계를 정하여 토지대장이나 지적도 등에 등록하도록 의무적으로 규정했기 때문에 같은 철도에서 쓰는 토지를 철도용지와 철도선로로 구분할 필요성이 없어졌다. 그래서 철도용지와 철도선로는 지목을 철도용지로 통합하여 복잡을 피하는 것이 지적관리상 합리적이라는 취지에 따라 1975년 12월 철도용지로 통합되었던 것이다.

16 제방

제방(堤防 : bank)은 흐르는 물을 한정된 유로 안에 가두어서 다른 곳으로 넘치지 않도록 흙, 모래, 돌붙이, 콘크리트 등으로 만든 하천공작물을 말한다. 지적법상 제방은 하천의 제방은 물론 그밖에도 해안에 쌓은 방파제 등 해안제방 및 간척을 위한 간척제방, 물을 막기 위한 차단제방 등까지, 그야말로 일체의 제방을 포함한다. 방수제는 물론 방파제, 방사제 등 부지의 지목은 모두 제방이 된다.

하천제방 같은 것은 하천개수 공사의 가장 중요한 공작물로서 제방공사만을 가리켜 하수개수 공사라는 느낌마저 있다. 가장 대표적인 하천제방으로는 하천의 양쪽 기슭을 따라 쌓은 본제방이 있고 본제방 뒤에 부제방을 쌓는 방식을 취하고 있다.

이와 같은 본제방과 부제방 부지는 지목을 제방으로 하는 것이 원칙이다.

제방의 일반적인 단면형태와 명칭은 그림과 같다.

그런데 일반적으로는 AH를 제방 부지로 하고 있으나 제방을 보호하기 위해 제방의 뒤쪽에 약간의 보호용지를 두어 말뚝등으로 표시하는 경우가 있는데, 이 경우에는 보호용지로 그 지목을 제방으로 해야 할 것이다.

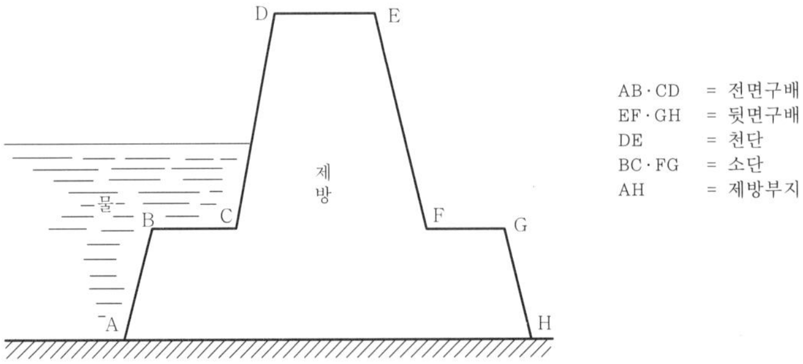

(그림49) 제방의 단면

제방에는 축조물 자체에 앞뒤가 있어서 물이 닿은 쪽이 앞이고 반대쪽이 뒤이다.

제내(堤內), 제외(堤外)는 제방 자체의 앞뒤를 말하는 것이 아니라 제방으로서 보호를 받는 구역의 안팎을 말하는 것이다. 제내라 하는 것은 그 제방으로서 보호를 받는 농경지나 시가지 쪽을 말하고, 제외는 시냇물이 흐르는 쪽인 강바닥을 뜻한다.

제방은 물 자체를 보호하는 역할보다 침수의 위험이 있는 농경지나 시가지를 보호하는 것이 큰 역할이므로, 제방으로서 하천을 포위하는 것이 아니라 제방으로서 농경지나 시가지를 포위해 방위한다는 관념에서 이같이 제내, 제외의 구별이 있게 되었다. 제내, 제외는 제방이 2줄로 되는 경우에 착각하기 쉬우나 1개의 제방만으로서 농경지나 시가지를 포위하였을 때에는 농경지나 시가지 쪽이 제방 안이 되고, 물이 흐르는 쪽이 제방 밖이 된다(원영희, 1972).

17 하천

하천(河川 : river)은 일시적이 아닌 자연유수가 있거나, 있을 것으로 예상되는 토지의 지목이다. 다만, 이와 같더라도 규모가 극히 작은 것은 구거의 지목에 해당되는 것이 예외이다. 흔히 산골짜기의 작은 도랑 같은 것은 항상 자연유수가 있을지라도 이는 그 지목을 하천으로 하지 않고 구거로 하는 것 따위가 좋은 예이다.

하천에서 흐르는 자연유수는 담수를 전제로 하지만, 구거는 담수나 함수(鹹水)의 구별이 없는 것이 특징이다. 그런데 지목을 하천으로 하는 것은 일시적이 아닌 자연유수 또는 그가 예상되는 토지이므로, 가령 큰 홍수가 나서 강물이 논이나 밭으로 넘쳐 흘렀다가 빠져 나갔는데 침수되었던 논이나 밭의 지목을 하천으로 해서는 안 된다. 이것은 홍수로 인한 자연유수는 일시적이기 때문이다.

비나 눈 또는 우박 등이 하늘에서 내리며 샘물이 땅속에서 솟아오르는 것은 자연현상으로서, 물이 지구의 표면에 이르면 자연히 높은 곳에서 낮은 곳으로 흘러 1개의 수로를 이루게 되어 일부는 땅 속에 스며들면서 종국적으로는 바다나 호수에 들어가며, 극히 일부분이기는 하지만 증발하여 다시 하늘로 올라가는 작용을 하게 된다.

이와 같이 자연적으로 이루어지는 수로는 지구표면의 높은 곳인 산간부에서는 여러 개로 갈라져 있으나 낮은 지대로 흘러내리면 차츰 합쳐져서 나중에는 1개의 수로가 되어 바다나 호수로 들어가게 되는 것이 보통이다.

이러한 수로가 지적학상 하천이며 하천의 세류격인 산간부의 여러 갈래의 작은 수로는 보통 지목을 구거라 한다. 하천은 분수령에서 시작하여 같은 유역내에서 모여 1개의 수계를 이루어 많은 하천이 되는데 그 중에서 가장 중요한 곳을 본류(本流), 본류 외의 일체의 수로를 지류(支流)라고 한다. 서울의 경우 한강은 본류이고 동대문구의 중랑천, 성북구의 정능천 등은 한강의 지류이다.

하천의 유로(流路)는 그 지방의 지질에 따라 다르다. 하천은 일반적으로 필종천(必從川), 역천(逆川), 무종천(無從川)의 3가지로 나눌 수 있다. 필종천은 지방의 경사진 지형에 따라 흐르는 하천으로 일반적인 하천이 해당되고, 역천은 필종천과 반대방향으로 흐르는 하천이며 무종천은 경사방향에 비스듬이 흐르는 하천이다.

하천에서 본류와 지류가 모여서 1개의 수계를 이룰 경우는 그 지역의 지질의 영향을 받아 수계(水系)의 형태를 달리 하는데, 장방수계, 방사수계, 병행수계 등으로 나눌 수 있다. 하천의 유로는 하천이 처음 생긴 때에는 지질구조상의 지형에 따라서 발달되지만, 나중에는 하천 자체의 침식작용에 따라 유로가 변경되는 것이 순서이다.

세언(洗堰)은 수량이 적은 하천바닥에 있는 암석에다 콘크리트 따위로 가로질러 길 모양으로 만든 구조물로서 물이 없는 평상시에는 그냥 길이 되지만 물이 날 때에는 둑으로서의 작용을 하게 되어 있다. 일본에서는 "아라이꼬시(洗越)"라고 부르며, 산간부의 하천 등에 교량공사를 하지 않고 이로써 교량을 대신하는 예가 많다. 세언은 성질로 보아 하천의 일부임에 틀림없으므로 특별한 경우를 제외하고는 지목을 하천으로 해야 할 것이나 규모가 극히 작은 것은 지목을 구거로 하는 경우도 있다.

18 구거

구거(溝渠 : ditch, gully)는 주로 인공적인 유수가 통과하는 수로이다. 지목을 하천으로 하는 것은 자연유수를 전제조건으로 하였으나, 그와는 반대로 구거는 인공적인 유수라는 점이 다르다. 여기에는 용수로, 배수로, 하수구 등 악수로가 해당되며 자연유수가 있다 하더라도 특히 그 규모가 작은 것은 지목을 구거로 한다.

상수도는 사람의 음료에 쓰이는 것으로서 이에 대한 토지는 따로 수도용지 등의 지목이 있어 여기에서 말하는 구거에는 해당하지 않으며, 악수로는 수질이 나빠서 음료수로 사용할 수 없는 물의 통로를 말하는 것이다.

(1) 수로

수로는 물이 흘러 내려가는 개천이나 또는 토관 등의 총칭이다. 엄격히 말하면 하천도 수로의 하나이지만, 지적학에서는 하천은 따로 지목이 독립되어 있기 때문에 지목을 구거로 하는 수로는 '도랑'이 대부분을 차지한다.

(2) 용수로

수로의 일종에 용수로라는 것이 있다. 용수로는 수원에서 농경지까지 관개용수를 보내기 위한 수로로서 일반적으로 말하는 '논도랑'이 여기에 해당된다.

용수로는 관개시설 조직상으로 간선, 지선 및 최소 용수로의 3단계로 나눌 수 있다.

이중 경작지를 통과하는 것을 최소 용수라고 한다. 용수로는 관개를 쉽게 하기 위해 수면을 높은 위치에 유지하며, 수로의 수심은 비교적 얕게 설계하는 것이 원칙인데 그중에서 특히 수로의 측벽과 밑바닥을 침식하지 않는 범위 내에서 유속은 빠르게 하고 수로의 단면은 적게 하는 것이 경제적이다. 용수로는 지형에 따라 개수로, 터널수로, 수로교, 관로, 사이펀 등이 있고 이것들을 적당히 혼용한 것이 있는데 일반적으로 수로의 단면이 대형(사다리꼴)이고 수로의 밑바닥 구배는 1/300~1/6,000이다.

(3) 운하

운하는 크고 작은 선박을 항행시킬 목적 하에 천연적으로 연결되지 않은 2개의 수면을 연결시키기 위해 인공적으로 육지를 파내어 만든 수로를 말한다.

운하는 캐널(canal)이라고 불러 선박의 항행목적 외에도 관개용수 또는 배수의 목적으로 만든 것도 있다. 운하의 지목은 법상으로 구거가 되어야 한다. 지목이 하천이라는 것은 담수가 자연적으로 흘러내리는 수로임에 반하여 운하는 바다와 바다를 연결하는 경우도 있어 반드시 담수만의 수로라는 것을 보장할 수 없고 또 인공적으로 된 수로이기 때문에 앞으로 '운하'라는 지목이 법적으로 생기지 않는 이상 현재는 운하의 지목은 구거로 해야 한다.

19 유지

유지(溜池 : pond, march)는 일정한 구역 안에 물이 고이거나 항상 물을 저장하고 있는 유수지의 지목이다. 유지에 해당하는 토지는 저수지, 소유지, 호, 지, 소, 양어지, 연지, 근지, 풍치지 등 적어도 물이 고여 있는 것이라면 수리나 생산수익의 유무에 불구하고 일절의 유수지를 포함한다. 수리는 물을 이용한다는 말로서, 즉 음료수나 관개에 쓰이거나 또는 수력발전 등에 쓰는 것을 의미한다.

유수지는 하천이나 계류에서 물을 끌어들여 잡아둘 목적으로 만든 인공적인 저수지 및 땅에 홈이 파여서 자연적으로 빗물이나 냇물이 고인 것을 말한다. 이런 것들은 모두 지목을 유지로 하는 것이 원칙이다. 지적법에서는 과거의 지목 '소'와 '지'를 합쳐서 유지라고 하였기 때문에 현재는 생산수익의 유무에도 불구하고 유수지의 지목은 모두 유지로 통합되었다. 한편, 종래에 호수는 규모가 큰 공유수면으로 다루어 지목구분 대상에서 제외하였지만 현재는 이를 유지의 지목에 해당시키고 있다.

(1) 유지의 유래

유지라는 지목은 토지조사를 전국적으로 실시한 당시에는 '지소'라고 하였는데 내용은 현재의 유지와 같다. 당시 수리 이외에 생산수익이 있건 간에 없건 간에 유수지는 모두 '지소'로 하였다. 그런데 완성된 토지대장과 지적도가 시·군으로 인계되어 지적사무를 정상적으로 시행한 1918년 6월 18일 지세령을 개정할 때에 지목 '지소'에 해당하는 토지 중에서 수리 이외에 생산수익이 있는 유수지는 지목을 그대로 '지소'라 하고, 수리 이외에 생산수익이 없는 유수지는 지목을 '유지'라고 하여 분리하였다.

이는 세지적 제도의 채택에 따른 것으로 지목이 '지소'이면 과세지이고, 지목이 '유지'이면 이는 비과세지였다. 그러다가 개정 지적법에서는 종래의 '지소'라는 지목을 '유지'에 통합하게 되었다. 결국 유수지의 지목은 당초에는 '지소', 중간에는 '지소'와 '유지', 현재는 '유지'로 되었지만 내용은 거의 같은 것이다.

다만, 지금은 호수도 지목을 '유지'로 하게 된 것이 다를 뿐이다. 유지의 지목의 경위를 간추려 보면 다음과 같다.

① 토지조사 당시는 '지소'

② 1918년 6월 18일 지세령 개정시에 '지소'와 '유지'로 분리

③ 1975년 12월 31일 지적법 개정시 지소와 유지를 '유지'로 통합(호수 포함)

(2) 댐

댐(dam)은 수위를 높이거나 혹은 물을 가두어 둘 목적으로 강이나 산골짜기 또는 바다를 가로질러 돌이나 콘크리트 등으로 쌓아 올려 만든 구조물이다. 댐은 '제언 또는 언제'라고도 한다. 댐은 설치목적에 따라 소방댐, 취수댐, 홍수조절댐, 저수댐, 다목적댐 등으로 구분된다. 소방댐은 마른 흙이나 마른 모래가 근지로 흘러 내려오는 것을 방지하기 위해 주로 산골짜기에 설치되는 것으로서 높이는 보통 5m 이하이다. 취수댐은 인공수로에 강물을 이끌기 위해 강물의 수위를 높일 목적으로 설치하는데 높이는 보통 15m 이하이다.

홍수조절댐은 일시에 많이 내리는 빗물을 부분적으로 저장해 두었다가 강물이 크게 넘치는 것을 막기 위한 치수의 목적으로 설치된다. 저수댐은 물을 저장해 두었다가 강수량이 적은 갈수기에 이용하기 위한 이수(利水)의 목적으로 설치된다.

다목적댐은 수력발전, 관개용, 공업용, 홍수 방지, 상수도 공급 등 여러 용도를 겸할 수 있게 만들어진 것이다. 댐의 부지의 지목은 원칙적으로 '제방'이지만 주지목 추종의 원칙에 따라 혹은 '하천'으로, 혹은 '유지'로 하는 경우가 있다. '댐'은 저수지를 만들기 위한 제방이다. 따라서 댐 자체는 물을 담는 그릇의 일부 역할은 할지언정 이미 물이 담긴 그릇 자체를 물과 함께 일컫는 것은 아니다.

(3) 저수지

일반적으로 저수지는 농경지의 관개, 도시의 상수도 공급, 운하 및 하천의 수운을 위한 수방 보충, 발전, 기타 용수의 계절적 조절 혹은 홍수의 조절 등을 목적으로 물을 모아두는 곳을 말한다. 저수지로서는 강물을 가로 막거나 오목한 땅에 물을 모아두는 방식이 있다. 이 중에서 상수도에 관한 것은 '수도용지'라는 지목이 따로 있다.

제언 등으로 하천을 가로 막는 방식을 썼을 때에도 역시 이것이 하천으로서의 기능을 잃어버리지 않는 이상 그 지목은 '하천'으로 해야 한다는 이론도 있기는 하다. 그러나 일반적으로 저수지라는 개념 속에 포함되는 것은 모두 지목을 '유지'로 해야 한다. 다만, 저수지를 만들기 위한 댐(제언)의 부지는 원칙적으로 지목은 '제방'이어야 하나 주지목 추종의 원칙에 따라서 본지의 지목인 '유지' 같게 하는 것이 보통이다.

(4) 소류지

소류지는 규모가 작은 유수지라는 뜻이다. 이는 우리 나라에서 과거 농업증산을 목적으로 전국 방방곡곡에 작은 유지를 만들어 물을 관개에 쓰게 된 데서부터 유래한다. 소류지는 일반적으로 천연의 지형을 응용하되, 주로 산골짜기를 가로질러 제언을 설치함으로써 이루어진다. 이 제언의 자재는 토석을 주로 하고, 극히 특수한 경우가 아니면 콘크리트 등을 사용하지 않는다. 소류지는 그 제언과 함께 지목을 '유지'로 하는 것이 보통이다.

(5) 호·지·소

호(湖)는 이를 '호수'라고도 하며 육지가 오목하게 패이고 물이 고인 곳인데 '지(池)'나 '소(沼)'보다는 훨씬 그 규모가 크고 깊은 것이 특색이다.

'지'라고 함은 땅을 파서 물을 고이게 하여 두는 곳, 또는 자연의 지형에 따라 물이 고인 곳을 말한다. '소'라고 함은 육지의 후미진 곳에 물이 고여 호수와 비슷하지만 토상의 수심이 5m 이하이며 중앙부까지 수초가 자라고 있는 곳을 말한다.

'지'와 '소'의 2가지를 합쳐서 '지소'라고 부른다. 이처럼 '지'나 '소'는 물이 고인 점에서는 '호'와 같으나, 다만 그 규모가 호보다는 훨씬 작은 것이 특색이다. 호, 지, 소의 지목은 '유지'로 하는 것이 원칙이다.

(6) 연지

연지(蓮池)는 '연못'이라고 일컫는 유수지로서 그 지목은 '유지'이다. 연이라는 것은 장수, 건강, 명예, 불사, 행운, 군자를 상징하는 수초로서 일명 뇌지, 연하라고도 하는 연화료의 다년생 초본식물이다. 연의 지하경(땅속 뿌리)은 살이 쪄서 두툼하고 마디가 있으며 가로 뻗는다. 연잎은 지하경에서 직접 나오는, 이른바 근생엽으로서 물 위에 뜨며 직경 40cm 내외의 원순형(둥근 방패 모양)이고 엽병(잎 줄기)에 짧은 가시가 난다. 7~8월에는 직경 약 20cm의 담홍색(붉으스레한 색) 또는 백색의 꽃이 화경이나 줄기 끝에 하나씩 피는데 한낮에는 오무리는 습성이 있다.

연의 과실은 '연실', '연자' 혹은 '연밥'이라고 하는데 길이 약 2cm의 타원형이고 근경(뿌리와 줄기)은 가을에 비대하여 괴경(감자의 지하경 같은 것)을 이룬다.

연은 인디아, 이집트의 원산으로 연못에서 나며 혹은 각지에서 재배하고 괴근은 연근이라 하여 식용하며 과실은 식용 또는 약용한다. 특히 주의할 점은 연이 자생한 못의 지목은 '유지'이나 연을 재배하는 토지의 지목은 '답'으로 한다는 점이다.

(7) 근지

근지(芹池)는 미나리가 자생하는 유수지이다. 미나리는 미나리과에 속하는 다년초로서 근채, 수영, 수저라고도 한다. 미나리의 높이는 약 30cm에 이르고 잎이나 줄기에 털이 없으며 줄기는 길게 흙 속에 뻗는다. 미나리는 향기가 나고 연하며 겨울, 봄에는 어린 것을 식용한다.

미나리는 줄기를 끊어 심거나 모를 옮겨 심어 논에 재배하는 경우가 많다. 근지는 근답과 혼동하기 쉬운 토지이다. 근답은 미나리를 재배하는 점에서 미나리가 자생하는 근지와 구별된다. 근지의 지목은 '유지'이지만 근답의 지목은 '답'이다.

(8) 풍치지

풍치지는 시원스럽게 격에 맞는 멋을 내기 위해 설치한 유수지이다. 풍치지는 종래에 그 지목을 과세지인 '지소'로 하여 비과세지인 지목 '유지'와 구별하였지만 이후 지적법에서는 '유지'로 통합하였다(원영희, 1972).

20 양어장

양어장(養魚場 : fish farm)은 일반적으로 일정한 수면에서 상당시설을 하여 어류를 기르는 것을 양어라 하고, 양어를 하는 곳을 양어지 또는 양어장(養魚場)이라고 한다.

양어라는 말은 경우에 따라 양식이라고도 한다. 역사상으로 본 양어의 기원은 매우 오래되었다. B.C. 1800년경 이집트 마에리스(Maeris) 왕은 못을 만들고 22종의 어류를 길렀다고 하며, 중국에서도 B.C. 500년경에 도주공(陶主公)이 양어에 관한 책을 저술하여 잉어기르기를 장려했다고 한다. 이것은 세계에서 가장 오래된 양어에 관한 저서이며, 이 때에 이미 양어로써 이익을 올렸다는 기록이 《오월춘추(吳越春秋)》에도 나와 있다. 또 역사상 그 번성함을 자랑하던 로마에서도 B.C. 100년경에 이미 양식장(養殖場)을 설치했으며, 이탈리아에서는 13세기 중엽에 못에다 바다에서 올라오는 뱀장어를 길렀다고 한다. 15~18세기에 이르러 프랑스를 필두로 하여 유럽 각처에서는 송어의 양식이 성행했으며, 송어의 인공수정(人工受精)·부화(孵化)에도 성공하게 되었다.

그러나 본격적인 양어의 발달을 보게 된 것은 19세기에 이르러서이며, 프랑스에서는 1851년에 국립양어장을 설립하여 프랑스대학의 코스터 교수로 하여금 은어와 송어·굴 등을 양식하게 하였다. 미국에서는 1848년 W.다니엘이 앨라배마강(江)에 대서양 연안의 하천산(河川産)인 새드(전어의 일종)의 수정란(受精卵)을 이식한 것이 성공하여 3년 후에는 멕시코만(灣)에서 새드가 잡히게 되었다. 그 후 양어에 대한 열의가 매우 높아지고 여러 가지 자원보호에 대한 사업이 시작되었으나, 최근에는 새끼고기의 생산을 위한 국립과 주립 양어장의 수가 600개 가까이나 되고 생산 배부되는 새끼고기의 수도 10억 마리에 이르고 있다.

한국에서는 옛날, 풍류를 즐기던 상류계급이 정원에 못을 파고 고기를 기르던 것이 양어의 시초라 하겠다. 근대 양어의 시초는 1919년에 경남 밀양에 양어장을 설치한 것이며, 이어 26년에 경남 진해(鎭海)에 국립양어장을 설치하였고, 42년에는 경기 가평군 외서면 청평리(淸平里)에 양어장을 설치하여 현재까지 담수양어(淡水養魚)의 연구 및 교도 기관으로서 존재하고 있다. 즉, 해마다 새끼잉어를 생산하여 농촌의 양어용 종묘(種苗)로서 이를 배부하고 있으며, 양어 강습회를 통한 기술자의 양성, 각종 담수양어에 대한 시험 및 생태 연구 등을 계속하고 있다. 그러나 선진국에 비하여 한국의 담수양어는 아직도 양어에 대한 이론과 기술이 부족한 실정이다.

양어에는 적지선정, 사료, 어병관리의 3대요소가 있다. 양어지의 위치를 선정함에 있어서는 지역의 암석, 토양의 광물함유량, 강우량과 유수량, 토지의 구배정도, 수목의 생장도 등에 대한 사전조사가 필요하다. 강수량이 많거나 감한 산간지대, 광물함유량이 부족한 장소는 양어장의 가치가 적다. 석암지대는 어류의 골격구성에 필요한 칼슘과 마그네슘을 공급하는 원료가 되므로 양어지로 적합하다. 험하고 좁은 계곡은 홍수의 염려가 있으며 수목과 풀들이 우거진 곳은 태양의 빛을 가려주므로 감한 수온변화를 막아주는 이점이 있다. 양어장의 위치는 이러한 것들을 종합하여 양식하고자 하는 어종에 알맞도록 선정하여야 한다.

양어를 하는데는 양어장소, 양어방법, 양어대상, 양어기간에 따라 구분한다.

양어장소에 따라서는 지중양어, 호소양어, 유지양어, 하천양어, 도전양어 등이 있다. 양어방법에 따라서는 집약적 양어(정수식 양어, 유수식 양어)와 조방적 양어가 있다.

양어대상 어족에 따라서는 온수성 어족양어(잉어, 뱀장어 등), 냉수성 어족양어(연어, 송어, 은어 등), 온천수 어족양어(열대어) 등이 있으며 양어기간에 따라서는 완전양어, 불완전양어의 구별이 있다. 지중양어는 인공양어장에서 사양하는 것이며 양어방법 중 가장 집약적이라고 할 수 있다. 특히 잉어를 사육할 경우에는 신어지, 산란지, 난화지, 잡어사육지, 월동지 등이 필요하다.

호수양어는 호수나 소택 안에 나일론망 등으로 만든 일정한 울타리를 설치하고 그 속에서 먹이를 주는 집약식 잉어방법과 울타리 없이 잡어(어린 고기)를 놓아 천연의 먹이를 먹고 자란 것을 낚아내는 조방적 양어방법이 있다. 유지양어는 수리안전답용으로 설치한 저수지 등에서 잉어, 붕어 따위를 사육하는 방법이다. 하천양어는 하천에 일정한 울타리를 설비하고 그곳에서 양어하는 것을 말한다. 도전양어란 봄에 부화한 잉어새끼를 여름철에 논에 방류하여 기르는 것이다.

모든 어류는 산란적합 수온을 기준으로 하여 15℃ 미만의 수온에서 산란하는 것을 냉수성 어족, 15℃ 이상의 수온에서 산란하는 것을 온수성 어족, 25℃ 이상에서 산란하는 것을 온천수성 어족(열대어족)이라고 한다. 완전양어는 어족의 생태가 과학적으로 규명되어 채란, 수정, 난호, 육성, 친어 등의 과정을 모두 기를 수 있는 경우이며 불완전양어란 이 중의 일부분의 기간만을 기를 수 있는 경우이다.

현행 지목중 양어장은 2002년 1월 26일 지적법 개정시에 유지에서 분리되어 신설된 지목으로 육상에 인공으로 조성된 수산생물의 번식 또는 양식을 위한 시설을 갖춘 부지와 이에 접속된 부속시설물의 부지를 양어장으로 규정하고 있으며, 내수면어업법 제11조의 내수면에서 어업을 하고자 하는 자는 시장, 군수, 구청장에게 신고하도록 규정하고 있다.

21 수도용지

수도용지(水道用地 : water supply site)는 상수도의 수원지, 저수장, 여수장, 피스톤장 및 이에 접속되어 있는 수도사무소, 창고 부지를 가리킨다.

이런 것들은 임야 또는 지소와 같은 상태에 있거나 영구적인 건물이 있는 것이라도 지목을 임야, 유지, 대로 하지 않고 전부 이를 수도용지로 한다.

(1) 상수도와 하수도의 구별

수도라 할 경우 상수도와 하수도를 합쳐서 부르지만 지목으로서의 수도용지에 해당하는 것은 상수도에 국한되고 하수도는 따로 지목이 구거로 되어 있다.

상수도는 인류생활에 절대적으로 필요한 음료수, 조리용수, 목욕용수, 세탁용수, 노면살수, 소화용수, 공장용수 등에 대하여 수량이 풍부하고 수질이 위생적인 것을 계통적으로 연속 부단하게 공급하기 위해 설비하는 시설을 말한다.

상수도와 반대로 부엌에서 나오는 수채물, 수세식 화장실에서 나오는 오수, 공장에서 나오는 폐수, 빗물을 흘러가게 하는 하수관 등과 흘러내리는 하수의 수질을 개량, 정화하기 위해 설비하는 하수처리장에 관한 일체의 시설을 하수도라고 한다.

(2) 상수도의 시설

1) 취수시설

알맞은 수질의 물을 필요한 만큼 모아서 끌어넣는 설비를 취수시설이라고 한다. 상수도의 취수방법은 수원이 지표수인가 지하수인가에 따라서 설비가 달라지나, 여하튼 수원지의 지목은 수도용지로 한다.

2) 정수시설

수원지로부터 직접 맑고 깨끗한 물을 얻을 수 있는 경우는 정수시설이 필요 없겠으나 대부분 그렇지 못하므로 수질을 개량하고 정화하는 시설이 필요하다. 정수시설에서 중요한 것은 침전, 여과, 살균시설 등인데 이러한 시설은 취수시설 직후에 하는 것이 보통이나 경우에 따라서는 송수시설 후에 시설하는 예도 있다.

3) 도수시설

도수시설은 수원에서 취수한 원수를 정수지로 보내거나 혹은 정수된 물을 배수지로 보내는 시설인데, 수원지가 수요지에서 멀리 떨어져 있을 경우, 인수관을 매설하거나 혹은 인수로를 개설하게 되며 이러한 토지의 지목은 수도용지이나 과거에는 수도선로로 하였다.

4) 배수 및 급수시설

물을 요구하는 수압으로 하여 필요한 수량대로 각처에 보내는 시설이 배수 및 급수시설이다. 일반적으로 도로 밑에 매설된 상수도관까지를 배수시설, 그곳에서 갈라져 여러 곳으로 통하는 것을 급수시설이라고 구별하지만, 구별은 대략의 표준을 말할 뿐 절대적인 것은 아니다. 배수 및 급수시설에는 배수지 및 배수탑도 포함된다.

(3) 수도용지와 수도선로

과거에는 수도에 관한 지목으로 수도용지와 수도선로의 2가지가 있었다.

수도선로라는 지목과 수도용지라는 지목과의 관계는 철도선로라는 지목과 철도용지라는 지목과의 관계와 같다. 과거의 지적법에서는 상수도에 쓰이는 토지 중에서 수원지, 저수장, 여수장, 피스톤장 및 이에 접속하여 있는 수도사무소, 창고 부지의 지목을 수도용지라 하고, 상수도의 인수로 및 인수관을 매설한 토지, 기타 이러한 인수로 인수관 등에 접속하여 설치된 소규모의 공작물의 부지의 지목을 수도선로로 하였으나 개정 지적법에서 수도용지에 통합되었다.

22 공원

공원(公園 : park)은 일정한 구역 안에서 공중의 보건, 교화, 휴양, 위락, 산책 등을 위해 누구든지 자유로이 거닐며 놀 수 있도록 상당한 시설을 갖춘 유원을 말한다.

구체적으로 공원은 공공정원(公共庭園)의 준말로서 문화시민 생활에 필요한 보건, 관상, 보안 등의 목적으로 주로 국가나 공공단체가 시설 관리하는 후생적인 조원(造園)이다.

이는 국가 또는 공공단체가 일반공중에게 자유·평등의 원칙 아래 일반적으로 입원료를 받지 않고 그들의 위락, 산책(소풍) 등에 쓰게 하고 있는데, 공원은 일정한 구역과 상당한 설비를 갖추어야 지목을 공원지로 한다.

(1) 도시공원

도시공원은 도시의 발달에 필요한 공원이다. 이를 다시 분류하면 중앙공원, 인근공원, 소공원, 운동공원, 아동공원, 동물원·식물원, 시외공원의 6가지로 되는데, 이 분류는 대체적인 것이며 절대적은 아니다.

1) 중앙공원

중앙공원은 도시의 중심부에 있으며 전체 시민이 이를 이용할 수 있는 것으로 지리적인 위치로 보아 충분한 면적이 요망된다.

2) 인근공원

인근공원은 시내의 각 지역에서 인근(부근) 사람들이 이용할 수 있는 공원이다.

3) 소공원

소공원은 인근공원보다는 더 작은 규모로서, 그야말로 시민들이 간단하게 항상 이용할 수 있는 소위 공공공원이라고 볼 수 있는 공원을 말하는 것이다.

4) 운동공원

도시의 일반공원 안에 운동, 경기의 시설을 해놓고 시민들의 보건을 위하는 것을 운동공원이라고 하는데, 시민들의 공원에 대한 요구가 정적(靜的)에서 동적(動的)으로 변화한 결과 이러한 시설을 재촉한 것으로 믿어진다.

5) 아동공원

아동들이 아동들의 유희, 보건, 선도를 목적으로 시설한 공원으로 여러 가지 운동, 유희에 필요한 기구의 설비는 물론, 그밖에도 선도요원을 배치하기도 하는 것이 특색이다.

6) 동물원, 식물원

동물원이나 식물원 또는 수족관 등은 교육적 시설이라고 볼 수도 있으나 이것도 공원의 일종이라고 볼 수 있다.

7) 시외공원

도시가 커지고 또 여러 가지 시설이 발달함에 따라 시민들이 도시내에 있는 공원에 흥미를 잃어, 자연적으로 교외의 삼림, 산림, 섬, 해안 같은 경관이 좋은 곳을 찾아가게 되는데 이것이 시외공원이다. 시외공원은 자연적인 조건을 이용하여 휴게, 숙식 등의 시설이 있기는 하나 이는 일정한 구역을 책정하기 어렵고, 자연적인 조건을 이용하는 관계로 상당한 시설을 하는 것도 아니므로 지적학상의 지목을 공원으로 하지 못하고 현지의 상황에 따라 임야로 할 경우가 많음이 특징이다.

(2) 자연공원과 국립공원

자연의 풍경을 누구든지 효과적으로 관상할 수 있는 공원으로서 휴게, 숙식, 회유도로 등의 시설이 필요한 것이 자연공원이다. 적어도 국제적으로 자랑할 수 있는 풍취(風趣)가 좋은 지역을 골라서 그 자연과 문화를 보호함으로써 국민의 후생교화를 목적으로 국가가 경영 관리하는 공원이 국립공원이다. 그런데 국립공원은 면적이 광대하고 그 속에 포용되는 자연과 문화는 그대로 보존하는 관계로 이 지역의 지목을 전부 공원지로 할 것이 아니라 각각 현황에 따라 상당한 지목으로 구분하여야 한다.

23 체육용지

체육용지(體育用地 : physical site)는 국민의 건강증진과 여가선용에 이용할 목적으로 일정한 구역내에 체육활동에 적합한 형태를 갖춘 종합운동장, 실내체육관, 야구장, 골프장, 스키장, 승마장, 경륜장 등 체육시설의 토지와 이에 접속된 부속시설물의 부지를 뜻하는 것이다.

처음에는 잡종지에 속하였지만 1975년 지적법 개정시에 잡종지에서 운동장으로 분리되었다가 1991년 다시 체육용지로 변경된 것으로, 이때 유원지에 속하였던 스키장과 골프장 등이 함께 체육용지에 포함되었다(유병찬, 1993).

(1) 종합운동장

운동장(運動場 : playground)은 주로 운동경기를 하기 위해 기구나 설비를 갖춘 넓은 마당의 지목이다. 운동이라는 말은 물리학적으로는 어느 기준점에 대해서 물건 또는 물건상의 1점이 시간의 경과에 따라서 위치를 변하는 현상을 뜻한다.

그러나 여기서 말하는 운동이란 이러한 물리학적인 것이 아니고 사람이 사지를 움직여서 하는 운동을 하기 위해 경기장, 체육관, 트랙, 필드, 각종 코트는 물론 기타에도 운동기구 등의 설비를 갖춘 곳이 이상적이다. 운동장은 지형, 지물 또는 목적, 재정 등에 따라 그 모양이나 크기가 다르다. 그러나 일반적으로는 햇볕이 잘 비추고 출입이 편리하며 최소한의 배수시설, 급수시설, 탈의장, 목욕탕, 관리사무소 등이 있으며 일정한 구역에 외부와 차단된 울타리, 벽 등이 필요하다. 이러한 토지의 지목은 과거에는 '잡종지' 또는 '공원지'였으나 현재는 '운동장'으로 하고 있다. 선진 각국에서 운동장의 설치는 근대도시계획의 중요한 부분으로 등장하고 있으며, 새로 설치되는 공원계획에서는 운동장의 설치가 차지하는 비중이 크다. 그 결과 각종 운동장, 즉 종합운동장·야구장·배구장·농구장·테니스장 등이 분화되어 설치되는 경향이다.

이것은 도시인구 집중에 따라 일반대중의 보건상 도시의 공지문제(空地問題)가 큰 관심사로 되었고, 여기에서 대중체육 사상이 높아져 공설운동장의 발전을 초래하였다.

또한 학교 운동장의 설치와 그 정비를 촉구하게 되었다. 한국의 경우 도시의 공설운동장 발달은 물론이고 테니스장 등 사설 운동장이 많이 설치되었다.

운동장은 1975년에 잡종지에서 분리되었다가 1991년 체육용지로 변경되었다.

(2) 실내체육관

실내체육관(gymnasium)은 실내에서 스포츠 경기를 하기 위해 시설을 갖춘 건물이다. 이전에는 체조·농구·배구·권투·레슬링·역도·검도·유도·탁구, 그 밖에 넓은 면적을 필요로 하지 않은 경기만을 하였다. 그래서 명칭도 체육관이라 하였으나, 오늘날에는 건축기술의 발달로 돔(dome)도 쉽게 건축할 수 있게 되어 테니스·육상경기 등 넓은 장소를 필요로 하는 경기도 할 수 있는 크기의 실내경기장도 생겼다.

체육관이라고 하는 건물의 역사는 오래전 고대 그리스 시대에 건설되었다. 근대적인 체육관은 19세기 초에 독일에서 건축된 것이 처음이었다. 당시에는 소규모의 것이었으나, 1925년 뉴욕에 건설된 매디슨 스퀘어 가든은 규모도 크고 오늘날 실내경기장의 본보기라고 할 수 있다. 65년에 미국의 휴스턴에 지붕이 있는 야구장 애스트로 돔의 건설도 실현되었다. 야구에서 공이 공간을 높이, 그리고 멀리 나는 데에 지장이 없는 실내형식 구장의 실현은 건축기술의 진보에 의한 것이지만, 실내경기장은 비·바람·눈 등 자연현상에 구애되지 않고 온도에도 큰 변화없이 일정한 컨디션을 유지할 수 있다는 데 의미가 있다. 한국에도 서울종합운동장 실내체육관·장충체육관 등을 비롯하여 각 시·도에 훌륭한 체육관들이 있다.

(3) 야구장

야구장은 야구(野球 : base ball)를 하는 경기장이다. 야구는 한 팀이 9명씩으로 이룬 두 팀이 9회에 걸쳐 서로 공격과 수비를 번갈아 하여 거기서 얻은 득점으로 승패를 겨루는 구기이다. 1루(퍼스트 베이스)·2루(세컨드 베이스)·3루(서드 베이스)·홈 베이스의 4개 베이스를 사용하므로 베이스볼이라고 한다. 미국·일본에서 가장 성행하고, 한국에서도 인기 구기종목의 하나이며, 그 밖에 중남미 여러 나라, 캐나다·오스트레일리아·필리핀·대만·이탈리아·네덜란드 등에서도 성행하고 있다.

야구장은 내야·외야·파울 그라운드·관람석(스탠드) 등으로 되어 있다. 내야에는 홈·1루·2루·3루의 4개 베이스가 있으며, 각 거리는 약 27.4m(90ft)의 직사각형이고, 각 베이스를 잇는 변은 동일 수평선상이어야 한다. 홈과 2루를 잇는 직선상에 홈으로부터 약 18.4m

(60ft 6inch)의 자리에 투수판(피처 플레이트)을 둔다. 높이는 홈 플레이트보다 약 38cm(15inch) 높으며 가로 61cm(2.54inch), 세로 15cm(6inch)의 고무판으로 만들어져 있다. 홈과 1·3루를 잇는 직선과 그 외야에 뻗는 연장선을 파울 라인으로 하여 그 바깥쪽을 파울지역, 안쪽을 페어지역으로 한다. 홈 플레이트 및 파울 라인으로부터 적어도 18.3m(60ft)는 플레이할 수 있는 파울 그라운드를 두어야 하며, 대개 이 바깥쪽이 스탠드가 된다. 홈으로부터 외야스탠드까지의 거리는 약 76.2m(250ft) 이상이지만, 91~120m가 일반적이다. 홈은 5각형의 백색 고무판으로 표시되며, 지면과 수평이 되게 고정시킨다. 1·2·3루는 속을 부드러운 것으로 채운 두꺼운 천으로 만든 캔버스 백을 고정시켜 표시한다.

한국에 야구가 처음 들어온 것은 1905년, 일본에게 을사조약(乙巳條約)을 강요당한 해였다. 당시 선교사로 온 미국인 길레트가 황성 기독교청년단(皇城基督敎靑年團)의 회원들에게 야구를 가르친 것이 그 시초로서 경성운동장(동대문운동장)에서 경기를 하기도 했다.

(4) 골프장

골프(golf)는 코스 위에 정지하여 있는 흰 볼을 지팡이 모양의 클럽으로 잇달아 쳐서 정해진 홀(hole : 球孔)에 넣어 그때까지 소요된 타수(打數 : stroke)의 다과(多寡)로 우열을 겨루는 경기장을 골프장이라 한다. 골프 코스는 들판, 구릉, 산림 등의 지형을 이용하여 정형(整形)되어 있고, 볼을 처음 쳐 보내는 지역(티잉그라운드)에서 홀까지의 거리도 여러 가지이다. 플레이어는 한 홀에 볼을 넣고 나면 다시 다음 티잉그라운드에서 새로운 홀을 향하여 플레이한다. 초창기에는 이들 코스의 구획도 골프장의 넓이에 따라 달랐으며, 홀의 수도 일정하지 않았다. 그러나 1764년 스코틀랜드의 세인트 앤드루스에서 종래의 통일되지 않은 홀 수가 18개로 개조되었고, 이것이 모델이 되어 현재의 모든 코스 단위는 18홀로 고정되었다.

한국 골프의 시초는 1900년경 함경남도 원산의 세관 안에 영국인들이 6홀의 골프장을 만들어 경기한 것이 처음이며, 일제강점기에 일본인 관리와 사업가들을 통하여 한국인들에게 전파되었다는 것이 통설이다. 그러나 자료에 의하면 "조선은 일본 골프의 발상지"라고 되어 있다. 원산 코스의 건설연대도 1900년이라는 통설을 뒤집어 1897년이라고 적혀 있다. 일본에서 처음 골프 코스가 만들어진 것이 1903년인 데 비하여, 한반도에는 6년 앞선 1897년 원산항의 한국정부 세관관리로 고용된 영국인들이 세관 구내에 6홀의 코스를 만들어 골프를 즐겼다고 되어 있다. 또 그 자료에는 1913년 원산 근처 갈마반도(葛麻半島)의 외인촌(外人村), 황해도의 구미포(九味浦)에도 외국인들의 코스가 있었고, 목책으로 엄중히 막아 한국인은 물론 일인의 출입도 금지하였기 때문에 규모는 알 수 없었다고 기록되어 있다.

경기방법은 크게 나누어 스트로크 플레이(stroke play)와 매치 플레이(match play)의 2가지가 있다. 스트로크 플레이는 정해진 수의 홀의 총타수의 다과(多寡)로 승부를 정하고, 매치 플레이는 각 홀마다 타수의 다과로써 승부를 겨루어, 이긴 홀이 많은 쪽을 승자로 한다. 당초에는 개인 대항의 매치 플레이에서 출발한 것인데, 많은 사람이 참가하는 경우 최종 결승전을 끝마칠 때까지 시일이 너무 걸리는 데 반하여, 많은 인원이 참가해도 하루에 우승을 결정할 수 있는 스트로크 플레이 쪽이 시간을 아낄 수 있다. 그래서 대부분의 경기는 스트로

크 플레이로 이루어지고 있다.

코스의 구성에서 코스의 표준 타입으로는 18홀을 기본으로 한다. 전체 길이 5,000~6,300m, 너비는 100~180m, 전역(全域)이 적어도 70만m^2가 필요하다. 식사나 휴식을 위해 클럽하우스를 중앙에 배치하고 9홀(하프)을 끝내면 자연히 하우스로 돌아갈 수 있는 디자인이 표준형이다. 전반의 9홀을 아웃코스, 후반의 9홀을 인코스라 하고, 350m 전후의 파4인 중거리(미들) 10개 홀을 중심으로 파3의 쇼트홀 4개, 파5의 롱홀 4개의 합계 18홀이다.

쇼트는 229m 이하, 미들은 230~480m, 롱은 431m 이상이나 반드시 그렇지도 않다. 쇼트의 표준타수는 3, 미들은 4, 롱은 5로 하며, 기준을 파(par)라고 부른다. 여자의 경우 거리가 짧아 527m 이상 롱홀의 파는 6으로 되어 있다. 홀의 거리는 티의 중심에서 그린 중심까지 수평으로 계측하고, 굽은 홀에서는 설계자가 의도한 페어웨이의 중심을 통하여 계측한다. 한편 코스 레이팅(course rating)이 있다.

파는 단순히 거리에서 산출된 것으로, 코스에 따라 자연조건이 달라 필연적으로 플레이의 난이(難易)의 차이가 있으므로, 지형, 장애물, 풍토적 특징을 거리에 더하여 보다 과학적인 표준타수를 정하기 위해 책정된 코스의 평가가 코스 레이팅이다.

예를 들면, 평탄하고 광활한 코스는 파 총계가 72이더라도 코스 레이트는 69가 되기도 하고, 산악지의 좁고 어려운 코스에서는 74로 평가되기도 한다. 코스는 다음과 같은 지역으로 구성되어 있다.

① 티잉 그라운드(teeing ground) : 약칭 티. 각 홀의 출발지역으로서, 특별히 손질된 평탄한 지면으로 되어 있다.

② 페어웨이(fairway) : 볼의 정상적인 통로라는 뜻으로, 잡초가 없이 잔디를 깎아 볼을 치기 쉬운 상태로 유지되어 있다.

③ 러프(rough) : 페어웨이 외의 정지(整地)되지 않은 지대로, 잡초, 저목(低木), 수림(樹林) 등으로 되어 있다. 올바르지 못한 기법으로는 샷이 어려워진다. 경우에 따라서는 볼을 분실, 로스트볼이 되어 페널티(penalty : 罰打)가 가해진다. ②는 ③을 합하여 룰에서는 스루 더 그린(through the green)이라 한다.

④ 해저드(hazard) : 부정확한 샷을 억제하기 위해 특별히 설치된 방해물 또는 함정으로, 다음의 두 가지가 있다. ① 벙커(bunker) : 움푹 패인 곳에 모래를 깔았으며, 볼이 그곳으로 들어가면 탄력을 잃고 정지하여 거리의 손해를 볼 뿐 아니라, 칠 때에 모래 위에 클럽을 놓을 수 없어 그곳에서 탈출하기 위한 샷이 매우 어려워진다. 벙커에는 페어 웨이의 좌우에 배치되어 있는 사이드 벙커, 거의 중앙 부근까지 나와 있는 크로스 벙커, 그린 주위의 가드 벙커(그린 벙커)가 있다. ② 워터 해저드(water hazard) : 바다, 호소, 하천, 연못, 고랑, 크리크 등의 수역(水域)이어서 플레이에서 이곳에서 탈출하기는 거의 불가능하다. 코스에 거의 평행상태로 있는 것을 래터럴(lateral) 워터 해저드라고 하여 룰에서 구별된다. 비나 물이 넘쳐서 된 일시적인 물구덩이는 캐주얼 워터(casual water)라 하며, 이에는 포함되지 않는다.

⑤ 퍼팅 그린(putting green) : 잔디를 카펫 모양으로 손질하여 한 지점에 지름 10.79cm

의 홀을 파고, 그 위치를 멀리에서 식별할 수 있도록 중앙에 주로 기(旗)를 단 핀(깃대의 별칭)이 세워져 있다. 일반적으로 500m^2 내외의 넓이로, 타자는 이 카펫지역에 볼을 얹은 후 홀을 향하여 볼을 퍼트, 즉 굴려 넣는 것이 순서이다.

⑥ 아웃 오브 바운즈(out of bounds) : 플레이가 금지되어 있는 구역을 말한다. 코스 바깥쪽은 물론이지만 코스 안에도 플레이할 수 없는 구역이 있으며, 경계선을 말뚝·담장 등으로 명확히 구분한다. 볼이 그곳에 들어가면 벌타가 가해진다.

(5) 스키장

스키(ski)는 합판, 얇은 판자, 글라스, 메탈 등의 재료로 만들어진 평평한 활면을 가지는 긴 용구로 발에 신는 것, 또는 이것을 사용하여 행하는 스포츠경기장을 스키장이라 한다. 경사진 설면을 활주하는 근대 스포츠로 발전하여 지금은 동계 스포츠의 왕좌를 차지하고 있다. 스칸디나비아어로"얇은 판자"를 "스키"라고 부른 데서 유래한다. 옛날에는 동계의 수렵과 산야의 조사에 요긴한 장비의 하나로 쓰였고, 북유럽의 설국(雪國)에서는 전쟁 때 빼놓을 수 없는 교통수단의 하나였다. 원시적인 스키는 수천 년(석기시대 추정) 전에 이미 고안되어 북유럽, 시베리아, 알타이 지방에서 사용되고 있었던 것으로 추정하고 있다. 특히 스칸디나비아의 구릉지에서는 일찍부터 동계 교통의 실용구로 발달하였다.

노르웨이에서 시작된 근대 스키는 19세기에 접어들면서 사람들의 관심을 모아 유럽 여러 나라에 전해졌는데, 특히 오스트리아에서는 연구를 거듭하여 세계 스키계의 주동적 지위를 확보하는 기초를 구축하였고, 체육학을 전공한 M. 즈다르스키는 획기적인 금속성 죔쇠인 즈다르스키식을 고안해 냄과 동시에 단장(單杖)을 사용하는 짧은 스키를 타고 급경사면의 산악지대를 넘어지지 않고 활강하는 기술을 체계화하였다.

한국 최초의 경기대회는 1930년 2월 16일부터 원산 시외 신풍리(新豊里) 스키장에서 일본인들의 조직체인 원산 체육회가 주최한 제1회 전조선 스키선수권 대회였는데, 30명의 선수가 참가하여 성황을 이루었다. 한국선수가 국제경기대회에 참가한 것은 제8회 동계 올림픽(미국 캘리포니아 주 스쿼밸리 : 60년 2월 18일) 때부터이다.

스키경기 종목은 대체로 북유럽계에서 발달한 노르딕 경기와 아르베르그 스키 기술계에서 보급된 알펜 경기로 나뉜다. 그리고 스키는 기록경기이면서 세계 신기록의 비교는 없고, 치루어진 그 경기에서의 기록으로 남는다.

스키의 종류는 경기용으로서 거리경기용, 비약용, 활강회전용 대회전용, 일반용으로서 겔렌데 스키용과 등산스키용 등으로 나뉜다. 일반용 스키는 세워서 팔을 위로 뻗어 그 끝을 쥘 수 있는 정도가 좋고, 활면(滑面)을 맞붙게 하여 중심부(신발이 닿는 위치)를 눌렀을 때 단단하거나 연하지 않은 적당한 탄력성(彈力性)이라야 한다. 초심자, 노인이나 어린이, 여성의 경우는 스키길이가 약간 짧은 것이 좋고 에지는 날카롭게 선 것이라야 한다.

알펜용 바인딩(binding)은 스키화(靴)의 뒷굽과 스키가 밀착해 있어야 한다. 거리경주용 스키는 가늘고 가벼워야 하고, 또한 약간 짧고 비교적 연한 것이 좋으며, 뒷굽이 충분히 들리는 바인딩을 사용한다. 점프용 스키는 공중을 날 때의 안정을 위해 길고 넓고 무거우며,

활면에는 어프로치 활강 때 옆으로 미끄러져 나가지 않게 하기 위해 3개의 홈이 있다. 이것도 뒷굽과 스키는 밀착되게 되어 있다. 그리고 비약에 한해 스톡을 사용하지 않는다. 산악용 스키는 장애물이나 눈이 깊게 쌓인 지대의 통과를 고려하여 다소 폭이 넓고 약간 짧은 것이 적당하다. 또한 바인딩은 등행(登行)에 편리하도록 뒷굽이 약간 올라가는 것이 좋다.

옛날에는 스키를 1개의 판자로 만들었으나 접착제가 발달하기 시작한 1930년대부터는 모두 합판으로 만들었다. 또 합판으로 하는 것이 이상적인 스키를 만들 수 있었다. 더 나아가서 요즘에는 글라스파이버·메탈제(製)가 나타났는데, 이것들은 마찰저항을 적게 하고 탄력면에서 합판보다 훨씬 우수하다. 바인딩에는 푸트펠트·랑그리멘(Langriemen)·칸다하(Kandahar) 등 여러 종류가 있는데, 이 이름들은 고안한 사람이나 메이커의 이름을 따서 붙였다. 최근에는 세이프티 바인딩이 많이 쓰이고 있다. 스톡(stock, stick)은 지침대를 말하며, 금속·대나무·글라스파이버 등이 있는데 튼튼하고 가벼운 것이 좋다. 길이는 거꾸로 세워 링이 겨드랑이 아래쯤에 닿는 것이 적당하며, 산악용 스톡의 링은 다소 큰 것이 좋다. 스키화는 여러 가지 종류가 있는데, 가죽과 수지제품이다. 스키화를 고를 때는 다소 두꺼운 양말 신고 발끝에 약간의 여유가 있는 것이 좋다. 너무 꼭 끼면 혈행(血行)이 장애를 받아 동상의 원인이 된다.

복장은 점차 화려해지는 경향이지만 방풍성을 절대적으로 필요로 하는 스키복은 보온면에서는 운동 중에는 땀이 밸 정도로 덥고, 기후가 갑자기 악화되면 기온도 급강하하므로 항상 한난(寒暖)의 조절을 할 수 있게 신경을 써야 하며, 귀·손가락 끝 등 동상에 걸리기 쉬운 부분의 방한에 특히 주의를 기울여야 한다. 선글라스는 유리제품이 아닌 것을 준비한다. 스키의 손질은 자칫 방심하기 쉬운데, 시즌이 끝나면 반드시 깨끗이 닦아서 틀어지지 않게 프레스를 걸고, 습하지 않은 그늘에 보관해 둔다. 스키화는 가죽 보호유를 발라 바람이 잘 통하는 곳에 두고, 여름에는 곰팡이에 주의한다.

시설에 있어서 스포츠의 향상은 시설의 발전과 비례한다고 볼 수 있다.

스키장은 대체로 고지대에 위치하기 때문에 기상의 변화가 심하고 갑자기 많은 눈이 내리는 경우도 있다. 그래서 스키장에서는 스키어의 안전을 위해 과학적인 시설이 필요하다. 생활향상에서 오는 레저의 증가와 함께 스키의 인구가 늘어나면서 시설의 과학화와 확충이 이루어지고 있다. 스키장은 지세, 산세, 기상조건, 적설조건, 교통사정 등이 감안되어야 하며 안전한 연습장도 필요하다.

1975년 영동고속도로가 개통되면서 1976년에는 대관령에 용평스키장이 등장하고 이어서 고성군 진부령에 알프스 스키장이, 서울 근교에 천마산스키장, 베어스타운, 서울리조트, 전북 무주에 무주리조트, 수안보에 오로라밸리 스키장, 강원 홍천군에 대명스키장이 개장된 데에 이어 1995년 12월 횡성군 둔내면에 현대 성우리조트, 평창군 봉평면에 보광 피닉스파군 등이 개장되었다.

(6) 승마장

승마(乘馬 : horse riding)는 말을 타고 말을 부리면서 말에게 여러 가지 운동(동작)을 시키는 스포츠로 이를 하는 경기장을 승마장이라 한다. 말에 탄 사람은 기좌(騎座 : 무릎이 안장에 닿는 부분)·다리(특히 하퇴부)·손의 종합적 조작으로 자신의 의사를 말에게 전달하고 말은 이를 알아차리고 여러 가지 동작을 해낸다. 기좌와 다리의 조작은 주로 말의 추진(推進)을 촉구하고 손은 고삐를 통하여 말의 입에 물린 재갈을 자극하여 주로 말의 방향전환을 촉진한다. 또한 여기에 체중을 전위(轉位)함으로써 여러 가지 속도를 내고, 회전 등의 운동을 할 수 있다.

승마의 역사는 발상지가 그리스라고 한다. 그리스에서 발달한 서구 마술은 처음에는 귀족들의 취향으로 발달하다가 그것이 무예에 이용되었는데 중국·한국·일본 등과 같이 처음부터 마술이 무예로서 발달한 것과는 경위가 다르다.

로마에서는 전투에서 기병의 활약이 커짐에 따라 마술도 크게 번창하였다. 그 후 16세기에 접어들면서 예술의 흥성과 함께 시류를 타고 마술도 각광을 받았고, 당시 로마나 나폴리에는 승마교습소가 생겨났다. 근대마술의 발전을 이룩한 것은 1921년 국제마술연맹(Federation Equestrian International)의 창립이다. 국제마술연맹은 올림픽에 승마경기를 정식종목으로 채택시키기 위해 프랑스를 위시한 8개국이 주축이 되어 모임을 가진 것이 동기가 되었으며 한국은 1952년에 가입하였다.

한국의 승마는 고대사회에서부터 시작되었다. 즉 농경, 교통수송 수단으로 이용되는 한편 전쟁에서는 꼭 필요한 전쟁수행 수단으로 발달되었으며 기사(騎射)·기창(騎槍)이라 하여 궁시(弓矢)나 장창·도검(刀劍)과 더불어 중요한 무예기술의 하나였다. 특히 말을 부리며 장대로 공을 치는 격구(擊毬)라는 스포츠는 일찍부터 성행되었다. 한국 승마가 무예로서 본격적으로 발달한 것은 조선시대 광해군 때부터 무과 채용고시에 포함된 마상재(馬上才)라는 승마기술이 대두한 때부터이다. 마상재는 한국 승마 자체의 독자적인 발달을 이루는 데 큰 몫을 하였다. 조선 후기에는 러시아로부터 좋은 말이 들어오고 현대식 마구(馬具)가 수입됨으로써 서구식 승마가 도입되었다.

1934년 일본인들에 의한 승마구락부(서울)가 서울운동장 축구장 뒤편에 처음 설립되어 승마 동호인들의 훈련에 박차를 가했다. 또 지방에 경마장이 있는 도시(대구·부산·평양 등)에는 승마장이 병설되어 승마인 양성에 힘썼다. 1935년 제3회 전조선 승마대회 장애물 비월경기에서 민병선(閔丙瑄)과 권태갑(權泰甲)이 일본인을 물리치고 패권을 잡음으로써 한국인에 의한 승마계의 발전이 결정적으로 촉진되었다. 승마경기 종목을 크게 나누면 조교(調敎)의 정도와 운동내용을 심사하는 마장마술(馬場馬術), 말이 가지고 있는 능력을 조교와 훈련에 의해 더욱 충실하게 함으로써 장애물을 뛰어넘는 장애물비월, 그리고 마장마술과 장애물비월을 합쳐서 행하는 종합마술의 3종목이 있다.

경기장 시설에서 마장마술의 경기장은 60×20m의 모래 또는 잔디로 정지(整地)된 평탄한 마장이고 주위는 약 30cm의 낮은 목책으로 둘러야 하며 관중석과 마장 사이는 최소한 20m의 거리를 두어야 한다. 그리고 목책의 바깥 둘레에는 정해진 지점마다 A~V의 표지판을 설치해 경기자나 심판이 모두 잘 알 수 있게 해야 한다.

장애물비월의 경기장은 마장의 넓이나 형태에 대해서는 특별한 규정은 없으나 세로 80m

가로 60m 이상의 마장이 필요하다. 마장은 언제나 평탄을 유지해야 하며 말이 장애물을 뛰어넘을 때 발을 다치지 않도록 모래나 잔디가 깔려 있어야 하며, 장애물 앞 발구름 지점의 모래를 수시로 골라 주어야 한다.

장애물의 종류는 여러 가지가 있는데, 대부분 횡목(橫木)이 걸쳐 있고 마체의 어느 부분이든 닿기만 하면 쉽게 떨어지도록 설치해야 한다. 장애물 앞에는 우측에 뛰어넘는 순서를 적은 번호판이 설치되어야 하며, 또한 장애물 우측에는 적색기, 좌측에는 백색기를 달아놓아 장애물의 한계와 비월방향을 표시해야 한다. 또한 출발선과 제1장애물의 거리는 25m 이상이나 60m 이하가 되도록 하고 도착선은 마지막 장애물로부터 15m 이하나 25m 이상의 거리를 두어서는 안 된다. 경로의 전길이는 장애물 수의 60배를 초과해서는 안 된다.

종합마술 경기장의 제1일째의 마장마술 시설은 보통 마장마술 경기와 동일하다. 제2일째의 지구력 경기는 전체를 A, B, C, D 4구간으로 구분하는데 A와 C구간은 대로 및 소로로서 거리는 16~20km(올림픽 기준)이며 분속 220m의 구보(驅步)로 통과한다.

B구간은 야외 장애물 경기장으로서 거리는 약 3,000m이며, 8~10개의 장애물이 설치되고 분속 660m의 습보(襲步)로 주행한다.

D구간은 야외부정지 기능코스로서 거리는 7,400~8,000m이며, 여러 가지 자연장애물 28~32개가 설치되며 분속 570m의 습보로 주행한다. D구간은 야외부정지로서 구릉지, 계곡, 호수 등 주행경로가 까다롭다. 제3일째의 장애물 경기는 여력(餘力)심사라고도 하며 통상 장애물경기장과 동일한 모래마장을 이용한다.

(7) 경륜장

관람객이 돈을 걸고 순위를 알아맞히면 환급금을 내주는 자전거 경주장을 경륜장((競輪場)이라 한다. 아마추어 자전거 경주와 구분하여 프로 자전거 경주라고도 한다. 경륜을 가장 먼저 시행한 국가는 덴마크로 1888년 수도 코펜하겐 근교의 오드랍 경기장을 개장하면서 경륜을 도입, 당시 연승식과 단승식 경주권을 판매하였다. 인구 1인당 자전거 보급률이 1대 이상인 덴마크는 주로 오후 7~10시대 야간경기 위주이다. 경마식 경륜은 일본에서 가장 활발하다. 제2차 세계대전 이후 일본은 전후 국가 재건을 위한 재정확보와 국민사기 진작책으로 경륜을 도입하였다. 1947년 자전거 경기법을 통과시킨 뒤, 그 해 11월 고쿠라(小倉) 경륜장에서 4일간 원년 경륜을 열었다. 경마, 모터보트, 자동차경주와 함께 4대 프로 경주의 하나이다.

한국은 91년 12월 국회에서 법률 제4476호로 확정, 공포하면서 덴마크와 일본에 이어 세계 세 번째 경륜국가가 되었다. 시행 원년인 1994년 서울올림픽 벨로드롬 경륜장에서 10월 15일 개막하여 6주간 경주를 치렀으며, 통상 3~11월까지 8개월간 경주한다. 법률에 의한 공익사업 주체는 서울올림픽 기념 국민체육진흥공단이다. 경륜은 선수들이 출발선에 나란히 선 뒤 2,000m 내외의 거리를 달려 승부를 가린다. 순위는 자전거 앞바퀴 도착순이며, 순위에 따라 출전선수는 상금을 받고, 관중들은 환급금을 받는다.

서울올림픽 경륜장은 1바퀴가 333m로 원년 경륜의 경우 6.08바퀴(2,025m)를 달렸다. 1개 경주당 출전선수는 7~20명이며, 하루 7~15번의 경주를 펼친다. 원년 경륜은 주 3일(금·토·일), 1일 7번의 경주를 벌였다. 관람객이 돈을 거는 표를 경주권 또는 구매표라 한다. 경주권은 단승식(1등 맞추기)과 복승식(1, 2등 순서 없이 맞추기), 연승식(1, 2위 중 1명만 맞추기)과 쌍승식(1, 2위 순서대로 맞추기) 등이 있다. 환급률은 경주마다 환급금 총액을 경주권 표수로 환산한 뒤, 다시 적중한 선수의 표수로 나눈 것이다.

24 유원지

유원지(遊園地 : recreation ground)는 일정한 구역 안에 일반공중의 오락, 휴양 등에 적합한 시설물을 종합적으로 갖춘 수영장, 유선장, 낚시터, 어린이놀이터, 동물원, 식물원, 민속촌, 경마장 등의 토지와 이에 접속된 부속시설물의 부지의 지목이다.

유원지의 구역 안에 있는 것이라 하더라도 지목이 '하천', '구거', '유지'(공유의 유지에 한함)로 되는 것은 그 지목을 유원지로 하지 않고 해당지목으로 한다.

이러한 시설과 거리 등으로 보아 독립적인 것으로 인정되는 숙식시설 및 유기장의 부지는 설사 그가 유원지에 전속된 것이라 하더라도 현황에 따라 '대' 혹은 기타 적당한 지목으로 해야 한다. 이러한 유원지는 지적법 개정시(1975) 잡종지에서 분리된 것이다.

(1) 유원지의 범위

수영장, 유선장, 낚시터, 어린이놀이터, 동물원, 식물원, 민속촌, 골프장, 경마장 등의 토지와 이에 접속된 부속시설물의 부지의 지목이다. 그런데 유원지의 구역 안에 있는 것이라 하더라도 지목이 '하천', '구거', '유지'(공유의 유지에 한함)로 되는 것은 그 지목을 '유원지'로 하지 않고 해당지목으로 한다.

(2) 유원지와 공원의 구별

지목이 '유원지'에 해당하는 토지는 종전에는 지목 '공원'에 포함되어 있었다. 유원지와 공원의 구별에서 공원은 도시계획에 관한 법령으로 지정된 것을 필수요건으로 하고 또 영리가 목적이 아니다. 여기에 반하여 유원지는 법령의 지정이 필요 없고 또 영리적이며 대중을 유인하기 위한 흥미있는 오락시설의 수입으로서 유원지 경영의 중요재원으로 삼는 점이 다르다. 공원 중에도 유료공원이 있기는 하지만 이는 기업적이 아니고 또 수입된 요금은 유지관리에 충당할 만한 정도에 그치고 있다.

(3) 수영장

수영은 물속에 몸을 뜨게 하고 손발을 놀려 헤엄치며 다니는 운동이다. 수영은 단지 헤엄치며 놀기 위한 경우와 헤엄경기를 하기 위한 경우의 2가지가 있다. 이러한 수영을 위해 특별한 시설을 갖춘 장소를 수영장이라고 한다. 수영장 중에서 단지 헤엄치면서 놀기 위한 것의 지목은 '유원지'에 해당하지만 수영경기를 위한 지목은 '운동장'에 해당한다. 일반적으로 풀(pool)이라고 불리며 요금을 받고 희망자를 입장시키는 수영장이 바로 지목 '유원지'에 해당하는 대표적인 것이다.

(4) 유선장

유선장은 일정한 구역에 물을 가두어 놓고 소형의 배를 띄워 자유롭게 노닐 수 있도록 필요한 접객, 안전시설 등을 설치한 곳을 말한다.

유선장은 영업적인 것으로서 일반적으로 볼 수 있는 보트장은 유선장의 대표적인 것이다. 유선장의 지목은 '유원지'로 하는 것이 원칙이나 객관적으로 그것이 하천일 때에는 그 지목을 '하천'으로 하고 또 공유의 유지일 때에는 그 지목을 '유지'로 한다.

(5) 낚시터

낚시는 널리 알려진 바와 같이 줄에다 바늘을 매어 물 속의 고기를 낚는 것을 말한다. 낚시는 계절에 따라 또는 그 장소에 따라서 종류가 다르나 대체적으로 바다낚시, 강낚시, 수로낚시, 유지낚시의 종류가 있다. 낚시터는 영리를 목적으로 시설하는 것이 특징이다. 낚시터라 하더라도 바다는 지목구분 대상에서 제외되고, 강은 그 지목이 '하천'이며 수로는 그 지목이 '구거'이다. 그러므로 이러한 것들을 제외하면 지목은 '유원지'로 할 낚시터는 유지낚시터의 한 가지 뿐이다.

흔히 양어지와 낚시터의 구별이 문제가 되지만 이는 객관적으로 보아 양어가 본업이고 낚시가 부업이라면 주지목 추종의 원칙에 따라 그 지목을 '유지'로 하고 그외 반대인 경우에는 지목을 '유원지'로 해야 한다. 낚시터에는 감시소, 좌대, 휴양용 정자 등이 설비되는 것이 보통인데 이들은 모두 그 지목을 '유원지'로 한다.

(6) 어린이 놀이터

어린이라는 것은 '어린아이'를 높여서 부르는 말이다. 어린이 놀이터는 어린이들이 보건, 유희, 보호, 선도를 목적으로 시설한 곳이다. 어린이 놀이터에는 여러 가지 운동, 유희 등에 필요한 기구, 기계의 설비는 물론 그밖에도 선도요원을 배치하기도 한다.

서울특별시 광진구에 있는 어린이대공원은 관사에 '어린이'가 있기는 하나 이는 영리가 목적이 아닌 일반공원의 기능을 가진 시설이므로 그 목적은 '공원'으로 한다. 일반적으로 어린이 놀이터란 어린이 전용의 놀이터로서 여기에는 미끄럼틀, 그네 등 어른들이 다루고 놀기에는 부적합한 시설이 많이 있다.

(7) 동물원

동물원은 상당한 설비로 살아 있는 동물을 사육, 진열하여 일반대중에게 관람시키는 곳이다. 동물원에서 사육하는 동물은 포유류, 조류, 파충류, 양서류, 곤충류, 어류 등이다. 그런데 특히 어류 등 수생동물만을 사육, 진열하는 곳을 수족관이라고 한다. 동물원의 지목은 유원지이지만 그 규모가 작을 때에는 주지목 추종의 원칙에 따라 본지의 지목으로 하고 있다. 동물원에는 사무소, 창고, 동물병원, 격리사, 연구실, 휴게실, 매점, 화장실, 매표구, 개찰구, 식당, 야외극장 등이 설비되기도 한다. 그리고 이러한 모든 시설의 부지는 지목을 유원지로 하는 것이 원칙이다.

(8) 식물원

식물원은 식물학의 연구, 발전, 향상을 꾀하고 식물에 관한 지식을 보급하기 위해 설비하는 식물 배양소이다. 식물원은 많은 식물을 재배하여 식물에 관한 학술연구 자료로 사회교육, 관상, 오락 목적에 이용하는데 설립목적에 따라 약간 그 설비가 다를 수 있다. 일반적으로 넓은 장소에 천연적으로 알맞은 식물을 재배하고 온실에서는 외부환경에 적응하지 못하는 진기한 식물 등을 재배한다.

식물원의 부지는 그 지목을 유원지로 하는 것이 원칙이나 특히 그 규모가 작은 것은 일반적인 예처럼 주지목 추종의 원칙에 의하여 본지의 지목과 같게 하는 경우가 있다. 식물원의 분류는 편의상 그 설립목적에 따라 학술적, 교육적, 후생적, 관상적, 오락적의 6가지로 나눌 수 있다. 학술조사 연구를 주로 하며 식물원의 기본적 형태는 학술적 식물원이다. 학술교육 또는 사회교육을 위한 학교원, 교재원, 약초원 등은 교육적 식물원이며 유용식물을 심어서 후생, 산업진흥의 자료로 하는 것은 후생적 식물원이다. 그 다음 아름다운 꽃을 모아서 화단, 정원 등을 꾸미는 것은 관상적 식물원이고 오락, 위안을 주로 한 것은 오락적 식물원이다.

특수한 식물을 모아서 보존 혹은 관상하는 것이 특수적 식물원이다. 이처럼 분류의 여하에 불구하고 이들 식물원의 부지의 지목은 유원지로 하는 것이 원칙이다.

(9) 민속촌

민속은 민간 습속(習俗)의 준말로서 백성들의 풍속을 말하는데 이를 민풍이라고도 한다. 그런데 민속촌이라는 말은 비교적 근간에 와서 쓰이기 시작한 말로 이는 잊혀져 가는 우리의 풍속을 보존하여 후세에 길이 남기려는 데 그 목적이 있다.

경기도 용인군에 자리잡은 민속촌은 주택을 비롯한 각종의 민속적 공예 및 생활습성 등을 한자리에 모아 일반에게 관람시킴으로써 교육적, 정서적, 연구적, 오락적인 여러 가지 기능을 하고 있다. 민속촌은 어떤 지역에 있어서 새로이 설치하는 경우와 자연적인 환경을 그대로 보존하는 경우의 두 가지가 있는데 전자를 인공민속촌, 후자를 자연민속촌이라고 한다. 민속촌은 일반적으로 넓은 지역에 분포하며 그 포용하는 시설도 가지가지이지만 그 부지는 설령 대, 도로, 임야 등의 상태에 있는 것이라 하더라도 지목은 유원지로 한다. 그러나 여기서도 지목이 하천, 구거, 유지로 분류되는 것은 지목을 유원지로 하지 않고 하천, 구거, 유지로 하는 것이 원칙이다.

(10) 경마장

경마는 일정한 거리를 두 사람 이상이 각각 말을 타고 달리게 하여 승패를 결정하는 운동경기의 하나이다. 경마의 기원은 기원전으로 소급되는데 서양에서 군사적인 면에서 많이 쓰이던 말이 평화시에는 왕가 소유의 궁전에서 달리기의 오락을 낳았고 다시 번져서 제후들의 사경마로 발전되었다 한다.

우리 나라에서는 삼국시대의 고분벽화 등에 말을 타고 활을 쏘는 것이 있는 것으로 미루어 보아 경마도 그 시대에 시작된 것으로 보고 있다. 고려시대에 강원도 난곡에 종마목장이 설치되고 조선에 와서도 함경북도 경원에 군사목장이 설치된 점으로 보아 우리 나라도 말의 증식, 개량에 힘써 왔음을 알 수 있다.

우리 나라 경마는 1922년 서울 한강백사장에서 실시한 경기를 효시로 1922년에 조선경마구락부가 발족되었고 1923년에는 경기경마장이 서울 동대문구 신설동에 설치되었다. 이어 부산, 대구, 군산, 평양, 청진, 웅기, 원산 등지에서 경마장이 설치되었다. 1937년에는 조선경마령이 제정 공포되고 8개소의 경마장을 병합하여 사단법인 조선경마협회를 설치하였다. 1942년에 제령으로 조선경마령이 공포되어 종래의 조선경마협회를 해체시키고 조선마사회로 대체하였다. 1947년에는 경주에 종마목장을 설치하고 1949년에 조선마사회를 한국마사회로 개칭하였다. 서울의 경마장을 신설동에서 현재의 뚝섬으로 옮겼다가 다시 과천으로 옮겼다. 경마장 지목은 종래에는 잡종지였으나 현재는 유원지로 하고 있다.

25 종교용지

종교용지(宗教用地 : religious site)는 주로 신앙, 종교의식에 쓰이는 토지로서 제사, 예배, 법요, 설교 등을 하기 위한 건축물의 부지 및 부속토지를 가리킨다.

사, 전, 묘, 단, 사, 교회, 사원, 포교소 등과 그에 필요한 부속토지가 바로 이에 해당한다. 주의할 점은 이러한 건물의 일부를 관리자, 성직자, 승려 등의 주거로 쓰거나 또는 그 종교의 부대사업에 쓰는 경우는 전체의 지목을 종교용지로 하지만, 그 주거가 경외에 있을 경우에는 주거의 지목을 대로 해야 한다. 여기에서 경외라는 것은 경내라는 말의 반대로 단위구역(경계) 밖을 가리킨다.

(1) 사

사(社)라는 것은 토지의 수호신(땅귀신) 및 그에 바치는 제사를 의미하는 한편, 주로 일본 고유의 민족 종교인 신도에서 유래하는 신사(神社)를 의미한다.

일본에서 신사의 큰 것은 관폐대사라 하여 국가적으로 참배의 대상이 되던 것과 작은 것은 개인의 앞뜰에 모셔놓은 이나리신사(稻荷神祠)에 이르기까지 종류도 가지가지이고 그 규모도 천차만별이었다. 이러한 신사는 비록 영구적인 건물이 있다 해도 그 지목을 대로 하지 않고 종교용지로 하게 되어 있는데 사에 해당하는 토지는 시대의 변천에 따라 우리 나라에서 자꾸 줄어드는 경향이 뚜렷하다.

(2) 전

전(殿)은 궁전 또는 신불을 모셔 놓은 집인데 그 대표적인 예로서 함경남도 영흥군에 있는 선원전을 들 수 있다. 선원전은 조선의 역대에 걸쳐 특별히 덕망이 높거나 혈통이 귀한 분들의 초상을 모셔 놓은 궁전으로서, 전의 내부를 11실로 나누어 태조, 세조, 원종, 숙종, 영조, 정조, 순조, 문조(익종), 헌종, 철종, 고종을 각각 모신 곳인데, 이러한 것은 그 일단의 구역의 지목을 전부 종교용지로 한다.

(3) 묘

묘(墓)라고 하는 것은 조상의 영혼을 제사 지내는 곳으로 묘라는 글자는 모(貌)자로 통하는 것이며 이는 돌아간 사람의 형용을 방불케 하기 때문이라 여겨진다. 묘의 대표적인 예는 서울특별시에 있는 종묘와 동관왕묘이다.

종묘는 서울특별시 종로구 종로 3가동에 있는데 이는 조선 때의 역대 제왕 및 그 비의 위패(신주)를 모시는 사당으로서, 큰 공적이 있는 임금의 위패를 모시는 본전과 그밖의 임금 및 죽은 뒤에 왕의 칭호를 받은 왕세자의 위패를 모신 영녕전의 두 곳이 있다. 종묘는 이태조 4년(1395년) 2월 경복궁과 함께 준공하였는데, 그 규모는 중앙에 7칸의 정전(태실)을 남향하여 세우고, 좌우에 7사 및 공신의 배향묘를 두었으며, 정전의 서쪽에는 세종 3년(1421년)에 세운 영녕전이 있었다.

지금 남아 있는 것은 임진왜란 당시에 타버리고 선조 41년(1608년)에 중건한 건물들로서 그 후에도 여러 차례 개수되어 왔다. 다음 동관왕묘는 우리들이 흔히 동묘라고 부르는 보물 제142호로서 서울특별시 동대문구 숭인동에 있는데, 여기는 중국의 이름난 장수인 관우를 봉사하는 사당이다. 동관왕묘의 정전에는 관우의 주상이 있고, 그 앞 좌우에는 관평, 조누, 주창, 옥보를 배향하였는데, 건축양식은 중국식 사묘건축의 형식을 본딴 것이라고 전해온다. 묘의 지목은 종교용지이며 영구적인 건물이 있다 하여도 이를 대로 하지 않는 점에 주의한다.

(4) 단

1) 장충단

단(壇)은 흙이나 돌 등으로 쌓아올린 제사터를 뜻한다. 장충단은 지금 서울특별시 남산의 북동쪽에 있었다. 장충단이란 옛날 군인의 영령을 제사 지내던 곳으로서 남산 동북쪽에 있었다는 장충단은 우리 나라 조선 고종황제(1864~1907년)가 세웠다. 1895년 8월 20일에 대원군과 일본인 훈련대의 장병들이 공모하여 고종 왕비 민씨를 죽인 소위 을미사변(을미정변) 때에 순사한 이경식(李耕植), 홍계훈(洪啓薰) 등이 충신을 제사한 곳이다. 과거 '장충단'이라고 비석을 세웠다는 기록이 있음에도 실물을 찾지 못하다가 1969년 우연히 비석을 발견하여 현재 보관 중이라 한다.

장충단은 현재 그 구역이 분명하지 않은 데다가 일대는 장충단공원을 이루고 있기 때문에 현재는 공원에 양입되어 지목은 공원으로 되어 있으나, 만일 독립된 구조를 가지고 구획이 확연하다면 지목은 종교용지가 된다.

2) 서낭단

단으로서 가장 보편적인 것은 우리 나라 각 지방에 있는 성황단(城隍壇)으로 일반적으로는 성황단이라 발음하지 않고 '서낭단'이라 발음한다. 서낭, 선왕천왕 등으로 불리우는 서낭신이 머물러 있다는 나무를 신주로 이에 제사하는 단을 서낭단이라 하고, 만약 여기에 집을 지었으면 서낭당이라고 일컬으며, 제사나 굿을 할 때에 차려 놓는 상을 서낭상이라 하고 제사를 서낭제라고 하는 것이다.

서낭단은 주로 고갯마루에 있으나 혹은 길가나 동·리의 어구, 절의 입구 등에 있는데, 그 표시로는 작은 돌로서 돌더미를 쌓아놓고 나뭇가지를 꺾어놓거나 돈, 집신, 알록달록한 5색의 헝겊을 매달아 놓는 것이 보통이다.

옛적부터 길 가는 사람은 누구나 여기에 작은 돌을 주워 던져놓고 침을 뱉거나, 자기가 가지고 있는 물건을 하나씩 두고 가거나 혹은 약간의 돈을 놓고 지나가는데, 이것은 모두 토지 수호신에게 재앙은 물러가고 복이 오도록 빌며 여행중의 피로함을 풀고 소원성취하기를 바라는 민속신앙에서 온 것이다.

현재는 원시적인 신앙의 대상으로서 그 형태가 존재할 뿐 일반적으로는 큰 관심이 없지만, 지방에 따라서는 대략 음력 정월보름경에 부락 공동으로 제사를 드리거나 재앙이 많은 사람은 단독으로 제사 지내는 경우도 있다.

서낭에 드리는 제사의 제물은 청수, 백지, 짚, 떡, 명태 등인데 주로 무당이나 소경을 시켜 제사하는 풍습이 있다. 북한에서는 서낭당을 국사당이라고 부르는 때가 많은데, 지나가는 사람이 침을 뱉을 때에 "투에"하는 소리를 내는 것은 옛날에 "투에"라는 여자가 죽은 것을 묻어놓은 곳인 까닭이라는 전설도 있다.

강원도 평창군 일대는 1910년 토지조사 당시에 이 서낭당을 모조리 잡종지로 지목을 설정하였는데, 이는 잘못된 것으로 서낭당이면 지목은 종교용지라야 한다.

(5) 사

사(祠)는 신주를 모시는 집, 즉 사당을 말하는 것으로서 충청남도 아산에 있는 충무공 이순신 장군의 현충사와 평안남도 평양시 상수리에 있는 계월향의 의열사가 대표적이다. 이순신 장군은 이미 널리 알려졌지만 계월향은 조선 광해군 때의 부원수였던 김경서의 애첩으로 임진왜란 당시 일본군에게 잡히고 피해를 당하자 감언이설로 일본 장수를 유인해 평양 연광정에서 죽이고 자살하였다 한다. 평양의 의열사는 원수를 갚고 자진을 택한 갸륵한 넋을 위로하기 위해 지은 사당으로 지목은 종교용지이다.

(6) 교회

교회는 종교나 신앙을 같이 하는 사람들의 조직체 또는 종교나 신앙의 가르침을 선포하여 의식을 행하는 건물을 말한다. 이와 같이 종교나 신앙이 같은 사람들의 조직체이거나 종교 혹은 신잉의 의식을 하는 건물일 경우에는, 그 종교나 신앙의 종류, 즉 기독교거나 천노교거나 시천교거나 기타 무엇이든간에 교회라고 할 수 있으나, 오늘날에 와서 교회는 기독교와 관계있는 것만을 연상할 만큼 주로 기독교에서 쓰는 말로서, 교회당, 성당, 예배당, 교회소 등이 그 대부분을 차지하고 있다.

이와 같이 교회는 사회단체의 하나이지만 다른 사회단체와는 달리, 종교와 신앙을 같이 하는 신자의 집단 또는 집회소만을 의미하는 것이다.

교회는 그 지목을 종교용지로 하는데, 교회의 신직자의 주택으로 쓰이는 건물이라 하더라도 경외에 있을 경우에는 그 지목을 대로 해야 한다.

주의할 것은, 아무리 교회의 소유토지라 할지라도 그 토지가 종교 신앙의 가르침을 선포하여 의식을 행하는 데 쓰이지 않는 한 지목은 종교용지가 아니라 실지의 상황에 따라 적당한 지목을 붙여야 할 것이다. 교회에서 경영하는 회사, 상점, 제조공장 등은 지목을 일률적으로 종교용지라고 할 수 없는 것이기 때문에 각각 그 정황에 따라서 적당한 지목이 정해져야 한다.

(7) 사원

사원(寺院)은 불상을 안치시키고 불도의 수행을 위해 승려들이 머물러 사는 일정한 장소를 말한다. 사원은 일반적으로 일정한 구역과 일정한 양식의 건축물 및 불법승(삼보가 되는 여래와 교법과 비구)의 세 가지가 결합되는 것이 요소로 되어 있다.

그러므로 사원의 근본적인 목적은 사방, 사우, 상하의 소위 시방(십방이라고 하지 않고 시방이라고 읽음)의 중생을 섭(攝)하는 승려들이 불도를 수행하고 그것을 선양하는 데 있다. 사원은 절이나 암자(절의 규모가 작은 것)를 가리킨다.

일반적으로 사원이라 하면 종교법인의 하나로서 일정한 종파에 속하여 본당을 갖추고 본존을 안치하며 교의의 선포, 의식의 집행을 목적으로 하는 설비인데, 여기에는 보통 단도(시주의 무리) 또는 신도가 있다.

(8) 포교소

신자를 모아놓고 종교의 교의나 종지를 설명하여 종교를 널리 전파하는 포교소나 설교소의 부지 또는 따로 교회를 세우지 않고 신자가 모여서 기독교 성서의 강의를 듣는 강의소 등의 부지는 지목을 종교용지로 한다(원영희, 1972).

26 사적지

사적지(史蹟地 : historical site)는 문화재로 지정된 역사적인 유적, 고분, 기념물 등을 보존할 목적으로 구획된 토지의 지목이다. 구법 시절에 성첩으로 등록된 지목은 모두 사적지로 개정하여 지적법에서 규정하였다.

(1) 문화재

정부는 중요 무형문화재를 제외하고 중요유형문화재(국보·보물), 중요기념물(사적·명승·천연기념물)과 중요 민속자료의 지정에 있어서는 그 지정문화재의 보호구역 또는 보호물이나 그 보호물의 보호구역을 정할 수 있다. 이 경우에는 그 요지를 관보에 고시하도록 하고 있는데 문화재 지정의 효력은 관보에 고시된 날로부터 발생한다.

지목을 사적지로 하는 것은 지정유형문화재 및 그 보호구역 중에서 역사적인 유적, 고적, 패총, 성지, 궁지, 요지, 유물 포함 지층, 기타 역사상의 기념물의 부지이다.

특히 무형문화재는 지목구분 대상이 되지 않으며 국보, 보물, 명승, 기타 어떤 것이라 하더라도 그것이 역사적인 것이 아닐 때에는 그 지목을 사적지로 하지 않는다.

(2) 성첩

'성'이라는 것은 적을 막기 위해 높이 쌓은 큰 담을 말하는 것이고, '첩'은 '성가퀴'라 일컫는 것으로서 몸을 숨기고 적을 치기 위해 성 위에 나즈막하게 쌓은 담이다. 지적학상의 성첩이라는 것은 성의 부지 및 부대시설의 부지를 말한다.

성첩은 옛날에 쌓은 것이라는 선입관념에 사로잡혀 독립지목으로서 가치가 없는 듯이 다루어지는 경우가 있지만, 국토의 방위를 위해 앞으로도 새로운 성이 생길 경우가 있을 것이므로 시대에 뒤진 지목이라고는 할 수 없다.

남한산성 같이 옛날에 이루어진 것은 성첩의 지목에 해당하는 대표적인 것이지만, 적을 막기 위한 영조물로서 큰 담을 높이 쌓은 것은 요사이 이루어진 것이라 하더라도 예외없이 지목은 성첩에 해당된다. 성첩은 편의상 옛날에 이루어진 것만을 대상으로 하였고 과거의 지목상 성첩은 현재 사적지로 변경되었다.

27 묘지

묘지(墓地 : burial ground)는 인류의 시체, 유골을 매장한 토지 및 보호, 관리에 직접 필요한 토지이다. 우리 나라에서 간접적으로 묘지를 보호, 관리하기 위해 위토라는 전답을 두어, 여기서 생기는 수입으로 분묘의 제향을 치루는 풍습이 있어 위토는 상당한 수량에 달하나, 분묘와 관계있는 위토라도 지목을 묘지로 할 수는 없다.

오늘날 흙으로서 봉분을 한 묘지를 많이 볼 수 있는 것은 우리 나라가 토장의 풍습이 발달된 데에 그 원인이 있다. 지목을 묘지로 하는 것은 어디까지나 인류, 즉 사람의 시체나 유골을 매장한 토지이기 때문에 간혹 지방에 있는 '말무덤'같은 것은 본래부터 지목이 묘지가 될 수 없다.

묘지는 넓은 의미에서 말하면 사람의 무덤임에는 틀림없으나 이는 능, 원, 묘 일반 분묘지로 구분할 수 있다. 묘지는 이것이 독립되어 있건, 각처에 점재하였건, 혹은 서울의 망우리 공동묘지처럼 수만기가 집단되어 있건 하등 관계없이 그 분묘의 해당구역은 묘지로 지목을 정해야 한다.

(1) 능

1) 능의 유래

능(陵)은 제왕이나 제황비의 시체를 관 곽에 넣어 땅 속에 묻어 장례를 치른 후 돌 또는 흙으로 작은 언덕을 만든 것으로, 1년에 1회 또는 몇회의 제사를 올렸다.

우리 나라에서는 능이라고 하는 것은 다음과 같다.

① 대왕 및 대왕비의 분묘
② 태조대왕의 선대추존의 분묘
③ 왕 또는 왕비의 위를 추존한 자의 분묘 등

우리 나라에서 능을 만들기 시작한 것은 고구려 때라고 보여지는데, 고구려 시조의 능은 오늘날 확실히 알 수 없지만 광개토왕의 능으로 알려진 장군총은 고구려 초기의 양식을 가진 능으로서 돌로서 쌓은 것이 특징이다.

삼국통일 이전의 우리 나라의 능은 분묘에 흙을 모아 놓았을 뿐 어떠한 시설에서도 보잘 것이 없었으나, 통일 이후의 문무왕 능이라고 믿어지는 경주시의 괘능은 분묘의 주변에 화강석으로 만든 호석을 둘러서 분묘 자체를 보호하고 있으며, 그밖에 신수상 및 문무석들이 있어 규모는 다소 커지고 있다.

능이라고 할 때에는 일반적으로 봉분만을 가리키는 예가 많지만 사실상 분묘의 주변을 전부 합쳐서 능이라고 부르는 경우도 가끔 있는데 그 지목은 개별적으로 심사판단하여 붙여야 한다. 능은 봉분, 혼류석, 석물, 비각, 정자각, 제실, 홍살문, 청룡, 백호 등으로 구성되어 있는 것이 통례이다.

(2) 원

원(園)의 유래는 원소라는 말이 줄어서 된 것으로 원에도 능에 준한 설비가 있지만 그 규모는 능보다 크지 않은 것이 보통인데, 그 지목의 구분은 능의 예에 준하는 것이다.

① 왕세자 및 왕세자비의 분묘
② 왕자 및 왕자비의 분묘
③ 왕의 사친 즉 왕의 생모였던 빈궁의 분묘 등이 바로 그것이다.

(3) 묘

묘의 유래는 본래 묘라고 일컫는 것이 현재 42개소가 있다. 왕자, 왕녀를 낳고 왕이 죽기 전에 그들이 먼저 죽었기 때문에 왕실의 분묘로 한 것 등이 바로 묘인 것이나, 능 혹은 원보다는 규모가 훨씬 작으며 지목은 묘지로 하는 것이 원칙이다.

① 폐왕인 연산군 및 광해군과 그 사친의 분묘
② 하가하기 전의 공주 및 옹주의 분묘
③ 후궁의 분묘, 왕의 빈, 귀인, 소의, 숙원 등

(4) 일반 분묘

왕실계통의 분묘는 각각 그 계급에 따라 능, 원, 묘라고 일컬어 묘라는 것은 능원의 다음

가는 격식의 무덤으로서 상당한 예우를 받고 그 구역도 상당한 범위를 차지하였다. 일반인의 분묘지도 이를 묘라고 일컬어 오는 것이 통례이다. 일반 분묘는 연산군의 생모의 무덤처럼 '회묘'등 고유의 명칭이 없고, 다만 안동 김공○○지묘 또는 유인 파평 윤씨지묘 등 그 매장된 사람의 본관, 성, 이름 등을 나타내는 것이 특징인데, 지목은 분묘지이다.

(5) 묘비

일반적으로 분묘에는 그 매장된 사람의 내력 등을 후세에 길이 알리기 위해 돌, 쇠붙이, 나무 같은 것에 글을 새겨 세워 놓는데 이것을 묘비라고 한다. 묘비의 자료는 무엇이든지 좋지만, 이를 영구적으로 보존하기 위해 돌을 사용하는 것이 보통이다. 묘비에는 그 묘에 묻힌 사람의 신분을 새기며 사망일자, 자손, 중요한 행적 또는 명복을 비는 시문 등을 새기는 것이 통례이며 묘비의 부지는 지목을 묘지로 하는 것이 원칙이다.

(6) 묘계

묘계는 능, 원, 묘, 기타 일반 분묘지의 경계를 말한다. 능 및 원의 경계는 각기 그 지형과 비중에 따라 분묘를 중심으로 사면 150보 내지 200보 정도로 한 것이 많았다.

과거에는 일반 분묘지에도 묘계라는 분묘의 경계가 정해져 있었다.

종전의 경우 각각 그 분묘를 중심으로 하여 1품관은 4면 100보, 2품관은 90보, 3품관은 80보, 4품관은 70보, 5품관은 60보, 6품관은 50보를 한도로 하는 등 품관 1개를 내려 올 때마다 10보씩 감하여 그 묘계를 정하고, 기타의 문무관인 경우는 각각 이보다 10보씩 떨어져서, 가령 1품 문무관의 경우는 90보가 되었다. 7품 이하의 생원, 진사, 음자제는 6품에 준하였기 때문에 종친 이외의 음자제는 40보가 되는 셈이고, 일반 서민은 10보로 정하여 범위 안에서 개간하지 못하도록 국가에서 법으로 금지하였다.

서울은 성저에서 10리까지 묘를 쓰지 못하게 하는 한편, 인가로부터 100보까지는 묘를 쓰지 못하게 하였다.

(7) 북망산

우리 나라 각처에 북망산이라고 일컫는 묘지가 있다. 북망산에는 과거에 중앙이나 지방의 군역 종사자가 사망하여 연고자가 없거나 혹은 지방 부락의 거지 등이 사망하여 연고자나 시체를 맡을 사람이 없는 경우 여기에 매장하는 한편, 행려사망자, 표류시체, 혹은 유행전염병, 기타 천재지변으로 전가족이 몰사한 경우에도 북망산에 매장하는 풍습이 있어, 북망산은 소위 무연의 공동묘지라고 할 수 있다.

북망산은 분묘가 즐비하여 방위 같은 것도 풍수설대로 따르지 못하므로, 양반이나 상민 계급에서는 여기에 매장되는 것을 싫어하여 자연 특정한 토지에다가 분묘를 쓰는 것이 유행하였는데 이것이 사설묘지이다. 북망산의 지목은 분묘가 현존하는 범위내를 묘지로 해야 한다.

28 잡종지

잡종지(雜種地 : miscellaneous land)는 지목 중에서 가장 넓은 범위의 내용을 차지하고 있는 토지이다. 잡종지는 노전(갈밭), 초평, 목장, 물간장, 물치장, 공작장, 도급장, 토취장, 시장, 수차장, 도수장, 공동우물, 효자·열녀 등의 비각 부지, 상엿집, 방앗간, 비행장, 측량표 부지 및 다른 지목에 속하지 않은 토지가 이에 해당한다. 그러나 영구적인 건축물이 있을 경우는 현지의 실정에 따라 그 부분만은 다른 필지로 하여 지목을 대로 하고 기타는 지목을 잡종지로 한다. 따라서 영구적인 것이라고 인정할 만한 건축물이 없는 목장, 물간장, 물치장, 공작장, 토취장, 시장, 수차장, 도수장, 공동우물, 효자 열부 등의 비각부지, 상엿집, 방앗간, 비행장 등은 모두 지목을 잡종지로 하게 된다.

우리 나라 바다는 지목구분에서 제외되어 있기 때문에 다른 지목에 해당되지 않은 토지라 하여 바다의 지목을 잡종지로 할 수는 없다는 점에 특히 유의할 필요가 있다.

(1) 노전

노전(盧田)은 '갈밭'으로서 갈은 발, 자리 등의 원료로 쓰이는 다년생 공예초의 일종이다. 갈은 일반적으로 습기가 많고 토지가 비옥한 곳에서 자생하는 풀인데, 갈이 생육되는 토지는 보통의 전과 구별하여 잡종지로 지목을 정하게 되어 있다.

(2) 초평

초평(草坪)은 일반적으로 말하는 초생지와는 다르게 그 생육되는 풀을 베어 우마의 사료에 쓰든가, 혹은 전·답에 시비하는 녹비가 될 풀을 기르는 토지 등이다.

초생지는 그 생육되는 풀을 이용하지 않고 자연 방치하는 것으로서 초평과 초생지는 좋은 대조를 이루는데, 오늘날과 같이 토지에 대한 이용도가 높은 때에는 초생지도 차츰 초평으로 변모해 가고 있으며, 한편 초평의 지목은 잡종지이지만 초생지의 지목은 임야로 하는 점에 주의해야 할 것이다.

(3) 물간장, 물치장

물간장(物干場)은 일광(日光)을 이용하여 물건을 말리는 장소이며 물치장(物置場)은 물건을 쌓아두는 장소이다. 전자는 동해안에서 흔히 보는 오징어덕(오징어를 말리기 위해 목재를 세워 설비한 것) 같은 것이 해당되고, 후자는 목재, 토사 기타 물품 등을 항상 적치하는 장소가 이에 해당한다. 물간장과 물치장은 영구적인 건물이 없는 경우에는 그 지목을 잡종지로 하지만 만약 영구적인 건물이 있으면 지목을 대로 해야 한다.

(4) 공작장, 도급장

공작장(工作場)1은 시멘트로서 기와나 블록 같은 것을 만들거나 흙으로 토기, 기와 등을 만드는 장소를 말한다. 도급장(稻扱場)은 주로 벼 타작하는 장소 등을 말하나, 이러한 공작장 및 도급장 등으로 본지에 접속되어 있는 것은 이를 본지에 병합하는 것이 좋지만, 이러한 것들이 본지와는 관계없이 독립되어 있을 경우에는 현황에 따라 지목을 잡종지로 해야 할 것이다.

(5) 토취장

토취장(土取場)은 경제적 이용가치가 있는 흙을 파내는 토지로서, 예컨대 기와, 옹기, 벽돌 등의 원료인 흙을 파내는 토지가 이에 해당되며, 이러한 흙은 일반적 토양성분 외에 그 용도에 따른 특이한 성분을 포함하고 있어야 한다.

토취장의 경계는 대개 목책 등으로 구별되어 있으나, 그렇지 않은 경우 현지의 지형 등을 참작하여 적당히 경계를 정해야 할 것이며 지목은 잡종지로 된다.

(6) 시장

시장(市場)은 구체적 시장과 추상적 시장 두 가지의 의미로 사용된다. 구체적 시장은 구체적 의미에서의 시장을 말하는데, 이는 생산자, 소비자, 상인이 개재되어 공급과 수요의 관계에서 일정한 시기에 서로 교섭하고 교환거래를 할 수 있는 특정된 장소 또는 건물을 가리킨다. 예를 들면 공설시장, 사설시장, 중앙도매시장, 직물시장, 어물시장, 주시, 세시, 견본시, 상품거래소 등이 시장에 해당된다.

다음 추상적 시장은 추상적 의미로서의 시장을 말하는데, 이는 특정한 장소 또는 건물에 한정되지 않고 널리 공급과 수요가 서로 연계되는 거래범위, 즉 넓게 교환거래에 참가하는 공급자와 수요자의 총체적 사회관계를 말한다.

추상적 시장이라는 말은 단지 상품거래에서만 쓰일 뿐만 아니라 증권, 자본, 금융, 보험, 노동, 해운 등에도 똑같이 적용되는 것이어서 증권시장, 자본시장, 금융시장, 보험시장, 노동시장, 해운시장 등이라고 하는 것이 바로 그것이다. 그런데 지적학상 잡종지 지목을 붙이는 시장은 구체적 시장인 특정한 장소나 건물에 국한하는 것으로 결코 추상적 시장을 포함하지 않으며, 또 구체적인 시장이라 하더라도 그에 영구적 건물이 있을 경우는 지목을 잡종지로는 하지 않고 '대'로 한다.

(7) 수차장

수차장(水車場)은 수차를 장치한 장소를 말한다. 그런데 수차라는 것은 자연의 수력으로 하여금 기계적인 동력으로 전환시키는 회전식 원동기로서, 하천의 물이나 높은 지대에서 떨어지는 폭포 등 물의 힘을 이용하여 바퀴를 돌려서 물의 속도와 압력의 에네르기를 기계적인 동력으로 전환시키는 것이다. 수차는 제분작업에 필요하여 발달한 것으로서 기원전 1세기경에는 이미 많은 수차가 제분에 사용되었다.

수차는 소아시아 지역(터키 지방)에서 처음 발명되어 이탈리아를 거쳐 서유럽에 보급되었다. 수차의 일종으로 무자위라고 하는 것이 있는데 무자위는 물을 높은 곳으로 끌어 올려서 내뿜는 기계로서 무자새, 수룡, 즉통, 펌프 등 만드는 방법과 재료가 여러 가지 있다. 수차는 사용하는 범위가 넓어서 수차발전, 수차방적, 수차제련 등 여러 가지가 있다. 우리 나라 수차의 대표적인 것은 물레방아인데 물레의 바퀴처럼 생긴 바퀴를 물의 힘으로 돌려서 찧는 물레방아이다.

수차는 대개 가건물에 의하여 운영되고 있으므로 이는 지목을 잡종지로 하지만, 수차장이라고 하더라도 영구적인 건물이 있는 것은 지목을 '대'로 해야 한다.

(8) 도수장

도수는 도살 혹은 도축이라고도 일컬으며 식품으로 사용하기 위해 소, 말, 돼지, 양, 기타의 가축을 도살 해체시키는 일을 말하며, 도수장(屠獸場)은 이러한 작업을 하는 장소이다. 도수행위는 태고 때부터 있었는데 14세기 마지막에 이르러 유럽 여러 나라에서 도수장에 관한 법률로 도수장제도가 완비되었다.

우리 나라도 최근 이에 못지않은 시설을 갖춘 영구적 건물의 도수장이 있으나 지목으로 구분하면 잡종지가 아닌 대에 속하는 것이다.

지목이 잡종지가 되는 도수장은 야천적인 도수장, 구식의 도수장이거나 혹은 건물이 있다고 하더라도 영구성이 없는 가건물 따위가 있는 도수장이 해당된다.

도수장은 가축을 잡아 위생적이고 가치있는 고기와 부산물을 생산하는 장소이므로, 그에 필요한 여러 가지 설비인 가축 대기소, 사살실, 내장처리실, 냉각실, 검사실 등이 갖추어져야 한다. 그밖에도 현대식 도수장은 공간을 잘 이용하여 급수·배수설비가 잘되고 위생적이어야 한다.

(9) 공동우물

영구적 건축물이 있는 공동우물의 지목은 잡종지로 하지 않고 대로 하지만 영구적 건축물이 없는 공동우물의 지목은 잡종지로 한다. '우물'이라는 것에 대하여 설명하면, 식용에 쓰이든 공업에 쓰이든, 또는 기타 용도의 여하에 불구하고 물을 얻기 위해 땅을 파서 그 속에 있는 물을 고이게 하는 설비를 말한다.

우물의 지름은 여러 가지가 있으나 보통 2~3m이며 예외적으로 10여m에 달하는 경우도 있다. 우물의 깊이는 30m 이상이 되는 것은 심정, 그보다 얕은 것은 찬정 혹은 굴발점이라고 일컫고 있다. 그런데 우물과 샘은 문법상으로는 구별되지만 민간에서는 별로 구별하지 않고 일반적으로 우물을 "샘"이라고 부르는 수가 많다.

옛날에는 우물을 기와로 쌓아올린 것도 있었으나 요사이는 잡석으로서 쌓는 것이 보통이며, 우물의 주위는 콘크리트 등으로 바르고 불용수의 배수시설도 잘 되어 있다.

우물을 부락민 혹은 특정하지 않은 다수의 사람이 공동으로 사용하는 것을 공동우물이라고 한다. 공동우물이라 하더라도 건축물, 즉 지붕 또는 보호벽 등 영구적으로 설비된 것이 있을 경우는 지목을 대로 하지만 우리 나라에서 지목을 대로 해야 할 만한 공동우물은 그다지 흔하지 않다. 공동우물의 구역을 어떻게 정하느냐가 문제될 것이나 일반적으로 우물 본체를 중심으로 유지, 보호하기에 필요한 구역은 전부 포함시키는 것이 타당하겠으며 이것은 어디까지나 객관적으로 판단할 문제이다.

(10) 비각 부지

부모를 남달리 잘 섬기는 아들을 효자라 하고 그가 딸일 경우에는 효녀라고 하지만, 넓은 의미로서는 효자나 효녀 모두가 효자의 범주에 속한다. 또 죽음을 무릅쓰고 자기 남편에 대한 정성과 절개를 지킨 여자를 열녀라 하며, 남달지 절개가 굳은 부인을 절부라고 일컬으나 이것 역시 넓은 의미로서는 열녀나 절부가 모두 열녀의 범주에 속하는 것이라 할 수 있다. 우리 나라는 효자·열녀 등을 길이 찬양하고 일반의 모범이 되게 하기 위해 비석을 세우는 일이 많았으며, 이 비석을 보호하기 위해서는 보통 비각을 세우는 경우가 있었다. 영구적 설비로 볼 수 없는 이러한 비각부지(碑閣敷地)는 지목을 잡종지로 하고 영구적인 설비가 있는 비각일 경우에는 부지의 지목을 대로 한다. 비각 부지의 구역은 객관적으로 비각의 부지라고 인정되는 구역까지를 모두 포함한다.

(11) 상엿집

우리 나라에서는 사체를 운반하는 기구로 아직 상여를 쓰는 예가 많은데, 이 상여를 항상 격납 보관하는 집을 상엿집(喪輿庫)이라 하며 지방에 따라서는 "곳집"이라고 부르기도 한다. 상엿집의 지목은 잡종지로 하며 이는 영구적 건축물이 있다고 하여도 그 지목을 대(垈)로 하지는 않는 것이 특징이다.

상엿집은 보통 사람의 눈에 잘 띄지 않은 으슥한 곳에 있으며, 지방에 따라서는 부락민이 공동으로 상여를 사들여 여기에 보관하는 것 외에도 그 부락적인 행사에 음식을 담아 먹고 부락에서 공동으로 사들인 사발, 접시 등 식기까지 여기에 보관하였다가 필요에 따라 사용하는 예가 많으므로 이 상엿집은 마치 그 부락의 공동소유물을 격납 보관하는 창고의 역할을 하고 있는 예가 많다.

(12) 방앗간

방앗간은 곡식을 찧는 틀로서, 보통 땅에 절구확을 묻은 다음 긴 나무채의 한 끝에 공이를 끼고 다른 한 끝을 눌렀다 놓았다 하여 찧게 되는 장치이다. 이는 디딜방아와 물방아로 구별한다. 디딜방아는 우리 나라의 건축양식면으로는 살림집에 붙여 짓는 것이 보통이나, 서북지방에서는 방앗간을 살림집에서 아주 떨어진 곳에 독립적으로 두되 대개는 야천인 경우가 많은데, 바로 이런 것이 지목을 잡종지로 할 대상이다.

디딜방아와 물레방아 외에 지방에 따라서는 돌방아라는 것이 있어, 이는 절구확 위에 올려놓은 큰 돌로 된 바퀴를 소나 말의 힘으로 돌려 곡식을 찧는 장치로서 대개는 노천에 설치하는 경우가 많은데, 이런 것은 지목이 잡종지로 되는 것이다.

(13) 비행장

1903년 12월 17일 미국의 라이트 형제가 동력을 단 두 장의 날개를 가진 비행기로 59초간에 250m를 날아 가는 데 성공한 이래, 오늘날까지 비행기의 발달은 그야말로 20세기의 발달된 과학문명의 척도라고도 할 만큼 큰 비중을 차지하고 있다.

비행장은 비행기가 발착할 수 있는 설비를 가진 구역으로서 사용목적에 따라 군용, 공중용, 사용, 불시착륙용 등의 구별이 있다. 비행장 중에서 정기 항공기 등 상업용 항공기가 뜨고 내리는 비행장, 활주로, 격납고 등을 설치하고, 항공관제탑에 의하여 그 지역과 공역 안의 교통을 관제하는 것을 공항이라고 한다. 국제공항에서는 세관, 검역, 출입국관리 등의 사무소도 두게 되는데 김포공항이 대표적 예이다.

비행장의 구조 중 가장 많은 면적을 차지하는 것은 활주로인데, 활주로는 대개 콘크리트·아스팔트 등으로 포장하거나 철판 등으로 덮여 있다. 근래에 눈부시게 발달한 헬리콥터 같은 것은 이착륙에 그다지 넓은 장소를 필요로 하지 않으나, 이착륙 장소가 비행장인 것은 모든 비행장의 지목을 잡종지로 하는 것이 원칙이나 공항건물과 같이 영구적인 설비가 있는 것은 지목을 대로 해야 한다.

(14) 측량표 부지

측량표는 각종 측량의 기준으로 쓰기 위해 법령으로 설치한 지상의 표지이다. 삼각점 표석, 도근점 표석, 수준점 표석, 경위도 원점, 지자기 측점 등 영구적으로 국가가 보존하여 여러 측량의 기초에 쓰는 것 외에도 점표, 표항, 표기, 가항 등 측량 시행상 불가결하면서도 일시적으로 설치되는 것들이 있다. 이러한 것을 모두 측량표라고 일컫는다.

다만 지적학상 지목을 잡종지로 해야 하는 것은 각종 표석 등 영구적 시설물의 부지에 국한할 것이고, 일시적인 점표, 표항, 표기, 가항 등의 부지는 각각 실정에 따라 지목을 정해야 하며, 일률적으로 잡종지 지목에 해당시킬 수는 없다.

(15) 타 지목에 속하지 않은 토지

잡종지는 이름 그대로 이상과 같이 잡동산이가 모여서 이루어지는 것이지만, 이외에도 다른 지목에 속하지 않은 것은 이를 잡종지로 지목을 정하도록 되어 있다. 다만, 해면은 지목구분에서 제외되므로 잡종지에 포함시킬 수 없다(원영희, 1972).

제 12 장 토지면적

제1절 토지면적의 개념

면적이라고 하는 것은 토지의 한정된 구역 안에 대한 수평면상의 면적이다. 일반적으로 토지의 면적은 수평면인 것과 구면 또는 경사면인 것이 있으나 지적법상의 면적은 한정된 구역 안의 수평면상의 면적만을 가리킨다. 이는 토지를 수평면상에 올려놓았다고 가정하였을 때, 그로 인하여 밑바닥에 이루어지는 도형 안의 면적이다.

과거에는 토지의 면적이라는 의미로 지적(地積)이라고 표현하였으나 이것은 토지의 호적이라는 의미의 지적(地籍)과 혼동되었기 때문에, 토지의 호적은 그대로 지적이라 하고, 토지의 면적이라고 할 때에는 면적이라고 하여 구별하였다.

1 토지의 높이와 면적

지적법상으로 토지의 높이는 면적에 계산되지 않고 수평면상에 투영된 도형의 넓이가 면적이 된다. 예를 들면 극단적으로 수직면인 절벽의 면적은 제로(0)이다.

특히 산간부 또는 경사면에 속하는 토지는 외형상 크게 보이나 실제 보이는 것보다 훨씬 작게 나타나는 것도 면적이 경사면적이나 구면적이 아니고 수평면적이기 때문이다. 2개의 토지가 있을 경우 하나는 높이가 100m이고 다른 하나는 높이가 1m라 하더라도 수평면상에 놓인 밑바닥은 다같이 1m의 정방향이라고 할 때, 이 2개의 토지면적은 각각 똑같은 $1m^2$가 되므로 면적은 토지의 높이와는 하등 관계가 없음을 알 수 있다. 인간이 토지를 이용하는 것은 대부분이 수평면상의 문제이기 때문에 면적은 수평면상의 이용량인 수평면적으로 표시하는 것이 타당하다. 하지만 만약 토지를 경사면으로 다루게 되는 경우에는 토지의 경사면적도 필요하게 된다.

가령 철도선로 옆에 있는 경사지를 피복하려는 경우 등에는 수평면적인 면적보다는 경사면적이 필요하게 되어, 결국 이런 경우에 면적은 전혀 필요 없거나 그렇지 않으면 보조적인 역할밖에 할 수 없나. 그러나 이런 경우는 예외적인 경우이고 현행법상에서는 수평면적을 사용하도록 하고 있다.

2 경사면적과 수평면적

면적은 수평면상의 이용량이므로 경사지 면적은 경사면적이 아니고 수평면적이다.

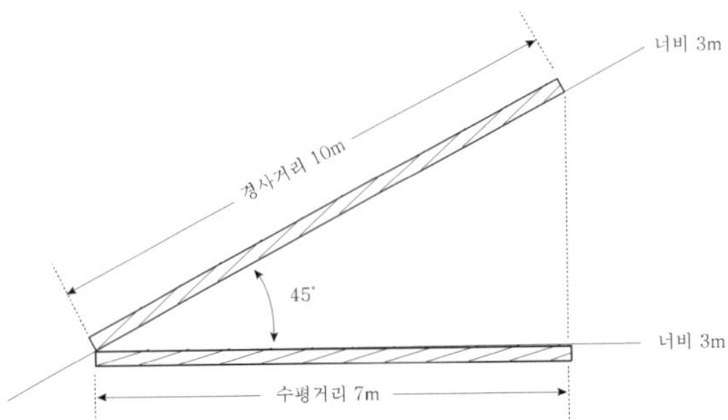

(그림50) 경사면적과 수평면적

가령 (그림50)과 같이 경사 45°인 경우 경사면적 30m²는 수평면적 21m²가 되기 때문에 지적공부에 등록되는 면적은 바로 수평면적인 21m²가 되는 것이다.

경사지와 평탄지가 똑같은 면적일 경우에는 경사지가 평탄지보다 실지면적이 크므로 이용가치도 더 많지 않겠는가 라는 의문이 있을 만하지만 토지를 수평면으로 이용하는 경우를 자세하게 살펴보면 토지는 경사지거나 평탄지거나 할 것 없이 면적이 같으면 일반적으로 이용가치도 같다는 점을 발견할 수 있다.

면적계산(대략숫자)

경사면적 = 경사거리 10m×넓이 3m = 30m²
면 적 = <수평거리> = 수평거리 7m×넓이 3m = 21m²

경사면적 30m²은 수평면적 21m²가 되는데, 여기에다 포기 사이 1m 간격으로 나무를 심는다고 가정한다면 식물의 배지성(背地性) 때문에 나무가 설 수 없다. 이것으로서 경사지의 면적 21m²는 평탄지의 면적 21m²와 평면 이용도가 같다는 것을 알 수 있다.

이때 경사지에 집을 짓는다면 집은 경사면에 직각으로 서는 것이 아니고 지구의 중력 때문에 지평면에 수직으로 서게 되어 수평으로는 21m²만이 이용면적이 된다.

제2절 토지면적의 단위

1 면적의 단위

우리 나라에서는 토지조사 당시부터 면적의 단위를 척관법에 따라서 정하였거니와, 토지대장 등록지의 면적과 임야대장 등록지의 면적은 각각 그 단위를 달리하고 있다. 과거 지적법 제7조 제1항에는 토지대장 등록지의 면적은 평(坪)을 단위로 하고, 제26조 제1항에는 임야대장 등록지의 면적은 무(畝)를 단위로 한다고 규정하였다.

이것은 토지대장 등록지와 임야대장 등록지의 면적단위를 특별히 규정한 것으로 1961년 5월 10일 법률 제615호로서 공포된 계량법 제7조 "면적의 계량단위는 평방미터로 한다"는 규정에 대한 예외법의 위치에 있기 때문에 계량법의 적용이 배제되고 면적의 단위는 토지대장은 평, 임야대장은 무로 되었던 것이다.

그런데 단위가 평 또는 무라고 하더라도 예외적인 규정에 따라 토지대장에는 홉(合), 임야대장에는 보까지 등록하는 경우가 있으므로 면적의 최소등록 단위는 토지대장에서는 홉, 임야대장에서는 보(步)가 된다.

토지대장 등록지의 면적단위인 평은 1변의 길이 6척의 정방형의 면적을 말하는데 이는 임야대장 등록지에 있어서의 보와 크기가 같은 것이다. 토지대장 등록지에서 평을 넘는 숫자는 십, 백, 천, 만, 십만, 백만……등으로 3,000평이면 3,000평이라 표시하며, 3,000평이라고 등록하지 않고 1정이라고 등록하도록 되어 있다. 면적은 1지번의 토지마다 독립하여 등록하며, 결코 몇개 지번의 토지면적을 합쳐서 토지대장이나 임야대장에 등록했던 것은 아니다.

토지대장에 등록하는 면적단위는 과거 지적법 제7조 제1항에 "면적은 평을 단위로 하여 이를 정한다"라고 규정하였고, 임야대장에 등록하는 면적의 단위는 지적법 제26조 제1항에 "면적은 무를 단위로 하여 이를 정한다"고 역시 규정하여 1975년까지 시행되었다. 그러나 이러한 면적단위는 1975년 12월 개정 지적법에서 미터법을 도입하여 면적단위를 현재의 "m^2"로 변경하였다.

지적공부에 등록하는 면적결정 방법은 등록하는 토지면적의 단위는 제곱미터(m^2) 단위로 표시하며, m^2 미만의 끝수가 있는 때에는 $0.5m^2$ 미만은 버리고 $0.5m^2$를 초과하는 때에는 올리며, $0.5m^2$인 경우에는 구하고자 하는 끝자리의 숫자가 0 또는 짝수인 때에는 버리고 홀수인 때에는 올린다(오사오입법). 다만, 1필지의 면적이 $1m^2$ 미만인 때에는 $1m^2$로 결정한다.

또한 지적도의 축척이 600분의 1인 지역과 경계점좌표등록부에 등록하는 지역의 토지면적은 m^2 이하 1자리 단위로 표시하되, $0.1m^2$ 미만의 끝수가 있는 경우에는 $0.05m^2$ 미만은 버리고 $0.05m^2$를 초과하는 때에는 올리며, $0.05m^2$인 경우에는 구하고자 하는 끝자리의 숫자가 0 또는 짝수인 때에는 버리고 홀수인 때에는 올린다. 다만, 1필지의 면적이 $0.1m^2$ 일 때에는 $0.1m^2$로 결정한다(지적법시행령 제7조).

2 척관법

척관법(尺貫法)은 길이의 단위로 척, 무게의 단위로 관 따위를 쓰는 도량형의 한 종류로서, 우리 나라를 비롯한 일본, 중국 등 한자 민족 사이에서 발달한 도량형 제도이다.

우리 나라는 고구려, 백제, 신라의 삼국시대에 이미 과세제도와 도량형 제도가 제정되었으며, 조선초기에 반전제도가 시행됨에 따라 토지의 측량에는 면적이 사용되었다.

그 후 결부제와 수등이척제(隨等異尺制)를 채택하고, 각 부락마다 지적측량반을 조직하여 전답의 면적과 등급을 정함으로써 국가의 조세제도를 개혁하였으며, 특별히 도량형제도를 가장 중요시하여 도제(度制)에는 장(丈), 척(尺), 촌(寸), 푼(分), 양제(量制)에는 석(石), 두(斗), 승(升), 홉(合), 작(勺), 형제(衡制)에는 양(兩), 전(錢), 푼(分), 리(厘)의 도량형 기구를 호조에서 제작한 후 낙인을 찍은 것을 공급하였다.

호조에서는 이상의 도량형을 매년 정기적으로 검사하는 등 엄격한 도량형 정책을 썼기 때문에 당시 농업경제의 발전은 물론이고 역학, 천문학, 수학이 발달하여 천무관, 측기구, 측우기, 자격루, 고저측량기 등도 제작하기에 이르렀다.

세종시대에 도량형 제도가 발달한 예로 주척을 기준으로 한 양전척의 기준이 된 길이를 비석에 새기어 서울에 수표교를 세우고 그 후 순조 20년에 다시 고쳐 세웠는데, 아직도 수표교의 흔적이 남아 있다.

척관법과는 대조적인 미터법은 1799년 프랑스에서 처음 제정되어 오늘날 세계 각국에서 사용되고 있었는데 가장 좋은 점은 십진법을 쓰는 것이다.

우리 나라도 지적제도가 확립되던 1910년대에는 미터법보다 척관법이 널리 쓰여졌다.

이에 따라 척관법에서 나온 '평' 및 '무'를 단위로 면적을 정하여 써 왔었으나 1975년부터 미터법으로 개편하여 지금까지 쓰고 있다.

3 미터의 기준

현재 지적공부에 등록하는 면적의 단위는 미터(m)법이다. 미터법에 의한 m^2는 길이 1m를 1변으로 하는 정사각형의 넓이로서 종래의 면적단위 1평은 $3.3058m^2$(m^2=평×400/121)가 되고 거꾸로 $1m^2$는 0.3025 평이 된다. 토지의 면적단위인 m^2의 구성요소인 1m의 기준을 정하는데는 커다란 계기가 있었다. 1789년 7월 14일 프랑스에서 왕조의 구제를 타파하고 근대 시민사회를 이룩한 전형적인 시민혁명이 이루어졌다. 그 결과 국민의회는 인권선언을 공포하고 새로운 헌법을 정하여 공화제가 성립되었다.

그런데 1790년에 이르러 프랑스 혁명정부는 자연을 표준으로 만고불변의 도량형 제도의 수립을 결의함에 따라 지구의 크기를 측정하는 작업이 시작되었다. 이 작업은 1799년에 이르러 완성됨으로써 오늘날 우리들이 쓰고 있는 길이 단위인 '미터(meter)'는 지구의 북극과 적도 사이의 거리, 즉 자오선 1상한(90°) 길이의 1/10,000,000로 정하였다. 같은 해에 순백금제의 "미터표준기"가 제작되었으나 그 뒤 백금과 이리듐의 합금으로 된 미터원기가 만들어져 프랑스 정부가 이를 보관하였다. 그리고 1880년 이후에는 미터원기를 표준으로 사용하였고, 똑같은 재료로 똑같은 기구를 만들어 이를 부원기라고 하며 미터조약 각국에 분배하였다. 그래서 지구의 자오선 1상한의 길이는 10,000,000m가 되기 때문에 지구 전주의 길이는 40,000,000m가 된다.

오늘날 수륙십만리라고 하면 세계일주를 의미하는데 그것은 지구둘레가 $40,000km^2$이므로 이를 리수로 환산하면 십만리가 되는 데에서 유래한다. 이러한 거리의 측정은 과거 알렉산드리아에서 나일 강 상류의 시에네까지 대상들이 낙타로 여행할 때 대략 50일이 걸렸다. 대상들의 여행속도가 일정하여 하루에 100 stadia를 갔으므로 이를 계산하면 다음과 같이 40,000,000m에 비하여 16% 정도의 차이를 갖고 있다.

1 stadia = 185m
50일×100 S = 5,000S
5,000 S× 185 = 925,000m(지구 전주의 1/50)
925,000×50 = 46,250,000m로 현재의 40,000,000m와 약 16% 차이

이처럼 자오선 1상한의 길이가 10,000,000m라는 것은 1799년에 측정한 값이지만 지구의 둘레는 그 후 여러 과정을 거쳐 더욱 정밀하게 측정되었다. 1841년 독일의 벳셀은 자오선 1상한의 길이를 10,000,855.76m라 하였고 1909년 미국의 헤이포드는 10,002,288.3m라 하였다. 1964년 국제천문동맹(I.A.U) 총회에서는 10,002,001m라 하였고, 1967년 측지기준계에서는 10,002,001.2313m라 하였다. 이처럼 자오선 1상근의 길이는 각각 조금씩 다르므로 엄밀하게 따지면 자오선 1상근의 길이의 1/10,000,000을 1m로 한 것은 약간의 오차가 인정되기도 한다. 그리고 자오선 길이의 1/10,000,000에 의한 미터원기의 길이도 극히 미세하지만 그래도 경년변화를 가지며 길이 관측의 정확성에 대한 요구가 매우 커지게 되어 정확한 표준이 필요하게 되었다.

이에 따라 1960년 제11차 국제도량형 총회(CGPM)에서는 1미터를 파장이 가장 안정된 크립톤 원자의 등황색선 스펙트럼의 진공중 파장을 이용하여 정의하였다.

즉, "1m = Kr^{86} 원자스펙트럼의 진공중 파장의 1,650,763.73배와 같은 길이"이며 이 값은 1975년 제16차 국제측지학·지구물리학 총회에서 측량의 기준으로 채택되었다. 그러나 1973년 가스레이저를 이용하여 강속도를 정학하게 관측한 값이 발표된 이후 광속도의 값과 시간 1초의 정의에 의하여 미터를 재정의하려는 안이 더욱 정확한 것으로 많은 지지를 받다가 1983년 10월 파리에서의 제17차 국제도량형 총회에서 채택되었다. 새로운 미터 정의는 "1m = 무한히 확산되는 평면전파기파가 1/299,792,458초 동안 진공중을 진행하는 길이" 이다.

제3절 토지면적의 측정

1 면적측정 방법

(1) 도상법

도상법은 지상에서 얻은 측량결과에 의하여 토지 또는 건물도면을 작성한 후 도면상에서 여러 가지 계산방법에 의하여 면적을 측정하는 방법으로 간접측정법에 속한다. 도상법은 작업속도가 빠르고 제도오차, 축척에 의한 독취오차가 생길 염려가 있다.

도상법의 종류로는 삼사법, 구적기(푸라니미터)법, 전자면적기법 등으로 도해지적에서는 대다수가 거의 이 방법에 의했으나 2001년 지적법이 개정되면서 전자면적기법에 의하여 면적을 측정하도록 하고 있다.

이것은 측량의 정밀도를 높이고자 하는 것으로 측정면적이 규정면적 이하일 경우, 전자면

적계로 측정하는 경우를 제외하고는 반드시 삼사법에 의하여 측정하도록 하여 지적도 지역은 축척분모의 1/50, 임야도 지적은 200m^{2}가 여기에 해당되었다.

① 축척 1/600도에서 약 12m^2 이하
② 축척 1/1,200도에서 약 24m^2 이하
③ 축척 1/2,400도에서 약 48m^2 이하
④ 축척 1/3,000 또는 1/6,000도에서 약 200m^2 이하

1) 삼변법

삼변법은 삼각형의 각 변 길이를 측정하여 헤론(Helone)의 공식에 의해 면적을 구하는 방법으로, 구하고자 하는 토지의 형태가 다각형인 경우 삼각형으로 구획하여 각각의 면적을 계산한다. 이를 최종적으로 합산하여 그 토지의 면적을 측정하는 방법이다. 도상법에서 이론상으로는 가장 정도가 높은 방법이나 독취오차의 영향이 많이 수반되므로 지적분야에서는 거의 사용되지 않는다.

2) 삼사법

삼사법은 다각형으로 된 1필지의 토지를 도면상에서 삼각형으로 구획하여 각 삼각형의 면적을 산정한 후 모두 합산하여 면적을 측정하는 방법이다. 1필지의 토지를 삼각형으로 구획하는 방법은 여러 가지가 있지만 면적 산정에서는 삼각형을 구획할 때 밑변과 높이의 비가 3 : 1 또는 1 : 3으로 구획하는 것이 통례이다. 그러나 이상적인 구획방법은 밑변과 높이가 같도록 하는 것이 정도가 높다. 삼사법은 정도가 삼변법에 미치지 못하나 방법이 간편하여 토지면적이 작은 경우 지적분야에서 주로 사용하였다.

3) 구적기법

구적기법은 1필지의 경계점이 많은 다각형이나 곡선의 불규칙한 형태인 토지면적을 도면상에서 측정할 때 사용하는 방법이다. 구적기라는 장비를 사용하여 경계선을 추적하여 원점에 귀착시켜서 얻은 독수를 이용하여 면적을 측정하는 것이다.

구적기라는 장비는 도면상에서 그 넓이를 측정하는 간편한 소형 기계로 원명은 푸라니미터(planimeter)이며 스위스의 야곱 암슬러(Jacob Amsler)가 19세기 중엽에 발명하였다. 우리 나라는 구적기, 일본에서는 측면기 또는 면적계라고 한다.

구적기는 도상의 면적 측정에 많이 쓰였던 것으로 기타 부문에서도 이용범위가 매우 넓다. 구적기는 정도가 삼변법, 삼사법에 미치지 못하나 편리하여 토지면적이 큰 경우 지적분야에서 주로 사용하였던 방법이다.

4) 전자면적기법

전자면적기법은 컴퓨터를 이용한 과학적인 장비가 많이 발달함에 따라 모든 분야에서 이용범위가 가장 다양한 전자면적기로 면적을 측정하는 방법이다. 인간의 육체적 활동과 두뇌

활동을 기계 속에 인간이 만든 명령(프로그램)에 시달하여 자료를 입력하고 연산처리 하여 신뢰성 있는 결과를 얻는 것이다. 전자면적기법의 원리는 초기에는 경계선을 입력 처리하여 면적을 산출하는 방법에서 발전하여 지금은 경계점 좌표를 독취한 후 좌표법에 의하여 전산처리로 면적을 측정하는 방식이 많이 활용되고 있다.

(2) 좌표법

좌표법은 다각형으로 형성된 각각의 굴곡점의 평면직각종횡선 좌표로 면적을 계산하는 방법이다. 여기서 좌표는 어떤 위치나 점의 자리를 나타내는 때에 표준이 되는 표시이다. 좌표법은 수치를 이용하여 수학적으로 직접 면적을 측정하기 때문에 제도작업에서 오는 오류를 일체 고려할 필요가 없는 것이 장점이다.

이 방법은 면적측정 방법 중에서 가장 정도가 높은 것으로 구획정리지역 등의 수치지역에 많이 활용되고 있으며 근래에 와서는 지상에서나 도면상에서 경계 굴곡점의 좌표를 측정하거나 독취해서 면적을 계산하는 추세가 많아지고 있다.

(3) 지상법

지상법은 현지에서 면적측정에 필요한 요소를 측정하여 작도를 거치지 않고 직접 계산에 의해 면적을 구하는 방법이다. 면적측정법의 기본원리는 도상법의 원리와 같으나 측정작업을 현지에서 거리를 직접 측정하여 면적을 산출하는 것으로 도면에서 면적을 측정하는 도상법과는 차이가 있다. 지상법은 현지에서 토지의 형태를 수개로 분획하여 각각의 면적을 산정한 후 합산하여 면적을 측정하게 된다.

지상법의 정도는 도상법보다 높으며 계산방법과 면적측정부는 도상법에 준하게 된다. 현지에서 면적측정 이전에 반드시 측거기를 검측장에서 검정한 후 실시해야 한다.

2 면적측정의 대상

(1) 신규등록지

지적공부에 새로 등록하는 토지의 면적은 축척구분에 따라 등록단위가 다르다. 축척 1/600 지역과 경계점좌표등록부에 등록하는 지역의 면적은 정밀도를 높이기 위해 $0.1m^2$ 단위로 한다. 그러나 1필지의 면적에 $0.1m^2$ 미만의 우수리가 있을 때에는 $0.05m^2$ 미만은 절사하고 $0.05m^2$ 이상은 절상한다. 그래서 축척 1/500 또는 1/600 지역의 최소 등록 면적단위는 $0.1m^2$이다. 수치지적부를 비치하는 지역은 주로 시가지계획 구역 또는 농지개량사업 지구 등으로 이 지역의 면적등록 단위는 $0.1m^2$로 하고 있다. 1/500또는 1/600지역과 수치지적부 비치지역을 제외한 기타의 지역에서는 지적공도의 축척에 관계없이 1필지의 면적에 $1m^2$ 미만의 우수리가 있을 때에는 0.5 미만은 버리고 $0.5m^2$ 이상은 $1m^2$로 절상하고 있다. 이러한 지역에서 1필지의 면적 전부가 $1m^2$ 미만일 때는 무조건 이를 $1m^2$로 등록한다. 그렇기 때문에 토지대장이나 임야대장 등록으로서 축척이 1/500 또는 1/600을 제외한 지역 등에서는 최소 등록단위가 $1m^2$가 된다.

(2) 등록전환지

임야대장 등록지를 토지대장에 옮겨 등록하는 것을 등록전환이라 하는데 등록 전환지의 면적은 새로이 측정하게 되어 있다. 간혹 문제가 되는 것은, 임야대장에 등록된 것을 다시 측정하여 토지대장에 등록할 때에는 다소 면적이 틀리는 경우가 있다. 그것은 임야대장 등록지와 토지대장 등록지의 측량 정밀도가 다르기 때문이다. 이처럼 등록전환 전후의 면적 차이가 있다 하더라도 여기에는 어떠한 제한, 즉 공차를 정할 성질의 것이 아니다. 그것은 정밀도가 낮은 임야대장 등록지를 정밀도가 높은 토지대장 등록지로 하려면 원면적과 신면적은 차이가 나는 것이 오히려 당연하다. 이렇게 면적에 차이가 난다는 자체가 바로 임야대장 등록지를 토지대장에 등록전환 효과라고 할 수 있는 것이기 때문이다.

(3) 축척변경지

지적공도의 축척을 변경하였을 때에는 면적은 변경 후의 도면축척에 따라 그 단위가 결정된다. 축척변경이라는 것은 지적공도의 정밀도를 높이기 위해 국가가 시행하는 사업으로 새로 측량하여 면적을 결정하므로 변경 전의 면적은 자연 말소된다. 축척변경은 등록전환과 비슷한 듯하지만 사실은 그렇지 않다.

축척변경은 지적도 상호간 혹은 임야도 상호간에서 축척을 현재보다 크게 하는 것이며 등록전환은 임야도 등록지에서 지적도 등록지로 옮겨서 등록하는 것으로 엄연히 구별되는 것이다. 축척변경시의 신구면적 차이도 등록전환의 예와 경우가 비슷하다. 차이의 원인은 등록전환의 경우처럼 정밀도에 차이가 있는데 이러한 신구면적의 차이가 축척변경을 하는 가장 큰 효과라고 할 수 있기 때문이다.

(4) 분할지

토지를 분할할 때에는 분할 전의 원면적과 분할 후의 각 필지의 합계면적의 증감이 없도록 하고 있다. 과거에는 특별한 경우에 토지대장 등록지는 면적 감소만 인정하고 임야대장 등록지는 면적 증감의 모두를 인정한 때도 있었다. 그러나 지금은 이러한 모순을 없애기 위해서 분할 전후의 면적에 증감이 없도록 하고 있다. 토지를 분할할 때의 축척이 1/500이나 1/600 지역이거나 수치지적부 지역이라면 분할 후의 1필지의 면적 전부가 $0.1m^2$ 미만이 되더라도 무조건 이를 $0.1m^2$로 하고 기타의 지역에서는 1필지의 면적 전부가 $1m^2$ 미만이 되더라도 이를 $1m^2$로 하였다. 그러나 이를 악용할 수도 있는데, 가령 $1m^2$의 1필지를 $0.5m^2$씩 2필지로 분할한다고 할 때 각각 산출된 $0.5m^2$의 면적이 법적으로는 각각 $1m^2$씩 등록되는 모순이 발생할 수 있기 때문이다.

(5) 합병지

토지를 합병하였을 때에는 합병 전의 각 필지의 면적을 합산한 것을 합병 후의 면적으로 한다. 그런데 합병의 경우는 면적에 우수리가 있다고 하더라도 이를 그대로 두어야 한다.

가령 지적도의 축척 1/1200 지역에서는 m^2를 단위로 하고 있지만 합병전 각 필지의 면적을 합산한 것에 m^2의 우수리가 있다 하더라도 이때의 우수리는 그대로 두어야 한다. 이러한 원칙은 과거나 현재나 똑같은 것이기 때문에 그 결과에 변동이 있어서는 안 된다는 이유 때문이다.

(6) 경계정정지

지적공부에 등록된 토지의 경계를 정정하기 위해 하는 측량을 경계정정 측량이라고 하여 지적측량의 일종으로 하고 있다.

경계정정 측량은 지적공부에 등록된 경계에 오류가 있을 때에 시행하는 것이기 때문에 그 자체는 지적공부에 오류가 있다는 것이 전제가 된다. 오류정정은 지적공부의 공신력을 의심스럽게 하는 감을 줄 수도 있지만 행정구제의 수단으로 복잡한 행정소송을 거치지 않고 시정할 수 있다는 장점도 있다. 경계정정측량을 하였을 때에는 법령의 규정에 따라 그 정정 후의 면적을 측정하게 된다. 이 경우 정정 전의 틀린 면적과 정정 후의 면적이 서로 달라진다 해도 상관이 없다. 만약 정정 전의 면적이 $100m^2$이던 것이 정정 후에는 그 10곱이나 되는 $1{,}000m^2$가 되었다 하더라도 어쩔 수 없는 것으로, 왜냐하면 경계정정을 하는 자체가 바로 오류정정이기 때문이다.

(7) 확정측량지

도시계획사업, 토지구획정리사업, 농지개량사업, 공업단지, 산업기지개발사업 등으로 인하여 토지의 이동이 있을 때에는 새로 측량하여 결과 및 면적을 정하도록 하고 있다. 이는 토지대장이나 임야대장에 등록되었던 면적은 소멸되고, 새로 측정한 면적을 채택한다는 것이다. 토지구획정리사업 등에서 환지를 교부할 때 과거의 경계를 무시하고 토지구획해 놓은 것을 새로 측량하는 까닭에 종전의 면적과는 관계없이 새로운 면적을 정해야만 이론상으로도 맞다.

제4절 토지면적의 변천

1 구 토지대장 등록지의 면적

(1) 평의 크기

구 토지대장 등록지의 면적단위인 '평(坪)'이라는 것은 1변 6척의 정사각형의 넓이로서 임야대장 등록지에 쓰이는 면적중 '보(步)'와 똑같은 넓이이다.

그 이유는 1보 역시 1변 6척(尺)의 정사각형의 넓이이기 때문이다.

따라서 평이나 1보를 미터법으로 환산하면 $3.3058m^2$($1m^2$는 0.3025평)가 된다.

구 지적법 제2장 제7조 제1항에서는 면적은 평을 단위로 한다고 규정하고, 제2항에서는 보조단위를 규정하였다. 제3항에서는 "면적에 1평 미만의 우수리가 있을 때에는 5홉 미만은 버리고 5홉 이상은 1평으로 올리어 결국 홉위를 두지 않고 평위에서 그친다"는 대원칙과 제4항에서는 1지번의 토지의 면적 전체가 1평 미만인 때에는 홉위를 두고, 또 1지번의 토지의 면적 전체가 1홉이 되지 않는 것이라도 이는 1홉으로 하여 토지대장 등록지의 면적의 최소단위는 홉위라는 것을 규정한 것이다.

한편, 제5항에서는 "대통령령으로 정하는 토지내의 면적은 전2항의 규정에도 불구하고 홉위를 존치하여 작위 이하는 버리고, 1지번의 면적이 1홉 미만인 때에는 1홉으로 한다"는 요지를 규정하고 있다. 일반적으로는 면적에 5홉 미만의 우수리가 있을 경우 이를 절상·절사하여 평위에 그치고, 1지번의 면적의 전체가 1평 미만인 경우에만 홉위를 단위로 하며, 1지번의 면적의 전체가 1홉 미만이더라도 이를 무조건 1홉으로 한다고 규정한 제3항과 제4항의 대원칙을 이 제5항으로서 배제해 놓고 대통령령으로 정한 구역 안의 토지의 면적에는 무조건 홉위를 존치하며, 1지번의 면적의 전체가 1홉 미만인 경우는 무조건 1홉으로 한다는 것이다.

토지대장 등록지로서 면적에 무조건 홉위를 두는 토지는 구 지적법시행령 제17조로서 "지적도의 축척이 1/600인 지역내에 있는 토지 전부와 1/600지역이 아니더라도 이미 토지대장에 홉위까지 등록되어 있는 토지로 규정하고 있다. 이것을 종합해 보면 결국 토지대장 등록지의 면적에 홉위를 두는 것은 다음과 같다.

① 1지번의 면적의 전체가 1평 미만인 때
② 1지번의 면적의 전체가 1홉 미만인 때
③ 축척 1/600지적도 구역내의 토지 전부
④ 과거부터 홉위가 달려 있는 토지를 분할한 때

이외에도 현재는 분할지 중에서 1지번의 면적의 전체가 1평 미만인 것이 있는 경우는 뒤에서 설명하는 것과 같이 그 분할 후의 합계지적을 원면적에 일치케 하기 위해 다른 분할지에도 홉위를 두는 경우가 있게 되는 것이다.

(2) 면적 기재방법

현재 구 토지대장이나 임야대장에는 면적을 한문자의 一, 二, 三, 四, 五, 六, 七, 八, 九와 0으로서 기재하는데, 가령 지적이 135평이던 토지대장에 一三五라 쓰고 百三十五와 같이 표현하지도 않으며, 한문자의 숫자도 일(壹), 이(貳), 삼(參), 십(拾)이라는 힘든 글자는 쓰지 않고 있다. 임야대장에는 가령 결정된 면적이 1정 2단 3무면 "1정 2300"이라고 무위 밑에 영을 2개 붙이는데, 만약 결정된 면적이 3정 5단 8무 3보일 경우에는 "3정 5803"고 같이 기재하도록 되어 있다. 그러므로 임야대장 면적이 3정 4912라고 되었을 경우에는 3정 4단 9무 12보라는 뜻이 되는 것이다.

1) 신규등록지의 면적

① 1평 미만의 단수처리

구 토지대장에 신규등록하는 토지의 면적은 지적측량 규정에 따라 산정하였는데, 면적에 1평 미만의 우수리가 있을 경우 5홉 미만은 버리고 5홉 이상은 1평으로 올리도록 구 지적법 제7조 제3항에서 규정하였다. 예를 들면 새로 등록할 토지의 면적이 101평이라 산출된 때에는 1평 미만의 우수리가 없는 것이므로 그냥 101평으로 하고, 352평 4홉이라 산출된 경우에는 우수리인 4홉은 버리어 352평으로 하며, 492평 8홉이라 산출될 경우는 우수리인 8홉을 1평으로 올려서 493평으로 하는 것 등이 바로 여기에 해당하는 것이다.

② 1지번의 면적이 1평 미만인 경우

1지번의 면적 전체가 1평 미만인 경우에는 1지번의 면적이 1평도 안 되며 9홉 내지 1홉인 경우에도 1평 미만인 것이므로 구 지적법 제7조 제3항 "면적이 1평 미만인 때에는 홉위를 단위로 하고, 1홉 미만인 때에는 1홉으로 한다"는 규정에 따라 당연히 홉위를 단위로 하는 것이다. 1지번의 토지의 면적의 전체가 1홉에도 미달하는 경우라 하더라도 면적은 무조건 이를 1홉으로 하게 되므로, 토지대장에 등록하는 면적의 최소 단위는 홉이었던 것이다. 홉위의 밑에는 작이 있으나, 작은 면적의 토지라 하더라도 토지대장에는 최소한 1홉으로 올리게 되어 있어, 가령 1작의 토지거나 극단한 예로서 0.1작의 토지라 할지라도 그것이 독립된 필지인 이상 무조건 그 면적을 1홉으로 등록하게 되었던 것이다.

1지번의 면적의 1홉인 토지를 2개로 분할하면 실지면적은 각 필마다 5작씩으로 되나, 1지번의 토지의 면적이 1홉 미만인 경우라도 면적을 1홉으로 한다는 규정에 따라 무조건 1홉씩으로 하게 되어, 결국 분할 후의 면적 합계는 2홉으로 되는 모순이 생기게 되지만, 이를 규제할 근거법규가 없었기 때문에 행정계몽으로서 보완할 수밖에 도리가 없었다.

2) 등록전환지의 면적

우리 나라 토지는 과거의 평탄지는 구 토지대장, 산간부는 구 임야대장에 등록되었다.

즉 "전토는 토지대장, 산은 임야대장"이라고 생각하면 틀림없다. 그것은 산은 평야보다 경제적 가치가 적다 하여 토지대장 및 지적도보다 정밀도가 훨씬 낮은 임야대장 및 임야도에 등록하도록 하였기 때문이다. 그러나 사회가 발달하고 인구가 증가하여 토지의 이용도는 최고도에 이르게 되어, 과거의 황무지가 오늘의 옥토가 되고 과거의 산비탈은 오늘의 집터가 되어, 임야대장 등록지도 토지대장에 등록할 경우가 많다. 이것이 임야대장등록지를 토지대장에 등록전환하게 되는 원인이 되는 것이다.

이와 같이 과거 지적공부의 하나인 임야대장과 임야도에 이미 등록되었던 토지는 정(町), 단(段), 무(畝), 보(步)제로 면적이 정해져 있던 것을 새로이 토지대장과 지적도에 바꾸어 등록하게 되면 과거에 정, 단, 무, 보제의 면적은 말소되고 평을 단위로 한 새로운 면적이 탄생되는 것이다. 여기서 중요한 것은 임야대장에 1정보인 토지를 토지대장에 등록할 때에는 1정보를 평수로 환산하여 등록하는 것이 아니라 새로이 측량한 새로운 도면상에서 새로이 구적기 혹은 삼사법으로 측정한 새로운 면적을 산출하게 되므로 이 경우 1정보의 임야는 반드시 3,000평이 아니고 면적에 약간의 증감이 생기게 된다.

3) 분할지의 면적

① 분할전 면적의 소멸

구 지적법 제17조 제1항에는 "토지를 분할할 때에는 이를 측량하여 각 지번의 토지의 경계 및 면적을 정한다"고 규정하였는데, 이 규정은 토지를 분할할 때에는 분할된 각 필지의 면적을 새로이 산정하여 결정한다는 원칙을 세운 것으로서, 종전의 면적인 원면적은 분할 후의 면적을 새로이 결정함과 동시에 자연 소멸된다는 의미도 가지고 있다. 분할지의 면적은 분할 후의 각 지번의 면적 합계와 분할 전의 원면적과 똑같게 되는 것이 원칙이다. 100평인 토지를 2필로 분할하였건, 3필로 분할하였건, 혹은 50필로 분할하였건, 분할 후의 면적 합계는 100평이 되어야 이론상 맞다.

② 분할 후의 1평 미만 면적의 경우

과거에는 분할의 경우, 분할지의 1지번의 면적이 1평 미만인 것이 있을 때에는 그 1평 미만인 필지만은 홉위를 단위로 하고, 다른 분할지의 면적은 원면적보다 1평 미만이 작게 결정하도록 규정되어 있었다. 가령 원면적이 100평인 토지를 2필지로 분할하여 1필이 3홉이 되었다면, 다른 1필은 99평 7홉이 되어야 할 것을 3홉은 3홉 그대로 두고 99평 7홉은 7홉을 버리어 99평으로 하였기 때문에, 분할 후의 면적의 합계는 99평 3홉으로 분할전의 원면적보다 7홉이 감소되었는데, 이것은 홉위가 달린 면적을 없애서 취급에 편리하도록 하려던 것이다.

그 후 1963년 4월 1일 각령 제1242호로서 지적측량 규정을 개정하여 면적감소제도를 인정하지 않도록 함으로써 앞의 경우는 3홉과 99평 7홉으로 하여 합계가 분할 전의 원면적과 일치하도록 하였으므로 1/1,200지역에서도 홉위가 달리는 면적이 많이 생기게 된 것이다. 당시 지적측량 규정을 개정한 이유는 토지를 분할하였다고 해도 원면적과 분할 후의 면적합계는 똑같아야만 이치에 맞기 때문이다.

2 구 임야대장 등록지의 면적

(1) 면적단위로서의 무

구 지적법 제26조 제1항의 규정에 따라 임야대장 등록지의 면적은 무를 단위로 하여 규정되었는데, 1무(畝)는 30보(步)로서 토지대장 등록지의 30평(坪)에 상당하는 것이다. 임야대장 등록지는 10무를 1단(段)으로 하고 10단을 1정(町)으로 한다.

면적단위로서의 "무"는 과거에는 "묘"라고 칭하던 것인데, 등기관계 법령에서 "무"라고 쓰기 시작함으로써 현재는 "묘"라 하지 않고 "무"로 쓰고 있다.

"무"라는 것은 한자로 '밭이랑 무'자를 쓰는데, 어떤 사전에는 이 발음을 "묘"로 한 것도 있지만 현재는 법령으로서 "무"로 통일되어 있는 이상 그에 따르는 것이 원칙이다. 1무라는 것은 척관법으로 30평, 미터법으로 99.174평방미터이고 1단은 300평으로서 991.74평방미터이며, 1정은 3,000평으로서 9,917.4평방미터이다.

그런데 다같은 척관법의 단위를 쓰면서도 토지대장은 평을 단위로 하고 임야대장은 무를 단위로 한 이유는, 조선시대까지 임야에 대하여서는 정·단·무·보로 써왔기 때문에 임야조사를 실시하던 1920년대에는 실정에 맞았지만 미터법이 크게 보급된 오늘날에는 점차 생소한 면적단위로 인식되고 있다.

(2) 면적에 1무 미만의 우수리가 있는 경우

구 임야대장 등록지의 면적에 1무 미만인 1보 내지 29보의 우수리가 있는 때에 그 우수리가 15보 미만일 경우에는 버리고, 15보 이상일 경우에는 1무로 올리도록 제26조 제2항에서 규정하고 있다. 면적이 1단 3무 14보로 산출될 경우는 14보를 버리므로 이 토지면적은 1단 3무가 되며, 1정 8단 9무 18보일 경우는 18보를 1무로 올리므로 1정 9단으로 되는 것이다.

지적측량 규정에 의하면 임야대장 등록지를 분할한 경우 단수처리 관계로 분할 후의 면적 합계가 원면적과 증감이 생길 수가 있는데, 가령 2단 5무의 토지를 똑같은 면적의 2필로 분할한 때에는 산출면적이 1단 3무씩으로 되는 결과 합계는 2단 6무로서 결과적으로 원면적인 2단 5무보다 1무가 증가되는 것이다.

이와는 반대로 2단 4무의 토지를 하나는 18보, 다른 하나는 2단 3무 12보로 되는 2필로 분할하였다면, 18보짜리는 보위를 그대로 두어 18보로 하지만, 2단 3무 12보 짜리는 12보를 버리게 되므로, 결국 분할 후의 면적 합계는 2단 3무 18보가 되어 원면적 2단 4무보다 12보가 감소되는 결과가 되었던 것이다. 이러한 모순된 제도는 1963년 분할 후의 면적 합계와 분할 전의 원면적과를 합치도록 법규가 개정되었다.

(3) 1필지의 면적의 1무 미만인 경우

구 임야대장 등록지로서 1필지 면적의 전부가 무 미만인 경우에는 보위를 존치하며, 또 1필지의 면적의 전부가 1보 미만인 경우에는 이것도 무조건 1보로 하도록 제26조 제2항에 규정되어 있으므로 임야대장 등록지의 최소 면적단위는 보이다.

(4) 면적에 보위를 두는 경우

1) 지적법령에 의한 보위존치

구 지적법 제26조 제1항에 "지적(地積)은 무를 단위로 하여 이를 정한다" 라고 규정하여 임야대장 등록지는 무를 단위로 하는 것이 원칙이나, 제2항에서 면적에 1무 미만의 우수리가 있을 경우의 처리방법과 아울러 1필지의 면적이 1무 미만인 경우에는 보위를 단위로 하고 1보 미만인 경우에는 무조건 1보로 한다는 요지의 규정을 하였으므로, 법규만으로는 보위를 두는 경우를 1지번의 면적의 전부가 1무 미만 또는 1보 미만인 경우에 국한시키고 있는 것이지만, 제3항에서는 대통령령으로 정하는 토지라 하더라도 1필지의 면적의 전부가 1보 미만인 경우에는 역시 그를 1보로 한다는 요지를 규정하고 있다. 이러한 법의 위임에 따라 1951년 4월 1일 시행령 제18조에는 "지적법 제26조 제3항의 규정에 의하여 면적에 보위를 두는 토지는 임야도의 축척이 1/3,000인 지역 내의 토지로 한다"는 요지를 규정하였는데 이것이 바로 보위존치지(步位存置地)이다.

2) 지적측량 규정에 의한 보위존치

구 임야대장 등록지의 면적에 무조건 보위를 두는 지역은 구 지적법시행령 제18조의 규정 외에 지적측량 규정 제80조 제3항에는 "시 소재지와 임야도의 축척이 1/3,000지역 또는 축척이 1/6,000 지역으로서 원지지적(原地地積)이 1단보 미만일 때에는 보위까지 선정하여야 한다"고 규정되어 있었다. 이 규정은 1954년 11월 12일 대통령령 제951호로서 시행중인 것으로 여기에 규정된 토지 역시 제26조 제3항에서 가리키는 "대통령령으로 정하는 토지"라고 보아야 함에는 의문이 없다.

결국 임야대장 등록지에 보위를 두는 지역은 같은 대통령령인 구 지적법시행령과 지적측량 규정에 이원적으로 중복 규정된 셈이다. 지적측량규정 제80조 제3항은 서울특별시, 부산시는 물론 대구시, 천안시, 수원시, 이천시 기타 어떠한 시라도 임야도의 축척이 1/6,000 혹은 1/3,000이건 간에 모두 임야대장 등록지의 면적에 보위를 두어야 한다는 규정이다. 축척이 1/6,000의 지역에서 원지면적이 1단보 미만일 때에 이것이 시의 소재지일 경우에는 자동적으로 보위를 두는 것이나, 읍면 소재지라 하더라도 1단보 미만이라는 조건에 따라 보위를 두게 되었으며, 축척 1/3,000 지역은 구 지적법시행령 제18조에서도 똑같이 보위를 두도록 중복 규정되고 있는 것이다.

3) 보위존치의 문제점

시의 지역은 모조리 보위를 존치해야 한다는 지적측량규정은 시행에 큰 무리가 있는 것이었다. 우리 나라는 도시의 급격한 발전으로 읍·면이 시가 되는 경우가 많은데, 이와 같이 새로 시제를 실시하는 지역은 거의 모두가 임야도의 축척이 1/6,000로서 무를 단위로 하고 있으나, 규정대로 하자면 시제를 시행하는 즉시 임야대장에 보위를 두어야 하는 것이다.

한편, 행정구역의 개편으로 시의 일부가 읍·면 구역으로 변경되는 경우도 많으므로, 이때에는 현재 보위를 두고 있는 것이라도 보위를 두지 않은 제도로 전환해야 하는 것이 조리에 맞지 않기 때문에, 행정구역을 기준으로 할 것이 아니라 임야도의 축척에 따라 보위를 두는 지역을 규정하는 것이 타당하다(원영희, 1972).

제 13 장 토지소유권

제1절 토지소유권의 개념

1 소유권의 본질

토지소유권은 그 소유자가 토지를 전면적으로 지배하여 그 토지를 사용, 수익, 처분할 수 있는 완전한 권리이다. 다시 말하면 토지소유자는 토지를 객체로 하여 그 토지의 사용가치 및 교환가치를 전면적으로 향유할 수 있는 완전물체이다.

우리 민법의 제211조는 소유권의 내용에 관하여 “소유자는 법률의 범위내에서 그 소유물을 사용, 수익, 처분할 권리가 있다”라고 규정하여 토지소유권의 내용도 역시 토지를 사용, 수익, 처분할 수 있는 권리임을 밝히고 있다.

소유권은 재산권의 근간을 이루며, 이는 물건을 일시적으로 지배하는 제한물권과 대립되는 것이다. 그런데 제한물권은 지상권, 지역권 등을 말하는 것으로서 이것이 설정되면 소유권의 내용은 없는 것에 가깝게 되는 것 자체가 소유자의 자유로운 처분의 결과일 뿐만 아니라 제한물권이 소멸하면 원상회복되는 탄력성을 지니고 있다.

소유권에는 존속기간이 있을 수 없으므로 소멸시효에 해당되지 않는 특징도 있다. 물건의 소유권 중에서도 특히 부동산소유권은 중세에 있어서 여러 가지의 구속을 받았으나 근대에 있어서의 소유권은 이러한 구속을 벗어나 이른바 자유소유권으로 되었다.

근대사회에서 물건의 소유권은 자본주의의 기초를 이루며, 헌법 제23조와 형법의 해당 조항에 의하여 강력한 보호를 받고 있으나 자본으로서 작용하는 소유권의 집중과 더불어 공공의 복리를 위해서는 그 자의적인 행사를 제한하는 경향이 짙어가고 있다.

이와 같은 토지소유권 개념의 정의는 근대적 토지소유권 개념에서 비롯되고 있다. 그러나 토지소유권의 내용은 시대변천에 따라 많은 변화를 겪어 왔으며, 현재에도 다른 어떠한 재산에 대한 소유권보다도 더 큰 변화를 겪고 있다.

완전 물권으로서의 토지소유권 권리의 특성은 첫째로 완전성을 갖고 있다. 제한물권과는 달리 토지소유권은 토지가 가지는 사용가치 및 교환가치 전부에 전면적으로 미친다. 둘째로 혼일성을 갖는다. 토지소유권은 토지에 대한 사용, 수익, 처분 등의 제권능의 집합이 아니며, 이러한 기능은 원천적으로 혼일한 지배권능에서 유출하는 것이다. 셋째로 탄력성이다. 토지소유권은 일시적으로 그 권능의 행사가 제한받기도 하지만 그 제한이 해소되면 곧바로 원만한 상태로 되돌아가는 탄력성을 지니고 있다.

토지소유권은 항구성을 지니고 있다. 토지소유권의 존속기간은 제한이 없으며, 또한 소멸시효에도 걸리지 않는다(민법 제162조 제2항). 이것이 토지소유권의 항구성이다.

이와 같은 현행 우리 민법상의 토지소유권 개념은 로마법에서부터 인정되고 수용된 것이다. 게르만법과 영미부동산법에서는 토지소유권 개념을 달리 파악하고 있다. 게르만법에서 토지소유권은 토지에 대한 제한물권과의 뚜렷한 구별없이 토지소유권도 하나의 용익권으로서 다른 제한물권과 비교하여 용익권이 좀더 강할 뿐이었다.

영미부동산법에서는 토지소유권을 혼일적 권리로 파악하는 것이 아니라 사용, 수익, 처분의 제권리가 하나로 통합되어 있는 권리(a bundle of rights)로 파악되는 것이다. 그러므로 토지소유권은 언제나 그 부분적인 권리가 독립된 권리로 분리될 수 있는 것이다.

2 소유권과 부담

소유권의 개념에 대하여 1789년 프랑스의 인권선언에서는 "소유권은 신성불가침"이라고 하던 것이 1919년 독일의 '바이마르 헌법'에서는 "소유권은 의무를 지운다"고 한 것은 그간에 소유권에 대한 관념이 변천하였음을 증명하는 것이다.

독일의 바이마르 헌법 제153조 제3항에는 "소유권은 의무를 지운다"라고 되어 있는데, 바꾸어 말하면 "소유권은 의무라는 부담까지도 포함한다"는 의미이다.

이러한 법언의 진정한 의미는 '소유권은 오직 개인의 이익을 위해서만 인정되고, 따라서 소유자의 완전무결한 사용·처분권을 의미하는 것은 아니며, 사회적인 부담을 지되 소극적인 면에서는 공공복리에 적합하도록 행사할 의무가 있다'는 것이다.

"소유권은 의무를 지운다"는 사상은 1789년 프랑스 인권선언이 보장한 '불가침이며 신성' 권리로서의 개인주의적인 관념과는 달라서 소유권의 사회 연대적인 성격을 보여주고 있는 것이다.

한편 "소유자는 불가항력으로 인한 손실을 부담한다"는 법언이 있는데, 이는 개인주의적인 손해배상의 법철학에 따라 사변 등 불가항력으로 인하여 발생한 손해는 이익의 피해자인 소유자가 스스로 이를 부담해야 하며, 다른 사람에게 전가시킬 수 없다는 뜻이다. 따라서 만약 타인의 귀책사유로 인하여 손해가 생겼을 경우에는 유책자에게 손해보전을 청구할 수 있다는 것도 의미하고 있다.

3 소유권 절대의 원칙과 예외

소유권 절대의 원칙이라는 것은 목적물을 전면적이고, 일반적으로 지배하는 물권인 소유권이라는 것은 국가이전, 법이전에 존립하는 신성불가침한 것이며, 국가의 권력에 의해서도 아무런 구속이나 제약을 받지 않는다는 원칙을 말한다.

비단 소유권뿐만 아니라 모든 재산권에 관해서도 마찬가지로 고려되어야 한다는 의미에서 이를 사유재산권 절대의 원칙이라고도 일컫는다.

소유권 절대의 원칙은 사적 자치의 원칙과 더불어 프랑스 민법이 제정된 이래 근대사법의 기본적 원칙을 이루고 있는데, 아무리 소유권 절대의 원칙이 있다고 하더라도 자본주의 경제가 고도로 발달하고 사회의 구성원인 인류 사이에 빈부의 차가 심해지면서 소유권은 '공공복리를 위해 의무를 수반한다'는 요구를 낳게 하였고, 절대성에 여러 가지의 수정과 제약을 더하기에 이른 것이다.

우리 나라 헌법에서 재산권의 내용과 한계를 법률로 정하도록 하고, 재산권의 행사는 공공복리에 적합하도록 할 것과 공공의 필요가 있을 경우에는 정당한 보상을 주고 재산권을 수용·사용 또는 제한할 수 있도록 규정하고 있다. 소유자는 법률의 범위내에서만 소유물을 사용·수익 또는 처분할 권리가 있다고 규정하고(민법 제211조), 토지소유권을 정당한 이익이 있는 범위 내에서만 토지의 상하에 미치도록 규정하여(민법 제212조), 소유권이라 하더라도 그 미치는 범위가 무한이 아니라 유한이라는 것을 규정한 점 등이 바로 소유권 절대의 원칙에 대한 예외라고 할 수 있다.

제2절 토지소유권의 범위

1 토지소유권이 미치는 범위

"토지소유자의 권리는 지상은 천공(天空)까지, 지하는 지핵(地核)까지 미친다"는 것은 서양의 유명한 법언인데, 이것은 극단적인 소유권 절대의 원칙이 강조된 말이다.

오늘날에 와서는 이에 대하여 많은 수정을 하지 않으면 안 될 만큼 예외적인 각종 제한이 더해지고 있다. 민법 제212조에 의하면 토지의 소유권은 정당한 이익이 있는 범위내에서는 토지의 위 또는 아래에 미치는 것이다. 하천법 제4조의 규정에 의하면 "하천은 국유"로 하기 때문에 이 경우에는 정당한 절차는 밟겠지만 그 소유권은 국유로 변질되는 것이며, 또 광업법 제2조, 제7조 및 제8조에 의하면 "아직 채굴하지 않은 광물은, 광업권 설정을 하기 전에는 자기소유의 토지에서라도 임의로 채굴할 수 없고, 또 광구 외에서 토지로부터 분리된 광물은 그가 범죄행위로 이루어지지 아니한 때에는 그 취득자의 소유로 하는" 등의 예외가 있다.

2 소유물의 반환청구권

토지소유자는 부당하게 타인이 점유하고 있는 토지의 반환을 청구할 권리가 있다. 그런데 점유자가 그 토지를 점유할 수 있는 정당한 권리가 있는 경우, 다시 말하면 점유권, 지상권, 지역권, 전세권, 유치권, 질권 등을 설정한 경우에는 점유자가 정당한 권리로서 점유하고 있는 것이므로 이런 때에는 법률에 규정된 특별한 경우를 제외하고는 그 반환을 무조건 요구할 수 없다.

3 인접지의 사용청구권

토지의 소유자는 인접지와의 경계에 경계의 목표가 될만한 지물을 설치하거나 그 근방에 담장을 쌓거나 또는 건물을 짓기 위해 필요한 때에는 그 필요한 범위내에서 이웃에 있는 토지의 사용을 청구할 수 있는데, 이 경우에 이웃사람이 손해를 보았을 때에는 이를 보상할 의무가 있다.

4 인접지에 대한 방해금지

토지소유자는 아무리 자기의 토지라 하더라도 사회생활을 하는 이상 매연, 열기체, 각종 액체, 시끄러운 가무음곡, 각종 발동체에 의한 진동, 기타 이와 비슷한 것으로서 이웃토지의 사용을 방해하거나 이웃 거주자의 생활에 불쾌, 불안감을 주지 아니 하도록 적절한 조처를 할 의무가 있고, 그와는 반대로 이웃 거주자는 이웃 토지 소유자의 행위가 '토지의 통상의 용도'에 적당한 경우에는 이를 수인할 의무가 있다(민법 제217조). 이는 사회생활을 함에 지극히 당연한 규정이라고 할 수 있다.

이웃에 공장이 있어 연기가 나는 때에 바람이 유독 심하게 불어야 비로소 매연이 날아올 정도라면 서로 참아야 하겠지만, 정도가 지나쳐 항상 연기가 날아와서 방이나 빨래가 더러워질 정도라면 이는 인용의 한계선을 넘는 것이다. 이런 경우에는 공장주에 대하여 굴뚝을 높인다든가 연기를 적게 할 특수장치를 하게 한다든가 함으로써 안온을 방해함을 중지할 것을 청구할 수도 있고, 또 손해가 생겼을 경우에는 손해배상을 청구할 수도 있는 것인데, 이 경우의 손해배상과 책임은 가해자의 고의나 과실을 필요로 하지 않는 일종의 무과실책임인 것이다.

5 전기, 가스, 수도 등의 시설권

토지의 소유자는 타인의 토지를 통과하지 않고서는 자기에게 필요한 전기시설, 가스시설, 수도시설, 하수도시설 등을 전혀 할 수 없는 경우 또는 할 수 있다 하더라도 과다한 비용을 들여야 할 경우에는 타인의 토지를 통해서 이러한 시설을 할 수 있다. 그러나 이 경우에는 타인에게 손해를 줄일 장소와 방법을 선택해야 하며, 그로 인한 손해를 보상할 의무가 있다. 그런데 타인의 토지를 사용하여 시설한 후에 사정이 달라져서 구태여 타인의 토지까지 통과하여 시설할 필요가 없게 된 때에는 인접토지의 소유자는 시설의 변경을 청구할 수 있으며, 그로 인한 비용은 먼저 시설한 토지의 소유자가 부담해야 한다.

6 주위토지의 통행권

토지소유자는 자기의 토지와 공로 사이에 자기토지의 용도에 필요한 통로가 없을 경우, 주위토지를 통행하든지 또는 주위토지를 통로로 하지 않으면 공로에 출입하지 못하거나 혹은 다른 곳으로 출입은 가능하더라도 과다한 비용이 들 경우 주위의 토지를 통행할 권리가 있다.

부득이한 경우에는 주위토지소유자의 허락없이 자기의 비용으로 통로를 개설할 수 있으나 이로 인한 주위토지의 손해가 가장 적은 장소와 방법을 선택할 의무가 있으며, 손해를 보상할 의무도 지고 있다(민법 제219조). 한편, 1필의 토지 또는 일단의 토지를 분할하였을 때에 도로에 통하지 못하는 토지가 있을 경우는 도로에 출입하기 위해 다른 분할지를 통행할 권리가 있으나 이 경우에는 보상할 의무는 없는 것이 특징이며, 토지의 일부를 양도한 경우에도 또한 이와 같은 관계가 이루어진다.

7 유수에 대한 권리의무

토지의 소유자는 이웃에 있는 토지로부터 자연적으로 흘러 내려오는 물을 못 내려오도록 막을 수 없으며, 또 고지의 소유자는 이웃인 저지에서 필요한 물이 자연히 흘러 내려가는 것을 자기의 사용범위를 넘어서까지 이를 막을 수 없다. 윗논에 물을 대었으면 윗논 소유자는 아랫논에서 필요한 물을 주지 않겠다고 억지를 쓸 수 없도록 규정하고 있는 것이다(민법 제221조).

자연적으로 흐르는 물은 먼저 위쪽에서 적당한 양을 인수하여 쓴 다음에는 의무적으로 아래쪽에도 보내어 이용을 공평히 하는 것이 이치상 당연하다. 다음 고지에서 흐르는 물이 저지에서 막혀버려 소통이 되지 않을 경우에는 고지 소유자는 자기가 비용을 부담하여 소통에 필요한 공사를 할 수 있으며, 비용부담에 대하여 관습이 있을 때에는 관습에 따라서 비용을 부담해야 한다.

예를 들면, 지금까지는 비가 와도 물이 잘 빠졌는데 아랫집에서 블록담을 쌓은 관계로 빗물이 흘러 내려가지 않아 마당이 물바다가 되는 경우에는, 담을 헐거나 구멍을 뚫어서 물이 흘러 내려갈 수 있도록 아랫집에 요구할 수도 있고, 필요한 공사를 할 수도 있는 것이다.

8 저수, 배수, 인수공사의 시정요구권

토지의 소유자가 자기의 필요에 의하여 저수·배수 또는 인수를 할 목적으로 공작물을 설치하였을 경우, 공작물이 자연적 혹은 인위적으로 파손되었거나 또는 폐색되는 등의 이유로 다른 사람의 토지에 직접 해를 입혔거나 해를 입힐 우려가 있을 때에 그 상대자는 공작물의 적절한 보수나 폐색된 개소의 소통공사 혹은 그러한 사건을 미리 방지하기 위해 필요한 사항을 청구할 수 있다. 이 경우 비용부담에 대한 관습이 있으면 그 관습에 따라 비용을 부담해야 한다.

9 처마물에 대한 시설의무

토지소유자가 자기의 토지에 건물을 지었을 경우 처마물이 이웃 토지에 직접 떨어지지 않도록 적당한 시설을 할 의무가 있다. 여기에는 물받이를 하는 것이 가장 일반적이며 또한 적설한 방법이다. 저마눌은 일정한 장소에 계속하여 집중낙하하는 것이므로 토지에 홈을 파서 변형시키거나 처마물의 물방울이 사방으로 튀어 인접한 건물의 벽에 해를 가하는 일들이 있다. 그로므로 처마물에 대해서는 적당한 시설로서 이웃에 직접 떨어지는 것을 방지하도록 규정하고 있는 것이다(민법 제225조).

10 여수 소통권과 여수 청구권고지

고지의 소유자는 침수된 자기 땅의 물을 빼어서 땅바닥을 건조시키거나 자기의 가정·농업·공업 등에 쓰고 남은 물을 공로·공류나 하수도에 이르게 하기 위해 저지에 물을 통과하게 할 수 있는데, 이 경우에는 저지가 입을 손해가 가장 적은 장소와 방법을 선택함은 물론 손해를 보상할 의무가 있다.

그리고 토지소유자가 지나친 비용이나 노력을 들이지 아니하고는 가정용·농사용·공업용·기타 토지이용에 필요한 물을 얻기 곤란한 경우에는 이웃 토지의 소유자에게 보상하고 그 여수(餘水)의 급여를 청구할 수 있는데, 여기서 여수는 당사자가 적당한 용도에 사용한 나머지의 물을 가리킨다.

11 타인의 공작물 사용권

토지소유자는 자기 토지의 물을 소통하기 위해 이웃토지의 소유자가 설비해 놓은 공작물을 사용할 수 있으며, 이 경우에는 그 이익을 받는 비율로 공작물의 설치비용과 보존비용을 분담할 의무가 있다.

12 수류의 변경

구거, 기타 수류지의 소유자는 그 대안의 토지가 다른 사람의 소유일 경우는 아무리 자기 소유인 구거나 수류지라 하더라도 그 폭을 변경하는 것을 금지하고 있다(민법 제229조). 그것은 수로의 폭 등을 변경함으로써 대안의 토지에 대한 급수에 영향을 미치거나 대안의 토지를 손상시킬 염려가 있기 때문이다. 또 양안의 토지가 수류지의 소유자의 토지인 때에는 그 소유자는 수로와 수류지의 폭을 변경할 수는 있지만, 이 경우라도 하류는 자연적인 수로와 일치하도록 할 의무가 있다.

다만, 수류의 변경에 대하여 다른 관습이 있을 때에는 그 관습에 따르도록 아울러 규정되어 있다.

13 둑의 설치, 이용권

수류지의 소유자가 그 일부를 가로질러 막아서 돌이나 콘크리트 등으로 둑을 쌓을 필요가 있을 경우, 그 둑을 대안의 토지에 접촉하게 할 수 있으며, 다만 이로 인하여 대안의 타인소유토지에 손해를 끼쳤을 경우에는 이를 보상할 의무가 있다(민법 제230조). 한편 대안의 토지소유자는 수류지의 일부분이 자기 소유인 경우에는 그 둑을 사용할 권리가 있는 반면, 이익을 받는 비율로 둑의 설치비, 보존비 등을 분담할 의무가 있게 된다.

14 공유하천의 용수권

공유하천의 연안에서 농업이나 공업을 경영하는 자는 그에 사용하기 위해 타인의 용수를 방해하지 않는 범위 내에서 자기에게 필요한 만큼의 인수를 할 수 있고, 또한 필요하면 인수용의 공작물을 설치할 권리가 있으며, 만약 이 공작물로 인하여 그 공유하천의 하류연안의 용수권을 방해하는 경우에 방해를 받은 용수권자는 방해의 요인을 제거하게 하거나 손해의 배상을 청구할 수 있다. 그러나 공유하천의 용수권에 대하여 다른 관습이 있으면 그 관습에 따라야 한다.

15 공용수의 용수권

서로 이웃에 사는 자는 공용에 속하는 원천이나 수도를 타인의 용수에 방해되지 않는 범위내에서 자기의 수요에 알맞도록 용수할 권리를 각각 가지게 되어 있다(민법 제235조).

16 용수장해의 공사와 손해배상·원상회복

원천이나 수도가 수익이 있거나 일상생활에 필요한 것일 경우에 타인의 건축·기타 공사의 영향으로 단수되었을 때 또는 감수되었을 때, 기타 용도에 장해가 생겼을 때 용수권자는 손해의 배상을 청구할 권리가 있으며, 만약 이상과 같은 공사로 인하여 음료수, 기타 생활상에 필요한 용수에 장해가 있을 경우에는 그 공사를 한 자에 대하여 원상회복을 청구할 권리가 있음을 규정하고 있다(민법 제236조).

17 담의 설치권과 측량 비용

담이라고 하는 것은 '담장'이라고도 하며, 흙, 돌, 벽돌 같은 것으로서 높이 쌓아 올려 십가를 둘러막는 물건으로서, 인접하여 토지를 소유하는 자는 공동의 비용으로 이러한 담을 설치하거나 혹은 가장 일반적인 경계표를 설치할 수 있다.

경계에 담을 쌓거나 경계표지를 설치할 때의 비용은 절반씩 부담하고, 그에 필요하여 측량을 하였을 경우 원칙이지만 담·경계표의 설치 또는 측량 비용의 부담에 관하여 다른 관습이 있을 경우는 각각 관습에 따르도록 규정되어 있다(민법 제237조).

그러므로 토지의 소유자는 이웃 토지의 소유자에 대하여 비용을 절반씩 부담할 조건으로 담을 쌓자고 요구할 수 있다.

만약, 이웃 토지의 소유자가 이에 응하지 않으면 우선 자기의 부담으로 담을 쌓고 비용의 절반을 이웃 토지소유자에게 청구할 수 있으나, 만약 이렇게 청구하여도 비용을 내지 않는다면 부득이 소송을 제기하여 받는 수밖에 없다. 이상과 같이 측량비용에 관한 것이 규정되어 있으나(민법 제237조), 이 경우의 측량은 인접된 토지소유자가 공동비용으로 경계에 경계표나 담을 설치하는 때에 필요해서 하는 측량에만 국한하는 것이지, 결코 일반적인 분할측량 등을 가리키는 것이 아니다. 현재 일반적인 분할측량에 대한 비용은 토지의 면적에 관계없이 분할 후의 필수에 따르도록 지적법에 규정되어 있다(지적법시행령 제21조 및 제22조).

다만, 토지의 소유자는 자기의 비용으로 담을 쌓는 재료를 보통보다 더 좋은 것으로 할 수 있으며, 담의 높이를 보통보다 더 높게 할 수도 있고 또는 여기에다 특수시설인 방화벽 등을 할 수도 있는데, 이 경우에는 보통의 재료와 보통 높이의 담을 쌓는데 드는 비용의 절반은 이웃집에 청구할 수 있으나 그 보통보다 초과된 부분은 자기의 부담으로 하여야 하는 것이다(민법 제238조).

18 경계상의 경계표 등의 소유권

토지의 경계에 설치된 경계표·담·구거 등을 인접한 지주의 공동소유로 추정하는 것이 원칙이지만(민법 제239조) 이러한 경계표·담·구거 등이 인접한 토지소유자 중의 한 사람이 단독적인 비용으로 설치되었을 경우와 담이 건물의 일부를 이루고 있는 경우 등은 그렇지 않으며, 그 경비를 부담한 지주 또는 건물 소유자의 소유로 한다.

19 수지, 목근의 제거권

이웃 토지에 심은 나뭇가지가 뻗쳐 경계선을 넘어왔을 때에는 그 나무의 소유자에 대하여 나뭇가지를 제거할 것을 청구할 수 있으나 나무 전체를 베어 달라고 요구할 수는 없다. 왜냐하면, 토지의 소유권은 정당한 이익이 있는 범위 안에서 토지의 상·하에 미치고 있기 때문이다. 한편 나뭇가지 제거의 요구를 들어주지 않으면 제거청구자가 직접 그 나뭇가지를 제거할 수도 있다. 또 이웃 토지에 심어놓은 수목의 뿌리가 경계선을 넘어 왔을 때에는 수목소유자의 승낙이 없이도 그 뿌리를 임의로 제거할 수 있다(민법 제240조).

여기에서 경계선은 지상의 경계를 통과하는 연수선(鉛垂線) 방향의 상·하를 말하는 것이며, 아무리 수목의 가지가 이웃집에 뻗어갔다 해도, 그 가지의 소유자는 어디까지나 수목의 소유자 그 자신이라는 점만은 의심할 여지가 없다. 그리고 옆집에 볕이 들지 않게 할 만한 큰 나무가 있을 경우라도 그것을 송두리째 잘라야 한다는 법률 규정은 없기 때문에 자르라고 요구할 수 없지만, 민법이 상린관계에 관한 규정을 둔 취지를 생각하면 상린자는 서로 이웃집에 폐를 끼치지 않도록 토지를 이용해야 한다는 원칙 하에 자진하여 나뭇가지를 자르는 등 나무의 모양을 바꾸어서 이웃에 영향이 없도록 해야 하는 것은 법률 이전의 사회·도덕적 문제이다.

20 토지의 심굴금지

토지소유자는 자기의 토지에 대하여 필요한 공사를 하는 경우라 하더라도 남의 소유인 이웃 토지의 지반이 무너질 정도로 깊이 팔 수 없다(민법 제241조).

다만 사전에 충분한 방어공사를 한 때에는 깊이 팔 수 있다. 이러한 것은 도시의 건축공사 등에서 흔히 볼 수 있는 경우인데 아무리 방어공사를 잘 한다 하더라도 깊이 파는 일 자체가 없는 것만 못하므로 방어공사는 특별히 유의하여 예기치 않은 사고가 발생하지 않도록 세심한 주의가 있어야 한다.

21 경계선 부근의 건축과 차면시설 의무

자기 소유의 토지라 하더라도 건물을 지을 경우에는 특별한 관습이 없는 이상, 경계선으로부터 0.5m 떨어지도록 거리를 두어야 한다(민법 제242조). 만약 경계선에서 0.5m 미만에 건물을 지었다면 그 이웃 토지의 소유자는 건물의 철거나 구조변경을 청구할 수 있지만 이런 때에도 건축에 착수하여 1년을 지났거나 또는 건물이 완성된 후에는 철거나 변경을 요구하지 못하고 손해배상만을 청구할 수 있다.

경계선으로부터 2m 이내의 거리에서 이웃의 주택 내부를 바라 볼 수 있는 창이나 마루를 설치하는 경우에는 적당한 차면시설을 하여 남의 가정생활을 직접 넘보지 못하도록 의무를 지우고 있다(민법 제243조).

22 지하시설 등에 대한 제한

우물을 파거나 용수, 하수, 오물 등을 저지할 지하시설을 할 때에는 경계로부터 2m 이상의 거리를 두고 이를 시설하여야 하며 저수지, 구거, 지하실 공사에 경계로부터 깊이의 절반 이상의 거리를 두어야 하는데, 이러한 공사를 하려면 흙, 모래 등이 무너지거나 하수 또는 더러운 액체가 이웃으로 흘러가지 않도록 적절한 조처를 할 의무가 있다(민법 제244조).

제3절 토지소유권의 취득변경

1 점유로 인한 토지소유권의 취득

타인의 토지였더라도 20년간 그 토지를 소유할 의사로 하등의 분규 없이 평온하게 공공연히 사실상 지배한 경우, 즉 토지를 점유하는 경우는 이를 등기부에 등기함으로써 점유자가 토지의 소유권을 취득할 수 있다.

판례에 의하면 "부동산을 점유한 자는 다른 사람의 부동산을 아무런 권리도 없이 점유하고 있는 사람은 물론 소유권이전에 기인하여 점유하는 사람도 포함되는 것으로 해석된다"는 것이다. 이상의 2가지 경우에 소유권 취득의 효력은, 점유를 개시한 때에 소급하여 발행하는 이른바 소급효가 있는 것이다.

무주의 부동산은 이를 전부 국유로 하도록 규정하였는데(민법 제252조 제2항), 이 무주의 부동산도 점유로 인한 부동산소유권 취득의 대상이 된다. 타인의 토지를 20년간, 소유의 의사로 평온, 공연하게 그를 점유하고 있는 자는 '등기'를 함으로써 그 소유권을 취득한다고 되어 있는데(민법 제245조 제1항), 이 경우 토지의 원래 소유자가 나타나서 자기의 권리증을 현재 점유하고 있는 자에게 등기로서 넘겨준다면 아무 문제가 없겠지만 일반적으로는 점유한 토지의 원소유자가 누구인지 알 길이 없는 경우가 많다. 또 알았다 하더라도 이전등기에 협력해줄 까닭이 없으므로 이 경우에는 현 점유자가 법원에 소송을 제기하여 확정판결로 등기하는 수밖에 없다.

"점유자는 소유의 의사로 선의, 평온 및 공연하게 점유한 것으로 추정한다"(민법 제197조 제1항)고 규정되어 있으므로, 여기에 대항하여 그렇지 않다는 반증만은 시효취득을 다투는 상대편인 원소유자가 들지 않으면 안 되는 것이다.

또한 토지의 소유자는 아니지만 어떤 이유로든 토지 소유자로 잘못 등기된 자가 10년간 소유의 의사로 평온·공연하게 선의(善意)이며 과실없이 토지를 점유한 경우에는 소유권을 취득한다고 규정되어 있는데(민법 제245조 제2항), 여기서 선의·무과실은 그 부동산이 자기의 소유가 아니라는 사실을 모르고, 또한 보통의 주의를 했더라도 몰랐을 경우를 것을 의미하는 것이다. 이렇게 토지의 소유권을 취득한 경우, 점유자는 그 점유를 개시한 때에 소급하여 소유권을 취득하게 되는 소급효과가 있는 것이다.

2 하천으로 된 민유지 소유권

지적공부에는 우리 나라의 토지는 전부 1구역마다 지번을 정하고, 28종의 지목 중 하나의 지목에 해당시켜 토지대장, 지적도, 임야대장, 임야도에 등록하도록 규정하여 '하천'도 지목의 하나로 되어 있다(지적법 제1조 및 제3조).

하천법에서는 "이 법에서 하천은 공공의 이해에 밀접한 관계가 있는 하천으로서 각 령으로 그 명칭과 구간이 지정된 것을 말한다"라고 하천에 대한 정의를 내려 그 명칭과 구간의 지정을 절대적 요건으로 하고 있다(하천법 제2조).

지적법에서는 단지 "현재 자연유수가 있으며 혹은 가까운 장래에 자연유수가 있을 것이 예상되는 토지"의 지목을 하천이라고 하여 하천의 명칭이나 구역의 지정이 있었건 없었건 전혀 구애되지 않으므로, "지적법상의 하천은 하천법상의 하천"이라고 속단하는 것은 잘못이다. 지적법상의 하천과 하천법상의 하천은 다른 것이 원칙이지만 경우에 따라서는 우연히 같을 수도 있는 정도이다. 그런데 하천법 제4조에는 "하천은 국유로 한다"고 규정한 것을 잘못 해석하는 경우가 가끔 있다. 하천법에서 하천을 국유로 한다는 것은 '하천법에 따라 하천 구역으로 지정한 토지는 개인 소유로 두지 말고, 절차를 밟아서 국가의 소유로 한다'는 의미로 해석해야 할 것이다.

그러므로 토지대장이나 임야대장에 등록된 하천 이외의 지목인 민유지가 수해 등으로 인하여 하천의 지목이 되었을 경우, 하천법에 따른 하천 명칭 및 구간의 지정이 있었다 하더라도 국가에 소유권을 귀속시키는 절차를 밟기 전에 시장·군수가 그 소유자를 함부로 "국"으로 할 수 없음은 법리상으로나 조리상으로도 당연한 일이다. 이러한 경우에도 지적공부상의 지목 수정은 소관청의 권한에 속하는 것으로서 하천법이 개입할 문제가 아닌 것이다.

3 징발토지의 소유권

징발은 비상계엄이 선포된 지역에서 군의 작전상 긴요한 물자 또는 시설, 혹은 권리 등을 징발하여 사용함을 말한다. 징발이란 것은 국내법상으로 볼 때 민사상의 매매·대차 등 보통의 수단으로서는 군의 경제적 수요를 채우기 어려울 경우에 개인에게 국가가 권력적으로 경제적인 부담을 하게 하는 행정행위인데, 물론 여기에는 반드시 보상을 지급하도록 되어 있다. 징발은 전시가 아닌 평시에도 할 필요가 있겠지만 우리 나라는 평시에 할 수 있는 징발규정이 없고, 비상계엄이 선포된 지역에서 군작전상 필요한 경우에만 할 수 있도록 축소 규정되어 있다.

국제법상으로의 징발은 보통 점령자가 적지의 개인이나 시·군·읍·면 등에서 군사상의 필요 때문에 물품 및 노력의 공급을 요구할 수 있다.

점령국의 일반적인 수요를 채우기 위한 것이 아니라 점령군의 군사상 수요만을 채우기 위한 것이어야 하며, 그 지방의 자력에 알맞을 것, 즉 너무 무리한 징발은 있을 수 없고, 피점령국에 대하여 군사행동을 취하는 성질의 것이 아닐 것 등을 그 요건으로 하고 있는 것이다. 징발의 절차는 일반적으로 다음과 같다.

① 점령군 지휘관의 징발허가
② 가능한 대로 빨리 그 댓가로 현금지불
③ 영수증을 교부하여 이후 빨리 대가지급

토지를 징발할 경우에는 일정한 기간 토지소유자가 보상을 받는 외에는 자기소유의 토지라 하더라도 자기 마음대로 할 수 없을 뿐, 소유권을 국가에 이전하거나 매도한 것이 아니기 때문에 징발토지 소유자는 어디까지나 징발 전의 소유자 그대로이다.

징발된 토지는 징발된 사유를 토지대장이나 임야대장에 등록할 필요가 없고, 지적학상으로 전혀 상관할 것 없이 아무리 징발된 토지라 하더라도 지적소관청인 시장, 군수는 지목의 변경, 분할, 합병 등 정상적으로 지적정리를 하여야 하며, 결코 징발되었다는 이유로 토지에 관한 이동정리를 중단할 수는 없다(원영희, 1972).

제4절 토지소유권의 변천

1 봉건적 토지소유권

토지소유권은 유목시대를 거쳐 한 곳에 정착하여 농업을 경영하는 시대에 싹트기 시작하였다. 그리고 그 초기에는 택지에만 사소유권이 인정되고 경지는 촌락주민의 총유에 속하는 것이었다.

중세에 들어오면서 봉건제도가 확립되어감에 따라 토지총유제는 무너져가고 고대의 촌락공동체가 가졌던 토지에 대한 관리처분의 권능을 내용으로 하는 단체적 권리는 봉건 영주의 손에 들어가고 고대 촌락주민의 토지에 대한 자유로운 이용권은 영주에게 소작료, 기타 각종의 부조를 지급해야 하는 부담적 이용권으로 변하였다.

법제사가들은 영주의 소유권을 상급소유권이라 하고, 농민의 소유권을 하급소유권이라 한다. 이러한 봉건적 토지소유권은 토지지배의 현실성과 불가분적으로 결합되어 있는 권리이며, 토지의 구체적 용익성 및 수익성을 파악하는 권리로 나타난다.

즉 근대적 토지소유권의 특징 중 하나가 관념성인데 대하여 현실성이라는 것이 특징이다. 봉건사회에 있어서는 물건의 사실상 지배를 존중하는 것이며, 현실적으로 점유하고 있기 때문에 권리로서의 보호를 받는 것이다.

토지에 대한 현실적인 지배권은 동일한 토지 위에 중첩적으로 존재하며, 그 토지지배에 현실적, 구체적 수익을 찾아 낼 수 있는 자는 모두 권원자인 것이다.

따라서 토지의 영유와 보유하는 상하관계에 있는 주체자들간의 지배종속의 관계로 나타내며, 지대와 공조의 결합 미분리상태로 나타난다.

봉건적 토지소유는 단순한 경제적, 사적 지배관계가 아니고 정치적, 공적 지배관계를 내포하고 있으므로 여러 정치적, 신분적 부담과 제한을 당연히 수반하고 있다.

따라서 봉건적 토지소유에 있어서 국가나 영주는 토지와 결합된 권리로서 군사적 역무의 요구와 토지에 대한 처분의 금지, 제한 등 각종의 봉건적 규제를 강요할 수 있었고 예속농민은 토지와 결합된 의무로서 각종의 부담과 구속을 받고 있었다. 이러한 봉건적 토지소유권의 구속성 사상은 기독교로부터 영향을 받은 바도 크며, 이와 같은 구속성의 사상은 봉건시대를 통해 유지되었다. 우리 나라에 있어서 봉건적 토지소유권은 대다수 농민의 토지지배관계가 언제나 권문세가나 지주의 예속하에 있었으며, 농민은 국가와의 사이에 보통 최소한 1인 이상의 상급지배자가 있었다.

원래 토지의 분급은 토지 자체의 급여가 아니고, 수조권(收租權)의 위양(委讓)이었고, 농민에 대한 것도 경작권의 관념이었다.

2 근대적 토지소유권

봉건사회를 무너뜨리고 성립한 근대사회는 개인주의와 자유주의라는 당시의 시대사상을 배경으로 하여 개인을 봉건적인 여러 구속으로부터 해방하고, 모든 사람을 평등하게 다루며, 그의 자유로운 활동을 보장하는 것을 지도원리로 하여 출발하였다.

즉 인격절대주의를 배경으로 하는 개인주의적 법원리에 의하여 법체계가 세워졌다고 말할 수 있다. 이러한 지도원리에 입각하여 토지소유관계는 모든 봉건적 구속을 벗어난 근대 개인의 절대적 소유권으로 지향하였다. 종래의 토지소유권은 부담이 없는 자유롭고 완전한 개인 소유권으로 될 수 있게 되었다(곽윤직, 1978).

근대적 토지소유권이 성립하는 과정에서 중요한 역할을 한 것의 하나는 근대 초기의 계몽사상과 자연법사상이며, 다른 하나는 근세 초기에 있어서의 로마법 계수이다. 로마법의 계수는 근대적 토지소유권의 법이론 구성을 가능하게 하였다. 로마법에 있어서의 토지소유권은 토지에 대한 전면적, 포괄적 지배권이었다. 그것은 물건에 대한 완전한 권리로서 그것으로부터 사용, 수익, 처분의 제 권능이 유출한다고 하였다.

근대적 토지소유권의 특색은 자유로운 사적 토지소유권의 성립을 전제로 하고 일물일권주의의 원칙 아래서 유일한 소유자의 전면 독점적 지배를 실현하고 정치적 공동체제 부담에서 해방됨으로써 토지에 대한 순수한 물적 가치의 지배권으로 파악되었다. 즉 첫째로 사적·개인적 재산권이라는 점과 둘째로 추상성, 절대성, 무제한성, 포괄성, 탄력성, 항구성 등을 가지고 있는 것이 그 특색이다.

프랑스 인권선언(1789. 8. 27) 제17조에 "소유권은 신성불가침한 권리이므로 법률에 의하여 공적 필요가 명백히 인정되고 또 미리 정당한 보상을 지급한다는 조건하에서가 아니면 권리를 빼앗을 수 없다"고 하여 소유권 절대사상을 명백히 표시하였다(정권섭, 1975).

버지니아 권리장전(1776년) 제1조에는 "모든 사람은 태어날 때부터 자유롭고 독립하고 있는 일정한 권리를 가진다. 이들 권리는 인민이 사회를 조직함에 있어서 계약에 의해서도 인민의 자손으로부터 박탈할 수 없다. 그러한 권리란 재산을 취득·소유하고 행복과 안녕을 추구, 획득하는 수단을 수반해서 생명과 자유를 향유하는 권리이다"라고 하였다.

프랑스 민법(1804년) 제544조는 소유자는 법률 또는 규칙에 의하여 금지된 사용을 하지 않는 한 절대 무제한적으로 물건의 수익과 처분하는 권리로 규정하였다.

미국의 독립선언(1776년) 및 미합중국 수정헌법(1865년) 제5조에서도 재산권의 절대성을 천명하고 있다. 시민사회의 당초에 있어서는 재산의 소유가 시민생활의 기초이고 그 침해를 당하는 것은 생명 그 자체의 파괴를 가져온다고 하는 조건하에서 소유권의 보장이 생활의 보장을 의미하고 따라서 봉건세력으로부터 시민생활의 해방은 소유권의 해방을 필수 불가결의 것으로 하고 있었다. 소유권의 불가침성이나 자유의 존중이 시민혁명에 있어서 본질적인 것이었다. 근대적 소유권은 소유권 속에서 소유자 인격의 자유가 실현되고, 따라서 소유권의 침해는 물질적인 이익의 침해에 그치지 않고 소유자 인격의 자유의사가 침해됨을 전제로 한다(장병학, 1973). 이러한 사회현상 가운데서 자본주의는 급격히 발달하여 생산력의 비약적 증가와 부의 경이적인 증대를 가져와 미증유의 경제적 번영을 초래하였다. 우리 나라는 일제에 의한 토지조사사업이 근대적 토지소유권을 확립하는데 공헌하였다.

3 현대적 토지소유권

19세기 말에 이르러 산업자본주의의 고도화에 따라 근대 시민법체계의 자유로운 소유권의 원칙은 현실적으로 사회적 및 경제적 약자인 도시노동자나 소작농가의 생활이익을 압박했다. 자본주의적 소유 하에서는 소유권의 불가침이나 자유를 강요하는 사상은 타인의 노동의 지배와 착취의 자유를 공인하고, 타인의 생활을 위협하는 자유를 옹호하는 것이 된다는 것과 같은 현상이 실현되었던 것이다.

근대적 토지소유권은 그 주체를 추상적 인격자(Person)로 보았으나 현실적인 구체적 인간(Mensch)은 결코 자유, 평등하지 않다는 것을 깨닫게 되어 현대에 와서는 개인의 양심만 가지고 되지 않는 곳에 사회의 양심이 발동하지 않을 수 없었던 것이다. 개인주의와 자유주의 법사상을 수정하여 보다 나은 복지사회를 건설하기 위해 20세기 전 사회본위의 단체주의적 법사상이 대두하였으며, 모든 인간에게 인간다운 생활을 향유시키는 것을 이상으로 토지소유권의 사회화사상이 대누하였다.

소유권의 사회화사상은 사법이론에 있어서 상린관계, 권리남용금지, 신의성실의 법리와 함께 자본주의의 독점단계 초기에 출현하여 시민생활의 균형적 이익을 도모하기 위한 법적 수단으로 대두하게 된 것이며, 이를 통하여 토지소유권의 공적 제한에 대한 근거를 마련하게 되었던 것이다.

예링(Rudolph von Jhering)의 법사회학적 목적론이나 기르케(Otto von Gierke)의 단체주의적 법이론은 소유권의 사회적 색채를 짙게 하였고, 그들은 제1차 세계대전 전부터 민법학자에게 영향을 주어 소유권의 사회화사상을 이룩하게 하였던 것이다.

토지소유권은 자유, 무제약적 권리에서 공공의 이익을 위해 소극적, 예외적으로 제약을 받거나 의무를 수반하는 실정법적, 상대적 권리로 변화하였다.

바이마르헌법(1919년) 제153조 제1항은 "소유권은 헌법에 의해 보장된다. 그 내용과 한계는 법률로 명시한다"고 하고 제155조 제1항은 "토지의 분배 및 이용은 남용을 방지하도록 국가에 의해서 감시되며, 모든 독일인에게 건강한 주거를 확보하고 아울러 모든 독일인의 가족, 특히 자녀가 많은 가족에게 그의 수요에 상응하는 주거 및 농업 가산지를 확보한다는 목적을 향해 노력하도록 국가가 감시한다"고 하고, 제2항은 "주거의 수요충족을 위해 취득할 필요가 있는 토지는 그를 수용할 수 있다"고 하여 토지소유권의 내용을 법률로 정하도록 하고 국가의 감시에 복종하는 실정법적 권리로 이해하고 있다.

본(Bonn)기본법(1949년) 제14조는 그 제1항에서 "소유권은 보장된다. 그 내용과 한계는 법률에 의하여 정하여진다"고 하고 그 제2항에서 "소유권은 의무를 수반한다. 그 행사는 동시에 공공복리에 봉사하여야 한다"고 하여 소유권의 의무성을 규정하고, 제15조는 그 제1항에서 "토지는…… 사회화의 목적을 위해 보상의 종류 및 정도를 규정한 법률에 의하여 공유재산 또는 다른 공공경제로 옮겨질 수 있다"고 하였다.

우리 헌법도 제헌헌법부터 현재까지 토지소유권을 재산권의 일부내용으로 하여 그 내용과 한계를 법률로 정하도록 하고, 토지소유권 행사는 공공복리에 적합되도록 하였으며, 토지소유권에 대하여 공공의 필요에 의하여 수익, 사용 또는 제한할 수 있는 권리로 인식하고 있다(김상용, 1988).

4 토지소유권의 공개념

(1) 공개념의 의미

토지소유권의 공개념은 아직 확고하게 확정된 개념이라고는 볼 수 없다. 용어의 사용도 토지의 공적 개념, 토지의 공개념, 토지소유권의 공개념 등 통일을 이루지 못하고 있다. 토지소유권의 공개념이란 토지는 단순한 상품이 아니라 인간이 생활과 생산을 위한 불가결한 기반이기 때문에 그 토지가 지니는 적성이나 기능 혹은 지역에 따라 공공복리를 위해 가장 값지게 그리고 가장 효율적으로 이용되지 않으면 안 되며, 이를 위해서 적정한 규제가 가해지지 않으면 안 된다는 것을 의미한다. 이와 같은 의미에서 토지소유권의 공개념은 1976년에 처음으로 우리 나라에서 사용하게 되었다.

토지소유권의 공개념은 토지정책의 일대 전환을 위한 새로운 개념의 창출이라고 할 수 있다. 그러나 과연 토지소유권의 공개념이란 어떠한 내용의 것일까에 관해서는 아직도 확립된 것은 아니라고 할 수 있다. 토지소유권의 공개념은, 토지소유권은 다른 재산권과는 달리 엄격한 사회적 구속성, 상황적 구속성에 따라야 하고 인권으로서의 재산권, 즉 생존권적 토지소유권은 두텁게 보호하고, 비생존권적 토지소유권에 대해서는 엄격한 규제를 가하여야 한다는 것을 의미하는 것으로 이해할 수 있다.

(2) 토지소유권의 공개념과의 비교

1) 발상의 차이

현대적 토지소유권 개념이나 토지소유권의 공개념은 모두 토지소유권에 대한 제한이론이다. 그러나 사회적, 경제적 상황의 변화에 따른 토지소유권 규제의 내용이 달라지고 토지소유권 규제의 강도가 달라졌다. 새로운 시대 상황에 부응하는 이론을 전개하기 위해서는 새로운 개념의 창출도 필요하지만 사회적 승인을 받아야 한다.

현대적 토지소유권은 근대적 토지소유권의 절대성에서 오는 경제적 약자의 보호라는 관점에서 토지소유권의 사회성을 주장하였다. 그것은 토지의 사적 소유권을 제한하여 공공복리에 적합하도록 하겠다는 것이었다.

토지소유권의 공개념은 인구의 증가, 도시화, 공업화의 결과로 발생한 토지이용의 비효율성을 시정하고 토지의 수요와 공급의 불균형에서 야기하는 토지문제를 해결하기 위한 발상에서 출발하였다. 계획적이고, 종합적인 국토의 관리와 자원으로서의 토지를 관리하기 위해서 토지에 대한 공법적 규제를 가해 토지정책을 실현하기 위한 도구개념으로 등장하였다.

2) 대상의 차이

현대적 토지소유권 개념의 이념적 기초인 권리의 사회적 이론은 토지소유권을 포함한 재산권 일반의 규제를 위한 이론이었다. 그러나 토지소유권 공개념이론의 대상은 재산권의 일반적인 것이 아니라 토지만이다. 물론 권리의 사회성 이론의 대상중에서도 토지가 가장 으뜸가는 대상이었으나 토지만을 대상으로 하는 이론은 아니었다.

3) 토지권의 차이

토지는 사적 재화로서의 기능과 공적 재화로서의 기능을 가진 양면성을 갖고 있다.

현대적 토지소유권은 토지의 사적 성격을 중시하고 토지소유권의 규제도 사소유권 상호간의 조절적 규제를 벗어나지 못하였다. 민법상의 권리남용 금지의 원칙, 신의성실의 원칙, 상린관계 규정으로서 토지소유권의 절대성을 규제하려고 하였다.

토지소유권의 공개념은 토지의 공적 성격을 강조하고 토지에 대한 공법적 규제를 강화하여 사법으로의 규제를 넘어 토지에 대한 공법으로 규제하게 되었다.

현대적 토지소유권 개념하에서는 토지를 단순한 사소유권의 객체로 보았으나 토지소유권의 공개녀하에서는 토지를 자원으로 승화시켜 이해하고 있다.

4) 규제 성격의 차이

현대적 토지소유권에서 토지소유권은 공공복리를 위해 제한하되, 그 제한은 예외적 제한이며, 외부적 규제일 뿐이다. 그러나 토지소유권의 공개념에서는, 토지소유권은 권리 그 자체가 내재적으로 제한받는 권리를 의미한다.

토지소유권의 규제는 권리, 내재적으로 당연시된다. 재산권 특히 토지재산권이 헌법에서 보장된다고 하면서 70여 개의 법으로써 제한하고 있다는 것은 보장받는 권리의 제한인지 제한 속에서 보장해주는 것인지 각도를 달리해 보아야겠다는 견해도 있다.

5) 현재 범위의 차이

현대적 토지소유권은 토지소유권의 사용, 수익, 처분의 권능 중 사용권의 제한이 중심이었다. 토지소유권의 공개념하에서는 사용, 수익의 권능뿐만 아니라 직접·간접으로 토지소유권의 처분권까지도 제한하여 토지거래의 허가제 또는 신고제 등의 방법을 채택하였다.

현대적 토지소유권 하의 규제는 소극적인 금지가 그 내용이었으나 토지소유권의 공개념하에서는 적극적인 하명까지를 포함하는 적극적 이행을 강요하는 내용으로 발전하였다. 우리나라의 국토이용관리법에서는 제1조의 2에서 국토이용의 기본이념을 토지이용에 있어서 공공복리가 사적 이익에 우선함을 선언하고 있는데, 그것은 바로 토지소유권의 공개념의 한 내용을 규정하고 있는 조항이라고 할 수 있다(지종덕, 1989).

제5절 토지소유자

1 토지소유자의 개념

우리 나라에서 토지소유자라는 말은 1910년대 토지조사 당시부터 있었던 것으로 '지주'라는 말과 혼용되어 왔다. '토지소유자'라고 표현되었건 혹은 '지주'라고 표현되었건 내용은 똑같이 '토지를 소유하는 자'라는 의미로 2가지 말은 동등하게 쓰여 왔다. 1945년 여러 분야에서 개혁이 이루어지는 가운데 농지개혁은 우리 국민의 토지에 대한 관념을 변화시킬 수 있는 중대한 전기가 되었다. 당시에 지주라는 말이 많이 쓰였는데 특히 '부재지주'라는 말은 마치 '농지개혁 대상자'라는 말과 직결되는 듯한 느낌을 주었다. 지주라는 느낌이 좋지 않았던지 현재 세법이나 지적법 등에는 지주라는 용어 대신 토지소유자라는 표현을 하고 있다.

2 토지소유자의 결정

(1) 사정 당시의 소유자

토지대장이나 임야대장에 등록하는 토지소유자는 토지조사법, 토지조사령, 임야조사령에 의한 조사 당시에는 사정으로서 이를 확정시켰다. 오늘날 토지대장이나 임야대장의 "사고(事故)"란에 "사정(査定)"이라고 기재된 토지소유자가 바로 그것이다. 그러나 사정은 제령인 토지조사령 및 조선임야조사령에 의하여 임시토지조사국장과 도지사가 집행하는 행정처분으로서 이밖에는 토지조사나 임야조사 당시에 한시적으로 한 것이므로 토지대장이나 임야대장이 처음 생길 때 등록했던 토지소유자는 모두 사정된 자이다. 토지를 소유하는 것은 인격이 있어야 한다는 전제하에 토지소유자는 다음과 같다.

① 국가
② 지방자치단체
③ 각종 법인
④ 법인에 유사한 단체
⑤ 개인 등

(2) 사정 이후의 소유자

토지나 임야조사 이후 토지대장이나 임야대장에 등록된 토지소유자는 다음과 같다.

① 신규등록지의 소유자
② 이미 등록된 토지의 분할 후 각 필지의 소유자
③ 소유권이 이전된 경우의 새로운 소유자

그 중에서 신규등록지의 경우는 그 소유의 권원을 엄밀하게 조사하여 정당한 소유자를 밝히는데 힘썼다. 분할된 후의 각 필지의 소유자는 예외없이 분할 전의 원소유자이다. 소유권 이전의 경우는 매매, 교환, 상속, 수용, 농지개혁법에 의한 분배, 법원의 판결에 따른 소유권의 이전명령 등이 원인으로써 이는 원소유자를 대신하여 신 소유자가 등장하는 것이 특징이다. 그런데 토지소유권 이전의 경우는 거의 모두를 부동산등기법에 의한 등기소로부터 "토지등기필 통지서"에 의하여 토지대장이나 임야대장의 소유자 명의를 새로이 등록하도록 되어 있다. 다만 지적법 시행령에는 다음과 같이 하였다.

① 신규등록
② 미등기 토지의 수용
③ 미등기 토지의 국유화
④ 국유지의 매각, 교환, 양여 등

위와 같은 경우에는 등기소의 통지가 없어도 토지소유자를 등록할 수 있지만 그밖에는 토지대장 소관청인 시장, 군수라 하더라도 토지의 소유자를 임의로 등록할 수 없었다.

이렇게 소관청에서 자기 권한으로 토지소유자를 조사하여 지적공부에 등록하는 경우라는 것은 극히 제한되었기 때문에 결과적으로 자의에 의하지 않고 타의에 의하여 소유자를 등록하는 격이 되었다. 그러므로 "토지대장의 절반은 시장, 군수의 것이고, 나머지 절반은 등기소의 것"이라는 평까지 나오고 있다. 이는 우리 나라 지적제도의 결함으로 "지적과 등기의 통합"이 이루어져야 할 과제가 남아 있는 것이다.

(3) 신규등록지의 소유자

임야대장 등록지를 토지대장에 신규등록할 경우에는 임야대장에 등록된 소유자를 그대로 토지대장에 등록하였다. 그러나 임야대장이나 토지대장의 어느 것에도 등록되지 않은 국유미간지 등을 임야대장이나 토지대장에 새로이 등록할 경우의 토지소유자를 누구로 하느냐에 대하여는 당시 법규에 명문규정은 없었다. 그러므로 대략 다음 각호의 1에 해당하는 자를 소유자로 등록하였다.

① 국유지의 불하(拂下), 교환 또는 양여 등을 받은 자
② 공유수면매립 준공으로 그 토지의 소유권을 얻은 자
③ 재판의 판결에 의하여 토지소유권이 확정된 경우는 그 소유자
④ 부동산의 등기 또는 증명에 의하여 토지의 소유권을 공증한 것은 그 소유자
⑤ 과거 토지대장에 등록되었다가 이것이 삭제된 사실이 있을 경우 삭제전 명의인
⑥ 이상 여러 가지 경우에 해당되는 토지로서 그 소유권을 상속, 기타 사유로 계승하고 그 등기 또는 증명을 마친 것은 그 계승자

(4) 도로, 구거, 하천 등의 소유자

우리 나라는 지적공부에 등록된 도로, 구거, 하천 등이 국유인 경우가 많으나 그렇다 해도 도로, 구거, 하천 등을 무조건으로 국유라고 볼 수는 없다.

지적법상의 지목은 단지 토지의 종류에 따라 구별해 놓은 것에 지나지 않으므로 도로법에서 말하는 도로나 하천법에서 말하는 하천과 반드시 일치된다고 할 수 없다. 그러므로 지목이 도로, 구거, 하천 등이라 하여도 무조건 국유라고 할 수는 없으며, 아직 지적공부에 등록되지 않은 토지라 해도 반드시 국유지로 되는 것은 아니므로 이를 혼동할 때는 혼란이 발생하여 지적관리에 오점을 남길 수 있다.

3 토지소유자의 주소

(1) 주소의 정의

주소라는 말은 실질적으로 생활의 근거가 되는 곳, 즉 어떤 사람의 일반적인 생활관계에 있어서 중심을 이루는 장소를 말한다. 주소의 설정이나 변경에는 그 장소에 주거를 정하는 정주의 사실 외에 그곳을 생활관계의 중심으로 하고자 하는 의사가 필요하다는 주관설, 그러한 의사는 필요로 하지 않는다는 객관설이 있는데, 현재 객관설이 통설이다. 주소는 동시에 2곳 이상이 있을 수도 있다고 규정하였으며(민법 제18조 제2항), 법인에 관해서 주된 사무소 또는 본점의 소재지를 법인의 주소로 한다고 규정하고 있다(상법 제171조 제2항). 법상으로 한 사람이 동시에 2개 이상의 주소를 가지는 것을 '주소의 적극적 저촉', '이중주소', '중복주소'라 하고, 반대로 어느 주소도 가지지 않는 경우를 '주소의 소극적 저촉' 혹은 '무주소'라고 하고 있다.

(2) 주소의 법적 용도

주소가 법률상 가장 중요한 용도는 재판의 관할 결정의 요건이 된다는 것이다. 민사소송법 제2조에는, 재판은 당사자 주소지를 관할하는 법원에서 한다고 규정되어 있다.

우리 나라는 공법상으로도 주소나 거소를 표준으로 하여 법률관계를 정할 때가 많은데 통상적으로 다음과 같다.

① 각급 지방자치단체의 주민권
② 각종의 선거권·피선거권
③ 각종 납세의무 등의 성립요건

다만 공법상에 무엇을 주소의 표준으로 할 것인가에 관하여 일반적인 규정은 없으므로 이에 관하여서는 민법의 규정에 따른다.

(3) 1인 1주소주의

우리 나라에서는 토지대장이나 임야대장에 토지소유자 1사람이 1개의 주소만을 등록하는 1인 1주소주의를 채택하고 있다. 그러므로 토지소유자가 국내와 국외에 각각 주소가 있을 경우 또는 무주소자일 경우의 처리가 모호하지만 1968년 5월 29일 개정된 주민등록법의 시행으로 문제는 해결되었다. 주민등록법 제10조 제2항에서 누구든지 주소 등을 이중으로 등록하지 못하도록 규정하였기 때문이다.

(4) 거소

주소와 비슷한 것으로서 거소(居所)라는 것이 있다. 거소는 사람이 약간의 기간 동안 계속해서 거주하지만 토지와의 밀접도가 주소만 하지 못한 장소를 말하는 것이다. 민법 제19조, 제20조에서는 주소를 알 수 없거나 국내에 주소가 없는 자에 대하여는 거소를 주소로 보게 되어 있다.

(5) 도명의 약기

1915년 5월 이후에 임시토지조사국에서 작성하여 현재 시행되고 있는 토지대장의 토지소

(표18) 도명의 약기

도 명	약 기	도 명	약 기
경 기 도	경	황 해 도	황
충 청 북 도	충 북	평 안 남 도	평 남
충 청 남 도	충 남	평 안 북 도	평 북
전 라 북 도	전 북	강 원 도	강
전 라 남 도	전 남	함 경 남 도	함 남
경 상 북 도	경 북	함 경 북 도	함 북
경 상 남 도	경 남		

유자 주소란에는 도명을 다음과 같이 약식 기재하도록 1915년 7월 5일 당시의 각도 장관에게 통첩한 바에 따라 이 방식을 그대로 쓰고 있다. 이에 준하여 서울특별시나 부산광역시, 제주도 등 도급의 행정구역 명칭도 '서울' '부산' '제주' 등으로 약기하는 것이 관례로 되어 버린 것이다.

4 토지소유자의 성명

(1) 명신불가분설

성명은 성과 명으로 구성되며, 성은 출생의 가계를 표시하는 이름, 명은 개인의 이름으로서 현재 쓰고 있는 인명은 기본적으로 이 2가지의 명으로 되어 있다.

성명은 개인 고유의 것으로서 성명과 개인과의 관계는 매우 밀접하여 불가분이라는 것이 명신불가분설(名身不可分說)의 골자이다. 성명은 미개사회에서도 사람과 불가분이라는 관념이 커서 에스키모족들은 인간이라는 것이 신체, 영혼, 성명의 3가지 부분으로 이루어졌다고 믿고 있으며, 이집트 사람들은 성명을 영혼과 같이 중요시하였다.

우리 나라도 옛날에는 사람을 저주할 경우 성명을 적은 종이에 칼을 꽂은 풍속이 있었듯이 사람과 성명은 불가분의 것으로 생각해 왔다.

(2) 성명제도의 변천

민족적 고유명칭 사용은 전반적으로 고대사회인 고조선 시대에서 유래된 것으로서 〈삼국사기〉에 나타나는 고구려의 시조 고주몽 및 〈삼국유사〉 등 고전에 나타나는 "아사달" "우룩" 등이 고유명칭에 해당하는 것이라 할 수 있다.

(3) 부계성과 모계성

우리 나라의 성은 씨족사회 시대의 특권세습 계급의 칭호였다. 그것은 부계시대에는 남계의 혈통의 표지가 되고, 모계시대에는 여계의 혈통의 표지가 되는 것이다.

일반적으로 성을 부르게 된 고려시대에는 부계중심의 사회였으므로, 성은 개인의 부계혈통을 표시하는 결과가 되었다. 우리 나라에서 자녀의 성은 부의 성을 따르는 것이 원칙이고, 만약 부의 인지를 받지 못한 혼인 외의 출생아는 모의 성을 따르게 되며, 부모를 모두 알 수 없는 자는 법원의 허가를 얻어서 성을 새로이 설치할 수 있다.

만약, 그렇게 한 뒤에 부(父) 또는 모(母)를 알게 된 때에는 부 또는 모의 성을 따르도록 민법 제781조 및 호적법 제57조에 규정하고 있다. 하지만 입부혼이라 하여 남자가 여자의 호적으로 들어 갈 때에 출생아는 부의 성을 따르지 않고, 모의 성을 따르도록 민법 제826조 제3항 단서 및 제4항에 규정하고 있다.

(4) 본

일반적으로 성에는 본이라는 것이 있다. 이것을 적, 본관, 관, 향관이라고도 하여 신라 말기에 시작되었다고 한다. 본은 대부분 어느 씨족의 근거지가 된 땅이름에서 취해진 것으로 씨족의 우월성을 과시하여 크게 인식시키고자 시작된 것으로 보여진다.

본이 같고, 성이 같으면 원칙적으로 같은 씨족에 속하는 것이지만 간혹 군주로부터 신하에게 공로를 치하하여 본과 성을 내어 주는 소위 사관사성(賜貫賜性)하는 경우도 있었고, 드물기는 하지만 다른 씨족의 본과 성을 남몰래 도둑하여 행세하는 경우도 있게 되어 본과 성이 같으면 같은 씨족이라는 관념이 절대적이라고 할 수 없게 되었다.

(5) 성의 종류

우리 나라에서는 옛적부터 성명삼자라 하여 성은 1자이고, 이름은 2자가 원칙이었다.

오늘날에 와서는 성이 2자이고, 이름이 1자인 것 또는 성은 1자 혹은 2자이고, 이름은 3자인 것 등 예외가 있게 되었다. 성씨의 수는 시대에 따라 증감이 있던 것으로 세종실록지리지(世宗實錄地理志)에는 265성, 영조 때 도곡총설(陶谷叢說)에는 298성, 정조때 앙엽기(盎葉記)에 486성, 증보문헌비고(增補文獻備考)에는 조선 초에 4296성이던 것이 임진왜란과 병자호란을 겪은 후에는 289성으로 줄었다가 다시 496종으로 기록되어 있다. 1934년 "조선의 성명씨족에 관한 연구조사"에는 326성이었지만 전해오는 중간에 없어진 것도 있고, 새로 생긴 것도 있어 현재는 약 250종으로 되어 있다.

성의 수효를 근거로 나누어 보면, 저성, 희성, 벽성이 있고 또 구성면으로서 보면 단성, 복성의 구별이 있다. 전해지는 말에 의하면 옛날에는 3자의 복성이 있었다고 하지만 현재는 2자로 된 복성이 있다는 것이 사실이다.

(6) 이름

지적공부에 등록하는 성명은 반드시 호적부에 등록된 1개의 이름이어야 한다. 일반적으로 사람의 이름은 아명(兒名), 관명(冠名), 자(字), 호(號), 휘(諱), 시(諡) 등으로 다음과 같다.

① 아명은 유명(乳名), 유명(幼名)으로도 불리우는 것인데, 어린시절의 이름
② 관명은 어른의 이름으로서 성관례(成冠禮) 이후의 이름
③ 자는 이름을 존경해서 잘 부르지 않는 것이 예절이라던 사상에서 나온 것으로, 관명 대신에 부르기 위해 만들었던 것.
④ 호는 별호(別號), 아호(雅號) 또는 시호(諡號), 필명(筆名) 등으로 대부분 지명이나 고사 등 그 사람의 성격, 특징 등에 따라 지어진 것.
⑤ 휘는 남의 이름을 존칭하는 뜻으로 쓰이는 것.
⑥ 시는 사람이 죽은 뒤에 붙이는 이름으로서 명이라 하여 사람의 생전에 부르는 이름과 대조적인 것.

(7) 성과 호적과의 관계

1) 성의 변경 및 창설

우리 나라 사람의 성은 부의 성에 따라 결정되는 것이 원칙이지만 입부혼일 경우와 부의 인지를 받지 못한 혼인 외의 출생아의 경우에는 모의 성을 따른다(민법 제826조). 성은 그 사람의 신분 또는 호적상의 변경이 생기더라도 변경되지 않는 것이 원칙이지만 만약 성을 잘못 부르게 된 것을 발견하였을 때에는 옳은 성으로 변경할 수 있는 예외가 인정되기도 한다.

예전에 충청남도 구봉관산에서 16일 동안 땅굴속에 갇혔다가 구사일생으로 살아난 양모씨는 당초에 김모씨로 호적에 등록되었다가 제대로 양모씨로 호적을 변경하였다 하는데 이런 것은 성을 변경한 사례의 하나이다.

특수한 예로서 남의 집에 버린 기아(棄兒)는 호적법에 따라 시·읍·면장이 성을 정해주며, 혼인신고를 하지 않은 부부 사이에 태어난 사생아는 그의 부가 인지하거나 부모가 정식으로 혼인신고를 한 때에 그때부터 혼인중의 출생아가 되어 자동적으로 부친의 성을 따르게 되는 것이다(호적법 제57조). 다만 우리 나라에서는 이성양자(異性養子)를 둘 수 있는데, '성불변의 원칙'에 따르면, 이성양자가 양부모의 성을 따를 수 없다는 이론이 있어서 이 문제는 아직도 논란의 대상이 되고 있으나 '성을 갈지 못한다'는 것이 통설이다.

그러므로 과거 법령에 성명변경에 대하여 신고하도록 규정하였지만, 우리 나라에서는 성명 중에서 성만을 변경하는 예는 극히 드물 것이고, 대부분은 이름의 변경인 것이 특색이다. 그러나 일제시대에는 법적으로도 성을 바꿀 수 있는 기회가 많았기 때문에 성명변경이라는 말이 예사로 통용되었다.

2) 호주와 가족과의 성의 관계

호주와 가족은 동성일 수도 있고, 이성일 수도 있다. 가족 중에서 호주의 직계비속 및 방계의 혈족과 그 직계 비속은 대부분 호주의 남계혈족인 까닭에 늘 동성이다. 하지만 호주의 직계존속인 모, 조모는 이성이며, 호주의 처, 호주의 직계비속 및 방계혈족이나 그 직계비속의 처는 대부분 이성이다.

이와 같은 현상은 이성 또는 같은 성이라도 본관을 달리하지 않으면 혼인을 할 수 없다는 법률상의 규제 때문으로 여호주와 가족과는 대부분 이성이다(원영희, 1972).

제 14 장 토지이동

제1절 토지이동의 개념

토지이동(土地異動)은 지적공부에 등록된 사항이 달라지는 것으로 순수한 법률적인 이론을 떠나서 단순하게 '토지이동'이라 할 때에는 이를 넓은 의미로 해석하는 경우와 좁은 의미로 해석하는 2가지의 경우가 있다.

토지이동을 넓은 의미로 해석할 때에는 토지에 대한 일체의 변동을 의미하는 것이고, 좁은 의미로 해석할 때에는 토지의 지번, 지목, 면적, 경계 등의 이동만을 의미하는 것으로 소유자에 관한 것은 포함하지 아니한다.

현행법상에서 의미하는 토지이동은 실질적으로 좁은 의미로 해석되므로 토지소유권의 이동은 지적법상의 '토지이동'에 포함되지 않는 점이 중요하다.

토지이동(넓은 의미)
- 토지이동(토지표시의 이동 : 좁은 의미)
- 소유권의 이동

(그림51) 토지이동의 개념

1 넓은 의미의 토지이동

근대 지적제도가 구축되면서 '토지이동'은 '이동지'와 관념이 일맥상통하였다.

'토지이동'이라는 것은 문자 그대로 '토지가 이동된다'는 것이고, '이동지'라는 것 또한 문자 그대로 '이동된 토지'라는 것이므로 2가지는 같은 사물에 대하여 표현방식이 약간 다른 것에 지나지 않는다고 할 수 있는 것이다. '토지이동'에 대하여 '이동지'라는 말은 도상(倒想 : 거꾸로 생각)인 것이고, 반대로 '이동지'라는 말에 대하여는 '토지이동'이라는 말이 도상으로 되는 것이다.

임시도지조사국에서도 도지의 표시변경을 요하는 사항뿐만 아니라 토지소유권의 이동까지 모두 합쳐서 '이동지'라 일컬었다. 1920년대에는 우리 나라의 각 면마다 '이동지정리조합'이라는 반관반민의 단체를 조직하여 지적공부에 등록된 사항 중 지번·지목·면적의 변동은 물론 토지소유자의 주소·성명 또는 명칭의 변경 혹은 토지소유권의 이전까지 넓은 의미로 해석하여 토지에 관한 일체의 변동을 정리했던 사실도 있었다.

이렇게 넓은 의미로 '토지이동'은 '지적공부상의 일체의 변동'을 의미하는 것으로서 지적공부상에 등록되지 않은 토지가 지적공부에 새로이 등록될 때 혹은 지적공부에 등록된 토지의 등록사항에 변동이 있을 때와 지적공부에의 등록을 말소할 때 등을 모두 포함하는 것이다.

'토지이동'이라는 것은 용어 자체가 풍기는 느낌이 꼭 '토지의 물리적 위치변동'과 같은 느낌을 주지만 실은 단지 지적공부상의 변동을 의미한다.

넓은 의미로 해석한 '토지이동'을 세분하여 보면 다음과 같다.

① 토지의 신규등록 : 새로이 지적공부에 토지를 등록하는 것.
② 토지의 분할 : 지적공부에 등록된 토지의 분할
③ 토지의 합병 : 지적공부에 등록된 토지의 합병
④ 지목변경 : 지적공부에 등록된 토지의 지목 변환
⑤ 토지소유자의 주소, 성명 등 변경 : 지적공부에 등록된 토지소유자의 주소, 성명, 명칭 변경
⑥ 토지 소유권 이전 : 지적공부에 등록된 토지의 소유권 이전, 기타
⑦ 지상권 설정 : 지적공부에 등록된 토지의 지상권 설정, 변경
⑧ 토지 경계정정 : 지적공부에 등록된 토지의 경계정정
⑨ 지적공부의 오류정정 : 지적공부에 등록된 사항의 오류정정
⑩ 지번 경정 : 지적공부에 등록된 지번의 경정
⑪ 행정구역 변경 : 행정구역 또는 그 명칭 변경으로 인한 이동
⑫ 지적공도의 축척변경 : 지적공도의 축척변경으로 인한 경계 및 지적의 변동
⑬ 토지의 등록말소 : 지적공부에 등록된 토지의 말소
⑭ 토지표시방법 개편 : 지적제도의 개편으로 인한 지번, 지목, 경계, 면적 등의 표시방법 변경

이와 같은 경우를 볼 때에 넓은 의미인 '토지이동'이란 알기 쉽게 말하면 "지적공부를 정리하여야 할 일이 생기는 것"이라고 표현할 수도 있다.

2 임시토지조사국의 이동지 정리

임시토지조사국에서는 1910년부터 전국에 걸친 토지조사를 시행하여 "세부측량"을 실시하였다. 당시에 적용하던 토지조사령 시행규칙 제5조에는 임시토지조사국장에게 토지에 대한 이동신고를 하여야 할 경우를 다음과 같이 하였다.

① 토지소유권을 이전하였을 때

② 민유지가 국유지로 되고 또는 국유지가 민유지로 되었을 때
③ 토지소유자가 그 주소·씨명 또는 명칭을 변경하였을 때
④ 1필의 토지를 2필 이상으로 분할하였을 때
⑤ 몇 필의 토지를 합병하여 1필로 하였을 때
⑥ 지목을 변경하였을 때

이와 같이 6가지로 규정해 놓고, "이동신고에 관한 요령"이라는 제목으로 우리 나라 전역에 임시 토지조사국이 공고하여 이동지정리를 집행한 일이 있다.

그런데 이동신고는 토지의 소유권 및 강계를 사정한 토지에 대하여 '토지신고'를 한 뒤로부터 사정공시를 한 날까지에 생긴 이동에 대하여 임시 토지조사국장에게 토지의 소유자가 하였으며, 국유지인 경우는 보관관청에서 통지하도록 하였으나 내용은 '신고'의 성격을 그대로 띠고 있었다.

이러한 사실로 보더라도 '토지이동'은 "지적공부를 정리하여야 할 일이 생기는 것"이라는 점을 더욱 뚜렷하게 한다. 다만 당시에는 세부측량을 끝낸 직후라는 시기적 여건 때문에 다음의 내용 등은 생길 만한 시간적 여유가 없었으므로 이에 대하여 신고해야 한다는 규정을 두지 않았다. 뿐만 아니라 행정구역변경으로 인한 지번의 경정 및 지적공도의 축척변경으로 인한 경계 및 면적의 정정 등은 지적 소관청에서 직권으로 처리하였기 때문에 구태여 신고받을 필요조차 없었던 것이다.

① 새로이 지적공부에 토지를 등록하는 일
② 지적공부에 등록된 토지의 경계정정
③ 지적공부에 등록된 사항의 오류정정
④ 지적공부에 등록된 지번의 전면적인 경정
⑤ 행정구역 또는 그 명칭변경으로 인한 이동
⑥ 지적공도의 축척변경으로 인한 경계 및 지적의 변동
⑦ 지적공부에 등록된 토지의 말소
⑧ 지적제도의 개혁으로 인한 지번·지목·경계 및 면적의 표시방법 변경

3 지적법상의 토지이동

지적법상의 '토지이동'의 연혁을 거슬러 올라가면 구 지적법의 전신은 1943년 3월 31일 제령 제6호 조선 지세령이다. 조선 지세령은 이후에도 계속 시행되어 오다가 1950년 11월 30일 법률 제155호로서 제정된 지세법과 1950년 12월 1일 법률 제165호로서 제정된 지적법의 2개 법률에 내용의 대부분 계승하고 폐지되었다.

제1장 총칙
제2장 토지이동
제1절 과세지성 및 비과세지성

제2절 분할 및 합병
제3절 지목변경
제4절 황지면세
제3장 재해지면세
제4장 자작농지면세
제5장 사립학교 용지면세
제6장 징수
제7장 잡칙
부 칙

조선지세령은 이와 같이 구성되어 있었으며, 제2장에서 '토지이동'은 좁은 의미로 규정하고 있었다. 조선 지세령시행규칙 제21조에는 지적공부에 등록된 토지가 해면이 되어 원상회복을 할 수 없을 경우 토지소유자의 신고에 따라 말소할 수 있는데 이것도 토지이동으로 규정하고 있었다.

그런데 우리 나라에서는 이미 토지이동이라는 것이 종전법인 조선 지세령에 규정되어 온 내용으로 다음의 6가지와 조선 지세령 시행규칙에 규정되어 온 토지의 말소를 합쳐서 7가지의 경우를 의미한다는 것이 과거부터 있었던 관념이었다.

① 과세지성
② 비과세지성
③ 분할
④ 합병
⑤ 지목변경
⑥ 황지면세

그래서 조선지세령을 계승한 지세법이나 지적법은 '토지이동'에 대하여 구태여 명문규정을 둘 필요가 없었던 것이다. 법률해석상으로도 종전법과 신법에 똑같은 용어가 있을 경우, 신법에서 특별히 용어의 정의를 내리지 않은 이상 종전법의 관념은 신법에 그대로 계승되는 것이다.

다만 조선 지세령은 토지에 대한 세무행정과 등록행정을 1개의 법률로서 규제하였던 것이므로 2가지 사무가 분리된 시점에서는 토지이동이라는 관념이 다소 현실과 동떨어지는 느낌을 부인할 수 없다.

(1) 과세지성 및 비과세지성

과세지성은 토지에 대한 세를 부과하지 않는 토지가 세를 부과하는 토지로 되었음을 말한다. 토지에 대한 세가 국세이었던 때에는 과세지성이 국세를 새로이 부과할 토지를 의미했지만, 지방세로 이관된 1962년 이후 '과세지성'이라는 관념은 다만 "토지에 관한 세를 부과하게 된 토지가 되었다"는 의미일 뿐, 국세이건 지방세이건 상관할 바가 아니었다. 과세지성의 대표적인 예는 공유수면을 매립준공한 경우가 있고, 임야, 도로, 하천, 구거 등이 전, 답, 대 등으로 되는 경우도 과세지성의 좋은 예이다.

비과세지성은 과세지성의 반대로 해석하면 되는 것인데, 다만 각종의 면세년기지, 재해면세지, 사립학교용면세지는 비과세지에 포함되지 않는다.

(2) 분할 및 합병

토지의 분할은 지적공부에 등록된 1필의 토지를 2필 이상의 토지로 나누는 것, 토지의 합병은 지적공부에 등록된 2필 이상의 토지를 1필의 토지로 합하는 것이다. 이것을 분필·합필이라고 할 때도 있다. 우리 나라는 토지를 분할함에 있어서 토지소유자의 신고를 원칙으로 하고, 특별한 경우는 소유자가 정부에 분할신청을 할 수 있도록 되어 있지만, 토지의 합병만은 신고제를 채택하지 않고 신청제를 채택하고 있다.

(3) 지목변경

지목변경은 과세지가 다른 지목의 과세지로 변환되거나 혹은 비과세지가 다른 지목의 비과세지로 변환되는 것을 가리킨다. 과세지의 지목변경은 단지 '지목변경'이라 하지만 비과세지의 지목변경은 특별히 '비과세지 지목변경'이라고 하여 '비과세지'라는 말을 관기하여 구별하고 있다. 그런데 과거 민유지인 전, 답이 도로가 된 경우 등은 자칫 지목변경으로 오인되기 쉽지만 이 경우는 비과세지성에 해당하는 것이었다. 그러나 현재에는 과세지, 비과세지성을 구별하지 않고 모두 지목변경이라 한다.

(4) 토지말소

토지이동에는 토지의 등록·말소도 포함된다. 구 지적법시행령 제1조 제2항에는 지적공부에 등록된 토지가 바다로 되어 그 현상이 원상으로 복구되지 못하거나 다른 지목의 토지가 될 가능성이 없을 경우에는, 토지소유자의 신고에 따라서 토지에 관한 등록사항을 말소하도록 규정했었다. 그다지 흔히 있는 일은 아니지만 이것도 토지이동임에는 틀림없는 것으로 1943년 3월 31일 조선총독부령 제68호로서 제정된 조선지세령시행규칙에도 토지이동으로 규정하였다.

토지의 등록·말소는 토지가 완전히 해면이 된 경우를 말하는 것으로, 토지소유자의 신고가 있어야 지적공부에서 말소할 수 있다. 구 지적법은 지목을 법상으로 규정하면서도 해면만은 법적 지목 중 어느 것에도 해당하지 않는 지목의 구분대상에서 제외했기 때문에 해면이 된 토지는 지적공부에 등록될 수 없는 토지라 하여 이를 말소할 수 있도록 규정한 것이다.

중요한 것은 말소토지의 소유권 문제이다. 지적공부는 토지에 대한 제반사항을 기록하는 국가의 장부로서 일정한 법령 밑에 관리되는 것만은 사실이지만 지적공부에 등록되지 않은 토지의 소유권까지 없어진다는 것은 아니다.

지적공부에 등록된 토지가 해면이 되어 소유자의 신고에 따라 지적공부에서 말소했다면, 어디까지나 토지 자체가 지적공부에 등록될 요건이 갖추어지지 않은 것이다. 즉 해당지목이 없기 때문에 말소하는 것 뿐이지 소유권까지 말소되는 것은 아니기 때문이다.

결국 지적공부의 등록·말소 여부와 소유권과는 전연 별개의 문제로 다루어야 할 것이다.

지적공부는 토지에 대한 표시만을 기록하기 때문에 지적공부의 등록 혹은 말소에 따라 소유권까지 좌우될 수 없는 것임에도 종래 지적공부에서의 말소를 토지소유권의 말소로 오인했기 때문에 많은 토지의 소유권 분규가 있었던 것이다.

만약 지적공부에서 토지가 말소되면 토지의 소유권까지 소멸된다고 가정한다면, 현행 법률로서는 토지의 말소라는 것은 없을 것이다.

지적공부에서의 토지말소는 구 지적법시행령 제1조 제2항의 규정에 따라 토지가 해면이 되었다 하더라도 토지소유자의 신고가 없으면 지적소관청인 시장, 군수가 토지를 지적공부에서 말소할 수 없다. 토지소유자가 법적 의무가 아닌 해면성 신고를 스스로 국가에 내어 자기의 토지소유권을 말소하는 일은 없을 것이기 때문이다.

지적국정주의 원칙에 따라 시장, 군수가 구 지적법 제8조의 규정으로도 능히 말소할 수 있는 권한이 있겠지만 시행령 제1조 제2항에는 "……토지소유자의 신고에 의하여 그 토지에 관한 등록사항을 말소하여야 한다"고 규정하여 말소에는 신고전치주의를 특별히 채택했기 때문에 일반 신고관계 규정인 제8조를 적용할 수 없는 것으로 결국 해면이 된 토지등록·말소는 사실상 이루어지기 어렵다. 차후 지목에 '해면'을 고려하여 이미 등록된 토지가 해면이 된 것은 해면의 지목으로 수정하여 지적공부에 존치토록 하는 것이 검토되어야 할 것이다.

제2절 토지이동의 정리과정

1 토지이동의 결정권자

(1) 국정주의 원칙

구 지적법 제8조에는 "토지에 이동이 있을 경우에는 지번, 지목, 경계, 면적은 신고에 의하여, 신고가 없거나 신고를 부적당하다고 인정되는 때 또는 신고를 요하지 아니할 때에는 국가의 조사에 의하여 이를 정한다"라고 규정하였고, 시행령 제19조에는 "지적법 제8조의 규정에 의한 조사와 결정은 소관 시장, 군수가 이를 한다"라고 규정하였다. 이 규정은 지적국정주의의 대원칙을 밝힌 것으로 토지의 지번, 지목, 경계, 면적은 다음과 같이 처리하였다.

① 토지소유자의 신고가 있을 때에 그 신고가 옳게 되었다면 그에 의하여 시장, 군수가 직권으로 결정하고
② 신고가 없을 때, 즉 토지소유자가 신고하지 않을 때에도 시장, 군수가 직권으로 조사하여 역시 직권으로 자기가 결정하며,

③ 신고를 부적당하다고 인정될 때, 즉 허위신고를 하였거나 착오가 있는 신고를 하였을 때에도 시장, 군수가 직권으로 조사·결정하고
④ 신고를 요하지 않을 때(지적법령에서 특별히 신고의무를 지우지 않는 경우), 예컨대 행정구역을 변경하였을 때, 지적도나 임야도의 축척변경측량을 하였을 때, 지번이 매우 복잡하여 이를 전면적으로 경정하였을 때 등에도 시장, 군수가 직권으로 조사·결정한다는 것으로 이것은 지적사무관리상 국가기관인 시장, 군수에게 주어진 권한으로 실로 강력한 규정이다.

(2) 시장·군수의 결정권

구 지적법 제8조에서 지번, 지목, 경계, 면적은 시장, 군수가 정하도록 하고 있다.

① 신고가 있어도 시장, 군수가 결정하고
② 신고가 없어도 시장, 군수가 결정하고
③ 신고가 부적당하다고 인정되어도 시장, 군수가 결정하고
④ 신고를 필요로 하지 않을 때에도 시장, 군수가 결정한다.

이상의 4가지 경우로 볼 때 지적결정은 누가 뭐라고 하더라도 시장, 군수만이 결정한다는 의미가 있는 것이다.

(3) 소관청은 국가기관

구 지적법 제8조에서 "토지에 이동이……국가의 조사에 의하여 이를 정한다"라고 규정하였고 제19조에는 "제8조의 규정에 의한 조사와 결정은 소관 시장, 군수가 이를 한다"고 되어 있는데, 여기서 '시장, 군수'는 국가의 기관인 시장, 군수를 가리키는 것이고, 결코 지방자치단체의 장인 시장, 군수를 가리키지는 않는다.

지적사무는 국가의 고유사무로서 어느 지방자치단체에 대해서도 집행을 위임한 사실이 없다. 현재 전국의 시청, 군청 등에서 지적사무를 보는 것은 국가기관으로서의 시청·군청에서 보는 것이지 지방자치단체로서의 시청·군청에서 지적사무를 보는 것은 아니기 때문이다. 따라서 지적사무 경비는 일체를 국가가 부담하는 것이 당연하다.

2 토지이동의 결정절차

지번, 지목, 경계, 면적은 어떤 경우에도 시장, 군수가 직권으로 결정하는 것이다.

시장, 군수가 결정하는 절차에서 '지적공부를 정리하는 것이 바로 시장, 군수가 지번, 지목, 경계, 면적을 결정하는 행위'이다.

경우에 따라서는 토지이동 결의서에 시장, 군수가 결재하는 행위가 바로 국가의 결정행위라고 할 수도 있겠지만 원칙적으로 시장, 군수의 결재만으로서는 대외적 효력이 없으므로 지적공부를 정리해야 비로소 국가의 결정행위가 완성되는 것이다.

3 토지이동의 신고

(1) 신고의 의의

원래 신고는 행정법상 일정한 법률사실 또는 법률관계가 있거나 없음을 서면이나 구술로서 관계 행정청에 통고하는 행위이다. 신고는 행정청에 대한 통고만으로 그치고, 행정청의 반사적 결정을 기다릴 필요가 없는 것이 보통이며, 특정사항에 대하여 법률이나 명령으로서 신고의 의무가 지워진 자를 '신고의무자'라고 한다.

토지이동의 경우 지번, 지목, 면적, 경계 등을 국가에 신고 하는 것, 즉 신규등록신고, 분할신고, 지목변경신고 등은 지적을 신속·정확하게 공개하는 가장 좋은 수단이다. 이와 같이 토지의 현황을 신고케 하여 지적공부에 등록함으로써 국민은 현장에 가서 확인할 필요 없이 시, 군에 비치된 지적공부를 열람하면 토지에 대한 일체의 사항을 알 수 있는 것이다. 토지이동에 관한 신고의 필요성은 바로 여기에 있다.

사실관계를 명백하게 공시하는 것은 지번, 지목, 경계, 면적 등을 누구에게나 명백하게 알 수 있도록 한다는 것인데, 그렇게 하려면 지적공부에 등록된 사항이 사실과 부합하여야 할 것이고, 부합시키려면 토지이동 사항이 빠르고도 명확하게 지적공부에 정리되어야 한다는 것이 전제가 된다. 이같은 토지이동에 대한 정리의 단서가 되는 것이 소유자가 제출하는 토지의 각종 이동신고이다. 토지이동신고는 어디까지나 지적공부에 정리하는 단서가 될 뿐 절대적으로 필요불가결인 것은 아니다.

지적국정주의의 대원칙에 의하여 국가기관인 시장, 군수는 이러한 신고가 있거나 없거나 자기의 직권으로 일방적인 조사결정을 할 수 있게 법률로 보장되어 있기 때문이다.

(2) 신고기간의 계산

1) 기간의 계산방법

기간의 계산방법에는 자연적 계산법과 역법적 계산법의 2가지가 있다. 자연적 계산법은 기간을 순간에서 순간까지 계산에 넣는 방법으로, 하등의 인위적인 가감을 하지 않으므로 자연적 계산법이라는 이름이 붙게 된 것이다.

역법적 계산법은 역서에 기재하는 일시의 배치법에 따라 일, 주, 월, 연을 계산하는 방법으로서, 자연적 계산법과 역법적 계산법은 서로 대립되는 계산방법이다.

자연적 계산법은 기간을 인위적으로 가감하지 않으므로 정밀성이 유지되기는 하지만 계산이 복잡하고, 역법적 계산법은 다소 정밀하지 못한 점은 있지만 오랜기간의 계산에는 아주 편리하다.

우리 나라 민법은 기간이 시, 분, 초를 단위로 정해졌을 때에는 자연적 계산법을 쓰고 일, 주, 월, 년으로 정해졌을 때에는 역법적 계산법에 따르도록 규정하는 한편, 역법적 계산법을 쓰는 경우는 원칙적으로 기간의 초일은 산입하지 않도록 규정하고 있다.

2) 기간계산에 관한 적용 법규

기간계산 방법이 특별히 정해져 있지 않을 경우를 대비하여, 우리 민법에는 보충적인 규정을 하였는데 그것이 바로 민법 제1편 제6장이다. 기간의 계산은 법령, 재판상의 처분 또는 법률행위에 따로 정한 바가 없으면 본 장의 규정에 의한다고 하였다(민법 제155조).

이는 우리 나라 법령상 모든 기간을 계산할 때의 대원칙으로, 당해 법률이나 명령에 특별히 명문으로 기간계산에 관하여 규정된 것이 없으면 어떠한 법령이라도 기간의 계산법만은 민법에 정한 기간계산 방법의 적용을 받아야 하는 것이다.

또 민법의 규정은 사법관계뿐만 아니라 공법관계의 기간계산에도 적용됨은 물론 기산점으로부터 장래에 향하여 계산하는 것이 원칙이지만 그와 반대로 기산점으로부터 소급하는 기간의 계산에도 준용되는 것이다.

3) 기간의 기산점과 초일불산입

어떤 법령에서든지 특정한 사항에 대하여 연, 월, 주, 일로 기간을 정하였을 경우, 당해 법령에 기간을 계산하는 방법에 관한 특별한 규정이 없으면 역법계산법에 따르되, 초일은 산입하지 아니하고, 이튿날부터 기산하도록 민법에는 규정되었다.

이것을 '초일불산입(初日不算入)의 원칙'이라고 한다. 민법상 기간의 기산점에는 기간을 시, 분, 초로 정한 때에는 즉시부터 기산한다고 하여 사건발생의 즉각부터 기산하는 이른바 자연적 계산법에 따르도록 규정하였지만(민법 제156조), 한편 기간의 기산점에서는 기간을 일, 주, 월, 년으로 정한 때에는 기간의 초일은 산입하지 아니한다. 그러나 기간이 오전 영시로부터 시작하는 때에는 그러하지 아니하다고 규정하여 이른바 초일불산입의 원칙을 밝히고 있는 것이다(민법 제157조).

호적법상 신고기간의 기산점에서 신고기간은 신고사건 발생일로부터 기산한다(호적법 제42조)고 규정하였기 때문에 이 경우에는 민법상 규정된 초일불산입의 원칙(제157조)은 배제되며, 신고사건발생 당일부터 기산하도록 하였으므로 출생신고 기간은 14일 이내라고 할 때에는 출생한 날짜로부터 14일 이내라는 뜻이 된다.

민법상 연령의 계산에는 출생일을 산입한다(민법 제158조)고 규정하였기 때문에 민법상 초일불산입의 규정은 배제되는 것이다. 지적법에서는 신고기간의 계산에 관하여 호적신고나 연령계산의 경우처럼 특별규정을 두지 않았기 때문에 민법 중 초일불산입의 규정이 적용되어 신규등록·분할·지목변경 등의 경우 모두 사유가 생긴 첫날은 빼놓고 이튿날부터 기산하여 일정기간 이내에 신고하면 된다.

4) 구 지적법 제33조에 대한 초일불산입

분할, 신규등록, 지목변경 등의 신고기간에는 초일불산입의 원칙을 적용하는 것이 명백하지만, 구 지적법 제33조에는 "토지소유자가 변경되었을 경우 구 소유자가 해야 할 신고는 소유자의 변경이 있는 날로부터 30일 이내에 신소유자가 이를 하여야 한다"고 규정되어 다소 의문이 생길지 모르지만, "변경이 있은 날로부터 30일 이내"라는 것은 기간의 시기를 변경이 있은 날로 지적하였을 뿐, 변경이 있은 날로부터 '기산한다'는 의미는 아니므로 이 조문은 민법 제157조의 초일불산입 원칙에 대한 예외 규정이라고 볼 수 없다. 그러므로 "초입불산입"의 원칙이 적용되어 결과적으로는 변경이 있는 이튿날로부터 30일 이내에 신고하면 되는 것이다.

만약, 꼭 토지소유자의 변경이 있을 날로부터 기산하여 30일 이내에 신고하도록 할 필요가 있다면 구 지적법 제33조에는 "……변경이 있는 날로부터 기산하여 30일 이내에…"라고 '기산하여'라는 문구를 넣어 민법 제157조의 예외규정으로 하지 않으면 안 되는 것이다. 그래서 지적법에 규정된 각종 신고기간은 결코 예외가 있을 수 없고 모두 민법의 초일불산입의 원칙이 적용된다.

5) 기간의 만료점

민법 제159조에서는 "기간을 일, 주, 월, 연으로 정한 때에는 기간 말일의 종료로 기간이 만료된다"고 규정하여 만료일의 24시 정각부터 만료의 효력이 발생하도록 규정하였고, 민법 제160조에는 다음과 같이 규정하였다.

① "기간을 주, 월, 연으로 정한 때에는 역에 의하여 계산한다"
② "주, 월, 연의 처음으로부터 기간을 계산하지 아니 하는 때에는 최후의 주, 월 또는 연에서 그 기간일에 해당하는 날의 전일로 기간이 만료된다"
③ "월, 연으로 정한 경우에 최종의 월에 해당일이 없는 때에는 그 월의 말일로 그 기간이 만료한다"라고 규정하였다.

민법 제161조에서는 "기간의 말일이 공휴일에 해당한 때에는 기간은 그 익일로 만료한다"고 규정하였다.

이는 토지분할의 신고기간이 1970년 1월 25일에 만료된다면 그날은 공휴일인 일요일이므로 신고기간은 1월 26일 24시에 만료되는 것이며, 만약 26일도 공휴일이었다고 가정한다면 자동적으로 27일 24시에 그 기간은 만료됨을 뜻하는 것이다.

(3) 신고의무 불이행자 등의 처벌

구 지적법 제35조에는 지적법에 의한 신고의무자가 신고를 하지 아니하거나 또는 허위신고를 하였을 때에는 5만원 이하의 벌금 또는 과료에 처하도록 되어 있고, 제36조에는 세무에 종사하는 공무원이 행하는 토지의 검사, 토지의 측량을 거절방해 또는 기피하거나, 혹은 세무에 종사하는 공무원이 토지의 소유자, 지상권자, 기타 이해관계인에게 필요한 사항을 질문할 경우, 여기에 답변을 하지 아니하거나 그렇지 않으면 허위의 진술을 한 자는 500원 이하의 벌금 또는 과태료에 처하도록 되어 있다.

법률을 위반한 자에 대해서는 마땅히 처벌하는 것이 국가적 견지에서도 좋겠지만 제35조의 경우 신고의무를 이행하지 않았거나 허위신고를 한 자에 대하여서는 정상에 따라서는 형을 감하거나 면제할 수 있도록 특별히 단서로서 규정하고 있는 것이 특색이다. 지적법을 위반한 자의 처벌을 누가 하느냐의 문제에서 간혹 지적법의 실질적인 집행자인 시장·군수가 처벌하는 것이 아니냐고 착각하는 경우가 있으나, 법원에서 형을 선고하는 것이며, 시장·군수가 관여할 성질은 절대로 아니다.

시장, 군수가 법을 위반한 자를 발견하였을 경우에는 이를 사직당국에 고발할 수 있으나 고발은 단지 사직당국에서 사건의 단서로 할 뿐, 고발 자체가 지적법 위반자의 처벌에 절대적인 요건은 아니므로 법원은 시장, 군수의 고발이 없어도 이를 처벌할 수 있으며, 다른 친고죄처럼 피해자의 고소를 절대적인 요건으로 하지 않는다.

지적에 관한 법규가 제정되어 위반자를 처벌하도록 한 것은 벌써 몇십 년에 가깝지만, 신고불이행 등 지적법 위반혐의로 처벌된 예가 매우 드물다.

(4) 기간이 넘은 신고의 처리문제

지적법에 의하면 새로이 토지대장 및 임야대장에 등록할 토지가 생겼을 때, 토지를 분할할 필요가 있을 때 혹은 지목을 변경하게 되었을 때 등에는 60일 이내에 토지소유자는 국가에 사실을 신고하도록 의무를 지웠고, 이러한 신고를 기일내에 하지 않았을 경우에는 벌금 또는 과태료에 처하도록 아울러 규정되어 있다(지적법 제49조).

이 규정은 지적정리를 촉진하기 위해 국민에게 신고의 의무를 지웠고, 그를 위반한 자를 처벌하도록 하였을 뿐, 기간이 지나면 신규등록, 분할, 지목변경 등을 할 수 없다는 것도 아니고, 기간이 지났다고 하여 사실 자체가 소멸되는 것도 아니므로 신고기간이 넘었다 하더라도 신고는 마땅히 수리하여 처리한다.

이 경우에 신고를 게을리한 책임을 물어 당국에 고발할 수도 있고, 그동안에 세금이 포탈되었다면 세법에 따라 그를 추가징수할 수도 있겠지만 다만 이러한 조처가 있다하여 신규등록사유, 분할사유, 지목변경사유 등이 사라져 버리는 것은 아니다.

예로 1960년 1월 4일에 전이 답으로 지목변환사유가 생긴 것을 당시는 신고하지 않았다가 10년이 지난 1971년 4월 5일에 지목변경 신고를 하였다면 이는 법정신고 기간인 30일을 10년이나 넘긴 것이기는 하지만 변환사실이 확실한 이상, 신고기간이 넘은 점에 구애될 필요없이 지목변경 신고를 접수하여 토지대장에 정리하여야 한다. 이런 경우 신고를 게을리한 데 대한 처벌문제, 포탈된 세금의 추가징수문제 등은 토지대장정리와는 별개의 것이다(원영희, 1972).

제3절 지적측량의 정리방법

1 토지의 신규등록

토지대장이나 임야대장에 새로이 토지를 등록하는 행정처분을 '토지의 신규등록'이라 하는데 이를 '신규등록'이라고 일컫는다.

우리 나라는 토지조사와 임야조사의 2대 사업으로 국토의 대부분이 지적공부에 등록되었지만 아직도 해변에 새로 생기는 염전 및 기타의 토지, 국유의 미간지 등 토지대장이나 임야대장의 어느쪽에도 등록되지 않은 등록처녀지가 많으며, 특히 임야대장에 등록되어 있는 토지가 개간되어 전, 답으로 됨으로써, 이를 임야대장에서는 말소하고 토지대장에 새로 등록할 필요가 생기는 경우가 있다. 이와 같이 지적공부에 새로 등록하는 것을 일반적으로 신규등록이라고 일컫는 것이다.

토지대장의 신규등록에는 임야대장 등록지를 등록전환하는 경우도 포함되었지만 이는 이후에 등록전환으로 구분되었다.

(1) 토지대장의 신규등록

토지대장에 새로이 토지를 등록할 경우는 일반적으로 3가지가 있다.

① 임야대장에 등록되지 않은 토지, 즉 국유 미간지나 해변, 호수 등의 매립으로 생긴 토지가 토지대장에 등록될 때
② 임야대장에 등록된 토지가 전, 답, 대, 염전, 광천지, 유지, 잡종지, 종교용지, 공원, 철도용지, 수도용지 등으로 되어 토지대장에 등록하게 되었을 때
③ 임야대장에 등록된 토지가 전술한 지목 이외의 토지가 된 때라 하더라도 국가가 특히 토지대장에 등록전환할 필요가 있다고 인정할 때 등

첫째의 경우는 토지를 개간하여 전, 답으로 하였거나 염전 등으로 한 것과 공유수면매립법에 의하여 공유수면을 매립하여 다른 지목의 토지로 만든 경우, 둘째의 경우는 개인소유의 임야를 개간하여 전, 답, 대로 만든 때가 가장 많은 사례, 셋째의 경우는 어디까지나 지적관리상 정밀도를 높이기 위해 국가가 정상을 판단하여서 결정할 문제이다.

(2) 임야대장의 신규등록

임야대장에 토지를 신규등록한다는 것은 대부분 바닷속의 외딴섬 등으로 아직 토지대장이나 임야대장의 그 어느 것에도 등록되지 않은 것을 새로이 등록하는 경우가 대부분인데, 이러한 것은 지적행정상 극히 드문 예에 속한다.

예외적으로 임야대장에 등록된 토지가 도로, 하천, 구거, 제방, 성첩, 철도선로 및 수도선로로 변환된 경우는 지목변경 처리하여 그대로 임야대장에 남겨두도록 규정했기 때문에 결국 임야대장에는 임야, 분묘지, 유지, 도로, 하천, 구거, 제방, 성첩, 철도선로 및 수도선로의 10개 지목만이 등록되고 있었던 것이다.

1943년 3월 31일 조선총독부령 제69호로서 "조선임야대장 규칙"이 제정되어 4월 1일부터 시행되었다. 제1조 "토지조사령에 의하여 조사를 하지 않은 임야 또는 분묘지 및 유지에는 1구역마다 지번을 붙이고, 그 지목, 경계 및 지적을 정한다. 기등록의 토지로서 도로, 하천, 구거, 제방, 성첩, 철도선로 혹은 수도선로로 된 것 또는 세무서장이 임야대장에 등록할 필

요를 인정한 토지도 또한 같다."

제2조 "세무서에 임야대장을 비치하고 전조의 토지에 대하여 다음 사항을 등록한다……" 라고 규정하여, 이미 설명한 10개의 지목 외에 어떠한 지목의 토지라도 지적 소관청이 필요하다고 인정하면 임야대장에 등록할 수 있는 길을 열어 놓은 채 1945년의 광복에 이르렀지만, 이 규정은 그대로 집행되지 않고 과거의 예에 따라 임야대장등록지는 광복 직전까지도 여전히 10개의 지목에 국한되었던 것이다.

조선임야대장 규칙은 이후에도 계속 적용되어 오다가 1950년 12월 1일 법률 제165호로서 현행 지적법이 공포되어 그 제3장(임야대장 및 임야도) 제22조에 "임야대장 및 임야도에 등록할 토지는 토지대장 및 지적도에 등록되지 아니한 임야 또는 정부가 임야대장에 등록할 필요가 있다고 인정한 토지로 한다"고 규정함으로써 과거와 같이 경우에 따라서는 임야대장에도 지목을 모두 등록할 수 있는 길을 열어 놓았다. 임야대장에는 과거의 관례대로 지목만 등록하고 있는 실정인데, 이유는 임야대장에 등록하는 것보다 토지대장에 등록하는 편이 정밀도가 높으므로 토지용도가 날이 갈수록 중요성을 띄게 됨에 따라 기왕 등록할 바에는 정밀도가 높은 토지대장에 등록해야 한다는 점이 작용하기 때문이다.

(3) 구 지적법 제37조에 의한 신규등록

1) 37조 등록지의 발생

지적법이 1950년 공포될 때에 부칙 제37조 제2항에 "본법 시행으로 인하여 새로이 지적공부에 등록하여야 할 토지의 지적정리는 본법 시행일로부터 3년 이내에 하여야 한다"고 훈시규정을 두었다. 이에 의한 신규등록을 통상 '37조 등록지'라고 하며, 그것이 생긴 것은 이유가 있다.

1950년 12월 1일 우리 나라에 지적법이 제정·공포되기까지는 제령인 조선 지세령에는 지세에 관한 사항뿐만 아니라 지적에 관한 사항도 아울러 규정되어 있었다. 하여간 현행 지적법 이전에는 도로, 하천, 구거, 유지, 제방, 성첩, 철도선로, 수도선로는 이른바 비과세지라는 이유로 토지대장이나 임야대장에 새로이 등록한 예가 없었다.

다만 토지대장이나 임야대장에 이미 등록된 토지가 이러한 지목으로 변환되었을 때에는 지목을 수정하여 대장에 남겨두어 왔을 뿐이므로 결국 새로 생긴 도로는 지적공부에 등록되고 옛날부터 있던 도로는 지적공부에 등록되지 못한 격이 되었으며, 하천, 구거, 유지, 제방, 성첩, 철도선로, 수도선로에 대하여도 이와 같이 새로 생긴 것 외에는 토지대장이나 임야대장에 등록되지 못한 격이 되고 말았던 것이다.

당시 국회에 제출한 지적법의 원안에는 제37조의 규정은 없었으나 국회의 심의과정에서 지적공부는 '토지의 호적'인데, 여기 등록되지 않는 지목의 토지가 있다 함은 마치 호적에 등록되지 않는 사람이 있다는 것과 마찬가지로 심히 부당하니 토지는 모조리 등록하도록 하여야 한다는 의견이 지배적이어서 제37조를 신설하면서 그때까지 신규등록 대상이 되지 않았던 도로, 하천, 구거, 유지, 제방 등도 모두 새로이 등록하도록 결정되어 국토의 어떠한 지목의 토지라도 등록하게 되었던 것이다.

여기 대하여 국가는 3년 이내에 그 등록을 마치도록 훈시·규정했었으나, 당시에는 6.25사변으로 국가시책의 전반에 걸쳐 제대로 추진되지 못했던 때이므로 예정대로 실시 못하였으며, 훈시된 기간으로부터 20년이 되는 시기까지 서울특별시, 경기도, 강원도의 일부에는 아직 37조 등록이 실현되지 못하여 지적관리상 커다란 지장을 가져왔었다.

훈시기간이 훨씬 넘도록 지적법 제37조의 규정에 의한 등록은 완료되지 못한데 대하여 순수한 법률적 이론에 의하면 훈시규정의 위반은 부적법이 아니라는 통설이 있었지만, 37조 등록은 이후 한참만에야 완료되었다.

2) 37조 등록의 지적사적 의미

1950년 12월 1일 지적법 공포 전에는 이른바 비과세지라 하여 지적공부에 새로이 등록할 자격조차 주지 않았던 도로, 하천, 구거, 유지, 제방, 성첩, 철도선로, 수도선로 등이 떳떳하게 법적으로 지적공부에 등록이 이루어지도록 되었다. 결국 지적법 제37조의 신설 때문에 우리 나라 지적법이 세지적에서 법지적으로 탈바꿈하는 실로 중대한 계기를 이루게 되었다.

3) 37조 등록지의 소유자

제37조의 규정에 따라 새로이 토지대장인 임야대장에 등록하여야 할 토지는 거의 모두가 도로, 하천, 구거, 유지, 제방, 성첩, 철도선로, 수도선로이므로 이런 것들을 등록할 때에 '국유지'로서의 권원이 명백한 것의 소유자를 '국'으로 한 것까지는 지극히 정당하였다. 하지만 지방에 따라서는 개인이 소유하고 있는 것까지도 천편일률적으로 소유자를 무조건 '국'이라 하였기 때문에 개인으로부터 국가를 상대로 사유를 주장하는 소송이 있어, 판결에 의하여 토지대장의 소유자 '국'을 개인의 소유로 고친 사례가 많았다.

유명한 A수리조합은 토지조사국이 전국적 토지조사를 개시하기 전인 1900년대에 설립된 단체로서 관개가 목적인 수로를 4, 5개의 군에 걸쳐서 조합설립 당초부터 소유하고 있었는데, 구거에 대한 소유권은 부동산증명 규칙에 따라 조합에서 증명받았다. 당시는 지적제도가 없었으므로 소유권 증명서는 현재와 같이 지번, 경계 및 면적이 정확하게 기재된 것은 아니고, 다만 사표를 분간할 수 있을 정도의 것이었으나 당시로서는 합법적인 증명방식이었다.

수백 킬로미터에 이르는 이 구거는 토지조사국의 조사에서는 지적도나 토지대장에 등록될 수 없는 것이므로 토지대장에는 아무런 기록이 없고, 지적도에는 구거의 양쪽 토지는 등록되었으나 구거는 다만 구(溝)라고 규정대로 표시되어 있었다.

1950년 이후 정부에서 37조 등록을 함에 있어서 A수리조합 구거의 지번·경계·면적을 결정하여 토지대장과 지적도에 새로 등록함에 있어서 무조건 국가의 소유로 착각하고, 소유자는 '국'이라고 하였다. A수리조합은 즉시 소유자를 'A수리조합'이라고 고쳐줄 것을 요구하는 소송을 제기한 결과 토지대장상의 소유자를 모두 'A수리조합'으로 변경되었다.

(4) 신규등록지의 면적

토지대장 또는 임야대장에 토지를 새로이 등록할 경우에는 구 지적법 제12조에 "새로이 토지대장에 등록하여야 할 토지는 이를 측량하여 경계 및 면적을 정한다"는 규정과 이 조문을 임야대장 등록지에 준용한다는 제30조의 규정에 따라, 새로운 측량을 거쳐 경계 및 면적을 정하였다. 그런데 등록되는 토지가 아직 토지대장이나 임야대장의 어느쪽에도 등록되지 아니한 것은 처음 측량하는 것이므로 토지에 원래 경계선이나 원면적이 있을리 없으므로 과거의 것과 대비할 길이 없기 때문에 측량결과만을 채택하게 된다. 임야대장 등록지를 토지대장에 신규등록할 때는 문제가 달라지는 것 같지만, 결국 이것 또한 임야대장이나 임야도에 등록되어 있는 과거의 경계 및 면적은 버리고 새로 측량한 결과를 채택하는 점은 마찬가지이다.

임야대장 등록지는 임야대장과 임야도에 면적과 경계가 적법하게 등록되어 있는 것을 다시 측량하여 새로이 경계와 면적을 정하게 되는 셈인데 지적측량은 축척을 달리함에 따라 측량방식이 다른 관계로 종전에 임야대장과 임야도에 등록되었던 경계와 면적은 새로 측량하여 얻은 것과 다소 차이가 생기지만 그것이 지적측량 규정대로라면 새로 측량한 결과를 채택하여야 하는 것이다. 이 경우 가끔 신구경계와 면적의 차이에 대하여 공차(오차의 제한)가 정해져야 한다는 주장도 있었다.

임야대장에 등록된 것과 토지대장에 등록을 위해 신규측량한 결과 사이에 현저한 차이가 있을 때 신규측량이 측량규정에 어긋나지 않은 한 이 경우는 과거 임야대장 등록 당시에 오류가 있은 것이 확실하므로 임야대장 및 임야도의 오류정정을 필요로 하는 것이 원칙이지만 이 오류정정은 토지의 신규등록에는 영향을 미치지 않는 무용지물이다.

왜냐하면 토지를 신규등록할 때에는 측량하여 경계 및 면적을 새로 정함으로써 낡은 경계와 면적은 자연소멸되기 때문이다.

2 토지의 분할

토지의 분할은 지적공부에 등록된 1필의 토지를 2필 이상의 토지로 하여 정부가 지적공부에 등록하는 행정처분을 말한다. 토지의 분할은 현지의 토지를 나누어 놓는 것 만으로 끝나는 것이 아니라 이것을 지적공부에 등록해야만 토지가 분할된 것이라 할 수 있다. 지적측량사가 현지의 분할측량을 끝낸 것만으로 분할된 것도 아니고, 이를 정부가 권한으로 토지대장, 지적도, 임야대장, 임야도에 등록해야만 비로소 그 토지는 분할되므로 분할이라는 관념은 지적공부의 정리를 근본요건으로 하고 있는 것이다. 토지분할은 분필이라고 일컫는 경우도 있다.

(1) 토지분할의 자유

토지의 분할필수 및 면적에는 지적법상 제한이 없었다. 이를테면 토지를 2필로 분할하던 3필로 분할하던 제한을 두지 않고, 분할지의 실지 넓이도 1평 이상이나, 1평 미만, 1작 미만이나 거의 자유라고 할 수 있었다. 다만, 토지대장등록지의 최소면적 단위는 홉으로 하고, 임야대장등록지의 최소면적 단위는 보로 정하였기 때문에 실지 문제로서는 그 정도의 단위까지가 분할대상이 되는 것이다.

문제는 토지의 지번, 지목, 면적, 경계의 결정권자인 국가기관에서 공법상의 제한 및 재량으로 조절할 수 있는 것이라고 해야 할 것이다. 정부가 지적공부에 정리하지 않는 한 토지의 분할이라는 행정처분은 성립되지 않기 때문이다.

(2) 토지대장등록지의 분할요건

구 지적법 제13조에는 토지대장등록지로서 1지번의 토지의 일부가 다음 각호의 1에 해당하게 되었을 때에는 토지소유자 또는 권리취득자는 대통령령이 정하는 바에 의하여 30일 이내에 정부에 분할신고를 하여야 한다.

① 별지목이 된 때
② 재산세 및 농지세를 부과하지 아니하는 토지가 재산세 및 농지세를 부과하는 토지가 되었거나 재산세 및 농지세를 부과하는 토지가 재산세 및 농지세를 부과하지 아니하는 토지가 되었을 때
③ 소유자가 상이하게 된 때
④ 지상권을 설정한 때

이외에도 토지소유자가 필요하다고 인정되는 때에는 정부에 분할신청을 할 수 있다"라고 규정하였고, 제14조 제1항에서는 "1지번의 토지의 일부가 …분할한다"라고 규정하였다. 즉 토지분할의 요건은 1지번의 토지 일부가 다음과 같은 경우일 때도 구분할 수 있다.

① 지목변경 또는 비과세지 지목변경된 때
② 비과세지가 과세지로 된 때
③ 과세지가 비과세지로 된 때
④ 소유권이 이전된 때
⑤ 지상권을 설정한 때
⑥ 지번지역이 다르게된 때
⑦ 혹은 그밖에도 토지소유자의 신청이 있을 때

과세지가 비과세지로 된 것은 '비과세지성'으로 쓰이고, 반대의 경우는 '과세지성'으로 쓰이는데 과세지성 혹은 비과세지성이라는 것은 우리 나라 지적이 과세지적에서 출발한 시대적 산물이라고 할 수 있다.

(3) 토지대장등록지의 분할신고와 신청

토지대장에 등록되어 있는 토지에 분할요건이 생겼을 때에는 구 지적법 제13조의 규정에 따라 토지소유자 또는 그 토지를 선친의 사망으로 인하여 상속을 받은 자 등 권리취득자는 30일 이내에 다음과 같은 내용을 자세히 기재한 신고서에 측량도를 첨부하여 시장, 군수에게 제출하도록 하였다. 측량도는 지적측량사가 시행한 측량도이다.

① 토지의 소재

② 원지번
③ 원지목
④ 원지적
⑤ 분할 후의 지번, 면적
⑥ 기타 필요한 사항

또한 토지소유자가 필요하여 분할신청을 할 경우에도 대략 이와 같은 내용을 기재하여야 한다. 이 경우 특히 분할을 요하는 사유를 반드시 써 넣도록 규정되어 있는 것이 특색이라 할 수 있다.

토지소유자가 분할을 필요로 하여 정부에 분할신청을 할 경우는, 원래 시가지 등에서 같은 사람의 소유인 대지 등이 접속하여 있는 때에는 그 위에 몇 세대의 건물이 있다 하더라도 1필지로 하는 것이 원칙이다.

이런 경우 토지소유자가 현재 거주하고 있는 세대별로 분할할 필요가 있어서 그 뜻을 신청하면 분할할 수 있다는 것이다. 분할신고 또는 신청이 있을 경우는 시장·군수가 자기의 재량으로서 그 분할여부를 결정·처리할 문제이며, 특히 토지소유자의 분할신고가 있을 경우 신고가 정당하다고 인정된다면 시장, 군수는 분할을 거부할 수가 없겠지만 분할신고가 아니라 분할신청이 있을 경우는 국가의 재량으로 분할하거나 혹은 분할하지 않을 수 있다.

(4) 임야대장등록지의 분할

임야대장등록지의 분할을 할 수 있는 요건은 구 지적법 제29조 및 제30조의 규정에 따라 1지번의 토지의 일부가 다음과 같은 경우이다.

① 별지목이 된 때
② 소유자가 다르게 된 때
③ 지번지역을 달리 하게 된 때
④ 혹은 그 밖에도 토지소유자가 분할을 신청한 때

본래 임야대장에 등록되는 토지는 그 지목이 임야, 묘지, 도로, 하천, 구거, 유지, 제방, 사적지, 철도용지, 수도용지와 같은 국세를 부과하지 않는 '비과세지' 뿐이므로 '별지목이 된 때'는 임야대장등록지의 지목상호간의 변환인 '비과세지목 변환'만을 뜻하게 된다는 점에 유의해야 할 것이다. 임야대장등록지는 모두가 국세의 비과세지이므로 그 중에서 전, 답, 대 등 토지대장에 등록할 필요가 있는 지목의 토지로 되었을 때 혹은 지상권을 설정하였을 때 등으로 다음과 같이 한다.

첫째, 전, 답, 대 등이 된 것은 토지대장 신규등록으로 취급하되, 1필지 전부가 아니고 일부이므로 임야분할의 절차를 밟아서 일단 임야를 분할한 다음 해당필지를 토지대장에 신규등록해야 하므로 임야대장등록지를 토지대장에 신규등록할 경우에는 측량수수료에도 임야대장 분할에 요하는 측량수수료가 가미되는 것이다.

둘째, 임야에 지상권을 설정한 경우는 이를 분할하여야 한다는 명문규정이 없기 때문에 토지소유자의 신고를 받을 수 없으므로 이런 경우는 토지소유자의 신청에 의하여 분할처리하는 것도 방법 중의 하나이다.

(5) 분할지의 지번, 경계, 면적

분할지의 지번에 관해서는 구 지적법 제16조에 "분할한 토지에는 분할 전의 지번에 부호를 붙여서 지번으로 하되, 특별한 사정이 있을 경우에는 그러하지 않다"는 요지의 규정이 있으므로, 일반적으로는 분할 전의 본번에 '의1', '의2' 등의 부호를 붙이는 것이 원칙이다. 하지만 예외적으로 다른 지번을 붙일 수도 있다.

분할지의 경계와 면적에 관하여서는 "토지를 분할할 때에는 이를 측량하여 각 지번의 토지의 경계 및 면적을 정한다"고 규정하였기 때문에 분할 전의 면적은 자연 소멸되고 새로 분할 측량한 결과에 따라야 하는 것이다. 이때에는 원래의 면적과 분할 후 각 지번의 면적 합계가 일치되도록 지적측량 규정이 있으므로 만약 원면적을 오류정정 처리한 후에 분할의 절차를 하는 것이 순서이다. 분할한 토지의 지목을 변경할 필요가 있을 경우에는 지목변경의 절차 등을 따라야 한다.

토지대장등록지의 내용은 임야대장등록지에도 거의 공통되는 것이다.

3 토지의 합병

(1) 합병요건

토지의 합병은 토지대장 또는 임야대장에 등록된 2필 이상의 토지를 1필의 토지로 하여 지적공부에 등록하는 행정처분을 말한다. 이를 합필이라고 할 때도 있다.

토지의 합병은 1943년 3월 31일까지는 신고사항이던 것이, 1943년 4월 1일부터 제령 제6호 '조선지세령'의 시행으로 이것이 신청사항으로 변하여 오늘에 이르렀다.

국가에서 신고나 신청을 받아들여 처리하는 과정은 신고사항이었던 때나 신청사항이었던 때와 별다른 점이 없이 시장, 군수가 자기의 재량으로 가부를 결정하여 지적공부에 등록하여 왔다.

토지의 합병은 토지소유자의 신청에 따라 이를 처리하는데, 조건은 지번지역·지목·소유자가 같고, 지반이 접속한 토지로서 지상권이나 기타의 권리도 또한 같은 것이라야 합병할 수 있는 것이므로, 연기(年期)의 명칭 및 그 기간을 달리하는 것, 연기지와 연기지가 아닌 것 또는 지상권의 존속기간이 다른 것 등은 합병할 수 없는 것이다.

(2) 토지합병 신청

토지의 합병에 관하여서는 구 지적법 제15조에 "토지의 합병을 하고자 하는 때에는 토지소유자는 대통령령이 정하는 바에 의하여 정부에 신청하여야 한다"고 규정하였고, 시행령 제11조에는 "지적법 제15조의 규정에 의한 신청은 토지의 소재, 합병 전의 지번, 지목, 면적, 합병 후의 지번, 면적, 기타 필요한 사항을 구비, 신청하여 소관 시장·군수에게 신청하여야 한다"고 규정하였다. 토지분할이나 신규등록의 경우와는 달리 측량도를 첨부하지 않는 것이 특색이다.

토지의 합병은 이미 지적공부에 등록된 토지를 대상으로 하여 2개 이상의 토지 경계를 1개의 토지 경계로 만드는 것이므로 구태여 측량할 필요가 없기 때문이다. 합병지의 면적은 "토지를 합병한 때에는 합병 전 각 지번의 토지의 면적을 합산하여 그 면적을 정한다"고 규정하여, 측량절차를 거칠 필요가 없기 때문에 측량도의 첨부가 필요 없다.

합병 후의 토지의 지번은 합병 전의 지번 중에서 수위의 것, 숫자의 절대치가 작은 편을 합병 후의 지번으로 하는 것이 원칙이지만 특별한 사정이 있을 경우 적당한 지번을 정할 수 있으므로 이는 시장, 군수의 재량에 따라 결정할 문제이다. 토지의 합병은 신청사항이므로 신청기한은 특히 정할 필요가 없다. 토지의 합병은 토지대장등록지는 토지대장등록지끼리 임야대장등록지는 임야대장등록지끼리 해야 한다.

4 지목변경

지목변경은 지적공부에 등록되어 있는 지목을 다른 지목으로 변경하여 지적공부에 수정·등록하는 행정처분이다. 구 지적법 제13조는 불비(不備)하기는 하지만 재산세, 농지세를 부과하는 토지와 재산세, 농지세를 부과하지 않는 토지를 구분하고 있기 때문에 지목변환은 과세지 상호간에서 지목을 변환하거나 비과세지 상호간에서 지목을 변환하는 것만을 말한다. 비과세지가 과세지로 되는 경우나 과세지가 비과세지로 되는 경우는 지목변환이 아니고, 비과세지성 또는 과세지성이 옳다.

지목변경에 대해서는 지적법 이전에 있던 법령에서 찾아 볼 수 있다. 1950년 12월 1일 지적법이 공포되기까지는 조선 지세령에 "지목변환"은 "과세지중의 지목을 변경하거나 혹은 비과세지중의 지목을 변경하는 것"으로 규정하였던 것이다.

그때까지 토지에 대하여 지세라는 국세가 부과되었는데, 구 지적법 제3조 제1호의 토지인 전, 답, 대, 염전, 광천지, 지소, 잡종지는 과세지, 제2호의 토지인 사사지, 공원지, 철도용지, 수도용지는 유료차지일 경우에는 과세지로 되고 무료차지일 경우에는 비과세지로 되었으며, 제3호의 토지인 임야, 분묘지, 도로, 하천, 구거, 유지, 제방, 성첩, 철도선로 및 수도선로는 비과세지였으므로 '과세지' 또는 '비과세지'를 지목만으로서 간단히 구별할 수 있었던 것이다.

(1) 지목변경 개념의 변천

6.25사변으로 인한 국가경제의 불안정을 조정하기 위해 토지수익에 대한 조세를 주로 물납으로 통합함으로써 통화팽창의 방지와 양곡정책에 기여할 목적으로 1951년 9월 25일 법률 제220호로서 임시토지수득세법이 공포되었다.

첫째는 전, 답에는 제1종 토지수득세, 둘째는 대, 염전, 광천지, 지소, 잡종지 및 유료차지인 교회지, 사찰지, 공원지, 철도용지, 수도용지에는 제2종 토지수득세를 부과하게 되었다. 동법시행령에서는 지적공부에 등록된 지목 여하에도 불구하고 현황에 따라서 토지대장에는 지목이 '임야'라도 현실적으로 '답'이면 '답'으로 과세하는 사실주의를 채택하였다. 그 후 1960년 12월 31일 법률 제578호로서 임시토지수득세법의 폐지와 때를 같이 하여 토지세법이 공포·폐지되고 지방세법에 통합된 때에도 사실주의는 그냥 답습되었다. 이때 교회지, 사찰지는 '사사지'라는 말이 너무 구식이라 당시 국회에서 이를 고치게 한 것이므로 본질은 사사지와 같은 것이다.

토지과세면에 있어서 사실주의의 채택은 반사작용으로 과세지 또는 비과세지의 관념을 아주 모호하게 만들었기 때문에 과거처럼 과세지 상호간의 지목을 변경하는 것은 '지목변환'이라 하고, 비과세지 상호간의 지목을 변경하는 것은 특히 '비과세지 지목변환'이라고 하며, 임야가 전, 답이 되면 과세지성이라 하고 전, 답이 임야가 되면 비과세지성이라고 하는 등 구별방법은 버리고 모든 것을 '지목변경'이라는 단일 지목으로 통합되었다.

(2) 지목변환과 지목변경

1950년 지적법이 공포되기 전까지는 조선총독이 제정한 제령인 '지세령' 혹은 '조선 지세령'의 규정에 따라 토지의 지목을 변경하는 것을 '지목변환'이라고 하였다.

조선 지세령 제2장 제3절에 '지목변환'에 대하여 규정할 때에 '본령에서 지목변환은 과세지중의 지목은 변경하고 또는 비과세지중의 지목을 변경함을 말한다'고 하여 법률용어로 '지목변환'이라고 써왔기 때문에 당시는 '지목변환'이 옳고, '지목변경'은 단지 '지목이 달라진다'는 설명은 될지라도 법률상의 용어는 아니었다. 그러다 1950년 지적법 제18조에서 '지목을 변경' 운운하여 마치 '지목변경'이 '지목변환'이라는 용어에 갈음하는 것 같았지만 제19조 및 제31조에서는 '지목변환'이라는 술어를 쓴 것으로 보아 역시 용어로는 '지목변환'이 옳고, 설명으로는 '지목변경'인 것이므로 '변환'과 '변경'은 하나는 용어로 하나는 설명으로 구별하여 이해한 경우도 있었다(원영희, 1972).

(3) 지목변경 신청

지목변경의 신청에 대해서는 지적법 제21조에 "토지의 지목이 다르게 된 때에는 대통령의 정하는 바에 의하여 토지소유자는 60일 이내에 소관청에 신청하여야 한다"고 규정하였다. 여기에서 "소관청"이라고 하는 것은 국가행정기관인 시장, 군수를 가리키는 것이며, 60일의 기간은 지목이 변경된 이튿날부터 기산된다. 그러나 토지분할 또는 신규등록의 경우와 같은 측량도 첨부는 필요없다. 지목변경은 토지의 경계를 새로 결정하는 것이 아니고, 토지의 종류가 달라지는데 지나지 않으므로 측량할 필요가 없기 때문이다.

제4절 토지의 특수이동

"토지이동"이라 하면 일반적인 토지이동을 의미하는데 반하여, "토지의 특수이동"이라는 것은 토지에 대한 특수한 경우의 이동을 의미하는 것이다. 토지의 특수이동은 여러 가지의 경우가 있겠지만 일반적으로 다음의 경우와 같다.

① 지적공부에 등록된 사항 중 오류가 있을 경우 이를 정정함으로써 필연적으로 생기는 지번, 지목, 면적 및 경계의 이동
② 현행의 지번이 아주 혼잡한 경우, 이를 전면적으로 경정함으로써 일어나는 지번의 이동
③ 행정구역의 통합, 분할 등 변경으로 인한 지번의 이동
④ 지적공도의 축척을 전반적으로 변경 개측함으로써 일어나는 면적 및 경계의 이동
⑤ 도시계획사업이나 농지개량사업으로 인한 토지의 구획정리 등으로 일어나는 지번, 지목, 경계, 면적의 이동
⑥ 지목의 증설 또는 측량규정의 변경 등 토지표시 방법의 변경으로 인한 지번, 지목, 면적, 경계의 이동 등

토지의 특수이동에는 지적공부의 개조로 인한 면적 및 경계의 이동도를 들 수 있는데 원칙적으로는 지적공부를 개조하였다 하여 면적이나 경계에 변동이 생겨서는 안된다. 하지만 기술상으로는 이동이 없으리라고 단정하기는 곤란하다. 그렇다고 이동 규모는 결코 큰 것이 아니다. 토지의 특수이동도 '토지이동'임에는 틀림없으므로 국정주의의 원칙에 따라 소관청인 시장·군수만이 지번, 지목, 면적 및 경계를 결정할 권한이 있다.

1 지적공부의 정정유형

(1) 오류정정의 유형

부동산등기부나 호적부 등에 기재사항에 대한 오류를 정정하는 것은 각각 당해 법에 규정되어 있지만 지적공부에 등록된 사항에 오류가 있을 경우 이를 정정하는 절차는 지적법에 정한 바가 없기 때문에 감독청의 예규통첩 등에 의하여 오류정정사무를 다루어 왔다. 그러나 이것은 반드시 법률에 명문으로 규정할 필요가 있는 것이다. 지적공부에 대한 오류는 그 종류가 많아서 그를 정정하는 데 여러 가지 방법이 있는데 크게 나누어 보면 다음과 같다.

① 등기소의 통지가 있어야만 오류를 정정할 수 있는 것.
② 등기소의 통지 없이 다만 지적공부 소관청이 토지소유자 또는 이해관계인의 신청에 따라 정정하여도 그 권리의 실체에는 하등의 변동이 없는 것.
③ 오류를 정정함에 있어서 측량을 거쳐야 하는 것.

이 중에서 측량을 요하는 것은 경계의 정정 또는 면적의 정정 등을 할 때 필요하거나 지

적도 및 임야도에 등록된 토지의 위치와 지상 해당 토지의 위치가 일치하지 않는 경우 등이 여기에 해당되는 것이다.

(2) 오류정정의 학설

지적공부에 등록된 사항의 오류정정에 대하여서는 여러 학설이 있는데 그중 중요한 2가지 학설은 다음과 같다.

1) 학설 1

지적공부는 지적국정주의의 이념 하에 관리되어야 한다. 그러므로 만약 지적공부에 등록된 사항에 오류가 있는 것이 발견되었으면 설령 지적법에 오류정정의 절차규정이 없다 하더라도 토지소유자나 이해관계인의 의사에도 불구하고, 그들의 신고나 신청이 있건 없건간에 정부의 직권으로서 이를 정정한 다음, 필요하다면 정정된 내용을 토지소유자나 이해관계인에게 통지하는 정도로서 만족할 것이다. 이렇게 하는 것만이 지적공부의 공신력을 확보할 수 있는 길인 것이다. 지적공부에서 오류를 발견하였다 하더라도 토지소유자 또는 이해관계인의 동의가 없다는 이유로 정부가 보고만 있을 수 밖에 없다면, 그때에는 지적사무의 공신력을 찾아볼 수 없을 것이다. 반대자들은 지적법에 명문규정이 없으므로 소유자의 신고, 신청이 없을 때 정부가 직권으로 정정하는 것은 정부의 '횡포'로서 이는 불법이라고 비난하지만, 그렇다면 지적법에 명문규정이 없는 것을 토지소유자나 이해관계인의 신고 및 신청에 따라 지적공부를 정정하는 것 또한 불법으로 정부의 횡포이므로 그럴바에는 오류를 정부 직권만으로 정정하는 것이 무엇이 나쁜 것인가 하는 것이다. 무슨 일이든지 신고한다는 것은 법률에서 신고의무를 지우지 않고서는 이를 신고할 의무가 없고, 또 강요할 수도 없는 것이며, 신청이라는 것도 법률에 신청할 수 있는 근거가 있어야만 국가가 이를 수리할 수 있는 것이다.

2) 학설 2

지적공부에 등록된 사항은 재산권에 관한 것으로 이미 정부가 적법한 절차를 밟아서 등록해 놓고 오류가 발견된 순간까지는 정당하다고 추정되어 온 것이기 때문에 이는 마땅히 토지소유자나 이해관계인의 동의를 얻어야 정정할 수 있다. 그렇지 않을 경우 국가의 횡포로 국민의 재산권은 항상 불안정상태에 놓이게 되므로, 아무리 오류가 있다 하더라도 정부의 직권만으로 정정하는 것은 부당한 처사로서 국민에 대한 중대한 권리의 침해라는 것이다.

(3) 오류정정의 기본원리

지적공부에 등록된 토지의 면적 또는 소유자의 주소, 성명, 명칭에 오류가 있을 경우는 토지소유자 또는 이해관계인으로 하여금 그 원인 및 사실을 증명할 수 있는 서류를 제출하게 하여 정부에서 오류의 사실을 확인하였을 경우에 이를 정정한다. 다만, 토지사정의 확인 혹은 재결에 의하여 소유권이 확정된 것으로서, 이를 정정함으로써 권리의 실체에 영향이 있을 것 또는 등기소의 통지에 의하여 지적공부에 등록한 사항은 모두 등기를 거쳐서 정정하도록 하는 것이 가장 적절한 처리방법이다. 그리고 지적공부에 등록된 사항 중 명백한 착오나 누락이 있으면 소유자의 신고·신청을 기다릴 것 없이 정부가 직권으로 정정하고, 그 사실을 이해관계자에게 통지한다.

(4) 소유자의 성명 오류정정

토지대장이나 임야대장에 등록된 토지소유자의 성명에 오류가 있을 경우는 미등기의 토지로서 소유권에는 관계가 없고 문자가 상위된 것을 호적 혹은 주민등록부의 등·초본등으로 확인할 수 있을 때에 한하여 토지소유자의 오류정정 신청을 받아 정정처리한다. 기등기된 토지일 경우 소유자가 등기소에 가서 등기를 경정케 한 후 등기소의 경정통지에 의하여 시, 군에서는 지적공부를 정정하여야 한다. 극히 드물기는 하지만 임시 토지조사국에서 사정한 결과에 의하여 토지대장에 등록한 소유권자의 유명(幼名)은 그것이 본명과 상위하는 사실을 호적등본 등 증빙서류에 의하여 확인할 수 있는 경우에 당사자의 신청을 받아 유명을 본으로 정정처리 해야 한다.

(5) 토지의 경계정정

1) 경계오류 정정과 관계자 연서

토지의 경계를 정정하는데는 측량을 거치는 것이 보통이다. 경계는 '지상의 경계'로 생각하기 쉽지만 단지 '경계'라고 할 때에는 도상, 지적도나 임야도에 그려진 경계를 말하는 것이며, 지상경계를 나타낼 필요가 있을 경우에는 '지상의 경계'라고 해야 된다.

토지의 경계정정에 관해서는 1915년 6월 11일 관통첩 제189호 "토지대장 실시에 있어서의 이동정리의 건" 제1항 제2호에서 "강계의 오류는 관계자가 연서(연대서명) 신청서에 의하여 정정할 수 있다"고 통첩한 경우도 있다. 그 후에도 이 통첩의 취지에 따라 지적도나 임야도상의 경계를 정정하여 왔다.

2) 경계정정을 할 수 있는 경우

토지의 경계를 정정할 수 있는 일반적인 경우는 다음과 같다. 이는 토지조사 직후부터 다루어 온 경계 오류정정의 기준이기도 하다.

① 토지조사령 제6조에 의한 사정을 한 후 토지이동이 생겨, 그 이동에 관한 신고 또는 신청을 할 때에 토지의 경계를 잘못 그린 것.

② 지적도상의 경계와 실지의 경계가 상위할 경우, 그 상위되는 원인이 거리측정의 오류·삼각점이나 도근점을 전개할 때의 오류 또는 지적도 접합의 오류 등 단순한 측량상의 오류에 그 원인이 있다고 확인할 수 있는 것.

③ 지적도의 경계와 측량원도가 상위할 경우에 단순한 제도작업상의 오류에 그 원인이 있다고 확인되는 것.

이와 같은 경우 당사자의 신청에 따라 토지대장 및 지적도상의 오류를 정정할 수 있었다. 임야대장 및 임야도에 등록된 토지도 이와 같은 경우에는 정정해 왔던 것이다.

(6) 도면의 위치정정

토지의 형상은 바르게 되었으나 위치가 틀리는 경우가 있다. 산간부의 토지로서 이쪽 골짜기에 그려져야 할 것이 저쪽 골짜기에 그려져 있는 경우 등 도형은 맞지만 도형이 그려진 위치가 제대로 되지 않은 경우가 바로 이런 것이다. 이때 토지의 경계에는 변동이 없지만 위치만은 지구상의 절대적 위치가 아닌 결과가 된다. 일반적으로 '경계의 오류'는 4각형 토지의 굴곡점을 빠트려 3각형으로 그린 정도지만 '위치의 오류'는 4각형은 4각형 그대로 그려졌으나 다만 동쪽에 있을 것이 서쪽에 있는 것이 그려졌다든지, 대략 그려지기는 했지만 거꾸로 그려졌다든지 하는 것 등이다.

위치의 오류는 대부분 토지대장 미등록지 가운데 띄엄띄엄 있는 1필지 등에서 볼 수 있는 예로서 토지소유자의 신청을 받을 필요 없이 시·군에서 직권으로 정정해도 토지에 대한 권리에는 영향을 미치지 않는다.

2 지번경정

지번경정은 토지의 분할, 합병, 동·리의 분합 등에서 반드시 따라다니는 것이지만 이러한 일부분적인 것이 아니고, 범위가 지적공부에 등록된 1개의 지번지역안의 토지 전부에 걸치는 지번의 변경을 의미하는 것이다.

우리 나라에서 지번을 붙이게 된 것은 임시토지조사국이 토지를 사정한 때에 비롯된 것으로 초기에는 부호를 붙이지 않은 본번뿐이었으므로 이를 근거로 토지의 위치를 찾아내기에 아주 편리하였다. 그 후 토지의 분할·합병 혹은 동·리의 분합폐지로 본번에 부호가 붙은 지번이 많이 생겨 이들이 본번과 뒤섞이고 혹은 결번이 생기는 등으로 지번이 매우 복잡하기 때문에 전면적으로 개편 정리하여 지번을 모두 고치는 것이 바로 전면적인 지번의 경정이다.

(1) 지번경정의 직권처리

지번경정은 1개의 지번지역에 걸쳐서 복잡한 지번을 고쳐서 지번의 형태를 간소하게 할 목적으로 의1, 의2 등의 부호를 붙이지 않고, 지번으로 토지의 실지위치를 짐작할 수 있도록 부번하려는 것이다. 구 지적법 제8조는 토지에 이동이 있을 경우 지번, 지목, 경계, 면적은 토지소유자의 신고가 있거나 없거나, 신고가 부적당하거나, 신고를 요하지 않을 경우를 막론하고 국가기관인 시장, 군수가 이를 결정한다는 국정주의 원칙을 규정하였다. 또한 제4조, 제5조, 제23조, 제24조, 시행령 제1조에 따라 지적공부인 토지대장, 지적도, 임야대장, 임야도를 국가기관인 시·군에 비치하게 함으로써 지적사무의 소관청은 시·군의 장이라는 점을 의심할 여지가 없었다.

결국 지번의 결정권자는 토지소유자도 아니고, 지적측량사도 아니고, 실제 국가의 고유한 권한이므로 재량으로 이를 경정하는 것 자체는 극히 타당한 것이다.

그러므로 이후 지적법 개정시 지번경정을 규정하여 위한 법적 뒷받침을 하였다.

(2) 지번경정의 선행조건

전면적인 지번의 경정을 하기 전에 우선 처리할 문제는 다음과 같다.

① 토지의 신규등록을 요하는 것은 신규등록을 필할 것.
② 토지의 분할, 합병을 요하는 것은 그 절차를 밟아 정리를 필할 것.
③ 경계에 오류정정을 요하는 것은 그 내용을 조사하여 응분의 조처를 할 것.
④ 토지검사 혹은 지압조사를 하여 지목을 현황대로 정리할 것.

(3) 지번의 신구대조표와 공부의 정리

전면적인 지번경정은 되도록 새로운 각도에서 지번을 구상한 후 사행식, 기우식, 단지식을 적용하여 새로운 지번으로 경정한다. 그리고 새로운 지번의 순으로 그에 해당하는 구지번을 찾을 수 있는 지번의 신·구 대조표, 구 지번의 순으로 그에 해당하는 새로운 지번을 찾을 수 있는 신·구 대조표의 2가지를 작성하여 이를 소관등기소에 송부하고 토지대장이나 임야대장은 각 지번마다 새로운 지번으로 경정하여 새로운 지번의 순서대로 대장을 다시 편철하는 것이 일반적인 사무처리의 방식이다.

3 행정구역 변경

행정구역은, 행정권 발동의 관할지역을 말한다. 행정구역은 국가행정, 즉 관치행정에서도 중요한 구획이 되지만, 자치단체의 구역으로서는 권한의 분포상 더욱 중요하게 다루고 있다. 원래 '행정'이라는 말은 일반행정을 행하는 국가의 통치작용으로부터 입법 및 사법을 제외한 것, 즉 법규 하에서 사법 이외의 국가 주요목적인 공익을 구체적으로 실현하는 작용인데 이 작용권이 미치는 범위를 행정구역이라고 일컫는다. 우리 나라의 지방자치단체는 도, 서울특별시, 광역시, 기타의 시, 군 등이 있거니와 이러한 단체의 구역을 결정하는 데는 공동사회, 행정량, 재원, 행정의 편의 등을 종합·고찰하는 적정 규모의 원칙을 바탕으로 하고 있다.

(1) 행정구역의 현황

행정구역의 폐지, 분할, 합병은 법률로서 정하도록 되어 있다. 우리 나라는 지역적인 면과 인구적인 면에서 행정구역이 변경되는 예가 많다. 앞으로도 도시의 개발·산업시설의 분산 등의 이유로 행정구역은 더욱 자주 변경될 것이 예상된다.

행정구역은 2000년 12월 1일 현재 현황이 서울특별시, 6개 광역시, 9개 도이고, 시·군·구는 244개, 읍·면·동은 4,875개, 리가 15,371개이다(국토정보센터, 2000).

(2) 행정구역의 명칭

우리 나라의 행정구역은 대략 도·군·면·리의 4단계로 구분된다. 일반적으로 도급에는 서울특별시와 광역시가 포함되고, 군급에는 시 및 서울특별시의 구와 부산시의 구, 면급에는 읍, 리급에는 동이 포함된다. 과거에 공적 성격을 띤 문서에 '부산직할시'라고 기재하는 예가 많았는데 부산시는 정부의 직접 관할 밑에 두어서 일반적인 시와 격이 다를 뿐이지 공적인 명칭은 어디까지나 '부산시'이다. '서울특별시'라고 하는 것도 우리 나라의 수도를 중심으로 한 1개의 행정구역의 고유명칭으로서 '특별시제를 실시하는 서울'이라는 말은 아니다. 그러므로 법률에서 우리 나라의 도급을 가리킬 경우 '서울특별시, 광역시 및 각도'라고 표현했다.

반면에 우리 나라의 지방자치단체인 시, 군은 시제, 군제를 실시하는 지방을 가리키는 것으로 전국적으로 무슨 시라고 하거나 무슨 군이라고 할 때에는 모두 공통적인 법률 밑에 공통적인 행정을 하는 것을 원칙으로 하지만 서울특별시만은 독립된 서울특별시로서의 권능이 있다. 서울특별시가 행정자치부 장관의 일반적 감독을 받지 않는 것도 '서울특별시'라는 고유의 행정청에 관한 예외적인 규정이지, 결코 '특별시제를 실시하는 시'에 관하여 규정한 것은 아니다.

(3) 행정구역 및 명칭의 변경

지방자치단체의 구역은 국가의 행정구역과 같게 하는 것이 원칙이므로 국가의 행정구역이 변경될 때 지방자치단체의 행정구역도 따라 변한다.

행정구역의 변경에는 관할구역을 변경하는 것, 관할구역은 그대로 두지만 이름만을 변경하는 경우 등이 있다. 경기도 광주군의 언주면을 서울특별시 성동구에 편입한 것이나 경상북도 안동군의 일부를 떼어 안동시라는 새로운 행정구역을 설치한 경우 등은 행정구역의 변경에 속하는 예이다. 반면 황금정 삼정목을 을지로 삼가동으로 한 것 등은 행정구역의 명칭변경의 예이다.

이와 같이 행정구역 또는 명칭이 변경되었을 경우, 지적공부는 시장, 군수가 직권으로서 그를 정리할 것이며, 일반 토지소유자로부터 신고를 받아 처리할 성질의 것이 아닌데다, 법률로서 아무런 신고의무도 지우지 않았기 때문에 이것이 구 지적법 제8조에서의 '신고를 요하지 아니하는 경우'에 해당하는 좋은 예이다. 단순히 행정구역의 명칭을 변경하였을 때에는 지번에 영향이 없지만 행정구역 자체를 변경한 경우, 특히 2개 이상의 행정구역을 합친 경우 등에는 반드시 지번의 경정이 뒤따라야 한다. 갑동에 을동이 병합했을 경우에는 같은 지번이 대부분 2개 이상 있게 되는데, 이런 경우의 처리방법은 다음과 같다.

① 갑동은 그대로 두고 과거 을동이었던 구역은 가, 나, 다, 라 등의 '가'자를 지번에 관기하여 가1, 가2, 가3……등으로 지번을 고치는 방법
② 갑동은 그대로 두고 과거 을동이었던 구역 또는 기타의 해당 지번에는 의1, 의2, 의3등의 부호를 붙이는 방법
③ 만약 갑동에도 1의3번까지 있고, 을동에는 1의3번까지 있을 경우에는 갑동은 그대로

두고 을동의 1의3번은 차번인 1의4번으로 하는 방법 등이 있으나 이는 일시적인 미봉책에 지나지 않으므로 이런 경우에는 과감하게 전면적인 지번경정을 단행하여 처음부터 1, 2, 3, 4 등 본번만으로 새로운 지번을 붙여나가는 것이 가장 좋은 방법이다.

4 지적공도의 축척변경

(1) 이원적인 지적공도

지적공도는 지적사무에 있어서 공공의 이익을 위해 법령에 따라 국가가 작성하여 국가에 비치하는 도면으로서 우리 나라에서는 지적공부 중에서 지적도와 임야도의 2가지 도면이 여기에 해당한다. 우리 나라에 지적도와 임야도의 2가지 도면이 있게 된 것은 토지조사와 임야조사의 시기가 다른 것에서 유래한다.

토지조사와 임야조사를 따로 하게 된 것은 당시의 일제가 토지가치에 치중한 세지적제도를 채택한데서 온 필연적인 결과이다. 전·답·대 등은 수익성이 많아 과세할 목적으로 세밀하게 조사하고, 임야는 수익성이 적어서 과세하여도 세금이 적으므로 토지조사보다는 정밀도가 낮은 방법인 임야조사를 하여 이원적인 국토조사 방식을 채택한 것이다.

(2) 지적공도의 축척

지적공도의 축척은 지적도 1/600·1/1,200·1/2,400, 임야도 1/3,000·1/6,000·1/25,000·1/50,000로 되어 있다. 지적제도는 척관법의 계량단위를 채용했기 때문에 지적도의 축척은 미터법처럼 십진으로 된 원수(round number)가 되지 못하고 도상 1푼(分)을 지상 1간(間)으로 하는 1/600과 그 배수인 지상 2간으로 하는 1/1,200 및 배수인 지상 4간으로 하는 1/2,400로 되었다.

임야도에 있어서는 도상 1리(厘)를 지상의 1간으로 하는 1/6,000과 그 절반에 해당하는 지상 0.5간으로 하는 1/3,000로 하는 것을 원칙으로 하고, 국유임야 등 수만 정보에 달하는 넓은 임야는 1/50,000 지형도나 1/25,000 지형도를 그냥 이용하여 거기에 임야의 경계선을 그려 넣은 것을 임야도로 하였다. 1/25,000 임야도는 일제시대에 대부분 개측하여 1/6,000로 하였고, 1/50,000 임야도도 1/6,000로 개측이 진행되다가 광복을 맞게 되고 개측작업이 휴면상태에 들어갔다.

지적도 중 1/600은 도시에 많고, 1/1,200은 기타 일반지역에 많으며, 1/2,4000은 북한지방의 산간부에 많고, 임야도 중 1/3,000은 도시에 많지만 기타는 대부분 1/6,000이며, 1/25,000 또는 1/50,000은 북한지방의 산간부에 많았다.

일반적으로 지적도는 1/1,200, 임야도는 1/6,000이라고 하면 틀림없을 정도로 지적공도에는 2가지 축척이 많이 쓰이고 있다.

(3) 지적공도의 축척변경

축척변경은 과거에는 1/50,000 임야도를 1/6,000로 개측하는 경우와 1/1,200 지적도를 1/600로 개측하는 경우 등 주로 측량이 뒤따르는 것으로 축척변경은 곧 개측을 의미한다는 느낌을 주었다. 최근에는 전자, 과학문명의 발달이 극치에 달해 축척변경이 반드시 개축을 의미한다고는 할 수 없고 사진술의 이용만으로 실지의 측량은 하지 않더라도 도면축척을 정밀하게 변경할 수 있게 되었다.

축척변경은 작은 축척을 큰 축척으로 변경하는 것이다. 축척변경의 근본목적이 도면의 정밀도를 높임에 있기 때문에 큰 축척을 작은 축척으로 변경한다는 것은 있을 수 없다. 따라서 1/1,200을 1/600로 변경할 수는 있으나 1/600을 1/1,200로 변경한다는 것은 축척변경의 근본목적에 위배되는 것이다.

도면의 정밀도에 관해서는 예외는 있을지라도 같은 방법과 같은 기구를 쓴 경우 축척이 큰 것이 작은 것보다 정밀하다.

축척변경은 현지를 다시 측량하여 새로운 도면을 만드는 것이 종래부터 내려오는 일반적인 방법이다. 이때는 미리 토지소유자가 지상경계점에 말뚝을 박아 토지의 경계를 명시하도록 하고, 필요시 지적공도로 경계감정을 하여 지상에 말뚝을 측설하는 등 최대한 현행 지적공도와 현지를 일치하게 한 후 경계점을 측정하는 방법을 써 왔다.

현재와 같이 전자, 과학장비가 고도로 발달한 시점에서는 현행의 지적공도를 정밀한 확대사진기에 의하여 소정의 축척으로 확대하여 제도하는 방법도 있다.

지적공도의 축척을 변경하면 해당지의 거의 대부분이 경계와 면적의 이동이 생기는데 신면적을 채택하는 것이 대원칙이다. 축척을 변경하는 근본목적이 토지의 경계와 면적을 현재보다 더욱 정확하게 하려는 데 있으므로 변경 전의 경계와 면적은 미련없이 버리고 변경 후의 것을 채택하는 것이 축척변경의 성과이기 때문이다.

지적공도의 축척변경에 대하여서 지적측량 규정 제7조에 "신규측량은 지적공부에 새로이 토지를 등록할 때 또는 지적도나 임야도의 축척변경을 목적으로 개축할 때에 행하는 세부측량을 말한다"고 되어 있어 축척변경이라는 말을 약간 비쳤을 뿐 기타의 구체적 사항에 대해서는 규정한 바 없었으나 이후에 지적법 개정시 규정조문의 법적 보완이 있었다(원영희, 1972).

5 토지표시의 개편

토지이동의 한 종류로, 토지표시 방법의 개편이라는 것을 빼 놓을 수 없다. 토지표시방법의 개편은 우리 나라의 지적제도 개편에 따라 생길 수 있는 경우이다.

① 지번을 현재의 지번순서와 달리 한다든가 또는 분수식 지번제도나 순차식 지번제도 등 외국의 제도를 새로 도입하는 경우에는 필연적으로 지번이 이동되는 것이다.

② 지목은 현재 전, 답, 대, 염전 등 28종으로 되어 있지만, 이것 중에서 전과 답을 합쳐서 '농경지'라는 지목으로 하든가 하천과 유지를 합쳐서 '천'이라는 지목으로 하였다고 가정하면 여기서 토지표시인 지목이 이동되는 것이다.

③ 토지의 경계는 지적법에서는 적당한 구간을 직선으로 연결하여 표시하게 되었는데 이를 곡선으로 표시하도록 법규를 고친다든가, 현행대로 직선연결식을 쓰기는 하되 구간의 거리를 현행보다 줄이거나 반대로 늘렸을 때에는 필연적으로 토지표시인 경계선이

변동되는 것이다.

④ 지적법으로 면적은 제곱미터 단위로 된 것을 전부 평단위로 한다든지, 미터법에 의한 평방미터 단위의 최소면적 기준을 달리하였다면 여기서 필연적으로 면적표시의 이동이 생기게 되는 것이다.

이와 같이 토지표시 방법의 개편은 국가행정의 필요성과 시대적 추세에 따르게 되는 것이기 때문에 토지표시의 변경에 따르는 이동도 국정주의 원칙에 따라 소관청인 시장, 군수가 지번, 지목, 경계, 면적을 결정하여야 할 것이다.

제5절 토지이동의 신고신청

1 토지소유자 등의 이동

(1) 주소, 성명, 명칭의 변경

구 지적법시행령 제7조에는 "토지대장 또는 임야대장에 등록된 토지의 소유자 또는 지상권자가 주소, 성명, 명칭을 변경하였을 때에는 토지의 소재, 지번, 소유자, 지상권자의 신구의 주소, 성명, 명칭, 변경 연월일, 기타 필요사항을 상기하여 소관 시장, 군수에게 신고하여야 한다. 단 변경에 대하여 등기를 신청하였을 때에는 예외로 한다"고 규정하였다.

토지소유자 또는 지상권자가 주소를 변경하였거나 성명을 변경한 때 또는 법인 등이 명칭을 변경하였을 때에 그에 대하여 등기를 신청하지 않았을 경우는 시장, 군수에게 신고하도록 하였으나 여기에는 신고기일을 정하지 아니 하였다. 그런데 이러한 조항은 국민에게 어떠한 의무를 지우는 사항이기 때문에 마땅히 법률로서 규정하여야 하는 것임에도 불구하고 대통령령으로 규정된 것은 정상적 입법조처라고 볼 수 없는 것이었다.

(2) 주소, 성명의 변경신고

토지소유자 또는 지상권자가 토지대장 혹은 임야대장에 등록된 주소를 변경하였을 때에는 지적소관청에 그 사실을 신고하여 새로운 주소로 정리되어야 하며, 성명을 변경하였을 때에도 이를 신고하여 새로운 성명으로 정리되어야 한다.

'성명'을 변경한다고는 하지만 '성'을 변경하는 일이란 여간 특수한 경우 외에는 있을 수 없고, 이름은 재판소의 허가를 받아서 변경하는 것이 보통이다.

어쨌든 이러한 변경이 있었을 경우 호적등본 등 이동을 증명할 만한 서류를 첨부하여 신고할 것이며, 다만 이러한 신고는 자기의 소유토지 혹은 지상권 설정토지 전부에 대하여 시, 군별로 제출하도록 하여야 한다. 토지소유자 또는 지상권자의 성명 변경은 토지소유권의 이동과는 근본적으로 다른 것으로서, 이는 소유자 혹은 지상권자는 같은 사람이지만 단지 성 혹은 이름을 변경하였을 때를 가리키는 것에 유의해야 한다.

(3) 명칭의 변경신고

토지소유자나 지상권자가 명칭을 변경하였을 경우, 성명을 변경한 경우와 같은 절차를 밟아 정부에 이를 신고하도록 되어 있다. 토지는 자연인이 소유할 수도 있고, 법인 또는 관습상 법인에 준한다고 인정된 단체에서도 이를 소유할 수 있으며, 혹은 이러한 법인이나 단체는 토지에 대한 지상권을 설정할 수 있을 것이므로 토지대장이나 임야대장에는 자연인이 아닌 법인 등의 명칭으로 등록되는 경우가 있다.

대한석탄공사, 한국전력주식회사와 같은 것이나 재단법인 또는 사단법인 단체 등의 이름으로 토지를 소유하거나 기타 명칭이 변경되었을 경우는 이를 소관청에 신고하여야 한다. 이런 경우라도 등기를 신청하였으면 구태여 소관청에 신고할 필요가 없다. 이는 등기소에서 그 사실을 등기한 다음 소관청에 통지하도록 되어 있기 때문이다.

소유자나 지상권자의 명칭변경신고도 주소나 성명을 변경한 경우와 같이 신고기간을 특별히 정한 바 없는 것이 특색이며, 또한 토지소유권의 이동과는 근본적으로 다른 점에 유의할 것이다.

2 토지소유권의 이전

토지의 소유권은 먼저 과거 토지조사령 제9조 및 제15조에 임시토지조사국장은 토지 소유자와 강계를 사정하는데 토지소유자의 권리는 사정의 확정 또는 재결에 의하여 확정된다는 규정에 따라 토지대장을 조제할 당시에 토지소유자를 확정한 것이다.

또 하나는 조선임야조사령 제8조 및 제15조에 도장관은 임야의 소유자 및 경계를 사정하며, 임야소유자의 권리는 사정의 확정 또는 재결에 의하여 확정된다는 규정에 따라 임야대장을 조제할 당시에 소유자를 확정한 것이다. 그 후 일체 사정이라는 문제는 일어나지 않았고 부동산등기법에 따라 소유권이 확정되고 있다.

토지소유권의 이동은 거의 등기소에서 확정지은 후 소관청인 시장, 군수에게 "토지등기필통지서"를 보내면 시·군에서는 이것을 소관하는 토지대장이나 임야대장에 등록하는 것 뿐으로 토지소유자에 대하여서 시, 군에서는 자의가 아닌 타의에 의하여 등록하는데 불과하다.

(1) 소유권 이전의 원인

'토지의 소유권 이전'은 토지에 대한 소유자가 바뀌는 것을 의미하는데 주로 매매, 교환, 양여, 상속, 수용, 분배, 환지교부 등이 원인이지만 토지대장이나 임야대장에 등록하는 데는 모두 '소유권 이전'으로 통일하여 정리된다.

(2) 소유권 이전 신고

토지소유권 이전에는 지적법에서 신고를 요구하지도 않고 있으며, 신고를 요구할 성질의 것도 아니다. 현재 토지소유권은 등기소의 등기를 거쳐서 확정되기 때문에 토지소유자는 토지의 소유권 이전절차를 지적공부 소관청에 가서 밟는 것이 아니라 등기관청에 가서 밟아야 하며, 등기소는 의무적으로 사실을 소관청에 통지하도록 입법조치 되어 있기 때문에 지적공부를 정리하는데 토지소유자로 신고를 받을 필요가 없기 때문이다.

3 계승신고와 대리신고 및 신청

(1) 계승신고

토지의 구 소유자가 해야 할 신고로서 아직 하지 않은 것은 신 소유자가 그 의무를 계승하여 신고를 하여야 하는데 이것을 계승신고라고 한다.

구 지적법 제33조에는 "토지소유자가 변경되었을 경우 구 소유자가 하여야 할 신고는 소유자의 변경이 있은 날로부터 30일 이내에 신 소유자가 이를 하여야 한다"고 되어 있었다. 이는 토지소유자가 변경된 경우에 구 소유자가 해야 할 신고로서 아직 하지 아니한 것은 소유자의 변경이 있은 날로부터 30일 이내에 신 소유자가 해야 한다는 것이다. 여기서 신고는 지적법령에서 의무적으로 신고하도록 규정 자체를 신고하라는 것은 절대로 아니다. 모든 국가에서는 국민에게 신고의 의무를 지우는 것은 극히 법률로 규정하는 것이 통례로서 구 지적법에서도 다음과 같이 규정하였다.

제9조에 의한 토지대장 신규등록신고
제13조에 의한 토지대장 등록지의 분할신고
제18조에 의한 토지대장 등록지의 지목변환신고
제27조에 의한 임야대장 신규등록신고
제29조에 의한 임야대장 등록지의 분할신고
제31조에 의한 임야대장 등록지의 지목변환신고 등

(2) 대리신고 및 신청

토지대장이나 임야대장에 새로이 등록할 토지가 생겼을 때, 토지를 분할할 때, 지목을 변경할 때 토지소유자는 지적소관청인 시장·군수에게 그 사실을 신고하도록 되어 있다. 그밖에 지적법의 분할사유가 아니라도 토지소유자의 필요에 따라 토지를 분할하고 싶은 경우, 또는 토지를 합병하고 싶은 경우에는 토지소유자가 시장·군수에게 신청하도록 규정되어 있다. 이러한 경우 신고나 신청을 토지소유자가 직접하지 않고 관계 있는 다른 사람 또는 기관에서 소유자를 대리하여 신고 또는 신청할 수 있도록 규정하고 있는데 이것을 대리신고 또는 대리신청이라고 한다.

1) 지상권자의 대리신고

토지소유자가 해야 할 신고 혹은 신청에서 지상권을 설정한 토지는 그 지상권자가 토지의 소유자를 대신하여 이를 할 수 있다. 지상권자는 소유자를 대신하여 관련법에 의한 신고, 신청의 전반에 걸쳐서 할 수 있는 것이다.

철도공사 등에 의한 토지의 대리신고 신청에 대하여서는 지적법에서 몇 조 몇 조의 신고,

신청만을 할 수 있다고 명문으로 규정하였지만, 지상권자의 대리범위에 대해서는 하등의 제한을 두지 않았기 때문에 지상권자는 지적법상의 모든 신고, 신청에 관하여 토지소유자를 대리할 수 있다고 할 것이다.

2) 공사 등에 수반되는 대리신고 및 신청

철도공사에 따르는 철도용지, 상수도공사에 따르는 수도용지, 또는 도로, 하천, 구거, 유지, 제방이 된 토지에 대하여 다음과 같은 경우에 대신할 수 있다. 구 지적법 제9조에 의한 토지대장 신규등록 신고, 제13조에 의한 토지대장 등록지의 분할신고, 제18조에 의한 토지대장 등록지의 지목변환신고, 제27조에 의한 임야대장 신규등록 신고, 제29조에 의한 임야대장 등록지의 분할신고, 제31조에 의한 임야대장 등록지의 지목변환신고, 제15조에 의한 토지(임야)대장 등록지의 합병신청의 6가지 신고와 1가지의 신청은 공사를 시행한 관청이나 혹은 그 공사의 기업자가 토지소유자를 대신하여 이를 할 수 있지만, 제13조 제2항에 규정한 토지대장 등록지의 분할신청과 제29조 제2항에 의한 임야대장 등록지의 분할신청의 2가지만은 대리할 수 없도록 규정하고 있다.

토지소유자가 필요하여 분할신청을 하는 것은 토지소유자만이 할 수 있고, 토지소유자 외의 다른 사람, 다른 기관은 이를 할 수 없도록 규정한 것이다. 이유는 토지의 법정분할 사유 이외에는 토지소유자만이 분할 여부를 결정짓게 하려는 것이다.

3) 농지개량 등에 따르는 대리신고

농지개량은 토지의 농업상의 이익을 증대시키기 위해 농촌근대화촉진법에 따라 시행하는 것이고, 시가지계획은 토지의 대지로서의 이익을 증대시키기 위해 도시계획법 등에 따라 시행하는 사업이다. 일반적으로는 2가지 모두가 토지의 구획정리를 하는 경우가 많다. 지적법상 농지개량과 도시계획에는 지구를 고시하도록 되어 있으며, 이때 지상권 설정의 경우와 마찬가지로 지적법에 의한 일체의 신고 및 일체의 신청은 시행자가 토지소유자를 대신할 수 있도록 규정되어 있다.

이런 경우 지구내의 토지는 전반적으로 형질이 변경되므로 가장 관계가 깊은 공사시행자가 대리하여 신고, 신청할 수 있도록 권한을 준 것은 현실적이라고 할 수 있으나, 더 나아가서 이들에게 신고의무를 지우는 것이 마땅하다. 왜냐하면, 신고의무를 지움으로써 토지이동에 대한 지적공부의 정리가 촉진될 것이기 때문이다.

여기에서 "시행자"는 사업을 책임맡아 관리·경영하는 자를 말하는 것으로 그를 청부맡은 "시공자"를 말하는 것은 아니다.

4) 국유가 될 토지의 대리신고

개인 또는 지방자치단체, 기타 법인의 소유토지를 국가에서 매수·교환 등으로 인하여 국가소유로 하는 경우가 있다. 이런 경우에는 구 지적법 제13조 제1항의 규정에 의한 토지대장 등록지의 분할신고만은 그 토지를 국유재산법에 따라 보관할 관청에서 토지소유자를 대신하여 할 수 있도록 규정되었다. 하지만 제13조 제2항의 규정에 의한 토지대장 등록지의 분할 신청은 대리할 수 없다. 또한 임야대장등록지에 관한 것도 없으므로 대리신고를 할 수 없었으나 이후 법적 보완이 있었다.

제6절 토지검사

토지검사는 지적사무에서 사용되는 용어로서 학술적으로는 넓은 의미와 좁은 의미의 2가지가 있다. 넓은 의미로 토지검사라 할 때에는 토지의 현황에 대한 국가 또는 그 권한이 있는 다른 기관의 점검사무 일절을 뜻한다. 토지소유자의 신고·신청사항을 현지에 가서 점검함은 물론, 토지소유자의 신고·신청이 없는 경우에 당국이 스스로 이동 유무를 점검하는 일, 토지측량의 적부를 확인하는 것까지도 넓은 의미인 토지검사에 포함된다. 현재의 토지검사는 이처럼 넓은 의미인 것이 아닌 좁은 의미의 토지검사를 뜻하고 있는 경우가 많다. 좁은 의미일 때에는 토지측량에 관한 사항을 제외하고 순수한 토지의 현황검사만을 가리킨다. 이처럼 측량에 관한 사항을 빼놓은 토지검사도 다시 2가지의 경우를 포함하고 있다. 하나는 토지소유자 등의 신고·신청이 있는 토지이동 사실을 확인하려고 행하는 현지검사를 '토지검사'라 한다. 다른 하나는 토지이동에 대한 신고는 없지만 국가가 스스로 무신고 이동을 발견하기 위해 하는 현지검사로 지압조사(地押調査)라는 것이다.

이와 같은 토지검사와 지압조사는 모두가 토지검사라는 단어에 귀착한다.

토지를 대상으로 하는 점검행위에는 토지검사와 토지측량 확인의 2가지가 있으며, 이 토지검사는 다시 토지검사와 지압조사의 2가지로 세분되는 것이다. 이러한 분류방법이 현재 널리 알려져 있는 "토지검사"라는 용어의 개념이다.

1 토지검사의 실시

좁은 의미의 토지검사를 세분하면 토지이동의 신고 또는 신청을 전제로 한다.

토지검사를 실시하는 경우는 다음과 같다.

① 새로이 토지대장이나 임야대장에 토지를 등록할 때(지목설정을 포함)
② 토지의 분할, 토지의 합병을 하거나 지위등급을 알 필요가 있을 때
③ 지목을 변경할 때
④ 지적공부의 오인을 정정할 때(필요한 것에 한함)
⑤ 지적공부에서 토지를 말소할 때
⑥ 기타 특히 실지의 검사를 필요로 할 때 등

그런데 이상의 경우라 하더라도 도면 혹은 기타의 자료에 의하여 그 지목이나 임대가격 등이 적당하다고 명백하게 인정되는 것은 실지의 검사를 생략할 수 있다.

토지검사에서 검사할 사항은 그때의 신고, 신청사항이 다르기 때문에 이를 일률적으로 논의할 수는 없다. 예를 들면 지목변경 신고인 경우에는 지목변경할 이유의 유무와 필요하다면 새로운 지목에 해당하는 토지의 등급 등을 조사하는 것이 목적이다.

새로이 토지대장에 등록하는 경우라면 이것이 토지대장에 등록할 수 있는 토지인가 또는 지목설정은 정당하며, 토지의 등급부여는 타당한가 등이 검사사항이 된다.

토지검사의 성과는 일정한 서식에 기입하든가 혹은 신고·신청 등의 여백에 기입하는 등 처리과정을 밝히도록 한다.

2 지압조사

지압조사는 무신고이동지를 발견하기 위해 실시하는 토지검사이다. 간혹 신고 또는 신청이 있는 경우의 토지검사도 지압조사라고 착각하는 예가 있다. 그러나 지압조사는 토지검사의 일종이기는 하지만 이는 어디까지나 신고와 신청을 전제로 하지 않는다는 점이 특징이다. 지압조사는 일반적으로 등급도 등을 펼쳐 들고 현지에서 지번 1로부터 시작하여 2, 3, 4, 5 등 순서적으로 실지와 도면을 대조하여 이동 유무를 검사하는 방법을 쓴다. 이 방법은 전반적인 대규모의 지압조사에 응용할 것이고, 국지적인 경우에는 구태여 지번의 순서를 따를 필요없이 해당 지역을 중점적으로 검사하는 편이 효과적이다. 지압조사의 성과는 일정한 서식의 야장에 기입한다.

지압조사에서 발견된 무신고이동지는 소관청의 직권으로 지적공부를 정리하고 필요하다면 토지소유자 또는 이해관계인에게 통지하는 등의 조치가 있어야 한다.

지압조사는 매년 6월에서 9월 사이에 이를 시행하는 것이 좋다. 이유는 일반적으로 이 기간은 토지이용에 있어서의 안정기에 해당하므로 일시적인 토지의 형질변경이 비교적 적어 지목결정이 용이하기 때문이다(원영희, 1972).

제 15 장 지적측량

제1절 지적측량의 의의

1 지적측량의 개념

측량(survey)이라는 어원은 측천량지(測天量地)에서 근원을 찾을 수 있다. 측량은 원래 생명의 근원인 광대한 우주와 인간의 삶의 터전인 지구를 관측하고, 이치를 헤아리는 측천량지의 기술과 원리를 다루는 학문이다.

또한 측량은 본래 토지의 위치와 형상을 정하기 위한 계측기술인데, 토지는 국가의 경영에서 개인생활에 이르기까지 학술연구나 교육 등을 포함하여 토지상에 운영되고 있는 모든 사회생활, 활동의 기반이 되므로 토지를 계측하는 측량이 밀접히 관여하는 분야는 서로 광범위한 관계에 있다(일본측량협회, 1983).

그러므로 측량이란 지구표면상에 있는 지점의 위치 및 그의 상호관계를 정량적으로 확립하는 과학기술로서, 실지를 측정하는 외업(fieldwork)과 측정한 결과를 사용하여 계산·제도하는 내업(office work)으로 작업을 나눌 수 있다(백은기 외, 1979).

이렇게 볼 때 측량의 개념은 지표상 점의 절대적 위치와 기지점과의 상대적 위치를 측정·결정하며 이것을 도해적인 수단으로 제도하여 토지의 형태를 제조하며, 여기서 발생하는 정량적인 양을 계산하고 조정 및 결정하는 것으로 고급측량에는 천문학적 지식이 필요하게 된다(원영희, 1981).

측량의 기원에 대해서는 명확하지 않으나 원시시대부터 측량행위가 있었던 것으로 이집트 역사학자에 의하면 기원전 3,400년에 이미 측량이 시작되어 기원전 3,000년경에 지적기록이 존재하였다 한다. 그때의 측량은 나일 강이 넘쳐흐름에 따라 해마다 토지의 형태가 바뀌므로 상세하게 측량하여 놓았다가 홍수 후에 전토를 다시 찾기 편리하게 도면을 만드는 측량, 오늘날의 지적측량이 바로 그것이다. 그래서 인류역사 이래 측량은 지적측량으로 발달하였다고 보는 것이 오늘날의 정설이기도 하다.

지적측량(cadastral survey)은 토지에 관하여 지형지물과 자연적인 것보다도 경계, 지목,

소유자 등과 같은 인위적인 내용을 주로 작업하게 되는 것으로 그 방법에 있어서는 측량학술상 논의되고 있는 제반 방법들이 활용될 수 있다(김종현, 1979).

지적측량의 범위는 크게는 다양한 정보의 수집(collection), 처리(processing), 제공(presentation)으로 확대할 수 있으나 작게는 토지소유의 법률적 기초단위인 1필지를 기록·관리하는 업무와 관련하여 토지경계의 위치와 법적 경계를 결정하는 것이라 할 수 있다(Dale, 1976).

즉 지적측량은 공학적 이론을 토대로 하지만 국가의 공적장부를 작성하기 위한 행정행위인 동시에 국민의 소유권 한계를 규명하는 법률적인 측면을 수반하기 때문에 공학적인 일반측량의 개념과는 많은 차이가 있다(지종덕, 1991).

이렇게 볼 때 지적측량의 개념은 행정 주체인 국가의 법에 따라 1필지를 생성하거나 1필지 경계내에서 어떤 결과적인 변화를 수행하는 것으로 1필지 경계선 정보보존과 보급 등의 작업을 통합해 국가의 공부작성에 자료를 제공하는 행위라고 할 수 있다.

이처럼 일반측량의 개념과 지적측량의 개념은 전혀 상이하며 법률적, 행정적, 기술적, 교육적인 측면에서 서로가 뚜렷이 다른 개별적인 특성으로 각기 다른 고유영역을 갖고 독자적으로 측량업무를 처리하고 있다.

2 지적측량의 특수성

측량사는 전문성을 확보한 법적 기술로 토지에 관한 인간의 필요정보를 제공하여 제한된 지면에 기록·도시하여 국가행정의 기초자료와 국민의 소유권 보호에 절대적인 역할을 하고 있다. 토지측량은 오래전부터 실시되었으나 구한말 토지제도의 일대혁신으로 1895년 3월 26일 내부관제를 제정시 내과 분과규정에서 판적국에 지적과를 두고, 지적 및 무세관유지 처분과 관리, 관유지 명목변환 등의 사항을 취급케 하고, 토목국에 지리과를 두어, 토지측량에 관한 사항을 취급케 하였다.

이때부터 토지측량은 지적측량과 일반측량으로 목적상 구분되어 운영되고 있었는데 이러한 지적측량과 일반측량의 연혁별 근거는 다음과 같다.

지적측량은 지적조사를 위해 조선시대 경국대전의 양전법에서부터 구한말 1910년 8월 23일 공포된 토지조사법과 1912년 8월 12일 토지조사령 등이 제정되면서 1921년 3월 18일 토지측량규칙을 비롯하여 1950년 12월 1일 지적법, 1954년 11월 11일 지적측량규정, 1960년 12월 31일 지적측량사규정을 토대로 1975년 12월 13일 법률 제2801호로 오늘날의 지적법이 제정되었다.

일반측량은 토지조사사업 후 토지조사시 설치한 각종 측량표의 유지관리를 위해서 1915년 1월 15일 토지조사표 규칙이 제정되고, 1936년 2월 6일에는 조선측량표령이 제정되었으며, 1961년 12월 31일에는 법률 제938호로 일본측량법을 모방한 오늘날의 측량법이 제정되었다. 이처럼 지적측량과 일반측량은 출발부터 서로 다르게 오랫동안 운영·발전되었으며, 현재는 각 부문의 독특하고 이질적인 특성과 차이를 갖고 있다.

(표19) 지적측량과 일반측량의 특성비교

구분 항목	지적측량	일반측량
모 법	• 지적법(측량에 관한 특별법)	• 측량법(측량에 관한 일반법)
측 량 목 적	• 토지에 대한 물권이 미치는 범위와 면적 등을 확정 공시하기 위한 사법적 측량	• 건설공사의 시공을 위해 각종 공작물의 형태와 위치 및 지형 등을 나타내기 위한 측량
담 당 기 관	• 행정부 -행정자치부(지방세제국 지적과) -시·도(도시·재무국 지적과) -시·군·구(지적·재무·세무과)	• 행정부 -건설교통부(국립지리원)
측 량 기 관	• 국가(대행법인에서 대행)	• 측량업등록자(자유업)
측 량 종 목	• 신규등록·분할·경계복원·현황측량 등	• 공공측량 및 일반측량
측 량 방 법	• 측판측량·경위의 측량·전파기 또는 광파기측량·사진측량	• 제한규정 없음(모든 측량방법 가능)
측량성과 검사	• 국가 -시·도(기초측량 성과검사) -시·군·구(세부측량 성과검사)	• 검사제도 미확립
측량성과의 보존	• 영구보존	• 건설공사 준공후 보존 불필요
기 술 자 격	• 지적기술사, 지적기사, 지적산업기사	• 측지기술사, 측지기사, 측지산업기사
기 능 자 격	• 지적기능사 1급, 지적기능사 2급	• 측량기능사
담당공무원 직급	• 지적사무관, 지적주사, 지적주사보, 지적서기, 지적서기보	• 측지사무관, 측지주사, 측지주사보, 측지서기, 측지서기보
측량오류에 대한 책임	• 1차 : 지적측량대행법인 • 2차 : 국가	• 측량자
전문학과 설치	• 대학과 전문대학 및 고등학교에 지적과 설치	• 토목공학과, 도시·지리학과 등에서 측량학 개설

법률적인 측면에서는 지적법(1950. 12. 1)을 근거로 하는 지적측량(기초측량, 세부측량)과 측량법(1961. 12. 31)을 근거로 하는 일반측량(기본측량, 공공측량)으로 구분된다.

행정적인 측면에서는 지적법을 근거로 하는 지적측량은 행정자치부에서 관장하고 측량법을 근거로 하는 일반측량은 건설교통부에서 관장하고 있다.

기술적인 측면에서 지적측량은 1필지 토지를 등록하거나 등록된 경계를 복원하여 물권한계를 밝히는 전문적인 평면측량(plane survey)인데 비하여 일반측량은 점의 위치를 측정하는 포괄적인 대지측량(geodetic survey)인 점에서 차이가 난다.

교육적인 측면에서 지적측량은 지적을 전공하는 지적(학)에서 종합적 교과과정으로 전문적인 지적측량 교육이 실시되고 있으며, 일반측량은 토목을 전공하는 토목관련학과에서 부분적인 교과과정을 통하여 포괄적인 측량교육이 실시되고 있다. 이와 같이 지적측량과 일반측량은 법률적, 행정적, 기술적, 교육적인 측면에서 상이하고, 개별적인 특성으로 뚜렷이 다른 고유영역을 가지고 있다. 종합적으로 지적측량을 일반측량과 구별하는 가장 중요한 이유는 지적측량이 지적법의 제정목적에 따라 효율적인 토지관리와 소유권 보호를 전제로 하여 법률적으로 확정하는 행정처분에 따른 기속측량인 동시에 토지의 소유권이 미치는 한계를 결정하는 사법적인 측량이라는 점이다.

그러므로 지적측량사는 지적법에 따라 사법적 측량에 종사하는 기술자이고, 일반측량사는 측량법에 의한 공학적 측량에 종사하는 기술자이다.

따라서 국가기술자격도 지적측량기술자는 지적기술사를 비롯한 지적기사, 지적산업기사 및 지적기능사 1.2급을 취득해야 지적측량에 종사할 수 있으며, 일반측량기술자는 측지기술사를 비롯한 측지기사, 측지산업기사 및 측량기능사를 취득해야 측지측량인 설계, 시공을 위한 지형측량에 종사할 수 있는 것이다(지종덕, 2000).

3 지적측량의 목적

지적측량은 국토의 기본자료를 효율적으로 관리하기 위해 토지의 소재, 지번, 지목, 면적, 경계 및 위치와 소유자 등 토지에 관하여 필요한 정보의 수집과 물권이 미치는 한계를 밝히는 측량을 말하며, 엄격한 규범 속에서 국가가 시행하는 행정행위에 속하는 기속측량이다. 또한 지적측량은 측지측량과는 다른 형태의 특수 측량 분야로서 특별한 목적을 가지고 있다. 이 특별한 목적은 전체적인 토지의 형상보다는 법률적인 토지단위인 1필지의 경계와 토지소유권의 한계들을 정확하게 규명하여 나타낸다.

지적측량은 정치적, 사회적 변화에 따라 그 구체적인 목적이 달라진다. 지적측량은 공유 또는 사유재산의 경계를 확정하는 목적과 경계선 안에서의 모든 법률관계를 규명할 수 있어야 하기 때문에 다음 사항을 포괄해야 한다.

① 공개념이 강한 지역에 있어서의 토지구획선을 정형화하여 토지경계의 관리와 소유권 관계를 명확히 하는 기능을 가져야 한다.
② 소유한계를 나타내는 소유경계선(담장, 울타리 등)과 자연경계선(둑, 구거, 절벽 등)이 경계를 나타내는 자료는 되지만 경계표지의 설치를 의무화하여 경계보존과 복구의 기능이 신속·확실하여야 한다.
③ 토지의 모든 정보는 지적측량으로 확정된 필지별로 토지관리에 필요한 제반 기초사항과 권리관계 및 관련정보를 나타낼 수 있어야 한다.
④ 동일한 토지가 축척이 다른 형태로 존재하더라도 지상의 경계에 영향을 주지 않도록 수치적 방법에 의한 경계점의 보존·관리의 기능을 가지며, 1필지내의 건축물이나 지하시설물 등의 상호관계를 나타낼 수 있어야 한다.

지적측량은 토지의 효율적인 관리와 소유권의 보호에 기여할 수 있는 1필지의 토지경계를 결정하여 관리함에 있어서 등록되거나 보관된 자료를 토지이동에 따라 정확하게 정리·보존하는 반면 등록된 자료에 의하여 지상의 복원능력이 지적측량의 기술적 특성이라 할 수 있으므로 토지를 지적공부에 등록하는 경우와 지적공부에 등록된 경계를 지표, 즉 실지상에 복원하는 경우로 구분할 수 있다.

따라서 지적측량은 물권을 확정하여 지적공부에 공시하고, 공시된 물권을 현지 확인함으로써 관념적인 소유권을 실체적으로 특정하여, 물권의 소재를 명확히 하는 데 그 목적이 있다.

4 지적측량의 대상

지적측량은 지적공부에 등록할 경계의 설정과 복원측량 및 경계와 관련하여 관계위치를 밝히는 모든 측량은 지적측량의 대상이 된다. 지적측량은 1필지를 획정하거나 1필지의 경계 내에서 어떤 결과적인 변화를 수행한다고 할 수 있으며, 그 내용은 1필지의 경계확정을 위한 정보의 수집, 수집된 정보의 분석, 1필지의 경계확정, 경계의 등록, 경계선 정보의 보존, 정보 공급 등의 작업을 통합·운영하게 된다.

대부분의 국가에서 지적기술자는 필요한 정보를 수집하고, 수집된 정보를 사회환경적, 법률적 증거에 토대를 두고 분석하여 1필지의 경계를 확정하는 역할을 담당하게 되며, 국가는 그 등록을 주관하고 지적공부의 비치, 보존을 담당함으로써 장차 필지의 경계를 재확정하기 위한 기초정보를 제공한다(Henssen, 1987).

지적측량은 토지에 관하여 지형, 지물과 같은 자연적인 것보다는 경계, 지목, 소유자 등과 같은 인위적인 내용을 주로 하여 작업하게 되는 것으로써 그 방법에 있어서는 측량학상 논의되고 있는 일반 방법들이 활용될 수 있으며 어떤 경과와 어떤 절차에 따라서 측량하는지는 각국의 지적법령에 의해서 결정된다고 할 수 있다. 우리 지적법에서는 지적측량을 하는 대상을 법률로써 다음과 같이 그 범위를 정하고 있다.

① 지적공부에 새로이 등록할 토지가 생긴 때
② 멸실된 지적공부를 복구할 때
③ 임야대장에 등록된 토지를 토지대장에 옮겨 등록할 때
④ 1필지의 토지를 2필 이상으로 분할할 때
⑤ 지적도 또는 임야도의 축척을 변경할 때
⑥ 기초점의 표석 또는 표지를 설치할 때
⑦ 지적공부의 등록사항을 정정하기 위해 필요한 때
⑧ 도시계획, 토지구획정리, 농지개량, 공업단지, 산업기지개발 등 사업시행으로 지적을 확정할 때
⑨ 토지의 경계를 좌표로 등록할 때
⑩ 대행 법인이 행한 측량을 소관청이 검사할 때
⑪ 지적공부에 등록된 경계를 지상에 복원할 때
⑫ 지상구조물 또는 지하시설물의 위치를 지적공부에 등록된 필지경계와 대비하여 표시하려 할 때

토지표시사항 중 경계와 면적의 설정 및 변경을 하는 토지이동과 이에 따르는 기초측량, 경계의 복원, 지적측량의 검사, 경계와의 관계 위치를 설정하기 위한 지적현황 측량들을 지적측량의 대상으로 하고 있다.

제2절 지적측량의 방법

지적측량 업무는 구체적으로 토지의 등록을 목적으로 필지별 위치, 경계, 면적 등을 확정하기 위한 준비조사인 측량과 정리 등의 작업일체를 말하는 것이며, 지적공부상의 성과를 지상에 복원하는 작업을 포함한다. 또한 다목적지적제도를 위한 지상 및 지하시설물의 등록관리를 포함하려는 노력이 추진되고 있다.

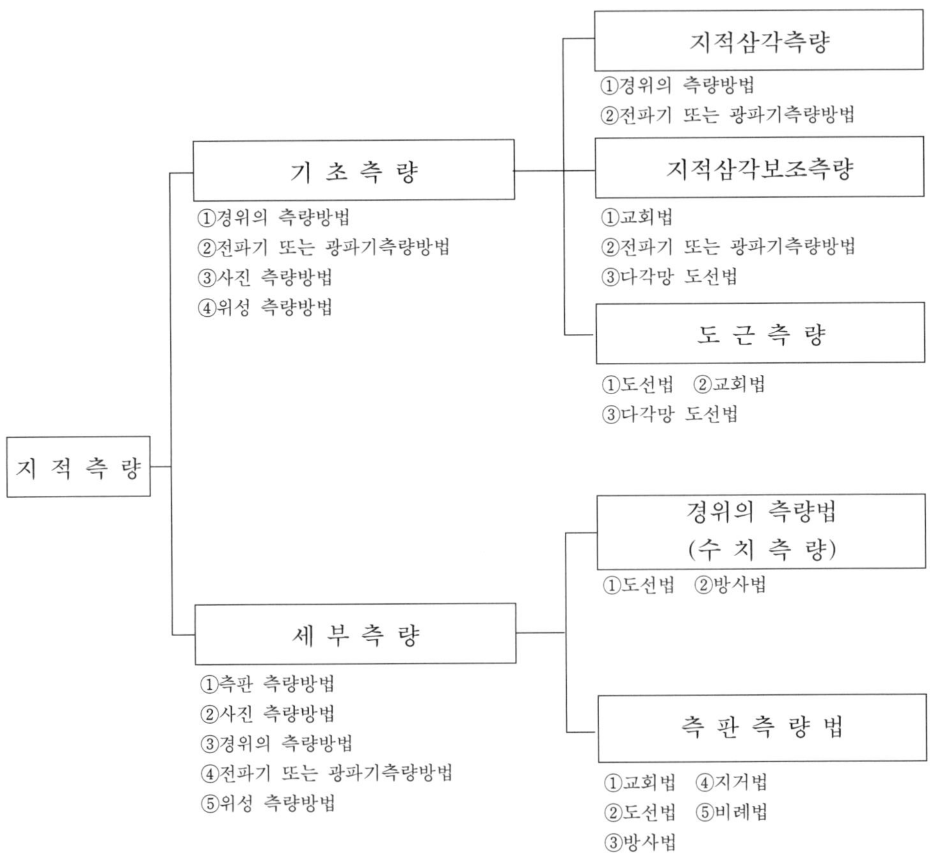

(그림 52) 지적측량의 방법

이렇게 지적측량이 토지등록의 공법적 기능과 사법적 기능을 충족시킬 수 있는 제도로 발전하기 위해서는 업무의 과학화와 함께 법률적 효력을 강화하고 지적측량사의 지위 확보와 그 책임성을 강조해야 할 것이다. 지적측량의 법률적 효력이 국가공권력에 의한 행정처분으로서 법률적 이론의 정비와 소관청의 공신력 제고를 위한 새로운 기술의 개발은 물론 여기에 수반되는 제반 행정사항의 보강이 수행되어야 한다.

1 지적측량의 내용

(1) 1필지의 경계설정

1필지의 경계는 지적측량에 의하여 설정하고, 지적공부에 등록함으로써 법률적 효력이 발생한다. 경계의 형성방법으로는 경계점의 평면위치를 결정하고, 직선의 형태로 이루어진 울타리, 벽, 담, 도로, 하천 등의 가장자리를 따라 설정하는 것이 통례이다.

일반적으로 1필지를 둘러싸는 담장이나 울타리는 분명히 필지내에 있어야 하고, 필지가 황무지나 숲과 접해 있는 곳의 경계는 울타리가 어떤 형태를 취하고 있든지 울타리 바깥 가장자리에 있게 되며, 연접한 필지들이 동시에 생성되는 경우에는 '반쪽 담장'이 되어 경계는 자연히 그 담장의 중앙에 있게 될 것이다(대한지적공사, 1984).

담장이나 울타리를 세울 때 아무런 기록을 해두지 않았거나 정확한 위치를 나타내기 위한 도면이 없다면 그 담장이나 울타리가 누구의 소유냐 하는 문제가 될 수 있다.

이론상으로는 1필지가 처음 형성될 때 설치한 항목(coner pegs)이나 경계표(boundary beacons)는 담장이나 울타리의 소유권과 정확한 경계를 즉각 나타내 주기 때문에 문제가 될 수 없다. 그러나 실제로 항목이나 경계표는 우연히 또는 고의로 이동될 수 있으므로 지적측량에 의해 경계를 등록함으로써 경계표의 신뢰성이 확보되어야 할 것이다. 권리보호를 목적으로 하는 지적측량에서 가장 중요하게 생각하는 것은 경계설정의 기준과 경계표의 설치에 관한 것이라 할 수 있다.

경계설정 기준으로는 현재 점유하고 있는 구획선이 하나일 경우에는 그것을 인접지 사이의 경계로 한다는 '점유설'과 점유형태를 확인할 수 없는 경우에는 분쟁지를 평분하여 각각의 인접지에 소유시킨다는 '평분설', 그리고 새로이 결정한 경계가 다른 확실한 자료에 비추어 볼 때 공평, 합당치 못할 때에는 상당한 보완을 한다는 '보완설' 등이 통용되고 있다(백은기 외, 1982).

우리 나라에서는 지형, 지물 또는 구조물에 의해 경계를 설정할 때 원칙적으로 다음과 같은 기준에 의하여 정하고, 굴곡경계는 가급적 현황과 다르지 않는 정도에서 굴곡점 사이를 직선으로 연결한다.

(2) 1필지의 경계등록

1필지의 경계는 소유자간의 합의에 의하여 설치한 경계표에 따라 국가가 지적측량에 의하여 결정·등록함으로써 공시되는 것이다. 국가가 필지의 경계를 결정·등록하는 이유는 토지의 필지형상은 자연현상이나 인위적으로 가변적인 지표상황으로부터 경계의 안전성을 유지하기 위해 법률적으로 토지경계를 공시하는 것이다.

1필지의 경계를 지적공부에 등록하는 방법으로는 지표상에 설정된 경계를 정해진 축척에 따라 측정하고, 그 성과를 지적(임야)도에 선으로 등록하는 '도해지적' 방법과 경계의 굴곡점을 평면직각좌표로 등록하는 '수치지적' 방법이 사용되고 있다.

도해지적은 작업이 간편하고, 경계를 기하학적으로 표현하고 있어 그 위치나 형태를 파악하기 용이하다는 장점이 있으나 실지거리를 축도(縮圖)하여 수작업 또는 컴퓨터에 의한 자동제도기에 의해 지적도를 작성하는 방법이므로 제도오차가 소축척에서는 매우 커진다는 결점이 있으므로 최근에 여러 나라에서는 수치지적으로 전환하는 경향이 있다.

수치지적은 현장에서 측정한 거리, 각 등의 수치적 요소를 근거로 평면직각좌표(x, y)를 계산하여 수치지적부에 등록하는 방법으로 도해지적에 비해 정확도는 높지만 그 작업과정과 관리체제상에서 경제적 부담이 비교적 크고, 측량기초점의 관리가 절대적으로 보장되어야 한다는 결점이 있으나 현대사회의 요구를 충족시킬 수 있는 방법으로서 환영받고 있다. 물론 수치지적을 사용하는 경우에도 지적도를 비치하게 되는데 이는 세부측량에 직접 이용하지는 않지만 필지의 형태와 상대위치를 용이하게 식별하는데 참고가 되고 또한 대축척의 지도로서 행정업무에 다양하게 이용된다.

우리 나라에서는 토지조사측량으로 작성된 지적(임야)도에 의한 도해지적 방법을 대부분의 지역에서 사용하고 있으며, 일부 구획정리지구에 수치지적 방법을 도입하여 점차 확대해 가고 있다.

2 1필지의 세부측량

1필지의 세부측량은 지적삼각측량과 도근측량에서 얻어진 기초점을 근거로 하여 행정구역경계와 1필지별 토지경계와 굴곡점을 측정하여 경계를 결정하고, 이를 지적도와 수치지적부에 등록하는 측량을 말하며, 측량방법은 측판측량의 경우 방사법 또는 광선법, 도선법, 교회법, 지거법, 비례법 등의 방법으로 수치지적측량의 경우는 경위의 측량, 전파기 또는 광파기 측량방법으로, 기타 사진측량방법으로 시행한다.

토지의 경계란 수평면상의 경계를 말하는데 권리의 한계로서 보이지 않는 선(invisible line)의 추상적 경계의 의미가 있고 울타리, 도랑, 벽체, 담장과 같은 실물로서 경계의 의미도 있다. 전자의 경우는 지적공부에 등록된 경계(수치지적부에 등록경계 포함)로서 지적법상 경계를 말하고, 후자의 경우는 민법상 일상적으로 통용되는 경계가 해당된다.

(1) 도해적 방법에 의한 세부측량

도해법에서는 축척에 따르는 제도오차가 필연적으로 따르게 되는데 보통 도해적 오차는 제도상 경계선의 폭이 0.1mm이고, 수작업에 의한 우연오차가 0.2mm, 도합 0.3mm 정도로 축척 1/500에서 지상 15cm, 축척 1/1000에서 지상 30cm의 오차가 생길 수 있기 때문에 측량원도 등 측량성과의 기록유지가 매우 중요하다.

도해측량에 있어서는 축척의 제약을 많이 받고 축척은 도면의 관리상 1필지의 크기와 반비례한다. 일반적으로 대축척의 경우에 정확도는 높아지지만 큰 필지를 대축척으로 했을 때는 도면 축척 및 여러 도면을 접합할 때의 오차 작용이 커서 좋은 측량성과를 얻을 수 없는 결점이 있다. 따라서 미터법에 의한 가로 40cm, 세로 30cm의 1도곽 내에 30~120 필지가 포용되는 축척으로 결정하는 것이 가장 바람직하다.

(2) 수치적 방법에 의한 세부측량

수치측량 방법은 정밀도를 높이고, 전산조직에 의한 자료처리 및 관리가 가능하므로 점차 확대되고 있다. 이 방법은 토지경계점이나 경계표지를 좌표로서 측정한다.

이때 얻어지는 좌표수치를 전산화하여 지적도나 면적을 자동도화기에 의하여 제도하고, 면적을 측정하게 된다. 수치측량 방법에 의해서 1필지 조사측량을 하기 위해서는 우선 세부측량을 시행하기 전에 현재 지적공부를 근거로 하여 먼저 토지소유자나 이해관계자 또는 대리인 등이 협의하여 결정한 필지별 경계 분기점이나 굴곡점 및 기타 필요한 지점에 명확한 경계표지를 설치토록 하고, 세부측량을 할 수 있는 도근점의 성과를 확인한 후 수치측량 방법 또는 줄자만 사용한 지거법 등을 이용하여 경계점을 측정한다. 경계점의 보존 및 관리와 복원능력의 정확도를 높일 수 있도록 지상에서 실측한 거리를 병행하여 기록·보존한다.

1) 지거법

지거법(off-setting) 또는 직각법(orthogonal method)은 종래부터 사용되어 온 수치지적측량 방법이었다. 지거법은 기준선으로부터 측정점까지 직각으로 거리를 재어 나타낸다. 지거법을 쓰기 위해서 도근점은 교통혼잡 지역이나 주거밀집 지역에서는 장애를 받기 쉽고, 후속측량에서 원래의 측량과 동일한 정확도를 유지하려면 비용이 많이 드는 결점이 있다.

2) 극식법

극식법(polar method)의 정확도는 지금까지도 지거법의 정확도보다는 뛰어나지 못하다. 그러므로 극식법은 수치지적측량 분야에서 그동안 중요한 방법으로 인정되지 못하고 있었다. 그러나 최근 들어 EDM 장비의 개발과 전자계산장비와 자기기록식 전자광파경위의인 태코미터(tachometer)의 이용으로 극식법의 이용이 확대되고 있다. 특히 구획정리나 도시재개발사업 등 지적확정측량을 수행해야 하는 지역에서는 모든 작업을 자동화(automation)하는 경향이 있으므로 많이 활용된다. 더욱이 지형과 교통상의 장애가 있는 지역에서 적용할 경우 더욱 유리하다. 새로운 경계점 등 세부측량점은 삼각망이나 다각망으로부터 설치된 도근점에서 직접 결정한다.

극식법은 지거법에서처럼 도근점들을 연결하여 기선을 설치하고, 이를 유지·관리하기 위한 기준점은 필요하지 않다. 이러한 극식법은 태코미터와 연결하면 현지측량의 속도를 높일 수 있을 뿐만 아니라 후속작업으로 이루어지는 내업의 향상을 가져올 수 있다. 그 이유는 필요한 조정계산이나 제도성과에 필요한 데이터를 현지에서 오류 없이 직접 구할 수 있기 때문이다.

3) 항측법

항측법(photogrammetry method)은 최근 수년 동안 국제적으로 지적측량에 항공사진측량을 적용하는 문제에 대한 연구보고서들이 발간되고 있다. 주로 이론과 과학을 연구하는 사진측량기술자 등에 의해서 쓰여진 것들이며, 적절한 항공사진 축척을 사용할 경우에는 원칙적으로 소요 정확도를 얻을 수 있음이 입증되고 있다.

지적측량은 위치결정의 정확도가 좋아야 하고, 특히 짧은 거리에서 높은 상대정확도(relative accuracy)를 필요로 하기 때문에 지적측량에 항공사진측량 방법을 적용 가능성은 상대 정확도의 확보여부에 달려 있다. 항측법으로 결정된 좌표를 구한 거리의 정확도는 거리와는 거의 독립적인 것으로 알려지고 있다. 따라서 최소한 특정의 상대 정확도를 유지하기 위해서는 사진측량 방법으로 결정된 길이는 일정한 길이 이하로 작아서는 안 된다.

일정한 길이보다 더 작은 길이는 현지에서 직접 측정해야 한다.

항측법은 건물이 밀집된 곳이 상대적으로 1필지의 크기가 작아지기 때문에 그 효용성이 감소된다. 다른 문제점으로는 경계굴곡점의 촬영에 필요하여 대공표식을 설치하였을 경우에는 사진측량 방법으로 구해진 측점의 좌표를 계속 이동측량시에도 사용할 수 있는데, 만일 기지점에 대공표지를 설치할 경우 기지좌표와 사진측량 성과에 차이가 있고, 허용오차를 초과할 경우 사진좌표가 수정되어야 한다.

이러한 수정은 원측량 데이터의 동질성을 파괴하게 된다. 반대로 경계굴곡점에 대공표지가 설치되지 않았을 경우에는 도로나 차선, 담장, 구거 등 지형상의 특수위치 좌표를 계산하여 사용할 수 있다. 후속 측량에는 특별한 복잡성이 따를 수 있고, 특별히 확실하게 식별될 수 있는 점들이 후에 이용할 수 있게 된다. 그러므로 사진측량 방법은 1필지의 크기가 작은 경우에는 대공표지가 설치될 경우에만 사용되어야 한다.

3 지적측량의 성격과 효과

(1) 지적측량의 성격

지적측량은 토지를 지적공부에 등록하기 위해 하는 측량이므로 일반측량과는 다른 특징을 가지고 있다. 지적측량은 토지표시사항 중 경계와 면적을 평면적으로 측정하는 측량이다. 따라서 측량방법은 법률로써 정하고, 법률로 정해진 규정에 따라야 하므로 기속측량이라고 하는 한편, 토지에 대한 물권이 미치는 범위, 위치, 수량을 결정하고 보장하는 측량이므로 사법측량이라고도 한다.

이에 반하여 일반측량, 이를 테면 토목측량, 측지측량은 각종 공사를 목적으로 하므로 그 공사의 시공과 완성을 지원하는 위치에서 실시하는 측량이다. 따라서 공작물과 지형현황을 파악하는 역할을 하는 단위공사의 부분적인 기능을 담당한다.

지적측량의 성과는 지적공부에 등록공시가 되므로 영구적으로 보존활용이 되고 새로운 기술이 개발되더라도 법률로 정한 내용과 다른 방법으로는 측량성과를 결정할 수 없는 반면에, 일반측량은 공사의 목적에 따라 각종의 측량방법을 동원할 수 있고, 공사가 완료되면 그 측량성과는 보존의 의미가 없을 뿐더러 그 활용도 공사시공의 관계자에게만 제공된다.

측량성과의 활용에 있어서 지적측량은, 대중성은 있으나 일반측량은 대중성이 없기 때문이다. 지적측량이 법률로서 규정된 절차와 방법으로 해야만 하는 이유도 시기적으로 아무리 오래되었다 하더라도 물권공시의 안전을 위해 측량성과의 효력이 유지되어야 하기 때문이다. 토지를 필지별로 지적공부에 등록함으로써 사회질서, 공공복지, 공공봉사 등에 기여하려는 특정목표를 달성하기 위해 국가 또는 국가 대행기관이 행하는 지적측량은 공공성과 공익성을 추구하는 공공행정의 일부에 한다고 할 수 있으므로 일관성 있는 행정을 수행하기 위해 행정 주체인 국가는 지적측량성과를 등록하여 영구적으로 구애받지 않고, 계속적인 효력을 발생할 수 있어야 한다.

현대 행정은 법의 테두리 속에서 운영되고 법에 대한 존중을 전제로 하며, 토지등록제도의 안정성 확보를 위해 지적측량의 방법과 절차에도 엄격한 법률적 규제가 수반되어 아무리 개선된 기술과 첨단의 장비에 의한 측량이라 할지라도 그것이 법령에 규정된 지적측량 방법과 절차를 무시한 경우에는 그 측량 자체로서는 가치있는 것이 될지는 모르지만 지적측량으로서는 무의미한 것이 된다.

즉 지적측량은 체계의 균형을 지속하기 위해서 법령으로 규제된 방법과 절차를 고수해야 하고 토지에 대한 물권이 미치는 범위인 1필지의 경계를 확정해야 한다.

기술적 측면에서 지적측량은 경계복원능력을 가지며, 경계복원은 국가의 공적기록인 지적공부에 의해서만이 가능하게 된다. 경계복원이란 지적공부에 등록할 당시에는 실존했다가 현재는 없어지거나 인식불능이 된 지표상의 경계표를 원래대로 회복하는 작업으로 설계도에 의해 지상에 점들을 설치하는 측설과는 전혀 다른 의미를 가지며, 복원할 필지의 경계를 등록할 당시의 사회적·제도적 여건과 등록방법 및 절차에 대한 고찰없이 단순히 주어진 도면이나 수치기록 등에 의존해서 복원하려 한다면 과거에 존재했던 지상경계표의 위치를 정확하게 회복하기가 쉽지 않을 것이다. 따라서 경계복원에는 지적공부를 용이하게 사용할 수 있어야 한다는 조건과 등록 당시의 상황을 관련자료에 의해 제대로 할 수 있는 능력이 필요하다고 할 수 있다.

(2) 지적측량의 효과

정부는 국토 전반에 대한 토지관련자료를 다각적으로 이용하기 위해서 지적제도를 창설, 운영할 필요가 있으며, 지적제도는 지적측량에 의해서 이루어진다.

지적측량에 의해서 구해진 1필지의 위치, 경계, 면적 등은 토지에 관한 가장 기본적인 자료이기 때문에 이를 공적 기록인 지적공부에 등록·공시함으로써 국가정책의 계획, 설계, 진행에 효율적으로 활용할 수 있고, 일반사회의 분야에서도 이용가능한 필지정보에 대한 지식을 통하여 많은 직접적 이익을 얻게 된다(Kelly, 1987).

지적측량의 효과는 "1필지 정보가 등록된 지적공부를 어디에 어떻게 활용할 수 있는가?" 하는 것으로 분석될 수 있고, 그 구체적인 내용을 기록하면 다음과 같다.

① 사회복지사업 또는 지역사회 공익사업 등의 계획 및 분배에서 수혜자를 찾을 때 지적공부가 유용하게 이용될 수 있다. 즉 지적공부는 소유자와 연결되어 있고, 필지와 소유자를 연관시키는 수단으로는 필지의 지리적 위치와 토지소재를 첨가하고 있기 때문이다.

② 토지이용규제 등을 할 때 지적공부에 등록된 정보를 이용할 수 있다. 토지처분은 소유자의 의사에 달려 있지만 지적에서는 소유자명을 필지별로 연관시키고 있으므로 이러한 정보는 토지이용 규제를 관장하는 기관에서 이용할 수 있다.

③ 토지개량사업, 농업구조개선 업무, 도시계획사업, 택지 및 공장용지 조성사업 등의 계획이 지적도상에서 가능하며, 사업계획을 위한 측량을 생략할 수 있으므로 시간과 경비가 절감되고, 정도 높은 지적도는 정확한 계획과 시공을 가능하게 한다. 특히 농지 및 택지의 구획정리사업을 시행하는 경우 지적공부에 의해 용지수급계획을 합리적으로 수행할 수 있다.

④ 농업, 임업의 경영에 있어서는 지적공부에 의해 정확한 경계와 경지면적을 알 수 있으므로 수익이나 소요자재 등의 보다 정확한 계산이 가능하고, 협업을 하는 경우에도 수익의 배분, 비용의 분담을 합리적으로 할 수 있다.

⑤ 기타 토지행정, 조세행정, 등기, 통계, 국공유지관리 등의 활동에 직접적으로 이용된다.

4 지적측량의 법률적 효력

(1) 지적측량의 법률적 효과

지적측량은 행정 주체인 국가가 법 아래에서 구체적인 사실에 관하여 법의 집행으로서 행하는 공법행위 중 권력적, 단독적 행위인 행정행위라 할 수 있다. 따라서 지적측량에는 일반적으로 행정행위가 성립된 때 발생하는 구속력, 공정력, 확정력, 강제력 등이 발생하는 것이다.

① 구속력은 지적측량의 내용에 대해 소관청 자신이나 소유자 및 관계인을 기속하는 효력을 말하며, 지적측량을 한 경우에 소관청이나 소유자는 지적측량결과에 대해 그것이 유효하게 존재하는 한 그 내용을 존중하고 또 그에 복종해야 하는 것이지 결코 정당한 절차없이 그 존재를 부정하거나 그 효력을 기피할 수 없는 것이다. 만약, 소관청이 자기가 행한 지적측량에 명백한 하자를 인정한 경우라도 이를 취소하는 절차를 밟기 전에는 이미 발생한 구속력은 그대로 존속하며, 특별한 경우로 법령에 따라 그 효력발생이 불확정 형태에 있는 경우를 제외한 모든 지적측량은 완료와 동시에 구속력이 발생된다.

② 공정력은 지적측량이 유효하게 성립하기 위한 요건을 갖추기 못하여 하자가 있다고 인정될 때라도 절대무효인 경우를 제외하고는 소관청, 감독청, 법원 등의 권한 있는 기관에 의하여 쟁송 또는 직권으로 그 내용을 취소할 때까지 그 행위는 적법한 추정을 받고 누구도 부인하지 못하는 효력을 말하며, 이 경우 공정력은 당사자, 소관청뿐만 아니라 국가기관과 제3자에 대해서도 그 효력을 발생하는 것이다.

③ 확정력은 일단 유효하게 성립된 지적측량에 대해서는 일정한 기간이 경과한 뒤 그 상대방이나 기타 이해관계인이 그 효력을 다툴 수 없을 뿐 아니라 소관청 자체도 특별한 사유가 있는 경우를 제외하고는 그 성과를 변경할 수 없는 효력을 말하며, 확정력 중 그 행위의 효력을 다툴 수 없는 불가쟁력은 행정쟁송 절차상의 심급제도와의 관련 아래 쟁송수단이 인정되고 있는가 여부에 따라 출허기간을 초과하였거나 소정의 심급이 완료된 때, 또는 그 처분의 성립시에 각각 발생되고, 불가변력은 측량의 성립과 동시에 발생한다.

④ 지적측량은 권한을 가진 소관청이 시행하는 것이기 때문에 강제력이 있다. 여기서 강제력이란 행정청 자체의 자격으로 집행할 수 있는 강력한 효력이란 뜻에서 집행력 또는 제재력이라고도 하며, 사법행위의 내용실현이 사법권의 힘을 빌리지 않으면 안 된다는 의미와는 근본적으로 다르다. 물론 지적측량의 내용에 대해서 이의가 있을 때에는 절차를 밟아서 그 내용을 변경할 수 있는 제도가 보장되고 있지만, 어떻든 적법한 변경이 성립할 때까지는 그 집행을 중단할 수 없다.

(2) 지적측량의 신뢰도

토지의 등록사항 중에서 경계 또는 좌표와 면적은 국가권력과 지적측량에 의해 결정되므로 결정된 내용에 대해서는 물권 객체로서 공·사법적 효력이 인정되어야 한다.

물권은 물체에 대한 직접적인 지배를 본질적인 내용으로 하고 있으므로 특정물인 경우에 한하여 성립하며 구체적으로 어떤 물체인지를 분간할 수 없을 때에는 물체에 배타적인 권리를 인정할 수 없고 현존하지 않는 물체에 대해서는 물권이 성립하지 못한다.

원칙적으로 독립한 물체의 일부이거나 구성부분인 경우에는 물권의 객체가 되지 못한다. 따라서 토지가 물권의 객체로 되기 위해서는 특정되어야 하고, 독립된 형태를 갖추어야 한다.

토지는 일반 물체와 달리 물리적으로 연속되어 있으므로 인위적으로 지표에 일정형태의 구획선을 긋고, 지적측량이라는 기법을 통해 공적 장부인 지적공부에 등록함으로써 비로소 물권의 객체로 특정되고 독립성이 인정되는 것이다.

물리적으로 연속된 토지를 인위적으로 선을 그어 구획함으로써 그 토지를 물체로 특정하는 작업이 법률적으로 보장될 때 물권존재의 양적, 질적 표현이 확보될 수 있으며, 물권존재의 양적, 질적 표현은 권리존재의 척도이므로 토지의 위치를 결정하고 그 경계 또는 좌표와 면적을 나타내는 지적측량을 법률적으로 보장한다는 것은 물권공시제도의 공신을 좌우하는 가장 중요한 역할이다(강태석 외, 1987).

지적측량으로 결정된 토지의 경계 또는 좌표와 면적이 법률적으로 아무리 인정을 받는다 하더라도 공시의 형식을 갖추지 못하면 그 표상을 인식할 수 없게 되므로 언제나 외부에서 인식이 가능하도록 근대법이 인정하는 공시의 원칙에 따라 그 내용들을 지적공부에 등록하게 되며, 이러한 공시방법 역시, 법률적으로 보장받아야 한다.

그러나 우리 나라의 지적은 기술적, 제도적 제요인으로 인하여 공신력을 잃어가고 있는데 요인들을 살펴보면 다음과 같다.

① 기술적인 면에서 지적공부의 등록내용과 실지와의 불부합이 많다. 그 원인은 토지조사 당시에 매설한 측량기초점의 통일성 결여, 이동측량 기술상의 불비, 6.25 동란으로 멸실된 지적공부의 복구, 지적도의 재조제 과정에서 기술상의 문제 등으로 인하여 발생된 것으로 지적측량에 대한 신뢰도를 저하시키는 원인이 되고 있다. 한편으로는 전국에서 사용되고 있는 지적도가 1910년대에 작성된 것으로서 기술수준이 고도로 성장한 현시점에서 사회의 정보수요를 충족시키지 못하고 있다는 것도 문제점으로 노출되고 있다.

② 제도적인 면에서 현행 물권공시제도가 이원화되어 있어 토지표시사항은 지적소관청이, 권리관계는 등기소가 각각 관장하고 있고, 공시장부도 지적공부와 등기부로 구분·공시함으로써 행정절차상의 번잡과 지적공부와 등기부의 불일치 사례가 빈번하여 물권공시 내용에 대한 불신의 원인이 되고 있다. 물론 토지표시사항에 대해서는 지적소관청인 국가가 직권으로 사실조사를 하여 등록하는 형식을 취하고 있지만 지적측량에 대한 불신요인도 있고, 또 지적공부의 등록내용에 대한 하자가 발생하였을 때의 손실보상제도가 마련되어 있지 못해서 사실상 지적공부에 대한 법률적 보장은 부정적이다.

따라서 토지표상으로서 지적공부에 등록된 토지표시사항을 법률적으로 보장하기 위해서는 사전적인 예방조치로서 지적재조사, 토지의 경계등록의 수치화 등 다각적인 방법으로 지적측량의 근간이 되는 지적공부를 현재의 수요뿐 아니라 미래의 수요까지도 충족할 수 있도록 개편하여 그 신뢰도를 회복하고, 이원화된 물권공시체계를 일원화하여 국가공권력에 의한 사실심사를 강조함으로써 사회불신의 소지를 제거해야 할 것이며, 사후 구제조치로서의 보완조치도 아울러 마련되어야 할 것이다.

5 지적측량에 따른 책임

(1) 형사책임

형법상 책임은 사실행위에 대한 비난이나 비난가능성을 말하며, 행위자가 법률 규범의 기대에 반하여 위법행위를 행한 경우에 비난이 가해진다. 다시 말하면, 구체적 사실하에서 그 행위를 하지 않는다는 것을 행위자에게 기대할 수 없을 때에는 비난을 할 수 없고, 책임이 없는 것이다. 형사책임은 고의에 대한 책임을 원칙으로 하며, 고의는 범죄의 구성요건에 해당한 사실과 그 위법성을 인식·인용하면서 위법행위를 기대할 수 있었음에도 불구하고 위법행위를 함으로써 성립된다(남흥우, 1980).

따라서 지적측량에서 어떤 행위가 형사책임의 대상이 되느냐 하는 것은 그 행위가 사회 비난의 대상이 되는 위법행위로서 고의성이 있는 경우에 논의될 수 있으며, 지적측량이 공적기록인 지적공부에 근거를 두고 행하는 작업이라는 특성 때문에 공문서 취급에 따른 위법행위가 형사책임의 대상으로서 큰 비중을 차지하게 된다. 지적측량에서 일어날 수 있는 위법행위로서 형사책임의 대상이 되는 예를 구체적으로 열거해 보면 다음과 같다.

① 지적공부, 지적측량부 등의 위조 또는 변조(형법 제225조 : 공문서 위조·변조죄)
② 지적측량부 허위작성 또는 허위 지적공부정리(형법 제228조 : 공정증서원본 등의 부실기재죄)
③ 변조된 지적공부 또는 지적측량부 사용(형법 제229조 : 위조 등의 공문서행사죄)
④ 지적공부 또는 지적측량부의 타목적이용(형법 제230조 : 공문서부정행사죄)
⑤ 지적측량 수수료 횡령 또는 반환거부(형법 제335조 : 업무상 횡령죄)
⑥ 지적측량 임무의 행위로 부당이득 취득(형법 제356조 : 업무상 배임죄)
⑦ 지적측량에 관하여 청탁을 받고 부당이득 취득(형법 제357조 : 배임수재죄)
⑧ 경계표의 손괴, 이동 또는 제거(형법 제370조 : 경계침범죄)
⑨ 지적기술 무자격자의 지적측량(지적법 제47조 : 측량위반죄)
⑩ 지적측량 업무집행 방해 또는 거부(지적법 제48조 : 업무집행 방해죄)

(2) 민사책임

민사책임이 무엇이며, 그 목적이 어디 있나 하는 것에 대해서는 형법상의 그것과는 달리 심각한 대립은 없고, 실정법상 그 주요발생 원인인 불법행위에 있어서의 귀책조건에 집중된 인상이 깊다. 일반적으로 민사책임이란 권리나 이익을 위법적으로 침해한 가해자가 피해자에 대해서 지는 사법상의 책임을 말하며, 형법상의 형벌을 받는다는 형사책임에 대하여 손해배상을 그 내용으로 한다. 민사책임은 피해자 자신이 책임을 추궁하는 것으로 국가는 당사자의 신청을 기다려 관여하게 된다.

따라서 양당사자간에 화해하는 것은 자유이고, 그 합의는 법원을 구속하며, 또 피해자가 문제를 삼지 않으면 하등의 구제도 받지 못하는 결과가 된다(최용환, 1985).

지적측량에 따른 민사책임은 그 측량에서의 어떤 행위가 고의나 과실로 인한 불법행위이고, 그 행위로 인해 손해가 있었으며, 행위와 손해간에 인과관계가 있는 경우에 발생하고 지적측량자는 그 행위에 대하여 민사상의 손해배상 책임을 지게 된다.

이 경우에 고의 또는 과실에 대한 입증책임은 배상청구권자인 원고에 있으므로 피해자는 지적측량자의 고의 또는 과실을 입증해야 하며, 위법조작 사유가 있으면 물론 불법행위는 성립되지 않는다. 실정법상으로는 특수 불법행위가 인정되어 지적측량자의 사용자(대행법인) 및 감독자(국가)에게도 손해배상 책임을 지울 수 있으며, 사용자 또는 감독자의 피용자에 대한 구상권 행사도 역시 인정된다. 지적측량 과정에서 일어날 수 있는 민사책임의 대상행위를 구체적으로 열거해 보면 다음과 같다.

① 지적측량 과정에서 고의 또는 과실로 토지내 수목제거
② 지적측량 과정에서 고의 또는 과실로 토지내 시설물 파손
③ 지적측량 오측으로 인한 타인의 재산피해

(3) 징계책임

징계책임은 어떤 업무에 대하여 그 직무의 수임자로서 직무에 관계된 법령의 규정을 위배

한데 대한 책임으로서 형사책임이나 민사책임과는 달리 일정한 신분관계를 전제로 하여 발생하는 책임을 말하며, 이러한 책임은 그 관계규정을 위배한 자에 대해서 신분상의 징계를 함으로써 확보될 수 있다.

지적공부 정리를 목적으로 하는 지적측량은 지적관계법령에 따라 측량과정과 검사과정을 거쳐야 하고, 측량자와 검사자는 측량원도 또는 측량부에 서명·날인함으로써 그 측량성과에 대해 모든 책임을 지게 되며 측량과정이나 검사과정에서 지적관계법령상 징계사유에 해당하는 행위에 대해서는 징계처분을 하게 된다.

징계는 일정한 신분관계에 있는 자가 그 신분에 관한 규정에 위배되는 행위를 한 경우에 그 신분에 대해 어떤 제재를 가함으로써 장래에 그와 같은 행위가 재발되는 것을 방지하는데 목적이 있는 것으로, 현행 지적법시행령에서는 지적기술자에 대한 징계를 자격취소, 1월 이상 2년 이하의 자격정지, 견책 등의 3종으로 구분하고 징계처분은 지적위원회의 의결을 거쳐 주무부 장관이 하는 것으로 규정하고 있다. 지적기술자에 대한 징계는 징계사유가 발생한 날로부터 3년이 경과하면 그 시효가 소멸되며, 징계사유는 다음과 같다.

① 부정한 방법으로 지적기술자격을 취득한 때
② 무능력, 형집행, 징계 등의 사유로 지적측량 종사가 금지된 지적기술자가 지적측량을 한 때
③ 고의 또는 중과실로 지적측량에 잘못을 범한 때
④ 지적기술자로서 명예를 훼손하거나 품위를 실추시킨 때
⑤ 기타 지적관계 법령의 규정을 위반한 때

(4) 도의적 책임

도의적 책임은 지적측량의 신뢰성에 대한 광범위한 책임을 의미하는 것으로 지적기술자의 공식적 지위나 권한과 반드시 관계되는 것은 아니다.

지적기술자는 자기가 행한 지적측량에 대하여 법적인 책임은 없으면서도 도의적인 책임을 지는 경우가 있으며, 도의적 책임은 주로 개인의 기본 양심에 의해 확보된다.

기술적 책임은 전문직업인으로서 직업의 이상과 기준에 대한 책임으로(유훈, 1985) 전문적·기술적 능력을 가진 지적기술자는 그 전문성으로 인하여 독선이나 자율적 경향으로 나가기 쉬우므로 직업윤리 또는 민주적 가치에의 신봉이 강조되어야 한다.

기술적 책임은 지적기술자 개개인의 의무감각이나 책임감각에 크게 의존되며, 이러한 책임은 각자의 마음가짐에 호소하는 윤리강령 내지 소속기관의 내규 또는 운영방침 등에 의해 확보된다(청주대 사회과학연구소, 1987).

제3절 지적측량의 대상

1 지적조사측량

지적조사측량은 1필지별 단위조사로서 특히 지적공부를 작성하는 조사로 지적공부에 등록하는 사항 중에서 특히 1필지 토지경계를 결정하기 위해 필요한 조사측량을 말한다. 따라서 지적측량은 토지경계를 결정하기 위한 특수한 목적의 측량으로써 필지를 만들어 내며, 1필지 경계내의 모든 정보를 관리할 수 있도록 하는 기능을 갖는다. 지적측량은 지적제도의 필수적인 방법으로서 구체적으로 다음과 같은 사항을 보조하는 역할을 갖고 있다.

① 토지경계를 확정하기 위해 필요한 정보수집
② 경계내의 정보분석
③ 지상에 토지경계를 설정하고 이를 보호
④ 토지경계를 도해나 수치로 등록
⑤ 경계선내의 정보를 보존 및 관리
⑥ 토지경계 변동의 이동정리
⑦ 토지경계를 법률적으로 보장

따라서 지적측량은 일반적 경계와 특수경계를 도해 또는 수치적으로 재정리하며, 국가나 공공기관에서 토지를 기반으로 하는 사업에 기초를 제공하는 것이다.

지적조사측량에 앞서 1필지 조사에 의한 토지경계의 확정이 선행되어야 하는데 이때 소유자는 물론, 토지경계가 인접한 토지소유자간의 입회하에 협의된 경계표지를 설치토록 하고 설정된 경계표지는 법률로서 보호받도록 한다.

1필지 조사는 준비조사와 현지조사로 구분하며, 준비조사는 기존 자료에 의하여 토지등록사항과 관련된 토지소유자, 면적, 도면자료, 기타 권리 등에 관한 자료를 수집하고 작업진행예정표와 조사도 소도를 작성하여 지적조사표를 만든다.

또한 현지조사에 앞서 관련 토지소유자 등에 대한 설명회를 개최하며, 현지조사일자 등을 통지하여 주민협조를 촉진한다. 현지조사시에는 경계표지와 표항을 설치하고, 현지조사사항을 기록하여 지적세부측량에 참고가 되도록 한다. 모든 토지는 소유자별, 지목별로 기초조사에 따라 확정한 경계표지에 따라 전국적으로 구성되어 있는 삼각점, 지적삼각점 등의 기준점을 기초로 하여 1필지에 대한 권리한계를 밝힐 수 있는 정확한 토지 경계를 얻기 위한 목적으로 조사 및 측량을 시행한다.

그런데 오늘날 인구의 팽창과 경제성장으로 국토의 개발에 따른 토지의 효율적인 이용을 위해서 더 높은 정확도를 요구하게 되며, 개별성이 고조된 경계의 확립과 위치의 결정에 한층 더 높은 측량기술과 정밀화 및 자동화로 다양한 계획과 목적에 수반하는 폭넓은 지적측량이 요구되는 시대가 도래하였다.

이러한 시점에서 발전적이고, 근대화된 지적관리를 위해 정확한 위치결정의 현실적인 요구뿐만 아니라 미래의 요구를 충족시킬 수 있는 수치지적측량으로 발전시켜 효율적인 토지관리와 이에 따른 소유권 보호를 위한 지상, 지하의 3차원의 위치정보를 정확하게 등록할 수 있는 새롭고 보완된 지적측량의 특수성을 갖고 있다.

즉 지적측량은 측량의 여러 형태의 목적 중에서 특히 국토의 모든 조사사항 중 지적조사측량을 통하여 토지경계와 지상, 지하 시설물의 위치를 상호 확정한다. 지적조사측량은 확정된 기초점에서부터 측량 최소단위인 각 필지별 토지의 세부측량으로 대별하게 되며, 다음과 같이 측량절차에 따라서 지상측량법과 항공사진 측량방법을 병용해서 활용하게 된다.

2 토지이동측량

토지이동은 일반적으로 지적공부에 등록된 지번, 지목, 면적, 경계 또는 좌표가 달라지거나 새로이 신규등록할 토지가 생긴 경우를 말하는데 지적측량을 수반하지 않는 토지이동사항과 지적측량을 수반하여 나타나는 이동사항은 구분된다.

지적도와 임야도에 등록된 사항과 실지가 부합되지 않으면 국가의 공부로서 가치와 공신력이 없어지기 때문에 지적공부는 이동하는 사항에 대하여 정리하고 보완하여 항상 현지와 일치할 수 있도록 이동정리를 해야 하며, 특히 필요한 경우 이동측량을 수반하게 되는 것이다.

토지이동사항으로는 새로이 등록할 토지가 생겼거나 등록지의 지번, 지목, 경계 또는 좌표와 면적을 정하게 되는데 이때 경계이동에 따른 경계와 면적의 결정은 토지이동측량에 속한다. 토지이동측량으로는 신규등록측량, 등록전환측량, 축척변경측량, 토지분할측량 등이 이에 속한다.

(1) 신규등록측량

신규등록측량은 지적도나 임야도에 등록되어 있지 않는 토지로서 새로이 지적공부에 등록하기 위한 측량으로는 간척사업에 의한 공유수면매립 등으로 새로운 토지가 생겼을 경우와 외딴섬으로서 등록이 되어 있지 않은 미등록 도서(島嶼)의 등록 등을 들 수 있다.

새로이 지적공부에 등록할 토지가 생긴 때에는 지적측량에 의하여 지적공부에 등록한다. 따라서 신규등록할 토지는 법률에 의하여 조성되었거나 등록대상 토지로서 등록이 누락된 토지인가를 확인하고, 신규등록할 토지가 매립지로서 해면에 접하는 경우에는 해수면의 최대만조수위를 측정하여 경계로 정하는 절차를 따라야 한다.

이러한 신규등록은 토지의 경계를 설정하고, 소유권을 결정함으로써 법률적으로는 사정(jurisdiction)의 효력을 갖는다. 민법상 토지에 관한 물권의 변동은 등기에 의하여 확정하도록 하고 있으나 원시취득의 경우에 최초의 소유자는 소관청의 조사에 의하여 결정되므로 가장 중요한 지적측량 업무라고 할 수 있다.

또한 지적공부에 새로이 등록하게 되는 토지의 면적은 그 축척에 따라 1/500~1/600 지역에서는 0.1m^2, 1/1,000~1/2,000, 1/3,000~1/6,000 지역에서는 1m^2 단위로 등록한다.

(2) 등록전환측량

등록전환측량은 지적공부의 정확도를 높이기 위한 목적으로 임야대장(소축척)등록지를 토지대장(대축척)에 옮겨 등록하는 경우에 시행하는 측량을 말한다.

임야도에 등록된 토지를 지적도에 등록하고자 할 때는 지적도 시행지역이 도해지역이든 수치지역이든 국가가 필요하다고 인정될 때에는 지적측량방법에 의하여 지적공부에 변경하여 등록한다.

또한 등록전환할 토지가 인근 토지대장 등록지에 명확한 기지점이 있는 경우를 제외하고는 도근점 등 기초점을 설치하여 이를 근거로 측량해야 하며, 임야대장등록지 1필지를 전부 등록전환하는 경우는 실지측량시 등록사항 관계를 확인한 후 필요한 경우에 등록사항(면적 또는 경계)을 정정하는 조치를 함께 해야 한다.

등록전환측량과 함께 면적을 새로이 측정해야 하며, 이때 임야대장에 등록된 면적과 등록전환시 새로이 결정되는 면적이 다르기 마련인데 이는 등록 당시 임야대장 축척과 토지대장 축척이 다르기 때문에 발생한다.

면적의 교차는 $0.026M\sqrt{F}$ (M : 축척분모, F : 원면적) 이내에서 면적을 새로이 결정하여 새로운 지번, 지목과 함께 토지대장에 등록한다. 그러나 면적오차 허용범위를 초과할 때에는 임야대장 면적이나 지적도의 경계를 정정하여야 한다.

(3) 분할측량

토지나 임야에 있어서 지적공부에 등록되어 있는 1필지 토지가 토지의 일부를 매매하거나 지목의 일부가 다르게 되거나 토지이용 상태에 따라 합리적인 경계를 재설정하는 경우에 2필지 이상으로 나누어 등록하는 분할측량을 하게 된다. 토지를 분할해야 하는 때에는 분할측량 방법에 따라 새로이 측량하여 각 필지에 대하여 경계 또는 좌표를 결정하고, 지번과 면적을 새로이 정한다. 토지분할은 토지이동 중에서 가장 빈번히 발생하는 이동사항으로서 등록필지의 양적증가와 세분화를 주도한다.

토지분할은 일반적으로 소유자 신청에 의하거나 소관청이 필요하다고 인정할 때에 분할하게 되며, 토지용도와 관련하여 분할 최소면적 등의 규정 제한을 받는다.

현황에 의하지 않고 면적을 지정하여 분할하거나 공유토지에 있어서 소유지분에 따라 합리적인 분할을 하는 경우도 있다.

필지의 경계획정이 토지이용 목적과 다르며, 1필지 토지로서 정리되지 않은 불규칙한 토지에 대해서는 정지 등 형질변경하여 토지분할 여건이 조성된 후 경계표지를 설치한 경우 이를 분할측정점으로 하여야 하며, 분할하는 경우에는 필히 소유자 및 이해관계인을 입회하도록 하고, 고정점(담장, 도근점, 전주 등)으로부터 거리를 측정하여 거리를 비교하여 기록한다.

토지의 분할은 등록 토지경계선을 기준으로 하여 새로운 법률상의 한계가 되는 경계선을 설정하는 것이므로 소유자의 의견과 지적공부 경계선 획정원칙을 준수하여야 하므로 분할선이 건물의 일부를 관통함으로써 건물의 효용성을 저하시킬 수 있는 경계설정이나 농경지에 있어서 지형을 고려하여 토지의 경제성이 상실되는 분할이 이루어지지 않도록 하여야 한다.

또한 토지를 분할하여 1필지를 여러 개의 필지로 구분하는 경우 분할 전의 면적과 분할 후의 각 필지별 면적의 합계에 증감이 없도록 하여야 한다.

(4) 지적확정측량

지적확정측량은 도시계획법에 의하여 시행되는 시가지 조성이나 개량 및 확장과 이에 따른 도로, 광장, 하천, 구거, 공원, 상하수도, 전기, 전화, 가스시설 등 도시계획시설을 하는 토지구획정리사업으로서 1필지의 지번, 지목, 경계, 면적 등을 확정하는 경우와 농지의 이용효과를 증진하기 위한 목적으로 농지개량 관계법에 의하여 관개, 배수 등 설비공사와 농로, 구거, 제방, 휴반 등 농지시설을 하고 농지의 교환, 분할, 합병, 개간, 지목의 변경이나 형질의 변경을 하는 경지정리사업으로서 1필지의 지번, 지목, 경계, 면적 등을 확정하는 측량이다(지적기술연수원, 1983).

따라서 확정측량은 토지이용계획에 따른 이동관계를 공사 이전에 각 필지의 환지 등에 관한 세부적 상황을 계획하며, 환지예정지와 각종 시설물을 지정하여 공사를 시행한 후 이에 따라 새로이 지번과 위치, 경계, 면적 등을 측정하게 된다. 지적확정측량을 시행하기 위해서는 기초측량과 세부측량 방법이 활용되며, 적은 규모일 때는 세부측량만으로 시행되는 경우도 있다. 측량학상 기초측량은 지적삼각측량과 지적삼각보조측량 및 도근측량을, 세부측량은 경위의 측량법이나 측판측량법에 의하여 실시하며, 조사측량과 이동측량을 포함하여 행정구역경계나 1필지 토지경계 확정을 의미한다.

지적도에 등록된 토지경계가 지상의 경계변동으로 인한 교차는 경계등록 보존에 문제가 있는 것은 아니지만 이에 반해서 지상의 경계에 불구하고 경계가 등록된 도면, 즉 지적도나 임야도에서 변화가 발생하여 그로 인한 교차가 허용오차를 벗어나게 되는 경우 경계등록공부로서 역할을 다하지 못하기 때문에 이와 같은 도해적인 등록 방법을 보완하기 위해 확정측량을 시행하는 지역에서는 세부측량을 복원력이 강한 수치지적 측량방법에 따라 경계점을 결정하고 있다.

경계를 등록 보존한다는 것은 두 가지 형태, 즉 필지의 모양(형태)과 경계점을 등록하는 것으로 도해지적측량에서는 형태가 확실하게 등록되는 장점이 있으나 경계점은 등록 당시의 위치가 지적도의 오랜 사용으로 신축 등의 오차에 의하여 변경될 수 있다는 단점이 있으며, 수치지적측량에서는 필지의 형태는 2차적인 작도로 알 수 있으나 경계점은 정확하게 보존할 수 있다는 장점을 갖고 있으며, 영구적 관리를 할 수 있으나 수치지적측량 성과를 유지 보존하기 위해서는 확정측량시에 사용된 기초점이 절대적으로 유지 보존되어야 한다.

그러나 대부분의 기초점들이 도로상에 위치하고 있으므로 도로의 개설이나 기타 공사로 인한 기초점이 망실되거나 이동하는 경향이 있으므로 기초점 관리에 매우 어려움이 많다. 면적의 계산은 1/1,000m^2까지 산출하며 결정면적의 최소단위는 0.1m^2로 한다. 특히 종전의 토지 면적과 새로이 결정되는 면적과의 교차 제한은 다음과 같다.

① 가구의 면적과 당해 가구내 각 필지의 면적 합계와의 교차는 1/500 이내

② 지구계좌표에 의한 지구 총면적과 당해 지구 내의 가구 및 가구 외에 도로, 구거, 하천 등의 면적 합계와의 교차는 1/200 이내
③ 경지정리사업 시행지역의 각 필지 면적측정은 시행전 지구내 각 필지면적의 합계와 시행 후 각 필지면적의 합계와의 교차는 1/200 이내
④ 경지정리지구의 지구계점을 좌표로 측정한 경우에는 지구내 총면적과 시행 후 각 필지의 면적 합계와의 교차는 1/200 이내로 하여 결정한다.

(5) 지적현황측량

지상구조물 또는 지형, 지물이 점유하는 위치를 지적도 또는 임야도에 등록된 경계와 대비하여 표시하는 데 필요한 경우 시행하는 지적측량을 지적현황측량이라 한다.

지적측량은 특수한 목적을 갖는 것으로 구분하는데 특별한 사항은 국토 전체의 지형보다는 토지의 기본단위인 1필지의 토지경계내에 존재하고 있는 지상의 각종 건물과의 위치관계와 지하시설물과의 위치관계 등 지상, 지하에 미치는 물권한계를 표시하여 다목적 토지관리를 위한 정보체제의 등록자료를 위한 측량을 요구하고 있다.

1) 건물위치 현황

스위스, 네덜란드, 스웨덴 등 다목적지적제도를 채택하고 있는 나라에서는 건물과 중요한 지상구조물 등을 지적공부에 등록하여 관리하고 있으며, 특히 지적도에는 정확한 건물의 위치가 등록·표시되어 있다. 그러나 우리 나라에서는 지적도에 건물이 등록되지 못하고 있으며, 다만 건축물의 준공 등을 위해 건축물의 위치를 토지경계선과 비교하여 위치 현황을 확인하기 위한 현황측량이 수행되고 있다.

2) 기타 현황측량

기타 현황측량업무로서 지하시설물측량은 상·하수도, 전기, 가스, 전화선 등 공급과 배선에 대한 위치관계를 지적도의 토지경계선과의 상호관계 위치를 조사하며 현황측량에 의하여 측량도를 작성·확인하고 시설물공사와 보수, 수리, 재공사 등 공사의 기초자료 제공으로 예산의 낭비와 공사의 중복성을 피하고 국민재산의 간접적인 보호유지 관리에 적극적인 활용가치를 갖는다. 우리 나라에서는 아직까지 지하시설물의 집중관리에 대해서는 미온적인 상태이지만 한국통신공사, 한국전력공사, 서울시 등이 개별적으로 자체 시설물관리도를 관리하고 있으며, 대한지적공사에서는 1980년 이후 지하시설물 측량장비의 도입과 더불어 측량 업무를 수행하고 있다.

지하시설물의 측량에 있어서 금속성 파이프라인(pipe-line)과 케이블(cable) 등은 전파탐사장비를 이용하여 탐사하거나 굴착공사시 현황측량을 시행하기도 한다.

지하시설물 또는 평면도, 단면도를 구분하여 작성하며, 평면도의 축척은 1/250~1/500정도로 하여 토지경계선과 지번 및 기초점과 중요 건물명, 행정구역명칭, 도로, 기로명 등을 등재하고, 단면도는 같은 축척으로 시설물의 크기, 깊이 위치에 대한 상세도는 1/200~1/300

정도의 대축척으로 하고, 시설물의 종류 및 위치관계는 여러 색을 사용하여 개별성이 나타나도록 시설물별로 지정된 색을 정하여 조사하고 있다.

그 외에도 일반사항으로서 시설물의 종류를 구분하여 시공자, 관리자, 준공년월일, 재질의 규격, 규모, 크기, 길이 등을 조사하고 있다.

3 지적측량검사

대행법인이 지적공부정리를 목적으로 하는 측량을 할 때는 자기가 행한 측량성과를 소관청에 제출하여 그 성과의 정확여부를 결정하는 검사를 받아야 하고, 소관청은 측량검사결과 성과가 정확하다고 인정될 때 대행법인에게 측량성과도를 발급한다. 소관청이 발급한 측량성과도는 대행법인이 측량신청인에게 교부하여 소관청에 측량을 필요로 하는 토지이동신청, 즉 신규등록, 등록전환, 분할 등 신청을 할 때 첨부토록 한다.

측량검사는 실지에서 지적측량을 시행하여 성과의 대비로서 확인하나 실지의 측량을 하지 않더라도 잘못이 없다고 인정되는 경우 또는 제출된 측량원도로서 확인가능한 경우는 실지검사의 생략으로 검사에 갈음할 수 있다.

소관청의 측량검사는 성과의 정확성을 유지하기 위한 절차라 할 수 있으나 그보다 지적측량은 국가업무로서 그 성과 결정의 국가책임에 의하여 시행한다.

4 측량성과의 보존

세부측량 성과는 도해법에 의한 때에는 측량원도를, 수치법에 의한 때에는 측량원도와 측량계산부(면적측정부 포함)를 각각 작성하여 지적공부와 함께 영구보존 문서로서 보존·관리해야 한다. 이는 지적공부 등록사항 중 측량에 의하여 결정한 경계와 면적의 근거서류인 반면, 계속 진행되는 후속측량의 측량자료로 활용해야 하기 때문에 영구히 보존하고 있다. 확실한 측량자료가 있으면 측량 당시의 성과를 오차없이 복원할 수 있기 때문에 측량원도에는 기하적과 고정물 또는 경계점간의 거리 등 참고사항을 정확히 기록해 두어야 한다.

만약 측량자료 없이 측량을 한다면 아무리 능숙한 기술자와 고도의 측량술을 동원한다 해도 측량학상의 오차를 소거할 수 없으므로 궁극적으로는 등록당시의 경계점을 복원할 수 없고, 계속되는 경우 그 오차가 누적되어 불부합지를 발생시키게 된다.

측량원도와 측량계산부는 일반문서보다 더 강력한 입증자료로서의 영구보존 문서의 역할을 하므로 이의 허위기재나 위·변조한 때에는 공문서 또는 공정증서 위·변조죄의 적용을 받게 된다. 따라서 측량원도와 측량계산부에는 그 책임을 분명히 하기 위해 측량자와 제도 및 면적측정담당자의 확인 날인이 필요하고, 측량성과를 결정하는데 적용된 각종 자료와 복원측량에 필요한 참고자료들을 충분하고 정확하게 기재하는 것이다.

5 지적도부의 작성

토지조사 또는 임야조사사업 당시에는 측량원도를 등사하여 점사법(點射法)으로 최초의 지적도와 임야도를 각각 조제하였고, 이후에는 간접자사법으로 작성하였다. 자사작업은 초기에는 수기법으로 하였으나 다음에는 활판인쇄로 하고 지번, 지목도 번호기를 사용하였으며, 지적도에는 한지를 2매 이첩하고, 임야도에는 1매를 이첩하였다.

토지경계선이나 도곽선 등은 3호선(0.1mm)의 묵색 또는 양홍을 사용하고, 2호선(0.2mm)은 기초점, 1호선(0.4mm)은 행정구역 경계선 등으로 구분하여 제도하였다.

일람도는 본도축척의 1/10로 하고, 포용하는 원도가 10매 이내일 경우는 특별히 2/15의 축척으로 하였으며, 축도기를 사용하여 제도하고 도로, 하천, 유지 등의 저명한 것의 명칭을 기재하였다. 초기의 일부지방 지적도 도곽 내의 산지에는 등고선을 표시하여 구별이 용이하도록 하였고, 분할시에도 신경계선을 양홍선으로 정리하였으나 후에는 묵색으로 변경하였다.

도곽선은 평면직각좌표의 원점으로부터 기산하여 축척별 1도엽의 종·횡선의 지상거리로 나누어 구획하였다. 구소삼각점은 구소삼각원점으로 기산하여 도곽선을 구획하여 통일원점과는 일치하지 않는다. 도곽선의 신축이 2리(0.6mm)를 초과하는 것은 이를 신축조정한 후 3호 양홍선으로 제도하였다. 도곽선은 도곽내 모든 토지의 관계위치를 명확히 하는 기준선으로서 그 중요역할은 다음과 같다.

① 인접도면과의 접합 기준선
② 도북방위선의 표시
③ 기초점 전개의 기준선
④ 도면 신축량 측정의 기준선으로서 거리 및 면적 보정
⑤ 소도와 실지의 부합여부 확인기준(박순표 외, 1993)

제4절 지적측량사 제도

1 지적측량사의 개념

측량사(surveyor)란 어원은 외국의 Surveier에서 유래된 것으로 라틴어의 Super(Over) 와 Video(I See)에서 유래되었다 한다(FIG, 1981). 또한 중세 유럽에서는 토지감독관을 의미하였으며, 토지를 재는 것을 의미하는 것보다는 토지의 경계선을 둘러보고 토지를 관리하는 자를 의미하였다. 16세기에는 토지를 관리하는 것 이외에도 토지를 측량하고, 평가하는 직무로 변하여 왔으며, 점차적으로 각국의 측량사들은 자국의 전통과 필요에 따라 보다 전문화되고, 다양한 업무영역으로 발전하였다.

현재 우리 나라는 일반측량사와 지적측량사를 총칭하여 측량사라 하고 있다. 과거 국내 국어사전에 나타난 측량사는 측량을 직업으로 삼는 기사로 정의되었는데(민정사, 1978), 측량은 땅을 잰다는 한정된 의미로 인식되고 있었기에 측량사에 대한 인식도 역시 땅을 재는 기술자로 일반측량사와 지적측량사를 통칭하여 정의하였다.

최근의 국어사전에서는 측량사를 측량기사(측량기술자)로 정의하고 측량기사를 땅 위의 어

떤 위치, 각도, 거리, 방향 따위를 도시함 또는 그 작업으로 재정립하고 있다(동아국어사전 연구회, 1991).

즉 측량사라는 명칭만을 측량기술자로 변경하여 정의하고 있는데 이러한 명칭변경은 관련 법규에서 근원을 찾을 수 있다. 지적측량사는 지적측량사규정(1960. 12. 30) 제1조에서 지적법에 의한 측량에 종사하는 자를 지적측량사라고 하고, 제3조에서 지적측량사는 상치측량사와 대행측량사로 규정하였으나 지적법개정(1975. 12. 31)시 제28조에서 지적측량은 국가기술자격법에 의한 기술계 지적측량자격자가 아니면 할 수 없도록 변경, 규정하고 지적법시행령(1976. 5. 7) 제63조에서 지적기술사, 지적기사 1급, 지적기사 2급 등의 기술자 자격구분과 직무범위를 규정한 것이다.

반면 일반측량사는 과거 측량법(1961. 12. 31) 제32조에서 측량기술자를 등록된 측량사, 측량사보로 규정하였으나 측량법개정(1986. 4. 11)시 제32조 측량기술자의 면허등급에서 국토개발기술사(측지), 측지기사 1급, 측지기사 2급으로 변경하여 규정한 것이다. 이처럼 우리나라에서는 측량사를 지적법상의 지적기술사 및 지적기사 1.2급 자격취득자를 비롯하여 측량법상의 측지기술사 및 측지기사 1.2급 자격취득자를 포함하여 통칭하고 있다.

한편 국제측량사연맹(FIG)에서는 측량사를 도시나 농촌에서 지상 또는 지하의 공유나 사유지의 소유권에 관한 표시 및 경계를 결정하고 측량·확인하여 그 가격을 정하는 전문직업인으로서 업무를 수행하며, 이와 관련된 소유권의 문제를 해결한다.

내용으로는 소유권에 관한 등기의 정리와 소유권의 관계에 관한 모든 것을 결정하며, 또한 측량사는 도시와 농촌의 토지개발을 계획하고 노력하는데 책임을 져야 하며, 측량사는 기술적, 경제적, 법률적, 사회적인 문제를 다룰 수 있다고 정의하였다.

1988년 10월 14일부터 17일까지 뉴질랜드 웰링턴에서 개최된 제55차 국제측량사연맹(상임위원회)에서 제기된 측량사의 정의는 측량사를 토지전문가로 보고 재차 토지관리사무를 지원하고 위치확인 및 토지정보시스템 관련 업무처리전문가로 개념을 추가하였다.

측량사 개념의 국제적인 흐름은 측량사가 측량을 시행하기 위해 기술과 측량장비를 이용하여 성과를 제시하는 기술적 역할에서 보다 진보하여 토지정보시스템을 관리하고, 유지시키고, 행정적 처리까지 감당해야 하는 토지전문가로서의 역할까지 담당하도록 그 개념이 확장되고 있다(지종덕, 2000).

2 지적측량사의 법적 탄생

1950년 12월 1일 법률 제165호로써 공포되어 현재 시행중인 지적법 제17조 제3항에는 지적법에 의한 측량에 관한 사항을 대통령령으로 정하도록 위임하였다.

1960년 12월 31일 국무원령 제175호로써 개정된 지적법시행령 제23조에는 "지적법 제17조 제3항의 규정에 의한 측량에 관한 사항은 지적측량 규정과 지적측량사 규정으로서 이를 정한다"고 규정하는 한편, 같은 날짜인 국무원령 제176호로써 우리 나라에 처음으로 지적측량사의 신분에 관한 지적측량사 규정이 제정·공포되고, 이에 따라서 우리 나라에 처음으로 지적측량사가 법률의 뒷받침으로 탄생하게 되었던 것이다.

그런데 지적측량사 규정은 지적법 제17조 제3항에 의한 위임명령으로서 구태여 지적법 시행령 제23조에 "지적측량사 규정으로써 정한다"는 규정을 두지 아니하였다 하더라도, 지적측량사규정의 효력에는 하등의 영향이나 변동이 없겠지만 입법의 기술상 예시적으로 지적법시행령에도 그를 규정한 것이라고 보아야 한다.

지적측량 규정은 지적법으로 정한 측량(지적측량)을 실시함에 있어서 순수한 기술적인 사항만을 규정한 것이고, 지적측량사 규정은 지적측량에 종사하는 기술자의 신분상의 규정인 것이다. 이와 같이 지적측량사 규정은 지적측량에 종사하는 자의 신분에 관한 규정이기 때문에 지적측량사의 전형, 등록, 징계, 지적측량의 심의, 지적협회 등에 관하여 규정하고 있는데, 여기에는 대통령령으로써 정하기 곤란한 법률사항이 많이 들어 있다는 느낌을 주고 있으므로 속히 이후 법률로써 대체되었다.

2 지적측량사의 특전

지적법시행령에는 일반적으로 지적공부의 열람을 하고자 하는 자는 국가 또는 지방자치단체에서 열람하는 경우 외에는 수수료를 납부하여야 하며, 지적공부의 등사는 일체 허용하지 않도록 규정되어 있다. 지적측량사에게는 지적측량사규정 제6조로써 지적법시행령의 규정에 불구하고 지적공부의 등사를 할 수 있으며, 그 열람과 등사에는 수수료의 납부를 요하지 않는 특권을 주었는데, 지적측량사가 지적측량을 주목적으로 하는 이상 이러한 특권조처는 아주 당연한 일이라 할 것이다.

한 가지 논의되는 점은, 지적측량사라면 지적공부의 무료열람과 무료등사는 무제한으로 할 수 있다는 설과 지적측량사라 하더라도 지적측량을 하기 위한 때에 한해서만 지적공부의 무료열람과 무료등사가 가능하다는 2가지의 학설이 대립되고 있다.

지적측량사에게 지적공부의 무료열람과 무료등사의 특권을 준 것은 지적측량사가 지적측량을 임무로 하는 자이기 때문이며, 아무리 지적측량사라 하더라도 지적측량을 하지 않을 경우는 일반 국민과 다를 바 없으므로 무료열람, 무료등사의 특권을 주는 것은 조리상 맞지 않을 수 있다.

3 지적측량사의 구분

과거에 지적측량사는 지적측량사 규정 제3조의 규정에 따라 크게 상치측량사, 대행측량사의 2종으로 구분하였다. 그래서 지적측량사라고 할 때에는 상치측량사와 대행측량사를 합쳐서 말하는 것으로서, 결코 지적측량사라는 것과 상치측량사, 대행측량사가 따로 있다는 의미는 아닌 것이다. 지적측량사에게는 과별이 있어 세부측량과, 기초측량과, 확정측량과의 셋으로 나누는 것이다. 세부측량과는 지적측량에 가장 기본이 되는 과로서, 토지의 신규등록·토지의 분할 및 토지의 경계정정 등 주로 지적측량의 본질적이고 다채로운 기술부문이다. 지적측량사라고 하면 세부측량과의 지적측량사를 연상하는 만큼 보편적인 기술과이다.

세부측량은 도해적이므로 측판측량기구 및 계적기가 주된 사용기구인데, 업무의 성질상 이 정도의 기구로써 작업하는 것이 가장 합리적이기 때문에 지적측량 규정에 그를 사용하도록 규정하고 있는 것이다. 기초측량과는 세부측량의 기초가 되는 도근측량 및 도근측량의 기초가 되는 보조삼각측량에 관한 과로서 이는 어디까지나 계산적인 측량기술이므로 경위의(트랜싯)를 주로 사용하는 것이다.

끝으로 확정측량과1는 시가지계획이나 농지개량사업으로 토지의 구획정리를 하여 환지를 교부할 때에 환지를 확정하는 측량부문으로서, 지적측량사 자격전형에서는 편의상 삼각측량도 여기에 포함시키고 있으며, 기초측량과에서와 같이 경위의를 주된 기구로 하고 측판측량기도 아울러 쓰는 경우가 있으나 특히 경위의는 기초측량과에서 쓰는 것보다는 한층 더 정밀한 것이어야 하는 것이다.

1961년 2월 7일 당시의 지적사무 주무관청인 재무부령 제194호로써 제정 공포된 "지적측량사규정 시행규칙"에는 확정측량과의 전형에 합격한 자는 기초측량과나 세부측량과의 전형에 합격하지 않았더라도 각각 그에 합격한 것으로 본다고 되어 있어, 확정측량과는 지적측량 중에서 만능적인 위치를 차지하고 있었다.

그 후 여러 차례의 전형고사를 거치는 과정에서 기초측량과나 세부측량과의 전형에는 합격되지 못한 응시자라도 확정측량과에만 합격되면 기초측량과나 세부측량과에도 합격한 것으로 되어 버린다는 모순이 나타나므로, 지적사무가 내무부로 이관된 후인 1966년 12월 1일 내무부령 제16호로써 재무부령에 대체할 때에는 확정측량과 우위격인 조항을 두지 않았기 때문에 오늘날의 확정측량과, 기초측량과, 세부측량과가 모두 각각 독립된 측량과를 이루게 된 것이다.

1973년 12월 31일 법률 제2672호로 국가기술자격법이 제정되자 이 법에 의거하여 지적측량사 자격제도가 등급제로 변경되었다. 이때부터 현재의 국가기술 자격제도가 실시되어 과거에 세부측량과, 기초측량과, 확정측량과 자격을 모두 가진 자는 지적기사 1급, 그 외의 2개과 및 1개과를 가진 자는 지적기사 2급으로 전환되었다.

국가기술자격법이 실시된 이후에도 일정기간인 1975년과 1976년은 지적측량의 주무부인 내무부에서 자격전형을 실시하였으나 1978년부터 한국직업훈련관리공단에서 자격시험을 관장하고부터 지적측량사제도는 국가기술자격법에 의하여 확고히 구축되었다.

4 지적측량사의 업무범위

지적측량사의 측량행위 범위에 대하여 과거 지적측량사규정 제5조 제2항에는 "지적측량사는 제19조의 규정에 의하여 등록된 과의 측량 이외의 측량을 할 수 없다"고 규정하였는데, 이는 "등록된 과의 측량만을 할 수 있다"는 의미로서 "다른 과의 측량은 할 수 없다"는 결과가 되는 것이다. 따라서 아무리 지적측량사라 하더라도 "세부측량과 지적측량사"는 "기초측량과 지적측량사" 혹은 "확정측량과 지적측량사"로 등록되지 않는 한, 기초측량이나 확정측량을 할 수 없었다.

그 후 1975년 개정지적법에서는 법상으로 기술자격별 업무처리 규정에 따라 지적측량 업무는 국가기술자격법에 의한 기술계 지적측량 자격자가 아니면 업무처리를 할 수 없도록 명시했다. 다만 지적측량에 수반하는 사항으로서 대통령이 정하는 사항은 국가기술자격법에 의한 기능계 지적측량 자격자도 할 수 있다고 규정함으로써 국가기술(기능)자격 취득자가 아니면 지적측량 업무를 할 수 없도록 하였던 것이다.

이때 지적기술사 자격자는 지적기사가 행하는 업무 외에 지적측량기술의 개발 및 지적관리의 개선 등에 관한 기획, 연구에 종사할 수 있고, 지적기사는 지적산업기사가 행하는 업무 외에 지적측량의 종합적 계획수립 등에 종사하고, 지적산업기사는 지적측량 업무에 종사하도록 하였다.

지적기능사는 지적측량을 보조하거나 도면의 정리와 등본, 면적측정 및 도면작성 등의 업무에 종사하도록 규정하여 기술자격등급별 업무한계를 명확히 구분해서 지적기술(기능) 자격 보유자가 아니면 실질적으로 지적측량 업무를 수행할 수 없도록 명시하였다.

제 16 장 지적법규

제1절 지적법의 특성

1 지적법의 목적

산업사회와 자본주의의 발달로 토지가 사유재산으로서 사적 지배 및 사적 소유권의 객체로 되면서부터 상품화되었으며, 점차적으로 토지소유권은 신성불가침의 권리로서 보장받게 되었다. 이에 따라 토지도 사유물건과 같이 소유자가 절대적으로 지배하고, 사용·수익·처분할 수 있게 되었는데 소유권에 대한 보호가 중시되면서 토지의 기초적 자료인 지적도 조세목적에서 탈피하게 되었다.

이러한 추세에 맞추어 사적 권리의 객체인 토지를 대상으로 토지의 일정사항인 지번, 지목, 경계, 면적, 소유자 등을 지적공부에 등록하는 절차와 이에 따르는 지적측량 및 그 정리에 관한 사항을 규정하여 효율적인 지적관리와 개인의 소유권 보호에 기여함을 목적으로 지적법이 제정된 것이다.

2 지적법의 대상

지적법에 따라 지적공부에 등록·공시하는 대상은 모든 토지이다. 토지는 인간이 삶을 영위하기 위한 기초적인 물적 기반으로서 절대적으로 필요한 생활공간이다. 그래서 토지의 유용성은 인간의 생존에 있어서 핵심이 되며, 토지의 이용, 개발, 관리 및 보전을 위한 노력은 끊임없이 계속되고 있다. 이러한 토지의 개념은 경제적, 법률적, 지리적, 물리적인 측면에서 각 그 의미를 달리하고 있는데 지적법에서 의미하는 토지의 개념은 법률적으로 권리의 객체인 토지경계를 인위적으로 구획한 1필지의 토지를 의미한다.

1필지의 토지를 구획단위로 하는 것은, 토지를 등록하기 위해서 토지를 이용현황, 권리소재, 지형지물 등의 단위를 기준으로 개별화, 독립화 시켜야 하기 때문이다. 이처럼 지적법은 토지를 대상으로 해서 법률적 기초단위인 1필지의 법적 경계, 지목, 소유자 등 인위적인 내용을 등록하도록 하기 위한 것인데, 그 기술적 방법은 지적법에서 규정하고 있는 측량학술상의 제반 방법들이 활용된다.

3 지적법의 특성

(1) 공법적 특성

지적법은 지적에 관한 국내의 공법이다. 지적법은 "모든 국민의 재산권은 보장된다. 그 내용과 한계는 법률로 정한다"라고 규정한 헌법규정에 따라 제정된 토지에 관한 수많은 공법 중의 하나로서 공법적 위치에 있다고 할 수 있다.

토지공법의 헌법적 근거는 토지공법이 행정법의 한 분야로서 토지에 관한 공법적 규율의 총체를 의미하기 때문에 헌법의 구체화법적 성격을 지니며, 어떠한 법리의 문제가 발생하였을 때는 당연히 헌법에 종속되고 귀속된다.

국민의 토지를 대상으로 전개하는 활동중 행정주체가 각 토지공법의 규율에 따라 바람직한 국토공간으로서 양호한 생활환경 확보를 위한 합리적인 토지이용과 거래질서 등을 형성함에 있어서 대두되는 공·사익 간의 갈등, 대립, 마찰, 상충문제 등의 법리해석은 결국 헌법적 근거의 이념과 그 한계에서 나타나게 된다(오현진, 1988).

지적법은 건축법, 주택건설촉진법, 측량법 등과 함께 건설규제 및 공시에 관한 법으로 국가기관이 효율적인 토지관리를 위해 토지를 등록하는 절차상의 규정을 내용으로 하고 있다. 따라서 지적법에 의한 토지등록행정은 국토 전반에 걸쳐 가장 상세한 정보자료를 유지관리함으로써 제반 토지행정에 직접, 간접으로 지원하는 것이다.

이는 부동산등기행정, 호적 및 주민등록행정 등에 직접적으로 영향을 주고, 국토종합개발계획, 도시계획, 건설행정, 농림행정, 조세행정, 국토이용관리 등에 없어서는 안 될 기초자료로 제공된다. 지적법의 법률관계는 공법 관계인 행정법 관계이다.

행정법관계는 법률관계라는 점에서 본질적으로 사법 관계와 다를 것이 없다. 다만 행정법관계, 특히 권력관계에 있어서 국가나 공공단체 등 행정주체가 행정목적을 달성하기 위한 관계이기 때문에 사법관계에서 볼 수 없는 여러 법률적 규율의 특성이 인정된다. 이러한 특성은 법적인 적합성, 공정력, 구속력, 자력집행력, 손해배상제도의 특수성, 행정쟁송절차의 특수성 등으로 분류된다.

1) 적합성

법지배의 원리가 지배하는 실질적 법치국가에 있어서 행정법관계는 법률과 법령에 적합하여야 한다. 최근 행정법의 '헌법구체화법'으로의 성격이 일반적으로 인식됨에 따라 행정법 관계는 법적합성뿐 아니라 헌법과 법규에의 적합성이 요구된다.

2) 공정력

행정주체의 공권력 발동으로서 행정행위는 명백하고 중대한 하자로 인하여 당연무효가 되는 경우를 제외하고는 직권 또는 일정한 쟁송수단에 의해 취소되기까지 일단 적법성의 추정을 받아 상대방은 물론 행정청 및 제3자에 대하여 구속력을 가진다.

이러한 공정력은 행정행위에 선험적, 본질적으로 존재하는 것은 아니며, 행정법 관계의 안정성, 상대방의 신뢰보호, 행정의 원활한 운용 등의 정책적 필요에 따라 실정법의 직접적 또는 간접적 근거에 의거 인정되는 것이다.

3) 존속력

행정법 관계에 있어서 행정행위에 대해서는 행정쟁송을 통하여 그 효력을 다툴 수 있지만 행정행위의 과법여부를 불확정한 상태로 오래 방치해 둔다는 것은 행정법 관계의 공정성 견지에서 바람직하지 못하다. 그러므로 행정법규는 행정행위에 대한 행정쟁송을 인정하면서 일정한 기간을 정하여 기간이 경과한 후에는 행정행위가 당연무효인 경우를 제외하고 그 효력을 다툴 수 없도록 하고 있는데 이를 존속력(확정력)이라고 한다.

존속력은 불가쟁력 또는 형식적 존속력, 그리고 불가변성 또는 실질적 존속력을 포함한다. 전자는 일정한 기간이 경과함으로써 행정행위의 효력을 다툴 수 없는 경우를 의미하며, 후자는 행정행위의 하자는 취소 또는 철회할 수 있는 것이 원칙이지만 일정한 경우에 행정청 자신이라고 하더라도 이를 취소·변경할 수 없는 효력을 갖는 행정행위의 경우를 의미한다.

4) 자력집행력

행정행위는 상대방 또는 제3자를 구속할 뿐 아니라 만약 상대방 또는 제3자가 행정행위에 의하여 부과된 의무를 이행하지 않을 때에는 사법 관계에 있어서와는 달리 사법권의 힘을 빌리지 않고, 자력으로 행정행위의 내용을 강제하고 실현할 수 있는 힘을 가지는데 이를 자력집행력이라 한다. 실정법은 행정행위에 대한 쟁송의 제기가 있더라도 행정행위의 집행이 당연히 인정되지 않는다는 규정은 행정행위의 자력집행력을 전제로 한 것이다.

5) 손해배상의 특수성

적법한 행정행위에 따른 손해에 대해서 민법규정이라는 다른 국가배상법에서 국가 또는 지방자치단체의 손해배상 책임을 규정하고 있으며, 또한 적법한 행정행위에 의한 개인의 재산권 제한에 대해서는 법률이 정하는 바에 따라 손실의 보상을 하도록 하고 있다.

6) 쟁송절차의 특수성

우리나라 헌법은 행정사건에 관하여 영·미식 사법국가주의를 채택하여, 일반 법원이 민사소송 절차에 따라 행정행위의 적법성을 심판하도록 하고 있다. 그러나 행정사건에 대해서는 행정소송법의 적용을 받으며, 민사소송법에 대한 여러 가지 특례가 인정되고 있다. 소원전치주의, 출소기간의 제한, 직권심리주의, 집행부정지의 원칙, 가처분제도의 부적용 등 절차상의 특수성이 인정된다.

지적법은 국가목표의 하나인 지적행정의 목적달성을 위하여 제정된 법으로서 이와 같은 행정법상의 일반적 특성에 따르는 법이며, 이에 위반하는 행위에 대해서는 재판의 형식으로 행정벌을 부과하도록 규정하고 있는 강행법적 성격을 갖고 있다.

(2) 사법적 특성

지적법은 부동산등기법과 같이 부동산공시법의 일종이면서, 토지의 소유구분(국유, 공유, 사유 등)과 관계없이 국가기관인 소관청에서 필지의 기본요소인 지번, 지목, 경계, 면적을 행정처분으로 결정하므로 공법적 위치에 있는 반면, 지적법이 토지의 물권변동에 의한 소유권의 보호라는 측면에 있어서는 사법적 위치에도 있다.

소유권의 의의는 객체인 목적물을 전면적, 일반적으로 지배하는 권리로 물건이 가지는 사용가치의 전부에 관하여 지배할 수 있는 권리이다(곽윤직, 1976).

소유권은 재산권의 기초를 이루며, 소유권의 절대원칙이라고 하여 계약자유의 원칙과 더불어 근대 사법의 기본원리를 이루고 있으나, 자본주의 발달과 고도 경제성장으로 인한 시민사회 구성원 사이에 파생되는 빈부의 차이로 소유권은 공공복리를 위한 의무를 수반하게 되어 현대적 소유권은 다양한 제한과 수정을 가하도록 되어 있다.

토지소유권 변동의 원인으로 중요한 법률관계는 법률행위에 의하는 경우(민법 제186조), 법률의 규정에 의하는 경우(민법 제187조), 취득시효(민법 제245조), 소멸시효(민법 제162조 2항), 혼동(민법 제191조), 상속, 공용징수, 판결, 경매, 기타 법률의 규정에 의해서 토지에 대한 소유권변동이 발생하게 된다. 법률행위로 인한 권리변동은 반드시 등기를 요하지만 법률의 규정에 의한 권리변동은 취득시효를 제외하고는 등기를 요하지 않는다. 그러나 법률의 규정에 의한 권리변동의 경우에도 제3자에게 처분을 요할 경우에는 등기하지 않으면 처분할 수 없다.

법률행위에 의한 토지소유권의 변동에는 단순히 당사자의 합의에 의해서 소유권이 이전되는 의사주의와 당사자의 합의 이외에 특별한 방식을 필요로 하는 형식주의로 구분된다. 이와 같이 물권의 변동에 있어서 일정한 방식이 요구되는 제도를 형식주의라고 하는데 근래에 독일 민법은 이와 같은 형식주의를 채택하고 있다. 그래서 물권변동을 일으키는 계약을 물권적 합의(Einigung)라고 하고 채권을 발생시키는 일반의 계약(Vettrag)과 구별해서 사용하고 있다.

특히 부동산물권 변동에 있어 등기를 효력발생 요건으로 삼고 있는 것이 형식주의의 특징이다. 여기에 대응해서 물권의 변동은 이를 목적으로 하는 당사자 의사표시만으로 효력이 생기고, 그밖에 다른 형식을 요하지 않는다는 의사주의가 있다.

의사주의는 개인의 자유를 옹호하는 자연법의 사상과 모든 법률관계에 있어 권리변동의 원인을 개인의 의사에 따르려는 개인주의적 사상의 소산이다.

형식주의를 취하게 되면 권리관계가 당사자 사이와 제3자 사이에 있어서 분열되는 일없이 획일적인 것으로 되지만 당사자의 의사합치 이외에 등기라고 하는 국가의 공적 행위가 효력발생 요건으로 된다고 하는 단점이 있다.

민법에서 "부동산에 관한 법률행위로 인한 물권의 득실변경은 등기하여야 그 효력이 생긴다"고 규정하고 있으므로 실상 토지소유권에 대한 권리변경도 법률행위에 의한 물권변동일 경우에 있어서는 물권행위와 등기라고 하는 두 요건을 갖출 때 비로소 권리변동의 효력이 발생한다. 이러한 측면에서 볼 때 물권은 실체관계와 항상 부합되어야 함을 요하므로 물권공시제도는 물권이 미치는 권리객체를 공시하는 법, 즉 토지소유권을 등록공시하는 지적법은 매우 중요한 위치에 있는 것이다.

토지가 실체와 등록내용이 다른 때에는 근본적으로 등기공시의 효력에도 흠이 생기게 마련이다. 지적법은 사법적인 위치에서 토지의 등록공시 목적을 뚜렷이 하고 항상 실체와 등록내용이 일치하도록 강제적 등록주의와 실질적 심사주의를 취하고 있다.

정확한 토지의 등록은 직접적으로 명확한 권리객체의 설정등기를 가능케 하여 그 다음 등기의무자의 의사소재만 명확히 한다면 실체와 등기부 기록사항과의 일치를 도모할 수 있게 되는 것이며, 소유권 보호를 도모하게 되는 것이다(한국법학교수회, 1982). 이와 같이 볼 때 지적법은 개인의 토지소유권 보호라는 중요한 측면에서 사법적 위치에도 있다.

제2절 지적법의 이념

1 국정주의

국정주의는, 지적사무는 국가의 고유사무로서 지적에 관한 사항인 지번, 지목, 좌표 및 면적은 국가만이 결정하고, 어떤 개인이나 법인에게도 절대로 이 결정권을 주는 사실이 없음을 뜻한다. 즉 국유의 토지는 말할 것도 없거니와 법인이나 개인이 소유하는 토지라 하더라도 그 이동에 관한 신고가 있거나 없거나 어떠한 경우를 막론하고 지번, 지목, 경계, 좌표 및 면적은 국가가 결정한다는 것이다. 지적국정주의 이념은 예나 지금이나 세계 각국이 지적법령에서 채택하고 있는데 이것은 토지에 대한 권리사상의 발달로 지적의 공신력을 부여하려는 데서 오는 경향으로 볼 수 있으며, 이념은 계속 확대되는 추세이다(지종덕, 1989).

2 형식주의

형식주의는 지번, 지목, 경계, 좌표, 면적을 국가가 비치하는 지적공부에 등록해야만 공식적 효력이 생기게 됨을 뜻하는 것이다. 즉 토지는 지적공부에 등록이라는 형식을 밟지 않으면 토지로서의 행세를 할 수 없다는 이념이다. 일반적으로 형식주의는 그 사물의 형태 외에 법정의 형식을 갖추지 않으면 법적인 요건을 완성하지 못한다는 원리로서 토지는 지적공부에서 등록해야 토지로서 공식적인 거래단위가 형성될 수 있다는 점에 비추어 등록 자체도 형식주의에 해당하는 행위라고 할 수 있다.

지적공부는 법적인 형식을 갖춘 사법적 의의를 가진 문서로서 오늘날 일반적으로 형식주의는 권리사상의 앙양과 더불어 점점 그 비중이 커져가고 있으며, 우리나라 지적법은 제3조에서 지적형식주의를 선언하고 있다(지종덕, 1990).

3 공개주의

공개주의는, 지적에 관한 사항은 지적공부에 등록하여 이를 국가가 국가의 목적에만 이용하는 것이 아니라 일반에게 공개함으로써 토지소유자, 이해관계인, 기타 일반 국민으로 하여금 이를 정당하게 이용할 수 있도록 함을 뜻한다.

토지의 등록사항은 공시방법을 통해 언제나 외부에서 인식하고 활용할 수 있도록 공개하여야 한다. 특히 소유권, 기타 물권에 대해서도 제3자로부터 보호를 받고 배타적인 소유권의 인정을 받으려면 공개하지 않으면 안 된다(박순표, 1986).

지적공부는 국가를 위하여 만들어진 것이 아니라 국민을 위하여 만들어졌다는 이념 그 자체가 바로 지적공개주의 이념이라고 할 수 있는 것이다. 그러므로 지적공부는 소정의 절차를 밟아 거의 무제한적으로 이를 열람하거나 그 등본을 청구할 수 있으며, 토지의 경계에 분쟁이 생길 때 지적도나 임야도에 등록된 그대로 실지를 감정하여 정확한 위치를 복원하는 경계복원 측량 같은 것도 지적공개주의로서 보장된 권리의 하나라고 할 수 있다. 그밖에도 공개 방법으로는 새롭게 지적공부에 등록해야 할 토지가 있을 때 또는 이미 지적공부에 등록된 사항에 변동이 생겼을 때에는 토지소유자가 의무적으로 그 사실을 정부에 신고하여 국가로 하여금 그것을 지적공부에 등록정리케 함으로써 이동 사실을 널리 공개하는 것을 주요골자로 하고 있다.

제3절 지적법의 변천

1 대한제국

(1) 토지조사법

토지조사법은 1910년 8월 23일 법률 제7호로 제정·공포되었다. 이 법은 전문 제15조 부칙으로 되어 있는데, 제1조에서 토지는 이 법률이 정하는 바에 의하여 이를 조사함이라 되어 있다. 주요 법조항을 살펴보면 토지는 지목을 정하여 지반을 측량하고 한 구획마다 지번을 부여하도록 되었다. 토지조사법 제3조에서는 지목이 17개 지목으로 되어 있다(관보 제4765호 1910년 8월 24일).

- 전답, 대, 지소, 임야, 잡종지
- 사사지, 분묘지, 공원지, 철도용지, 수도용지
- 도로, 하천, 구거, 제방, 성첩, 철도선로, 수도선로

(표20) 지적관계법규 연혁표

공포 연월일	법 규 명 칭	공 포 근 거
1895. 3.26	내부관제	칙령 제53호
1895. 4. 5	각읍부세소장정	칙령 제74호
1898. 7. 6	양지아문직원 급 처무규정	칙령 제25호
1901.10.20	지계아문직원 급 처무규정	칙령 제21호
1904. 4.19	탁지부양지국관제	칙령 제11호
1906. 7.19	국유재산관리규정	칙령 제32호
1906. 7.27	토지개간에 관한 건	궁내부령 제4호
1906.10.26	토지가옥증명규칙	칙령 제65호
1906.11. 2	토지가옥증명규칙시행세칙	법부령 제4호
1906.12.26	토지가옥전답집행규칙	칙령 제80호
1907. 7. 4	국유미간지리용법	법률 제4호
1908. 1.24	삼림법	법률 제1호
1908. 7.20	토지가옥소유권증명세칙	칙령 제47호
1908. 7.29	역둔토관리규정	탁지부령
1910. 8.23	토지조사법	법률 제7호
1910. 8.23	고등토지조사위원회규칙	칙령 제43호
1910. 8.23	지방토지조사위원회규칙	칙령 제44호
1910. 8.23	토지조사법시행규칙	탁지부령 제26호
1911.11.10	결수연명부규칙	조선총독부령 제143호
1912. 3.18	조선부동산등기령	제령 제9호
1912. 3.22	조선부동산증명령	제령 제15호
1912. 8.13	토지조사령	제령 제2호
1912. 8.13	토지조사시행규칙	조선총독부령 제6호
1914. 3.16	지세령	제령 제1호
1914. 3.24	이동지정리규정	임시 토지조사국훈령 제7호
1914. 4.25	토지대장규칙	조선총독부령 제45호
1914. 5.11	토지대장소관청통지규정	조선총독부훈령 제15호
1914. 5.29	토지등급검사심득	임시 토지조사국훈령 제17호
1915. 5.12	토지분할신청제도규정	조선총독부훈령 제51호
1918. 5. 1	조선임야조사령	제령 제5호
1920. 8.23	임야대장규칙	조선총독부령 제113호
1921. 3.16	토지측량규정	조선총독부훈령 제10호
1935. 6.12	임야측량규정	조선총독부훈령 제27호
1943. 3.31	조선지세령	제령 제6호
1943. 3.31	조선임야대장규칙	조선총독부훈령 제69호
1950.12. 1	지세법	법률 제155호
1950.12. 1	지적법	법률 제165호
1951. 4. 1	지적법시행령	대통령령 제497호
1954.11.12	지적측량규정	대통령령 제951호
1960.12.31	지적측량사규정	국무원령 제176호
1961. 2. 7	지적측량사규정시행규칙	재무부령 제194호
1976. 5. 7	지적법시행시행규칙	내무부령 제208호

지반의 측량에 이용하는 척도 및 지적의 명칭명위는 도량형법 규정에 의하고, 지주는 정부가 정하는 기간내에 그 토지를 정부에 신고하도록 되어 있었다.

또한 지주 및 토지의 강계는 지방토지조사위원회에 자문하여 토지조사국 총재가 이를 조정하도록 되어 있으며, 조정한 지주 및 토지의 강계는 이를 공시하였다. 조정에 대하여 불복이 있는 자는 그 공시일로부터 90일 이내에 고등토지조사위원회에 신입하고, 그 재결을 요청하여 얻을 수 있으나 토지조사국 총재의 사정이 경과한 사항에 대하여는 그 재결을 구하는 외에 소송을 제기할 수 없도록 하였다.

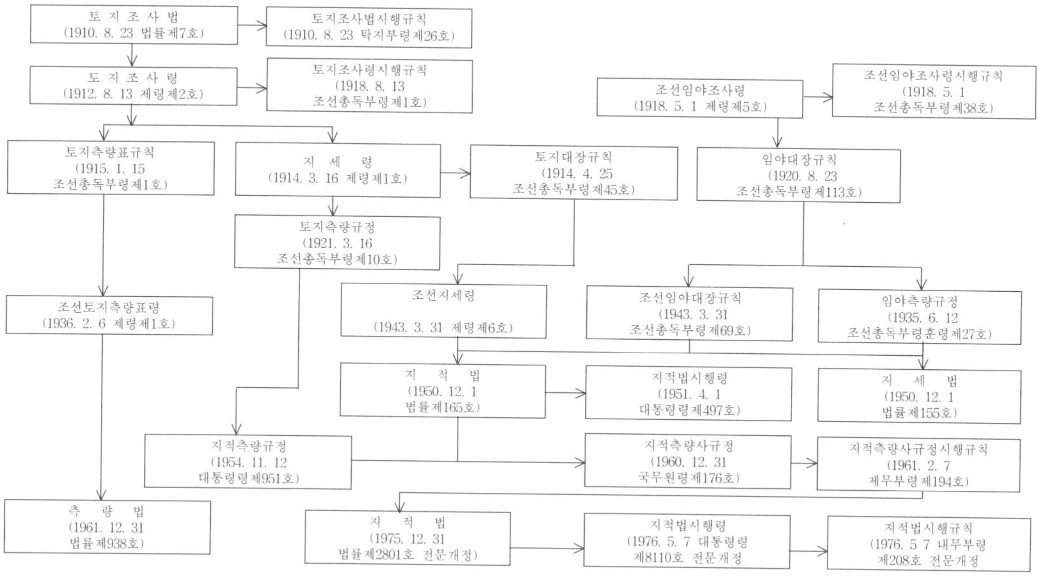

(그림53) 지적법체계의 변천

그리고 정부는 토지대장 및 지도를 준비하고, 토지에 관한 사항을 등록하여 지권을 발행하였으며, 기타 벌금사항도 규정하고 있다.

임야에는 이를 적용하지 아니하였고, 이 법은 반포일로부터 시행되었다. 이 법은 한일합방 이후인 1910년 9월 30일 칙령 제361호로 조선총독부의 임시토지조사국관제의 빈포로 토지조사법이 폐지되었으나 대부분의 내용이 토지조사령에 계승되었다.

2 일제시대

(1) 토지조사령

토지조사령은 1912년 8월 13일 제령 제2호로 공포되었다. 토지조사령은 일제가 강제로 합병한 우리나라의 민심수습과 토지수용이 그 본래의 목적으로 본령은 전문 19조 부칙으로 되어 있는데 주요골자는 다음과 같다.

① 필지마다 지번, 지목, 경계, 면적, 소유자 주소, 성명을 확실히 하여 토지의 소유권을 확정(토지소유권조사)하고,
② 토지의 등급, 결수 등을 결정하여 과세지적을 체계화(토지의 가격조사)하며,
③ 토지의 지반측량을 제도화(토지의 지형, 지모조사) 하는 것 등이다.

토지조사령 제17조에서는 "임시 토지조사국은 토지대장 및 지도를 제조하여 토지조사 및 측량에 대하여 사정으로써 확정된 사항 또는 표결을 거친 사항을 이에 등록함"이라고 규정되어 있는데 이것이 지적제도 확립에 관한 구체적인 법조문인 셈이다. 그런데 토지조사령은 그 목적하는 바가 토지에 대한 과세에 큰 비중을 두었기 때문에 순수한 "지적을 다루는 법령"은 아니었다(원영희, 1977).

토지조사령 제3조에서 지목은 18가지로 구분하였다.

- 전, 답, 대, 지소, 임야, 잡종지
- 사사지, 분묘지, 공원지, 철도용지, 수도용지
- 도로, 하천, 구거, 제방, 성첩, 철도선로, 수도선로

이중에서 지목이 도로, 하천, 구거, 제방, 성첩, 철도선로, 수도선로의 7가지에 해당하는 토지는 지번을 붙이지 않을 수 있도록 함과 동시에 그 소유자도 조사할 필요가 없다고 규정함으로써 이에 대한 소유권 때문에 물의가 자주 일어나기도 하였다.

(2) 지세령

지세령은 1914년 3월 16일 제령 제1호로 공포되었다. 지세령은 전문 5조로 되어 있는데 명칭대로 토지에 대한 세금과징이 주목적이며, 지적에 관한 것은 부차적이다.

지세령 제5조에서 "부, 군에 토지대장 또는 결수연명부를 비치하고 지세에 관한 사항을 등록함"이라고 규정한 것으로 보아도 법지적을 목적으로 한 것이 아니고, 세지적이 주목적이었던 것을 알 수 있다. 토지대장은 토지조사령에 의하여 조제된 것이다. 지세령 제1조에서는 토지조사령과 같이 18가지로 지목을 구분하였다.

- 전, 답, 대, 지소, 잡종지
- 임야, 사사지, 분묘지, 공원지, 철도용지, 수도용지, 도로, 하천, 구거, 제방, 성첩, 철도선로, 수도선로

다만 그 배열은 세금의 과징에 편리하도록 하고 있는 것이 특색이다.

지세령에서는 토지대장을 부, 군에 비치한다고 하였을 뿐 지적도에 대하여서는 아무런 언급이 없었는데 이는 나중에 따로 제정된 토지대장 규칙으로 지적도 비치할 것을 규정하는 등 변칙적인 방법으로 처리되었다.

(3) 토지대장규칙

토지대장규칙은 1914년 4월 25일 조선총독부령 제45호로 공포되었다.

이는 1914년 3월 16일 제령 제1호 지세령 및 제5조에 제정된 토지대장에 관한 것을 규정하는데 그 목적이 있었다. 토지대장 규칙은 전문 8조 및 부칙으로써 구성되어 있는데 제3조에서 "부, 군, 도에는 지적도를 비치할 것", 지적도에는 토지대장에 등록된 토지에 대해 다음의 사항이 등록되도록 하였다.

- 소 재
- 지 번
- 지 목
- 강 계

토지대장규칙에는 철로, 하천, 구거, 제방, 성첩, 철도선로, 수도선로와 토지조사령에 따라 토지조사를 하지 않은 이른바 '비조사지' 내의 임야 및 분묘지는 토지대장에 등록하지 않는다는 것을 원칙으로 하였다. 토지대장규칙은 토지의 소유권, 기타 이권에 관한 사항은 등기관리의 통지가 없으면 이를 토지대장에 등록하지 못한다든지, 토지대장 혹은 지적도를 감독하고 또는 토지대장, 지적도 사본을 교부받고자 하는 자는 부이, 군수 또는 도사에게 수수료를 첨부하여 청구할 것 등을 규정하였다.

특히 토지대장에 새로이 토지를 등록할 때 또는 이미 등록된 토지를 분할할 때에는 부이, 군수, 도사가 그 지반을 측량한다고 규정함으로써 지적국정주의를 밝힌 점이 주목되었다. 1923년 10월 15일에는 조선총독부령 제120호로 토지대장규칙이 일부 개정되었는데 제3조 2항에서 "따로 공시하는 지역에서는 토지대장에 등록한 토지에 대하여 임야도로써 지적도를 책정함"이라고 추가되었다.

여기에 근거하여 우리나라에 "별책 토지대장(혹은 산도지대장, 을호토지대장)"이 처음으로 생기게 되었다.

토지대장규칙에서 토지대장은 제1호 양식에 의할 것으로 제1조 4항에서 규정하였는데, 제1호 양식의 1은 토지대장 본책의 양식이고, 제1호 양식의 2는 공유지연명부의 양식이다. 그래서 토지대장 본책과 공유지연명부를 합쳐서 "토지대장"이라 하였다. 이로써 공유지연명부는 토지대장의 일부이지, 결코 부속품이나 보조품이 아닌 것이 명백하게 밝혀진 것이다.

(4) 조선임야조사령

조선임야조사령은 1918년 5월 1일 제령 제5호로 공포되었다. 조선임야조사령은 전문 20조 부칙으로 되어 있는데, 토지조사령과 함께 우리나라에 지적제도를 확립시킨 초석이 되었다. 조선임야조사령 제1조에서는 "임야의 조사 및 측량은 토지조사령에 의하여 조사한 것을 제외하고 본령에 의함"이라고 밝혀 토지조사령에 의한 토지대장과 지적도를 조제하는 구역을 제외한 일체의 지역에 임야조사를 실시한다고 하였다.

또한 제17조에서는 "도장관(도지사)은 임야대장 및 임야도를 조제하고, 제8조 1항의 규정에 의한 사정으로써 확정된 사항 또는 제11조 규정에 의한 결정을 거친 사항을 이에 등록할 것"이라 하여 임야대장 및 임야도 조제의 법률적 근거가 처음으로 마련되었다. 여기에 근거하여 1920년 8월 23일 조선총독부령 제113호로써 임야대장규칙이 공포되었는데 임야대장 및 임야도에 관해서는 그 대부분이 토지대장 및 지적도의 예에 준하도록 규정되었다.

이에 따라 토지조사령에 의한 토지대장, 지적도, 조선임야조사령에 의한 임야대장, 임야도의 4가지 공부를 갖추게 되어 지적제도가 확립되었다.

조선임야조사령은 임야의 지적을 정리함에 있어 필요한 많은 규정을 두었는데 도장관이 임야의 소유자 및 그 경계를 사정하도록 한 규정도 있었다. 1908년 1월 21일 대한제국 법률 제1호인 삼림법에는 부칙 제19조에 "삼림산야의 소유자는 본법 시행일로부터 3년 이내에 삼림산야의 지적 및 견취도(약도)를 첨부하여 농상공부대신에게 신고할 것. 기한내에 신고하지 않는 자는 모두 국유로 간주함"이라고 규정되어 있다.

그러나 당시의 우리나라 실정에서는 이 신고가 제대로 시행되지 않았기 때문에 국민들은 본의 아니게 자기소유의 삼림산야를 국유로 귀속시킨 것이 많았다.

이를 위해 조선임야조사령 제10조에서는 "융희 2년 법률 제1호 삼림법 제19조의 규정에 의하여 지적의 신고를 하지 않아 국유로 귀속한 임야는 구 소유자 또는 그 상속인의 소유로 제정할 것"이라고 규정하여 억울하게 국유로 귀속된 사유임야를 원소유자에게 되돌려 주는 입법조치를 하였다.

(5) 임야대장규칙

임야대장규칙은 1920년 8월 23일 조선총독부령 제113호로 공포되었다. 이 규칙은 전문 6조 부칙으로 되어 있는데, 제1조에서 "부, 군, 도에 임야대장 및 임야도를 비치함"이라고 규정함으로써 임야관계 지적공부의 비치에 관한 근거가 마련되었다. 이로써 우리나라는 토지대장규칙에 의한 토지대장 및 지적도와 임야대장규칙에 의한 임야대장 및 임야도를 부, 군에 비치하는 이원적인 지적제도가 확립되었다.

임야대장 및 임야도에 관해서는 모두 토지대장 및 지적도의 예에 준하게 하였다.

그후 조선총독부령으로써 제4조 2를 신설하여 "새로이 임야대장에 토지를 등록할 때에는 부이, 군수 또는 도사는 지반을 측량함"이라고 규정함으로써 토지대장등록지의 경우처럼 지적국정주의를 밝혔다.

임야대장등록지의 면적은 무를 단위로 하였는데 면적에 1무 미만의 우수리가 있을 때는 15보(평) 미만은 버리고 15보 이상은 1무로 올리며, 1필지의 면적이 1무 미만인 때는 이를 보위에 그치고, 1필지의 면적이 1보 미만인 때는 이를 무조건 1보로 하도록 규정하였기 때문에 임야대장등록지 면적의 최소단위는 1보로 되었다.

1943년 3월 31일 조선총독부령 제69호 "조선임야대장규칙"이 공포되어 4월 1일부터 시행됨에 따라 임야대장규칙은 23년만에 폐지되었다.

(6) 토지측량규정

토지측량규정은 1921년 3월 16일 조선총독부 훈령 제10호로 제정되었다. 토지측량 규정이란 토지대장등록지측량 규정이라는 뜻인데, 전문 62조문으로 되어 있다.

제1장 총 칙
제2장 신규측량
제3장 이동측량
제4장 도근측량
제5장 지적산정
제6장 지적도정리
제7장 잡 칙

1925년 5월 5일 조선총독부 훈령 제33호로 제2장 신규측량에 산간부점재지(띄엄띄엄 있는 토지)와 기등록지와의 위치결정 방법에 관하여 1개 조문을 추가하고 제4장 "도근측량"에, 보조삼각측량에 관한 2개 조문을 추가하는 한편 제4장 2의 "삼각측량"을 신설함으로써 삼각측량에 관한 총 4개 조문을 추가했기 때문에 토지측량 규정은 모두 69개 조문이 되었다.

토지측량규정은 광복 후까지도 계속 시행되어 오다가 1954년 11월 12일 대통령령 제951호로 지적측량규정이 제정·시행 됨과 동시에 폐지되었다.

지적측량기술에 한해서는 일제 때의 기술자들을 별다른 훈련없이 쉽게 우리나라 기술자로 전환시킬 수 있어서 광복 직후 타분야의 많은 혼란과는 달리 유독 지적기술자에 대한 걱정만은 하지 않아도 되었다.

토지측량규정은 내용이 현대식 지적측량에 크게 어긋나지 않았기 때문에 오늘날까지 지적측량 중에서도 특히 토지대장등록지의 측량에 관한 원류를 이루고 있다.

(7) 임야측량규정

임야측량규정은 1935년 6월 12일 조선총독부 훈령 제27호로 제정되었다. 임야측량규정은 임야대장등록지측량이라는 뜻인데, 전문 26조문으로 되어 있다. 임야측량은 대부분이 지적측량규정을 준용하도록 하였기 때문에 축척의 차이에 따른 여러 제한은 달랐지만 모든 측량방식 등은 토지측량규정의 예와 거의 같았다.

이 임야측량규정은 1954년 11월 12일 대통령령 제951호 지적측량규정이 제정·공포됨으로써 토지측량규정과 함께 폐지되었지만 그 내용은 대부분 새로 제정된 지적측량규정에 흡수되었다.

(8) 조선지세령

조선지세령은 1943년 3월 31일 제령 제6호로 공포되었고, 4월 1일부터 시행됨으로써 1914년 3월 16일 제령 제1호로 공포된 후 29년 동안 시행되던 지세령은 폐지되었다.

조선지세령은 전문 7장과 부칙을 포함한 95개 조문으로 되어 있는데, 우리나라 세금의 대부분인 지세에 관한 사항을 규정하는 것이 주목적이었지만 95조문 중 지적에 관한 조문이 30여 개나 되었다. 또한 시행규칙은 부칙까지 42개 조문이었는데 여기에도 지적에 관한 사항이 10여 개의 조문이어서 지적에 관한 법령으로서도 그런 대로 제구실을 하였다. 조선지세령은 그 시행규칙에 토지대장규칙의 대부분을 흡수하고 토지대장규칙을 폐지하여 토지대장 및 지적도에 관한 것은 통합되었지만 임야대장규칙은 흡수하지 못하고 이를 존립시킨 채로 두었다.

그것은 일제시대에 지세는 국세이고, 임야세는 지방세였기 때문에 지세와 임야세는 이를 이원적으로 규정할 필요가 있었다. 광복 전후를 통하여 시행되었던 조선지세령은 지세제도나 지적제도의 과도기 역할을 해온 법령이었다.

(9) 조선임야대장규칙

조선임야대장규칙은 1943년 3월 31일 조선총독부령 제69호로 공포되어 4월 1일부터 시행되었다. 이에 따라 1920년 8월 23일 조선총독부령 제113호 임야대장규칙은 23년만에 내용의 대부분이 조선임야대장규칙에 계승한 채 폐지되었다.

조선임야대장규칙은 부칙까지 모두 26개 조문으로 되어 있는데 임야대장규칙에 조선이라는 두 글자를 삽입하여 임야대장규칙과 구별되었다. 이 규칙은 임야에 대한 지적제도의 규정으로는 그런대로 충분한 것이기 때문에 광복 후에도 계속 시행되었지만 1950년 12월 1일 법률 제165호로써 지적법이 제정됨과 동시에 폐지되었다.

이때 임야대장 및 임야도도 토지대장 및 지적도와 함께 새로운 지적법에 의한 것으로 경과조치로 규정되었으나 조선임야대장규칙은 임야에 대한 지적제도의 기초를 다져놓는 계기가 되었다(원영희, 1977).

3 대한민국

(1) 지적법

지적법은 1950년 12월 1일 법률 제165호로 제정·공포되었다. 지적법은 부칙까지 합쳐서 전문 41개 조문으로 내용은 종래의 조선지세령, 조선지세령시행규칙, 조선임야대장규칙들중에서 지적에 관한 규칙만을 뽑아 집성한 것으로 다음과 같다.

제1장 총 칙
제2장 토지대장 및 지적도
제3장 임야대장 및 임야도
제4장 잡 칙

먼저 제1장은 지적정리의 원칙 및 지목 등에 관하여 규정하고, 제2장은 토지대장 및 지적도의 비치와 그 등록사항인 지번, 지적(면적), 신규등록, 분할, 합병, 지목변환, 시가지계획 등의 정리에 관한 사항이 규정되었다. 제3장은 임야대장 및 임야도에 관하여 규정하고, 제4장에서는 대리신고, 부칙, 종사업무원의 질문권 등에 관한 사항을, 부칙에서는 경과조치 등이 규정되었다. 그런데 부칙 제37조에서는 "본법 시행기일은 대통령령으로 이를 정한다"고 규정하고 같은 날짜로 대통령령 제429호로 "지적법 시행기일에 관한 건"에 "지적법의 시행기일은 단기 4283년(서기 1950년) 12월 1일로 한다"라고 규정하여 시행되었다.

결과적으로 지적법은 1950년 12월 1일 공포되고, 1950년 12월 1일자 대통령령에 의하여 1950년 12월 1일부터 시행한다는 것이었다. 또한 부칙 제37조 2항에 "본법 시행으로 인하여 새로이 지적공부에 등록하여야 할 토지의 이동정리는 본법 시행일로부터 3년 이내에 하여야 한다"는 훈시규정이 있었다. 그래서 지적법 시행일인 1950년 12월 1일부터는 도로, 하천, 구거, 제방, 성첩, 철도선로, 수도선로 등에도 지번을 붙이고, 그 경계와 면적 및 소유자를 지적공부에 등록하도록 하였다.

당시는 6.25 사변중이어서 모든 업무가 그러했듯이 훈시규정대로 실시하지 못하다가 약 30년이 지난 후에 비로소 이를 완결하였다.

지적법의 제정은 우리나라 지적사상에 획기적인 의의를 가지는 것이었다. 비록 세지적에서 법지적으로 탈바꿈하려는 노력이 많기는 하였으나 그래도 그 원류는 세지적의 영역을 완전히 탈피하지는 못했다. 또한 이 법은 과거부터 우리나라 지적법령의 근본이념으로 삼던 지적국정주의, 지적형식주의, 지적공개주의에 따라 제정되기는 했지만 이러한 이념을 구현하기에는 부족한 점이 많았다. 또한 지적사무가 재무부에서 내무부로 이관되자 1961년 12월 8일 법률 제829호로 몇 군데 자구수정을 한 외에 변동 없이 시행되었는데 우리나라 지적업무에 이바지한 공적이 지대하였다.

(2) 지적측량규정

지적측량규정은 1954년 11월 12일 대통령령 제951호로 공포되었는데 이는 지적법 제17조 3항에 의한 위임명령으로 전문 9장 92개조 및 부칙으로 구성되었다.

제1장 총 칙
제2장 신규측량
제3장 이동측량
제4장 확정측량
제5장 삼각측량
제6장 보조삼각측량 및 도근측량
제7장 지적산정
제8장 지적정리
제9장 잡 칙
부 칙

지적측량규정의 시행과 동시에 일제시대부터 내려오던 토지측량규정과 임야측량규정은 폐지되었다. 지적측량은 기초측량과 세부측량의 2가지로 대별되는데 기초측량은 삼각측량과 도근측량으로 구분되었고, 세부측량은 신규측량, 이동측량, 확정측량의 3가지로 구분되었다.

지적측량규정은 지적측량에 관한 기술측면의 규정으로써 이는 1960년에 공포된 지적측량사규정과 함께 지적측량에 대해서 가장 중요한 규정이었다. 지적측량기술자에 관해서 규정한 지적측량사 규정은 측량법과 그 적용문제에 관하여 15년간 논쟁을 거듭해 왔지만 이 지적측량 규정만은 그 효력에 대하여 아무런 이의가 없었으며, 지적측량규정의 사항들은 우리나라 지적공부 정리의 근본이 되었다.

(3) 지적측량사 규정

지적측량사규정은 1960년 12월 31일 국무원령 제167호로서 공포되었는데 전문 38조문과 부칙으로 구성되었다.

제1장 총 칙
제2장 전 형
제3장 등 록
제4장 지적협회
제5장 지적측량심의회
제6장 지적측량사징계위원회
부 칙

지적측량 규정이 지적측량에 관한 규정이라면 지적측량사 규정은 종사기술자의 인적 사항에 관한 규정이다. 따라서 지적측량은 지적측량사 규정에 의하여 공인된 기술자가 지적측량 규정에 따라 시행한다는 것이다. 지적측량사 규정이 공포된 지 만 1년 후인 1961년 12월 31일에는 법률 제938호로서 건설부가 주관하는 측량법이 공포되었다.

그런데 이 2개의 법령은 지적측량에 대한 법령 적용문제로 논쟁의 대상이 되어오다가 1976년 5월 7일 지적법이 개정되어 시행됨으로써 15년만에 종지부를 찍었다.

그런데 주목할 것은 지적측량 규정에서는 확정측량을 세부측량의 일종으로 규정한데 반하여 지적측량사 규정에서는 지적측량사의 과별을 세부측량과 기초측량, 확정측량 3가지로 구분하였다. 이로써 확정측량은 지적측량 규정에서는 세부측량의 일종으로 규정되었지만 지적측량사 규정에서는 세부측량에서 분리하여 독립적인 측량과로 승격시켜 놓았다. 그리고 확정측량과의 전형에 합격된 자에 대하여는 세부측량과와 기초측량과의 전형을 받지 않더라도 각각 그에 합격한 것으로 간주하도록 규정함으로써 확정측량사는 사실상 기초 및 세부측량사의 상위에서 군림하도록 하는 형태가 되었다(원영희, 1972). 이러한 규정은 동일체계의 법령 내에서 이율배반적인 모순이어서 비판을 받기도 하였다.

제4절 지적법의 내용

1 구성내용의 변천

지적법은 토지의 등록과 이동지정리 등에 관한 지적의 기본법으로서 지세령과 토지 또는 임야대장규칙에 의해서만 명맥을 유지하다가 이후 소유권 및 위치 본위 지적제도의 확립을 위한 지적업무 독립성이 인정되어 제정된 것이다(내무부, 1987).

지적법이 제정되기 이전의 원래 지적법의 모체는 1910년 8월 23일 법률 제7호로 토지조사를 목적으로 제정되었던 토지조사법이었다. 그리고 토지조사령(1912. 8. 13 제령 제2호), 임야조사령(1918. 5. 1 제령 제5호)과 토지세의 부과징수를 목적으로 했던 지세령(1914. 3. 16 제령 제1호), 토지대장규칙(1914. 4. 25 총훈 제45호) 및 임야대장규칙(1920. 8. 23 총훈 제113호) 등도 지적법의 기초가 되었다. 그후 이 법령들은 산업발전과 세제변천에 따라 조선지세령(1943. 3. 31 제령 제6호)과 조선임야대장규칙(1943. 3. 31 총훈 제69호)으로 개정되어 시행되다가 광복을 맞이하였다.

대한정부가 수립되자 각 분야에 걸쳐 독립국가의 면모를 갖추고자 선진국의 사례들을 살펴 행정 및 법체계를 정비·개선코자 하였다. 이에 따라 지적에 따른 다년간의 백폐를 제거하고, 법제상 지적법체계의 미비점을 보완하려는 노력으로 1950년 12월 1일 법률 제165호로 지적법이 제정된 것이다. 이것은 이전까지 지적과 혼합되었던 지세사무를 따로 규정한 지세법(1950. 11. 30 법률 제155호)과는 완전 분리된 것으로 본래의 소유권 본위와 위치 본위의 지적법으로 독립적인 법체계의 목적을 달성하였는데 주요내용은 다음과 같다(내무부, 1992).

(1) 지적법제정(1950. 12. 1 법률 제165호)

- 토지대장·지적도·임야대장 및 임야도를 지적공부로 규정
- 지목을 18개 종목에서 21개 종목으로 분리, 신설하도록 규정
- 세무서에 토지대장을 비치하고 토지의 소재·지번·지목·지적·소유자·질권자, 또는 지상권자 주소·성명·명칭 등을 등록하도록 규정
- 정부에 토지대장, 지적도 임야대장 및 임야도를 비치하도록 하고 그 등록사항을 규정
- 동·리·로·가 또는 이에 준할만한 지역을 지번지역으로 규정
- 토지대장등록 토지의 지적은 『평(坪)』을 단위로, 임야대장 등록토지의 지적은 『무(畝)』를 단위로 하여 등록하도록 규정
- 토지의 이동이 있을 경우에는 지번·지목·경계 및 지적은 신고에 의하여, 신고가 없거나 부적당하다고 인정되는 때에는 정부의 조사에 의하여 정하도록 규정
- 질권자 또는 지상권자, 철도용지·수도용지·도로 등이 된 토지는 공사시행관청 또는 기업자. 토지개발사업시행지 등은 시행자, 국가소유가될 토지는 그 토지를 보관한 관청 등이 토지소유자를 대신하여 신고 또는 신청을 할 수 있도록 규정
- 지적공부에 새로이 등록하여야 할 미등록 토지는 이법 시행일로부터 3년 이내에 등록하도록 규정

(2) 지적법 제1차 개정(1961. 12. 8 법률 제829호)

- 지적공부 비치기관을 『세무서』에서 『서울특별시 또는 시·군』으로 개정
- 토지대장의 등록사항 중 『질권자의 주소·성명·명칭 등』의 등록규정 삭제
- 토지에 대한 『지세』를 『재산세와 농지세』로 개정

(3) 지적법 제2차 개정(1975. 12. 31 법률 제2801호)

- 지적법의 주요내용과 입법목적을 규정
- 지적공부·지적소관청·필지·지번·지번지역·지목 등의 지적에 관한 용어의 정의를 규정
- 시·군·구에 토지대장·지적도·임야대장·임야도 및 수치지적부를 비치, 관리하도록 하고 그 등록사항을 규정
- 토지대장에 지상권자의 주소·성명·명칭 등의 등록 규정을 삭제
- 시의 동과 군의 읍·면에 토지대장부본 및 지적약도와 임야대장 부본 및 임야약도를 작성·비치하도록 규정
- 지목을 21개 종목에서 24개 종목으로 통·폐합·신설하도록 규정
- 면적을 척관법에 의한 『평(坪)』과 『무(畝)』에서 미터법에 의한 『평방미터』로 개정
- 토지대장과 임야대장에 토지소유자의 주민등록번호를 등록하도록 제도 신설
- 검사측량, 경계복원측량, 현황측량 등을 지적측량으로 규정
- 지적측량을 사진측량과 수치측량의 방법으로 실시할 수 있도록 제도 신설
- 지적도와 임야도의 축척변경을 할 수 있도록 제도 신설
- 소관청은 년1 회 이상 등기부를 열람하여 지적공부와 부합되지 아니할 때에는 부합에 필요한 조치를 할 수 있도록 제도신설
- 지적측량기술자격을 기술계와 기능계로 구분하도록 개정
- 지적측량업무의 일부를 지적측량을 주된 업무로 하여 설립된 비영리 법인에게 대행시킬 수 있도록 규정
- 소관청이 직권으로 조사 또는 측량하여 토지의 이동정리를 한 경우와 지번경정·지적공부의 복구·토지구획정리사업·대위신청·행정구역개편·직권등록사항정정·등기촉탁 등을 한 경우에는 당해 토지소유자에게 통지하도록 제도신설
- 지적위원회의 설치 및 심의 의결에 관한 사항을 신설
- 대장의 서식을 『한지 부책식』에서 『카-드식』으로 개정

(4) 지적법 제3차 개정(1986. 5. 8 법률 제3810호)

- 면적단위의 명칭을 평방미터에서 제곱미터로 개정
- 시의 동에 지적공부 부본 및 약도의 비치규정을 삭제
- 지적도 및 임야도를 각 2부씩 작성하여 1부는 재조제를 위한 경우를 제외하고는 열람 등을 하지 못하도록 제도 신설
- 토지대장 및 임야대장에 국가·지방자치단체, 법인 또는 법인 아닌 사단이나 재단 및 외

국인 등의 등록번호를 등록하도록 제도신설

- 아파트·연립주택 등의 공동주택부지와 도로·하천·구거 등의 합병을 촉진하기 위하여 집합건물의 관리인 또는 사업시행자에게 합병신청에 대한 대위권을 인정하도록 제도신설
- 신규등록·분할·합병을 제외한 토지의 이동정리를 한 때에는 지적소관청이 관할 등기소에 표시변경등기를 촉탁하도록 제도신설
- 소관청의 등기부열람 회수를 『연 1회 이상』에서 『필요하다고 인정할 때는』으로 개정하고, 소관청 소속공무원의 등기부 열람 수수료를 무료로 하도록 제도신설
- 토지이동신청 해택에 따른 과태료를 시장·군수가 부과 징수토록 제도신설

(5) 지적법 제4차 개정(1990. 12. 31 법률 제4273호)

- 지적공부의 등록사항을 전산정보처리조직에 의하여 처리할 경우 전산등록파일을 지적공부로 보도록 규정
- 전산정보처리조직에 의하여 입력된 지적공부는 시·도의 지역전산본부에 보관, 관리토록 하고 복구 등을 위한 경우이외에는 등록파일의 형태로 복제할 수 없도록 제도신설
- 지적공부의 열람 및 등본의 교부를 전국 어디서나 가까운 시·군·구에 신청할 수 있도록 제도 신설

(6) 지적법 제5차 개정(1991. 11. 30 법률 제4405호)

- 지목 중 『운동장』을 『체육용지』로 명칭을 변경하도록 개정
- 지적공부의 등록사항을 전산처리할 경우 변경사항을 전산등록 파일에만 정리할 수 있도록 개정
- 군의 읍·면에 토지대장부본과 임야대장부본을 전산등록파일에 의거 작성·비치할 수 있도록 개정

(7) 지적법 제6차 개정(1991. 12. 14 법률 제4422호)

- 합병하고자 하는 토지의 지번지역·지목 또는 소유자가 서로 다르거나 그 토지에 관하여 소유권·지상권·전세권·임차권 및 승역지에 관하여 하는 지역권의 등기 이외의 등기가 있는 경우(합병하고자 하는 토지 전부에 관하여 등기원인 및 그 연월일과 접수번호가 동일한 저당권에 관한 등기가 있는 경우를 제외) 기타 대통령령이 정하는 경우에는 합병할 수 없도록 개정

(8) 지적법 제7차 개정(1995. 1. 5 법률 제4869호)

- 내무부장관은 국민의 편의를 도모하기 위하여 지적도와 임야도를 복제하여 일반 지도나 해도처럼 간행·판매할 수 있도록 하되, 필요한 경우에는 이를 대행할 대행업자를 지정할 수 있도록 개성
- 지적전산정보자료를 이용하고자 하는 자는 관계중앙행정기관장의 심사를 거쳐 내무부장

관의 승인을 얻도록 개정
- 종전에는 토지의 분할 및 합병정리 시에는 토지소유자가 등기신청을 하도록 하던 것을 지적지적소관청이 등기촉탁을 할 수 있도록 보완하여 지적공부와 등기부의 내용을 일치시키고 국민의 편의를 도모
- 시·도지사 소속하에 지방지적위원회를 설치하여 지적측량에 관한 민원을 신속·공정하게 처리하도록 하고, 지방지적위원회의 의결에 불복하는 경우에는 내무부장관소속하의 중앙지적위원회에 재심사를 청구할 수 있도록 개정
- 『조제·재조제』 등 어려운 용어를 『작성·재작성』 등 쉬운 용어로 변경하고, 일부 벌칙을 현실에 맞게 조정

(9) 지적법 제8차 개정(1997.12.13 법률 제5454호)

- 정부조직법의 개정으로 부처명칭이 변경된 후에도 종전의 부처명칭을 계속 사용하고 있는 규정을 정비
- 서울특별시는 특별시로, 종전의 직할시는 광역시로 규정을 정비

(10) 지적법 제9차 개정(1999. 1. 18 법률 제5630호)

- 지번변경, 지적공부반출, 지적공부의 재작성 및 축척변경에 대한 행정자치부장관의 승인권을 도지사에게 이양하도록 개정(법 제4조제2항·제8조제3항·제14조 및 제27조제1항)
- 지적도 또는 임야도를 복제한 지적약도 등을 간행하여 판매업을 영위하고자 하는 자는 행정자치부장관에게 등록을 하도록 개정(법 제12조의2)
- 토지분할·합병·지목변경 등 토지이동 사유가 발생한 경우 토지소유자가 소관청에 토지이동을 신청하는 기간을 30일 이내에서 60일 이내로 연장(법 제15조 내지 제18조, 제20조 및 제22조)

(11) 지적법 제10차 개정(2001. 1. 26 법률 제6389호)

- 지적법의 목적을 정보화 시대에 맞도록 보완(법 제1조)
- 공유지연명부와 대지권등록부를 지적공부로 규정하고 수치지적부를 경계점좌표등록부로 명칭을 변경(법 제2조)
- 지적위성기준점(GPS상시관측소)을 지적측량기준점으로 추가
- 현재 시·도지사가 지역전산본부에 보관·운영하고 있는 전산처리된 지적공부를 지적관련 민원업무를 직접 담당하고 있는 시장·군수·구청장도 보관·운영하도록 개정(법 제2조제20호 및 제8조제3항)
- 도시화 및 산업화 등으로 급속히 증가하고 있는 창고용지·주차장 및 주유소용지, 양어장 등을 별도의 지목으로 신설(법 제5조)
- 토지의 지번으로 위치를 찾기 어려운 지역의 도로와 건물에 도로명과 건물번호를 부여하여 관리할 수 있도록 개정(법 제16조)

- 지적공부에 등록된 토지가 지형의 변화 등으로 바다로 되어 원상으로 회복할 수 없거나 다른 지목의 토지로 될 가능성이 없는 경우 토지소유자가 일정기간 내에 지적공부의 등록말소신청을 하지 아니하면 소관청이 직권으로 말소할 수 있도록 개정(법 제22조)
- 아파트 등 공동주택의 부지를 분할하거나 지목변경 등을 하는 경우 사업시행자가 토지이동신청을 대위할 수 있게 하여 국민의 불편을 해소할 수 있도록 개정(법 제28조제3호)
- 행정자치부장관은 전국의 지적·주민등록·공시지가 등 토지관련자료의 효율적인 관리와 공동활용을 위하여 지적정보센터를 설치·운영할 수 있도록 개정(법 제42조)
- 시·도지사는 지적측량적부심사 의결서를 청구인뿐만 아니라 이해관계인에게도 통지하여 지적측량적부심사 의결내용에 불복이 있는 경우에는 이해관계인도 재심사청구를 할 수 있도록 개정(법 제45조제5항 내지 제7항)
- 지적관련 전문용어의 신설 및 변경(법 제2조 및 제22조)
  - 신설 : 경계점
  - 변경 : 해면성말소→바다로 된 토지의 등록말소
- 도면의 전산화사업에 따라 지적공부부본 작성제도와 도면의 2부 작성 제도를 폐지하고 활용도가 저조한 도근보조점 설치제도와 삼사법, 푸라니미터에 의한 면적측정방법 폐지

(12) 지적법 제11차 개정(2002. 2. 4 법률 제6656호)

- 지적법 내용 중「토지수용법」을「공익사업을위한토지등의취득및보상에관한법률」로 개정(법 제34조)

(13) 지적법 제12차 개정(2003. 5. 29 법률 6916호)

- 지적법 내용 중「주택건설촉진법」을「주택법」으로 개정(법 제20조 및 제28조)

(14) 지적법 제13차 개정(2003. 12. 31 법률 7036호)

- 지적측량업을 영위하고자 하는 자는 행정자치부장관에게 등록하도록 하고, 지적측량업의 등록을 한 자는 경계점좌표등록부가 비치된 지역의 지적측량과 도시개발사업 등이 완료됨에 따라 실시하는 지적확정측량을 수행할 수 있도록 개정(법 제41조의2 및 제41조의3 신설).
- 지적측량업무를 대행하던 기존의 재단법인 대한지적공사를 이 법에 의한 특수법인으로 전환하여 제반 지적측량을 수행하도록 개정(법 제41조의9 및 제41조의 11 신설 및 부칙 제2조).
- 지적측량수행자는 신의와 성실로써 공정하게 지적측량을 하도록 하고, 자기·배우자 등의 토지는 지적측량을 하지 못하게 하며, 지적측량수수료 외의 대가를 받지 못하게 하는 등 지적측량수행자의 의무를 규정함(법 제45조의2 신설).
- 부실한 지적측량에 의한 손해배상책임을 보장하기 위하여 지적측량수행자로 하여금 보험가입 등 필요한 조치를 하도록 개정(법 제45조의3 신설).
- 지적측량업의 등록을 하지 아니하고 지적측량업을 영위하거나 지적측량업 등록증을 다른 사람에게 빌려준 때에는 5년 이하의 징역 또는 5천만원 이하의 벌금에 처하도록 개

정(법 제50조의2 신설).

(15) 지적법 제14차 개정(2005. 3. 31 법률 7428호)

- 지적법 내용 중 「파산자」를 각각 「파산선고」를 받은 자로 개정(법 제41조의4 및 제41조의 13)

(16) 지적법 제15차 개정 (2006. 09. 22 법률 07987호)

◇ 개정이유 및 주요내용

- 지적측량업의 등록결격사유에서 '파산자로서 복권되지 아니한 자'를 제외함으로써 파산자의 경우에도 지적측량업의 등록을 할 수 있도록 개정

(17) 지적법 제16차 개정(2006. 10. 04 법률 08027호)

- 기존 주소체계를, 도로와 건축물 등에 도로명 및 건물번호를 부여하고 이 도로명 및 건축번호를 기준으로 주소체계를 구성하는 새로운 주소체계로 변경하고, 이를 전국에 통일적으로 적용

(18) 지적법 제17차 개정(2007. 05. 17 법률 08435호)

- "호적·제적"을 "가족관계기록사항에 관한 증명서"로 개정

(19) 지적법 제18차 개정(2008. 02. 29 법률 08853호)

- 정부조직법의 개정으로 지적업무의 소관이 행정자치부에서 국토해양부로 이관됨에 따라 행정자치부장관, 행정자치부령 및 행정자치부를 각각 국토해양부장관, 국토해양부령 및 국토해양부로 변경하는 등 관련 규정을 정비

(20) 지적법 폐지(2009. 06. 09 법률 제9774호)

- 측량, 지적 및 수로업무 분야에서 서로 다른 기준과 절차에 따라 측량 및 지도 제작 등이 이루어져 우리나라 지도의 근간을 이루는 지형도·지적도 및 해도가 서로 불일치하는 등 국가지리정보산업의 발전에 지장을 초래하는 문제를 해소하기 위하여 「측량법」, 「지적법」 및 「수로업무법」을 통합하여 측량의 기준과 절차를 일원화함으로써 측량성과의 신뢰도 및 정확도를 높여 국토의 효율적 관리, 항해의 안전 및 국민의 소유권 보호에 기여하고 국가지리정보산업의 발전을 도모하기 위하여 「측량·수로조사 및 지적에 관한 법률」로 통합됨.

(21) 측량·수로조사 및 지적에 관한 법률 제정(2009. 06. 09 법률 제9774호)

- 측량기준 일원화(법 제6조 및 제7조)
  위치는 세계측지계(세계측지계)에 따라 측정한 지리학적 경위도와 높이로 표시하고, 측량의 원점은 대한민국 경위도원점 및 수준원점으로 하는 등 각 개별법에서 서로 다르게 운영되고 있는 측량기준을 통합하고, 측량기준점은 국가기준점, 공공기준점 및 지적기준점으로 구분
- 측량기준점표지의 설치·관리(법 제8조)
  측량기준점표지는 그 측량기준점을 정한 자가 설치·관리하고, 측량기준점표지를 설치한 자는 그 종류와 설치 장소를 국토해양부장관 및 관계 시·도지사와 측량기준점표지를 설치한 부지의 소유자 등에게 통지
- 지형·지물의 변동사항 통보(법 제11조)
  특별자치도지사, 시장·군수 또는 구청장은 그 관할구역에서 지형·지물의 변동이 발생한 경우에는 그 변동사항을 국토해양부장관에게 통보하도록 하고, 공공측량수행자는 지형·지물의 변동을 유발하는 공사를 착공하거나 완공하면 그 사실과 변동사항을 국토해양부장관에게 통보
- 기본측량성과 등을 사용한 지도 등의 간행(법 제15조)
  국토해양부장관은 기본측량성과 및 기본측량기록을 사용하여 지도나 그 밖에 필요한 간행물을 간행하여 판매하거나 배포할 수 있도록 하고, 기본측량성과, 기본측량기록 또는 국토해양부장관이 간행한 지도 등을 활용한 지도 등을 간행하여 판매하거나 배포하려는 자는 국토해양부장관의 심사를 받도록 규정
- 지적측량의 적부심사(법 제29조)
  토지소유자, 이해관계인 또는 지적측량수행자는 지적측량성과에 다툼이 있는 경우에는 관할 시·도지사에게 지적측량 적부심사를 청구할 수 있고, 지적측량 적부심사청구를 받은 시·도지사는 소관 지방지적위원회에 회부하여 심의·의결을 거친 후 그 결과를 청구인에게 통지하도록 하며, 지방지적위원회의 의결에 불복하는 경우에는 국토해양부장관에게 재심사를 청구
- 수로도서지의 간행 등(법 제35조 및 제36조)
  국토해양부장관은 수로조사성과를 수록한 수로도서지를 간행하여 판매하거나 배포하도록 하고, 수로도서지의 판매를 대행하는 자를 지정할 수 있도록 하며, 국토해양부장관이 간행한 수로도서지를 복제하거나 변형하여 수로도서지와 비슷한 제작물로 발행하려는 자는 국토해양부장관의 승인
- 지적측량업자 업무범위 확대(법 제45조)
  지적측량업자의 업무범위로 경계점좌표등록부가 있는 지역에서의 지적측량, 지적재조사사업에 따라 실시하는 지적확정측량, 도시개발사업 등이 끝남에 따라 하는 지적확정측량 외에 지적전산자료를 활용한 정보화사업을 규정
- 측량협회의 설립(법 제56조)
  측량에 관한 기술의 향상과 측량제도의 건전한 발전을 위하여 측량협회를 설립할 수 있

도록 하고, 설립요건으로 측량기술자 300명 이상 또는 측량업자 10분의 1 이상을 발기인으로 하여 정관을 작성한 후 창립총회의 의결을 거쳐 국토해양부장관의 인가

- 토지의 조사·등록(법 제64조)
  국가는 모든 토지를 필지마다 토지의 소재·지번·지목·면적·경계 또는 좌표 등을 조사·측량하여 지적공부에 등록하도록 하고, 지적공부에 등록하는 지번·지목·면적·경계 또는 좌표는 토지의 이동이 있을 때 지적소관청이 토지소유자의 신청이나 직권으로 결정
  ※ 이 법은 공포 후 6개월이 경과한 날부터 시행

(22) 지적 재조사에 관한 특별법 제정(2011.9.16 법률 제11062호)

- 국토해양부장관은 지적재조사사업을 효율적으로 시행하기 위하여 미리 공청회를 개최하여 관계 전문가 등의 의견을 듣고, 시·도지사에게 송부하여 의견을 들은 후 중앙지적재조사위원회의 심의를 거쳐 지적재조사사업에 관한 기본방향 등이 포함된 기본계획을 수립하도록 함(안 제4조).
- 지적소관청은 기본계획을 통지 받았을 때에는 지적재조사사업의 시행자 등이 포함된 지적재조사 사업에 관한 실시계획을 수립하도록 함(안 제6조).
- 지적소관청은 실시계획을 수립하여 사업지구 안 토지소유자 총수의 3분의 2 이상과 토지면적 3분의2 이상에 해당하는 토지소유자의 동의를 받아 시·도지사에게 사업지구 지정을 신청하도록 하고, 사업지구의 지정고시가 있었던 날부터 2년 내에 일필지조사 및 지적재조사측량을 시행하지 않았을 때에는 사업지구의 지정 효력을 상실하게 함(안 제7조 및 제9조).
- 지적소관청은 사업지구 지정고시가 있으면 그 사업지구의 토지를 대상으로 일필지조사를 하여야 하며, 일필지조사는 지적재조사측량과 병행하여 실시할 수 있도록 함(안 제10조 및 제11조).
- 사업지구 안의 토지소유자는 토지소유자 총수의 3분의 2 이상과 토지면적 3분의 2 이상에 해당하는 토지소유자의 동의를 받아 토지소유자협의회를 구성할 수 있도록 함(안 제13조).
- 지적소관청은 토지의 실제 현황과 기존의 지적공부상의 경계가 일치하지 않는 경우 토지소유자와의 합의 등에 의하여 지적재조사를 위한 경계를 설정하고, 경계가 설정되면 지체 없이 임시경계점표지를 설치하고 지적재조사측량을 실시하도록 하며, 경계결정위원회의 의결에 따라 경계를 결정하고, 경계결정위원회의 결정에 이의가 없을 때에는 이를 확정하도록 함(안 제14조부터 제19조까지).
- 경계 확정으로 지적공부상의 면적이 증감된 경우에는 시·군·구 지적재조사위원회의 심의를 거쳐 조정금을 산정하여 징수하거나 지급하도록 함(안 제20조).
- 지적재조사사업에 관한 주요정책을 심의·의결하기 위하여 국토해양부장관 소속하에 중앙지적재조사위원회를 두고, 시·도의 지적재조사사업에 관한 주요정책을 심의·의결하기 위하여 시·도지사 소속하에 시·도 지적재조사위원회를, 시·군·구의 지적재조사사업에

관한 주요 정책을 심의·의결하기 위하여 지적소관청 소속하에 시·군·구 지적재조사위원회를 둘 수 있도록 함(안 제28조부터 제30조까지).

- 기본계획의 입안, 지적재조사 사업의 지도·감독, 기술·인력 및 예산 등의 지원을 위하여 국토해양부에 지적재조사기획단을 두고, 시·도 계획의 입안, 지적재조사사업의 지도·감독, 기술·인력 및 예산 등의 지원을 위하여 시·도에 지적재조사지원단을, 실시계획의 입안, 지적재조사사업의 시행, 사업대행자에 대한 지도·감독 등을 위하여 지적소관청에 지적재조사추진단을 둘 수 있도록 함(안 제32조).

※ 이 법은 공포 후 6개월이 경과한 날부터 시행, 다만 특별자치시와 특별자치시장에 관한 부분은 2012년 7월 1일부터 시행

(23) 측량·수로조사 및 지적에 관한 법률 개정(2013.7.17 법률 제11943호)

- 토지대장, 임야대장, 지적도, 건축물대장 등 현행 부동산과 관련된 18종류의 공적공부를 하나의 공부로 통합한 부동산종합공부를 관리·운영할 수 있는 근거를 마련함(안 제2조 제19호의3 및 제76조의2부터 제76조의5까지 신설, 안 부칙 제5조)
- 지적측량적부심사에 한정된 중앙지적위원회의 기능을 지적관련 정책개발 및 업무 개선에 관한 사항, 지적기술자에 대한 제재처분 등으로 확대함(안 제28조제1항)
- 측량기술자와 측량업자는 측량협회를, 지적기술자와 지적측량업자는 지적협회를 설립할 수 있도록 하고, 협회를 설립하기 위해서 필요한 발기인의 수를 정하는 등 협회설립절차를 명확히 규정함(안 제56조)
- 지적소관청은 토지의 이동에 따라 지상경계를 새로 정한 경우 토지의 소재, 지번, 경계점 좌표 등을 등록한 지상경계점등록부를 작성·관리하도록 함(안 제65조 신설)

(24) 측량·수로조사 및 지적에 관한 법률 폐지(2014.6.3 법률 제12738호)

현행법은 공간정보의 구축을 위한 측량 및 수로조사의 기준 및 절차와 지적공부의 작성 및 관리 등에 관한 사항을 규정한 것이므로 제명을 「공간정보의 구축 및 관리 등에 관한 법률」로 변경하려는 것임. 측량업 정보를 효율적으로 관리하기 위한 측량업 정보 종합관리 체계를 구축·운영하고, 측량용역 사업에 대한 사업수행 능력을 평가하여 공시하도록 하여 공공발주 시 측량업체선정의 객관성을 확보할 수 있도록 개선하려는 것임. 측량업의 등록 질서를 확립하기 위해 고의적으로 폐업한 후 일정기간 내 재등록할 경우 폐업 전 위반행위에 대한 행정처분 효과의 승계는 물론 위반행위에 대해 행정처분이 가능하도록 함과 동시에 자진폐업을 한 경우에도 폐업 전에 수행중인 측량업무를 계속 수행할 수 있도록 개선하려는 것임. 공간정보산업의 건전한 발전을 도모하기 위해 현행법에 따른 "측량협회"와 "지적협회"를 「공간정보산업 진흥법」에 의한 "공간정보산업 협회"로 전환함과 동시에 현행법에서 협회 관련 조문을 삭제하며, "대한지적공사"의 공적기능을 확대하고 공공기관으로의 위상변화에 맞게 "한국국토정보공사"로 명칭을 변경하며, 그 설립근거를 이 법에서 삭제하고 「국가공간정보에 관한 법률」로 이관하려는 것임.

(25) 공간정보의 구축 및 관리 등에 관한 법률 제정[약칭: 측량수로지적법](2014.6.3 법률 제12738호)

- 제명을 「공간정보의 구축 및 관리 등에 관한 법」로 변경
- 국토교통부장관이 측량업정보(측량업자 자본금, 경영실태, 업무 수행실적 등)를 종합적으로 관리하도록 하고, 이를 관련기관 등에 제공할 수 있도록 하며, 측량업정보 종합관리체계의 구축·운영의 근거를 마련(제10조의2 신설)
- 국토교통부장관은 발주자가 적정한 측량업자를 선정할 수 있도록 측량용역사업에 대한 사업수행능력을 평가하여 공시하도록 하고, 측량업자는 평가 및 공시를 받기 위하여 측량용역 수행실적 등을 국토교통부장관에게 제출(제10조의3 신설)
- 국가안보와 국익을 해칠 우려가 있는 측량성과의 경우 원칙적으로 국외로 반출할 수 없으나, 국가정보원장 등 관계기관의 장과 구성한 협의체에서 반출하기로 결정한 경우는 예외적으로 반출(제16조제2항 및 제21조제2항 단서 신설)
- 측량업자가 폐업신고 후 다시 동일한 측량업을 재등록할 때에는 폐업신고 전 측량업자가 받은 행정처분의 효과가 승계(6월 이내) 되도록 하고, 폐업신고 전의 위반행위(과실측량 등)에 대한 행정처분이 가능(제52조의2 신설)
- 자진폐업 시에도 등록취소 또는 영업정지 처분을 받은 경우와 같이 폐업신고 전에 체결된 측량업무를 계속 수행할 수 있도록 개선(제53조제1항)
- 공간정보산업의 건전한 발전을 도모하기 위해 "측량협회"와 "지적협회"를 「공간정보산업 진흥법」에 의한 "공간정보산업협회"로 전환함과 동시에 이 법에서 협회 관련조문을 삭제(현행 제56조 삭제)
- 대한지적공사의 공적기능 확대에 따라 그 설립근거 및 사업범위를 공간정보에 관한 기본법적 성격인 「국가공간정보에 관한 법률」로 이관하고 이법에서 관련조문을 삭제(현행 제58조부터 제63조 삭제)
- 측량업정보 종합관리체계 구축·운영, 측량업자의 측량용역사업에 대한 사업수행능력 공시 및 실적 등의 접수 및 내용의 확인, 측량기준점(지적기준점에 한함)의 관리업무 등에 대한 위탁 근거를 마련하고, 위임·위탁의 대상에 한국국토정보공사를 추가(제105조제2항제1호의2, 제1호의3, 제12호 및 제13호 신설)

※ 이 법은 공포 후 1년이 경과한 날부터 시행한다.

(26) 공간정보의 구축 및 관리 등에 관한 법률 개정(2013.7.17 법률 제11943호)

- 토지대장, 임야대장, 지적도, 건축물대장 등 현행 부동산과 관련된 18종류의 공적공부를 하나의 공부로 통합한 부동산종합공부를 관리·운영할 수 있는 근거를 마련함(안 제2조제19호의3 및 제76조의2부터 제76조의5까지 신설, 안 부칙 제5조)
- 지적측량 적부심사에 한정된 중앙지적위원회의 기능을 지적 관련 정책 개발 및 업무 개선에 관한 사항, 지적기술자에 대한 제재처분 등으로 확대함(안 제28조제1항)
- 측량기술자와 측량업자는 측량협회를, 지적기술자와 지적측량업자는 지적협회를 설립할

수 있도록 하고, 협회를 설립하기 위해서 필요한 발기인의 수를 정하는 등 협회설립 절차를 명확히 규정함(안 제56조)

- 지적소관청은 토지의 이동에 따라 지상경계를 새로 정한 경우 토지의 소재, 지번, 경계점 좌표 등을 등록한 지상경계점등록부를 작성·관리하도록 함(안 제65조 신설)

※ 이 법은 공포 후 2015.7.1.부터 시행

2 현행 지적법의 내용

(1) 총 칙

토지관리와 소유권 보호를 지적법의 목적으로 규정하여 지적관리의 목표로 설정하고, 용어의 정의와 토지의 등록원칙, 등록사항(지번, 지목, 경계, 면적)의 등록기준 및 방법을 규정하고 있다. 토지이동이 있을 경우에는 신청에 의하여 소관청이 이를 결정하고 신청이 없더라도 소관청이 직권으로 이를 조사 또는 측량하여 결정하므로 직권주의원칙에 따라 토지이동사항이 결정된다.

토지등록의 형식적 요건을 요하는 대법원 판례(대판 83다카 1135, 1136, 84. 3. 27)가 있다. "한 필의 토지를 두 필 이상의 토지로 분할하여 등기를 하려면 먼저 지적공부 소관청에 의해 지적측량을 하고, 그에 따라 필지마다 지번, 지목, 경계 또는 좌표와 면적이 정해지고, 지적공부에 등록이 되어야 비로소 등기가 가능하다.

그러므로 판결에 첨부된 목록으로 지적공부 소관청에 이러한 절차의 시행이 불가능하다면 토지가 합병된 것이어서 구 지번표시에 의하여 각 토지를 구별할 수 있다고 하여도 지적공부 소관청에 의한 지번, 지목 등의 확정절차가 없는 이상 구 지번을 표시하고 등기할 수 없으나, 구 지번이 있다고 하더라도 목적물이 특정되지 않았음에는 다른 차이가 없으므로 등기를 할 수 없다."

따라서 지적법은 효율적인 지적관리와 효율적인 소유권 관리의 양대목적을 설정하고, 그 내용은 모든 토지는 지적공부에 등록되어야 하고, 등록된 토지표시는 항상 실지와 일치하여야 하는 것을 이상으로 하고 있다.

(2) 지적공부

지적공부는 토지를 측량하여 구획된 단위토지(필지)를 등록하고, 비치하는 공적인 장부로써 토지에 대한 제반 법적 권리관계를 공시하는 것이다. 지적공부의 비치, 보존과 전산정보조직에 의한 지적공부의 비치 보존방법, 각 공부의 등록사항, 지적공부의 등본, 지적공부의 복구, 지적공부의 재조제 등에 관한 규정을 하고 지적공부의 열람, 등본은 누구나 할 수 있도록 하는 공개주의를 채택하고 있다.

이는 고도로 발달한 현대자본주의 산업화사회에서는 토지가 가장 중요한 상품으로 등장하게 되므로 정확하고 많은 정보를 신속하게 국가사회에 공급해야 하는 한편, 거래의 안전 및 토지소유권을 제3자로부터 보호받고 배타적 권리를 인정받기 위한 것이다.

(3) 토지이동의 신청 신고 및 지적정리

토지이동이 있거나 토지이동을 요하는 경우에 소유자 또는 신청권자는 소관청에 의무적 신청사항과 임의 신청사항으로 구분되고, 의무적 신청사항은 신청이 없더라도 소관청의 직권처리가 가능하므로 신청의 의미는 지적정리를 촉진하기 위한 자료공급의 역할을 하는 것이다. 토지이동신청은 지적공부에 등록된 사항이 사실과 부합하여야 하고, 이를 부합시키려면 토지의 이동사항이 빠르고도 정확하게 지적공부에 등록되어야 하는데 이는 국정주의의 이념에 근거한 것이다.

또한 토지이동의 신청은 토지의 현황을 항상 파악하여 지적공부에 등록하여 정리함으로써 토지에 대한 일정한 사실을 언제든지 국민에게 공개하여 누구나 이용할 수 있도록 하는 공개주의의 이념에서 나온 것이다. 그러므로 신규등록, 등록전환, 분할, 합병, 지목변경, 토지구획정리 등의 신청과 신청권자, 신청의무승계, 신청권의 대위 및 분할, 합병시의 경계와 면적결정방법 등을 내용으로 하고 있다.

토지이동의 경우 외에도 행정구역의 변경, 토지소유권의 득실변경에 따른 소유자 정리, 등록사항의 오류 등 사유가 발견되었을 때의 정정방법, 지적정리토지와 등기촉탁을 해야 하는 경우 등이 규정되어 있다. 소유권의 득실변경에 관해서는 부동산등기법에 의하여 지적정리하도록 규정하고 있으나 신규등록일 경우는 소관청이 조사등록하도록 하여 최초의 소유자는 소관청이 결정하는 권한을 갖는다.

부동산등기부의 표제부는 지적공부에 의하여 부동산표시등기가 되므로 국민의 편익과 지적공부와 부동산등기부 표시의 부합을 위하여 토지이동사항 전부를 등기촉탁하는 방안이 검토되었으나 그 일부인 등록전환, 지목변경, 등록사항 정정의 경우에 적용토록 하고 있으나 앞으로는 신규등록 등에도 확대되어야 할 것이다.

(4) 지적측량

지적측량은 토지를 지적공부에 등록하기 위해 토지의 등록단위인 필지를 구획하기 위하여 경계와 면적을 결정하는 측량학상 한 분과로서 법령규정에 따라 측정하는 기속측량이며, 토지에 대한 소유권 및 제반 법적 권리관계에서 물권객체의 한계를 밝히는 사법적 측량이라는 점에서 일반측량과 차이가 있다. 그러므로 지적측량의 목적과 대상 및 방법, 지적측량을 할 수 있는 자격자, 소축척지 해소를 위한 축척변경 절차, 측량원점명, 기초점표석, 표지설치, 측량시 토지출입권, 장애물 제거와 측량에 따른 토지소유자의 수인의무, 손실보상과 토지수용 등의 내용을 규정하고 있다.

전 국토를 등록공시하는 지적업무는 국가업무이므로 등록사항이나 면적결정은 공신력이 있어야 하고, 공권력에 의한 처리가 불가피하며, 측량방법은 통일된 법률에 의하여 국가가 법률로 규정하고 비록 고도로 정밀한 새로운 측량기술이 개발되었다 하더라도 법률의 개정 없이는 적용할 수 없다.

(5) 지적정보센터

지적정보센터(Cadatral Information Center)는 1995년 행정자치부(내무부)에서 국토정보센터를 설치하고 지적전산자료를 중심으로 하여 주민등록전산자료와 건설교통부의 공시지가 전산자료를 연계 통합하여 토지공개념의 정착, 토지거래실명제 전환을 위한 기반조성, 토지 관련 정보의 공동 활용으로 부처별 중복투자를 방지하고 전국의 지가를 안정시키며 부동산 투기를 근절하기 위하여 개인별·세대별·법인별 토지소유 현황을 용이하게 파악할 수 있는 프로그램을 개발하여 운영하는 것이다.

지적법에서 행정자치부 장관은 지적전산자료·주민등록전산자료·공시지가전산자료·지적위성기준점관측자료 등 토지관련자료의 효율적인 관리 및 활용을 위하여 지적정보센터를 설치·운영한다고 규정하여 국토정보센터 설립 당시보다도 지적위성기준점 관측자료를 추가하여 토지관련자료를 집중 관리하고 있다.

지적정보센터는 공무원 재산등록의 정확 여부 확인, 국세와 지방세 체납자의 토지소유 여부 확인, 감사, 수사, 조사업무 등에 필요한 토지관련 정보를 각급 중앙행정기관과 감사원·국세청·경찰청·시도·시군구 등에 제공하는 역할을 한다. 토지관련자료의 관리 및 활용에 있어서 행정자치부 장관은 토지관련자료의 효율적인 관리 및 활용을 위하여 지적정보센터에서 관리하고 있는 토지관련자료를 정기적으로 유지·관리토록 하고, 토지관련자료를 활용하여 다양한 토지정보를 제공할 수 있도록 하고 있다.

자료의 제출요구에 있어서는 행정자치부 장관이 지적정보센터의 운영을 위하여 필요하다고 인정하는 경우, 국가기관·지방자치단체 그밖의 공공기관의 장에게 토지관련자료의 제출을 요구할 수 있으며, 자료제출의 요청을 받은 기관의 장은 부득이한 사유가 있는 경우를 제외하고 자료를 제공해야 하고, 토지관련자료의 이용·활용절차 및 사용료 등은 지적전산자료의 이용 등에 관한 규정을 준용하고 있다.

자료를 이용·활용하는 사용료는 지적전산자료를 인쇄물로 제공하는 경우와 지적전산자료를 자기디스크 등 전산매체로 제공하는 경우로 구분되며 필지당 사용료를 원칙으로 한다. 그리고 지적전산자료를 행정자치부 장관이 제공하는 경우에는 수입인지, 시·도지사 또는 소관청이 제공하는 경우에는 지방자치단체의 수입증지로 납부한다.

(6) 보칙, 벌칙, 부칙

1) 보칙

행정자치부 장관 소속 하에 지적위원회를 두어 지적업무의 개선, 지적기술자의 징계, 지적측량의 적부심사를 담당하고, 수수료 납부처와 권한의 위임 등에 관한 것을 규정하고 있다.

2) 벌칙

지적행정의 목적을 달성하기 위해서는 의무적 규정만으로는 충분한 효과를 달성할 수 없기 때문에 의무적인 토지이동 신청을 해태(懈怠)하거나 무자격자의 지적측량 행위, 지적 업무의 집행거부 또는 방해, 지적약도의 간행위반 등에 대하여 상당한 벌칙과 과태료 부과, 징수에 관한 사항을 규정하고 있다.

3) 부칙

지적법은 1975년 12월 31일 전문개정 이후 1986년 5월 8일과 1991년 1월 1일, 1995년 1월 5

일에 각각 개정하였다. 전문개정시의 경과조치는 지목의 신설, 통폐합, 명칭변경에 따른 조치와 면적단위를 제곱미터로 환산등록할 때까지의 조치 등이 있고, 도시계획구역내의 미등록 토지는 당해 지방자치단체의 명의로 신규등록할 수 있도록 하였다. 1986년 5월 8일의 개정법률에서는 토지이동정리가 되었지만 부동산등기부의 토지표시가 변경되지 않은 것을 모두 조사하여 5년 이내에 등기촉탁토록 하고, 집합건물 부지의 합병대상 토지는 모두 3년내에 합병신청토록 하였다.

1995년 1월 5일의 개정법률에서는 토지의 등기촉탁에 관한 경과조치, 지방지적위원회 신설에 따른 지적위원회의 경과조치, 지적측량의 적부심사에 관한 경과조치, 다른 법률(국유재산법)을 개정하였다.

3 지적법의 과제

(1) 지적과 등기 통합

지적과 등기는 1910년대 지적 창설 당시 일본의 식민지정책 하에 대륙법 계통의 토지행정체제 이론의 소산으로 지적과 등기제도가 창설되어 그동안 약 80여 년 간을 지적과 등기가 분리 운영되고 있다(지종덕, 1992).

이론적으로는 두 제도가 별도로 운용된다 하더라도 권리공시에는 별다른 지장을 주지 않지만 지적은 토지표시의 변동을 의무적으로 등록하지만 등기는 그렇지 않고, 지적은 사실심사가 원칙이나 등기는 형식적 심사를 하는데서 오는 제도적 차이로 공신력의 일률성이 없다는 점이 있다.

이러한 지적과 등기의 이원화현상은 토지에 대한 동일한 기록이 지적공부와 등기부에 이중으로 등록되어야 효력이 발생하는 폐단이 있을 뿐더러 공시장부도 지적공부와 등기부로 분리되어 있으므로 두 공부의 등재사항이 일치하지 않는 경우가 많다.

지적과 등기가 같은 내용을 중복 관리함으로써 민원인의 불편과 예산의 낭비, 국민부담의 과중, 토지이용의 극소화 등 비효율적인 토지행정을 수행하고 있으며, 등기제도의 과도한 형식주의로 허위등기의 위험이 따를 뿐아니라 행정부와 사법부 사이의 행정 부재를 이용한 토지범죄의 기회를 준다.

지적공부와 등기부의 등재사항 불일치로 인해 공신력의 문제와 함께 이들 제도가 관장기관이 달리 운영되므로 공부간의 상호불일치를 위한 기관간의 행정사항 문제로 행정적 낭비를 가져오는 등 그 문제점이 허다하다. 더구나 시·군·구와 등기소가 따로 떨어져 있고, 서로 다른 지역에 위치하고 있으므로 민원인에게 지적공사와 법무사사무소를 오가는 불편을 더욱 과중시키게 된다.

지적과 등기의 일원화는 1973년 10월 5일 대통령 지시에 따라 연구한 개선방안을 국무총리 지시로 지적법을 개정하면서 제도적, 기술적 보완 및 법령체계를 전면 조정하는 지적행정의 일대혁신을 이루고자 하였으나 개선지시 사항 중 토지표시에 대한 지적정리와 등기신청 창구일원화제도를 사법부의 반대로 반영하지 못하였다.

그러나 지적과 등기의 일원화에 대한 공감대가 계속 형성되면서 "등기업무행정부 이관검토(경향신문, 1984)"라는 기사가 보도된 바 있다. 기사내용은 "지적업무와 통합, 불편 덜게 연내 법원조직법 등 개정키로" 검토중이라는 것이 골자이다. 이어서 최근에도 "토지-등기대장 일원화 추진(서울신문, 1993)"이란 기사가 보도되었다.

기사내용은 "취득, 분할 등 불편덜게 서울시 관련부서 건의"라는 내용인데 서울시가 내무부, 건설부, 법무부 등 관계부처에 지적과 등기의 일원화 추진을 위한 개선안을 건의하였다는 것이 골자이다.

이처럼 지적과 등기의 일원화는 시대적 요청이라 할 수 있다. 이미 이원적 체제로 운영해왔던 일본과 대만에서 이러한 이원적 제도의 문제점과 모순을 극복하고 지난 10여 년 간 일원화에 성공한 사례들을 받아들여 이제는 우리도 지적과 등기의 일원화 체계가 구축되어야 한다. 지적과 등기의 일원화 못지 않게 중요한 것이 토지대장과 임야대장, 지적도와 임야도의 통합이라 할 수 있다.

일제시대에 실시한 토지조사와 임야조사는 그저 조사시기에 따라 토지대장과 임야대장으로 별도 작성되었으니 이들 대장상의 등록사항은 동일하다. 도면도 역시 지적도와 임야도로 토지경계가 구분 등록되어 있지만 축척만이 다를 뿐이므로 이를 각각 분리·운용할 하등의 필요성이 없다. 그러므로 토지대장과 임야대장을 통·폐합하고 임야도에 등록된 토지를 단계적으로 등록전환하는 방안이 모색되어야 한다(지종덕, 1990).

이는 현재 토지기록전산화 완료와 함께 지적, 임야도 동일 축척화 시험사업이 추진되는 등 이에 관련한 기반조성사업이 꾸준히 전개되고 있는 실정이기도 하다.

그러므로 지적과 등기의 일원화 문제와 함께 토지대장-임야대장, 지적도-임야도의 통합을 실현할 수 있도록 법적 연구와 조치가 조속히 강구되어야 할 것이다.

(2) 지적 재조사

지적 재조사는 매 필지에 있어서 토지소유자가 확인한 위치, 지번, 지목 및 경계를 조사하여 명확히 함과 동시에 그것을 기록으로 작성, 확인하여 인정토록 하는 것이다.

따라서 지적 재조사는 토지이용과 국민의 재산권보호에 구조적 장애를 가져와 지적관리에 혼란을 초래하는 지적 불부합지 문제를 해소하고, 토지의 경계복원 능력을 향상시키며, 1필지의 표시를 명확히 함으로써 능률적인 지적체계로 개선할 수 있다.

특히 과거 시행했던 지적공부의 질적 향상을 추구하고 현행 법적, 기술적 기준을 보다 완벽하게 하여 지적관리를 현대화하기 위한 수단으로 생각하는 것이다.

지적측량 성과에 있어서는 국지적으로 시행된 측량원점의 개선과 보다 정확도 높은 국가기준점망에 의하여 통일된 좌표계로 1필지를 확정함으로써 측지학적으로 정확한 위치를 등록하고, 면적산출의 정확성을 기하는 것은 물론 필요시 등록된 지적측량 성과에 따라 경계복원 능력을 확보할 수 있도록 하기 위하여 현행 도해측량을 정확도가 높고 정보화가 용이한 수치지적으로 전환해야 할 것이다(강태석 외 2, 1985).

지적 재조사의 필요성으로 지적측량의 신뢰도를 조사하기 위해 민원인 120명을 대상으로 경상남도가 실시한 설문조사가 신문기사에 보도된 바 있는데 "지적측량 못 믿겠다 46%(동아일보, 1990)"로 지적측량에 대한 주민들의 신뢰도가 50% 미만으로 나타났다. 다른 신문에서는 “지적측량 할 때마다 들쭉날쭉 기준점 멸실, 일제 때 1/1200 축척 오차원인, 곳곳서 분쟁 민원 잇따라(한국경제신문, 1992)”라고 보도된 바 있다.

그리고 “부정확한 토지측량 대도시 이웃간 땅싸움 양산(조선일보, 1992)”이라고 보도되었는데, “공부상 경계, 면적 실제와 다른 경우 많다(부동산경제신문, 1992)” “약 20만 필지가 공부상 경계와 실지경계 맞지 않아” 라고 보도된 바 있다. 이처럼 현행 지적제도 개편에 기본이 되는 지적 재조사의 필요성에 대한 국민들의 공감대가 계속 형성되고 있다. 지적 재조사를 위한 지적조사는 법률상 수정의 입장에 처한 것이지 지적 창설의 입장은 아니며, 다만 원래 사용하던 대부분의 지적도가 충분한 경계복원 능력을 갖추지 못했기 때문에 실시하는 것이다(대한지적공사, 1978).

한편 토지공개념 확대를 위한 토지관련법규 정비방안으로 토지기본법 제정을 주장하면서 법의 내용 중에 토지등록체계화, 즉 지적정보체계 확립까지 언급한 적이 있다.

특히 제도정비의 방안으로 토지일제조사를 실시하면서 지적에 대한 사실조사를 하여 면적과 경계를 정리하고 공부의 기록을 조정하고 이를 위한 연차계획을 수립하여 예산을 확보하는 한편, 지방자치단체별로 실시토록 한다(토지공개념연구위원회, 1989)고 제기한 것이다.

이에 따른 행정체계 정비방안으로 건설부 토지국의 기능을 확대하고 토지위원회와 토지정보센터를 설치하여 종합적 정보관리를 담당하도록 하고, 전담 부서의 설치 및 기능강화 목적을 위하여 당시 건설부의 토지관련 업계를 비롯한 내무부의 지적 및 토지기록 전산자료, 사법부의 등기업무를 종합 관리할 수 있어야 한다는 입장을 취하였다.

이 부분에 대한 우리나라 현행 지적법은 절차법 및 실체법으로서 공법적 특성과 사법적 특성의 양면성을 가진 지적국정주의 이념 아래 제1조에서 “토지등록 절차와 이에 따르는 지적측량과 정리사항 등을 규정하여 효율적인 토지관리와 소유권 보호에 기여함을 목적으로 한다”는 법의 제정취지를 분명히 밝히고 있다.

특히 기본법 제정에 관한 내용이 신문에도 보도되었는데 “토지관계법률 95년 일원화(서울신문, 1993)” 란 제목으로 보도내용은 “정부 93개 통폐합… ‘기본법’제정”이라는 것이다. 여기서 토지기본법과의 난제가 등장하고 있는데 특히 지적법에 규정이 없는 지적 재조사에 관한 언급이 주목된다. 따라서 토지기본법이 제정되었을 때 대립되는 법적 효력이 의문시 되므로 이에 따른 명확한 규정이 있어야 할 것이다(지종덕, 1991).

무엇보다도 지적 재조사가 실현될 수 있기 위해서는 제도적 장치로 지적 재조사에 관한 규정을 지적법에 명시하기 위한 법적 연구, 조치가 조속히 강구되어야 할 것이다. 지적 재조사에 관한 입법은 사업의 특수성으로 특별법 제정이 불가피하지만 지적 재조사의 지속성과 발생가능성이 상존하므로 지적법을 보완하는 것이 효율적이다.

(3) 등록범위

1910년대 우리나라의 토지조사 당시에는 입체공간의 의미가 경비, 시간, 기술 등의 이유로 직선과 평면 위주의 지적으로 지표만을 대상으로 토지실체를 조사, 등록하였다.

그러나 인류가 토지표면의 이용만으로 만족하던 시대는 이미 지나갔고, 토지가치의 상승과 도시화에 따른 인구의 조밀화, 과학기술의 발달 등으로 국토의 입체적인 이용이 불가피한 시점에 이르고 있다.

토지의 이용도가 단순할 때에는 평면적 지적으로도 충분하였으나 토지의 이용도가 복잡해지면서 직선과 평면, 표고로서 이루어지는 지적의 입체적 등록이 필요하기 때문이다. 이는 문화발전과 함께 활동영역이 보다 넓어지고 토지의 이용가치가 증가됨에 따라 과거 토지지표만의 등록에서 지하는 물론 공중으로까지 그 영역이 점차 넓어지면서 나타나는 현상이다.

특히 과학의 발달과 함께 지하를 깊이 파고드는 철도, 도로, 갱도, 대륙붕 및 각종 시설물과 지하상가, 지상을 치솟는 고층건물 등은 토지의 상하가 인간의 활동무대임을 입증시키고 있다. 따라서 지금까지는 해면이 토지등록의 대상에서 제외된 채 지적공부에 등록되지 않았지만 영해문제 및 대륙붕개발 등에 대비한 영해와 대륙붕의 확고한 위치를 설정하기 위해 경계 및 면적 등의 등록이 이루어져야 한다.

이를 위해서는 지적측량의 한계를 재설정하여 국토인 해상권을 등록할 수 있도록 하는 명확한 법적 보완이 당면한 과제로 등장하게 된다.

실제로 "지도상 독도위치 잘못(경향신문, 1991. 12. 1)"이란 제목으로 보도된 바 있는 신문의 보도내용에 따르면 G.P.S로 독도의 위치를 측정한 결과 실제위치가 "동도는 508m, 서도 451m 내려와야" 한다는 것이다.

이는 비록 대상이 대축척 지적도가 아닌 소축척 지도였다 할지라도 국토위치 문제이므로 연구·검토할 필요가 있다. 한편 입체등록과 관련하여 대표적으로 제기되는 것이 건물등록 문제인데 현재 지상, 지하지역 구분없이 대·소형 건축물이 계속 축조·증가되고 있는 실정이다. 건물에 대한 공시의 신뢰성을 회복하고 거래의 안전을 도모하는 국가적 목적을 다하기 위해서는 정확한 현황파악이 기본적 사항이다.

외국에서는 건물을 토지의 범주로 보고 지적측량으로 지적도에 등록시키고 있는데, 이러한 지적도가 각종 기초자료로 활용되고 있다. 반면 우리나라의 건물등록은 지방세법에 의해 사실과 부합하는 체계적인 표시사항의 등록이 주목적이 아니기 때문에 과세자료 이외의 건물등록 사항은 부족하기 짝이 없다.

부동산등기법에서는 건물등록 사항을 일단 완벽한 것으로 보고 건물의 형식적 심사에 의한 등기규정을 두고 있으나 원시적으로 건물등록에 관한 규정이 미비상태이기 때문에 통일되고 완벽한 건물등록은 이루어지지 못하고 있다(강태석, 1983).

즉 건물도면의 부재로 인하여 인접 토지와 건물의 상호관계 위치를 명시하지 못하여 인접 토지소유자와의 경계분쟁이 빈발해지며, 대장상 면적과 실지가 상면적에 7% 이상의 차이가 발견되고 있음은 부동산거래 등 사유권 행사에 있어서도 불이익이 되며 건물등록 및 등기와 같은 국가공시 기능상에도 큰 문제점이 되고 있다.

그러므로 건물의 정확하고 상세한 파악을 위해서는 건물에 대한 정확한 측량과 실제조사를 통해 건물위치와 면적, 건물번호 등에 의한 개별화가 이루어져야 한다.

그래서 외국과 같이 건물의 위치를 정확하게 지적도에 표시하여 차후 발생 가능성이 있는 분쟁에 대처하고 각종 토지관련 업무에 활용할 수 있는 제도적 장치가 마련될 수 있도록 법적 연구와 조치가 조속히 강구되어야 할 것이다.

(4) 지목 · 지번

지목은 토지의 주된 용도에 따라 토지의 종류를 구분표시하는 것으로 토지관리의 효율화를 위하여 1필지마다 지형, 토성, 용도 등 현황에 따라 구분된 토지의 종류에 붙이는 법률상의 명칭을 말한다. 지목을 결정함에는 일필일목의 원칙과 주지목 추종의 원칙으로 1912년 8월 13일 토지조사령의 18지목에서 1950년 12월 1일 공포된 지적법에서는 21지목으로 1975년 12월 31일 개정지적법에서는 24지목으로 2001년 1월 26일 개정지적법에서 28지목으로 변천되었다.

이러한 지목은 고대부터 있었으나 근대 이전에는 지목의 구분이 명확치 않았고, 체계적 분류는 1910년대 조선토지조사사업에서 이루어진 것이다.

그러나 현행 지목은 24지목 구분 자체의 문제뿐만 아니라 공부상의 지목과 실지와의 불부합으로 지목설정의 중요한 취지인 용도현황이 정확히 파악되지 못하고 있다.

또한 국토개발과 도시개발에 따라 토지의 중복화현상이 점점 확대되고 있으나 지표만을 표시하는 현행 제도하에서는 지상과 지하를 포괄할 수 없는 점에 따라 도시화와 산업화 과정의 필지 세분화에 따른 지목설정의 문제점이 등장하고 있다.

그밖에도 현재의 지목 중 국제적으로 문제시 되고 있는 대륙붕의 개발, 영해문제 등을 포함하는 해면은 지목분류상의 언급조차 없는 실정이다.

한편 지번은 1필지마다 붙이는 번호인데 토지의 특정성을 보장하기 위해 단위지번마다 붙이는 가장 중요한 이유는 토지의 식별에 있고, 다음은 위치의 추측에 있다.

실제 지번을 부여하는 방법은 지번지역의 형태에 따라 사행식, 기우식, 단지식으로 사용되지만 그중에서도 사행식을 많이 사용해 왔다. 현행 지번표시 방법은 북서에서 남동으로 순차적으로 부번하는 순차식 부번방법을 행한다(지적법시행령 제3조).

신개발지나 구획정리사업이 되어 있는 지역에서는 단지식 지번방법을 채택하고 있다. 단지식에서 지번은 본번을 같이 하고 부번만 달리하는 부번방법을 많이 사용하고 있기때문에 토지의 위치를 파악하는데 많은 불편을 준다. 반면 사행식은 인근지역의 지번이 연쇄적으로 연결되어 있지 않고 번호가 뛰어 넘어가는 불편이 있다.

지번에 관한 기사는 이미 여러 번 신문에 보도된 바 있는데 "여의도「신지번」확정(서울신문, 1983)", "「한번지여러가구」동네 찾기 쉽게 새지번으로(경향신문, 1984)", "가구수 많은 지번세분(조선일보, 1985)", "택지개발 때 지번지정(서울新聞, 1993)" 등이 대표적이라 할 수 있다.

이와 같이 지목과 지번의 문제는 국토 및 도시개발에 따라 계속 확대되는 추세이므로 이러한 시대적 요청에 부응할 수 있도록 선진국의 복식지목제도 및 자유번호제도 등의 법적 연구 및 조치가 조속히 강구되어져야 할 것이다.

제 17 장 토지등기

제1절 등기의 의의

1 등기의 필요성

등기란 대상 토지, 건물의 표시와 권리관계 등의 사항을 널리 공시하기 위하여 절차에 따라 등기부에 기재하는 것이다. 부동산의 보전 및 매매활동에 있어서 그 권리의 내용을 확실히 함으로써 재산상의 사고나 피해를 사전에 예방함은 물론 그 재산의 소유권 및 기타 권리관계를 공개함으로써 대상 부동산을 보전하려는 기능을 가지고 있는 것이다.

이러한 목적을 위해 등기소에 비치되어 있는 공적 장부가 등기부이다. 등기부가 중요시되는 이유는 토지의 자연적 특성인 부동성으로 인하여 물리적 이동이 불가능하기 때문에 물권의 존재, 귀속 및 기타 변동사항을 식별하도록 하려는 데 있기 때문이다.

2 등록과 등기

토지등록과 토지등기는 모두 토지에 관한 사항을 국가가 관리하는 공부인 지적공부와 등기부에 등록하는 업무라는 점에서는 유사하지만 각 공부의 비치목적이 상이함에 따른 그 등록절차와 등기사항은 동일하지 않다(전계원, 1977).

즉 지적공부는 지적관리를 위하여 비치한 장부임에 반하여 등기부는 권리관계를 공시하기 위하여 비치한 장부이므로 전자는 토지에 관한 사실관계의 측면, 후자는 권리관계의 측면을 정확히 파악하는 것을 1차 목표로 하는 점에 있어서 토지등기와 토지등록 업무의 한계가 그어진다.

(1) 토지등록

토지등록은 등기와는 달리 토지 자체의 현황을 공시함을 주요기능으로 하는 만큼 그 기재사항은 지번, 지목, 경계, 좌표, 면적 등 주로 사실관계인 토지의 형상에 관한 것이다. 소유자 표시에 관한 사항도 등록사항으로 하고 있고, 또 미등기 토지의 공부상 소유자에 대해서는 그 권리추정력이 인정되는 것이기는 하지만 그렇다고 등록이 권리공시를 위한 제도라고는 말 할 수 없고 등록신고 또는 신청의무자 내지 납세의무자의 표시라는 점에서 소유자 표시를 한다고 보아야 한다.

등록의 절차는 등기와는 달리 등록기관의 직권범위가 매우 넓다. 즉 소유자의 신고 또는 신청의무 해태(懈怠)의 경우 및 지번의 변경, 경정 또는 축척변경 등 소유자의 신고 또는 신청에 일임할 수 없는 사항에 관해서는 등록기관의 직권에 의하여 등록한다. 이는 등록의 기능면에서 실제의 토지현황과 등록부상의 토지 표시는 항상 일치함이 요청되고 또 소유자의 의사에 의하여 지적을 표시함은 부당하기 때문이다.

토지의 현황을 정확히 파악하기 위해서는 지적측량에 관한 전문적 기술이 필요하고 지적측량의 과오는 곧 등록의 오류에 귀결되므로 국가에서 인정하는 기술자 이외에는 지적측량을 허용치 않고 그 금지규정 위반에 대하여는 엄한 벌칙으로 다스리고 있다.

(2) 토지등기

토지등기는 위와 같이 토지에 대한 권리관계를 공시함을 그 기능으로 하는 만큼 그 기재절차에는 엄격한 요식행위가 요구되고, 또 그 기재의 당부에 관한 이의가 있을 때에는 그 이의신청만으로 즉각 사법적 판단을 받게 된다.

등기기관의 착오에 기인한 기재의 유루(遺漏), 착오의 정정에 있어서도 관할 법원장의 허가를 요하는 등 등기기관의 재량권을 배제하고 허위 기재를 하게 한 자에 대하여는 공정증서 원본 부실 기재의 죄로 문책하게 되는 것이다.

이와 같이 등기에 대하여 엄중한 조치가 취해지는 것은 등기가 본질적으로 사권에 대한 국가공증행위이기 때문이며, 더욱이 우리 민법이 법률행위로 인한 부동산 물권변동은 등기하여야 그 효력을 발생한다는 형식주의를 택하고 있기 때문에 등기의 진실담보가 절실한 점에서 필요한 조치이다. 또 등기는 원칙적으로 등기권리자와 등기의무자, 즉 당해 등기로 인하여 부동산에 관한 권리를 취득 또는 확장하는 자와 그 권리가 소멸 또는 축소되는 자의 쌍방신청이나 관공서의 촉탁에 의하여 등기기관이 직권으로 하는 것은 극히 예외적인 경우에 한한다. 이는 사법적 자치의 원칙상 권리취득을 강제할 수 없는 점과 등기의 진실담보라는 점에서 유래된 제도인 것이다.

등기가 공시하는 권리관계는 토지에 관한 소유권을 위시하여 지상권, 지역권, 전세권, 임차권, 권리 질권의 설정, 보존, 이전, 변경, 처분의 제한 또는 소멸 등 다양한 형태의 변동사항과 그 변동 예비단계의 청구권이며, 그 공시사항 중에는 위의 각 권리관계 존부 등에 관한 쟁송 계속(繫屬) 내용까지 포함하고 있다. 따라서 등기의 신청은 실체법상 또는 절차법상 적법한가의 여부, 즉 신청의 기초된 법률행위 또는 법률사실이 유효한 법률효과를 발생할 수 있는 요건을 구비하고 물권변동의 원인이 되는가의 여부와 신청의 절차가 유효한가의 여부에 대하여 법률적 판단을 내려야 한다.

3 토지등록과 등기의 관계

등기는 토지에 대한 권리관계를 공시하고, 등록은 토지에 대한 사실관계를 공시한다는 점에서 차이가 있어도 그 대상은 동일 토지라는 점에서 등기와 등록은 밀접한 관련을 가진다. 권리관계를 공시함에 있어서도 그 목적물이 특정되어야 하고, 사실관계를 공시함에 있어서도 권리변동의 효력이 발생하여야 그 신고 또는 신청의무자가 특정되는 것이므로 등기와 등록은 그 목적물의 표시 내지 소유권의 표시에 관한 한 항상 부합되어야 한다. 따라서 등기에 있어서 토지의 표시에 관해서는 등록을 기초로 하고 등록에 있어서 소유자의 표시는 등기를 기초로 한다.

그러나 미등기 토지소유자 표시에 관하여 등록을 기초로 하는 것은 등록기관의 사실조사권에 바탕을 두고 등기기관의 형식적 서면심사권밖에 없는 데에서 기인한다.

물론 등기, 등록의 부합여부와 등록과 실제 토지현황의 부합여부 또는 등기와 실체권리의 부합여부와는 전연 별개의 문제이다. 등기와 등록이 부합한다 할지라도 등록과 실제토지가 부합하지 않거나 등기와 실체권리관계가 부합하지 아니할 경우에는 등기, 등록의 부합은 아무런 의미가 없다. 실제 토지현황과 등록의 부합을 기하여야 할 선결문제를 해결하지 않고 등기, 등록의 부합만은 문제해결에 도움이 되지 않는다.

우리나라는 등기, 등록 업무가 이원화되어 있기 때문에 등기기관의 등기필통지제도, 양공부 불일치의 경우는 부합등기 선행 의무규정과 등록기관의 지번변경, 갱정등기 등의 경우에 촉탁제도, 불부합통지제도 및 등기필통지에 의한 소유자 변경등록규제 등이 등기와 등록을 연결하는 근간을 이룬다.

보존 또는 표시변경등기의 의무화규정, 등록기관의 불부합통지에 의한 등기기관의 직권등기제도 등을 규정하고 있는 것도 등기, 등록의 유기적인 상호의존성을 표현한다.

이와 같은 상관관계로 인하여 등기의 오류는 등록의 오류를 초래하고 등록의 오류는 등기의 오류를 초래한다. 그러나 등기와 등록의 관련성이 곧 등기, 등록을 일원화해야 한다는 이유가 되고 있다.

등기는 본질적으로 사권에 대한 공증행위이므로 등기의 공신력 유무와는 관계없이 실체권리관계에 부합되는 것이 이상이며, 이러한 이상은 등기의 정확성에 의해서만 실현될 수 있는데 등기, 등록의 부합이 곧 등기의 정확성을 의미하는 것은 아니기 때문이다. 부실등기의 원인은 이러한 사유 이외에도 여러 가지 형태를 생각할 수 있다. 부정한 방법에 의하여 등기되거나 등기가 변경되는 경우, 등기기관의 과오에 기인한 경우 등으로 인하여 권리의 존부 또는 그 쌍방의 상태가 불일치하는 결과를 초래하고 급기야 공부상 소유자 표시의 오류에 미친다.

등록 측면에서 관찰하여도 사리는 동일하다. 부실등기로 인하여 등록의 오류를 초래하는 부실등록의 원인은 여러 가지가 있다. 등록기관의 과오 또는 그 전제되는 측량기술상의 과오 등으로 인하여 실제 토지와 등록의 불일치를 발생시킨다. 또 등록은 항상 실제 토지현황과 일치됨이 이상이라 할 것이고, 이를 위하여 등록기관이 당시 사실조사에 임해야 하지만 현재 등록기관의 인적, 물적 설비로 보아 이를 기대하기는 어려운 실정이므로 불일치 요인은 상존하고 있다. 등기의 오류가 모두 등록의 오류를 초래하는 것이라고는 할 수 없으나 그 이외의 불일치 요인은 공부상 토지 표시의 오류에 직결된다. 등록의 기능으로 보아 토지 표시의 오류는 등록제도를 근저(根底)로부터 동요시킨다.

이러한 상황에서 등기의 측면에서는 부실등기의 요인을 제거하고, 등록 측면에서는 토지 표시의 불일치요인을 제거하는 것이 급선무이며, 제도발전의 첩경이라 할 것이다.

4 등기의 효력요건

(1) 효력발생주의

부동산에 관한 물권변동은 원칙적으로 등기를 하여야 그 효력이 발생한다. 즉 부동산은 공시의 방법을 갖추지 않으면 제3자에게 대해서 뿐만 아니라 당사자간에도 물권변동이 발생하지 않는다. 물론 부동산의 물권이나 그 물권변동이 모두 등기를 반드시 해야 하는 것은 아니며, 등기가 없어도 물권이나 물권변동의 효력이 발생하는 경우도 있다. 이러한 법률행위에 기인하지 않는 물권변동을 살펴보면 상속재산, 공용의 징수, 경매, 판결 및 기타 법률의 규정에 의한 물권변동은 등기를 요하지 않는다.

그러나 취득한 부동산을 처분하기 위해서는 반드시 등기를 해야 한다. 등기를 하여야만 효력을 발생하는 물권은 부동산의 소유권, 지상권, 지역권, 전세권 및 저당권 등을 들 수 있다.

(2) 대항요건주의

부동산의 거래 당사자간에는 등기가 없어도 물권변동이 발생하지만 그 물권변동으로서는 제3자에게 대항하지 못하기 때문에 대항요건을 갖추기 위해서 부동산의 등기를 해야 하는 것이다. 이러한 대항요건주의는 우리나라의 구 민법을 들 수 있으나 현대의 신민법은 전술한 효력발생요건주의에 속하는 데 유의해야 할 것이다.

(3) 등기의 요건

부동산등기의 유효요건으로서는 등기부상 등기된 물권변동이 실질적으로 존재해야 하는 실질적 요건과 등기법에 의한 형식상의 요건을 구비해야 하는 형식적 요건이 요구된다. 즉 대상부동산의 물권변동이 없는데도 불구하고 마치 어떤 물권변동이 발생한 것처럼 등기되어 있다 하더라도 이는 사실상으로 물권변동이 발생하지 않을 뿐 아니라 그러한 등기 자체도 유효한 것이 못되는 것에 주의해야 한다.

5 등기의 효력

(1) 등기의 이전적 효력

부동산등기의 유효요건이 구비되면 부동산물권 변동의 효력이 발생하는데, 이것을 부동산등기의 이전적 효력이라고 하는 것이다. 그리고 부동산물권 변동은 등기를 신청한 때에 일어나는 것이 아니라 실제로 부동산등기부에 등재됨으로써 이전적 효력이 발생하는 것이다.

(2) 등기의 순위확정적 효력

동일한 부동산상 수개권리의 순위관계는 등기의 전후순서에 의하여 정하여지는데, 이때에 등기부 중 동구에서 한 등기에 관하여는 순위번호에 의하여 별구에서 한 등기에 대하여는 접수번호에 의하여 효력의 순위가 발생하는 것이다. 그리고 부기등기의 순위는 주등기와 부기등기 상호간의 순위의 전후에 의한다.

(3) 등기의 점유적 효력

부동산의 등기부상 시효취득에 의하면 점유의 시초에 부동산의 소유자로 등기한 자는 소유의 의사로 평온·공연하게 또 선의로 아무 과실 없이 10년간 그 부동산을 점유한 때에는 그 부동산의 소유권을 취득한다. 이러한 점에서 부동산등기는 동산취득 시효에 있어서의 점유와 유사한 효력을 갖는 것이라고 할 수 있다.

(4) 등기의 추정적 효력

부동산등기부상 공시내용은 실제적 권리관계의 존재를 추정받는 것이다. 그러나 부동산등기에는 공신력이 없고, 추정력밖에 없으므로 그 부동산의 양수인이 그 등기부를 신뢰하고, 진정성이 없는 양도인을 진정한 권리자로 믿고 거래하는 경우, 양수인의 과실은 없으나 그 부동산의 권리는 취득하지 못한다.

이와 달리 양수인의 등기내용을 조사하지 않은 경우에는 설령 선의라고 하더라도 과실의 추정을 받을 뿐 아니라 그 부동산의 거래자는 등기부의 공시내용을 알고 거래한 것이라고 악의의 추정까지도 받게 되므로 주의해야 한다.

6 등기 신청주의

등기는 당사자의 신청에 기하여 행해지는 것이 원칙이고, 예외로서 촉탁에 의하여 또는 직권으로 행해지는 경우가 있다. 공동신청의 원칙이란 등기의 신청은 등기권리자와 등기의무자가 공동으로 하는 것이 원칙이다.

등기권리자는 등기를 함으로써 등기부상의 권리를 취득하거나 그 권리가 증대되는 자(부동산매수인, 저당권자 등)이며, 등기의무자는 등기함으로써 등기부상의 권리를 상실하거나 권리가 감축되는 자(매도인, 저당권설정자 등)이다. 등기의 신청은 예외로서 등기권리자만으로 단독신청할 수 있는 경우가 있다. 그리고 판결 또는 상속으로 인한 등기, 가등기, 미등기부동산의 보존등기가 그 예이다.

제2절 등기의 원칙과 유형

1 공시의 원칙

토지와 건물 등은 동산과는 달리 지리적 위치의 고정성이라는 부동성이 있기 때문에 그 재산의 사실상태와 권리관계를 분명히 하지 않으면 재산에 대한 보호와 이용 및 매매활동에 안전을 기할 수 없게 된다. 동산은 매도인으로부터 현물을 인도함으로써 그 물건에 대한 소유권 행사를 하게 되지만 토지와 건물은 지리적 위치의 고정성으로 인하여 사유재산이라 해도 임의로 위치를 변경하거나 이동시킬 수 없으므로 이에 대한 재산상의 상태와 권리관계를 등기부에 공시하여 보전시키려는 것이다.

따라서 이러한 등기부상의 공시방법과 더불어 토지와 건물에 대한 위치, 형태, 용도 및 면적 등을 공시하는 지적공부와 소유권 및 기타 권리관계를 공시하는 등기부 등이 있어서 국가공부로 보전하도록 등기제도와 지적제도가 마련되어 있는 것이다.

물권은 채권과 달라서 동일한 물상에 동일 내용의 물권이 동시에 성립할 수 없는 배타성을 가지고 있기 때문에 당사자 이외의 제3자가 물권변동의 사실을 용이하게 알 수 있는 어떤 공시성이 물권변동에 반드시 수반되어야 한다.

이것이 물권변동에 있어서 공시의 원칙(principle of public notification)이다. 그 공시방법은 동산은 점유의 이전, 즉 인도이고, 부동산에 있어서는 등기이다. 동산거래에 있어서는 언제나 물건의 인도가 수반되기 때문에 제3자가 물권변동의 사실을 용이하게 알 수 있지만 부동산에 있어서는 그 사실이 다르다.

근대법이 부동산물권의 변동에 공시의 원칙을 적절히 요구한 것은 담보물권, 특히 저당권의 발달에 따른다. 부동산저당이 근대 경제조직에 있어서 중요한 역할을 하게 되자 외부로부터 전혀 인식할 수 없는 배타적 권리가 빈번히 생기게 되었다.

따라서 근대법은 부동산의 등기라고 하는 가장 완비된 공시방법을 안출하여 채권자 상호간의 이익을 조화시키는 동시에 부동산의 담보가치를 완전히 이용할 수 있도록 하였는데, 독일·프랑스에서는 이미 18세기경에 저당권등기부제도가 창설되었다.

근대 경제거래는 저당권뿐만 아니라 점유권 그 자체도 빈번한 거래의 대상으로 삼게 되었다. 더구나 자본으로서의 부동산거래는 외형적 변동을 수반하지 않을 때가 많다. 여기에서 근대법은 등기제도를 부동산소유권 및 다른 부동산물권이 일반에게까지 미치게 하였다. 우리나라에서도 이러한 근대법의 흐름을 따라 구한말기 이래의 부동산증명제도를 개설하여 등기제도를 채택하였다.

이와 같은 물권변동을 일으키는 법률요건으로는 법률행위와 법률의 규정이 있지만 그중 현대 경제조직 하에서 압도적으로 중요한 의의를 차지하고 있는 것은 법률행위이다. 법률행위는 그 효과로써 채권을 발생시키느냐 물권의 변동을 일으키느냐에 따라 채권행위나 물권행위로 구별할 수 있다.

법률행위는 당사자가 일정한 법률효과의 발생을 의욕하여 이를 표시한 때에 그 의사표시에 기하여 효력을 발생시키는 제도이므로 당사자가 채권의 발생이라는 법률효과를 의욕하여 이를 표시한 때는 채권의 발생이라는 효과가 생기고 당사자가 물권변동이라는 법률효과를 의욕하여 이를 표시한 때는 물권변동이라는 효과가 생긴다. 따라서 물권변동을 일으키는 법률행위는 언제나 물권행위이다.

이와 같이 물권변동은 언제나 물권행위의 효력으로써 생기지만 그 물권행위는 당사자의 의사표시만 있으면 그것만으로 곧 효력이 생기느냐 또는 의사표시만으로 효력이 생기지 않고, 그밖의 가시적인 어떤 형식을 갖추어야만 비로소 효력이 생기느냐에 따라서 입법주의가 달라진다. 의사표시만으로 효력이 생기는 것이 의사주의이고, 어떤 형식을 갖추어야만 비로소 효력이 생기는 것이 형식주의이다. 형식이라는 것은 부동산은 등기, 동산은 인도 등 물권의 공시방법을 갖추는 것을 말한다.

근대법의 대원칙의 하나인 개인의사 자치의 원칙은 그 내용으로서 계약형식의 자유를 포함하는 것이므로 물권변동에 있어서도 당연히 당사자의 의사표시만으로 그 효력이 생겨야 함에도 불구하고 상당수의 입법례가 형식주의를 채택하고 있는 것은 물권법의 이상인 공시의 원칙을 관철하기 위해서이다.

그러나 한편 의사주의를 취하는 법제에 있어서는 공시방법의 구비를 강제하고 있는데, 물권변동의 효력은 당사자의 의사표시만으로도 생기지만 그 효력을, 제3자에게 대항하기 위해서 부동산은 그 공시방법인 등기를 하지 않으면 안 된다. 그러므로 의사주의와 형식주의의 실제적인 차이는 물권계약이 있은 후 등기가 행해지기 전의 법률관계가 어떻게 되느냐에 따라 생긴다.

의사주의에 의하면 당사자간에는 이미 물권변동이 일어났지만 제3자에 대한 관계에서는 물권변동이 아직 일어나지 않은 것으로 된 것에 반하여, 형식주의에 의하면 당사자간이나 제3자에 대한 관계에 있어서 아직 물권변동이 안 일어난 것으로 되고, 부동산에 있어서는 등기를 해야만 효력이 발생한다. 현재 의사주의를 취하는 대표적인 법제는 프랑스민법이고 형식주의를 취하는 대표적인 법제는 독일민법이다. 따라서 구(舊)민법은 의사주의를 취했지만 현행 민법은 독일민법을 본받아 형식주의를 채택하고 있다(이원준, 1994).

2 공신의 원칙

근대 토지등록제도의 출발점은 말할 것도 없이 물권변동에 관한 이른바 공신의 원칙(principle of public confidence)이다. 물권변동은 언제나 외부에서 인식할 수 있는 어떤 표상, 즉 공시방법을 수반하여야 한다는 것이 공시의 원칙이고, 부동산물권에 관한 그러한 공시방법으로서 안출(案出)된 것이 바로 등기제도이다(곽윤직, 1987).

토지소유권의 변동에 관해서는 등기를 해야 토지소유권 변동이 일어난다는 것이 곧 공시의 원칙이다. 그러므로 실제 토지소유자와 토지내용이 정확하게 언제나 그에 부합하는 유효한 물권이 있다고는 할 수 없다.

그것은 등기공무원이 등기사무의 처리에 있어서 실실석 법률관계를 심사할 권리(실질적 심사권)가 없고, 절차상의 형식적 요건의 구비요건만을 심사할 형식적 심사권 밖에는 없기 때문이다. 그래서 등기와 실체적 권리관계가 일치하지 않는 경우가 허다한 바, 그러한 등기를 믿고 권리행위를 한 선의의 제3자 보호가 문제이다.

본래 등기제도는 거래안전을 위한 제도이다. 그러나 등기를 신뢰해서 거래하지 못한다면, 오히려 거래의 안전을 해치는 결과가 된다. 여기서 등기를 믿고 거래한 자에 대하여 그 신뢰를 보호하여 마치 진실한 권리관계가 있었던 것과 동일한 효과, 즉 '공신력'을 인정한다는 것이 필요하게 된다.

공신의 원칙이란 그러한 선의의 거래자를 보호하여 진실로 그러한 등기내용과 같은 권리관계가 존재한 것처럼 법률효과를 인정하려는 법률원칙을 말한다.

독일, 스위스, 그리고 토렌즈식 등기제도 하에서는 이러한 공신주의를 인정한다.

프랑스에서는 등기의 공신력이 인정되어 있지 않으나, 공정증서를 제출케 함으로써 실제에 있어서는 공신력을 인정하는 것과 비슷하다. 그러나 우리나라에 있어서는 지적과 등기가 모두 공신의 원칙을 인정하고 있지 않다.

3 등기공시의 유형

(1) 날인증서등록

모든 문명국가에서 토지에 대한 소유권은 상당한 정도가 기록된 문서에 의존하는데, 토지 구입시 구매자는 소유의 사실을 판매자의 권리에 대한 증거를 찾고, 그러한 증거를 찾는 법률에 의하여 권리가 인정된다(Simpson, 1976). 토지의 이익에 영향을 미치는 문서의 공적 등기를 보전하는 것을 날인증서등록제도(registration of deed)라고 한다. 이것은 전 세계에 걸쳐 사용되며, 그 등기가 보전되는 방법에 따라 다양한 효과를 갖는 것으로서 가장 기본적인 원칙은 등록된 문서가 등록되지 않은 문서 또는 뒤늦게 등록된 서류보다 우선권을 갖는다.

즉 이것은 집행날짜가 아니라 등록날짜를 언급함으로써 우선권을 결정한다. 그러나 이 문서에 의한 양도증서작성체계는 기본적인 결점이 있는데, 이것은 공공성의 결여에서가 아니라 문서 그 자체의 속성에서 오는 것이다.

문서는 본질적으로 소유권을 입증하지 못하며, 단지 독립된 거래에 대한 기록에 지나지 않는다. 다시 말하면 그것은 특정한 거래가 발생하였다는 것을 나타내지만 그 관계자들이 법적으로 그 거래를 수행할 권리가 주어졌다는 것을 입증하지는 못한다. 따라서 그 거래가 유효하다는 것을 증명하지 못한다.

그러므로 토지거래를 하려는 자는 매도인 등의 토지에 대한 권원(title)을 조사하는 것이 필요한데, 그러한 조사는 해당 토지에 관한 거래증서(deed)를 조사하는 방법에 의한다. 그러한 조사는 매우 곤란한 일이어서 토지의 매매나 담보 등을 하려면 변호사에게 거액의 보수를 지급하고 권원의 조사를 의뢰하는 것이 보통이었다.

이러한 불편에서 벗어나기 위하여 영국에서는 1826년에 처음으로 전국적인 토지등기법이 제정되었고, 몇차례의 개정을 거쳐 이른바 토렌스시스템에 의한 현행의 1925년 토지등기법(Land Registration Act)이 시행되고 있다.

(2) 권원등록

이 제도는 앞에서 본 문서등록인 날인증서등록제도에 대한 결점을 보완하기 위한 것이다. 권원등록(registration of title)은 공적 기관에서 보존되는 특정한 사람에게 귀속된 명확히 한정된 단위의 토지에 대한 권리와 그러한 권리들이 존속되는 한계에 대한 권위 있는 등록이다. 소유권 등록은 언제나 최후의 권리이며, 정부는 등록한 이후에 이루어지는 거래의 유효성에 대해 책임을 진다.

권원등록은 궁극성(finality)을 부여한다. 권원등록은 반복되는 불완전하고, 비용이 많이 드는 과거의 소유권에 대한 조사를 없애고, 과거의 소유권이나 토지에 영향을 미치는 과실의 가능성을 제거한다. 또 자주 발생하는 이중증서와 증서의 삭제에 의한 사기행위의 가능성을 없앤다. 그리고 정부가 보증하는 안전성과 문서에 의한 양도증서 작성으로 확고한 안전성을 부여한다. 권원등록은 다음과 같은 기본적인 정보를 내놓고 또한 이 정보들을 공식적으로 확인한다.

① 영향을 받은 1필지의 명확한 정의(1필지를 소유함으로써 보유하는 다른 토지에 대한 특정권리)
② 개인 또는 법인의 소유주 성명과 주소
③ 소유주 외의 다른 사람이 보유하는 1필지에 영향을 미치는 특정 이익의 세목

권원등록은 이런 목적을 위해 항상 세 부분으로 구분하여 토지표시부, 소유권 및 저당권 등 기타 권리로 나눈다.

제3절 등기의 편성과 대상

1 등기의 편성유형

(1) 물적 편성주의

물적편성주의(system des realfoliums)는 토지의 등록에 있어서 개개의 토지를 중심으로 등록부를 편성하는 것으로서, 하나의 토지에 하나의 등기용지를 두는 경우를 말한다. 우리나라의 토지대장과 같이 지번순서에 따라 등록되고 분할되더라도 본번과 관련하여 편철하고 소유자의 변동이 있을 때에도 이를 계속 수정하여 관리하는 방식이다. 이러한 토지등록 방식은 각국에서 가장 많이 사용되고 있으며, 가장 우수하고 합리적인 제도로 평가받고 있다.

또한 등록객체인 토지를 필지로 구획하고, 이를 등록단위로 하므로 토지의 이용, 관리, 개발측면에서는 편리하지만 권리주체인 소유자별 파악이 곤란한 약점이 있다.

(2) 인적 편성주의

인적 편성주의(system des personalfoliums)는 개개의 토지소유자를 중심으로 해서 편성

하는 것인데, 토지대장이나 등기부를 소유자별로 작성하여 동일 소유자에게 속하는 모든 토지는 당해 소유자의 대장에 기록하는 방식이다.

과세의무자별 과세물건을 확실히 하려는 데 목적을 둔 세지적의 소산이라 할 수 있으며, 물적 편성주의의 장점이라 할 수 있는 토지의 이용, 관리, 개발 등 토지행정상 지장이 많다. 그러나 인명목록, 지번별 목록 또는 전산조직에 의한 프로그램 개발로서 인적 편성주의와 물적 편성주의의 약점을 보완하고 있다.

네덜란드의 토지등록부에는 소유자별로 작성된 대장에 소유자나 공유자의 주소, 성명 이외에도 소유자의 직업까지 기재하고 있는 것이 특징이다.

(3) 연대적 편성주의

연대적 편성주의(chronologisches system)는 어떤 특별한 기준을 두지 않고 당사자의 신청 순서에 따라 순차적으로 기록해 가는 것이며, 프랑스의 등기부, 그리고 미국의 여러 곳에서 아직도 사용되는 레코딩 시스템(recording system)이 이에 속한다.

이것은 등기부의 편성방법으로서 가장 유효한 것이며, 그 자체만으로는 공시의 작용을 거의 하지 못하는 흠이 있다. 이렇게 편성된 등기부로 하여금 공시의 기능을 발휘하게 하려면 필요한 부분을 찾을 수 있도록 하기 위한, 최소한의 어떤 색인을 만드는 것이 필요하다. 그러나 그러한 색인을 갖추더라도 무엇을 가지고 등기부를 편성하느냐에 따라서 공시력에 커다란 차이가 있게 된다.

예컨대, 프랑스에서와 같이 공정증서만을 연대적으로 편성해서 등기부로 하는 곳에서는 색인만 완비되면 공시의 기능발휘에는 별문제가 없으나 미국의 리코딩 시스템에서처럼 단순한 사서증서를 연대적으로 편철하는 곳에서는 설령 검색제도가 완비되더라도 공시 방법으로서는 극히 불완전하게 된다(곽윤직, 1987).

리코딩 시스템은 정확하게 권원증서의 등록제도(system of recording instruments of title)라 하는데 이것은 토지에 관한 권리 자체를 등록하는 것이 아니라 단순히 토지의 처분에 관한 증서의 내용을 등록해 둠으로써 뒷날의 증거로 하는 제도이다. 이 제도 하에서는 토지거래시에 반드시 권원의 조사(title search)를 변호사에게 의뢰한다든가 또는 변호사의 그러한 권원조사를 대행하는 권원보험회사(title insurance company)가 사회적 중요성을 갖는다.

미국에서 권원보험회사는 전국에 약 160개가 있는데 그 중 최초의 회사는 1870년에 설립되었으며, 이 회사들 중 약 125개 회사는 1주 1개소의 소위 지방회사를 설립하는 식으로 되어 있으며, 이들은 타이틀 플랜트(title plant)라고 부르는 회사의 목적에 부합하는 단순한 발췌식 토지등록부를 가지고 있다(Simpson, 1976).

(4) 물적·인적 편성주의

물적·인적 편성주의(system der realpersonalfolien)는 토지의 등록에 있어서 물적 편성주의를 기본으로 하여 운영하되 인적 편성주의 요소를 가미한 것이다. 즉 소유자별 토지등록부를 동시에 설치함으로써 효과적인 토지행정을 수행하는 방법이다.

스위스와 독일의 경우 2개 이상의 토지를 하나의 등기용지, 즉 공동용지를 사용하는데 이 경우가 한 예이다. 토지대장에 있어서도 소유자별 토지등록 카드와 함께 지번별 목록(Flurstucke), 성명별 목록(Namensliste)을 운용하고 있다.

2 등기의 형태

토지와 건물은 별개의 부동산이므로 부동산등기부도 토지등기부와 건물등기부의 두 종으로 구분한다. 그런데 부동산에 관한 공부로서는 등기부 이외에 토지대장과 건축물관리대장이 있다. 토지대장은 토지의 소재, 지번, 지목, 면적, 소유자의 주소, 성명 등을 등록하여 토지의 현황을 명확하게 하는 공적 장부이며, 건축물관리대장도 건물의 소재 고유번호, 종류, 구조, 건평(면적), 소유자의 주소, 성명 등을 등록하여 건물의 상황을 명확하게 하는 공적 장부이다. 토지대장과 건축물관리대장은 시(구청), 군에 비치되어 과세의 기본이 되고 있다. 그러면 토지대장과 등기부는 어떠한 관계를 가지는가.

토지대장과 건축물관리대장이 부동산의 사실상의 상황을 명확하게 기재하는 공부임에 반하여 부동산등기부는 부동산에 관한 권리관계를 공시하는 공부이다. 부동산에 관한 두 공부는 동일 사항에 관해서는 서로 일치해야 할 것이다. 이 요청에 따라서 부동산의 사실상의 상황에 관하여는 대장의 기재를 등기부 기재의 기초로 삼고, 부동산에 관한 권리의 변동에 관하여는 등기부의 기재를 대장 기재의 기초로 삼는다.

(1) 토지등기부

토지등기부는 토지대장상에 등록되어 있는 일필의 토지마다 각각 등기부를 작성하여 공시한다. 따라서 그 토지가 분할되는 경우에는 분할된 토지에 대하여 또 다른 등기부를 작성하여 공시하게 된다. 토지등기부에 공시된 내용을 살펴보면 다음과 같다.

① 등기번호란에는 처음으로 등기된 순위번호가 표시된다.
② 표제부에는 목적물의 표시로서 토지의 소재지, 지번, 지목, 지적 및 분할, 합병사항이 기재되면, 표시번호란에는 위에 기재된 순위를 표시한다.
③ 갑구에는 소유권에 관한 사항으로서 소유권의 이전 및 보존과 소유권자(취득자)의 주소, 성명이 기재되며, 순위번호란에는 위 기재의 순위를 표시한다.
④ 을구에는 소유자 이외의 권리에 관한 사항으로서 저당 및 압류 등의 사항과 그 권리자의 주소, 성명이 기재되며, 순위번호란에는 위 기재의 순위가 표시된다.

등기번호	제 호
	제2-1호

카드의 장수							
	1	1-2	1-3	1-4	1-5	1-6	1-7
	2	2-2	2-3	2-4	2-5	2-6	2-7
엽용	3	3-2	3-3	3-4	3-5	3-6	3-7

①~①

표제부 (부동산 표시)			
표시번호	표시란	표시번호	표시란
1	접수 1978년 3월 5일 서울특별시 서대문구 홍암동 2 대 358m² (인)		
2	접수 1978년 7월 12일 서울특별시 서대문구 홍암동 2-1 대 200m² 분할로 인하여 대 158m²를 등기 제3256호에 이기 (인)		

동	제 호
동	제 호
홍암동	제2호

②~①

갑구 (소유권)			
순위번호	사항란	순위번호	사항란
1	소유권보존 접수 1978년 3월 5일 제3005호 소유자 김 갑 동 (501212-1001111) 서울 종로구 화동 2 (인)	4	소유권 이전 접수 1978년 4월 3일 제3850호 원인 1978년 4월 2일 매매 소유자 박 을 남 (500909~1650111) 서울 중구 다동 8 (인)
2	소유권 이전청구권 가등기 접수 1978년 3월 10일 제3025호 원인 1978년 3월 9일 매매계약 권리자 이 갑 률 (501010~1001111) 서울 중구 초동 9 (인)		

동	제 호
동	제 호
홍암동	제2호

③~①

을구 (소유권 이외의 권리)			
순위번호	사항란	순위번호	사항란
1	저당권 설정 접수 1978년 7월 13일 제5003호 원인 1978년 7월 12일 설정계약 채권액 금 팔백만원 이자 년 일할오푼 원인 및 이자의 지급 장소 서울 종로구 원서동 6 이숙자의 주소지 채무자 정 금 녀 서울 중구 북창동 5 저당권자 김 수 천 (521010~1001112) 서울 중구 장충동 1가 3 공동담보 토지등기 제385호 건물등기 제589호 (인)		전세권자 박 병 순 (531010~2001111) 서울 종로구 계동 5 (인)
		2 부기 1호	2번 전세권 변경 접수 1978년 12월 10일 제8791호 원인 1978년 12월 8일 변경계약 전세금 팔백만원 (인)

(그림54) 토지등기부(표제부·갑구·을구)

(2) 건물등기부

건물등기부는 건물관리대장에 등록된 1동의 건물을 1개의 건물로 하여 각각 등기부를 작성하여 등기하는 것이다. 따라서 그 건물이 분할된다거나 구분되었을 경우에는 토지의 경우와 같이 분할 또는 구분된 건물에 대하여 별도의 등기부를 작성하여 공시하게 된다. 건물등기부에 공시된 내용을 보면 다음과 같다.

① 등기번호란에는 처음으로 등기된 순위번호가 표시된다.
② 표제부에는 목적물의 표시로서 건물의 소재지(지번 표시), 건물의 종류, 구조, 건평이 기재되며, 표시번호란에는 기재의 순위를 표시한다.
③ 갑구에는 소유권에 관한 사항으로서 소유권의 보존 및 이전관계와 소유권자(취득자)의 주소, 성명이 기재되며 순위번호란에는 기재의 순위를 표시한다.
④ 을구에는 소유권 이외의 권리에 관한 사항으로서 저당 및 압류 등의 사항과 그 권리자의 주소, 성명이 기재되며 순위번호란에는 기재의 순위가 표시된다.

결국 부동산등기부의 공시내용은 크게 보아서 토지대장이나 가옥대장을 기준으로 하는 부동산의 표시와 물권의 효력을 나타내는 부동산의 권리에 관한 공시라 하겠다.

소유권보존등기의 신청은 토지대장이나 가옥대장을 첨부함으로써 등기가 되며, 또한 토지상황의 변동이나 건물상황의 변동이 발생한 때에는 1차적으로 토지대장과 건물대장에 변동된 상황을 등록한 후 그 대장에 의하여 등기부를 변경하게 된다.

그러나 등기부상에 등기된 권리 자체에 어떤 변동이 생긴 경우의 물권변동이 발생한 경우는 등기공부상에 권리변동 사항을 우선 변경·등기한 후 등기부에 의하여 토지대장 또는 건물대장에 변경된 사항을 등록하게 되어 있다.

3 등기의 대상

(1) 등기를 필요로 하는 재산

등기를 요하는 재산, 즉 부동산은 토지와 건물이다. 그러나 모든 토지와 건물이 등기의 대상이 되는 것은 아니며 사권의 목적물은 부동산에 한한다.

따라서 등기되어 있는 토지가 하천령에 정하는 하천의 부지로 된 경우 등에는 그 등기를 말소하여 그 등기용지를 폐쇄해야 한다. 다만 공공용물인 부동산이라도 공용의 제한을 받으면서도 사권의 목적이 될 수 있는 부동산(도로부지)은 사권의 변동에 관한 한 역시 등기를 필요로 함은 물론이다.

미등기의 부동산도 당연히 등기를 해야 한다. 미등기의 토지는 대부분의 경우에는 이미 어떤 사람의 소유에 속하고 있으면서 등기되어 있지 않았던 것이지만 때로는 매립지와 같이 토지 그 자체가 생기는 경우도 있다. 건물은 신축되면 미등기 건물로 성립한다. 그리고 어느 경우든지 토지대장 또는 건물대장에 등록하고 그 후에 등기하게 된다. 이 경우의 등기는 소유권보존등기이다. 그러면 토지대장 또는 건물관리대장에 등기된 채 아직 보존등기가 되기 전 토지대장 또는 건물대장에도 등록되기 전의 부동산에 관한 권리관계는 어떻게 되느냐. 그 소유권이 어떠한 원인으로 취득되었느냐에 따라서 나누어야 할 것이다.

토지 또는 신축가옥을 원시적으로 취득한 경우에는 법률의 규정에 의한 부동산물권의 취득이고, 따라서 등기를 하지 않아도 소유권을 취득한다. 그러므로 국가기관이 보유하고 있고 미등기된 신축건물의 소유권은 등기를 하지 않아도 '국가'는 소유권을 취득한다. 그러나 부동산을 등기없이 유효하게 원시취득한 경우에 이를 처분하려면 먼저 등기를 해야 하는 것이다.

(2) 등기를 필요로 하는 권리

등기를 필요로 하는 권리는 소유권, 지상권, 지역권, 전세권, 저당권 등이다. 등기를 요하지 않는 부동산물권은 점유권과 유치권이다. 이 두 권리는 점유라는 사실을 요건으로 하고 그 사실이 계속되는 한에 있어서만 인정되는 것이고, 점유라는 사실의 유무를 불문하고 추상적 권리가 등기에 의하여 표상된다는 성질의 것이 아니기 때문이다.

물권 이외의 민법상의 권리로서 등기를 요하는 권리에 임차권과 부동산 환원권이 있다. 임차권은 채권이지만 이것을 등기하게 되면 배타성을 가지게 되고 물권과 비슷한 성질의 권리로 된다.

구 민법에서는 등기를 하느냐 하지 않느냐는 당사자의 자유에 맡겼으나 현행 민법에서는 반대 약정이 없으면 임차인은 임대인에 대하여 임차권의 등기절차에 협력할 것을 청구할 수 있도록 하였다. 또한 민법은 환매권을 채권 편에 규정하고 있기 때문에 부동산등기법은 이것을 독립의 물권으로 취급하지 않고 있지만 그 성질에 있어서는 일종의 물권으로서의 성질을 가지며, 실제의 거래활동에 있어서도 이것을 하나의 재산권으로서 거래의 객체로 삼고 있는 것이다.

제4절 등기의 종류

등기는 여러 가지 관점에서 분류될 수 있지만 등기가 가지는 효력의 성질에 따라서 창설적 등기와 정정적 등기로, 완전히 효력을 가지느냐를 표준으로 하여 종국등기와 예비등기로 등기의 형식을 표준으로 하여 독립등기와 부기등기로 대별할 수 있다.

1 창설적 등기와 정정적 등기

등기가 행해짐으로써 새로이 부동산물권의 변동이 생기는 경우가 창설적 등기이고, 등기가 실제적 권리관계와 합치하지 않는 경우에 이를 합치시키기 위하여 행해지는 경우가 정정적 등기이다. 다음에 설명하는 기입등기와 협의의 변경등기는 언제나 창설적 등기이고, 경정등기와 회복등기는 언제나 정정적 등기이며, 말소등기는 창설적 등기일 수도 있고 정정적 등기일 수도 있다.

2 종국등기와 예비등기

(1) 종국등기

종국등기는 완전한 효력을 가지는 등기로서 이것을 본등기라고도 부른다. 종국등기는 그 내용에 따라서 다음과 같이 분류된다.

1) 기입등기

새로운 등기원인(물권행위 또는 법률상의 물권변동원인)에 의하여 어떤 사항을 등기부에 기입하는 등기이다. 예로서 소유권보존등기, 소유권이전등기, 저당권설정등기 등을 들 수 있다.

2) 변경등기

변경등기는 보존등기의 일부를 변경함을 목적으로 하는 등기로 협의의 변경등기와 정정등기가 있다.

① 협의의 변경등기

등기가 완료된 후에 후발적으로 등기와 실체관계가 불일치한 경우에 이 불일치를 해소하기 위하여 행해지는 등기이다.

② 정정등기

등기절차에 착오 또는 유루가 있어서 원시적으로 등기와 실체관계와의 불일치의 경우에 이를 정정함을 목적으로 하는 등기이다.

③ 회복등기

일단 소멸한 등기를 회복하여 그 등기의 효력을 유지시킴을 목적으로 하는 등기로서 멸실회복등기와 말소회복등기로 구분된다.

㉠ 멸실회복등기 : 등기부의 전부 또는 일부가 멸실한 경우에 그로 인하여 소멸한 등기의 회복을 목적으로 하는 등기이다.

㉡ 말소회복등기 : 구등기의 전부 또는 일부가 부적법하게 말소된 경우 그 말소된 등기의 회복을 목적으로 하는 등기이다.

4) 말소등기

기존의 등기 말소를 목적으로 하는 등기이다.

(2) 예비등기

종국등기를 할 수 있는 요건을 갖추지 못한 경우에 장래 행해질 종국등기의 준비를 하는 등기이다. 이에는 가등기와 예고등기가 있다. 후자는 물권을 기초로 하는 것임에 반하여, 전자는 대인적 청구권을 기초로 한 것이고, 후자는 단지 등기부와 기재의 변경을 확보한 것임에 반하여 전자는 물권의 변동을 확보한 것이라는 점에서 차이가 있다.

1) 가등기

등기할 물권변동이 아직 물권적 효력을 발생하지 않았으나 부동산 물권변동의 청구권을 보전하려 하는 경우(현재의 청구권)와 그러한 청구권이 시기부(時期附) 또는 정지조건부인 경우, 기타 장래에 확정될 경우(장래의 청구권) 청구권을 보전하려 할 때 하는 등기이다. 가등기는 절차가 용이하기 때문에 매우 많이 행해진다.

가등기인 채로는 등기로서 완전한 효력은 없으나 후에 행하는 본등기의 순위는 가등기의 순위가 되므로 결국 가등기는 후일 본등기의 순위보전이 목적인 셈이다.

2) 예고등기

등기원인의 무효 또는 취소로 인한 등기의 말소 또는 회복의 소가 제기된 경우에 수소법원이 직권으로써 이를 등기소에 촉탁하여 행하는 등기이다.

예고등기는 소의 제기가 있었다는 것을 제3자에게 알림으로써 분쟁중인 부동산이 소송결과에 따라 선의의 제3자에게 불의의 손해를 주는 것을 예방하기 위한 것이다.

3) 독립등기와 부기등기

① 독립등기

절차상 기존의 등기와는 별개로 독립하여 행해지는 등기이다. 독립등기(신 등기)에 있어서는 번호란에 독립의 번호가 붙여지며 등기는 원칙적으로 이 독립등기의 형식으로 행해진다.

② 부기등기

기존등기에 부기하여 일부를 새로 등기하고 주등기의 순위를 유지하는 등기이다. 부기등기가 인정되는 이유는 그 등기로 하여금 주등기의 순위를 보유케 할 필요가 있기 때문이다. 예컨대 기존등기의 착오 또는 유루(遺漏)가 있는 경우에 이를 정정하는 등기를 하는 경우로서 권리변경, 명의인 변경등기 등이 그 예이다.

3 촉탁등기

등기는 신청주의에 의거, 당사자의 신청에 의하여 등기함이 원칙이나 예외로서 관공서의 촉탁에 의해서도 등기할 수 있다. 촉탁에 의한 등기의 절차는 법률에 따라 규정이 있는 경우를 제외하고는 신청에 의한 등기의 규정을 준용한다. 촉탁등기의 절차에 관한 특례법으로서는 이전의 '분배농지 소유권이전등기에 관한 특별조치법'과 '국공유부동산의 등기촉탁에 관한 법률' 등을 들 수 있다.

제5절 등기의 절차

1 등기신청에 필요한 서면

등기를 신청할 때는 다음의 신청서, 등기원인증서, 등기필증 등의 서류를 제출하여야 한다. 신청서에는 다음에 열거한 사항을 기재하고 신청인이 서명, 날인해야 한다.

① 부동산이 있는 소재지
② 지목과 면적
③ 신청인의 주소·성명, 신청인이 법인인 때에는 그 명칭과 사무소
④ 대리인에 의해 신청할 때는 그 주소·성명
⑤ 등기원인과 그 연월일
⑥ 등기의 목적
⑦ 등기소의 표시

⑧ 신청 연월일

등기할 권리의 목적이 건물인 경우에는 이상 ①호와 ③호 내지 ⑧호 이외에 건물의 종류·구조와 건평을 기재해야 하며 건물번호가 있을 때는 그 번호도 기재한다.

또한 부속건물이 있을 때는 그 부속건물의 종류, 구조와 건평을 기재하여야 한다. 한편 신청뿐 아니라 등기에 관한 서면작성에는 자획을 명료히 해야 하며 숫자는 일, 이, 삼… 십의 문자를 사용해야 하고 잉크는 반드시 흑색이라야 한다.

문자는 이를 변경할 수 없으며 만일 정정, 삽입 또는 삭제를 할 때는 그 자수를 난 외에 기재하여 날인해야 하며, 삭제문자는 해독할 수 있도록 남겨 두어야 한다.

2 등기원인을 증명하는 서면

(1) 정정적 등기의 경우

① 법률의 규정에 의하여 등기 없이 일어난 물권변동을 등기하는 경우에는 그 물권변동을 일으키는 원인, 즉 상속, 공용징수, 판결, 경매, 토지의 감실, 건물의 신축 또는 멸실 등이다.

② 실체적 권리관계와 등기와의 불일치가 물권변동 때문에 일어난 경우가 아닌 경우, 예컨대 등기공무원의 오기로 인하여 생긴 불일치를 정정하는 경정등기, 무효인 행위에 기하여 행하여진 이전등기를 말소하는 말소등기 등에 있어서는 그 오기 또는 무효인 이전등기가 등기원인이다.

(2) 창설적 등기의 경우

① 취득시효에 있어서는 취득시효의 완성이 등기원인이다.

② 물권행위가 행해진 시기가 서면상 명료한 경우에는 그 물권행위가 등기원인이다. 그 예로는 저당권의 설정계약을 들 수 있다.

③ 먼저 채권행위가 있는 경우에 그 이행으로 행해진 물권행위의 시기가 불분명한 때는 매매·증여 등 채권계약이 등기원인이 된다. 등기원인을 증명하는 서면이 처음부터 없거나(보존등기의 경우) 이를 제출할 수 없는 경우에는 신청서의 부본을 제출해야 한다. 그리고 신청서에 그 취지를 기재하여야 한다.

(3) 등기의무자의 권리에 관한 등기필증

등기공무원이 등기를 완료하였을 때는 먼저 등기권리자에게 등기 원인을 증명하는 서면 또는 신청서 부본에 등기번호, 신청서 접수 연월일, 접수번호, 순위번호, 등기필의 취지를 기재하고 등기소인을 날인하여 교부하고(이것이 등기필증) 등기의무자에게는 신청서에 첨부한 등기필증에 신청서 접수 연월일, 접수번호, 순위번호, 등기권리자의 성명, 등기원인과 그 연월일, 등기목적, 등기필의 취지를 기재하고 등기소인을 날인하여 반환해야 한다. 만일 등기필증을 멸실한 경우에는 그 등기소에서 소유권등기를 한 성년자 2인 이상이 등기의무자가 본인임을 보증하는 서면을 2통 첨부하고 신청서에 그 취지를 기재하여 신청하고, 등기공무원은 이에 의해 등기를 완료하였을 때는 신청서에 부동산의 표시, 등기원인과 그 연월일, 등기권리자의 성명, 주소, 등기목적, 등기필 취지를 기재하여 등기의무자에게 통지해야 한다.

(4) 등기원인을 제3자의 허가, 동의, 승낙을 요할 때 증명하는 서면

이 경우에는 제3자가 신청서에 서명, 날인함으로써 대신할 수 있다.

(5) 대리인에 의하여 신청할 때는 그 권리를 증명하는 서면

등기원인을 증명하는 서면이 집행력 있는 판결인 때는 이상 열거한 서면 중 3), 4)항을 생략하거나, 또는 신청서에는 그 등기를 신청함에 필요한 사항 이외에 등록세액을 기재하여야 한다. 단 등록세법 제1호 1항 내지 6호(토지건물에 대한 소유권 기타 등기권리에 대한 취득·설정·이전)의 등기에 관하여는 과세표준도 기재하여야 한다.

동일한 등기소의 관할 내에 있는 여러 개의 부동산에 관한 등기를 신청한 경우에는 등기원인과 그 등기의 목적이 동일한 때에 한하여 동일한 신청서로 등기를 신청할 수 있다.

3 등기신청의 절차

등기신청은 일반적으로 다음과 같은 절차에 의한다.

① 토지의 분합, 멸실, 면적의 증감, 지목이나 번호의 변경에 관한 등기 : 본 토지의 소유권의 등기명의인은 신청서에 토지의 분합, 멸실, 증감된 면적과 현재의 면적, 신 지목 또는 신 번호를 기재하여 신청하고 토지대장부본을 첨부하여야 한다. 만일, 본토지의 소유권 이외의 권리가 등기되었을 경우에는 그 등기명의인의 승낙서나 이에 대항할 수 있는 재판의 등본을 첨부해야 한다.

② 건물의 분합, 번호, 종류, 구조의 변경 및 그 멸실, 면적의 증감, 부속건물의 신축, 대지번호 변경에 관한 등기 : 본 건물의 소유권의 등기명의인은 신청서에 분합한 면적, 신번호, 신종류, 신구조, 멸실, 증감 또는 신축한 면적과 현재의 면적, 대지의 신 지번을 기재하고 건물번호의 변경등기를 신청하는 경우를 제외하고는 가옥대장 등본을 첨부하고 또 건물의 분합, 구조의 변경이나 면적증감의 등기를 신청하는 경우에는 그 도면을 첨부해야 한다.

③ 등기된 토지가 하천부지로 되었을 경우의 말소등기 : 하천부지는 사권을 설정할 수 없으므로 등기된 개인의 토지가 하천부지로 되었을 경우에는 당해 관청은 즉시 그 등기의 말소등기를 촉탁해야 한다. 이때 말소하는 토지의 표시나 등기명의인 표시의 변경등기 및 상속으로 인한 소유권이전등기를 할 필요가 있을 때는 그 등기명의인 및 상속인을 대신하여 당해 관청이 촉탁할 수 있다.

4 토지수용으로 인한 소유권이전등기

토지수용으로 인한 소유권이전등기는 등기권리자인 기업자만의 단독신청에 의해 등기할 수 있다. 기업자가 관청인 경우에는 촉탁에 의해 등기신청을 해야 한다.

그리고 신청인인 기업자가 신청할 때의 토지의 표시나 명의인 표시의 변경, 상속으로 인한 소유권이전등기를 할 필요가 있을 때는 그 명의인이나 상속인에 대신하여 등기신청을 할 수 있음은 하천부지의 경우와 같다. 신청인이 등기신청을 할 때는 신청서에 보상 또는 공탁을 증명하는 서면을 첨부해야 한다.

5 부동산의 보존등기와 국공유재산의 등기

(1) 토지의 보존등기

미등기 토지의 소유권보존등기 신청자는 다음과 같다.

① 토지대장에 의해 자기 또는 피상속인 토지대장의 소유자로서 등기되어 있음을 증명하는 자
② 판결에 의하여 자기소유권을 증명하는 자

신청인이 토지의 보존등기를 신청하려면 신청서에 전술한 첫째의 경우냐, 둘째의 경우냐를 기재해야 하고 그를 증명하는 증명서류를 첨부해야 한다.

그러므로 ①의 경우는 토지대장부본이, ②의 경우는 재판의 판결등본이 그 증명서류가 되는 것이다. 관공서가 촉탁에 의해 보존등기를 신청할 때는 소유권의 증명을 국세청의 확인서로 대체하면 된다. 그리고 토지대장에 등록하지 않는 결과 동일 토지가 이중으로 등기되는 경우가 많으므로 이때에는 가능하면 토지대장에 등록하고 그 등본을 첨부함이 좋다.

(2) 건물의 보존등기

건물의 보존등기도 토지의 보존등기와 같다. 다만 건물의 보존등기에는 신청서에 그 건물의 도면을 첨부해야 하고 토지대장 대신 건물관리대장을 첨부하는 점만 다르다. 또한 신청권자에 있어서는 토지의 경우, 첫째의 경우와 둘째의 경우가 건물에 있어서도 그대로 적용되는 외에 시, 읍, 면장의 증명서면에 의해 신청할 수 있음이 추가된다. 즉 시, 읍, 면장은 신청인이 건물의 소유자임을 증명하면 되는 것이다.

(3) 국공유부동산의 등기

국가 또는 지방자치단체가 부동산에 관한 권리를 취득하였거나 취득한 권리의 변경, 경정, 소멸이 있을 때는 지체없이 등기소에 그 권리에 관한 등기를 촉탁하여야 한다.

1) 국공유부동산에 관한 권리의 이전등기

국가 또는 지방자치단체가 부동산에 관한 권리를 취득하였을 때는 촉탁서에 등기원인을 증명하는 서면(매도증서)과 등기의무자의 승인(락)서를 첨부하여 촉탁해야 한다.

2) 국공유부동산의 권리의 변경, 경정, 처분의 제한에 관한 등기

관공서가 등기권리자일 때는 직권으로써, 등기의무자일 때는 등기권리자의 청구에 의하여 촉탁서에 등기원인을 증명하는 서면을 첨부하여 촉탁해야 한다. 즉 관공서가 등기권리자일 때는 등기의무자의 승낙서도 첨부해야 한다.

3) 국공유부동산에 관한 권리의 소멸등기

관공서가 취득한 부동산에 관한 권리의 소멸등기는 등기권리자의 청구에 의하여 그 관공서가 촉탁서에 등기원인을 증명하는 서면을 첨부하여 촉탁해야 한다.

국공유부동산에 관한 촉탁관서에 대하여 "부동산등기법"에는 지정이 없고 다만 관공서로만 되어 있다. 그러나 국공유부동산에 관한 촉탁관서 지정에 관한 특례법으로 "국공유부동산의 등기촉탁에 관한 법률"이 있으므로 이를 준용하여야 할 것이다.

(4) 멸실된 등기의 회복등기

천재, 지변, 전시 기타의 원인에 의하여 등기부의 전부 또는 일부가 멸실되었을 때는 대법원장은 3개월 이상의 기간을 정하여 "그 기간 내에 회복등기를 신청한 자는 그 등기부에 있어서 종전의 순위를 유지한다"는 취지를 고시해야 한다.

만일 기간 내에 신청하지 않는 권리자는 보존등기의 신청절차에 의거, 소유권보존등기를 신청하면 된다. 기간 내의 신청은 등기권리자만의 단독신청이 가능하며, 신청서에는 전등기의 순위, 신청서 접수 연월일, 접수번호를 기재하고 전등기필증을 첨부해야 한다. 등기공무원은 기간 내에 접수한 신청서편철부에 편철하고 편철이 완료되면 편철필증을 등기권리자에게 교부해야 한다.

편철필증은 신청서에 등기필증교부를 신청할 수 있는 것이다. 회복등기가 완료되어 등기필증을 교부할 때는 등기필증으로서 신청서 부본에 등기번호, 신청서 접수 연월일, 접수번호, 순위번호, 등기필 취지를 기재하고 등기소인을 날인하여 교부한다. 기타 소유권 이외의 권리에 관한 등기의 절차 및 가등기와 회복등기의 절차는 전술한 소유권에 관한 등기절차를 참조하여 이를 준용하도록 하면 된다.

(5) 소유권 이전등기

부동산의 매매계약이 성립되고 대금의 지급이 완료되면 매도인은 매수인에게 소유권의 이전등기에 필요한 서류를 교부해주어야 할 의무가 있다. 소유권의 이전등기에 필요한 구비서류는 다음과 같다.

① 등기신청서(매도인, 매수인 동시 날인)
② 매도증서(매도인의 인감날인)
③ 등기필증(권리증)
④ 인감증명(1개월 이내 발행의 매도인)
⑤ 위임장(절차를 법무사 등에게 위임하는 경우)
⑥ 주민등록등본
⑦ 검인매매계약서

한편 등기신청서의 기재사항은 다음과 같다.

① 부동산의 표시
② 지목과 면적
③ 등기원인과 그 연월일
④ 등기의 목적
⑤ 등기소의 표시
⑥ 신청 연월일 등을 기재해야 한다.
⑦ 당사자

등기신청시에는 등기권리자인 매수인과 등기의무자인 매도인이 대상부동산을 관할하는 등기소에 출두하여 공동으로 신청해야 한다. 그러나 법무사에게 위임하는 경우는 위임장에 공동으로 날인하여 신청할 수가 있다. 가등기의 경우도 공동으로 신청하는 것이 원칙이지만 가등기권리자 단독으로 신청할 수도 있다. 만약 가등기의무자가 가등기 신청에 협력하지 않을 때는 가등기권리자는 매매계약서 또는 대금의 영수증을 증거로 하여 법원에 가등기, 가처분을 청구하는 방법으로 이 신청에 의하여 법원은 가등기, 가처분 명령의 기입등기 촉탁을 하게 된다. 따라서 가등기권리자인 매수인이 단독으로 가등기 신청을 하게 되는 결과가 되는 것이다(이원준, 1994).

제 18장 토지정보

제1절 토지정보체계의 개념

1 지적정보시스템

지적정보시스템(Cadastral Information System : CIS)은 지적(Cadastral) + 정보(Information) + 체계(System)의 합성어이다. 여기서 지적은 의미하는 영문단어인 Cadastral은 세금부과에 대한 기초로서 부동산의 양, 가치 및 소유권의 공적 등록을 의미한다.

지적은 법률상 용어로 토지법률 및 국민과 밀접히 관계되며 부동산의 등록이란 행정적 측면과 양을 정확히 측량하는 기술적 측면이 있다. 정보체계는 자료로 변환시키는 것으로 특정 목적 또는 목표의 성취를 용이하게 하기 위한 제반 방법, 절차, 자원으로 설계된 명령대기군이다. 계획분야에서 활용되는 정보체계는 여러 종류가 있지만 그중에서도 국가 국토정보의 근간이 되는 CIS의 중요성이 더욱 강조되고 있다(지종덕, 1991).

CIS는 토지대장과 지적도의 기본적인 두 자료에 의하여 토지의 경계위치와 소유권을 관리하고 유지해 오고 있는데 구체적으로는 5종류인 지적공부(토지대장, 지적도, 임야대장, 임야도, 수치지적부)에 의존하고 있다.

지적정보는 법률 및 행정적인 기속력이 강한 토지소유권과 토지의 관리적 특수성이 강하며 위치정보와 속성정보의 연계를 위한 지번코드에 의하여 유지되고 있다. 지번체계는 지형정보에 있어서 토지의 관리방법과는 상이하며 위치적인 개념보다 1필지에 대한 고유성의 의미가 더욱 강하기 때문에 이러한 키-코드에 의하여 속성정보와 도형정보를 결합할 수 있는 것이다. 이들은 또한 대장정보와 지적필지 정보에 대하여 행정단위별로 지번체계로 구성되어 국가행정을 위한 다른 등기체계나 조세체계에 연계되어 운영된다.

지적정보는 대축척의 도면정보 및 대장정보로써 지형정보와 좌표체계가 연계되어 정보화에 의한 통합운용이 가능하지만 우리나라는 현재 행정적 관리측면에서 이원화되어 있어 두 자료간의 통합이 이루어지지 않고 있다. 지형정보는 지도에 기여하고 토지정보는 행정자료에 기여하며, 특히 지적은 소유권에 기여하고 있는 것이다. 지적정보의 발전모형인 다목적 지적은 미국의 국가공공 측량방식의 도입을 위해 설치된 국가측량망에 기초하여 지형도를 기본으로 두고 지적정보군 및 기타 정보를 연결하여 사용하는 도구이지만 결국은 국가행정 지원방식으로서 현재와 미래의 지적수요를 충족시키고 지적정보에 기초하여 체계적으로 국토관련 정보를 이용하자는 데 목적이 있었다(내무부, 1993).

다목적지적으로 구축된 정보는 여러 방면에서 응용되는데 이러한 응용이 사실상 지적정보에서 구하고자 하는 최종목적이며, 전산기술에 힘입어 응용의 폭과 효율성이 더욱 높아진다. 유네스코(UNESCO)회의 보고서에서 "다목적 지적은 지리학적 위치측정의 기초이며, 토지와 관련된 기술적, 법률적, 재정적, 경제적 정보의 기본이 된다"고 정의하였다.

이렇게 다목적 지적은 LIS에 공간적으로 참조할 수 있는 종합시스템의 정보 및 기초자료를 제공하여 지구표면상 특정장소와의 관련성을 맺게 하며 필지형태로 나타낸다. 토지소유단위(필지)를 정보의 수집, 보관, 보급을 위한 기본적 기준단위로 사용되는 CIS의 현대 지적의 개념은 기본요소인 지적필지(cadastral parcel), 지적기록(cadastral record), 필지색인(parcel index)으로 이루어진다. 또한 LIS는 지적을 기초로 하는 필지수준에서 적절히 이용가능하며 종합적인 토지정보를 뒷받침하는 운용상 또는 행정적으로 통합된 공공제도로서 측량기준망, 기본도, 지적도, 필지등록부와 같은 구성요소로 체계화되어야 한다(지종덕, 1989). 이렇게 볼 때 CIS의 개념은 토지소유 및 토지가격 정보뿐만 아니라 다양한 필지관계 정보를 기록, 보관, 제공하기 위한 것으로 지리학적 위치측정의 기본이 되는 정보시스템으로 LIS의 원천적인 기초를 이루는 정보체계라고 정의할 수 있다.

2 토지정보시스템

토지정보시스템(Land Information System : LIS)은 토지(Land) + 정보(Information) + 체계(System)의 합성어이다. 여기서 토지를 뜻하는 어휘인 Land는 토지 및 토지에 관련된 포괄적인 토지관련 자원까지를 의미하는 것이다.

정보체계인 Information System의 개념은 "과정들을 조화시킨 세트와 같이 몇가지 관리적 수요를 지원하는 정보를 생산하는 인적 및 기술자원의 조화"를 뜻한다. 그러므로 LIS는 법률적, 행정적, 경제적 기초 하에서 토지에 관한 자료의 체계적인 수집으로 내용면에서는 다목적 지적을 기초로 하여 토지에 관련된 모든 자료를 포함하는 포괄적인 것으로 GIS의 부분적인 체계를 의미한다(지종덕, 1994).

LIS의 협의의 개념은 지적을 중심으로 한하여 지적공부에 표시된 사항을 근거로 하는 것과 등기에 한정된 것을 의미하기도 하지만, 넓은 의미의 개념은 법률적, 행정적, 경제적 기초하에서 토지에 관한 자료의 체계적인 수집이라 하고 있다.

여기서 토지정보란 일반적인 정보의 속성을 가진 국토공간과 부동산으로의 토지 및 이와 관련된 사항을 파악할 수 있는 자료의 모음을 뜻한다. 행정기관들이 토지행정 업무를 수행하는 과정에서 생산되는 각종 토지정보들을 특성으로 구분하면 지도정보, 지적정보, 등기정보, 지가정보, 도지특싱징보, 기타 정보 등으로 대별할 수 있다(김영표 외 1, 1992).

LIS의 개념으로 독일의 다름쉬타트(Darmstadt) 시에서 개최된 심포지엄에서 논의된 정의는 "법률적, 행정적, 경제적 기초 하에서 토지에 관한 자료의 체계적인 수집"으로 토지에 관한 상당한 자료를 포함한다는 것으로 정의하였다.

국제측량사연맹(FIG)에서 채택한 LIS의 개념은 좀더 명확하고 구체적인데 "법률적, 행정적, 경제적 의사결정에 대한 도구이고, 한편으로는 한정된 등록지역에 대한 국가좌표체계에 기초한 토지관련 자료를 포함한 데이터베이스와 또 자료의 체계적 수집, 최신화, 진행 및 분배에 대한 절차와 기술 등으로 개발이나 계획에 기여하는 도구이며, LIS의 기존 시스템에서 자료에 대한 변화하지 않는 다른 토지관련 자료를 가진 체계내에서 자료의 연결을 조장하는 공간관련시스템"이라는 것이다.

GIS와 LIS의 관계는 명확한 구분과 각각의 개념 및 관계 정립에 있어서 혼란스런 문제가 내포되기도 하는데 이러한 혼란을 만드는 요소는 지리, 지도제작, 자원, 환경에 대한 시스템과 사회, 경제정보 사이에 관련이 있다는 것이다. 이렇게 볼 때 LIS개념은 "법률적, 행정적, 경제적 기초 하에서 공간이 참조된 토지 및 토지자원관련 자료를 체계적으로 수집해 표준화, 최신화, 진행, 분배 등을 포함하며 토지관련 문제의 해결과 토지정책의 의사결정을 보조하는 정보시스템으로 이에 관련된 하드웨어, 소프트웨어 등의 기술자원과 인적 자원의 통합체"라고 정의할 수 있다.

3 지리정보시스템

지리정보시스템(Geographic Information System : GIS)은 지리(Geographic) + 정보(Information) + 체계(System)의 합성어이다. 여기서 지리를 뜻하는 고전적 어휘인 geograpy는 그리스어 geo와 graphy의 합성어로 geo는 지구를 의미하며, graphy는 기록한다는 것이므로 geograpy는 지구를 기록한다는 것이다.

그래서 GIS는 인류의 터전인 지구에서 지리(지역 및 지형공간)에 관련한 가장 광범위한 정보시스템이라고 할 수 있다. GIS는 공간을 대상으로 하는 제반 정보를 컴퓨터를 이용해서 수집 관리하고 사용목적에 따라 다양한 정보분석을 하여 필요한 결과를 도출해 내는 종합정보관리체계이다(정문섭, 1992).

이러한 정보체계를 기반으로 하는 GIS는 최근에 발달한 기술부문이지만 아직 명확하게 정리되지 않은 부문이 많으며, 처리분석, 출력기법이 다양하고 적용 분야, 강조기능 때문에 컴퓨터지도학, 컴퓨터응용디자인, 원격탐사 등의 시스템과 혼용되는 경우도 있다.

GIS는 학술 분야에서도 급속한 진보를 나타내고 있는데, 이는 고도의 과학기술 분야로서 그 유용성이 매우 높기 때문이다. 학문 분야로는 지적학, 지리학, 지질학, 측량학, 임학, 자원공학, 해양학, 조경학, 부동산학 및 최근에 대두되는 도시계획학 등 공간현상의 정보와 관련된 여러 분야에서 매우 효율적인 연구도구로 활용되고 있다.

GIS와 LIS를 구분해 보면, GIS는 통계적인 반면에 LIS는 서술적으로 GIS의 자료철은 LIS의 자료철에 훨씬 미치지 못하고 GIS는 추상적인 개념이 LIS보다 높으며, 특히 GIS와 LIS의 차이점은 기하학적인 도형자료의 정밀도에 있는데 일반적으로 지형측량보다 지적측량의 정도가 훨씬 정확성을 요구한다. 그래서 LIS는 GIS보다 대축척도면으로 구성될 뿐만 아니라 법률적인 대항자료가 되는데 이들 두 시스템간의 구분은 축척에 의하여 1 : 1000 축척 이상의 대축척과 1 : 10000 축척 이하의 소축척으로 구분하기도 한다. GIS는 소축척이며 지역적, 국가적으로 더 나아가 지구 전체의 일반화된 자료에 중점을 두고, LIS는 대축척이며 특정 지방에 국한된 상세한 자료에 중점을 두고 있다(지종덕, 1997).

이렇게 볼 때, 지리정보의 개념은 "지리자료의 공간처리를 특성으로 공간적 주체성을 기본으로 하는 가장 포괄적인 의미의 정보체계로서 지적도, 지형도, 지질도, 지하시설물도 등 지리정보의 수집, 도화, 수치화 표시 등에 관해 컴퓨터의 지원을 받는 과학적인 기술체계를 의미하는 것"이라고 정의할 수 있다.

제2절 토지정보의 구성

1 구성요소

토지정보의 구성은 컴퓨터와 하드웨어, 소프트웨어, 모듈 그리고 적절한 시스템디자인이라는 3가지 주요소로 이루어지는데 LIS이 좋은 기능을 발휘하기 위해서는 3가지 구성요소들이 서로 조화를 이루어야 한다.

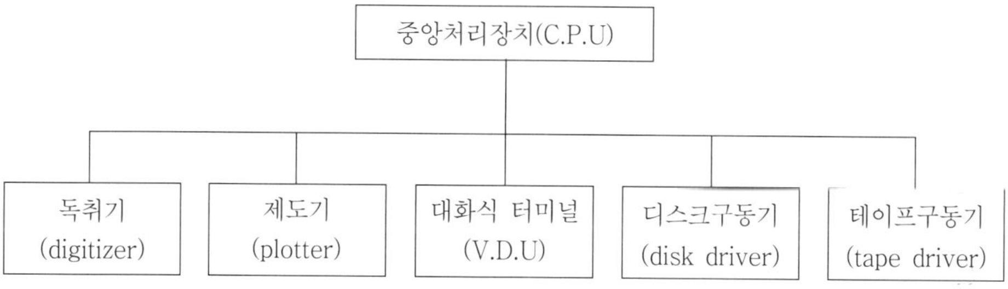

(그림55) LIS의 하드웨어 구성체계

컴퓨터 하드웨어에서 중앙처리장치(CPU)는 자료와 프로그램이 저장된 디스크드라이버(disk driver)에 연결되어 있다. 또한 독취기(digitizer)는 도면 등에서 자료를 수치화할 수 있는 것이고, 다른 주변기기는 문서에서 추출된 자료를 숫자의 형태로 변환시켜 컴퓨터로 보낸다. 이렇게 입력된 자료는 처리되어 제도기(plotter)에 의해 도면으로 출력된다.

출력기기는 자료의 처리결과를 출력하는데 이용되며, 테이프드라이버(tape driver)는 자료 및 프로그램을 테이프에 저장하거나 다른 시스템과의 통신에 이용된다. 컴퓨터간의 통신은 특별한 자료선(data line) 혹은 모뎀(modem : modulation demodulition)이라는 기기와 전화선으로 구성된 네트워크체계(network system)로 이루어진다.

자료의 획득은 지도, 항공기 또는 위성에서 3차원 좌표를 얻고, 기본자료의 관리시스템으로 저장하며, 또한 중복시킨 자료들을 3차원으로 분석하고 이를 주제별로 지도 제작하거나 표를 작성한 결과를 얻게 된다. 사용자는 컴퓨터와 주변기기들을 터미널의 화면(VDU : Visual Display Unit)을 통해 조작하며 터미널에는 마이크로 컴퓨터 또는 지도를 신속하게 보여주는 특수한 하드웨어가 이용되는데 이러한 일반적인 하드웨어의 구비조건을 만족할 수 있는 기기에는 많은 종류가 있다.

소프트웨어 모듈은 자료의 입력과 확인, 자료의 저장과 데이터베이스 관리, 자료의 출력, 자료의 변환, 사용자와의 대화 등 5가지 기본모듈로 구성된다. 자료의 입력에는 기존 지도와 야외 자료조사 및 센서를 통해 얻은 정보를 수치의 형태로 변환하는 것 등이 포함된다. 이러한 목적을 위해 대화식 터미널, 독취기, 텍스트 파일의 자료목록, 스캐너(scanner)와 테이프, 드럼(drum), 디스크와 같은 자기매체(magnetic media)에 자료를 기록하는 장치들이 모두 여기에 속한다.

자료의 저장과 데이터베이스 관리에서는 지표상의 위치, 위상적 관계(연결성, 지리적속성 : 점 · 선 · 면)에 대한 정보를 구성하고, 조직화하는 방법이 주요 과제이다.

자료의 출력은 자료를 보여주고 분석결과를 사용자에게 알려주는 것을 뜻한다.

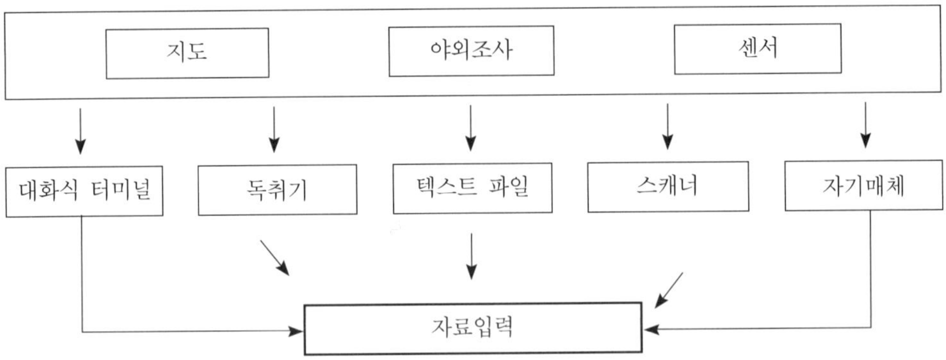

(그림56) LIS의 자료입력 체계

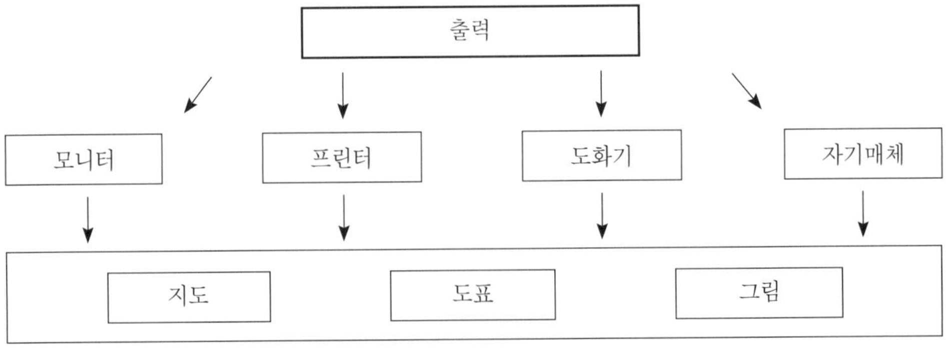

(그림57) LIS의 자료출력 체계

자료의 형태는 지도, 표, 그림과 같이 다양하며 출력에는 CRT화면이 이미지, 프린터나 도화기의 하드카피, 디지털형태로 자기매체를 기록하는 등 여러 가지 방법이 사용되고 있다. 자료의 변환에는 2가지 운영방식이 있는데 하나는 자료의 오류를 없애고 최신자료로 대치(updating)시키거나 다른 자료와 결합시키는 변환으로 규모가 작다.

다른 하나는 대규모 분석으로 주로 지리정보체계를 통해 특정한 문제에 대한 답을 찾기 위해 수행한다. 변환에는 축척의 변경, 새로운 투영법의 적용, 논리적 검색, 수정 또는 면적과 선분의 계산 등이 포함되어져야 한다.

효율적인 LIS를 사용하더라도 사용자의 무의식적인 실수로 말미암아 분석결과가 무의미하게 되는 경우도 많이 발생하는데 대부분 통용되는 GIS기술은 허용치 이상의 큰 오차가 유발될 경우 다른 분석수단으로 검색할 수 있도록 구성되어 있다.

사용자와의 대화는 다른 모든 정보체계에서도 필수적인 것인데 최근까지도 이 측면의 중요성은 제대로 인식되지 못하였다. 그러나 과학발달에 따라 메뉴에서 수행명령을 선택하거나 영어와 유사한 언어를 사용하여 대화식으로 수행할 수 있는 프로그램의 개발과 개인용 컴퓨터의 보급 확대를 통해 사용하고는 싶지만 엄두가 나지 않았던 사람들과 컴퓨터 사이에 막혀 있던 벽이 허물어지게 되었다.

2 자료구조

(1) 래스터구조

래스터자료구조(raster data structure)는 공간자료를 표현하는 가장 단순한 구조 중의 하나로 컴퓨터가 점에 대한 정보(위치) 및 농도만을 인식할 수 있는 형태를 말하는 것으로 TV 화면에 투사되는 주사선을 뜻하는 상을 비추는 방법과 동일하다.

간단한 형태로는 그리드(grid), 셀(cell) 또는 픽셀(pixel)로 구성된 배열상태로 이루어지며 세포(celluar)형 구조라고 한다. 즉 좌표에 의해 정의된 셀의 집합으로 각 셀은 속성값에 따라 독립적으로 기록된다. 따라서 각각의 셀은 X, Y 좌표값과 도형요소의 속성 또는 유형을 대표하는 값(수치)을 가지며, 각 픽셀별로 정보의 유무에 따라 “on”, “off” (또는 “1”, “0”) 형태의 이미지로 저장된다.

이때 각 픽셀의 형태와 크기는 그 자료 파일 내에서는 동일하며, 지리적 위치는 배열 안에서 줄(row)과 열(column)의 위치에 의해 자동적으로 표시되며, 그리드가 등록되는 좌표계에 의해 결정되어 통상 좌상단과 우하단이 참조점(Referenec point)으로 쓰인다. 한편, 평면을 같은 크기의 픽셀로 나누는 것을 공간분할(tessellations)이라 하며, 이때 원래의 공간은 평평한 데카르트 평면으로 간주된다.

래스터자료 구조의 경우 모든 평면은 분할된 한 픽셀에 의해 표현되기 때문에 공간분할방식은 중요하며, 주로 사용하는 방식에는 사각형 구조(rectangular), 육각형 구조(hexagonal), 삼각형 구조(triangular) 등이 있다.

이중 사각구조 방식의 공간분할이 래스터구조에서는 가장 단순하여 많이 사용된다.

래스터구조는 구현의 용이성과 단순한 파일구조에도 불구하고 정밀도가 셀의 크기에 따라 좌우되며 해상력을 높이면 자료의 크기가 방대해진다. 따라서 문제해결을 위해 자료축약 기법 등이 많이 개발되었는데 체인코드(chain code), 런렝스코드(runlength code), 블록코드(block code), 사지수형(quadtree) 등이 대표적인 기법이다.

이와 같은 기법을 통해서 본래의 자료들을 정확히 축약(compression)할 수도 있지만 자료의 양을 최소화시키는 과정에서 본래의 자료를 생략하게 됨으로써 자료의 양을 최소화시키기도 한다(유근배, 1990). 이러한 래스터구조는 구조가 간단하여 쉽게 프로그램을 작성할 수 있고 퍼스널 컴퓨터에서 운영할 수 있는 장점이 많이 사용되고 있다.

그러나 실제 모형과 차이나기 때문에 지적도, 도로대장, 계획평면도 등 정밀도를 요하는 도면작성에서는 사용할 수 없는 문제점이 있다. 래스터자료의 상용구조는 RLE, RLC, TIFF, PCX, CCITT, GIF, BMP, BIL, BSQ, XWD, XBM, Macpaint 등이 있으며, 입력방법은 스캐닝(scanning)과 인공위성 센서를 통해서 얻을 수 있다.

(2) 벡터구조

벡터자료구조(vector data structure)는 컴퓨터가 대상(기호, 도형, 문자 등)에 대한 의미로 인식할 수 있는 형태를 말하며 시작점, 크기, 방향을 갖고 있는 것을 의미한다. 따라서 벡터자료가 가지는 공간정보는 좌표계를 이용하여 기록하며, 자료를 가능한 정확하게 표현하는데 있다. 설정된 좌표공간은 래스터 공간과 같이 분할된 것이 아니라 위치, 길이, 차원을 수학적으로 정확하게 표현할 수 있는 연속적인 공간으로 가능한 것이다. 공간자료의 지형요소는 2차적 도면상의 점(point), 선(line or arc), 면(polygon or area)의 사상으로 나타내며, 일련의 X, Y 좌표값을 갖는 것이다.

벡터자료의 입력에서는 디지타이징 테이블과 커서 등을 이용하여 수작업으로 도형자료의 좌표치를 수록하는 것이 보통이며, 입력방법의 종류는 좌표값, 수작업 자료입력(point-to-point digitizing), 디지타이저 자료입력(Table Digitizing), 스크린 자료입력(heads-up digitizing), 자동입력(automatic digitizing), 지능화 자료입력(intellingent digitizing) 등이 있다.

한편, 이 구조는 복잡한 자료를 최소의 공간에 저장시킬 수 있다는 장점이 있어 취급하는 규모가 작을 경우에 주로 이용한다. 또한 도로의 적정노선 설정이나 도로의 완충지대 설정에 많이 이용되고 있으며 특정한 속성을 주제도 등에 표현하고 조작하는데 많이 이용된다. 상용구조로는 DXF, IGES, TIGER, HPGL, DWG, Arc Coverage 등이 있다.

(3) 래스터와 및 벡터의 혼합구조

1970년대까지만 하더라도 래스터와 벡터자료구조는 상호 호환될 수 없는 두 가지 방법들로 각자의 나름대로 단점들을 보완하면서 발전해 왔다. 래스터와 벡터는 각 자료구조의 현격한 장점에도 불구하고 기술상의 문제로 인해 이들 구조의 통합 내지는 두 구조간의 자료변환과 자료구조의 동시 사용 등은 어려웠다.

그런데 1970년대 말에 이르러 샤피로(Shapiro), 하라릭(Haralick) 등은 래스터와 벡터 자료구조의 장점을 취할 수 있는 새로운 혼합자료 구조의 가능성을 제시하면서 양조(兩朝)의 혼합사용이 보다 효율적임을 증명하였다. 특히 퓨케이트(Peuguet)는 1983년 선대상체 정보의 저장에 있어 래스터의 체인코드와 벡터자료구조를 혼합한 배스터(vaster) 자료구조를 창안함으로써 구체적 가능성을 제시하였다. 즉 혼합자료 구조인 배스터는 벡터와 래스터의 장점만을 따른 것으로 양 구조간의 변화과정을 없애도록 하였다. 그러나 최근에 들어서기까지도 이러한 혼합구조의 발전은 아직까지 미미한 수준이다.

3 구축단계

토지정보는 다양한 가치에 따라 개개의 목적대로 조작할 수 있기 때문에 그 불확실성은 정보제작의 기술적 수준과 정보운용자의 운용능력 등에 크게 좌우될 수 있으므로 사회적 공신력을 확보해야 하는 특징이 있다. 뿐만 아니라 토지정보시스템은 지리정보의 제작뿐 아니라 도시계획, 일반토지이용, 교통, 환경연구, 천연자원관리, 지도제작 등 방대한 부문에서 응용될 수 있으며, 그 시스템의 구축은 전반적으로 업무분석, 어플리케이션, 데이터베이스의 구축, 시스템의 구축, 운영조직의 구축 등 5단계의 절차를 거쳐야 한다.

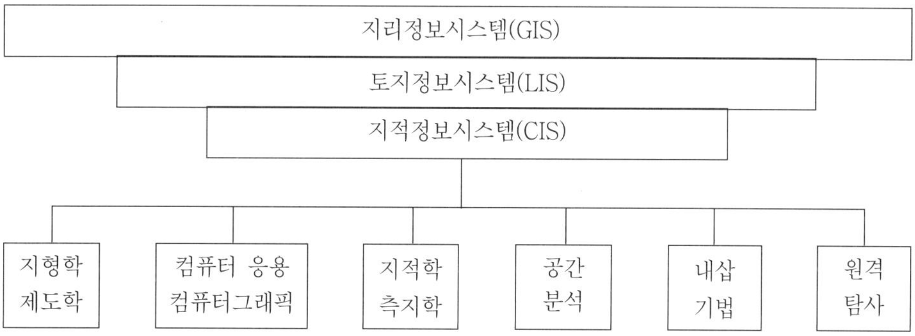

(그림58) LIS의 공간체계의 구성

토지정보시스템에서 중요한 부분은 데이터베이스의 입력정보를 프로그램에 의해 원하는 대로 그래픽화하여 종합적인 도면정보를 이용케 하는데 있다.

이렇게 토지정보 데이터베이스의 내용을 이용하여 장래의 토지이용에 활용시키려면 그래픽정보와 디지털정보를 자유로이 연계시켜 상호 변환할 수 있는 GIS의 다양한 프로그램들을 용도별로 개발해야 한다. 이는 토지에 관한 모든 데이터 조작정보가 컴퓨터에 입력되고 저장, 처리된 대로 분석, 검색하여 이용자가 원하는 도면형태로 출력되도록 설계한 시스템을 말한다.

토지정보시스템 수립은 다양한 항목들에 대해서 방대한 자료들을 필요로 한다. 대량의 공간정보를 처리, 분석하고 나아가 자동시스템으로 이와 같은 정보를 기초로 도면화 및 지도화하는 해결방법은 컴퓨터지원설계시스템(Computer Aided Drafting System : CAD), 원격탐사시스템(Remote Semsing : RS), 지리정보시스템(Geographic Information System : GIS) 등이다. CAD시스템은 점, 선, 원, 곡선, 또는 이들 결합체 등의 기본 그래픽 데이터(graphic data)를 레이어(layer)별로 구축하고 있으며, 현재는 데이터베이스 처리 기능을 갖춘 시스템도 나와 있다.

원격탐사시스템(RS)은 위성데이터나 다른 화상데이터를 처리하는 시스템으로 수치지도 데이터와 함께 영상데이터를 분석하는 데 활용된다. 영상데이터의 영상은 데이터베이스 내에서 레이어나 화상층을 이루게 되는데 이러한 레이어는 인구분포나 토양도와 같은 주제도나 평면도 또는 3차원 지도를 만든다.

지리정보시스템(GIS)은 지형자료와 속성자료가 동시에 저장되는 시스템으로서 지형자료는 점, 선, 폴리곤(polygon : 선으로 둘러싸인 면적요소)으로 x, y값을 가지며, 면적, 토양형태, 경사, 인구분포 등 지형과 연결되는 각종의 속성자료는 테이블(table)형태로 저장됨으로써 수치지형과 속성자료가 조합되는 과정이다. 따라서 지리정보시스템은 대량의 공간데이터나 자연자원, 환경분석, 도시계획 등을 처리하기 위해 구축된 정보시스템이다.

지리정보시스템은 단순히 공간자료를 자동적으로 도면화, 지도화하는 것뿐 아니라 지형요소의 위치를 보편적인 좌표체계로 정의하고 비지리적 속성들을 정리하고, 사상과 사실을 공간적 상호관계, 즉 위상적 관계로 연결함으로써 도형정보와 속성정보의 연계를 통해 새로운 정보의 추출이 가능한 분석도구로 활용될 수 있다.

LIS에서는 측량점, 지형 등의 요소를 포함하는 기본도를 비롯하여 토지이용, 인구, 공공시설, 기후, 수리, 하부구조 등 각종 정보가 수치자료로 활용될 수 있다.

LIS에서 사용할 수 있도록 수치자료(digital data)를 제공하는 시스템은 CAD시스템, 지형자료입력을 위한 디지타이징(digitizing), 스캐닝(scanning), 영상처리시스템(Image Processing System), 데이터베이스 관리시스템(Data Base Management System), 문서처리시스템(Word Processing System), 비디오(video) 및 레이저(laser) 영상시스템 등 6가지로 나눌 수 있다.

이러한 작업은 앞으로 구성될 토지정보시스템에 큰 변경이 없어도 적용될 수 있도록 해야 한다. 따라서 전국적인 규모의 망을 위하여 중앙의 토지부서에 비교적 대형인 컴퓨터를 설치하고 충분한 주변장치를 갖추어 각 지방과 데이터통신(data communication)이 가능할 수 있도록 해야 한다. 그러기 위해서는 우선 기본계획을 체계적으로 연구한 후 수립하여야 할 것이다.

이를 위해 전문가를 시범운영국에 파견하여 그들의 문제점과 기술을 이해하도록 노력해야 하며, 국내 전문가들의 의견을 듣기 위하여 보다 넓은 범위의 전문가 그룹회의(ad hoc group conference) 등을 구성하여 시행상의 차질이 없는 확고한 계획을 완성해야 한다. 특히 지적정보 이외의 관련 데이터도 장부의 형식과 항목의 코드(code)화를 고려해야 하며, 장단기 계획에 따른 망구성계획을 하급기관에 구체적으로 시달하여 차후에 큰 차질이 없도록 하고, 동시에 각급 기관의 협력사항과 데이터의 입·출력 작업요령 등을 주지시켜야 한다.

또한 민간부문에 있어서도 시설운영계획을 갖도록 사전홍보하고 장기적인 목표와 방향을 제시하여야 한다. 이와 함께 민간부문에서 검색하지 못할 보안사항에 대해서는 컴퓨터 내에 자료보호 장치를 추가해야 한다(Henssen, 1978).

토지정보시스템은 장기적으로 전국적인 망이 실현되어야 하지만 단기적으로는 부분적, 지역적으로도 효력을 갖도록 해야 한다. 특히 신시가지 개발지역 등을 선정하여 완전한 토지정보시스템을 시범적으로 운영하는 것이 바람직하다. 이러한 지역은 현재의 시범지역과 같이 기존 제도와 시범운영을 병행함으로써 전시효과적 의의만을 갖도록 해서는 안되며, 작업이 완료되면 즉각적으로 법률적 효력을 갖는 토지관리가 이루어져야 한다.

또한 중앙관리부서에서는 각급 중앙행정기관과 사법부 또는 지방자치단체에 토지의 데이터 정보를 편집, 검색, 가공하여 수시 제공하여야 한다. 이외에도 도·시·군·구 등 지방행정기관에 대해서도 다음과 같은 토지정보를 제공할 수 있다.

① 건축허가, 택지개발, 공공재산관리, 행정구역 조정, 도시재개발
② 인구추세 분석에 의한 고용가능성 조사, 지방도로건설, 상하수도, 가스 전기시설, 범죄 및 화재예방시설지 조사, 위생, 환경예방지역 조사, 지역개발

민간부문에 대해서는 토지거래와 건축, 토지경계조사, 사유토지권리 확인, 저당권의 토지정보를 제공할 수 있으며, 이러한 정보는 보험회사·은행 등에서 사용하게 되고, 지적공사 등 측량법인에서는 토지대장이나 지적도의 자료를 활용한다. 이상과 같은 우리 실정의 토지정보시스템을 구성할 수 있으나 최종적으로는 다음과 같은 토지정보시스템 구성을 위한 내용을 포괄할 수 있도록 고려하여야 할 것이다.

① 토지측량데이터 : 기하학적 자료(현황, 지표형상), 토지표시자료(지번, 지목, 면적, 가격, 시설물)
② 법률 데이터 : 소유권, 저당권 등 제한물권, 법률상의 각종 제한사항
③ 자연자원에 관한 자료 : 지질 및 광업자원, 유량, 입목, 기후
④ 기술적 시설물에 관한 데이터 : 지하시설물, 전력 및 산업공장, 주거지역, 교통시설
⑤ 환경보전에 관한 데이터 : 수질, 공해, 소음, 기타 자연훼손 자료
⑥ 경제 및 사회정책적 자료 : 인구, 고용능력, 교통조건, 문화시설(교육 및 레저시설), 의료시설

제3절 토지정보의 실태

1 토지정보의 현황

(1) 지적전산화

지적전산화는 토지기록전산화사업의 일환으로 시작되었으며, 토지의 각종 물리적 현황정보를 등록, 관리하는 지적공부를 전산조직에 의하여 기록 관리하는 시스템이다.

지적전산화는 토지 전반에 걸친 정보를 총괄적으로 관리할 것을 목표로 단계적으로 추진하였는데, 우선 기반조성 과정인 토지, 임야대장의 카드화, 소유자 주민등록번호 등 재정리, 면적표시 단위의 미터법 환산정리 등의 준비단계를 거친 후 2단계로 구분하여 추진하였다. 1단계인 입력단계는 토지기록전산화사업으로 전국 토지, 임야대장에 수록된 31,997천 필지를 입력하고 일괄처리방식으로 추진하였다.

2단계인 온라인단계는 부동산전산화사업으로 행정전산망사업 중 6개 우선사업으로 전산통신망 구축과 소프트웨어의 개발, 사용자의 교육, 지적사무전산처리 규정의 제정(1990. 3. 13) 등을 실시하여 1992년 2월부터 전국에 온라인으로 운영되고 있다.

현재 전국 3,300여 만 필지의 모든 토지는 대장에 기재된 토지소재지, 지목, 소유권, 토지등급 등 모두 46개 항목을 종합전산화함으로써 토지대장발급 등 부동산관련 민원업무 처리지원과 종합토지세 부과 등 토지세제의 운용을 기하고 있다.

최근에는 행정자치부가 주축이 되어 지적정보를 중심으로 지가정보와 주민등록정보를 연계하여 국토정보센터를 가동하고 있다(중앙일보, 1995).

(2) 도면전산화

도면전산화는 1976년 과학적 지적도 작성 등 지적측량업무를 자동화하기 위해 대한지적공사에서 1977년 자동제도시스템을 설치한 후 1978년부터 지적도 재조제사업을 추진하면서 지적도 독취자료를 이용하는 도면전산화를 추진하고 있다.

도면자료는 지적도와 임야도로 현재 축척 1/600～1/2400의 지적도 671,890장과 축척 1/3000～1/6000의 임야도 63,039장을 합해 모두 734,929장의 도면이 전국의 시·군·구에 비치되어 있다(내무부, 1994).

현재 전국을 대상으로 지적도를 수치화하는 지적도 재조제는 1978년부터 전국적으로 17,750(조제 10857, 재조제 6893)장이 수치화되었고, 계속 연차적으로 수치화할 계획이다.

수치화된 지적도는 행정구역에 의해 위계적으로 관리되며, 토지대장과 결합하여 LIS로 발전될 계획이다. 특히 1991년에는 서울특별시 은평구 13개 동과 구로구 1개 동 등 14개 동의 지적도 369장 및 임야도 46장을 대상으로 지적(임야)도 정비사업연구를 수행하여 현지 실측을 통한 도면전산화로 토지정보시스템의 기반을 확립하였다(대한지적공사, 1991).

그러나 기존의 지적도는 재조제에 의해 수치화 되고 있지만 도면접합에 큰 결함이 있어 주무부에서는 기존 지적도의 전산화보다는 전국적인 토지재조사에 의한 지적도 전산화계획을 구상하고 있다.

(3) 등기전산화

등기전산화는 부동산의 소유권과 소유권 이외의 권리 등의 각종 정보를 등기, 관리하는 등기부를 전산기에 의하여 기록, 관리하는 시스템으로 추진중인 등기정보의 전산화 내용은 접수, 조사, 기입, 교합, 완결처리, 등 · 초본 발급, 통계표작성 등의 업무내용을 대상으로 하고 있다(법원행정처, 1990).

계획 추진중인 등기전산화는 고도정보화 사회에서 나타나는 국민의 대사법 서비스 수용에 적절히 대응하고 등기업무를 과학적, 체계적으로 관리, 유지하여 권리공시의 신속·정확을 기할 수 있도록 현행 등기업무를 전산조직에 의하여 처리하는 것이다. 현재까지의 등기전산화 추진은 1989년 부동산 등기업무 전산 기본화, 기본계획을 수립하고 1990년부터 본격적으로 출발하여 1994년까지 프로그램 설계 및 개발, 시범등기소시스템 구축, 1995년부터 1997년까지 시험가동 및 보완, 1998년 이후 전국 등기소로 확대되고 있다.

(4) 지가전산화

지가전산화는 지가공시 및 토지 등의 평가에 관한 법에 의거 공시지가제도가 도입되어 지가가 일원화 됨에 따라 매년 30만 표준지의 공시지가를 건교부가 공시하고 있는데 2,400만 과세 대상지의 지가 및 토지특성에 관한 내용을 대상으로 하고 있다.

지가 및 토지특성에 관한 정보는 토지정책 수립에 필수적인 요소들을 거의 망라하고 있기 때문에 토지정보시스템을 구축하는데 매우 유용한 정보들이다. 건교부가 추진하고 있는 공시지가 전산화인 개별 토지가격 전산화는 인원 및 예산과 시간의 절감 외에 수작업시 발생할 수 있는 계산오차를 현재 개별 지가산정시 문제점으로 대두되고 있는 비교표준지의 선정문제와 비교표준지의 선택에 따르는 1필지 복수지가 산출 등의 문제를 보다 합리적인 방법으로 개선할 목적으로 추진하였다. 개별 토지가격 자동산정시스템은 자료관리서브시스템, 지가산정서브시스템, 통계처리서브시스템, 서식출력서브시스템, 코드관리서브시스템 등으로 구성되어 있으며(건설부, 1991), 국가의 토지정책의 기본자료로 운용되고 있다.

2 토지정보의 과제

(1) 정보의 다원화

토지정보에서 가장 먼저 시작한 지적전산화는 1975년부터 토지대장을 카드화하여 기반을 조성하고 대전을 시범지역으로 추진하는 2단계로 추진하여 현재는 전국의 토지 및 임야대장의 입력이 완료되어 토지민원이나 토지정책자료로 활용되고 있다. 등기전산화는 1989년부터 실시를 위한 준비작업을 거쳐 1991년부터 1994년까지 시범등기소에 대한 등기전산화를 끝내고 1998년 이후에는 전국적으로 확대 추진하고 있다.

도면전산화는 대한지적공사를 중심으로 국립지리원 등 각 기관별로 추진중에 있거나 이미 완료하여 이용단계에 있다. 그리고 건설교통부의 공시지가 등의 전산화가 추진되어 이용단계에 있다. 그밖에 시설물정보의 전산화는 각 지방자치단체별로 추진, 이용단계에 있다. 이렇게 부처간의 독자적인 목적과 필요성에 따라 정보의 전산화가 제각기 추진되고 더구나 정확한 LIS의 개념조차 설정되지 않은 상황에서 중복투자에 의한 예산낭비 및 상호관련성의 미흡으로 인한 정보혼란과 기회상실 등 심각한 부작용이 있다.

이는 각 행정부처별로 상호 유기적인 협조체제가 미흡하여 방대한 토지정보자료가 각 기관별로 분산되어 자료이용에 따른 민원이 발생하고 있으며, 정보제공 능력이 떨어져 개발 및 계획에 차질이 발생하고 있다. 결과적으로 토지정보의 사장으로 인하여 관리인력 및 예산의 낭비를 초래하여 국민의 부담을 가중시키고 있다.

(2) 정보의 비표준화

각 행정부서에 토지정보를 생산, 관리하는 속성정보인 대장정보와 도형정보인 도면정보는 각 기관별의 행정목적에 적합하게 제작, 관리되고 있다.

뿐만 아니라 분산관리 및 전산화의 미비 등으로 인하여 유관 행정기관간에 필요한 토지정보를 공동활용할 수 있는 체제가 마련되어 있지 못하기 때문에 토지이용 실태를 비롯하여 제반 토지정보의 현황을 동시 다원적으로 파악할 수 없다.

특히 토지정보 자료수집에 많은 시간이 소요되어 토지정책 수립의 적기를 놓치는 경우가 많고, 미래의 사회변화에 신속히 대응하기 위한 실용적 의사결정에 다양한 토지정보가 기초자료로 필요하지만 토지정보의 비표준화로 정보간의 부정확성을 야기시키고 정보간 자료공유의 어려움 등 많은 제약이 있다. 그래서 토지정보의 비표준화는 토지정보의 전산화에서 도형정보의 선정시 어려움이 있고, 각 기관별로 도형정보의 구축에 서로 다른 방식과 기술을 이용함으로써 전산시스템에서 각각의 접속시스템이 동일한 시스템 구조가 아니라 호환성이 없다. 이러한 것은 결국 토지정보의 비표준화를 가속시키고 있는 실정으로 이는 토지정보 전산시스템의 다원화와 토지정보의 부정확성과 연관이 있다.

(3) 정보의 부정확

토지정보의 부정확은 토지자료가 원천적으로 부정확해 발생하는 경우와 정보의 전산화가 각 부처간의 목적별로 추진됨으로써 입력과정에서 잘못되는 경우가 해당된다.

현재 많은 토지정보의 자료가 아직도 전산화되지 못해 자료담당자의 내부 행정자료로만 이용되고 있으며, 정보를 가치있는 정보생산 요소로 활용하지 못하고 있다.

전산화된 자료라도 행정기관별로 분산, 관리되고 있어 자료의 활용성이 매우 낮은 실정이며, 자료를 수집하고 정리하는 담당자의 전문성 결여 및 절차상의 오류로 자료의 정확도가 낮은 경우도 있다. 이러한 오차의 누적으로 인한 대장, 도면, 현황의 불부합이 초래되고 경계불부합과 관련된 각종 민원이 발생하며 도면 재조제 등 중복된 경비를 지출하여 예산낭비가 초래되고 있다.

특히 자료의 부정확성으로 야기되는 것 중 지적도전산화의 문제점은 지적도면이 토지조사 당시 도해적으로 작성되어 80년이 지난 현재까지 대부분 사용되고 있으며, 오손· 마모된 도면은 재조제하여 사용하고 있다. 그런데 경계선은 바로 측량성과에 영향을 주어 현지복원에 많은 어려움을 주고 있다. 이러한 경계부정확의 원인으로는 지적복구상의 오류, 도면의 이원화와 축척의 상이, 경계복원 능력의 한계, 지적도면상 수록정보의 부족, 지번체계의 문제 등이다. 특히 토지정보시스템의 기초를 형성할 지번(Parcel Number)은 토지자료전산화에 있어 각종 도형정보의 레이어를 연결하는 키로서의 역할을 수행하는데 문제가 대두될 것이므로 지번체계는 중요성이 매우 크다.

(4) 정보의 분산

토지정보는 우리 사회가 정보화 사회로 이행해감에 따라 그 경제적 가치의 중요성이 다른 물질이나 에너지 못지않게 점차적으로 높아지고 있다. 이러한 현실 속에 현행의 토지정보는 각 기관 또는 지방자치단체별로 추진되고 있다.

더구나 우리나라는 대부분의 토지정보들이 행정업무의 부수적 자료로서만 이용되고 있으며 많은 부분이 경제적으로 활용되지 못하고 사장되는 경우가 허다하다. 이러한 정보의 사장은 결국 경제적 손실을 의미하는 것으로 산발적, 개별적으로 추진하고 있는 토지정보들을 통합해 관리할 수 있는 조직체계의 확립이 시급한 실정이다.

토지정보를 통합, 관리하면 정보의 왜곡, 종합적 이용, 다차원적 파악 등의 문제를 해결할 수 있으며, 사회여건 변화에 신속히 대응할 수 있고, 구체적이며 실용적인 다양한 토지정보를 제공할 수 있다. 이처럼 효율적으로 토지정보를 관장하려면 우선 중앙에 토지정보를 통합·관리하는 독립적인 전담기구가 있어 중앙 및 지역정보센터에서 전산처리시스템을 구축하고 각 지방사무소에 연결해서 통합·관리하는 것이 바람직하다. 그러나 현행 우리나라 실정은 아직도 토지정보가 각 부처별 기관 또는 지방자치단체별로 독자적으로 구축되고 있으므로 토지정보관리의 종합화는 매우 커다란 과제이다.

최근에 지적정보를 중심으로 지가정보와 주민등록정보 등 일부의 정보만을 연계하여 부분적이나마 국토정보센터를 가동하고 있지만, 단편적 방법에 불과할 뿐 종합 LIS로서 제반 사항들을 충족시켜 주기에는 아직도 미흡한 실정이다.

제4절 토지정보의 이용관리

1 토지정보의 기능

현대사회가 당면한 제반 사회문제들은 상호 복합적으로 얽혀 있어 문제해결을 위해서 계획의 중요성이 날로 증대되는 한편, 계획의 수립과정에서 필수적으로 각종의 정보가 요청되고 있다. 정보는 인력, 재원, 시간과 함께 계획에서 가장 중요한 자원의 하나가 되었고, 정보가 계획과정에서 중요한 구성요소로 인식된 것은 최근의 일이다.

① 컴퓨터의 발달 및 보급으로 인해 다량의 자료를 수집, 보관, 배포하는 것이 가능하게 되었기 때문이다.
② 계획부문에서 계량분석기법이 도입, 발전됨에 따라 의사결정에 필요한 분야의 정보를 보다 조직적으로 공급하는 것이 용이하게 되었다.
③ 보다 구체적으로 도시문제를 해결하기 위하여 상황변화에 신속히 대처할 수 있는 정보체계가 필요한 데서 비롯된 것이다.

정보체계는 현대사회 특징 중의 하나가 될 수 있는 개방적 사회체제에서 의사결정에 유용한 정보를 수집하여 정리, 가공, 배포, 회수하는 일련의 체계이다.

즉 현실세계에서 자료를 수집처리하여 계획, 통제, 의사결정 등에 필요한 정보를 제공하고 외부의 이용자에게 필요한 여러 가지의 정보를 제공하는 체계적인 복합체를 말한다. 토지정보는 공간을 대상으로 하는 인간활동의 집합체에 대한 것이므로 고도의 다양성과 복합성을 요구하고 있다.

그런데 정보화사회에 있어서 홍수처럼 쏟아지는 정보들을 체계적으로 정리하여 분석하지 않으면 매우 다양하고 복합적인 정보 자체는 가치를 잃게 된다. 그래서 토지정보의 효율적인 관리와 이를 통한 정확한 토지이용분석과 현실성 있는 토지이용계획을 수립하기 위해서는 종합적인 토지정보시스템이 필요하다. 토지정보의 다양한 기능과 응용방법을 토지관리 부문에 도입하는 것은 계획과정 각 단계에서 객관적이고도 효율적인 자료와 판단근거를 확보함으로써 토지관리의 과학성, 객관성, 효율성을 높이는 방안이라고 할 수 있다.

LIS는 GIS를 토지정보와 관련하여 더욱 심화시킨 형태이다. 이러한 토지정보는 우선 일상업무의 효율화, 계획정책 업무의 고도화 실현을 지원하기 위하여 1/500 축척 이상의 정밀도를 가진 기본 지도를 디지털데이터화 하고 이것에 대응되는 수치, 속성정보를 합친 통일적인 데이터베이스를 구축하게 된다.

LIS에서 다루는 핵심적인 속성정보는 지적정보이다. 정보(information)의 개념은 "사용하는 인간, 조직의 가치에 적합하도록 조작, 처리된 불확실성을 감소시키는 방향으로 이용되는 유·무형의 자료"라고 할 수 있다. 이러한 정의는 크게 가치, 처리, 불확실성의 감소라는 3가지 방향의 개념을 포괄하고 있다.

따라서 토지정보란 가치, 처리, 불확실성의 감소라는 세 가지 개념을 가진 "토지에 대한 제반 자료"의 모음을 뜻한다. 토지를 다루고 있는 정보체계는 정보사용의 목적에 따라 매우 다양하게 구성되어 있다. 현재 우리나라의 토지정보시스템은 지적, 등기, 과세, 토지이용, 토지평가, 토지거래, 시설물 관리 등으로 구분한다. 이러한 정보체계는 일반적으로 지적정보시스템(CIS), 토지정보시스템(LIS), 도시정보시스템(UIS), 국가지리정보시스템(NGIS), 지역정보시스템(RIS) 등을 기초로 하여 구성하게 된다.

지적정보시스템은 토지보유 및 토지가격 정보뿐만 아니라 다양한 필지관계 정보를 기록, 보관, 제공하기 위한 것으로 지리학적 위치측정의 기본이 되는 정보시스템으로 GIS의 원천적인 기초를 이루는 정보체계이다.

토지정보시스템은 법률적, 행정적, 경제적 기초 하에서 토지에 관한 자료의 체계적 수집으로 내용면에서는 다목적 지적을 기초로 하여 토지에 관련된 모든 자료를 포함하는 광범위한 것으로 GIS 의 부분적 체계를 의미한다.

도시정보시스템은 도시의 모든 경영과 관련되는 도시정책이나 일반행정 업무의 효율적 시행을 지원하기 위한 복합적인 정보시스템으로 지리정보와 수치속성정보로 구성되는 도시정보들을 하나의 자료기반으로 묶어 통일적으로 관리하는 정보체계이다.

국가지리정보시스템은 국토공간의 효율적 이용 및 관리를 목적으로 각종 국토관련자료를 종합적으로 수집하여 표준화, 축적, 관리함으로써 제반 국토관련사업의 계획 및 평가를 위한 기초자료를 신속·정확하게 제공하는 국토와 관련된 종합정보체계이다.

지역정보시스템은 행정기관의 각 기능의 유기적인 연결과 효율적인 운용을 목적으로 정책 수립이나 행정관리를 위한 유용한 정보를 수집, 정리, 관리하여 필요시 정보를 제공하는 복합적 기능의 정보체계이다(지종덕 1997).

이와 같은 시스템을 실제로 가동하기 위해서는 다음과 같은 요건이 필요하다.

① 각종 관리도면을 전산화하여 갱신이 효율적으로 이루어지고 도면의 검색, 참조를 용이하게 할 수 있는 지형공간정보체계 기술을 응용한 업무지원기능이 준비되어 있어야 하며, 또 개개의 지도정보, 수치속성정보가 데이터발생의 단계에서 시스템에 받아들여짐으로써 항상 최신의 상태로 관리되어야 한다.

② 상호대응이 되는 지도정보 및 수치, 속성정보를 활용하여 이것을 각종 집계, 가공 처리함으로써 다양한 주제로 통계표를 작성하거나 그 위에 현황평가, 계획수립이라는 고도의 해석처리를 위한 업무지원기능이 준비되어 있어야 한다.

이것들을 집계 및 해석, 처리하는 데는 충분한 지리적 위치관계에 대한 기술이 있어야 한다. 특히 도시지역에서 관리되는 정보는 각 부처에서 행해지기 때문에 효율적인 시스템의 구축을 위해서는 도시 전체가 사용할 수 있는 부처상호간의 호환성 있는 시스템의 구축, 도입이 필요하다. LIS의 기능을 원활히 수행하기 위해서는 다음과 같이 각 기능에 맞는 목표를 수립해야 한다.

① 지역정보에 관계하는 일상업무의 효율화를 실현함과 동시에 계획수립 업무의 고도화와 과학화를 실현할 수 있다는 점이다. 지역의 정보에 관련된 일상 업무는 도로, 공원, 상하수도 등의 도시시설 관리 업무, 건축허가, 개발허가 등의 각종 신고, 신청 등의 처리 업무 등으로서 그 작업항목과 작업량이 나날이 방대해지고 있다. 특히 도시계획, 도로, 상하수도 등의 모든 도시계획시설의 정비수준이 지속적으로 향상되고 있어, 이에 대한 관리 업무가 증가하고 있다. 도시행정에 있어 도시계획시설에 관계된 업무는 신규건설에서 유지관리로 그 중심이 바뀌고 있다. 또 한정된 재원 속에서 앞으로의 도시정비를 효율적으로 진행하기 위해서는 각각의 도시 또는 지구가 갖는 다양한 정보를 합리적으로 수집하여 문제점을 파악하고 이에 따른 도시정비 방법을 선택, 적용할 필요가 있다. 그러므로 토지정보시스템에 의해 다량의 자료를 효율적으로 처리하고 그 집계 및 가공에 의한 현황 평가, 예측, 효과측정을 컴퓨터로부터 지원받음으로써 계획 업무의 과학화를 실현할 수 있다.

② 행정정보를 민간에게 적절히 제공함으로써 민간업계에 있어 도시관련 업무의 고도화를 지원하고 또 지역경제의 활성화를 기할 수 있다. 토지정보시스템이 관리하는 정보는 도시의 하부시설(전기통신, 전력, 가스 등)과 건설, 부동산, 운수, 소매 등 일반 상업 업무 부문에 의해 유용하게 활용될 수 있다. 동시에 앞으로 도시정보사업에 관한 모든 정보를 민간에게 개방함으로써 도시관련 업무의 과학화를 지원해 나갈 필요가 있다. 이렇게 함으로써 민간업계는 도시관련 업무의 과학화를 지원하고 또 지역경제의 활성

화를 주도할 수 있게 된다.

③ 관계행정기관 상호간 자료교환체제가 구축됨으로써 보고·인허가 등에 관계되는 업무의 신속화가 실현되고 향후 전국적인 도시 데이터베이스가 구축되면 상호연계가 가능하게 된다.

광역적 계획으로서 국가가 수립하는 전국수준(국토이용계획, 국토종합개발계획 등), 지역수준(수도권정비계획, 권역별 정비계획 등), 지방수준(군종합개발계획, 도시기본계획 등)의 종합계획의 경우 해당 대상지역 전체를 종합적으로 처리할 수 있는 토지정보시스템은 미비한 실정이다.

만약, 이와 같은 데이터의 집계, 가공 등을 통하여 토지정보시스템이 구축된다면 객관적인 계획수립에 크게 기여하게 될 것이다. 토지정보시스템의 구축 및 보급을 통하여 국가, 도, 시·군·구 등과 관계행정기관 상호간의 데이터 교환체계가 확립되면 보고 업무, 인허가 업무의 신속화가 실현됨과 동시에 전국적인 도시지역 데이터베이스의 구축에 의해 국가차원에서 지역의 균형 잡힌 도시행정을 실현하는 것이 가능하다.

2 토지정보의 이용

최근 활용 분야가 광범위해지고 있는 LIS는 중앙정부차원에서의 관심도 증가할 뿐 아니라 지방행정 업무에서도 실용화에 역점을 두고 시범프로그램의 개발을 추진하고 적극적으로 시장개척에 나섬으로써 정부 및 사회일반의 이해를 높이고 있다.

우리나라에서는 1975년부터 국가행정전산망계획에 지적전산화계획을 포함시켜 전국의 토지, 임야대장 카드화와 등록사항의 전산입력을 1984년에 완료하였다.

또한 1985년부터 국가기간전산망사업의 일환으로 추진된 행정전산망사업이 1990년말 완료

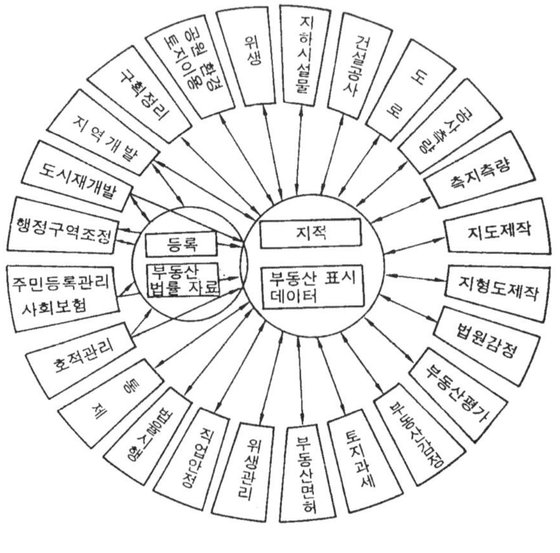

(그림59) 토지정보의 이용분야

되어 전국에서 지적, 주민등록, 지가 등과 관련된 국토정보서비스를 제공하고 있다. 유럽과 북미를 비롯한 선진 외국에서도 형태의 차이는 있지만 지적을 중심으로 한 토지정보시스템을 갖추고 있다.

이러한 토지정보는 정밀조사를 바탕으로 전산처리되어 자동으로 도형화할 수 있고, 여러 토지정보를 중첩시켜 표현함으로써 장차 완벽한 다목적 지적도의 형태로 발전되어 갈 것으로 예상된다.

우리나라에서는 건설교통부 국립지리원, 행정자치부지적과, 통계청, 국방부 지도창 등에서 기본수치지도제작 및 센서스 지도화작업을 실시하고 있으며, 한국도로공사, 경찰청, 철도청, 건설교통부도로국 등에서는 도로망과 교통정보의 실용화 작업을 시행하고 있다.

그 외에 의도 국토연구원, 건설기술연구원, 한국전력공사, 수자원공사, 환경부 등에서도 시설관리나 정보관리, 업무처리, 계획지원 등의 분야에서 GIS가 도입되어 활용되고 있다. 정부는 제1차 행정전산망사업 중 6대 우선 추진사업의 하나로 부동산관리, 즉 지적관리전산화 사업을 1990년 말에 완료한 바 있다.

이것은 토지대장과 임야대장에 속성정보만을 대상으로 하여 개발된 토지정보시스템으로 토지에 관한 정보 중 현실적인 토지가격을 비롯하여 토지의 실제 이용상황, 용도지역, 용도지구, 형상, 지형, 방위, 편익시설, 유해시설 등 토지시장 관리에 현실적으로 필요한 정보들이 많이 누락되어 있으며, 또한 지적도나 임야도 등 토지관리에 필요한 도형정보의 전산화는 거의 미미한 실정이다.

3 토지정보의 관리

(1) 토지정보의 자동화

지적이 다목적으로 이용되기 위해서는 더 많은 데이디를 포함해야 하고 도지등록에 따른 작업이 증대된다. 다시 말해서 1필지의 이동정리에 따른 가제정정이 반복되고, 오류 없는 정확한 자료가 지체없이 저장되고, 또한 색출될 수 있어야 한다. 모든 산업분야에서와 마찬가지로 이러한 수업시 많은 반복적 작업을 신속하고 효율적으로 수행할 수 있도록 지적정보관리를 자동화(automation)하는 경향에 있다. 이러한 지적정보관리의 자동화 필요성으로서 다음 사항을 들 수 있다.

① 토지이용계획 자료, 토지구획정리 자료, 국·공공용지 현황 등 토지관계 정책자료의 다목적 활용으로 사회적 공공계획에 유용하게 한다.

② 개인별, 법인별 토지소유 현황자료의 제공으로 토지권리에 대한 분석과 정보제공의 기초가 되며, 양도소득세, 상속세 등 토지관련 과세자료로 이용하게 한다.

③ 지적공부의 열람이나 등본발행업무를 전산처리하고 토지이용, 소유권변동, 등급수정 등 변동자료의 전산처리로 지적민원사항의 신속, 정확한 처리가 가능하다.

④ 지적의 자동화는 지방행정 관련 통계자료가 가능하게 되고, 전신 전문요원의 양성 및 기술향상을 도모할 수 있어서 지방행정전산화의 획기적 촉진기회가 된다.

이러한 지적정보관리의 전산화를 위해서는 1필지의 표시사항(indentifiers)이 명확해야 여러 형태의 정보를 기록할 수 있으며, 필요한 형태로 가공하여 제공할 수 있다.

일반적으로 각종 토지표시사항이 될 수 있는 것들로서는 1필지(parcel)에 대하여는 토지의 소재, 지번, 가로명, 주택번호, 토지경계 굴곡점의 좌표 등이 될 수 있고, 가구(block)에 대하여는 가구번호, 지적도 도호의 굴곡점 좌표 등이 될 수 있다.

이러한 토지표시 사항은 정확성(accuracy), 단순성(simplicity), 통일성(uniqueness), 융통성(flexibility), 경제성(economy), 검색성(accessibility)과 같은 특성이 있어야 한다

토지정보의 자동화 요소는 기본적인 것이 토지대장의 입력이 된다.

우리나라는 토지소재, 지번, 지목, 면적 등 지적표시사항과 소유자의 주소, 성명, 주민등록번호 등 소유사항, 기타 토지등급, 기준수확량등급, 지적도번호와 축척 등에 관한 사항을 들 수 있다. 또한 지적과 등기가 일원화 되어 운영되고 있는 경우는 소유권 이외의 기타 물권과 건물 등 지상물에 관한 사항이 손쉽게 입력될 수 있으나 현재의 상황에서는 법원으로부터 입력데이터를 지원받아야 한다.

도면에 관한 사항은 지적도의 경계좌표를 현지에서의 수치지적측량이나 도상에서 좌표독취(digitizing)하여 수록하고, 필요할 때는 필요한 도면 축척으로 제도함으로써 각종 계획업무에 활용할 수 있게 된다. 또한 지적에 의한 경계복원력을 향상시키기 위해서는 아래와 같은 필요한 데이터를 입력하여 언제든지 일정한 정확도를 유지하여야 한다.

① 토지대장 자료, 지적도 자료, 측량시 측정된 지상구조물 또는 고정물
② 법원 관계자료, 공증자료, 거리, 방위각 측정자료, 계산자료, 토지기록을 자동화 하여 토지정보시스템을 구성하기 위해서는 선행 요건을 갖춰야 한다.
③ 지적 1필지의 지번지역과 부동산등록구역은 반드시 행정구역과 일치하지 않을 수가 있으므로 구별되어야 하고, 모든 토지필지는 강제 등록되어야 한다.
④ 각 필지는 지번지역별로 나누어 등록하고, 지번지역과 행정구역의 경계는 가급적 일치하는 것이 좋다.
⑤ 집단지는 세분되지 않은 필지로 등록되어야 한다.

또한 현대의 정보체계는 일반적으로 다음과 같은 특성을 가지고 있다.

① 컴퓨터에 의한 작동
② 물리적인 방법에 의하여 훼손되지 않게 하는 기록의 안전성
③ 항목별 또는 집합적 정보로서의 검색성(accessibility)
④ 법률적 기준이나 정의 또는 질적 통일성, 수정의 신속성과 단순성
⑤ 운영의 경제성, 승인되지 않은 정보에 대한 비밀보호, 사용자의 데이터 이용에 있어서의 한계성, 동일한 데이터는 1회에 한하여 수집
⑥ 데이터를 수집한 기관만이 그 데이터를 유지관리(maintenance)
⑦ 계속적인 자료의 정리

(2) 토지정보관리의 시도

우리나라의 토지정보화 작업은 1975년 2월부터 시작된 정부행정전산화 작업에 따라 1976년 6월 지적업무를 정부의 주요전산 업무로 선정하였다. 내무부는 1977년 8월 지적전산화 기본계획를 확정하는 한편, 같은 해 11월에는 전국 지적전산 시범시로 대전시를 선정하였으며 1978년 5월부터 1979년 6월까지 1년간 한국과학기술연구원(KIST)과의 용역계약을 체결하여 본격적인 연구에 들어가게 되었다.

그 후 1979년 8월에는 전용회선의 확보와 단말장치(terminal)를 구비하여 KIST의 대형전산기와 연결, 지적전산조직을 설치하였다.

또한 서울특별시와 대한지적공사에서도 지적전산 조직을 지적도의 관리부문에 중점을 두어 설치하고, 시험·작동케 하였다. 1982년 12월에는 시범사업(pilot project)의 단계를 넘어 지적정보시스템을 향한 출발로서의 토지기록전산화가 이루어졌다.

1) 정보관리의 추진

① 준비단계

㉠ 법령 및 서식개정 : 1975. 12. 31 지적법 전면 개정시에 앞으로 지적업무를 전산화하는 목표로 먼저 대장을 카드화하고, 필지별로 고유번호, 지목, 사유, 소유권 변동원인 등을 코드화하였으며, 소유자의 주민등록번호란을 신설하고, 척관법 단위로 하던 면적을 평방미터 단위로 통일하는 등 전산화 기초작업을 시작하였다. 이어서 자연인이 아닌 법인, 법인 아닌 사단, 재단, 외국인 등에 대하여도 부동산등기용 등록번호를 개발(1985. 8. 19~1986. 12. 24)하여 지적법을 개정하고(1986. 5. 8) 이와 관련하여 부동산등기법, 동법 시행령, 대법원규칙, 내무, 법무공동부령 등을 개정·제정하였다.

㉡ 등록번호 등재 : 주민등록번호는 1979년부터 1980년까지 1차로 대장에 등재하고 이이시 미등재분에 대한 조서를 작성하여 계속 등재작업을 실시·정리하였으나 주민등록번호를 확인할 수 없는 소유자의 사망, 행방불명, 미복구 토지가 문제되고 있다. 법인, 비법인, 사단 또는 재단 및 외국인 등의 등록번호는 1987년 2월부터 등록하여 목표량 6,786천 필을 모두 정리하였다.

㉢ 시험사업 : 전산업무의 가능성 진단과 효과를 측정하고 요원의 전산능력 배양 등을 목적으로 충북과 대전시에 각각 시험사업을 시행하였다. 충남, 대전광역시는 1977년 12월 20일부터 1979년 12월 3일까지 KIST에서 개발·용역하여 구축하고, 충북은 1979년부터 1983년 6월까지 행정전산망 시범사업으로 경제기획원이 주관하여 개발하였다. 이와 별도로 서울시에서는 지적도와 임야도에 대한 전산처리를 위하여 도형시스템을 구축하는 시험사업을 추진하고 있다.

② 입력단계

제5공화국이 시작되면서 토지투기 대책과 물가안정 및 다각적인 토지정책 수립을 목적으로 토지기록전산화사업을 국가사업으로 추진토록 방침을 세우고, 1982년 12월 17일 토지기록전산화 기본계획을 확정하였다. 이 계획은 1단계사업으로 1982~1984년까지 시·도와 시·군간을 온라인화 하는 것이었다.

1단계사업으로 본부와 각 시도에 전산담당관실을 설치하고 차질 없이 전국 토지 32,000천 필을 완료하였으나 2단계 계획인 국가기간전산망계획과 연계토록 시행을 보류함으로써 부득이 온라인화 할 때까지 일괄처리(batch)방식으로 자료관리를 하였다.

③ 온라인단계

1986년 5월 12일 전산망 보급 확장과 이용촉진에 관한 법률이 공포됨에 따라 국가기간전산망 형태가 확실해짐으로써 보류되었던 토지기록전산 온라인화 계획을 본격적으로 추진하게 되었다. 1987년 8월 21일 당초의 토지기록전산 온라인화 계획은 3단계로 분리 추진하여 1990년 1월부터 서비스하도록 추진하였다.

이러한 단계를 거쳐 토지기록전산 온라인화가 현실화함에 따라 이를 운용할 수 있는 기술인력 확보를 위하여 지적직 공무원에 대한 전산교육을 병행 실시하였다.

1978년부터 지적기술연수원에 총무부처의 도움을 받아 전산기본 교육과정(4주 교육)을 신설하여, 313명을 교육한 바 있고, 1988년부터 본격적으로 온라인 사용자 교육을 위하여 2주 교육과정으로 1,024명(소관청당 약 3명)과 시·도 자료관리 전문요원으로 8주 교육과정 14명을 1989년 말까지 한국데이터통신주식회사에 위탁·시행하였다.

2) 시범사업

대전광역시는 정부가 지정한 전국 시범지적전산화 업무를 추진하였다. 이 연구사업은 한국과학기술연구소와 기술용역으로 다음 사항을 개발하였다.

① 대전광역시의 지적업무를 분석하여 지적전산화의 타당성을 검토하고, 지적전산시범 민원실의 계획을 수립하는 한편, 컴퓨터시스템을 이용하여 지적업무의 기본자료인 지적도 수치화 방법을 개발하였다. 구체적인 내용으로서는 도면의 전개, 복원할 때의 인위적 오차의 극소화 방법과 도면신축에 따른 경계의 부정확을 없애고 측량당시의 성과를 보존하며, 지적도의 자동고속제도를 할 수 있는 프로그램의 개발이었다.

② 토지대장의 전산화로서 112천 매의 토지대장 카드를 입력하여 지적 데이터 파일을 작성하고 지적공부관리의 기계화와 토지과세자료의 정확을 기하기 위한 지적민원사무의 전산처리 및 각종 토지에 관한 통제를 신속·정확하게 실시하며, 효율성은 국민재산권의 보호적 측면에서 중요한 것이었다.

3) 정보관리 추진의 내용

지적은 물리적으로 연속된 토지를 지형지물, 이용상황, 소유권 위치 및 범위 등을 기준으로 물건화 하여 각종 특징적 내용을 결정·등록하는 업무로서 토지에 대한 가장 많은 자료와 정확도를 보장·유지하고 있다.

대장의 등록사항은 토지의 양적, 질적 이용현황과 소유권 존재 및 연혁이 기록되어 토지관련행정 업무, 등기공시 업무의 1차적 자료로 활용되고 있다.

지적은 다른 업무에 비하여 행정 전반에 작용되는 기초업무로서 범용성이 있고, 전산화를 위한 기초작업이 되어 있으며, 특히 사회적 혼란기를 지나는 동안에 발생된 토지투기를 막기 위한 국가적 시책이 직접적 영향을 주었다. 이에 따라 1980년 12월 11일 토지기록 전산화사업을 정부의 주요정책과제로 채택하고, 1982년 12월 17일 토지기록전산화 기본계획을 확정하여 본격적인 작업에 들어갔다. 기본계획상의 전산화 목적은 다음과 같다.

① 토지관련 정책자료의 다목적 활용
② 자연인, 법인, 기타 토지소유현황 파악
③ 지적민원의 신속·정확처리
④ 지방행정전산화 촉진 등

정부에서는 2000년대 첨단산업사회로의 도약을 목표로 국가기간전산망계획을 수립하였는데, 그 중 행정전산망사업이 우선 추진해야 할 7개 사업 가운데 하나로 토지기록관리전산화를 추진하게 되었다.

당초에 일괄(bath)처리된 토지기록관리 시스템이 안고 있는 문제점을 해소하고 그 기능을 확충·발전시키는데 주요한 목적이 있으며 그 내용은 다음과 같다.

① 체계적이고 과학적인 지적사무와 지적행정의 실현
② 전국 통일 시스템의 활용으로 각 시·도 분산 시스템 상호간 또는 중앙시스템간의 인터페이스를 완전 확보
③ 토지기록관련 변동자료의 온라인 즉시처리로 기존 일괄처리에서 오는 업무의 이중성 배제
④ 지적공부이 전산화 및 전산 파일 유지로 지적서고의 팽창 방지
⑤ 토지기록관련 자체와 상부 보고문서의 전산처리로 업무처리의 능률 및 정확도 향상
⑥ 최신의 자료확보로 지적통계와 정책정보의 정확성 제고 및 온라인에 의한 신속성 확보
⑦ 전국적인 등본, 열람이 가능하게 하여 민원인의 편의증진
⑧ 지적도면관리전산화의 기초 확립

제5절 토지정보의 과제

1 토지재조사 실시

(1) 조사방법

토지재조사는 토지조사 당시에 시행하였던 지적도의 질적 향상을 추구하고 현행 법적, 기술적 기준을 보다 완벽하게 하여 토지정보를 현대화 하기 위한 것이다.

토지정보의 조사방법에서 재조사 측량을 효과적이고, 계획적으로 추진하기 위해서는 사업추진을 위한 전문위원회를 구성하고 사업추진방법, 사업내용, 전담기구 및 전담직원, 홍보, 교육훈련, 예산, 법령정비, 사업계획, 사업성과 등을 연구토록 해야 한다.

토지재조사 측량은 국가가 단기, 장기계획을 수립하여 시행하여야 하며, 우선 단기계획으로 시범지역를 선정하고, 이에 대한 조사위원회를 편성해 정확한 기본조사를 실시하여야 한다. 여기서 얻는 모든 조사자료와 성과는 문제점을 분석하고 이를 토대로 연차적으로 확대·실시하도록 한다. 또한 지적자료를 다루는 단독적인 집행기관을 국가의 직속 하에 두고 지적재조사 측량과 토지사무 전반을 전적으로 관장하는 것이 필요하다.

이러한 기구에 의한 국토의 새로운 토지재조사 측량과 토지행정은 반드시 우리나라 토지문제 해결에 결정적인 전환점이 될 것이다. 토지재조사 측량을 본격적으로 착수하기에 앞서 현행 법령의 타당성 여부가 세밀히 검토되고, 보완되어야 한다. 이와 같은 토지정보의 개편을 위한 재조사측량의 경비는 정부 차원에서 국가가 재정을 부담하는 것을 원칙으로 하며, 지방자치단체에서도 일부를 부담하여 수행하는 것이 바람직하다.

(2) 조사내용

토지정보 자료의 조사내용에 있어서는 토지조사, 건물조사, 시설물조사를 포함하여 종합정보체계의 구축을 위한 정확한 기초자료를 파악하는 수단으로 활용되어야 할 것이다. 특히 종합적 토지정보의 완비를 위해서는 지적정보뿐 아니라 토양, 자원, 기상, 수량, 토지이용상태도 조사하는 국토조사사업의 일환으로 추진하는 것이 효과적이다.

토지조사는 재조사측량을 실시하기에 앞서 행정구역 경계나 1필지 토지의 경계를 조사하고, 특히 경계선은 상린자가 서로 합의한 경계점에 경계표식을 설치하도록 조치하고 토지조사표와 조사도를 참고한다. 또한 조사지역으로 결정된 지역에 대하여 일반조사 사항인 토지소재, 지번, 지목, 소유자, 기타 권리관계와 특별조사 사항인 등급기준 수확량, 가격, 용도지역, 건물등록 사항과 경계조사 사항인 행정구역경계, 토지경계 및 좌표, 면적, 경계표지와 기초점을 조사토록 한다.

건물조사는 토지표시 사항 중에 다목적 지적의 등록관리체계의 변천에 따르는 자료조사로 건물번호, 건물종류, 건물규모, 건축양식, 건축자재 및 소유자와 권리자를 조사하여 등록하고 토지표시 사항에 고유번호를 상호 등록하여 연계시킨다.

건물위치 측량은 가급적 좌표를 산출하여 필요한 경우에 이 좌표수치를 이용하여 도면을 작성하는 등 컴퓨터에 의한 집중관리가 가능하도록 수치방법을 이용하여 종합적인 도형정보체계의 자료로 활용케 함으로써 정확한 다목적 활용이 이루어지도록 한다.

시설물조사는 주로 지하시설물로서 상수도 배선에 대한 위치관계를 지적도의 토지경계선과 상호 위치관계를 조사측량하여 지하시설물에 대한 현황자료를 등록한다.

즉 시설물관리를 원활히 할 수 있도록 위치를 정확히 파악하여 공사의 기초자료 제공과 예산낭비 등 국민재산의 간접적 보호유지 관리에 적극적인 활용가치를 갖는 종합적인 대장과 도면을 작성하도록 한다(지종덕, 1990).

2 종합적인 LIS 구축

(1) 시스템 개발

토지정보는 토지관련의 모든 정보를 말하는 것으로 토지의 형태, 특성 및 이용실태 등에 관한 실질적 기록의 자료로서 토지자료은행(Land Data Bank)에 지속적으로 축적되어 문제해결을 위한 정책결정의 기초로 사용되는데 기초자료는 지적을 근거로 한다. 토지정보의 제공수단은 통계자료, 행정자료, 전산처리자료 등 여러 가지가 있는데 그 중에서 토지기록전산화를 통한 전산처리자료는 토지정보체계의 발전에 크게 기여하고 있다.

토지정보는 가변성, 대규모성, 복잡성, 신속성 등의 특징으로 인해 전산화의 필요성은 더욱 증가될 것이다.

지적정보체계의 발전방향인 LIS가 확립되려면 전국의 지적자료가 기본데이터에 의해 전산화가 확립되어야만 근본적인 다목적 지적시스템 구축이 가능하다. 그리고 지적전산화 작업에 토지등록의 정보내용 외에 과세자료, 토지이용현황, 제한물권의 설정관계 등을 포함하는 종합적 토지정보에 관한 모든 것을 데이터베이스로 구축하여 각종 토지정책 수립에 필요한 자료를 정책목표에 부합하여 신속, 정확하게 이용될 수 있도록 하는 종합토지정보시스템을 확립하여야 한다(지종덕, 1988).

종합적인 LIS를 구축하려면 먼저 어떤 기초자료를 바탕으로 정보를 취합할 것인가를 결정하는 정보체계를 개발해야 한다. 지적 중심의 토지정보를 구성할 때 부수되는 많은 토지관련 정보는 대장과 도면에 표시하는 사항과 부합되는 정보로 확정지어야만 통합이 가능하다. 정보체계의 구성형태에 있어서 정보의 처리방식은 계층적 접근방식(hierarchical approach)과 체계적 접근방식(systems approach)으로 대분된다.

계층적 접근방식은 집중식 자료처리와 분산식 자료처리방식으로 구분할 수 있다. 물론 각 방식은 나름대로 장 · 단점이 있으나 토지정보의 속성상 집중적 자료처리방식이 주가 되고, 필요한 경우 분산식 자료처리방식으로 소단위의 응용데이터베이스를 개발하여 PC 수준에서도 활용토록 한다.

정보의 성격면에서는 종래 지적 중심의 토지정보가 일정 시점의 어떤 사실관계를 표시한 확정자료였다면 앞으로 종합토지정보는 단기 유동적인 많은 관련정보가 첨가되어 운용되므로 시계열적 공간자료(time series & space data)가 되기 마련이다. 따라서 종합토지정보체계 또한 계속적인 첨가, 보완, 수정을 전제로 하는 개방체계(open system)로 설계되어야 한다(임동호, 1989).

(2) 필지 중심의 LIS 구축

LIS의 기초는 지적필지를 중심으로 한 다목적 지적시스템이다. 다목적 지적은 토지보유 및 토지가격 정보뿐만 아니라 다양한 필지관계 정보를 기록, 보관, 제공하기 위한 것으로 토지상에 이해관계나 재산권은 소유가능한 법적 권리로 좁게 해석되지만 좀더 넓은 의미로는 토지이용에 있어서 사람들 사이에 개별적으로 인정된 모든 관계를 말한다. 또한 GIS라고 부르는 보다 넓은 의미의 토지공간정보의 일부로 간주될 수 있는데 지적정보는 지구표면상의 특정장소와의 관련이라는 특징을 갖고 있으며, 필지의 형태로 나타낼 수 있다.

지적을 기초로 하는 종합토지정보시스템은 필지수준에서 시의적절하게 이용가능하며, 종합적인 LIS를 뒷받침하는 운용상이나 행정적으로 통합된 공공의 제도로서 측량기준망, 기본도, 지적도, 필지등록부와 같은 구성요소로 확립되어야 한다.

① 측량기준망 : 측량기준망은 토지경계선과 지구과학이나 기타 토지 및 토지관련자료, 지적도의 상관관계를 맺어줄 수 있어야 한다. 이와 함께 측량기준망은 지상에 영구적으로 표시되어 지적도상의 선이 현장에서 재현될 수 있어야 한다.

② 기본도 : 기본도는 지적필지와 측량기본망, 물, 도로, 건물, 담장 등 천연 및 인공물, 정치·경제적 관계를 맺어주는 기초매체이다. 또한 모든 토지에 관련된 정보와 지적필지간의 공간적 관계를 확정시킨다. 이것은 연속된 공간에 위치를 결정하고 나타내는 매체로서 지적필지의 경계위치 변경이 필연적이고, 공적 기록에 기재되게 된다.

③ 지적도 : 지적도는 기본도에 나타난 그 밖의 특징과 재산경계의 위치를 나타내며, 각 필지의 기준식별물을 나타낸다. 또한 다목적 지적에 근거를 두게 되는 기타의 많은 필지대장의 모체가 된다. 그러므로 지적도는 필지식별 표시의 완전성과 재산경계선 표시의 정도기준에 맞는 소유지의 지도로 볼 수 있다. 이 기준에는 새로 설정된 필지의 경계선과 식별물을 시의적절하게 나타내는 기준도 포함된다.

④ 필지등록부 : 지적필지는 많은 형태의 사회적, 경제적, 물리적, 행정적 자료를 위한 완전하고 적절한 위치기준의 역할을 할 수 있다. 필지식별번호는 토지소유권, 용도, 가격, 평가, 기타 특성에 대한 정보를 담고 있는 토지자료 파일이나 등기부에 지적필지를 연결하는 수단을 제공해 준다. 이를 기초로 다목적 지적은 필지수준에서 계속적이고 쉽게 이용할 수 있으며 종합적 토지관련정보라고도 할 수 있는 것이다.

3 전담기구의 설치

고도성장에 따른 토지이용의 다변화에 적절히 대응할 수 있는 토지정보의 종합관리체계를 확립하기 위해서는 현재의 토지정보기구 편성체계로는 토지정보관리의 발전과 선진화는 물론 토지정보 업무수행의 능률화도 기대할 수 없다.

지적필지를 중심으로 하는 종합적 토지정보체계의 구축은 크고 복잡한 데이터 창설의 의의보다는 효과적인 기능을 가지고 토지종합정보를 단일 기관에서 집중적으로 처리할 수 있어야 한다. 그래서 현재 분산된 채 토지정보 업무를 관장하는 기존의 기구보다는 보다 포괄적이고, 새로운 토지정보의 전담기구가 국민편의의 시책차원에서 시급히 마련되어야 한다. 전담기구의 조직은 토지의 중심 정보원인 지적정보를 관장하는 행정자치부를 정점으로 토지에 관련된 모든 토지전반에 관한 사항을 관장토록 하는 것이 좋을 것이다.

이러한 토지정보 업무를 관장할 수 있는 토지정보전담기구는 토지등록과 소유권등기, 토지가격, 건축물, 토지이용, 평가 및 경지정리와 구획정리, 지적도와 지형도 관리, 지적측량 등 토지에 따른 종합업무를 단일 기관에서 집중적으로 수행하여 국토관리와 국민의 재산권을 안전하게 보호할 수 있을 뿐만 아니라 토지에 관한 모든 민원을 단일 기관에서 손쉽게 처리할 수 있는 토지행정기구의 역할을 수행하도록 해야 할 것이다.

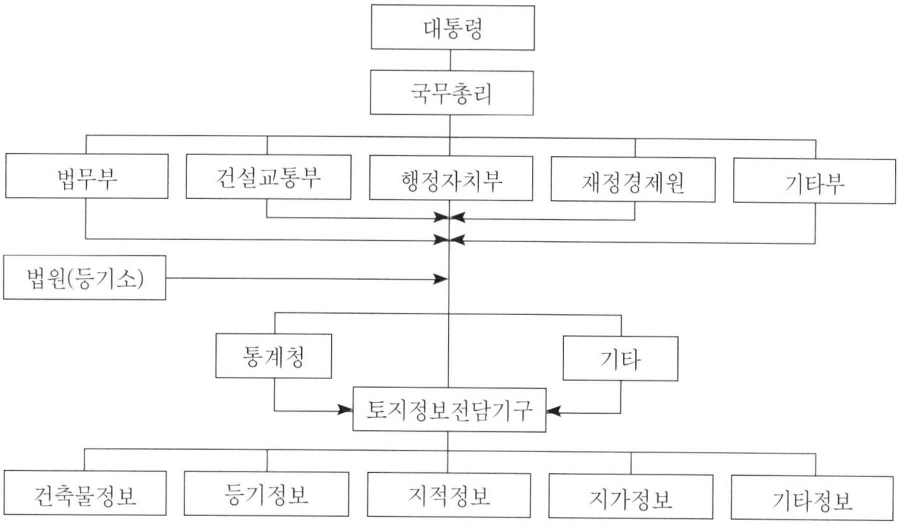

(그림60) LIS의 전담기구(안)

제 19 장 외국의 지적체계

제1절 독일

1 지적의 등록체계

독일의 지적제도는 1801년 바바리아(Bavaria) 지방에서 지적측량이 시작되어 1864년에 완성되었지만 전반적인 지적조사는 1900년에 확립되었다.

독일의 지적관리는 다목적 토지등록제도로서 당초는 과세목적과 토지소유권의 보호를 위한 기능을 갖고 있었다. 따라서 산업발달과 토지의 이용도가 높아짐에 따라 토지등록에 관한 모든 자료는 과학적으로 분석되고, 집중관리하여 다방면에서 이용할 수 있도록 조직적이고 현대적으로 운영되고 있다. 독일의 지적행정기구는 지금부터 약 100년 전에 수립되어 연방정부의 고유업무로서 운영되어 왔으나 제2차 세계대전 이후 각 주정부에 분권되었다가 점차 연방의무화 하고 있다.

중앙관서로서는 각 주정부의 내무성에 지방국 지적과가 설치되어 주정부의 지적업무를 지도·감독하며, 지적수정측량에 관한 계획 및 승인과 측지원운영 등을 담당하고 있다. 지방관서로서는 각 주정부의 내무성에 측량 및 지적국이 있고, 그 산하에 몇 개의 지역지적부, 그 밑에 각 시 · 군 지적사무소가 있다.

또한 측량 및 지적국에는 관리과가 있고 소관 밑에 전자자료실과 자료관리사무소 등이 설치되어 있어서 전자자료실에는 토지대장과 지적도의 등록사항을 모두 컴퓨터에 수록하고 있으며, 전산처리된 테이프와 도면, 기타 토지에 관한 자료는 자료관리사무소가 집중관리한다(한국지적학회, 1987).

독일의 지적에 관한 기본법은 측량 및 지적법(Vermessungs und Kataster Gesetz)으로 지적측량과 부동산지적부에 관한 사항을 규정하고 있다. 지적공부의 종류는 부동산지적부(소유자별 토지등록카드, 지목별 목록, 성명별 목록), 지적도, 수치지적부 등이 있다.

부동산지적부는 우리나라의 토지대장이나 스위스의 부동산등록부처럼 지번별 대장이나 지번순으로 되어있는 것이 아니라 토지소유자 1인의 소유토지는 모두 한 장의 카드에 기록하게 되어 있다. 소유자별 토지등록카드에는 상단에 지적구역 번호와 읍명, 주, 군, 토지등록소, 관할구역명, 지적사무소와 세무서, 등기소명이 있으며, 카드 고유번호와 작성연월일, 페이지 등이 표시되어 있다.

등록사항은 토지구역 약호와 지적도 번호, 토지소유자와 권리자 및 지분, 4 자리수의 원번과 3 자리수의 지번, 관련장부번호, 가로명으로 표시된 토지의 위치, 지목, 면적과 농경지의 경우에는 토양의 종류 및 등급 수확량, 지적도상의 소구획번호 등이 표시된다. 지번별 색인목록에는 지적도번호, 지번 카드고유번호, 도면상 소구획번호, 등록연도 및 면적 등이 표시되어 소유자별 토지등록 카드를 쉽게 찾을 수 있게 되어 있다. 또한 성명별 색인목록에는 A, B, C 순서로 소유자 성명과 카드 고유번호가 표시되어 있다. 지적도는 원도와 열람용, 실무용 폴리에스테르 필름의 지적도가 있다.

지적도 축척은 도심지가 1/500이고, 기타 지역에는 1/1000과 1/2500 등이 있으며, 1/500 지적도는 지번과 토지경계선 또는 등고선 등이 표시되어 있어 산업용으로 널리 이용되고 있다. 지적도의 모든 등록사항은 전산화 되어 있어서 임의로 축척변경과 자동도화에 의한 지적도 조제가 가능하며 또 컴퓨터와 연결된 스크린에 의하여 조정할 수 있게 되어 있다. 지적도상에는 지번, 토지경계선, 굴곡점, 건물번호와 층별 구분이 표시되고, 하나의 큰 건물이 여러 개로 분할되어 있을 경우에는 다른 건물은 건물번호 뒤에 a, b, c 등을 붙여 구분한다. 토지경계선은 철조망의 경우와 담장을 구분하여 표시한다. 또한 지적도에 도면번호와 소구획번호를 달리 사용한다. 독일의 수치지적부는 지적에 있어서 경계와 건물을 확정짓는 특별한 형식을 의미한다. 이 특별한 형식에 있어서는 모든 경계점과 선택된 건물점을 위해서 정확성과 신뢰도가 높은 "가우스-크뤼거" 자오선시스템 방식의 지적좌표가 제시되고, 또 이 지적좌표가 기록업무에 알맞게 이용된다(Schenk, 1987).

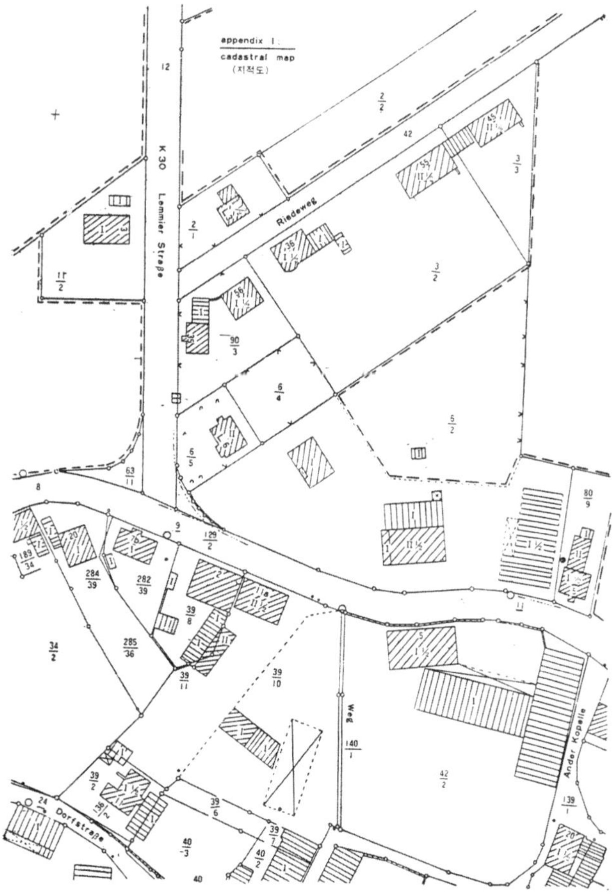

(그림61) 독일의 지적도

토지관리에서 지적과 등기는 이원화되어 있지만 지적제도가 발달되어 토지이동은 적으며, 지적사무소에서 취급하는 사무도 등기소에 자동 통보되어 등기된다. 토지경계는 석조 또는 플라스틱 표지가 설치되어 있고, 지적측량은 국가가 직영하고 있으며, 지적관리의 과학화와 더불어 실질적인 측면에서 눈부신 발전을 가져왔다. 따라서 지적의 특성은 각 분야에 걸쳐 유기적인 관련성을 가지고 있으며, 얻어진 자료는 집중관리됨으로써 다방면으로 활용된다.

2 지적의 정보화관리

독일은 1950년대 말에 부동산 대장의 유지를 위해서 자동화를 활용하는 방안을 연구하기 시작하였다. 그 후 1972년에야 비로소 새로 개발된 프로그램 시스템과 부동산지적부의 자동화 속에 3계산기 세대의 대량 기억기술을 집어넣게 되었다.

이러한 방법에 의해서 처음으로 계획상 중요한 자료를 기억시키게 되었고, 다목적 지적부라는 개념을 보편적 방법으로 실현시키는 정보시스템인 부동산지적부의 자동화에 착수하게 되었다. 지적연구를 위한 자동화된 토지대장이란 명칭은 이제까지 애매하게 자주 사용했던 개념들을 상호 인접분야(inter disciplinary)의 토론에서 피할 수 있도록 하기 위해 도입되었다. 자동화된 토지대장은 6개의 기록부로 구성되고, 이 자료집은 다시 다수의 자료요소들을 포함한다(대한지적공사, 1982).

자동화된 토지대장의 자료들은 등기된 부동산에 있어서의 모든 변화의 인수와 잘못된 자료의 정정(correction)을 통해서 계속 처리되도록 하고 있다. 또한 자동화된 지적도는 부동산 자료은행의 재산 부분으로서 측량수치와 경지지도작업을 포함한다. 독일연방공화국 각주의 측량행정연구협의체(ADV)와 1969년에 설치된 데이터처리위원회는 부동산지적부 및 토지등기부의 연방통일자동화라는 개념을 개발하였다. 토지데이터뱅크(G.D.B)는 권리, 관리, 기획, 설계 및 경제 등을 위한 모든 토지관련 데이터가 준비되는 정보시스템으로 이해된다. 토지 데이터뱅크의 자동화, 부동산지적부의 표준개념은 1973년에 개발·연구되었다. 내규에 의해 유지되는 토지데이터뱅크는 다른 데이터뱅크와 함께 종합정보시스템에 연결되어 있다.

종합정보시스템의 주요구성은 부동산지적부, 주민, 재정, 기획으로 구성되며 토지데이터뱅크 절차는 다음과 같은 원칙이 적용된다.

① 통합 데이터베이스 : 부동산대장, 부동산지도 및 토지등기부 등의 데이터뱅크 필드용이다.
② 공동계수센터 : 계수센터에는 지역적으로 구분되고, 관할구역을 넘는 다수의 구역별 토지데이터뱅크가 형성된다.
③ 입력데이터 : 입력데이터는 부동산지적부와 토지등기부에 의하여 분리되는 자동화-명령등 안에서 기억·관리된다.
④ 현존 프로그램 : 총 시스템에 통합시킨다. 특히 복잡한 측지학적 계산의 프로그램 시스템에 대해서도 그렇게 해야 한다.
⑤ 통합처리 : 명령 수령 및 변경 준비를 위한 온라인 페이스와 GDB의 사상관련 유지를 위한 일괄페이스로 구분된다.

토지소유 데이터뱅크에는 통일된 측지좌표계를 바탕으로 한 토지관련 자료인 법률, 행정, 계획, 통계 및 경제 등에 필요한 자료가 입력되어 있으며, 이러한 입력내용은 현재의 수요를 충족시킬 수 있으며 언제든지 확장할 수 있다(Tegeler, 1988).

또한 지적도의 자동화개발은 1975년에 시작되었으며, 연구 및 기술담당 장관(federal minister for research and technology)의 지원 아래 제3차 정보처리계획을 수립하고, 1977년부터 추진하였다. 지적도의 자동화에 있어서 초기단계에는 지적도의 조제, 재조제를 위하여 곡선자동제도기(curve plotter)를 장치하여 지적도의 축척변경과 도화의 코드화, 연속적인 굴곡점 번호 등을 입력하고 좌표를 수정하였다.

현재는 컴퓨터그래픽방식을 도입하여 행정구역경계선, 토지경계선, 1필지의 단면, 경계굴곡점 번호, 건물, 주기, 지형지물, 기타의 중첩방식(overlay)을 사용하여 자동화 하고 있다. 여기에서는 또한 지적의 제시하는 부분이 자동화되고 자동화된 지적도는 3개의 자료집으로 구성된다. 자료집 상호간의 연결과 내용, 자료요소들의 구성은 논리적인 형태로 준비되고 부분적으로 완성된다. 토지지도(ground plan) 기록부에는 경지구획, 건물이용방법, 그리고 위치좌표와 높이에 기초한 지형(topographical)의 섬세한 것의 도해적(graphic pictorial) 제시를 위한 모든 정보들이 기록되어야 한다.

지적도 자동화사업은 현행 지적도를 아날로그(analogue)형식으로 작성하기 위하여 계속되고 있으며, 또한 디지털(digital) 형식으로도 만들 수 있다.

지적도의 전산 파일은 경계점 파일(point file), 면적측정 파일(planimetric file), 측정요소 파일(measuring elements file) 등으로 구성되어 있다. 또한 인적데이터, 지적데이터, 재정데이터가 국가업무 전산화의 최우선이라 주장하는 지적전산화는 세 가지로 구분할 수 있는데 그 내용은 지적측량 데이터의 자동화와 지적도 및 토지대장의 전산화이다.

① 지적측량데이터의 전산화는 국가기준삼각망에 의한 측량데이터로서 토지경계, 건물 및 기타 지상물측량의 자료가 주축이 되었다. 또한 50여 가지의 측량업무가 루틴(routine)화 되어 IBM 370, Siemens 4004 등의 컴퓨터에 의하여 작동되고 있다. 이와 함께 좌표 파일(coordinate file)이 구축되어 1km^{2}마다 소구획으로 지적도를 분류하고 기초점 번호, 방위각, 기초점 형태, 등급, 정확도(accuracy), 표지(mark) 및 기타 계산자료가 입력되어 있고, 특히 항공사진측량이 효율적으로 적용되고 있다.

② 지적도의 전산화에 있어서 초기단계에는 지적도의 조제, 재조제를 위하여 곡선자동제도기를 장치하고 지적도의 축척변경과 도화의 코드화, 연속적인 굴곡점 번호 등을 입력하고 좌표를 수정하였다. 현재는 컴퓨터 그래픽(computer graphics)방식을 도입하여 행정구역경계선, 토지경계선, 1필지의 단면(profile), 경계굴곡점 번호, 건물, 주기, 지형지물, 기타의 중첩방식을 사용해 자동화하고 있다.

③ 토지대장의 전산화는 1959년에 최초로 착수하였으며, 이때 토지대장 전산화 지침을 다음과 같이 마련하였다.

㉠ 각 파일을 원칙적으로 바꾸지 않음으로써 후일 대형의 필지별 토지정보조직에 통합될 수 있도록 입력한다.

㉡ 모든 서술식 데이터는 입력장소의 절약, 유지관리와 수정작업을 보다 단순하고 정밀하게 하기 위하여 1회에 한하여 기억시켜야 한다.
㉢ 부동산등기, 조세, 도시 및 지역계획, 국토통계 등과 연결되도록 준비한다.
㉣ 최신 데이터를 확보하기 위해 원격통신 데이터처리방식에 의한 변환방법이 가능하도록 데이터 파일을 개발한다.

이러한 지침에 따라서 토지대장의 전산화가 다음과 같이 구축되었다.

① 필지별 파일이 지번순으로 작성되었으며, 토지표시사항이 서술식으로 입력되고 토지등기번호, 과세대장번호, 구획번호 등이 입력되었다.
② 필지별 소유자 파일이 작성되어 어느 필지가 누구의 소유인가에 대한 정보를 제공하고 그 필지의 법률관계와 성명별, 필지별 파일의 연결번호 등이 입력된다.
③ 소유자 성명별 파일이 작성되어 각 필지의 소유자 주소, 성명, 직업, 등기부 사항 등을 기록하여 소유자 파일과 연결을 위해 부동산등기부 번호가 사용되고 있다.

이와 같이 독일의 토지정보 특성은 각 분야에 걸쳐 유기적인 관련성을 가지고 얻어진 자료를 집중·관리함으로써 다목적으로 활용된다. 따라서 독일은 세계에서 가장 통일되고, 과학화된 지적관리를 운영하고 있다고 할 수 있을 것이다.

제2절 프랑스

1 지적의 등록체계

프랑스의 지적은 근대지적의 시초인 유명한 나폴레옹 지적(Cadaster Napoleonin)으로서 과세지적의 대표이다. 지적제도의 창설은 1807년 지적시행령(Napoleonic Cadaster Act)을 제정하여 1808년부터 1850년까지 실시한 정확도가 높은 지적측량 성과에 의하여 이루어졌다. 오늘날에는 지적과 표시등기제도와의 관계 및 각종 토지정책에서 지적공부상에 등록된 정보를 활용하는 기법을 개발하고, 이를 적극 활용하고 있으나 과세목적으로서의 기본적 성격은 변함이 없다.

지적행정기구는 중앙부서는 재무경제성(Ministere de Leconomic des Finances et de la Prirvatisation)이 관장하고 있으며, 각 지역별로 94개의 지역지적청과 그 산하에 각각 3~6개로 구성된 306개의 지방 지적사무소가 전국에 산재되어 지적업무를 수행하고 있다. 프랑스의 공시제도는 재무경제성의 세무국, 즉 우리나라의 경제기획원, 재무부, 국세청의 통합된 기능의 세무국에 지적과와 등기를 두고 있어 지적과 등기의 창구를 일원화시켜 동일한 부서에서 처리하고 있다.

지적에 관한 기본법은 민법(Droit prive)과 지적법(Loi Cadaster)으로서 행정법 제2편에 지적에 관한 사항이 규정되어 있다.

지적공부는 3개의 주공부인 지적도, 토지, 건물대장(matrice), 도엽기록부(section)와 보조공부 또는 색인부(필요에 따라 작성)로 구성된다. 지적도에는 지적경계선과 건물을 표시하여 위치를 파악할 수 있으며, 별도로 토지대장 및 가옥대장을 비치하여 그 대상물의 특성을 알 수 있도록 구성되어 있다. 지적도의 크기는 75cm×105cm로서 신축이 거의 없는 필름을 사용하고 있으며, 토지경계, 건물, 지번, 중요시설물명, 기준점, 도로명 및 가옥표시제도인 건물번호가 표시되어 있다.

그러나 지번지역인 리동단위로 격자형 도곽형태로 지번순에 의거하여 작성되는 시리얼 맵(serial map : 도곽접합이 가능토록 연속도면)의 지적도형식이 아니고, 도로, 하천, 구거 등 주요 지형물을 중심으로 구획하여 지적도를 작성하는 인슈럴 맵(insular map : 도곽접합이 불가능한 도면)의 도면형식을 채택하고 있다. 지적도의 도곽은 격자형 형태가 아닌 도로를 중심으로 구분하여 작성되므로 1필지의 토지가 2장 이상의 도면에 등록되는 일이 없으므로 도곽의 접합으로 인한 오차가 없음이 특이하다.

지적도의 종류는 우리나라와 같이 토지의 용도에 의해서 지적도, 임야도로 구분되는 것이 아니라 축척에 의하여 도시지역은 1/500, 농촌지역은 1/1,000, 산악지역은 1/2,000으로 구별하고 있다. 이에 따른 지적측량은 지방지적 사무원이 실시하는 국가직영체제를 갖추고 있다(한국지방행정연구원, 1988).

현행제도는 1941년에 개정된 지적법에 의해서 확립되었으며, 지적의 개선과 수정을 위한 재조사업무가 규정되었다. 이 규정에 따라 지적부서의 하부기관으로 지적 재조사부가 설치, 운영되고 있으며, 현재는 농촌지역의 재조사는 완료되고 도시지역에 대해서 계속 사업을 추진하고 있다.

프랑스의 지적재조사는 다음과 같은 2가지 방법에 따라 시행되었다.

㉠ 수정 : 기존 경계가 현실과 부합되는 조건에서 지적공부에 대한 미터법에 따른 재정리
㉡ 개정 : 지적삼각측량에 따른 전체에 대한 1필지 재측량

(그림62) 프랑스의 지적도

지적재조사 해당 540,000장의 지적도 중 60%가 첫 번째 방법에 따라 이루어졌고, 40%가 두 번째 방법에 따라 시행되었다(대한지적공사, 1988).

이러한 비율은 지형에 따라 매우 다양해지는데, 예를 들면 10,000명 이상의 거주지역에 대해서는 수정된 지적도가 전체의 90%에 해당하고 있다. 또한 지적제도 창설 당시의 도해지적(graphical cadaster)에서 수치지적(numerical cadaster)으로 전환함으로써 지적측량의 정밀도를 향상시키고 있다.

2 지적의 정보화관리

1807년에 시작한 프랑스의 지적정보는 현재 예산성에 있으며, 1억 필지 이상과 3300만 필지의 토지권리증서, 2900만 명의 소유자의 대량 정보를 기록·보유하고 있다. 그러나 지적전산화작업은 비교적 늦어 1970년 이후에 300개소의 지적사무소에서 프린터와 단말장치에 의해 파일을 검색할 수 있도록 개발계획을 진행 중에 있다(Roussat, 1981).

프랑스는 먼저 모든 지적자료를 1980년까지 마이크로카드(microcards)에 기록하였으며 그 내용은 도면 등 지적측량 데이터와 알파벳 순서의 소유자 목록 및 소유자 주민등록번호 등이 기록되어 있다.

지적공부에는 31,606천 명의 소유자, 90,000천 필지의 토지, 34,000천 동의 건축물, 5,700천 개의 지명, 500천 개의 도로 등이 등록되어 있으며, 매년 20000천 건에 대한 변경사항이 발생되고 있어 수작업에 의한 처리는 한계점에 도달하였다(내무부, 1988). 이러한 문제점을 해결하고 방대한 지적자료를 효율적으로 유지관리하기 위하여 1965년부터 1978년까지 지적사무에 대한 전산화 1단계 사업계획(MAJIC1)을 수립하여 추진하였다. 지적의 모든 자료는 지적도만을 제외하고, MAJIC1이라는 혁신적인 정보시스템에 의해 조사·분류되었다.

MAJIC1은 중앙집중식 정보처리시스템으로 전국의 5개 지역정보센터(Centers Regionax D'informatique : CRI ; Amiens, Angers, Oreleans, Rouen, Versailles)를 설치하여 대장작성 및 관리, 과세기준결정, 토지세납부고지서 작성사무 등을 수행하고 있다.

지적전산 데이터베이스는 건물이 없는 필지파일 등 4개의 파일로 구성되어 있다. 이러한 MAJIC1은 지적전산 자료들을 작성하고 확인된 변화들을 기록하여 연간기록을 산출하는 것이다. 이 시스템은 지적의 세무업무와 문서상의 업무를 위해서 만족할 만했으나 토지 자체에 대한 업무는 전혀 이행되지 못하였다. 따라서 이 점을 보완하여 최근에 새로 개발된 것이 바로 MAJIC2이며, MAJIC2는 현재 프랑스 전국에서 시행중이다.

MAJIC2시스템은 실시간처리(real-time), 문답식 처리(transaction)를 위해서 행해지는 지방분권화된 관리로 특징지어진다. 이와 같은 업무관리는 어떠한 서류상의 구속도 없는 정보를 토대로 이루어진다(Roche, 1987).

MAJIC2는 MAJIC1의 서류철에서 직접 선정한 데이터베이스를 토대로 이루어진 것으로 1990년 이전에 모든 지적사무소에 도입하기로 예정된 MAJIC2라는 새로운 시스템은 MAJIC1의 기능을 보완하여 컴퓨터정보처리기술의 적용분야를 크게 확장시켰다.

① 토지공개의 필요에 따른 부동산 확인업무
② 토지기록 사본 및 복사의 교부와 출납
③ 소송업무 및 판결결과 관리
④ 통계표 작성 등

그러므로 토지에 관한 조사작업, 지적도의 보완, 신고, 신청 및 그에 관련된 업무의 감독을 제외한 모든 지적업무에는 MAJIC2 시스템의 적용이 가능하다. 또한 MAJIC의 데이터베이스는 각각의 중앙지적자료센터(C.D.I.F)를 위해서 MAJIC2에 입력된 정보는 아래와 같은 2종류의 데이터베이스로 조직된다.

① 필지, 지역, 소유주, 각각의 구획지, 도로 등과 관련된 지역정보를 포함한 주요 데이터베이스
② 부수적인 데이터베이스(소송 데이터베이스, 통계 데이터베이스, 회계 데이터베이스, 정보처리의 1일 데이터베이스 등)

토지 전체에 대하여 베이스에 압축된 정보통합은 2,300개의 피지칼 베이스(physical base)에 들어 있는 4천만 byte의 지적자료를 포함한 1,500억 byte이다.

이러한 방법에 따라 300여 개의 지방지적사무소에 2,500개의 터미널을 설치하여 지번, 지목, 면적 등의 변동사항과 소유권 변동사항 등 모든 토지정보의 처리와 파일정리, 민원인의 요청에 의한 설명서 또는 등본발급 업무 등 민원 사무를 1990년까지 완전전산화 처리할 수 있도록 추진하고 있다. 현재는 파리(Paris), 리옹(Lyon), 마르세이유(Marseille), 보르도(Bordeaux), 생-에티엔(Saint-Etien) 등 5개 도시의 지적도를 전산화하였다.

이와 같이 프랑스의 지적은 과세자료와 소유권 보호의 차원에서 진일보하여 국토의 종합적인 이용계획과 개발, 보존 등 토지에 관한 행정관리 및 이용발전에 걸쳐 필요한 모든 정보를 제공하는 기능인 다목적 지적(multipurpose cadastal system)으로 발전하고 있다. 이에 따른 토지, 건물대장, 지적도 및 수치지적부 등의 지적공부에 등록된 모든 내용(정보)을 전산화하여 지적정보를 은행식(data bank system)으로 관리하여 토지에 관한 모든 정보를 즉시 제공하는 토지정보체계를 확립하고 있다.

제3절 스위스

1 지적의 등록체계

스위스의 지적제도는 19세기 초반부터 이미 산발적인 방법으로 각 주정부에 의하여 시도되었다. 스위스는 국토가 협소하고 언어가 다양하므로 토지소유자의 권리보호를 주목적으로 하는 적극적 권리의 지적체계를 가지고 있다. 따라서 토지등록제도는 개인간의 토지에 관한 계약과 협성이 지적부나 지적도에 기록되지 않고는 법적인 효력을 발생하지 못하고, 등기된

토지는 국가가 보증하는 보험이념으로 운용하고 있다.

스위스는 당초 프랑스의 영향을 받아 지적행정을 시작하였지만 계속 발전하여 오늘날은 실질적이고, 경제적인 지적제도로서 독자적인 관리방식을 유지하고 있다.

1803년에는 스위스의 바우드주가 각 읍면에 대한 세부측량과 부동산등록부의 작성을 하도록 법률을 처음 만들어 고시하였고, 이에 따라 다른 주들도 점차적으로 영토의 세부측량을 부분적으로나마 시작하였다.

이때의 측량방법은 대부분 평판측량법에 의한 도해식이었고, 지적조사의 목적도 우리나라와 같이 과세가 주목적이었다. 이와 같이 지적측량은 19세기 초에 시작되었고, 그 기본목적은 토지세징수를 위한 토지소유 재산목록을 작성하는 것이었다. 이 시기의 지적은 세지적으로 이러한 제도가 1910년부터 점차적으로 개선되어 의무적인 경계확정 및 공개사항 등으로 소유권을 보장하는 법지적이 되었다(Peitrequin, 1987).

지적공부의 법률적 지위와 지적측량의 중요성 인식은 더욱 더 완전한 측량방법을 고안해 내게 하였다.

특히 독일어를 사용하는 주에서는 종래의 평판측량법에서 점차로 정밀기계를 사용한 다각측량법에 의하여 지적측량을 실시하게 되었다. 또한 지적공부 작성을 위한 전문지식을 가진 지적측량사 양성기관의 설립을 추진하여 1864년에는 12개 주가 협약을 맺어 지적측량사의 양성기구를 만들고, 교육과 자격시험 실시에 관한 규칙도 고시하기에 이르렀다. 이렇게 만들어진 이 기구는 나중에 스위스 전역에서 측량기술과 방법을 통일시키는데 지대한 공을 세웠다.

연방정부는 1911년에 지적공부에 관한 법률을 제정하고, 이러한 산발적이며, 불균형한 지적조사를 통일시키는 한편, 부동산등기의 효력을 부여한 오늘날의 토지등록제도를 채택하게 되었다. 1911년 연방정부의 통일된 연방 법률이 제정되기 이전까지는 국토조사를 위한 전국적인 지형도제작을 위한 1등 내지 3등 삼각측량과 공유림의 측량을 위한 규칙만을 만들고 있을 뿐이었다. 그러나 여러 주정부에서는 이미 프랑스 방식에 의한 지적공부의 제작을 시도하는 등 부동산 거래와 지적조사에 관한 법률을 제정·시행하고 있었다.

지적기구는 연방정부의 지도를 받아 각 주정부가 주의 실정에 맞도록 독자적으로 수행하고 있다. 중앙은 연방정부의 7개 부처 중 우리나라의 행정자치부와 법무부의 기능을 통합한 것과 비슷한, 사법경찰성의 법무국 지적과와 측량과에서 담당하고 있다. 지방은 각 주의 특성에 따라 지적사무의 담당부서가 다르고 주정부 사법부의 사법경찰성, 경제성, 재무성, 산림성 또는 농림성 등에서 관장하고 있다.

각 주의 주무격인 성에서 지적업무를 관장하고 있는 이유는 지적제도를 단순한 과세 또는 소유권의 공시목적뿐만 아니라 더 나아가 토지이용의 관계까지 고려하여 분장하고 있음을 이해할 수 있다. 또한 주정부는 그 산하인 측량과와 지적사무소(Grumdbuch Amt)에 토지대장과 등기부를 합한 것과 같은 토지등기부를 관리하고 있다.

스위스의 지적공부는 부동산등록부, 소유자별 대장, 지적도와 수치지적부 등 4종으로 되어 있다. 부동산등록부는 원래 회계장부식 대장으로 되어 있었으나 최근에 이를 카드화 하였으며, 기재사항은 우리나라의 토지대장, 가옥대장, 그리고 부동산등기부의 표제부 갑·을구를 종합한 것과 같고, 지적도호수와 관계장부와의 관련번호, 색인번호 등이 표시되어 있다. 지적도는 알루미늄 켄트지로 되어 있으며, 등록사항은 지번, 건물과 건물의 등록번호, 경계점, 그리고 도근점도 특히 필요한 경우 이외에는 경계선의 굴곡점에 설치하여 경계점 표지를 최소한으로 줄였고, 지적도는 규모가 우리나라에 비해서 큰 데 반하여 도곽선이 없다.

이외에도 도로, 전차륜도, 송전선의 철로, 전신주 등도 자세히 표시되어 있다. 다만 도상 20cm(축척 1/500에서 100m)마다 소구획 표시가 길이 7mm선으로 교차되어 있으며, 이것이 도곽선의 역할을 한다. 그리고 도면 끝부분에 있는 소구획선은 종횡선 수치가 표시되어 있다. 지적도 작성방법은 연방정부 국방성이 작성한 축척 1/25,000 기본도를 기초로 한 1/10,000과 1/5,000의 전망도를 바탕으로 작성한다.

(그림63) 스위스의 지적도

지적도는 각 필지의 내용과 특징(건물, 경지한계, 도로, 소방전 등) 및 토지경계를 내용으로 하고 있으며, 축척은 1/500에서 1/10,000을 기본으로 하여 시가지는 1/500, 삼림지대는 1/2,000, 산악부는 1/10,000로 하고 있다. 그러나 지적도에 지목은 나타내지 않는다.

수치지적부는 별도로 비치·관리하는데 컴퓨터와 연결되어 라인프린터에서 인쇄된 것을 원본으로 보관하고 있으며, 도시계획, 토지이용계획, 기타 지적이동 측량시에 사용할 수 있는 측량원도 형식의 보조 도면이 지적도와 같이 비치된다. 등록사항은 경계점 번호, 도호 및 종횡선 수치가 등록되어 있고, 기초점과 지번, 경계선 굴곡점, 종횡선 좌표대장 등을 각각 비치하고 있으며, 보조 도면에는 지적도의 등록사항 이외에 각 경계굴곡번호와 점간거리 등을 표시하고 있다.

지적 재조사는 1923년에 착수하여 전체 국토의 약 70%를 넘게 추진하고 있다. 1940년부터는 지적 재조사에 항공사진측량 방법을 적용하였으며, 1963년부터 경계표지를 설치하고, 대상토지에 대해서 수치지적측량 방법으로 등록하는 비교적 정확도 높은 지적관리체제를 이루고 있다.

2 지적의 정보화 관리

스위스의 지적전산화는 수치지적을 위한 전산기 입력과 지적도 제도를 시발로 하였고, 1974년 11월 8일 1필지 측량에 관한 자동정보처리에 관한 규정이 제정되었다. 그리고 효율적인 토지이용과 부동산의 개념을 근본으로 하는 지적제도의 특수성으로 인하여 경제지적화하는 추세에 있으므로 자료관리, 토지이용, 입지, 토지관리, 토지계획 등에 전산화가 부분적으로 도입되고 있다. 토지의 정보는 지적도에 잘 표기될 수 있으나 어떤 토지의 변화 및 개발이 있으면 지적도 재편성이 불가피하게 된다.

지적도는 부동산 경계를 정해주고 부동산의 권리를 확실히 하기 위해 기존의 지적도와 새로운 측량방식에 의한 조정방법을 잘 연결시키도록 되어 있다. 이에 따라 GIS(Graphic-numerical Interactive System) 개념이 도입되고, 현재 지적도에서 많은 정보를 수집함으로써 재측량의 필요성이 없게 되었다.

처음에는 아르가이(Aargay)주에서 시험하여 실시한 후 전국에 확대 실시하고 있다(Klingenberg, 1981). 이러한 GIS의 특징은 전반적으로 다음과 같다.

① 측량의 모든 계수치와 좌표치가 모두 이용된다.
② 구 자료처리에서는 모든 점의 번호가 부여되었으며, 전체 지적의 10~20%에 해당하는 지적도상의 경계점만 번호를 부여하면 나머지는 좌표로 표시할 수 있다.
③ 이 시스템의 구체화로 수치지적의 혁신이 경제적으로 되었다.
④ 시스템에 필요한 데이터를 여러 가지 목적에 사용할 수 있다.
⑤ 그래픽 디스플레이가 있어야 한다.
⑥ 지적도 재조제, 재측량에 적당한 시스템으로 온라인 또는 오프라인으로 연결되어 있다.

스위스의 지적 발달과정은 한편으로는 공공측량과 지적의 필요에 부응하기에 앞서 정보제도를 구상하는 방향으로 나아가고 있으나 다른 한편으로는 주변의 부수적인 분야들과의 결합을 도모하고 있으며, 스위스의 지적측량작업은 토지정보체계를 향하여 변화·발전되고 있다. 따라서 앞으로 시행될 공공측량은 전적으로 수치측량인 컴퓨터 정보처리기술의 도움으로 정보내용 전체가 기억화 되는 방법으로 행해질 것이며, 또한 앞으로 도표는 도면이나 지도에 관한 기억장치된 디지털정보로서 자동처리 된다. 스위스의 자동화위원회는 토지대장 개편이란 근본적으로 전통적인 분할지 측량을 현대적인 자동화 정보시스템으로 변경시키는 것을 의미한다(대한지적공사, 1984).

따라서 자동화정보시스템은 새로운 측량방법 자동화의 발전, 그리고 다목적 지적의 방향으로서 미래의 확장 등에 적응할 수 있다. 이와 같이 스위스는 1필지 측량에 관한 자동정보처리에 관한 규정을 제정하고, 효율적인 토지이용과 부동산의 개념을 근본으로 하는 지적의 특수성으로 인하여 다목적 지적정보를 체계화하는 추세에 있다.

제4절 네덜란드

1 지적의 등록체계

네덜란드의 지적제도는 재정적인 목적의 과세지적이었으나 현재는 다목적 이용을 위한 정보원으로 변화하고 있으며, 최초의 지적조사는 1811년에 착수하여 1832년에 확립하였다. 네덜란드는 당시 프랑스의 지배하에 있었는데 지적조사도 프랑스의 지적관련법에 의하여 소유권의 조사와 부동산의 평가를 시행하여 지적도와 토지대장을 작성·정비하였다.

이처럼 지적제도는 160년 전 재무성 1개국의 국가기관에 의하여 창설되고, 1973년 이후에는 주택도시계획 및 환경성(The Ministry of Housing, Planning and Environment)의 중앙지적청이 있어서 지적소관청으로서 부동산의 보존, 이전, 등기부 발행 등 등기사무와 아울러 토지대장(지적부) 및 지적도의 유지관리 등 지적사무를 관장하고 있으며, 토지대장은 부동산 물권의 변동에 따른 새로운 내용을 항상 수정·정리하고 있다.

지적부서는 부동산에 대한 형태, 크기, 위치 등에 관한 자료를 등록관리하는 것뿐 아니라 지하시설물 및 자원, 지상구조물에 대한 자료도 함께 등록관리하고 있다. 그리고 선박, 항공기 등에 대한 등기부의 작성과 유지관리, 국가삼각점(national triangulation point)의 설치와 유지관리, 토지구획정리사업의 지원, 대축척기본도(1 : 5000 지형도)의 제작, 정리 및 발행업무 등도 수행하고 있다.

기본도 제작업무는 토지정보협의회(council for land information)와 11개 주의 지도위원회(provincial mapping committee)의 도움으로 수행되고 있다.

지적에 관한 기본법은 민법(burgerlijk)과 지적법(kadaster wet)으로 지적공부는 부동산등록부, 보조대장, 지적도, 대축척기본도로 구성되어 있다. 지적공부는 우리나라 토지대장과 유사한 위치대장(location book)과 부동산등록부와 지적도가 있다. 위치대장은 필지순으로 동일 지번내의 모든 부동산목록이 등록된다. 그 내용은 지번, 지목, 면적, 지적도 번호, 관련대장, 연결번호, 분할지번과 면적 등의 이동상황과 등급 등이 표시되며, 지적과 등기는 일원화 되어 있다. 부동산등록부는 소유자별로 작성되는데 위치대장에 주로 참고가 되며, 모든 동일 소유자의 부동산을 등록한다. 지적도는 도로, 하천, 구거 등을 중심으로 구획별로 1장의 지적도를 작성하는 인슈럴 맵(insular map)의 지적도형식을 채택하고 있다. 지적도에는 경계, 필수, 건물, 수면, 도로, 하천, 기준선 등을 등록한다(대한지적공사, 1988). 지적도의 축척은 1구획의 토지면적에 따라 시가지 부분은 1/500, 주택지구는 1/1,000, 주위지대는 1/2,000~1/5,000로 되어 있다.

지적도의 크기는 스위스, 독일 등과 같았지만 알루미늄 켄트지는 아니며, 열람용과 청사진을 만들 수 있는 폴리에스테르 필름 지적도와 보관용이 따로 비치되어 있다.

지적도의 특징으로 지번과 건물이 등록되어 있으나 지목은 없다. 또한 건물등록선과 토지경계선의 혼동을 막기 위해서 건물과 토지에 점선으로 연결시켜 놓았다.

특히 도로와 광장 등 국유토지는 등록되지 않고, 지번이 없으며 단지 사유토지만이 등록되어 있다. 이것은 소위 소극적등록주의(nagative systcm)를 채용하고 있기 때문에 토지등록이 절대적으로 요청되지 않고 있음을 나타낸다.

1필지의 토지가 분할되면 동일 구역내의 최종지번으로 표시되기 때문에 부번상 부득이 선순위 지번과 후순위 지번이 인접하고 있다. 토지이동이 있을 때에는 지방 지적사무소 측량당국에 신청하면 사무국, 기술국, 등록국간에 상호 자동통보되어 정리된다. 측량시에는 축척 1/250로 확대하여 실시하고, 다시 축도하여 정리한다. 지적체계는 대부분 도해지적이지만 점차 항공사진 측량방법도 사용되고 있다. 측량원도용에는 점간거리와 소유자 등도 조사되며, 켄트지를 사용한다.

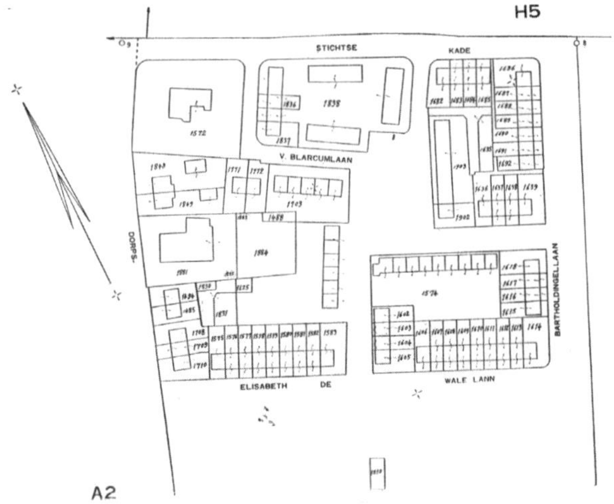

(그림64) 네덜란드의 지적도

지적관리는 읍면(commune)단위로 개인별 목록(personal folio)이 4절지의 크기로 되어 있으며, 특정 소유자가 보유하고 있는 특정권리가 개인별로 모두 취합되어 이 개인별 목록에 순서적으로 표시된다. 또한 지적측량은 국가에서 직영하고 있다.

지적업무처리는 지적제도 창설 당시와는 달리 11개 도에 각각 지방지적청을 두어 지적업무를 수행하는 2단계의 지적기구체계로 발전되고 있음이 특징적이다.

2 지적의 정보화관리

네덜란드의 지적정보는 1832년에 지적과 등기를 통합 운영하고 있으며, 현재 주택계획성의 지적사무소(Service of Cadastal and Land Records)에서 관장하고 있다.

토지정보는 권리등록부(legal register), 1필지등록부(parcel register), 성명색인부(name index) 등이 있고, 전국의 14개 지적사무소에서 취급한다. 지적과 등기의 자동화는 행정, 공공계획, 주택, 과세, 구획정리 등의 사업에 토지정보를 제공하기 위하여 시행되었다(Clarsen, 1981). 지적의 다목적 원리는 한편으로 정책이 일련활동에 의하여 실현되며, 다른 한편으로는 토지정보제도의 이용을 조정함으로써 실현되었다.

지적과 더불어 자동화 역시 필요성이 증대되어 왔고, 지적정보의 규모로 인하여 이 복잡한 운영은 많은 시간이 소요될 것으로 예상되어 왔다. 자동화는 지적등록, 측량 및 지도제작, 자료처리 및 국토개발을 위한 자료제공 등에서 그 수요가 크게 나타나고 있다. 네덜란드는 건물등록을 하기 위해 특수한 장부나 문서를 사용하지 않고, 건물은 필지를 지적공부에 기술한 후 부동산장부에 싣는다(대한지적공사, 1988).

지적전산화를 위한 컴퓨터센터는 헤르렌(Heerlen)시에 설치되어 있고, 전국의 14개 지적사무소와 연결되어 데이터 통신을 하고 있다. 여기에는 28개의 논리적으로 구별된 데이터베이스가 있다. 28개의 내용은 사무소별로 지적데이터와 임차권관리 데이터베이스가 각각 1개씩 되어 있다. 즉 각 사무소는 2개의 데이터베이스를 가지고 있는데 하나는 지적, 또 하나는 임차권 업무를 위한 것이다. 이 전반적인 시스템을 지적정보자동화(A.C.R : Automated Cadastral Registration)이라고 부른다. 여기에는 각 시와 수도국, 세무서, 중앙통계국 등에 각종 정보자료를 공급하고 있으며, 4개의 주 컴퓨터 모두는 1개에 3~4개 지방사무소와 연결되어 있고, 1개 사무소에는 6개의 프린터와 12개의 단말장치가 연결되어 있다.

1단계로 성명별 색인부를 전산화하고 있고, 2단계로는 지적데이터와 필지별 등록부의 자동화를 실시하였으며, 3단계로 임차권등록부의 전산화를 운영하고 있다. 1984년 지적등록 현황은 5,500천 필지의 토지와 3,500천 명의 권리자가 등록되어 있으며 소유권설정 300천 건, 지상권설정 275천 건, 저당권소멸 235천 건, 상속신고 30천 건, 분할 110천 건 등 연간 2,000천 건 이상의 토지이동사항과 소유권 변동사항이 발생되고 있다. 이와 같이 매년 늘어나는 변동자료의 처리와 급증하는 토지정보의 수요에 대한 해결방안으로 지적자동화사업을 추진하게 되었다.

부동산등록부의 전산화를 위하여 1975년부터 1985년까지 약 100천 필지에 대한 시범사업을 실시하였으며 지적도의 전산화를 위하여 1980년부터 1988년까지 시범개발을 실시하였다. 또한 지적자동화사업을 본격적으로 추진하기 위하여 1984년에 주택, 도시계획 및 환경성에 토지정보의 전국적인 조정기능을 담당하도록 토지정보 관련단체 및 사무소 직원으로 구성된 토지정보위원회를 창설하였고 부동산등록부는 1985년부터 1990년, 지적도는 1988년부터 2000년까지 전산입력계획을 수립하여 추진하고 있다. 지적전산화사업은 지적정보자동화(A.C.R), 지형 및 지도정보처리(Landmeetkundigen Kartografish Informatic System : L.K.I) 및 농촌지역개발정보(A.R.A.K와 A.T.O.R) 등으로 구분하여 추진하고 있으며 여러 계층의 사용자들을 위하여 다목적 지적의 확립을 시도하고 있다.

도면정보는 지적도와 대축척지형도(1/1,000, 1/2,000)를 제작하고 이 지적의 자동자료처리방법(Automatic data processing system)은 컴퓨터 데이터 파일 속에서 이 도면을 연결하는데 도움을 준다. 이 목적을 위하여 이 자료들은 수치화 방식으로 이용되어야 한다(대한지적공사, 1984). 이와 같은 지적전산화는 많은 부문시스템으로 구성되며, 온라인(on-line)또는 배치와이스(batchwise)로 처리된다. 온라인 자료처리는 질문(inquiry)과 변경(mutation)이라는 2개의 종속시스템을 포함한다.

질문종속시스템은 2개의 기본적인 명령들이 이에 근거한다.

① 수어진 필지에서 모든 정보의 제공

② 이 필지의 관련된 개인등록의 제공 그 대답이 매우 광범위 할 수 있기 때문에 특정정

보를 얻기 위해 그 이상의 것을 나타내주는 것이 가능하다.

그 정보는 지적등기사무소에 있는 단말장치에 보여지며, 온라인 프린터에서 사본을 얻을 수 있다. 또한 변경종속시스템은 등기부에 설정된 권리의 변화관계와 권리중에 있는 변경 필지의 부분을 측량한 후 측량국으로부터 자료를 받아서 그것을 근거로 데이터베이스를 수정한다(CLASSEN, 1984).

지적은 영구 보존해야 할 수백 만 서류의 원본보관과 수정을 위한 전자식 문서보관자동화(MEGADOC) 방법을 개발하여 운용하고 있다.

또한 부동산에 관한 여러 가지 데이터를 연결하거나 통합할 수 있도록 필지(parcel), 주소(address), 경계점 좌표(coordinate)를 상호 연결하는 PAC SYSTEM(Coupling system Parcel- Address-Coordinates)을 개발해 지적정보를 다용도로 활용하고 있다. 그래서 오늘날에는 컴퓨터가 수동행정 및 색인제도에 의해 행해지고 있으며, 시설물 및 자원, 지상의 구조물과 같은 것들이 포함된다. 이러한 필요성을 충족시키기 위해 네덜란드의 지적은 여러 사용자들을 위한 토지정보시스템인 다목적인 지적정보체계로 발전하고 있다(지종덕, 1989).

제5절 대만

1 지적의 등록체계

대만은 일본의 식민지시대에 지적제도가 창설되었다. 1897년 7월 지적 규칙과 토지조사규칙을 공포하고, 같은 해 9월 토지조사국 관제를 공포함에 따라 임시 대만토지조사국을 설치하고 총독부 민정장관이 조사국장을 겸임하였다.

1898년부터 토지조사에 착수하여 외업은 1902년 9월, 내업은 1903년 2월에 각각 완료함으로써 1904년 3월 31일 대만토지조사국은 폐지되었다. 이어서 1909년 10월 임야조사규칙을 공포하여 토지조사에서 제외된 토지를 대상으로 1914년까지 임야조사를 완료함으로써 대만의 지적제도가 확립되었다.

대만에서는 지적에 관한 모든 규정이 토지법으로 규정되어 있는데 각종 법률의 입법정신이 손문의 삼민주의사상을 바탕으로 하고 있는 것 같이 1930년 6월 30일 제정한 토지법(土地法)도 손문의 유교에 따라 경자유전의 원칙하에 1930년에 제정 공포된 것이다.

광복 후 대만정부가 수립됨에 따라 대륙에서 시행되던 토지법을 적용하여 지적사무와 부동산등기사무를 일원화하였고, 1946년 11월 26일 지적정리법을 제정하여 총 등기를 시작하였으며, 1949년부터 1958년까지 10년간 토지개혁을 단행하였다. 광복 전에는 측량면적 1,394,143ha에 47,764장의 지적도를 각 성시의 지정사무소에 보존하여 관리하였다.

그러나 2차 대전중에 대부분 소실되었고, 단지 오래된 복제도가 남아 있을 뿐이어서 1955년부터 중측(수정측량)을 실시하여 지적도로 사용하다가 지적도중측사업(地籍圖重測事業)을 실시하였다. 광복 후에 측량한 지적측량 원도 및 농지계획에 의하여 만든 지적도는 전부 별도로 1부씩을 복제하여 보관하고 따로 1/4,800로 축소된 지도를 만들어 수시로 청사진을 제작하여 보조사용으로 사용하고 있다.

대만의 토지행정조직은 내정부지정사를 정점으로 하여 대만성 정부와 대북직할시 정부의 지정처, 현 및 성직할시 정부의 지정부, 그리고 향진구 단위에 설치된 지정사무소를 중심으로 토지 전반에 관한 모든 행정업무를 담당·처리하고 있다.

한편 대북시 및 고웅시는 대만성의 성할시였으나 1968년과 1978년에 각각 원할 시로 개편되었으며, 시정부 산하에 지정처를 설치하여 지정사무를 담당하게 하였다. 이어서 1981년 3월에 내정부에 지정정보센터(Land information Center)를 설치하고 기획과, 작업설계과, 기기조작과 등 4개 과를 설치하고 지정사무의 전산화를 전담하여 추진하게 하였다. 대만에는 1985년까지 93개소의 지정사무소가 설치되어 있으며, 총 4,172명의 직원이 지정사무에 종사하고 있으며, 토지에 관한 측량 및 등기, 토지평가, 토지권리, 토지구획정리, 토지세 징수, 토지이용 등에 관한 업무는 물론 건축물등기 사무까지도 일선 행정사무소라는 단일기관에서 관장처리되고 있어 우리나라에 비해 훨씬 능률적이고, 효율적인 토지행정을 시행하고 있다(유병찬, 1986).

토지측량은 국가직영제로 운영되며, 모든 토지는 일정기간 내에 의무적으로 등기하여야 한다. 등기하지 않은 토지는 무주토지로 규정하며 지적과 등기는 현재 일원화 되어 있다. 토지는 사용목적에 따라 직접 생산용지와 건축용지, 교통용지 및 기타 용지의 4종으로 분류하고 토지의 지목도 4종에 귀속시키고 있다.

지적공부 종류는 대장형식, 도면형식, 건축개량물 등기부로 구성되어 있다. 대장형식은 구 토지대장과 구 토지등기부를 통합한 토지등록부로 이루어져 있으며, 도면형식은 지적도, 임야도 구분없이 모든 토지를 지적도에 등기하고 있다. 지적도는 시리얼 맵(serial map)의 지적도형식을 채택하고 있으며, 지적도 축척은 도시 1/500, 1/600, 1/1,000, 1/1,200, 산간 1/2,000, 1/3,000이다. 등록사항은 토지소재, 도호, 지목, 지번, 축척, 색인도, 경계점번호, 경계점간 거리, 도곽선, 도곽선 수치 등이며, 건축물을 등기하기 위한 대장형식의 구 가옥대장과 구 건물등기부를 통합하고 있다.

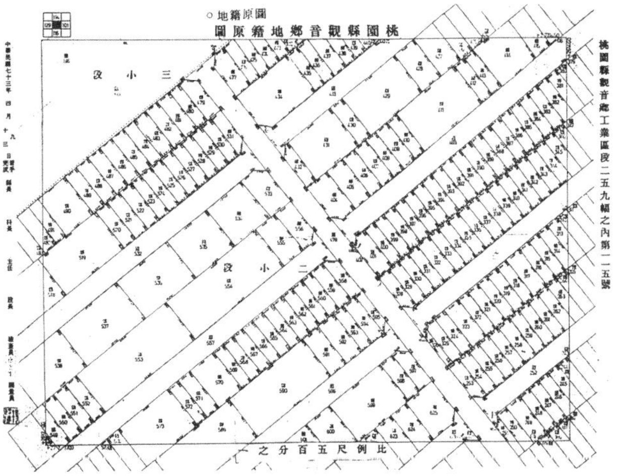

(그림65) 대만의 지적도

토지등기는 지적측량과 함께 지적관리 절차의 하나로 구분되어 있으며, 토지등기는 강제등기제와 실질적심사제도를 실시한다.

1971년 초 대만의 행정원연구개발 조사위원회는 지적도의 중측이 시급함을 인식하고 내정부 책임하에 항공측량방법으로 토지중측사업을 실시할 것을 명령하였고, 이에 따라 내정부는 유관기관 및 전문학자들을 초빙하여 지적도 중측사업계획(重測事業計劃)을 적극적으로 연구 추진하게 되었다(한국지적학회, 1987).

그리하여 내정부는 1973년부터 2년여의 연구와 계획검토를 하여 1975년에 대만지구 토지측량계획을 수립하게 되었다. 이 계획에 따라 1975년 7월부터 부분별 실행에 착수하여 기본삼각점의 검측은 1981년 1월에 완료하고 기본도 제작사무는 1983년 6월에 완료하였다. 지적재조사 측량사업은 3기로 나누어 13년의 장기계획을 수립하고 지적도의 마멸, 오손과 불부합이 심한 도시지역을 우선 선정하여 제1기와 제2기 계획기간 중에 1,604천 필지, 68천 ha에 해당하는 지적재조사측량을 완료하였다.

제3기 4개년 계획의 집행을 완료하고 작업방법, 작업요원의 기술훈련 및 측량장비 등 확보대책을 검토하여 1989년부터 수치측량방법을 채택하여 지적 재조사 측량사업을 전면적으로 적극 추진하고 있다(顔慶德, 1985).

이와 같이 대만의 토지정책과 지적행정은 우선 토지개혁을 수행하고, 이를 계속 추진하는 산업이 발전되고 민심을 수습한 기반 위에 토렌스방식에 의한 토지 총등기제도와 적극적등록주의를 도입하여 국가가 직영하는 지적조사와 병행하여 우수한 토지제도를 정립하는데 성공하고 있다.

2 지적의 정보화관리

대만은 전통적인 수작업방법으로 복잡하고 방대한 지정자료를 처리하는 것이 국민의 욕구에 부응할 수 없을 뿐 아니라 토지자원의 효율적인 배분 및 이용을 위한 토지정책을 수행하는데 한계가 있어서 지정사무의 전산화를 시도하게 되었다. 시대의 진보와 사회발전의 수요에 응하고 지적관리의 과학화의 새로운 경계가 되도록 하기 위하여 1978년 지적자료전산처리연구소를 설립시키고, 1981년 3월 25일 정식으로 내정부 지정자료센터를 설립하였다.

당시 내정부는 지정자료 전산처리연구소 위원회 작업계획서를 작성하여 1977년 11월 18일 행정원에 제출·보고하였고, 행정원은 12월 30일 이를 인준하여 지정자료 전산처리연구소 위원회는 1978년 1월 25일 제1차 회의를 소집하여 정식 지정사무의 전산화 사업이 착수되었다.

동시 대북시 정부 지정처가 담강대학 정보기술연구소(Institute Information Engineering Tamkang Univ.)에 1979년 7월부터 대북시 지정자료의 전산화에 관한 연구를 위탁하여 1980년 7월에 완성함으로써 지정사무의 전산화시스템을 설립하는 타당성을 확인하게 되었다.

지정자료 전산처리연구소위원회의 연구목표는 수치지적측량 전산시스템의 연구개발과 지정사무 전산시스템의 연구개발 등 크게 두 가지로 나누어진다. 이것은 컴퓨터를 운용하는 과학기술의 연구와 토지행정 처리업무의 추진, 토지행정자료 자동화관리제도를 현대화하는 것으로 행정효율을 높이고, 대민업무를 강화하며, 국민복지를 증진시키기 위한 것이다. 지적자료의 전산처리시스템은 토지, 건물등기부와 토지가격 인상의 자료를 컴퓨터에 입력시켜 컴퓨터로 하여금 토지등기와 현지가심사 등 작업을 처리토록하는 일관 작업이다(대한지적공사, 1987).

내정부 지정자료센터의 설립은 전국 토지기본자료시스템을 확립하는 외에 전국 각급 지정관서의 전산화를 효율적으로 달성코자하는 것이며, 담당업무 중에는 토지기록전산화 작업 외에도 전국의 토지측량성과 및 도면, 대만지역의 토지등기부의 마이크로필름 등을 보관하는 업무로 담당하고 있어 일반적인 전산처리 자료센터의 업무와는 다르다. 지적업무의 포괄범위는 토지등록, 지적측량 토지가격 결정, 토지재구획, 토지이용 등이고 또한 내정부 지정사, 성, 시지정처, 현 시정부, 지정과 및 지정사무소 등 각급 관서에 따라 각기 다른 기능을 담당하고 있다.

한 세트의 완전한 토지자료시스템은 자료의 수집, 처리에서부터 성과의 응용까지 지정관서가 아닌 다른 부서와도 밀접한 관계가 있다. 이를 다목적 지적의 효능이라고 표현하고 이러한 다목적 지적은 지적정보자료가 다방면으로 이용된다. 그 사례로서 국토종합개발계획, 구역계획, 도시미화, 경찰업무, 소방, 교통, 위생, 호구행정, 부동산관리, 가격평가, 과세, 토지사용구획, 재구획, 공사측량, 지형측량, 양식, 환경연구 등의 결정과 구획관리에 이용된다.

대만의 현행 지적제도에서 토지등록부와 지적도의 자료분석은 이미 다목적 지적의 개념이 함유되어 있다. 따라서 등기부에 기재한 권리인 지목, 면적, 편성한 사용종류 및 지적도에 기재한 토지권리, 경계지, 도시계획, 공공시설용지의 경계지 등 모두 사법, 재무, 토지이용과 정부의 기타 정책실행의 근거가 된다.

지정사무의 전산화 시범사업은 대북시 주관으로 고정지정사무소를 선정하여 CDC CYBER 171 컴퓨터를 사용 1983년 10월에 토지, 건물개량 등기자료 57,700필지에 대한 전산입력작입을 완료하였다.

내정부 주관으로 대북현 신점 지정사무소를 선정하여 IBM 4341-K01 컴퓨터를 사용해서 1984년 11월에 25,500필지에 대한 자료를 전산입력하는 데 성공하였다. 지정사무의 전산화 시범사업의 실시로 종전의 수작업에 비하여 작업시간이 5분의 1 내지 20분의 1, 입력이 7분의 1 내지 10분의 1로 각각 단축되었으며, 각종 자료를 마그네틱 디스크에 보관함으로써 자료의 보관관리에 필요한 공간을 2배 내지 5배 절약할 수 있고, 각종 토지정보를 신속·정확히 제공할 수 있어 대국민 신뢰도를 증대시키는 등의 효과를 가져왔다.

이와 같이 대만의 토지정보는 지적자료센터에서 자동화 관리·운용하고 있으며, 특히 컴퓨터시스템에 의한 다목적 기능을 지향하는 다목적 지적제도 체제를 구축하면서 지적정보를 관리하고 있다.

제6절 일본

1 지적의 등록체계

일본의 지적조사는 중세시대에서 메이지(明治)시대까지는 과세목적에 의한 조사에 불과하였다. 토지조사는 농경지, 시가지, 산림원야의 순서로 실시되어 지역에 따라 다르지만 대부분 메이지 9~10년(1876~1877)에 농경지와 대지의 조사를 먼저 완료하고, 메이지 13년(1880년)경에 나머지 산림, 원야를 모두 조사 완료하였다. 이로써 지권대장과 함께 일본에서는 처음으로 근대적인 지적제도가 시도되었다. 따라서 지적측량도 위치나 경계에는 관심이 없고, 다만 과세기준으로서의 면적산정(面積算定)에 치중하였다(내무부, 1975).

이어서 1884년 3월에 대정관포고 제17호로서 지조조례(地租條例)가 제정되어 지조의 세율, 측량방법, 지가의 결정방법, 지목변경 등 토지이동의 신청절차 등을 규정함으로써 지적제도가 확립되었다. 이에 따라 1887년 3월 법률 제3호에 의하여 지권제도(地券制度)를 폐지하고, 토지대장제도가 신설되어 종전의 지권대장을 정리·보완하여 토지대장에 충당하도록 대장성지시 제11호로 지권대장이 토지대장으로 전환되었다.

1890년 9월 법률 제78호에 의거 등기법의 일부가 개정되어 등기소가 최초의 토지등기를 한 때에는 이를 그 지역의 토지대장 소관청인 부현이나 군사무소에 통지하고 토지대장 소관청에서는 분할, 합병, 지번 또는 지목의 변경이 있을 때마다 이를 등기소에 통지하여 이 통지를 맡은 등기소는 등기부에 그 변경된 사항을 추가·정리하였다. 1931년 3월 31일 법률 제28호로 지조법이 제정되어 지조조례가 폐지되고, 지조조례의 규정에 의한 토지대장은 지조법(地租法)에 의한 토지대장으로 간주하게 되었다.

지적법은 각 세무서에 토지대장을 비치하고 토지의 소재, 지번, 지목, 면적, 임대가격, 소유자의 성명, 주소 등을 등록하도록 규정하였다. 현재의 지적제도는 형식주의가 아닌 현실적인 것으로 풀이된다. 특히 신뢰도를 중점으로 한 부동산정책이 효율적으로 현재의 지적제도로 발전시켰다고 분석된다.

지적행정기구는 재무성의 세무서에서, 등기업무는 사법성의 등기소에서 각각 시행하였으나 토지세의 수입처가 변경됨에 따라 1951년 지적업무가 세무서에서 등기소로 이관되었다. 이에 앞서 사법성도 1947년 5월 3일 삼권분립주의에 입각한 일본헌법 시행으로 사법성으로부터 재판관계 업무를 독립하여 최고 재판소를 신설 분리하였으며, 등기사무는 그대로 사법성 사법사무소에서 시행하였다. 그 후 사법성은 1948년 2월 15일 행정기구 개혁으로 폐지되고, 법무청을 설치하여 법무청의 사법사무국에서 등기업무를 관장하다가 다음 해인 1947년 6월 1일 법무청을 법무부로 하여 등기담당 사법사무국을 법무국으로 각각 명칭을 변경하였고, 다시 1952년 8월 1일의 행정개혁시에 법무부를 법무성으로 개편하여 현재에 이르고 있다(대한지적공사, 1985).

일본 전역에는 지방법무국 산하에 약 1,300개의 지국과 출장소가 설치되어 토지등기와 건물등기사업를 취급하고 있다. 지금까지 사용하는 지적도는 최초에 토지대장과 함께 부현이나 도청군역소의 수세부에서 관리하던 것을 세무서가 인계하였는데, 1850년 7월 31일 지방세법의 시행과 동시에 토지대장은 과세대장으로서의 성격을 잃고 새로이 지적부로서의 성격을 가지게 되어 공도와 함께 등기소에 인계되었다. 지적도는 토지대장법에 의하여 지적대장의 부속도로서 비치·보관되었다.

지적도의 정리는 토지분필 신청서에 첨부된 면적측량도를 기준으로 하고 지적도는 알루미늄켄트지와 합성수지제 용지를 약 반반 정도로 사용하고 있다. 등기소는 부동산등기법 제17조의 규정에 의하여 지도 또는 건물도를 비치토록 하고 있으나 국토조사 이전의 지적도는 부동산등기법에 의한 지도로 보지 않기 때문에 이 법에 의한 지도를 비치하지 않는 출장소가 많다. 그 이유는 국토조사법(國土調査法)에 의한 지적조사 결과 작성된 지도를 부동산등기법 제17조의 지도로서 비치하게 되어 있으나 현재 국토조사가 전국적으로 약 37~40%밖에 완료되어 있지 않기 때문이다.

지적도의 정리는 토지분필신고서에 첨부된 지적측량도를 기준으로 하고 있는데 사도지로서 복사하여 전산정리하는 것이 아니고, 스케일로서 측거정리를 하고 있다.

지적측량도는 토지가옥조사사가 시행한 정확한 측량 및 조사의 성과를 기준으로 하여 조사도가 작성되고 있으며, 측량원도는 조사사가 보관하고 있고, 지적측량 성과에 대한 검사는 등기관이 서류상으로만 검사하고 있다.

(그림66) 일본의 지적도

등기소에서 처리된 일체의 행정행위는 관할 시정촌(市町村)에 통지되어 시정촌에서는 이를 기준으로 하여 과세대장과 도면을 정리하여 과세사무에 활용하고 있다. 부동산등기법에 의한 지도를 비치하지 못한 출장소에서는 명치시대에 작성된 자한도를 공도로 하여 활용하고 있다. 1960년 토지대장법 및 시행규칙이 폐지되었기 때문에 이 공도는 법적 근거를 상실한 것으로 되었지만 1977년 준칙의 개정에 따라 공도에 대한 규정을 두어 공도를 17조 지도에 준하는 도면으로 자리를 굳히게 한 것이다(서곡승, 1985).

17조 지도는 측량체계상으로는 평면직각좌표계에 연결되는 지도로서 지역구분에 따라 정한 정밀도를 유지하여 제작된 지도이며, 필계점의 현지 복원력이 조제된 정밀도에 부응하여 보유되고 있는 지도이다. 지적도의 축척은 토지의 지형조건 등에 대응하여 1/250, 1/500, 1/1,000, 1/2,500, 1/5,000의 5종류로 구분된다. 지적부는 매필의 토지소재, 지번, 지목, 면적, 소유자 등을 조사한 결과를 기재한 것으로서 등기소에 비치되어 있는 토지등록부와 동일한 내용으로 되어 있다.

일본에서 지적측량을 하는 단체는 토지가옥조사회와 국토조사측량협회가 있으며, 국토조사측량협회는 국토조사법에 의한 시정촌의 지적조사사업을 담당하고 그외 등기소에서 시행하는 일체의 지적측량 업무는 토지조사사가 담당하고 있다.

국토조사의 일환으로 실시하는 지적조사는 1950년 경제안전기획부에 토지조사준비회를 설치하여 법안입안과 조사실시에 필요한 준비를 하고, 1951년 국토조사법 제정과 시범사업을 실시하였다. 이에 따라 1963년 국토조사촉진 특별조치법을 제정하여 제1차 국토조사사업 10개년 계획을 수립하여 실시하고, 1970년에 제2차, 1980년에 제3차 국토조사사업 10개년 계획을 수립하여 추진하였다. 국토조사사업은 1951년에 국토조사법을 제정하고 국토청 주관으로 착수하여 1956년까지는 임의방식에 의하여 1,840km^{2}를, 1957년부터 1965년까지는 특정방식으로 5,562km^{2}를 각각 완료하였다.

1963년부터는 10년 단위로 지적재조사사업 10개년 계획을 수립하여 추진하고 있으나 1990년 말까지 40년이 경과했는데도 추진실적은 국토 총면적 370천km^2 중 국유임야 약 10만 km^{2}를 제외한 목표면적 285천 3km^{2}의 약 37%에 해당하는 면적을 완료하였다. 지적조사는 개측 또는 축척변경측량을 시행하고 과세 공평화를 위한 부차적 목적은 자동적으로 달성되고 있다. 뿐만 아니라 각종 측량의 총합화에 큰 역할을 하고자 토지에 관한 모든 통계의 기초를 확립하고, 각종 정밀한 기본도를 제공할 수 있도록 주력하고 있다.

2 지적의 정보화관리

일본의 토지정보시스템은 1975년부터 제도적 기초조사를 시작하여 초기에는 선행조직에 관한 개발을 하였고, 그 후 1979년부터 본격적인 시스템개발에 착수하였다.

일본의 토지정보체계에서 부동산등기법(1879. 2. 24)에 따라 등기소에 보관되어 있는 등기부와 지적도는 일본에서 가장 공적인 토지등록이다(Yaguchi, 1987). 또한 토지대장과 등기부를 실제를 결합하는 장부의 일원화는 1951년부터 1960년까지 업무병행 기간을 통하여 통합을 위한 연구를 충분히 시행한 후에 1960년의 부동산등기법 개정에 따라 대장을 등기부에 합치는 작업이 시작되었다.

등기소에 있는 등기부와 지적도가 필요할 때는 그 부분을 복사할 수 있으며 부동산에 대한 과세를 목적으로 등기부나 지적도의 변경이 있을 시에 등기소는 관련기관에 통보하도록 법적으로 규정하고 있다. 등기정보의 자동화를 위하여 법무국 판교출장소에서 실제로 등기데이터의 전산처리와 병행해서 종래의 장부에 의한 등기와 더블트럭 방식으로 등기사무의 전산화연구가 진행되었다(이영석, 1990).

등기전산화의 본격연구에 착수한 지 9년만인 1989년 2월 27일 동경법무국 판교출장소는 처음으로 부동산등기사무를 전부 전산화하였다. 새로운 등기제도는 북레스시스템(bookless system)으로서 인간의 눈으로 직접 등기된 내용을 확인할 수 있는 종전의 등기부에 등기하는 것이 아니고, 컴퓨터의 자기디스크에 등기사항을 전산입력하여 작성된 등기파일에 의거 전산터미널 화면을 통하여 등기된 내용을 확인할 수 있는 등기부가 없는 등기체계(bookless registration system)로 개편하였다.

일본의 토지정보시스템은 대장등록 중심의 제도로서 측량결과는 토지등기 외에 행정의 여러 분야에서 다목적으로 활용될 수 있도록 계속적인 노력이 시도되고 있다. 지적측량의 결과인 토지대장이나 지적도는 측량결과의 정확성을 공식적으로 인정받기 위해 각 지방정부에 보내진다(Yaguchi, 1987).

이러한 제반 조치는 효율적인 토지정보를 실현하기 위한 제도적 장치라고 할 수 있다.

특히 일본은 최근 급속하게 전자기기의 발달과 측량기술, 정보처리기술의 비약적인 진보로 지도정보를 전산화하는 움직임이 가속되고 있다. 지적조사에 관해서도 그 성과인 지적도 및 지적부의 내용을 데이터베이스화 하여 자기기록(수치정보화)하고 컴퓨터시스템에 의해 조사 후의 토지이동에 의한 빈번한 변화의 수정처리 등 조사성과의 유지관리의 효율화, 각종 도면(지적도의 확대도, 축소도, 필지도, 집성도)과 집계표(소유자별, 지목별 등) 성과의 종합적인 활용을 도모하고자 지적조사의 자동화시스템이 추진되고 있다. 수치지적화에 대해서는 1986년 수치정보의 기록매체 및 기록형식이 정해지고 지적조사사업 및 지적관리사업에도 이용되고 있다.

또한 지적측량은 종래 평판을 이용한 측량에서 트랜싯, 광파기 등을 사용하거나 항공삼각측량에 의한 디지털기록을 얻는 수치법으로 시행되고 있고, 1989년에는 지적측량의 약 30% 정도가 수치법에 의하여 실시되었다.

지석측량 결과는 도지에 관한 가상 기본적인 정보를 포함하고 있기 때문에 여러 행정분야에 이용된다. 이에 따라 지적정보의 이용을 촉진하기 위해서 본래의 정보의 질을 높이기 위한 시도가 이루어지고 있다.

① 편집 : 지적도가 약간 작은 크기(30cm×40cm)이고, 이용이 불편할 때 편집지적도가 마련되어 있다. 편집지적도는 크기를 축소시킨 몇 장의 지적도를 편집하여 만든 것이다. 편집지적도의 크기는 일반적으로 지적도의 4배이다. 편집지적도의 크기나 축척이 지형도나 용도별 도면(thematic map)과 같은 크기나 축척이 되면 지적도 위에 지형도 등의 다른 지도를 중첩시킬 수 있다.

② 디지털지적정보 : 지적자료는 매일 변하는데 시 당국에서는 측량이 완료된 후 토지대장이나 지적도를 수정한다. 또한 장래의 수정작업을 좀더 용이하게 하기 위해 최근 여러 당국에서는 전산화제도를 도입하고 있다. 따라서 컴퓨터에 의해 자기테이프나 플로피니스크와 같은 사기기억상치를 이용하기 위해 노지대상이나 지적도에 있는 정보를 디시털 형태로 바꾸어 서상한다.

현재는 이용할 수 있는 제도가 적어서 지적자료의 관리에만 이용하도록 되어 있지만 지적정보를 포함한 몇 종류의 관리제도가 공동으로 진행되는 좀더 진보된 제도가 선을 보이게 될 것이며, 그때는 상당히 폭넓게 지적정보가 이용될 것이다(지종덕, 1990).

이와 같이 일본의 LIS는 지적조사 지원시스템, 수치정보시스템, 지적정보시스템, 활용시스템으로 구성되어 있고, 국토청에서는 이러한 시스템화의 최근 동향을 확대하고 시스템화를 촉진하기 위해서 1987년부터 지적조사시스템화의 사업실행 및 성과의 활용방법, 토지분류조사성과 등의 활용과 시스템화방법, 지방공공단체에서는 GIS구축방법 등을 주제로 한 국토조사 성과 활용 등 선진화된 지적정보체계의 촉진화를 실시하고 있다.

제 20 장 지적관리 체계

제1절 지적관리의 기구

1 세무감독국의 지적관리

토지조사사업의 완료됨에 따라 1918년 11월 5일 임시 토지조사국이 폐국되고 잔무는 1919년 3월 31일까지 완료되었다. 토지조사사업(1910~1918년)에 의하여 이룩된 토지대장 및 지적도 등 지적공부는 토지조사가 완료됨에 따라 부군도에 이관되었다.

1913년 6월 7일 총독부 훈령 제33호인 임시 토지조사국 조사규정 제36조에 의하여 토지대장, 토지대장 집계부, 지세명기장, 기타 관계서류 및 지적도 등은 사정이 확정된 뒤 차례로 부군청에 인계되었다. 1914년 3월 16일 제령 제1호인 지세령 제5조에 의하여 도의 부군에 토지대장이 1914년 4월 25일 총독부령 제45호인 토지대장규칙 제3조에 의한 부군에 지적도가 비치되었다. 1914년 6월 12일 탁지부 장관은 토지대장등본 서식을 제정하여 각도 지사, 부이, 군수에게 시달하였다.

지적원도는 당초 도에서 보관토록 하였으나 1915년 방침을 바꾸어 총독부에서 보관토록 하였다. 1916년에 이르러 전국 대부분의 지역에 대하여 임시 토지조사국으로부터 토지대장 및 지적도가 부군에 인계됨에 따라 토지사무 취급을 위한 일련의 조치가 강구되었다.

즉 1915년 3월 31일 총독부 고시 제88호인 "토지대장 시행지역 지정"을 비롯한 1915년 8월 28일 총독부 고시 제207호, 1915년 9월 29일 총독부 고시 제242호, 1915년 11월 23일 총독부 고시 제300호, 또 1916년 1월 17일 총독부 고시 제4호, 1916년 3월 22일 총독부 고시 제56호, 1916년 5월 20일 총독부 고시 제123호, 1916년 6월 22일 총독부 고시 제144호, 1916년 8월 24일 총독부 고시 제198호 및 1916년 11월 4일 총독부 고시 제289호 등에 의거하여 전국 각 부군에서 토지에 관한 사무를 취급케 되었다. 1917년 11월 2일 탁지부 장관은 각 도시사에게 토지대장 가제정정 예시를, 또 1918년 2월 8일 지적정리에 관한 사항을 통첩하기도 하였다.

1923년 7월 20일 총독부 재무국장은 각 도지사(각도 재무부 세무과에서 지적업무관장)에게 지적측량자의 지정에 대하여 통첩하였고, 1934년 4월 28일 세무관제 공포(5월 1일 시행)

로 세무감독국 및 세무서를 설치하고 종래에 도지사 및 부군도에서 취급하던 지적업무를 세무감독국 및 세무서에 이관하였다.

즉 1934년 5월 1일에는 조선총독부 훈령 제20호로 세무감독국 사무분장 규정과 동 훈령 제21호로 세무서 사무분장 규정을 각각 제정하여 시행하였다.

이에 따라 세무감독국 세무부 직세과에서 세무서 직세과가 취급하던 지적 사무의 감독에 관한 사항을 관장하고, 세무서의 직세과는 토지대장 및 임야대장, 지적도 및 임야도에 관한 사항을 관장하였다. 1938년 1월 17일 조선지적협회가 설립됨에 따라 광대이동지 정리제도의 폐지(1938. 1. 25)와 아울러 기업자측량 및 도지정측량자제도가 폐지(1938. 3. 31)되었다. 이에 따라 1938년 4월 1일부터 조선지적협회가 업무 개시함에 있어서 장애요인들이 모두 정리되기에 이르렀다.

1940년 4월 1일 종래 세무서장에게 토지측량을 신청하던 제도를 폐지하여 직접 조선지적협회에 신청하도록 하였다. 또 임야측량 신청도 도지사, 부이, 군수에게 하던 것을 폐지함으로써 명실상부한 대행기관으로서의 조선지적협회의 위치를 공고히 하는 한편, 업무대행도 활성화하였다. 1943년 12월 1일 지적업무의 감독기관인 세무감독국이 폐지됨에 따라 그 사무가 다시 도에 이관되고 조선총독부 훈령 제94호의 조선총독부도 사무분장규정에 의하여 도에서 지적 사무를 취급케 하고 일선 측량업무는 세무서에서 그대로 관장하였다. 이러한 제도는 8.15 광복까지 존속되었다.

2 미군정 하의 지적관리

1945년 8월 15일 해방과 함께 미군정을 실시함에 따라 1945년 9월 미군정 장관 밑에 8국을 두었으며 지적 업무는 재무국에서 관장하였다.

1946년 3월에는 중앙집행 부서를 국제에서 부제로 개정하여 13부를 두었다.

재무국을 재무부로 승격시키고 도 단위에 재무국을 두고 그 아래 간세과, 이재과, 직세과를 두었다. 과도정부시대 재무부에 국고국, 이재국, 사세국, 중앙은행국, 회계국, 회계검사국, 전매국을 두었는데 지적업무는 사세국에서 관장하였다.

1948년 6월 미군정청은 적산부동산(귀속대지) 및 적산농지 등에 측량업무를 실시, 토지행정처 사세총감으로 하여금 토지처분 사무를 취급케 하였다.

이때부터 지적측량사들은 귀속대지 측량업무에 종사하기 시작하였다. 한편 광복과 더불어 지적측량업무를 처리하던 조선지적협회는 휴면상태가 되었는데 각 지부별 직원들은 지적유지회라 칭하며 세무서내 출장소에 머물렀다. 그런데 무질서한 혼란기라 업무에 관한 신고신청이 전연 없을 뿐만 아니라 미군정이 들어오고 정계에 질서와 체계가 잡히면서 지적유지회는 인정되지 않아 그 형태가 없어졌다.

직원들은 각자 그 직을 바꾸어 국가공무원으로 세무서 기사 또는 기원 등이나 소규모측량업으로 전직하였으며 지적협회에서 처리하던 지적업무는 국가에서 직접 업무를 취급하였고 세무서 지적계에서 집행하였다. 광복이 되자 지적사무는 일본인소유 관리청 일정시의 동양척식주식회사가 신한공사로 나중에는 토지행정청으로 되었는데 귀속농지관리국으로 거의 귀속

농지가 개개인에게 분배된 이후 도청 지정과 지정계 소속사무로 되었다.

지적측량은 지정측량자제도를 두어 군정청과 지정측량자 간에 용역계약으로 측량업무를 처리하였다. 신한공사는 1946년 2월 설립된 미 주둔군 사령부 직속으로 발족한 일제 하의 동양척식주식회사를 비롯한 일본인 토지회사가 소유하고 있는 토지 및 일본인 지주의 소유농지 전체를 관리하도록 설립된 공공회사이다.

미군정청은 1945년 12월 미군정법 제33호인 일본인 재산권 취득에 관한 건을 공포하여 모든 종류의 일본인 재산 및 그 수입에 관한 소유권을 1945년 9월부터 미군정청이 취득하고 미군정청이 그 재산 전부를 소유하였다. 1945년 11월에 동척관리위원회는 미군정청의 지시에 따라 본사와 각 지사 합동으로 일본인 소유토지의 일체 조사에 착수하고 동척관리위원회를 접수하여 자본금 10억엔으로 신한공사(임시)로 개칭되었다.

1946년 1월 공포된 보관지령 제3호인 주한미군의 토지관리 책임은 주한 미군부대 또는 조선군정청의 대행기관이 접수한 농지는 이를 계속 그 부대 또는 그 대행기관의 관리 하에 두되 1945년 12월 6일부로 조선군정청이 소유한 모든 농지는 신한공사가 이 재산의 보존, 이용 및 회계에 관하여 재산 보관상의 책임기관으로 지정되었다.

이러한 과정 속에 1946년 2월 21일 미군정 법령 제52호에 의해 공공회사인 신한공사 창립이 공포되었다. 신한공사는 군정 장관 직속으로 구 동척재산 및 일본인 소유농지의 관리기관을 자본금 1억원, 이사 10명으로 설립 운영되다가 1946년 5월 군정법 제52호로 상법에 의한 주식회사로 개편되었는데 조직과 기능은 종전과 같이 하였다.

1948년 3월 과정법령 제173호 중앙토지행정처 설치 및 과정법령 제174호 신한공사 해체가 공포됨에 따라 신한공사는 해체되고 기구와 기능 및 재산은 중앙토지행정처가 승계하였다. 이후 귀속농지의 처분을 위하여 토지불하처분령을 공포하여 귀속토지의 불하를 실시하였다.

지적측량은 광복후 처음 막대한 토지분배 업무가 시작되어 신한공사 당시 적산토지분할측량은 단시일에 각 세무서가 수만 필씩 해당되는 측량을 집행하였다.

이렇게 유례없이 급작스러운 토지개혁 등으로 지적업무는 귀속재산인 적산토지 분할측량을 비롯해 토지분배 농지분할측량 및 무신고 이동지측량 등과 농로분할측량, 경지정리측량 등이 계속되어 무리하게나마 급속히 완료는 하였지만 지적측량 불비 등이 많이 나타나는 결과가 되었다. 그래서 그때까지는 비교적 엄격하고 계통적으로 잘 유지되어 왔던 지적이 이때부터 흠이 생기기 시작하였고 빈번한 토지 분쟁 및 지적 불신의 풍조가 야기되었는데 국가적 차원의 지적관리에서 가장 큰 손실이었다.

3 재무부의 지적관리

대한민국 정부가 수립되고 1945년 11월 4일 대통령령 20호로 재무부 직제가 공포되면서 재무부에 사세국이 설치되고 그 아래 징수과, 직세과, 간세과, 국유재산과를 두었는데 지적업무는 직세과에서 주관토록 하였다. 1951년 4월 15일 대통령령 제474호로 재무부 직제가 개정되어 사세국에 조사과를 신설하고 1951년 12월 1일 대통령령 제573호로 재무부 직제가 다시 개정되어 사세국에 토지수득세과가 신설되어 6과를 두었다.

토지수득세과는 농업생산비 등의 조사와 토지수득세의 부과, 감면 등의 업무를 전담하였는데 종래의 직세과 업무중 토지 임대가격과 지적에 관한 사항은 토지수득세로 이관되었으며 지적업무 및 조선지적협회는 토지수득세과의 감독을 받았다.

1955년 2월 17일 징수과가 징세과로 바뀌면서 조사과가 폐지되고 세정과가 신설되었지만 지적업무는 여전히 토지수득세과에서 관장하였으며 1959년 5월 1일 세제과가 신설되고 1955년 7월 16일 국유재산과는 폐지되었다. 1961년 10월 2일 사세국 아래에 있던 세정과 및 토지수득세과가 폐지되고 감사과가 신설되어 5과로 재편성함과 동시에 사무분장도 재분류하여 지적업무는 감사과에서 주관토록 하였다.

사세청에 있어서는 직세과, 간세과, 토지수득세과, 토지조사과로 구분되어 있는 것을 직세 1, 2과와 간세과로 개편하는 한편 사무분장도 조정하여 지적과 토지세 업무를 직세 2과에서 주관토록 하였다. 일선 세무서에 대하여는 81개 세무서와 3개 지서였던 것을 61개 세무서와 2개 지서로 조정하여 개편하였다. 재무부 당시 지적업무를 처리하였던 지적직 공무원은 사세국 2명, 서울사세청 132명, 부산사세청 136명, 충남 대전사세청 60명, 전남 광주사세청 119명으로 총 449명이었다. 이후 1961년 12월 2일 법률 제780호인 국세와 지방세의 조정에 관한 법률에 의거 농지세의 지방세 이관과 함께 1961년 12월 8일 법률 제829호에 의해 지적법이 개정되면서 지적업무가 내무부로 이관될 때까지 주로 토지수득세과에서 지적업무를 관장하였다.

지적관리는 광복이 되자 국가발전 및 개발을 위해 정부에서 농지개혁, 토지개척, 시가지계획, 하천, 제방의 구축, 관개수리공사 등을 활발히 추진하자 자연히 토지 이동이 빈번해졌다. 국가발전에 수반되는 각종 토지계획 및 개발공사 등이 폭주하였음에도 이에 따른 지적정리는 국가재정이나 기술인력의 부족 등으로 손도 대지 못하는 형편이었다.

대책 마련에 고심해 온 재무부는 일제시대의 지적협회를 부활시켜 그 기구로 하여금 토지이동정리를 실시할 수 있도록 1949년 4월 29일 재무부 장관의 통첩으로 지적협회 업무 재개시에 관한 건에 의해 종래의 조선지적협회를 대한지적협회로 재편성 발족케 하여 1949년 5월 1일부터 업무를 재개토록 하였다.

1950년 6.25동란으로 인해 대장 84,415권과 도면 577,793장의 지적공부 중 대장의 21%인 17,862권, 도면의 22%인 129,748장이 소실되었는데 특히 경기도, 강원도 지역의 피해가 심하였다. 특히 북한 통치 하에 있던 729천필과 7,034km의 복구지역에 대해서는 대장 3,546권과 도면 33,969장에 상당하는 지적공부가 전무한 상태였다.

이로 인해 1952년 10월 15일 대법원 고시 제44호로 시달한 “북위 38도선이북 수복지구 회복등기실시요령”에 의해 등기부 멸실 직전의 등기부등본 또는 토지대장등본을 첨부해 회복등기를 하도록 하였다. 증빙서를 첨부하지 못한 토지에 대해서는 관할세무서장 또는 시장, 군수의 소유권증명서를 첨부하여 회복등기케 하였는데 지적공부의 사실과 다르게 회복등기가 된 경우에는 토지분쟁의 원인이 되었다.

한편, 1957년에는 토지과세 기준조사법에 의하여 재무부 주관으로 5개년 계획으로 토지조사사업이 실시되어 1961년도에 전재지역을 제외한 일반지역만의 토지조사를 우선적으로 종결하였다.

토지과세 기준조사를 실시하는 과정에서의 이동지조사는 측량을 수반하는 이동지와 측량을 요하지 않은 전필이동지로 분류되었다. 특히 지적측량을 요하는 이동지는 지적법과 지방세법의 토지이동에 대한 신고신청의 의무규정이 있었다.

그런데도 대다수 토지소유자는 측량 수수료뿐만 아니라 토지에 대한 세부담으로 토지이동은 신고신청을 기피하였다. 이와 같은 무신고이동지의 누적은 난제였는데 토지과세기준법의 설정은 무신고이동지의 정리가 선행되어야 하므로 토지과세 기준법 제16조의 규정에 의해 관할 시장, 군수가 직권(지적법시행령 제19조)으로 무신고이동지를 정리하되 측량수수료 부담을 국가 또는 지방자치단체 무부담으로 1961년까지 약 1억 1천여 만 원을 투입하여 전필이동지, 분할이동지, 신규등록 등 약 238만 필지에 달하는 무신고이동지를 정리하였다.

토지조사 업무를 추진하기 위한 직제와 정원은 법 제16조 이동지정리의 규정에 의해 위임된 토지과세 기준조사와 자산평가사무관장에 관한 건(1958년 7월 1일 대통령령 제1381호)에 의해 토지과세 기준조사 업무를 관장하였다. 1960년도 조사대상에서 제외된 경기도, 강원도의 접적(接敵)지역에 있어서는 6.25의 전화(戰火)로 조사사무 수행에 필요한 지적공부를 비롯하여 토지세에 관한 제대장이 모두 분소실되어 조사업무에 착수할 수 없었던 관계로 전재지역의 특례를 두어 당시의 조사대상에서 이를 제외하였고 지적이 복구되는 대로 전재지역에 대한 토지조사를 계속키로 조치하였다.

전재지역에 대한 토지조사는 이처럼 특례에 따라 토지조사에 착수도 하지 못한 채 지연되어 오다가 국세와 지방세의 조정에 관한 법률에 의해 국세이던 토지세가 지방세로 이양됨을 계기로 내무부로 이관되었다.

4 내무부의 지적관리

(1) 지적기구

국세와 지방세의 조정에 관한 법률(1961. 12. 2 법률 제780호)의 제정공포에 따른 세제개혁으로 인하여 토지세가 지방세로 이관됨에 따라 재무부에서 관장하였던 지적관리를 1962년 1월 1일부터는 내무부가 주관하게 되었다.

1962년 1월 1일 지적업무가 재무부에서 내무부로 이관될 당시의 소속기관 수는 재무부에서는 86개소(본부 1, 사세청 4, 세무서 81)였고 내무부에서는 177개소(본부 1, 시·도 11, 시·군·구 165)였다. 따라서 서울, 대전, 광주, 부산 등 4개 사세청 산하 81개 세무서에서 취급하던 지적 사무가 시·군·구에 지적공부와 함께 이관되어 처리토록 되었다. 이관 이후 지적정리 기관의 증가는 1962년 5개 시(울산, 의정부, 속초, 천안, 안동)가 신설되고 이어서 11월 21일에는 법률 제1173호로 부산시 정부 직할에 관한 법률에 의거 경상남도에서 부산시가 분리, 독립되었다.

구분	1919–1934 (15년)	1934–1943 (9년)	1943–1948 (5년)	1948–1962 (14년)	1962–2008 (46년)	2008–2013 5년	2013–2015 2년
중간기구	재 무 국		재 무 부		내무부(행정자치부)	국토해양부	국토교통부
중간감독기구	도	세무감독국	도	사세청	도	도	도
일선기구	시 · 군	세무서			시 · 군 · 구	시 · 군 · 구	시 · 군 · 구

(그림67) 지적행정체계 변천도

1963년 4월에는 대구시의 구(중, 동, 서, 남, 북)제가 실시되었고 1971년 1월 인천시의 구(중, 동, 남, 북)제 실시와 서울특별시(천호, 송파, 언주, 숭인, 노해, 은평, 양서, 신동), 부산시(대연), 경기도(성남) 등의 출장소로 지적사무를 이관함에 따라 지적관리 기관도 늘어나게 되었다. 1964년 5월 내무부 직제 개정(대통령령 제1824호)으로 지방세과에 지적계를 설치하고 본격적으로 지적 사무를 강화하여 각 시·도 산하 시·군·구에 대폭 인력과 기구를 정비하였다.

1966년 12월 내무부 직제를 개정(대통령령 제2838호)하여 토지조사계(평가계)를 설치하고 지적계에서 취급하던 토지조사 사무를 분리하여 관장시킴으로써 사무의 효율화와 전문화를 도모하였다. 그러나 각 시·도에서는 지적과 토지조사 사무를 지적계에서 관장토록 하였다. 내무부와 각 시·도의 지적사무 주관과는 내무부의 지방세과와 각 시·도의 세무(시) 재정과(도)였는데 1970년 3월 직제를 개정(대통령령 제4722호)하여 지방세과를 세정과로 하였다.

또한 시·도의 세무재정과를 세정과로 변경하였고 제주도는 이관 이후 지방과에서 지적사무를 관장토록 하였다. 1973년 7월 1일 행정구역 개편에 따른 서울특별시의 2개구(도봉, 관악)의 신설과 출장소(천호, 영동, 은평, 양서) 조정, 경기도의 3개 시(성남, 부천, 안양), 전라남도 광주시의 구(동, 서)제 실시로 11개 시·도, 199개 시·군·구 5개 출장소로 하여 업무를 처리토록 하여 중앙에서 일선 출장소까지 일관성 있는 지적관리를 집행하게 되었다.

그 후 업무도 과다하고 종사원도 많으므로 1개의 계장으로는 효율적으로 업무처리가 곤란하여 국무총리의 지방행정개선 지시(1977. 10. 5)를 계기로 전국의 지적기구를 과로 확대하는 방안을 세우고 추진하였다. 그 결과 1975년 8월 26일 내무부 직제 개정에 따라 세정과가 세정1과, 세정 2과로 분리되면서 세정 2과를 지적행정 중심으로 과장을 행정사무관 또는 지적기정으로 보하는 복수제로 하는 한편 지정계를 신설하였다.

1977년 6월 3일 대통령령 제3586호로 내무부 직제 개편에 따라 내무부에 지적과(지정계, 지적1계, 지적2계)를 독립 설치하였다.

한편, 서울특별시는 1961년 10월부터 재무국 세정과 지적계에서 지적업무를 취급해 오다가 지적계가 지적과로 승격되어 현재는 1981년 11월 9일 신설된 도시계획국에 속해 있다. 1976년 12월 30일 대통령령 제8328호로 서울특별시 직제규정 개정으로 서울특별시에 지적과

(관리계, 지적1계, 지적2계)가 설치되었다. 1979년 8월 11일 부산직할시를 비롯한 경기도 등 10개 시·도와 인구가 15만 이상이 되는 29개 시·구에 지적과를 신설하고 지정계와 지적계를 설치하여 지적행정 조직을 보강하였다. 그러나 1981년 11월 1일 서울특별시를 제외한 부산직할시와 경기도 등 10개 시·도에 지적과가 지적계로 축소되고 대신 10개 시·도에 지적과를 신설하였다.

지속되는 사회발전에 따라 토지이용의 고도화 등 토지에 대한 관심이 고조되면서 1987년 11월 25일 10개 시·도의 지적계가 지적과체제로 일제히 부활되었다.

이처럼 1979년 8월 11일부터 1988년까지 48개 시·구에 지적과가 신설되었고 1987년 12월 17일 대통령령 12327호로 총무처 직제 등 일부 개정령에 의해 내무부 지적과에 지적 3계를 신설하여 지적사무 전산화를 전담토록 보강하였다. 1989년 11월 20일 내무부 각계의 명칭을 실제 담당업무의 특성에 부합되도록 지적 1계를 지적계, 지적 2계를 기술지도계, 지적 3계를 지적전산계로 명칭을 변경하였다. 1989년 12월 1일 대구직할시의 3개 구와 지적 사무가 많은 전국의 52개 군에 지적과를 신설하고 지정계와 지적계를 설치함으로써 효율적인 국토관리와 지적사무의 신속 정확한 수행으로 양질의 대민봉사를 제공할 수 있는 터전을 마련하였다.

1990년 4월 17일 대통령령 제12986호로 서울특별시 사무분장 규칙의 개정에 의해 본청의 관리계를 토지관리계로 명칭을 변경하고 토지조사계를 신설해 개별토지 가격의 조사, 부동산 중개, 개발이익의 환수에 관한 업무를 지도 감독하고 있다.

1990년 9월 5일 26개 시와 52개 군에 지적과를 신설하고 지정계와 지적계를 설치함으로써 전국적으로 47개 시, 104개 군, 69개 구 등 220개 시·군·구의 지적기구를 보강하였다. 1991년 7월 15일 대구, 인천, 광주, 대전직할시에 지적과를 신설하고 부산직할시를 비롯한 5개 직할시와 경기도를 비롯한 9개 도에 지적 2계를 신설하고 지적계를 지적 1계로 명칭을 변경하였다. 이처럼 서울특별시에는 토지관리계, 토지조사계, 지적 1계, 지적 2계를 설치하고 기타 14개 시·도에는 지정계, 지적1계, 지적2계를 설치하여 시·도 지적부서의 조직과 기능이 대폭 보강되었다. 이후 사회적 실정에 따라 약간의 변화를 거치면서 현재 지적도를 관리하는 지적소관청은 총 262개소로 (표21)과 같다.

(표21) 지적관리의 실태(2014) (단위 : 개)

구분	특별시	광역시	도	시	군	구	계
1962	1	1	9	30	139	15	195
1969	1	1	9	30	140	20	201
1975	1	1	9	33	138	30	212
1980	1	1	9	38	139	41	229
1985	1	3	9	46	139	44	242
1990	1	5	9	67	137	69	288
1995	1	5	9	68	102	79	249
2000	1	6	9	72	91	90	269
2005	1	6	9	77	88	91	256
2010	1	6	9	77	86	97	260
2014	1	6	9	75	84	33	228

(2) 직제와 인력

지적사무는 이관 당시 내무부 지방국 지방세과에서 관장하여 지적과 토지조사 사무를 동일 기관에서 처리하였는데 직제상 지적계 설치가 없어 위치가 미약하였다.

재무부 당시나 지적 사무가 내무부로 이관된 당시는 지적직 공무원은 직렬상 토목직렬에 속하여 직명도 토목직명을 사용하여 토목기사 등으로 호칭되었다.

이는 당시의 공무원 임용령(국무원령 제240호)에 대체하여 1963년 5월 29일 각령 제1317호로 공무원 임용령을 제정(1963. 6. 1)함으로써 비로소 공무원 직급표상에 시설직군 내에 지적직렬을 신설하여 지적이란 직명을 사용케 되고 지적기원보(5급 을류)로부터 지적기정(3급 갑류)까지 6단계의 직급을 두었다. 1963년 12월 12일에는 각령 제1674호로 지방공무원 임용령의 재정시 지방지적기원보에서 지적기좌까지 직급을 두었다.

그래서 1963년부터 시·도와 시·군 지적계장은 지적기사로 직명을 쓰게 되었다.

지적직 공무원의 채용방법으로는 지적측량사 자격제도 시행 전에는 강습 및 교육을 통해 습득한 기술자를 채용시험을 거쳐 채용하였는데 그 이후에는 지적측량사 자격자를 특별 채용하는 방식과 자격이 없더라도 응시할 수 있는 공개경쟁채용 방식을 혼용하였다. 1967년 1월 1일 이후에는 1963년 이후 시·도와 시·군 지적기사 등의 직명으로 보해졌던 지적계장을 현실적으로 본부 및 각 시·도의 지적기좌에 보하였다.

일선 시·군은 지적계에서 지적 사무와 토지조사 사무를 취급해 오다가 사무량의 증가와 대민업무의 신속처리를 기하기 위해 1970년 8월 내무부 장관 지시각서 제1호 시행지시 제5호에 의거 군 단위에 민원실을 설치하여 지적사무를 주축으로 지적민원 및 일선 민원사무를 집중 처리토록 하였다.

특히 지적계장을 민원실장에 보함으로써 지적관리상의 일보 진전을 가져왔다.

1971년 1월 14일 공무원 임용시험 시행규칙을 개정(총리령 제94호)하여 지적기술자 자격자만이 임용시험에 응시할 수 있도록 제한하였다. 1971년 4월 14일 지방공무원 임용령(대통령령 제5594호)의 개정으로 한 직급을 올려 지방지적기정까지의 직급을 두어 국가공무원과 지방공무원 임용령의 지적직급을 정비하였다. 1972년에는 민원실장을 일반 행정직으로 보함으로 인해 지적관리상의 문제점이 다소 야기되었고 지적관리는 상대적으로 침체상태에 놓였다. 1977년 3월 4일 개정한 공무원 임용시험 시행규칙 개정(총리령 제184호)으로 국가기술자격법 제정에 따른 자격등급 중 지적기능사 1급 및 2급도 9급 공무원으로 채용할 수 있도록 개선하였다. 1981년 12월 31일에는 공무원 임용시험 시행규칙을 개정(총리령 제257호)하여 지적기사 1, 2급 자격취득자를 채용할 수 있도록 하였다. 한때는 상치측량사(공무원)와 대행측량사로 구분하였으나 1975년 12월 31일 법률 제2801호로 그 구분은 폐지되었다. 지적공무원의 수를 보더라도 재무부에서 내무부로 이관될 1962년 1월 1일 당시에는 소관청의 지적직 공무원이 182명이었으나 1964년 405명, 1965년 605명, 1966년 670명으로 증원되었다.

(표22) 지적인력의 정원 현황(2014)　　　　(단위:명)

구　분	지적직 공무원	대한지적공사	비 고
서　울	486	272	(연수원+연구원)
부　산	161	168	
대　구	143		
인　천	183	120	
광　주	61		
대　전	92		
울　산	61		
경　기	663	805	
강　원	232	270	
충　북	175	196	
충　남	256(세종16)	341	(대전 + 충남)
전　북	198	217	
전　남	256	329	(광주 + 전남)
경　북	287	387	(대구 + 경북)
경　남	311	312	(울산 + 경남)
제　주	37	72	
본　부	25	179	(국토교통부, 본사)
계	3,642	3,668	

1967년부터는 657명으로 감소되면서 1968년 636명, 1969년 641명으로까지 감소되다가 1970년에는 689명으로 증원되고 1971년 796명, 1972년 817명으로 증원되었다.

1977년에는 1,301명으로 증원이 되었다가 1978년에 1,340명으로 1979년에 1,283명으로 되었다가 1980년에 1,344명으로 증원되었다. 계속해서 1981년 1,347명으로 증원되고 1983년에는 1,367명으로 증원되었다.

그 후 소관청의 증설에 따른 부분적인 인력 증원과 본부와 지방(시·구) 지적기구 보강에 따른 증원, 그리고 1986년말 시·도와 각 시·군·구에 229명의 지적직 공무원을 증원하여 1987년 말에는 1,750명이 되었다. 2014년 현재에는 서울특별시의 486명을 비롯하여 전국에 3,642명의 지적직 공무원과 3,668명의 대한지적공사에 소속된 7,310명의 기술자가 국가의 지적관리에 종사하고 있다.

지적관리는 많은 변천을 거쳐 운영되었는데 6.25 동란 이후 토지소유자 등은 경제적, 사회적 또는 토지이용면 등에 최대한 토지의 자금화, 안전한 투자대상화, 도시형성면 등의 이용으로 인해 토지분쟁은 급격히 증가일로에 있었다. 이는 지적관리의 불명확성에 따른 것이 중요한 요인으로 대다수가 토지소유권 분쟁이었다.

전재지역에 따른 토지조사는 재무부로부터 내무부로 이관되자 1962년도 토지조사사업비 5천 83만 200환을 이양받아 1개년 사업으로서 147,791필지에 때한 과세기준을 설정하였고 지적이 복구되지 않은 토지에 대하여는 지적이 복구되는 대로 계속하여 조사사무를 추진하였다.

전제지구에 대한 지적복구는 토지과세기준 설정의 전제요긴이 되는 주요사업임에도 불구하고 충분한 시업예산 등으로 지지부진한 가운데 5년이 경과된 1967년 말에 이르러 약 65만 필지의 지적이 복구되어 이에 대한 과세 기준조사를 3개년 사업으로 1968년부터 착수하여 1970년도에 비로소 결실을 보았다.

1970년대의 주요지적 업무는 새마을사업 수행에 따른 농로, 마을안길, 마을회관 등의 지적정리, 고속도로의 건설과 각종 도로확장 등에 따른 지적정리, 다목적 댐의 건설로 인한 수몰지역의 측량 등 국가기간산업이 활발해짐에 따른 지적정리 업무가 많았다.

한편, 소유권 정리를 위한 지적업무로 1964년 9월 17일 법률 제1657호로 일반농지의 소유권 이전 등기 등에 관한 특별조치법이 제정되었는데 분배농지와 과수원을 제외한 일반농지 전부를 대상으로 하여 1965년 6월 30일까지 9개월간 232만 6천 필지를 정리하였다. 1969년 5월 21일에는 법률 제2111호로 임야의 소유권 이전등기 등에 관한 특별조치법을 제정하여 토지 및 임야대장 등록지로서 임야로 등록된 토지 전부에 대해 1969년 6월 21일부터 1971년 12월 20일까지 2년 6개월간 100만 3천 필지를 정리하였다. 1977년 12월 31일에는 법률 제3094호로 부동산소유권 이전등기 등에 관한 특별조치법을 제정하여 토지와 건물을 대상으로 6년 10개월간 734만 2천 필지를 정리하였다. 1982년 12월 31일에는 법률 제3627호로 수복지역내 소유자 미복구 토지의 보존등기 등에 관한 특별조치법이 제정되었다.

이는 전란으로 분·효실된 지적공부는 복구되었으나 소유자만 복구하지 못한 경우가 약 18만 6천 필지에 438만 평(수복지구의 약 25%)이었다. 이러한 현실 때문에 소유권을 둘러싼 분쟁과 사기가 빈번할 뿐만 아니라 수복지구 주민의 생활안정에 커다란 장애요인이 되므로 편의하고 실제적인 행정절차에 의하여 실제 소유자에게 소유권 복구와 등기가 가능토록 의원입법(10명)으로 특별조치법을 제정한 것이다.

대상지는 수복지역내 토지와 건설(내무부 장관과 국방부 장관 간에 협의 고시한 군사시설 보호지역은 제외하여 경기도 4개군 19개개 읍·면 121개 리·동과 강원도 시·7개시군 38개읍·면 435개 리·동에 대해 1986년 12월 말까지 소유자 복구등록 3만 8천 필과 확인서발급 약 3만 필을 정리하였다. 1985년 5월 8일에는 법률 제3811호로 공유토지에 관한 특별조치법이 제정되었다.

공유토지는 1필지의 토지를 2명 이상이 공동으로 소유하고 있는 공유토지 중에서 단독소유와 같이 건물을 소유하는 방법으로 자기 지분에 해당하는 면적을 담장으로 특정하여 점유하고 있는 토지이다. 이러한 토지는 여러 가지 이유로 분할하지 못하고 부득이 공유방법으로 권리 설정하므로 민법상의 공유개념과는 다르며 등기와 실제 관계가 부합하지 않으므로 분할해야 한다는 법리에 따라 의원입법(74명)으로 제정하게 되었다.

대상지역은 공유자 총수의 2분의 1이상이 그 지상에 건물을 소유하는 방법으로 1년 이상 점유하고 있는 등기된 공유토지에 대해 1986년 10월 1일부터 1991년 12월 31일까지 5년 3개월간이다.

지적측량에 있어서는 1960년 중반까지 토지조사시의 측량기법에 큰 변화가 없이 진행되어 도해적 지적제도의 바탕 위에 기초측량과 세부측량으로 구분되어 트랜싯(transit)과 평판측량기가 측량기기의 대부분이었다. 이는 지적측량의 대상이 분할, 신규등록, 등록전환의 범주를 벗어나지 못하였으므로 당초의 측량방법을 따라 측량을 하는 원칙으로 진행하였기 때문이다. 1965년 확대 시행한 농경지 정리와 시가지구획정리 등 사업에 따른 확정측량의 시행은 측량기술 향상은 물론 필지 형상에 바탕을 둔 지적제도의 구조적 취약점을 대개편하는 효과를 가져왔다.

측량장비도 종래의 데오도라이트에 정파 및 광파에 의한 거리측정기가 부착되고 전산기에 의한 측량계산 및 면적측정 등 새로운 측량기법이 도입되었다.

특히 1975년 개정 지적법에서는 경계의 등록공시 방법에 있어서 가장 정확한 측량방법으로서 세계 각국이 채택을 서두르는 수치지적측량을 도입한 것은 측량사상 획기적이라 할 수 있다.

측량방법에 있어서도 광파 또는 전파측정기, GPS 등에 의한 기초점의 설치, 항공사진 측량방법에 의한 기초점 설치 및 세부측량 교점에 의한 도근망 구성 등 그간 개발된 측량기법을 모두 규정하여 측량상의 문제들을 해결하고 있다. 1970년대에 들어서자 토지관련 행정수요에 능동적으로 대처하고 토지관련정책 수립의 과학화를 도모하기 위해 지적업무 전산화의 필요성이 대두되었다. 전산화를 위해서는 사전에 업무처리의 정형화와 원시자료의 통일, 자료의 정확도 확보, 적절한 코드 부여, 전산기술의 축적 등이 요구되므로 1975년부터 전산화 기반조성 작업을 추진하여 1990년대에 완료하였다.

제2절 지적공부의 체계

1 지적공부의 작성과정

지적공부의 작성은 일제가 한국을 강점하면서 본격적인 토지조사가 시작되자 토지소유권 조사에 앞서 토지 소재를 명확히 할 필요가 있어서 행정구역 명칭 및 경계조사를 실시하였다. 당시 동·리는 구역과 경계가 판명되지 않은 곳이 매우 많고 명칭도 동이라고 하기도 하고 포, 평, 촌 등으로 한 것이 있고 또한 발음이 같은 여러 문자를 사용하는 경우도 많았다. 그래서 면·동·리의 명칭과 이들의 경계는 토지조사 작업이 진행함에 따라 정리하면서 폐지, 존치, 분할, 병합 또는 변경하는 것이 좋은 방법으로 검토되었다.

우선 해당 관청과 협의하여 적당한 조사를 하도록 하는 방침을 세워 1912년 3월 이후에는 과세지략도를 참조하였고 1913년 3월 이후에는 군청으로부터 동·리의 정리안을 구해 면장, 동·리장 및 지주총대를 입회시켜 실지 답사케 한 다음 준칙에 의하여 조사를 실시하고 지방청과 협의토록 하였다(권용우 외, 1996).

준칙에 의하면 면내에 명칭이 같은 동·리가 있을 때는 비교적 저명한 것은 남겨두고 다른 것을 변경토록 하였다. 또한 두 가지 비슷한 명칭이 있을 때는 비교적 널리 사용되는 명칭에 따르고 동음이나 문자가 유사한 동·리명은 가능하면 이의 사용을 피하도록 하였다. 새로 명칭을 정할 때는 될 수 있는 대로 그 토지와 깊은 관계가 있는 것 또는 일시적으로 이해하기 쉬운 것을 선정하고, 동·리를 병합할 때는 동·리를 분할하지 않고 가능하면 전부를 그대로 병합하였다. 그리고 산악, 하천 등을 건너서 존재하는 부락 또는 산간에 깊숙이 있는 부락이라도 지나치게 불편하지 않다면 현상 그대로 조사하고 고산, 준령 또는 큰 하천으로 둘러싸여 있거나 혹은 타 부락과 격리되어 풍속, 관습 등이 상이한 것은 면적이 작은 동·리 일지라도 분할, 병합하지 않도록 하였다.

동·리를 분합하는 조사를 할 때 그 동·리의 소유재산을 처분하는 데 있어서 지방민들의 분쟁을 야기할 우려가 있으면 분합을 하지 않고 동·리의 분합 및 경계를 변경하려면 우선 지방민의 의향을 조사하고 면장, 동·리장 등 의견을 참작해서 의향을 조사해 소요를 야기하는 일이 없도록 하였다.

특히 조선과 일본의 양쪽 명칭을 사용하는 동일지역으로서 일본식 정명이 지방관헌 또는 공공단체에 의해서 인정된 것이면 그 정명을 따르고, 도로 양측의 정명이 상이한 경우에 이것을 동일명칭으로 하는 것이 좋다고 인정되면 비교적 널리 사용되는 한쪽의 정명을 따르도록 하였다. 새로 동리계를 정할 경우에는 가능한 한 산정의 분수선 또는 합수선, 하천, 구거, 도로, 제방, 휴반 및 기타 이에 준하는 지물의 순서에 따라 선정하였다. 면·동의 경계가 도로, 구거, 하천, 산령 또는 해면에 접해 있을 때에는 경계선을 도로, 구거, 하천 등에 있어서의 그 중앙을 또 산령에 있어서는 분수선을 그대로, 해안은 만조시의 수륙분계선으로 하였다.

이와 같은 순서와 방법으로 실지를 답사하여 면·동·리의 경계선상의 지물이 확실치 않은 지점에는 표항을 설치하고 표항에는 그 양면이 동·리의 경계일 때는 동·리명을, 면의 경계일 때는 면·동·리명을 그리고 부, 군의 경계일 때는 부·군·면·동·리명을 기재하고 다른 한 면에는 담당구역을 통해서 주어진 번호를 기재하였다. 상부에는 화살표로 경계선의 방향을 표시하고 이를 기준으로 일면의 약도를 조제토록 하였다(지적기술연수원, 1993).

지적조사나 지형측량은 토지에 대한 기초적 사업으로서 일반 행정시설의 중요한 부분이 되고 철도 및 도로사업과 더불어 식민지정책상 시급히 요구되는 중요한 사업으로 부수적인 효과면에서도 매우 큰 것이다. 지적조사는 협의의 지적조사와 지적측량으로 구분되는데 협의의 지적조사는 주로 토지소유권 조사와 지가조사에 관한 것이며 지적측량은 개개인의 소유지구를 측량하는 것이다.

지적측량의 목적은 각 개인의 소유구역을 측량하여 지적도를 제작함에 있다.

1918년까지 완결예정으로 추진되던 토지조사는 서울을 비롯한 29개의 시가지에서 지적조사의 조기실행의 필요성에 따라 1912년부터 1913년에 걸쳐 마무리 되었다. 경성부는 1912년에서 1913년 12월에 전 지역의 토지소유권을 결정하여 1914년 3월 1일 토지대장과 지적도가 인계되었다. 소유권 결정은 사정에 따랐는데 사정은 토지조사부와 지적도에 의하였다. 토지조사부는 토지의 1구역마다 지번, 가지번, 지목, 면적, 신고 또는 통지연월일, 소유자 주소, 성명이나 명칭을 등록한 것이다.

지적도는 토지의 위치, 지번, 지목, 지주를 달리하는 토지와 토지 경계선, 동일지주의 소유인 1필지와 1필지의 한계, 조사 시행지와 조사 미시행지인 도로, 구거, 산야 등과 지계를 표시하는 지역선을 등록한 것이다. 토지소유자는 자연인 또는 법인으로 하였으나 사정상의 소유자 명의로서 법령상 또는 관습상 다소의 이례를 인정하였다. 사정원칙은 우선 신사, 사원, 불당 및 외국의 교회 등이 그 명의로 토지를 소유하는 관습이 있을 경우는 그 법인에 준하여 그 명의로서 사정하였다.

강계는 지적도상에 그려진 강계선을 가리키는 것으로 지적도상에 그려져 있다 해도 강계선이 아닌 지역선은 지적조사상 타인의 소유지와의 관계를 결정하는 것이 아니었다. 단지 주로 지목이 다른 1필지의 구역을 표시하는 데 그치는 것이므로 이는 강계선으로 사정된 것이 아니었다. 그래서 토지조사부나 지적도에 등록된 지목은 사정사항이 아니고 면적도 역시 이미 정해진 강계선, 지역선의 범위내의 면적을 표시한 것이므로 단지 계산결과에 불과하기 때문에 사정사항이 아니었다. 토지사정은 지방토지조사위원회의 자문에 의해 토지조사국장이 매 필지의 소유자 및 강계 등을 결정하였고 고등토지조사위원회가 불복신립 및 재심의 재결을 하였다.

지목, 지번, 지가조사에 있어서는 토지조사 전까지는 관공서에 등록해서 사용한 지목의 종류가 많았으나 적당치 못한 것이 많았다.

종래의 형태에 따라 대전, 건전, 답 등이라 하고 경작하는 작물의 종류에 따라 호전, 완전(왕골밭), 저전(닥나무밭), 칠전(옻나무밭) 등이 있었는데 이 중 새로운 지목에 쓸 수 있는 것은 그대로 하였다. 또한 일본의 택지, 전, 답은 각각 대, 전, 답으로 하였고 일본의 산림원야는 삼림산야로 고치고 다시 임야로 하였으며 기타는 적당히 도로, 하천 등으로 정하였다. 지목조사에서 지목유형은 모두 18개로 구분하고 3종류로 분류하였다.

① 전, 답, 대, 지소, 임야, 잡종지로서 직접적인 수익이 있는 토지로서 현재 과세중에 있으며 또는 장래 과세의 목적이 될 수 있는 토지이다.
② 사사지, 분묘지, 공원지, 철도용지, 수도용지로서 직접적인 수익은 없으나 대부분이 공공용에 속하여 지세를 면제하는 토지이다.
③ 도로, 하천, 구거, 제방, 성첩, 철도선로, 수도선로로 일반적으로 개인소유를 인정할 성질이 못되고 전혀 과세의 목적으로 하지 않은 토지이다.

지목결정은 현황에 따라 결정하는 원칙으로 하였지만 몇 가지의 예외가 있었다.

지번조사는 지번이 호적상의 호번과 같은 역할을 하기 때문에 지적상에서는 극히 중요한 사항이다. 부번의 원칙은 먼저 같은 동·리에 지번이 중복되거나 또는 결번이 생기지 않도록 하고, 토지대장이나 지적도에서 손쉽게 찾아낼 수 있도록 하며, 특히 시가지 등에서는 항상 주민의 주소로 사용하기 때문에 부근의 지번으로 미루어 찾고자 하는 토지위치를 대략 알 수 있게 하는 것 등에 유의토록 하였다. 동·리의 일부가 시가지인 경우의 부번특례는 1개 동·리 내에서도 시가지를 형성하는 부분과 그렇지 않은 부분을 포함하는 때에는 각각 지번을 붙이는 방법을 달리 하였다. 도서부번의 특례도 있었는데 도서지방에서는 지형상 1개도가 일단을 이루는 것이므로 1동·리를 연속 부번하는 것은 불편하기 때문에 1개동·리에 2개 이상의 도서가 있을 때에는 그 도서마다 지번을 갱신하였다.

지가조사에서는 지가기준은 토지의 정상적인 매매가격을 조사해서 이를 토지의 지가로 삼는 시가주의 및 임대가격을 조사한 후 순수익을 산출해서 이것을 이율에 의해 지가로 환원하는 임대가격주의를 채택하였다. 시가지 외의 택지에 대해서는 주로 임대가격을 기준으로 하였고 시가지에 있어서는 토지의 시가인 매매가격을 기준으로 하는 시가주의로 하였는데 시가를 알기 어려운 경우에 한하여 임대가격에 따랐다(강병식, 1994).

지가결정에 있어서는 대의 지가 산출방법은 그 지위등급 구분에 따르는 1평당 금액을 각 필지의 평수에 곱하여 산출하였다. 지위등급조사는 가장 업무량이 많은 1916년 6월 30일 현재 5개반, 30개 분반에 종사원 252명 이었으나 차츰 그 수를 줄여 1917년 7월에 외무사무를 완결하였는데 1912년에 조사에 착수한 이래 6개년의 세월을 요하였고 조사 총필수는 18,352,380필이었다. 이러한 과정 속에 1910~1918년까지의 토지조사사업과 1916~1924년까지의 임야조사사업을 완료함으로써 전국을 통일성 있게 1필지를 측정하고 소유권을 조사함으로써 면적지적에서 소유권을 위주로 하는 위치지적으로서의 면모를 갖추게 되었다. 토지조사의 성과는 당초보다 예상을 크게 초과해 최종성과는 19,107,520필, 14,613,214,028평 약 4,871,000정보였다.

조사지를 지목별로 보면 전이 2,791,510정보(57.3%), 답이 1,545,594정보(31.7%), 대 129,664정보(2.7%), 기타 404,293정보(8.3%)이고, 토지소유자 수는 3,499,555명이다. 작성된 도부는 실로 방대하였는데 그중 지적도는 812,093매, 토지조사부 28,357책, 분쟁지조사서 1,385책, 토지대장 109,998책, 지세명기장 21,050책, 각종 지형도 925엽이다.

토지에 둘러싸인 임야는 사업에서 측량하였으나 임야내 토지인 개재지는 조사측량을 하지 않았으므로 임야조사측량이 실시되었다. 또한 도로, 구거, 하천 등은 토지조사에서 제외하였는데 도면에는 있으나 부번, 면적측정을 하지 않아 결국 토지대장에 등록되지 못하였다. 토지조사와 같이 임야조사사업도 부천군에서 시험조사사업을 시작으로 9년 동안 국비, 부(시)면비 합계 약 400만 원을 들여 1924년에 제1차 조사업무를 완료하였다.

임야조사에서는 토지조사사업중 토지에 둘러싸인 낙산임야를 조사측량하는 대신 임야 개재지측량을 하지 않았는데 초기에 시행여부로 혼란이 있었다. 토지조사 시기에서 시행할 것이 임야조사로 넘어 왔기 때문에 업무가 상당기간 지연되었다.

임야조사사업에 따른 임야조사 결과는 3,479,915필에 16,302,429정보로 토지조사 성과인 19,107,520필 4,871,071정보에 비하여 필수는 18%였고 면적은 3.35%였다. 이러한 토지조사의 성과를 기초로 1914년 4월에 총독부령 제45호인 토지대장규칙에 의해 토지대장 109,188권 및 지적도 812,093장이 작성되고 1920년 8월에 총독부령 제115호인 임야대장 규칙에 의해 임야대장 22,202권 및 임야도 116,984장이 작성되어 현재까지도 사용되고 있다.

2 지적공부의 등록현황

지적공부는 토지소재, 지번, 지목, 경계 등을 등록하게 되어 있으므로 토지대장에 등록되지 않은 토지는 지적도에 등록될 수 없다. 그러나 지적도에는 토지대장에 등록된 토지외에 단지 산, 해 등으로 표시되어 있는 것도 있다. 이는 그 부분이 산이나 바다라는 것을 가리키는 것으로 이를 산이나 바다로 지적도에 등록한 것은 아니다. 또한 토지조사령에 의한 조사당시에는 도로, 하천, 구거, 제방, 성첩, 철도선로 및 수도선로 등은 이른바 비과세지라 하여 지적도에 등록하는 일이 없이 그 지목만을 해당개소에 도, 천, 구 등으로 표시하여 왔다.

1950년 지적법이 개편되고 제37조의 규정에 따라 이들 도로, 하천, 구거 등도 모조리 지적공부에 등록하게 된 후부터는 이와 같은 도, 천, 구 등의 표시는 전부 없어지게 되었다. 그대신 이들 비과세지도 지번, 지목, 면적 및 소유자 등이 토지대장에 등록되는 동시에 지적도에도 당당히 1필의 토지로 등록되었다.

지적도에 등록하는 토지는 그 경계선만이 표시될 뿐 지형학적 표현인 등고선, 기타의 현형 등 보통 토목측량에서 표시하는 것은 일체 나타내지 않도록 되어 있다. 그러므로 산악, 하천, 도로, 구거 등에 대하여 지적도에 표시된 선은 결코 이들 산악, 하천, 도로, 구거 등의 현형이 아니라 어디까지나 지적법상의 그 토지의 경계선으로 지적도에 등록되는 대상은 우리나라 영토권이 미치는 전국토이다.

지적도에는 전국토 중에서도 공중과 해면을 제외한 토지와 임야만이 등록대상이 되고 있다. 그러나 대다수의 서구에서는 건물도 토지로 인정하여 지적도에 등록하여 관리하고 있다. 한편 토지경계를 좌표로 나타내는 수치지역에는 그 지역의 안내역할을 하는 현황도와 같은 성격의 도면으로 수치지적도를 작성하고 있다.

지적도의 등록내용은 토지의 소재, 지번, 지목, 경계 및 기타 내무부령으로 정하는 사항인 도면의 색인도, 도면의 제명 및 축척, 도곽선 및 도곽선 수치, 영구표지가 설치된 기초점 등이 등록되어 있다.

도면유형에 따라 지적도의 도곽선이 달라지는데 도곽이란 도면을 평면직각종횡선 좌표로 구획하는 것으로서 일정한 규격의 직사각형으로 구획하고 도곽선의 수치는 원점을 기준으로 정하였다. 도곽선의 용도는 다양하게 이용되며 주로 다음과 같은 기능과 역할을 갖고 있다(대한지적공사, 1990).

① 인접도면의 접합 기준선
② 측량소도에서의 북방향선
③ 기초점 전개시의 기준선
④ 도곽 신축량을 측정하는 기준선으로 면적 보정의 기초
⑤ 외업에서 소도와 실지의 부합 여부 확인기준 등

(표23) 연도별 지적도면 실태(2014) (단위 : 장)

구분	작성 당시	1962	1975	1980	1995	2010	2014
지적도	812,093	519,457	530,537	558,261	682,776	690,285	692,077
임야도	116,984	58,336	63,229	62,665	63,065	51,510	56,047
계	929,077	577,793	593,766	620,926	745,841	741,795	748,124

현재 지적도면은 총 748,124장으로 지적도 692,077장(수치포함)과 임야도 56,047장이 작성되어 있는데 국토개발과 국토보존 및 토지정책 수행과 개인의 토지소유권 보존, 거래활동 등 국토의 정확한 형태를 확인하기 위한 토지공시 기초자료로 이용되고 있다.

(표24) 지적공부등록지 실태(2014) (단위 : 필)

구　분	면적(㎡)	필 지 수	면적구성비(%)
토지대장 등록지 임야대장 등록지	37,611,373,923 62,654,871,107	34,205,216 3,719,994	37.5 62.5
계	1,00,266,245,030	37,925,210	100.00

2014년 12월 현재 우리나라(휴전선이남)의 지적공부 등록지 총면적은 1.00,266,245,030㎡이다. 그중에서 토지대장 등록지인 지적도가 37.5%에 해당하는 37,611,373,923㎡(수치 포함)이고 임야대장 등록지인 임야도가 62.5%에 해당하는 62,654,971,107㎡이다(지적통계, 2014).

3 지적공부의 축척유형

지적도의 도곽은 평면직각종횡선으로 구획하되 실척으로 종선(남북) 1척 1촌, 횡선(동서) 1척 3촌 7푼 5리의 구형인데, 이는 축척 1/1,200에서는 종선 400m, 횡선 500m에 해당하고 축척 1/600에서는 1/1,200의 경우의 절반인 종선 200m, 횡선 250m에 해당하며, 축척 1/2,400에서는 1/1,200의 경우의 2배인 종선 800m, 횡선 1,000m에 해당하는 것이다.

지적도의 축척은 우리나라의 대부분이 1/1,200이고 시가지는 1/600이며 서북지방(평안남북도, 함경남북도 등)의 산간부는 대부분 1/2,400인데, 축척이 분수로 표현될 때에는 분자가 같으면 분모가 큰 것이 축척이 작은 것이 되고, 그와는 반대로 분모가 작은 것이 축척이 큰 것으로 된다. 예를 들면 1/600은 1/1,200보다 그 축척이 크다고 하며, 또 일반적으로 축척이 크면 그 도면의 정밀도가 높은 것이다.

우리나라 서북지방의 지적도 축척이 일반 토지보다 작은 것은 토지조사 당시인 1919년대에는 우리나라의 지적제도가 토지에 대한 세금 부과를 주요목적으로 한 이른 바 세지적으로 출발하였기 때문에, 당시 미개척지가 많아 토지의 가격(지가)이 아주 싼 서북지방은 지적도의 축척을 작게 함으로써 토지조사 경비의 절약을 꾀하였던 정책상의 서글픈 유산이다. 지적도는 당초에 양질의 켄트지로 만들고 그 이면에 한지 2매를 가로·세로 붙인 것이 대부분으로 이것이 한지의 배첩이다.

현재에는 지적도 용지로 "알루미늄 켄트지"를 사용하는데 이 용지의 특징은 신축률이 적다는 점에 있으나 반면에 부러지기 쉽고 또 제도 후에 다루는데도 불편한 점이 있어 지적도용지로 최적인가에 대해서는 단정할 수 없다. 현대국가의 행정 중에서도 가장 기초적이고 근본적인 문제가 토지관련 행정인데 그 중에서도 토지의 등록과 관리의 기초가 되고 있는 지적공부의 필요성이 더욱 강조되고 있는 실정이다.

지적도는 토지의 경계점을 측량하여 도면상에 등록한 대축척 도면으로서 한번 등록된 토지는 통상적으로 이 도면에 나타난 경계선에 전적으로 의존하게 된다. 지적도는 등록된 필지

식별의 안전성과 재산경계선 표시의 정도 기준에 맞는 소유권 도면으로서 토지에 관련된 정보와 지적필지간의 공간적 관계를 확정시키기 때문이다.

지적도는 토지를 대상으로 하여 토지의 일정사항을 도면에 등록 공시하는 것으로, 토지의 사적권리 및 효율적인 토지관리를 도모하는 데 일익을 담당하게 된다.

지적의 임무 가운데 가장 보편적인 개념에서 지적도는 모든 부동산에 대한 권리한계 설정 및 명목상의 소유주나 실제 소유주의 부동산의 경계선 확인 및 정의, 그리고 부동산의 명세 내용 및 그 평가에도 많이 이용된다(지종덕, 1991).

지적도의 축척별 유형은 등록시기가 다른 관계로 지적도의 축척은 1/500, 1/600, 1/1000, 1/1200의 축척으로 대다수 작성되어 있으며 극히 일부지역은 1/2400의 축척으로 되어 있으며 임야도를 지적도로 간주하는 간주지적도도 있다.

현재 우리나라의 도면의 실태는 지적도 583,270장 및 수치지적도 108,799장, 임야도 56,047장, 폐쇄도 336,476장 등 총 1,084,600장으로 나타나고 있으며 면적이 광대한 국유림 등 극히 일부지역은 1/50,000 지형도로 되어 있다.

(표25) 지적도면의 유형별 실태(2014) (단위 : 장)

구 분	도 면 수	일 람 도	색 인 표
지 적 도	583,270	22,673	21,364
수치지적도	108,799	5,474	4,944
임 야 도	56,047	3,128	300
폐 쇄 도	336,476	10,957	8,572
계	1,084,600	42,232	35,150

지적공부의 토지등록은 법적 효력을 갖게 되고 공적 확인의 자료가 되기 때문에 도면에 등록되는 사항은 일정한 형식에 따라 행하되, 국가의 적극적 공권력에 의하여 결정되도록 함으로써 토지표시의 공신력과 국민재산권의 보호 및 정확한 데이터로서의 특성을 갖게 한다. 이는 토지등록 사항을 믿고 거래한 사람을 보호하며 공신력 있는 정보데이터로서 그 기능을 높이기 위한 것이다.

이러한 측면에서 지적도는 토지관리를 위한 도구로서 토지에 대한 사회적 관심의 성격과 정도를 일정한 규모에 따라 기록한 공적 장부이다.

그렇기 때문에 지적자료는 정부와 지방자치단체가 상호 연관성을 가지면서 행정의 기초자료로 이용된다. 특히 정보화 사회의 도래에 따라 지적도는 토지에 관한 기본적 등록사항 이외에 권리관계 자료, 과세자료, 평가자료, 행정규제자료, 천연자료, 지형자료, 토지이용 및 도시계획 등 다양한 용도에 그 이용이 확장되고 있는 추세이다.

제3절 지적인력의 교육

1 임시지적기술원 양성소

토지조사사업 이후 지적측량 기술자의 확보는 대개가 지적측량사의 보조원으로 오랫동안 있으면서 측량기술을 습득케 했었다. 그러나 지적교육의 필요성이 절실하여 1939년에 제1회 기술원양성 강습소를 설치하고 1939~1941년까지 시도되었다가 중단된 지적교육은 대한지적협회가 업무를 재개한 이후에도 한동안 강습회를 통해 실시되었다.

지적직공무원의 교육은 경성세무감독국에서 지적직공무원 충원을 위해 1940년 3월 19일 ~1940년 8월 7일까지 실시된 것이 최초인데 인원은 19명으로 입교 자격은 농업·공업학교, 소화, 대전공과학원장의 추천을 받은 자라야 하였다.

교과목은 세부측량과 도근측량을 교육하고 장소는 감독국 회의실에서 실시하였다. 해방이후에는 1947년 이리에서 전국 도근측량 강습회를 개최하였는데 광복 이후로는 최초의 교육으로 약 40여 명이 수료하였다. 1947년 이리 강습회 전달교육이 충청북도에서 있었는데 충북도 관내 청주, 충주, 영동세무서 직원을 차출해서 학과는 수안보에서, 실습은 음성읍에서 2주 동안 16명이 도근측량과 도근매설을 교육하였다.

1953년부터는 일반 분배농지 및 이동지측량 사무가 폭주됨에 따라 측량기술의 질적향상을 위해 1953년 5월21일 지적기술자 강습회를 개최하여 1개월 동안 서울시 종로구청진동 19번지에서 제1회 지적측량 강습회를 열었고 대전에서 실습하였는데 51명이 수료하였다. 1954년 5월 17일부터 제2회 1개월간 36명이 수료하였고 1955년 7월 18일부터 제3회 1개월간 29명이 수료하였다.

1957년 12월 28일에는 임시지적기술원양성소를 설치키로 하고 1957년 4월 27일 양성소 설치규정 시행세칙을 제정 1957년 5월 1일부터 시행하였다. 양성소에는 소장 1명과 부소장 2명을 두고 학감 1명, 전임강사 및 용원 각 1명의 직원을 두었다. 이때 교육에 관계되는 사항과 교육생의 자격 및 관리는 다음과 같이 하였다.

임시지적기술원양성소의 학과 및 실무교육

① 법제, 경제 및 재정학의 대의와 조세개론
② 지적법, 지세법, 임시 토지수득세법 및 토지 과세기준조사에 관한 법규의 개요와 실무
③ 시가지계획, 경지정리, 공유수면 매립 등에 관한 학술 및 실무
④ 지적측량에 관한 학술 및 실무
⑤ 제도와 적산에 관한 학술 및 실무

임시지적기술원양성소의 입소자격

① 고등학교 이상 졸업자 또는 동등 이상의 자격자로서 만 20세 이상 35세 이하의 자
② 병역의무가 면제 또는 제대된 자

③ 지조 견실하고 사상이 온건한 자
④ 금치산 및 준 금치산자 또는 파산선고를 받은 자로서 복권되지 아니한 자가 아닌 자
⑤ 금고 이상의 형을 받은 자 또는 법률에 의해 공민권의 정지 또는 박탈된 자가 아닌 자

기간은 6개월 과정의 신규 양성반을 연 20명씩 모집하여 1957년에 18명이 수료하였고 1958년에 11명이 수료하여 일선 소관청이나 지적협회에서 근무토록 하였는데 이들이 지적발전에 기여한 공이 컸다. 당시 수업료는 면제하였고 경비는 매년 대한지적협회 본부예산으로 계상하였다. 이후 1961년 12월 28일 지적측량 기술자의 양성과 지적측량사의 자질향상 및 고급기술을 연마하기 위해 종래의 임시기술원양성소 설치규정을 폐지하였다. 대신 지적측량 기술원 양성소 설치규정을 제정하였으며 양성소는 지적협회 본회사무소 내에 부설하였고 1962년 1월 1일부터 측량기술원 양성과 측량사 훈련에 관한 사항은 지적협회 업무부에서 관장하였다.

2 지적측량기술원 양성소

1962년 이래 지적기술자의 수가 부족하였고 특히 주무관서에서 지적기술자의 부족이 절실하자 더 많은 기술자를 양성해 지적행정의 운용과 개선을 조성코자 했다.

지적기술 교육은 여전히 대한지적협회에서 실시하였는데 1962년 1월 1일 종래의 임시지적기술원 양성소를 개편해 지적측량사양성소를 설치토록 하였다.

1961년 12월 28일 이사회에서 승인된 지적측량기술원양성소 규정(1962. 1. 1)에서는 양성소에 소장과 부소장을 두도록 하고 소장은 회장, 부소장은 상임감사의 직에 있는 자를 추대토록 하였다. 양성소에는 직원으로 학감 1명, 전임강사 1명, 간사 1명을 두도록 하였고 양성소에서 실시되는 특수학술에 대하여는 사계의 권위있는 학자를 임시강사로 초빙토록 하였다. 1962년 5월 1일에는 사설 강습소에 관한 법률(1961. 8. 18) 제3조에 의한 사설 강습소 소칙준칙에 의해 서울특별시장의 승인을 받아 임시지적기술원양성소 설치규정을 지적측량기술원양성소 소칙으로 변경하고 제3기 신규양성을 실시하였다. 1963년 4월 27일에는 서울특별시장의 사설 강습소 설치인가를 얻어 지적측량기술원양성소 소칙(전문15조)을 개정해 제4기 신규양성을 실시하였다.

서울특별시장의 사설 강습소 설치인가에 따른 개정 지적측량 양성소 소칙에는 양성소에 학감, 전임강사, 간사 외에 고용인 1명을 증원토록 하였다. 특히 촉탁강사의 범위를 확대해 초급대학 이상의 졸업자 또는 5년 이상 학교(구제)졸업자 10명으로 재교육반을 담당토록 하고 경력을 가진 지적측량사 10명으로 신규반 전 과목을 담당토록 하였다.

1963년 6월 1일에는 양성소의 명칭중 측량사의 양성을 측량기술원 양성으로 지적측량사양성소를 지적측량기술원양성소로 개칭하였다.

또한 사설 강습소 소칙준칙이 변경됨에 따라 소칙을 개정하라는 주무관청의 지시가 있었으므로 1963년 12월 28일 서울특별시장의 소칙변경 승인을 얻어 양성 소편제를 개편하였다. 1964년에도 제5기 신규양성을 하였으며 1965년 1월 1일 지적측량기술원양성소 규정에서는

지적측량기술원양성소를 서울특별시 종로구 청진동 19번지에 설치하고 제6기 신규양성을 하였는데 1969년부터는 신규양성자의 진로문제로 신규양성을 중단하였다.

1968년에는 서울특별시 당국의 요청에 의해 서울특별시 각 구청의 공무원들에게 세부측량기술을 단기 재교육시킨 것을 시초로 본격적인 공무원 교육을 시작하였다.

1968년에는 7월 1일에는 내무부 장관이 본회를 순시하고 "협회 전반의 운영개선과 아울러 기술교육에 대해서도 기술학원 같은 것을 세워 기술자를 양성하는 것이 좋겠다"는 의견이 있었고 1970년 1월 8일에는 내무부 장관으로부터 기술자 배가양성을 위한 다음과 같은 지시가 있었다.

① 문교부 인가를 얻은 교육기관에 위촉토록 지방국장에 하명
② 부설 양성기관을 통한 신규양성
③ 지적측량사 전형시험을 실시할 것 등

이와 같은 내무부 장관의 지시에 따라 효과적인 기술자 교육을 위해 내무부 당국자로부터 현실적인 지적직공무원의 단기 위탁교육 요구가 있었다. 지적측량 업무의 정확한 처리를 위해 효율적이고 일관성 있는 업무를 수행할 수 있도록 자질과 기술향상을 기하고 1960년도 지방청공무원 훈련지침에 의해 이론교육보다 실무훈련에 중점을 두었다.

따라서 대한지적협회의 직제규정에서 협회 업무과에 기술지도계를 두고 기술지도계에서 지적측량기술원 양성과 훈련에 관한 사항을 취급토록 하였다. 1970년 1월 1일 직제규정에서는 본회의 업무부장이 지적측량기술원 양성과 훈련에 관한 사항을 관장하였다.

1971년 7월 14일에는 지적측량기술원양성소 소칙을 개정해 소장은 대한지적협회장이 되도록 하고 직원으로서는 부소장, 학감, 전임강사, 간사 이외에 고용인을 용원(1명)으로 변경하였고, 교육상 필요할 때는 초빙강사를 둘 수 있게 하였다.

초빙촉탁 강사는 각 반에 10명 이내로서 초급대학 이상 졸업자 또는 지적측량사로서 5년 이상의 경력을 가진 자가 되게 하였고 신규양성자 선발요건을 완화하였다. 1972년 7월 1일에는 정관상에 규정되어 있던 지적측량기술원양성소 관계규정의 대부분을 직제규정에 규정해 1972년 8월 1일부터 시행토록 하였다. 이때 부소장직을 없애고 소장 밑에 학감을 두도록 하였는데 학감은 기감 또는 기정을 보하도록 하였고 학감 아래 1명의 전임강사를 두되, 기정 또는 기좌로 보하게 하였다. 1973년 12월 31일에는 국가기술자격법(법률 제2672호)이, 1974년 10월 16일에는 동법 시행령(대통령령 제7283호)이 공포되면서 지적측량사 규정에 의한 자격부여가 국가기술자격법에 의한 자격부여로 변경되었다.

당시 양성학원에서는 과학기술처 장관이 인정하는 훈련과정으로 지정 받고자 이제까지의 신규양성 6개월 과정을 1년으로 연장하고 양성학원 수료자는 지적기사 1급에 응시할 수 있는 자격을 취득토록 시도하였으나 실현을 보지 못하고 계속해서 순수하게 직원의 연수교육 및 공무원 위탁교육기관의 위치에 머물게 되었다. 1975년 12월 31일자로 지적법(법률 제2801호)이 전면 개정되면서 지적측량 대행법인의 지정요건과 편제의 개편 및 정부시책에 따라 지적측량기술원양성소의 명칭을 1976년 1월 20일자로 서울특별시 교육위원회 변경인가를

받아 지적측량기술원양성학원으로 개칭하였다.

지적측량기술원양성소가 지적측량기술원 양성학원으로 명칭이 변경되면서 학원에는 소장, 학감, 전임강사, 간사를 두었다. 입소자 및 학사관리 등에 있어서는 양성소 신규과정 수업기간은 6개월로 정하고 매년 4월에 개학하는 것을 원칙으로 하였으며, 형편에 따라 수업기간과 개학시기를 변경할 수 있게 하였다. 1971년 7월 14일에는 지적측량기술원양성소 소칙을 개정해 신규반 입소자격을 고등학교 졸업자 또는 동등 이상의 학력을 가진 자로서 30세 이하의 병역을 필한 자 또는 면제자로 하였다.

교육과정에 있어서는 지적측량사에 대한 교육은 신규반과 재교육반으로 구분해 실시하였고 1968년부터는 내무부 장관이 위탁하는 지적직공무원에게 위탁교육을 실시하였다.

3 지적기술연수원

대한지적공사로 개칭되면서 지적측량기술원양성학원은 지적기술연수원으로 명칭 및 직제를 개편하였다. 학감제도는 폐지되고 교육연구 이사가 신설되어 연구원장을 겸하고 시설 및 현대화를 구축하였다. 1977년 7월 1일 시작된 지적기술연수원의 기술교육은 지속적인 기술개방 연구와 대외홍보로 지적기술의 교육 및 발전을 도모해 지적기술자의 건전한 정신자세를 확립하고 새로운 기술을 습득해 효율적인 직무수행을 배양토록 하였다.

이때 "지적기술연수원 발전 3개년 계획"을 수립해 지적교육의 활성화를 도모하였는데 교육을 전문교육, 대외교육, 위탁교육 및 행정실무교육으로 구분해서 전문교육은 공사직원과 공무원 3,330명에게, 대외교육은 타기관이나 외국 파견으로 국립 지리원이나 해외 선진국에, 위탁교육은 대학 및 전문대학에 연수할 계획을 하였다.

1977년 9월 1일에는 연수원의 정원을 기감 1명, 기정 2명, 참사 2호 1명, 기좌 2명, 고원 1명, 용원 1명으로 구성하고 교육연구부를 두어 교육연구 상임이사가 부장을 겸하도록 하였다. 교육연구부에는 교무과와 연구개발과를 두고 교무과장은 참사 2호, 연구개발과장은 기장으로 보하고 교수 및 연구위원을 두었다. 기감은 교수, 기정은 조교수, 기좌는 강사로 보하고 기감은 연구감, 기정은 연구사, 기좌는 부연구사로 보하였다. 또한 원장이 교육상 필요하다고 인정할 때 특별교육 과정을 설정해 지적과 관계있는 자를 관계기관장의 위탁을 받아 교육하였다.

지적업무의 수요가 급증함에 따라 1978년 8월 1일 연수원 기구를 보강해 교수부 외에 연구실을 신설하였다. 교수부에는 교수과와 교학과를 두고 교수부장은 교수, 교수과장은 참사, 교학과장은 부교수나 기장 또는 참사로 보하였다.

연구실에는 법제담당, 기술담당, 장비담당을 두고 각 담당은 2급 상당직원 또는 별정직으로 보하고 연구실장은 교수 또는 별정직으로 보해 지적제도, 지적측량, 지적기구의 연구개발 및 보급에 관한 사항을 관장토록 하였다.

(표26) 지적기술자 교육실적(2010) (단위 : 명)

연 도	연 수	위 탁	계	비 고
1953~1980	1,540	1,831	3,371	
1981	244	282	526	
1982	699	293	992	
1983	403	234	637	
1984	333	195	528	
1985	421	186	607	
1986	278	154	432	
1987	471	174	645	
1988	494	126	620	
1989	455	94	549	
1990	505	95	600	
1991	445	94	539	
1992	424	95	519	
1993	412	205	617	
1994	888	163	1,051	
1995	797	476	1,273	
1996	853	334	1,187	
1997	890	260	1,150	
1998	1,000	339	1,345	
1999	997	246	1,243	
2000	762	247	1,009	
2001	924	394	1,318	
2002	810	386	1,196	
2003	892	326	1,218	
2004	735	409	1,145	
2005	774	803	1,577	
2006	1,182	528	1,710	
2007	3,229	597	3,826	
2008	1,919	633	2,552	
2009	1,998	750	2,748	
2010	4,334	702	5,219	
계	30,115	11,651	41,951	

1979년 7월 10일 내무부 장관으로부터 지적기술연수원이 "특별연수기관"으로 지정되었다. 교육과정은 연수교육과 공무원 및 유관기관의 위탁교육으로 구분하여 신규반, 1급반, 2급반 등 11개 과정으로 구별해 기술교육을 실시하였다. 1979년 8월 지적기술연수원 발전 3개년 계획에 이어 지적기술연수원 현대화 5개년 계획을 수립하여 선진국을 능가할 수 있도록 교육운영을 쇄신하고 해외진출에 대비하였다. 1980년 4월 1일 해외진출의 기반을 다지는 한편 사세를 신장, 발전시키고 연수원의 부족한 인력을 충원하기 위해 연수원 직제규정을 개정하였다. 교수부장은 교수로, 연구실장은 교수나 기령 또는 별정직으로 보하고 교학과장은 참사, 교학과장은 기장 또는 참사로 보하였다.

연구실에는 법제 수석연구원과 기술장비 수석연구원을 두고 각 수석연구원은 기장 또는 별정직으로 보하고, 법제 수석연구원 밑에 부기장 또는 부참사 연구원 1명, 기술장비 수석연구원 1명, 기술장비 수석연구원 밑에 기장 또는 참사인 연구원 1명을 두고 연구실의 사무처리를 위해 행정요원을 두었다. 1980년 11월 1일 당사의 기구 축소개편에 따라 지적기술 연수원의 연구실을 교수부에 통합하고 교수부내에 교무과를 두고 교수부장은 교수, 교무과장은 참사로 보하였다. 연수원의 교육과정은 크게 연수교육과정, 위탁교육과정으로 구분하였다. 연수원장은 매년 실시될 각 과정별 연수 세부계획을 작성하고 교육입교자의 선정, 정원 및 연수기간 등을 시행하였다.

전문교육은 특성별로 신규반, 1급반, 2급반, 천문반, 수치반, 지적조사반 및 세부반, 도근반, 삼각반으로 분류했다. 따라서 지적의 전문교육부분인 항측, 전산, 천문, 수치지적 등의 특수교육을 개발해 실무에 즉시 적응할 수 있는 기술교육을 시도하였다.

지적기술연수원에서 실시된 지적기술자 교육은 양적으로나 질적으로 크게 확대되어 전문교육뿐만 아니라 제도 및 연구 개발에도 크게 기여하였다. 특히 지적기술자의 건전한 직업관을 확립하고 새로운 이론과 실무능력을 배양시키는 한편, 항측, 전산, 천문 및 수치지적 등 특수분야의 교육도 실시하였다. 교육시설 면에서는 연수원은 자체 교육장을 별도로 확보하지 못한 채 본사 4층에 40~80명을 수용할 수 있는 교수실 겸 도서실 1, 사무실 20~40명을 수용할 수 있는 실습장, 합숙소 1동의 시설로 출발하였다.

이론교육은 지적회관 강의실에서, 1급반, 2급반 실습, 일영실습장에서, 전산은 전산실에서, 기타 전문교육은 서울 근교를 선정해 실시하였다. 이후 일영(日影)실습장이 군사작전지역으로 편입되어 기초측량인 삼각측량 관측을 위한 산행 출입이 제한됨에 따라 1981년 7월 27일 경기도 용인읍 운학리 627번지에 단계적으로 실습지를 매입해서 5개소에 영구조표를 설치하였다. 그 중 고측표는 우리나라의 유일한 시설로서 높이 6m의 특수조표였다. 1981년 12월 18일 용인에 매입한 연수원 부지에 연건평 1,772.8m^{2}의 철근콘크리트조 신축청사가 준공되어 지적기술연수원에 모든 기구가 이전하였다.

교육시설은 내무반 23실, 학생기숙사 20실, 당직실 1, 장비실 1, 강의실 2개, 교수실 2, 자료실 1, 분임토의실 2, 원장실을 포함한 사무실로 구성되었다. 체육시설로는 테니스 코트 2, 배구코트 2, 축구장 1개, 식당, 창고, 관리인 숙소 등을 갖추는 한편 교육장비에 있어서는 지적측량교육에 필요한 장비를 모두 구비해 실습에 적응토록 하였다. 특히 지적기술 현대화를 추진하면서 국제적 기술교류와 협력을 도모하기 위해 연수원 기능 및 시설과 교육연구장비를 대폭 보강해 지적교육에 만전을 기하였다.

한편, 해외연수기술교육도 활발히 전개되었는데 1978년 9월 고급인력 양성계획의 일환으로 지적기술연수원 연구실의 2명이 스위스 항공학교 S.S.O.P에 유학하였다. 이어서 1979년 5월 과학기술처의 해외연수계획에 1명을 배정받아 장학생의 자격으로 스위스 S.S.O.P의 사진도화사 과정을 이수하였다. 1980년 8월에는 네덜란드의 항측 및 지적과학국제기관인 I.T.C에 1명이 항측기술자 과정을 이수하였다. 1983년 7월에는 이미 프랑스와 한불문화기술협력위원회에서 합의된 프랑스의 국립 측량대학인 E.N.S.G에 3명이 유학해서 선진기술을 습득하였다.

그밖에도 일본의 나고야 대학에 1명, 중앙공학원에 1명, 호주의 멜버른 대학 1명, 러시아의 모스크바 대학에 1명, 영국의 런던대학에 1명이 유학하여 한국의 지적제도와 관련하여 외국제도 연구 및 선진기술 등에 관한 교육과정을 수료했거나 이수과정 중에 있다. 이와 같은 실무기관의 해외 교육은 대부분 국비 지원 또는 대한지적공사지원, 지적장학회 지원으로 이루어지고 있는데 교육효과가 높아 현재에도 계속 추진되고 있다.

4 대학의 지적교육

국가의 토지정책의 기반인 지적을 발전시키고 지적기술자의 자질을 향상시키기 위해 지적교육이 차지하는 비중이 매우 컸다.

특히 근대 지적제도가 설립된 이래 초창기 지적측량에 대한 교육훈련은 지적제도의 현황유지와 측량을 위한 방법의 지향적인 입장에서 운영되었을 뿐이었다. 1970년대의 지적교육은 사회경제 발전에 대처하기 위한 측면에서 외국의 지적제도와 우리의 현실을 비교 분석해 그 동안의 단편적인 기술교육 방법에서 대학교육의 전환을 모색하였다.

지적교육은 지적행정 및 지적실무 경험이 있는 이가 대학강단에서 강의를 담당함으로써 후진양성을 위한 교육에 큰 공헌을 하였다.

대학에 지적과가 신설되기 이전인 기존 대학교에서 지적기술교육이 실시된 효시는 1973년 건국대학교 농과대학에서 원영희 교수의 지적측량학 강의이며 1974년에는 건국대학교 행정대학원 부동산학과에서 지적학 교육이 시도되었다.

지적교육이 독립학과의 명칭으로 개설되기는 전문대학이 처음으로 명지실업전문대학(1976. 12. 30)에 설치되었고 서일공업전문대학(1977. 1. 30), 신구전문대학(1977. 3. 1), 동신전문대학(1977. 12. 28)에 지적과가 설치되었다. 지적교육의 중요성이 점차 더해가자 국가에서도 지적에 관한 학문적 관심을 갖게 되어 내무부에서는 1977년 11월 2일자로 지적제1236. 13-14088호로 건국대학교 총장 앞으로 "지적학과 설치에 따른 보고서 작성"을 당시 행정대학원 부동산학과장 김영진 교수에게 의뢰하니 협조해 달라는 요지의 공문을 발송하였다. 이에 따라 건국대학교에서는 회시공문으로 1977년 11월 16일자 건교부 제770851 -988호로 "토지, 지적학과 설치에 따른 보고서"를 내무부에 제출하였다. 이러한 사례는 국가정책 차원에서 지적교육의 중요성을 입증한 것이라 할 수 있다.

당시 지적학과 설치보고서에 의한 지적학과 설치의 필요성으로는 다음과 같다.

① 인력수급의 불균형이 심하다.
② 전문학교 졸업생의 동계열 진학의 길이 막혀있다.
③ 토지, 주택행정에 관한 교육의 공백기가 빨리 제거되어야 한다.
④ 실무기술 위주의 기능사 양성과 병행해 학술적인 교육이 있어야 소관행정관리의 능률화에 기여할 수 있다.

특히 인력수요의 불균형면에 있어서는 내무부의 경우 당시 현재의 결원 81명, 기구 확대로 인한 인원 증원수요 1,466명, 연간 자연감소 50명 도합 1,597명이라는 대량수요를 안고 있고 대한지적공사의 경우는 현재의 결원 1,006명, 장래 증원계획 500명, 연간 자연감소 120명, 도합 1,626명에 이르며 합계는 3,223명이었다.

뿐만 아니라 현상 유지를 위해 불가결하다고 인정되는 자연감소에 대한 보충을 위한 수요가 186명, 기구 확대시에는 연간 약 300명이 되는 것으로 나타났다.

(표27) 지적인력 연간 수급계획(1977) (단위 : 명)

구 분	정 원	현 원	결 원	연평균 수급인원 자연감소 (%)	증 원 계 획		
					현원	증원	계
내 무 부	1,127	1,046	81	50	1,127	1,466	2,593
대한지적공사	2,334	1,328	1,006	120	2,334	500	2,834
기 타				16			
- 건설부	320	320					
- 철도청							
- 공 단							
계	3,781	2,694	1,087	186	3,461	1,966	3,461

교육방식은 재래식 교육형태보다는 종합식 교육형태가 교육의 흐름 및 현실에 부합될 것으로 판단되었고 교육면에서 중시되어야 할 과제는 학문적 체계화에 관한 것이었다.

학문적 성격은 부동산학과 매우 유사하므로 부동산학이 개척한 접근방법을 응용해서 우리나라 실정에 부합하는 방향으로, 학과 설치에 적합한 학과계열에 있어서는 공학계나 사회과학계 등 어느 학과 계열이나 큰 차이는 없으나 형식적인 문제보다는 학과의 독립성을 얼마나 충분하게 의식하여 개성있는 교육을 행할 수 있는가에 중점을 두었다.

학과계열에 소속하던 신학과에 대해서는 모계열 분야로부터 영향을 받지 않도록 특별한 배려를 요구하였다. 종합대학교에도 지적학과가 설치되었는데 처음에 강원대학교(1977. 12. 31)에

(표28) 대학의 지적학과 설치현황(2014)

구 분	설치인가	정 원	졸업생수	비 고
명지전문대학	1976	80명	3,389명	지적과
신구대학	1977	80명	3,297명	지적정보과
서일대학	1977	80명	-	1985년 폐지
동강대학	1978	35명	2,015명	토지정보관리과
강원대학교	1979	40명	-	1984년 폐지
청주대학교	1978	40명	1,310명	복지토지정보학부(지적학전공)
충청대학	1982	4명	1,514명	2014년 폐지
목포대학교	1985	40명	1,368명	사회과학부(지적학전공)
신한대학교	1991	40명	1,367명	공법행정학과(토지행정전공)
대구미래대학	1991	55명	1,336명	토지정보과
대구과학대학	1993	104명	1,825명	측지정보과
서울시립대교	1997	30명	300명	공간정보학과
강원도립대학	1998	40명	253명	지적공간정보과
도립청양대학	1998	40명	482명	토지행정과
전주비전대학	1998	40명	748명	지적토목과
창원문성대학	1998	58명	579명	부동산지적과
경일대학교	2006	40명	82명	부동산지적학과

설치되었고 이어서 청주대학교(1978. 10. 7)에 지적학과가 설치되었다.

이어 충청전문대학(1982. 12. 10)과 목포대학교(1984. 9. 27)에도 지적(학)과가 설치되었으며, 1984년 3월에는 청주대대학원에 지적학과가 설치되어 지적의 고차원 학문적 계기가 마련되었다. 그런데 일부 대학에서는 실무교육 및 장비확충의 어려움 등의 문제로 지적(학)과를 폐지하고 타 학과로 학과를 변경하기도 하였다.

하지만 계속되는 지적인력의 수요증가에 따라 신흥전문대학(1991. 1. 1), 경북실업전문대학(1991. 1. 1)에 지적과가 신설되었고 서울시립대학교(1997. 1. 1)를 비롯하여 강원전문대학(1998. 1. 1), 부산전문대학(1998. 1. 1), 전주공업전문대학(1998. 1. 1), 청양전문대학(1998. 1. 1), 창원전문대학(1998. 1. 1)에 지적과가 설치되었다. 계속해서 타 대학에서도 지적과 설치가 검토되고 있다. 또한 이미 지적과가 설치되어서 지적교육을 실시하고 있는 기존의 대학에서도 계속적인 학생 증원이 이루어지고 있는 실정이다.

고등학교에도 1997년도부터 지적교육의 저변확대를 위하여 전국의 실업계 고등학교 중 각 시·도 단위에 우선 1개교씩 지적과를 설치하여 지적교육의 기반을 구축하였고 계속적으로 학과설치가 이루어지고 있다.

1차적으로 실업계고등학교인 부평공업고등학교, 경북경상공업고등학교, 여수공업고등학교, 천안농업고등학교, 강릉농공고등학교에 지적과, 지적정보과, 지적토목과를 신설하여 고등학교에서도 지적에 관련한 교육을 하였다. 1998년도에 2차적으로 휘경공업고등학교, 김해건설공업고등학교, 광명공업고등학교, 2000년도에는 나주공업고등학교에도 지적과를 신설했으나 급변하는 국가의 교육 및 산업환경의 변화에 따라 점차 축소되면서 현재는 3개 고등학교에서 지적교육이 실시되고 있다.

(표29) 고등학교의 지적과 설치현황(2010)

구 분	설치년도	정 원	비 고
부평공업고등학교	1997	100명(주)	2000년 폐지
경상공업고등학교	1997	100명(주)	2006년 폐지
강릉농공업고등학교	1997	50명(주)	2004년 폐지
천안공업고등학교	1997	50명(주)	2009년 폐지
여수공업고등학교	1997	70명(주)	지형디자인과
휘경공업고등학교	1998	70명(주)	부동산지적정보과
광명공업고등학교	1998	50명(주)	2003년 폐지
김해공업고등학교	1998	50명(주)	2003년 폐지
나주공업고등학교	2000	35명(주)	지적정보과

즉 1976년부터 당국의 지원 아래 전문대학에 지적과가 설치되고 1977년에 종합대학교에 지적학과가 설치되었으며 고등학교에도 지적교육이 이루어지고 있는 것이다.

지적(학)과의 교육목표는 특수직업군의 필요에 따라 투철한 직업관을 성취할 수 있는 정신교육과 일반 전문인이 갖추어야 할 교양교육 및 실무에 사용하는 기계를 정확하게 취급할 수 있는 기계조작능력, 전문인으로서 직무에 종사할 수 있는 실무능력 등을 중시해 교육하고 있다. 이를 위해 지적(학)과가 설치되어 있는 각 대학에서는 대부분 산업협동체제를 활용해 교육내용 중 실무접근방법을 현장에서 얻을 수 있도록 현장감각이 풍부한 지적실무자를 초빙하는 외래강의가 상호 협조속에 원활하게 이루어지고 있다.

현재 대학의 지적교육은 점차적으로 지적분야에서 변화하는 사회적 수요에 부응해서 지적기술 및 법률, 행정관리 등 가능한 넓은 학문적 기초를 이룩하고 폭넓은 사회진출을 위해 기술교육 위주보다는 국토정보 관리면에도 대처할 수 있는 실질적인 교과과정으로 편성된 종합적 과학형태를 지향하는 방향으로 변모하고 있다. 정규대학의 지적(학)과 설치는 과거 단편적인 지적분야의 교육이 토지 전반에 대해 과학적이고 종합적인 연구개발이 시도되고 토지분야 중에서도 지적전문인이 배출되는 길이 마련된 것이다.

지적(학)과 설치의 필요성은 국토의 자원관리를 효율화하고 능률화를 기하기 위한 세계적 추세와 지적관리 현대화를 지향하는 국가시책에 적응하며 지적관서의 행정과 대한지적공사의 기술업무를 수행할 수 있는 직업능력을 개발하기 위한 기술과 관리기법의 교육이 필요하였기 때문이다.

그리고 직업기술인으로서 갖추어야 할 기초 교양교육과 직업관을 확립할 수 있는 교육을 통해 직업의식을 고취시키고, 지적의 근대화에 따라 전산처리 능력이 요구되고 인접관련 분야까지 교육을 통해 토지를 중심으로한 경영관리기법까지 교육과정에 포함되었다.

대학의 지적교육은 학교교육과 실업교육의 합리적 접근방법은 더욱 연구해야 할 과제였지만 전문대학에 지적과가 처음 설치되자 내무부와 지적기술연수원 교과과정 요청(안)을 대학당국과 협의를 통해 지적과의 교과과정에 편성 운영하였다.

문교부 주최로 전문대학 신설학과에 대한 교과과정 협의회를 통해 3개 전문대학 주임교수 협의회를 거쳐 교과과정의 수정 보완을 하였고 모형교과과정 협의회를 거쳐 현재의 전문대학 지적과의 교과과정으로서 운영하였다.

현재 대학의 지적교육은 11개의 전문대학과 3개의 종합대학교에서 이루어지고 있어 대다수의 지적기술자는 전문대학에서 배출되고 있는 실정이다.

제4절 지적기술의 자격

1 지적측량사 제도의 출현

(1) 토지측량업자 면허제도

구한말 토지조사사업 외에 민간인들이 토지측량 붐을 타고 사적으로 실시되는 측량도 성행되어 토지소유자들에게 많은 피해를 입혔다. 그래서 조정은 이들 토지측량업자들을 규제하는 한편 일정한 요건을 갖춘 자에게는 자유업을 인정하였다.

당시 토지측량업자에게 적용되었던 규칙은 경기도령 제1호 "토지측량업자 단속규칙"과 동일자 전라북도령 제1호 및 강원도령 제2호 "토지측량업자 취체규칙"이 그것이라 할 수 있다. 토지측량업자 단속규칙은 경기도령 제1호로 1910년 2월 8일과 강원도령 제2호로 1910년 융희 4년 2월 15일 제정되어 경기도, 강원도의 토지측량업자에게 적용되던 규칙으로 전문 10조 부칙의 주요내용은 다음과 같다.

① 토지측량업을 하려는 자는 자원서에 이력서를 갖추어 관할경찰서 경유 관제사에게 청원하여 면허증을 취득하도록 하고 있다.

② 측량업무 개시 전에 보수와 기타 비용을 예정하고, 측량의 강요나 면허증의 대여행위를 금지토록 하고 있다.

③ 토지측량 착수 전에 측량지, 지목, 면적, 필지수, 측량 상정비 등을 관할 경찰서에 신고토록 하고 있다.

한편, 토지측량업자 취체규칙은 전라북도경 제1호로 1910년 융희 4년 3월 21일 제정되어 전라북도의 토지측량업자에 관한 단속규정으로 전문 9조로 되어 있는데 주요내용은 다음과 같다.

1) 토지측량업자의 면허증을 얻으려면 이력서, 대금과 제비용의 상정안을 정하여 도 본청에 제출토록 하고 있다.

2) 면허증은 다음 조건의 하나에 합당한 자라야 가능토록 하고 있다.

① 관청의 시험에 합격하여 증서를 얻는 자

② 측량기술을 교수하는 관입학원의 졸업증서를 얻은 자

③ 1년 이상 측량의 기술에 종사하고 판임관 이상의 직에 있는 자

경기도령의 토지측량업자 단속규칙과 다른 점은 토지측량사의 면허를 얻기가 어렵다는 것인데 이는 우리나라의 도령이 특징적이었던 것을 짐작할 수 있다. 이처럼 토지측량 업무를 영위하고자 할 때는 청원서에 이력서 및 임금과 제 비용의 예정액을 첨부하여 소관경찰서를 경유 관찰사에게 청원해야 했다. 심사후 합격자에게 면허증을 발급해 주었는데 이를 변경할 때도 역시 같은 절차를 밟았다.

토지측량업자가 폐업 또는 업무의 금지를 당한 때는 10일 이내에 면허증을 반납하여야 했고 사망하였을 때는 민적법에 의한 신고 의무가 그 절차를 대행하였다. 토지측량업자가 토지측량에 착수하고자 할 때에는 사전에 그 처소, 지목, 면적 또는 필수, 예정측량비를 신고토록 하였으며 조수를 사역할 때는 그 주소, 성명을 당해 경찰서에 신고토록 하였다. 또한 토지측량업자가 업무에 종사할 때는 면허증을 휴대해야 하며 경찰관리의 요구가 있을 때에는 이를 제시해야 하였다. 특히 토지측량업자는 다음 각호의 1에 해당하는 행위는 할 수 없도록 하였다.

① 어떠한 명의를 불문하고 인가액 이외의 보수, 기타 제비용을 청구하는 일

② 직접 또는 간접으로 측량을 강수하거나 혹은 강수케 하는 일

③ 의뢰를 받지 않고 타인의 토지를 측량하는 일

④ 면허증을 타인에게 대여하는 일

이처럼 토지측량업자가 업무상 부정한 행위를 하였을 때는 그 업무를 정지하거나 금지하고 면허증의 반납을 명할 수도 있었다. 그리고 토지측량업자가 토지측량업자 취체규칙 또는

이 규칙에 기인한 처분에 위반한 때는 10일 이하의 구류 또는 5원 이하의 벌금에 처하였다. 이렇게 민간인들이 토지측량을 사적으로 실시하는 것이 성행하면서 토지소유자들의 피해가 점차 증가하자 토지측량업자들을 규제하기 위해 일정한 요건을 갖춘 자에게는 면허자격을 주어 자유업을 인정하였던 것이다.

(2) 지정측량자 및 기업자측량제도

근대 지적제도가 확립되는 1910년대는 당시의 여건에 따라 토지의 이동건수는 아주 적었다. 더구나 토지조사를 위한 각종 토지측량이 끝난 직후였기 때문에 삼각점, 도근점, 세부측량의 기지경계점이 그대로 있어 지적측량은 그다지 어려운 것이 아니었다. 때문에 임시 토지조사국의 해산과 동시에 부·군·도에 전속된 기술직원만으로도 지적정리는 충분히 수행할 수 있었다.

당시 분할측량 등을 필요로 하는 자는 지세령시행규칙에 따라 소정의 수수료를 첨부하여 소관의 부윤·군수·도지사에게 그 측량을 신청할 수 있게 하고, 이런 신청이 있으면 부·군·도의 기술직원이 관비로 출장하여 측량한 후 토지대장 및 지적도 등을 정리하는 국가직영의 방식을 취하였다. 그러나 도로, 하천, 구거 또는 철도의 시설, 기타 공유수면의 매립 등에 따르는 토지이동이 급격히 증가하게 되어 부·군·도에 배속된 상치기수인 기술직원만으로는 도저히 이를 소화할 수 없었기 때문에 1923년 7월 19일 조선총독부 재무국장이 비밀통첩으로 "정부의 자기이익"이라는 취지 아래 사실상 직접 지적측량을 하고 있는 기업자 또는 도지정측량자 혹은 그들의 보조자 등에도 지적도 또는 임야도의 열람 등사를 허용하도록 지시하였다. 이어서 조선총독부 재무국은 "1923년 7월 20일 세을 제674호 광대지역에 한한 이동지정리에 관한 건, 동일부 세을 제675호 지정측량자의 지정에 관한 건"을 통첩하여 지정측량자제도 및 기업자측량제도를 채택하였다.

지정측량자의 지정에 관한 건의 주요내용은 다음과 같다.

지적측량자가 신고서를 첨부 이동지측량도를 제출하였을 때는 부·군·도에서 지적측량의 일부를 생략하면 사무 간소화가 된다. 당초 지적측량의 기능을 알 수 없으므로 검사를 철저히 확인한 후 다음사항을 취급한다.

① 지정측량자의 수는 당분간 1도 1인으로 하고 이동지 업무의 추세에 따라 증가 할 수 있고 각 도에 1인을 지정해도 무방하다.
② 지정측량자는 총독부나 소속관서에 기사로 2년 이상 또는 기수로 지적측량에 종사한 자야 한다.
③ 지정을 할 때에는 그 뜻을 도보에 공고한다.

이에 따라 각 세무감독국 단위로 지정측량자를 1개씩 두어 광대지 및 공유수면 매립지의 신규등록 측량, 기타 임야분할 측량 등을 실시하고 세무기관의 검사를 거친 뒤 지적공부를 정리하였다. 기업자측량제도는 도로, 하천, 철도, 수도 등의 신설, 보수 기업지인 관청이나 개인이 자기 산하에 지적측량기술자를 채용하고 주무관청의 승인을 얻어 자기사업에 따르는 지적측량을 하게 하는 것이다. 지정측량자제도는 도에서 민간인 지적측량기술자를 지정하여 지적측량을 하도록 하는 제도로 당초에는 1도 1인을 원칙으로 하였다.

지적측량 자격에 있어서는 당시 지적측량기술자에 대한 법률적인 자격규정은 없었다. 다만, 도에서 토지조사중 관리를 하였거나 종사한 경력만으로 행정적으로 지적측량자로 자격을 인정한데 불과하였다.

지적측량기술자는 전국을 통틀어 헤아릴 정도로 많지는 않았는데 그 중 도 지정측량자는 각각 무슨 측량자라는 간판을 내걸고서 개인의 자격으로 국가의 지적측량을 대행하였으나 그들의 결합체는 아무것도 없었다. 그 후 계속 토지이동은 증가하였기 때문에 기업단체의 지적측량자 및 도 지정측량자의 수요는 이에 비례하여 증가하였다.

기업자측량제도와 도지정측량자제도가 폐지될 때까지 전국에 상당수의 민간인 지적측량자가 있었다. 그런데 특히 업무량이 많고 집행이 용이한 도시에만 측량기술자가 몰려 농촌지역 등은 지적측량을 하기 힘든 형편이었으며, 업무처리와 수수료가 통일성이 결여되고 자질 저하 및 통제의 어려움 등 제도나 운영상의 결함과 모순을 드러냈다.

기업자측량제도와 도지정측량자제도는 다같이 국가의 부족한 경비와 인력에 대한 보충이라는 측면에서는 장점이 있었으나, 반면 각 측량기술자간에 업무수탁을 둘러싼 무모한 경쟁에 따른 출혈이 많은 폐단이 있었다. 이렇게 기업자측량제도와 각도에 민간인 지정측량자를 공식적으로 두는 제도는 당시까지 운영되었던 국가직영제를 일보 후퇴시켜 대행제도와 유사한 2가지 제도를 채택한 것이다. 이러한 기업자측량제도와 지정측량자제도의 창설은 결국 국가직영제도에서 대행제도로 전환되는 계기가 되었다.

(3) 지적측량 대행제도

기업자측량제도 및 지정측량자제도의 운영이 차츰 결점만이 부각될 무렵 지세 및 지적제도의 운영을 조성할 목적으로 단일 대행기관의 설치가 절실하게 요청된 바 이 목적을 위해 대행기관 설립의 필요성을 절실히 느끼게 되었다. 조선총독부는 1938년 1월 17일자 재단법인으로 조선지적협회를 설립하고 지적측량 대행기관으로 지정하였다.

종래의 지정측량자제도 및 기업자측량제도는 1938년 2월 25일 재무국장으로부터 각 세무감독국장에게 보낸 "재단법인 조선지적협회 설립 및 광대지역에 한한 이동지정리제도 폐지의 건" 통첩에 의하여 1938년 3월 31일 폐지되었다.

이에 대한 주요내용으로는, 1월 17일자로 재단법인 조선지적협회 설립허가가 있음에 의하여 동협회 설립의 취지 및 그 목적에 따라 세무관서와 협회와는 끝까지 긴밀한 연계를 가지고 사업의 건전한 발전을 위하여 협력할 것이며 협회는 본년 4월 1일부터 사업에 착수할 예정에 대하여 지적관계 사업취중 이동지측량 및 토지이동 신고·신청 수속과 같은 것은 장래에 이를 본협회가 시행할 것을 감안해 다음 통첩은 본년 3월 31일한 이를 폐지한다. 또한 상치기술원을 갖는 기업자 소속의 광대지역에 한한 이동지로서 직접 지적협회에 위촉하기 곤란한 사정이 있는 것에 한하여 당분간 종래의 예에 의한 취급을 설정하는 뜻을 주지하고 있을 뿐만 아니라, 이 제도폐지 후에 있어서의 광대지역에 의한 이동지는 물론 일반의 토지이동에 대하여도 노력하여 본협회로서 행하도록 조치하시기를 협회 기부행위 1부를 첨부 통첩함.

추이 : 지적협회에 대하여는 토지검사 및 동 측량검사의 생략, 기타 세무관서와의 연락상의 취급을 설치한 예정으로서 추후 통첩이 있을 것에 대비하여 미리 염두에 둘 것.

1938년 1월 19일자 매일신보에서는 "재단법인 조선지적협회의 설립에 음하여"라는 제목으로 지적협회 설립의 필요성을 다음과 같이 발표하였다.

각종 기업이 발흥됨에 따라 토지의 이동은 매년 증가하는 추세였으나 국가재정 형편상 관계기관의 신설은 어려운 실정이라 토지이동정리는 적기에 이르지 못하였다.

또는 지정측량자제도 하에 민간측량업자의 통제를 위한 아무런 제도도 없이 이들 업자들의 자질은 점차 저하되어 토지이동 추세에 수응할 수 없는 실정이므로 차제에 지적과 지세제도의 확립을 위해 조선지적협회를 설립하게 되었다. 1938년 1월 26일자 매일신보에는 조선지적협회 설립에 협조를 바라는 담화문을 발표하였는데 요약하면 다음과 같다.

① 조선총독부 재무국에 조선지적협회를 설립하고 각 세무감독국에 지부를 둔다.
② 오랜 기간과 많은 경비를 들여 토지와 임야조사사업을 시행하였는데, 그 후 각종 공사나 사업에 따른 토지이동은 증가하나 국가기관에 대신할 협회를 설립한다.
③ 당국에서도 후원할 것이며 세무관서와 협회와도 협력하여 지적 유지에 매진할 것이다.
④ 창업 때는 조선총독부 재무국장이 협회장을, 직원이 간부를 차지하나 점차 독립토록 한다.
⑤ 협회 직원은 우수한 자를 선임하고 민간측량업자도 유능하다면 채용한다.
⑥ 협회 사업의 운영목적은 이동지정리를 신속히 하는 것이니 기업자나 토지소유자의 협력을 바란다.

조선지적협회는 조선민사령에 의해 이러한 설립취지에 따라 1938년 1월 17일 조선총독으로부터 설립허가를 받아 1월 24일에 경성지방법원에 등기를 마치고 3월 10일 조선총독부 관보에 공고되었다. 당시 정관인 기부행위에는 사무소를 경성부 광화문통 2번지 조선총독부내에 두고 각 세무감독국내에 지부를, 각 세무서내에 출장소를 둔다고 하였다. 목적은 지적과 지세제도의 운용을 조장하는 데 있고 다음과 같은 사업을 시행한다.

① 지적에 관한 사항
② 토지에 관한 신고, 신청수속의 대행
③ 측량기술자의 양성
④ 기타 본회의 목적을 달성하는 데 필요한 사항

조선지적협회의 설립 다음해부터 지적측량기술자의 수가 절대적으로 부족하였다. 따라서 협회에서는 지적측량기술원 양성소를 설치하고 기술자를 양성함으로써 기술원 확보와 아울러 세무관리에 종사할 기술자를 양성하였다.

당시에도 지적측량자가 현재와 같이 일정한 지적측량 자격증을 취득하고 업무에 종사하는 자격제도는 없었으며 민간인 측량사는 지적측량을 할 수 없도록 제한함으로써 지적측량을 할 수 있는 자격은 조선지적협회의 측량사라야 했다.

측량기술 습득은 특정한 교육기관인 양성소에서 기술교육으로 학과이론 3개월, 실습 3개월의 약 6개월 기간의 소정교육을 받은 후 채용되어 실무에 배치되었다. 우수자는 고급 기술자로 대우하였는데 수업료 및 측량실습비는 관비로 지급하였다. 그러던중 일제가 패망하고 1945년 8월 15일 광복과 함께 미군정이 실시됨에 따라 지적업무는 재무국에서 관장하게 되었다.

1948년 6월 미군정청은 적산부동산(귀속대지) 및 적산농지 등에 측량업무를 실시, 토지행정처 사세총감으로 하여금 토지처분 사무를 취급케 하였는데 이때부터 지적측량사들은 귀속대지 측량에 종사하기 시작하였다. 이후 귀속농지의 처분을 위해 토지불하처분령을 공포하여 귀속토지의 불하를 실시하였다.

지적측량은 광복이후 처음 막대한 토지분배 업무가 시작되어 신한공사 당시 적산토지분할측량은 단시일에 각 세무서가 수만 필씩 해당되는 측량을 집행하였다. 그런데 측량기술자 수는 적고 측량사를 양성할 수 있는 시일도 없는 실정이나 상부 명령에 따라 강행하였지만 지적기술자는 적고 업무량은 많아 부득이 토지조사국 당시 종사원이던 퇴역기술자인 노인까지 세부측량에 동원되었다.

이렇게 유례없이 급작스러운 토지개혁 등으로 지적업무는 귀속재산인 적산토지 분할측량을 비롯해 토지분배 농지분할측량 및 무신고 이동지측량 등과 농로분할측량, 경지정리측량 등이 계속되어 무리하게나마 급속히 완료는 하였지만 지적측량 불비 등이 많이 나타나는 결과가 되었다. 이처럼 광복과 더불어 지적협회는 휴면상태로 되면서 미군정 당시에는 제반사에 일시적 혼란을 면치 못하였다.

특히 토지개혁 이후 분배농지 분할측량과 무신고 이동지정리 측량 등으로 업무가 계속 폭주함에도 불구하고 기술자 부족 등 업무처리가 원할치 못하자 재무부는 총독부시대의 조선지적협회를 부활시켜 지적측량을 실시토록 하였다. 이러한 배경 속에 대한지적협회는 1949년 4월 29일 "지적협회 사업 재개시에 관한 건"이라는 재무부 장관의 통첩으로 종래의 조선지적협회가 대한지적협회로 재편성 발족되었으며 1949년 5월 1일부터 업무를 재개하게 되었다. 조선지적협회의 부활은 과거 지적측량자제도 및 기업자측량제도의 청부업자 같은 결함과 모순을 시정하기 위한 최선책이었으므로 지적협회는 국가의 유일한 지적측량 대행기관으로 지적측량을 집행하고 국가는 사전, 사후를 통해 검사와 지도감독을 하는 이원화된 제도로 복귀한 것이다.

업무 재개에 따라 1949년 7월 1일 기부행위를 제정하였는데 명칭을 재단법인 대한지적협회로 바꾸고 설립목적, 사업내용, 자산은 조선지적협회 당시의 것을 거의 승계하였다. 본회 사무소는 재무부 사세국내에 두며 각 사세청내에 본부를, 각 세무서내에 출장소를 두고 업무 추진을 위한 조직 및 기구를 대폭 정비하였다.

이때 총재·부총재제도를 도입하여 총재는 재무부 장관, 부총재는 재무부 차관을 추대하고 이사 15명 이내, 감사 2명을 두었다. 이사중 1명을 회장, 1명을 부회장, 6명을 지부장, 1명을 본부 상무이사, 6명을 지부 상무이사로 하였고 회장은 재무부 사세국장, 부회장은 사세국 직세과장이 하였으며 지부장, 고문, 참여는 회장이 임명하였다. 1961년 3월 9일에는 새로 대한지적협회 기부행위가 정관으로 명칭이 변경되면서 총재·부총재제도는 폐지되고 본회 사무소는 서울특별시 종로구 견지동 110-1번지, 사세청 소재지에 지부를, 세무서내에 출장소를 두었다.

지적관리 업무가 재무부→사세청→세무서의 일관성있는 세지적 행정체제의 형태를 유지하던중 1962년 1월 1일부터 지적관리 업무가 재무부에서 내무부로 이관됨에 따라 중간감독 기관은 도에서, 일선의 지적관리는 시·군·구에서 집행하는 새로운 전환점이 되었다. 대한지적협회의 업무 재개 이후 업무집행에 대해 외부로부터 국가의 의도와는 달리 의견이 많이 제기되었는데 대표적인 것은 세정시보사가 재무부 사세국에 지적 및 지적협회 지적측량 집행 전반에 걸쳐 질의한 것이었다. 그 밖에도 대한지적협회는 발전과정에서 내부적 갈등과 외세에 의한 존립의 위기를 여러번 겪었다.

내부적으로는 협회 존립을 위태롭게 한 대행측량사들의 이탈과 외부적으로는 측량법 제정 시행에 따른 일반단체들의 정치적, 법적, 도전이 끊이지 않았다. 지적측량 대행제도는 1961년 12월 지적관리 부서가 재무부에서 내무부로 바뀌자 지적행정 및 지적측량 대행기관의 감독권도 내무부에서 관장하게 되었다. 한편 지적측량 자격을 보유한 기술교육은 일반 분배농지와 이동지측량 업무가 폭주됨에 따라 측량기술의 질적향상 및 측량기술자 양성을 위해 지적기술원강습회, 임시지적기술원양성소 등을 설치하였다.

2 지적측량사 제도의 정착

(1) 상치측량사와 대행측량사

1950년 12월 1일 법률 제165호로 공포된 지적법 제17조 제3항에는 지적법에 의한 측량에 관한 사항을 대통령령으로 정하도록 위임하였다. 이어서 1954년 11월 12일 국무원령 제951호로 지적측량규정이 공포되고 1960년 12월 31일 국무원령 제175호로 개정된 지적법시행령 제23조에는 지적법 제17조 제3항의 규정에 의한 측량에 관한 사항은 지적측량규정과 지적측량사규정으로서 이를 정한다고 규정하고, 제176호로 지적측량사의 신분에 관한 지적측량사규정이 공포되어 우리나라 처음으로 지적측량사가 법률적으로 뒷받침되었다. 이때의 지적측량 규정은 지적측량의 기술적인 규정이고 지적측량사규정은 지적측량기술자의 인적사항에 관한 규정이었다.

지적측량은 지적측량사규정에 의하여 공인된 기술자가 지적측량 규정에 따라 시행한다는 것으로 지적측량사규정이 제정되면서 지적측량사 자격제도가 시행되고 지적측량사가 되고자 하는 자는 지적측량사가 됨에 필요한 기술능력을 업무별로 세부측량과, 기초측량과, 확정측량과로 3구분하여 전형을 거쳐 자격을 취득케 하였다.

세부측량과는 지적측량의 가장 기본이 되는 과로서 토지의 신규등록, 토지분할 및 경계정정 등 주로 지적측량의 본질적인 다채로운 기술부문으로 지적측량사라고 하면 세부측량과의 지적측량사를 연상하리 만큼 보편적인 기술이기도 하다.

기초측량과는 세부측량의 기초가 되는 도근측량 및 도근측량의 기초가 되는 보조삼각측량에 관한 과로서 계산적인 측량기술이므로 경위의를 주로 사용한다.

확정측량과는 시가지계획이나 농지개량사업으로 토지의 구획정리를 하여 환지를 교부할 때에 환지를 확정하는 측량부문으로서 지적측량사 자격 전형에서는 편의상 삼각측량도 여기에 포함시켰다. 그런데 지적측량규정에서는 확정측량을 세부측량의 일종으로 규정한 데 반하여 지적측량사규정에서는 지적측량사를 세부측량과, 기초측량과, 확정측량과로 구분하였다.

지적측량규정에서는 확정측량이 세부측량의 일종이나 지적측량사규정에서는 세부측량에서 분리하여 독립적인 과로 승격시켜 놓은 것이다. 1961년 2월 7일 당시의 지적사무 주무관청인 재무부령 제194호로 제정공포된 지적측량사규칙 시행규칙에는 확정측량과의 전형에 합격한 자는 기초측량과나 세부측량과의 전형에 합격하지 않았더라도 각각 그에 합격한 것으로 본다고 규정하여 확정측량과는 지적측량 중에서 만능적인 위치를 차지하였다. 몇차례 전형고사를 거치는 과정에서 기초측량과나 세부측량과의 전형에는 합격하지 못한 응시자라도 확정측량과에만 합격하면 기초측량과와 세부측량과도 합격한 것으로 되는 모순이 나타났다. 1966년 12월 1일 지적사무가 재무부에서 내무부로 이관되어 운영되던 중 내무부령 제166조로서 재무부령에 대체할 때 확정측량의 우위조항을 삭제하여 확정측량과, 기초측량과, 세부측량과가 각각 독립된 측량과로 되었다.

지적측량사는 지적측량사 규정 제3조에 따라 상치측량사와 대행측량사로 구분하였다.

상치측량사는 "국가공무원으로 그 소속사무에 종사하는 자"를 의미하였는데 거의 전부가 서울특별시, 부산직할시, 도, 시, 군, 구에 근무하는 공무원이고 교통부 등에서도 철도공사, 비행장공사 등에 따르는 지적사무에 소속공무원을 종사토록 상치측량사를 두기도 하였다. 상치측량사에 대한 감독은 지적측량규정이나 기타의 명문규정이 없기 때문에 각각 그 소속관서의 장이 직원으로서의 행정적 감독을 하고 있을 뿐 순수한 지적측량사로서의 감독은 받지 않았다. 다만 비위시에는 지적측량사 징계위원회에서 징계를 의결할 수는 있으나 법률에 규정된 지적측량사의 감독이라고는 할 수 없었다.

대행측량사에 대해서는 지적측량사규정 제정 당시에는 "타인으로부터 지적법에 의한 측량업무를 위탁받아 행하는 자"를 대행측량사라고 규정하였었다.

이때의 대행측량사는 변호사, 사법서사들과 마찬가지로 독립해서 지적측량 업무를 위탁받아 처리할 수 있다는 이론과 반대로 대행측량사라 하더라도 지적협회장의 촉탁이 없으면 지적측량 업무를 대행할 수 없다는 이론이 몇해 동안 논쟁이 되기도 하였다.

당시 법조계에서도 완전히 2가지로 해석함으로써 그 당시까지 지적협회장의 촉탁이 없으면 측량을 대행할 수 없다고 믿던 지적측량사 중 일부는 지적협회장의 촉탁에 기속될 필요없이 독립하여 자영업을 하려고 협회를 탈퇴해 개인사무소를 하는 등 지적측량의 분규 등이 있었으나 지적측량의 특수성에 맞추어 1967년 12월 14일 대통령령 제3301호로 지적측량사규정 중 대행측량사의 정의를 바꾸어 "타인으로부터 지적법에 의한 지적측량업무를 위탁받아 행하는 법인격이 있는 지적단체의 지적측량 업무를 대행하는 자"로 규정하여 이에 대해

사회 일부에서는 “지적협회 독재” 논란이 제기되기도 하였다.

한편, 지적측량사규정이 공포된 지 만 1년 후인 1961년 12월 31일에는 법률 제938호로서 건설부가 주관하는 측량법이 공포되었다. 그런데 이 2개의 법령은 지적측량에 대한 법률 적용문제로 심각한 논쟁이 계속되었다.

(2) 지적측량 업무의 논쟁

논쟁의 요지는 지적측량도 측량법에서 규정한 공공측량에 해당하므로 마땅히 측량법의 규제를 받아야 한다는 것이 당시 법제처 및 건설부측의 주장이었다.

여기에 대응하여 지적측량은 지적법에서 규정된 측량이기 때문에 지적법의 규제를 받아야 한다는 것이 내무부측의 주장이다. 또한 지적측량사규정은 대통령령인데 반하여 측량법은 법률로서, 법률은 대통령령에 우선한다는 주장에 대하여 지적측량사규정은 지적법의 위임에 의하여 제정된 위임명령이기 때문에 그 위임된 범위안에서는 법률과 동등한 효력이 있다고 주장하였다. 그러나 지적측량사 규정은 선법이고 측량법은 후법이기 때문에 후법은 그 상대의 선법을 폐지한다는 법언에 따라 지적측량사규정은 당연히 무효라는 주장에 대해서, 지적측량사규정은 특별법이고 측량법은 일반법이기 때문에 여기서 선법, 후법은 문제가 되지 않으며 특별법인 지적측량사규정이 우선한다고 주장하였다.

지적측량의 법령에 대한 논쟁은 이상과 같이 대립되다가 지적법 전면개정시 지적법에서 지적측량에 대한 조항을 두고 그 정의를 명확히 밝힘으로써 마무리되었다. 그밖에도 지적업무를 할 수 있는 자격을 둘러싼 논쟁으로 상부에 질의가 계속되었다.

지적측량을 둘러싼 논쟁사례로 경상북도에서 1963년 3월 9일 경북내재 1236. 12-2070호로 내무부에 질의한 “지적측량업무 대행에 관한 질의” 내용은 다음과 같다.

합자회사 고려측지사로부터 측량업무 대행 지명신청이 있었는데 이에 대해 1963년 3월 19일 내지방 1236. 12-1079호로 회시한 내용은 지적측량사 규정에 의하여 설립이 공인된 지적협회 이외에는 정부감독권이 미치지 아니하므로 직접적으로 정부의 통제 하에 있지 않는 자에게 지적측량 업무를 대행시키는 것은 불가하다고 회시하였다.

그밖에도 지적측량 업무를 둘러싼 질의사례는 계속적으로 속출하였다. 대표적으로 제기된 지적측량에 대한 법률적용 질의사례 내용 중 재무부에서 1964년 7월 28일 세정 1236. 1-10063호로 질의한 “지적측량에 대한 법률적용 질의” 내용은 다음과 같다.

지적법은 1914년 3월 6일 제령 제1호 지세령의 후신으로 1950년 12월 1일 법률 제165호로서 제정 공포되고 동법 제17조 제3항의 규정에 의하여 지적측량규정(1954. 11. 12 대통령령 제951호)과 지적측량사규정(1960. 12. 31 국무원령 제176호)이 제정 실시되어 지적측량 업무는 이에 의하여 수행해 왔으며 측량법은 1961년 12월 31일 법률 제938호로서 제정 공포되었으나, 이에 앞서 1960년 2월 6일 법120호로서 법제실장이 당시의 지적관리청인 재무부 장관에게 조회한 “측량법안에 대한 의견 조회의 건”에 첨부된 초안에는 “제2조(타법률과의 관계) 측량은 다른 법률에 특별한 규정이 있는 것을 제외하고는 본법이 정하는 바에 의한다”라고 규정하였기에 지적법을 모법으로 하는 지적측량은 응당 제외되는 것이므로 이 측량법안에 동의하였던 것이나 법안 상정시에는 하등의 연락조차 없이 타 부처와의 관련사항 중 가장 중요한 전기 제2조 전문을 삭제하고 구법 정리기간에 신법인 본법을 다른 구 법률안과 함께 일괄 통과시켰던 것인바 지적법에 의한 측량은 다음의 이유로 제외된다고 해석하오니 귀견을 회시하기 바람.

추신: 당부 법무관의 의견도 이와 같습니다.

〈이유〉

(1) 지적법 제17조 제3항은 지적측량 실시에 관한 대통령령으로서 정할 것을 규정하였으며 동법 시행령 제23조에 명문으로 규정한 것과 같이 따로 대통령령(국무원령 포함)인 “지적측량 규정”과 “지적측량사 규정”으로 이를 정하였음으로 지적측량의 시행은 이 2가지 규정이 정하는 바에 의해야 하며,

(2) 지적법은 우리나라 특유인 지적제도의 유지발전을 규정한 특별법이므로 이에 규정된 사항은 일반측량에 대하여 포괄적으로 규정한 일반법인 측량법의 적용이 배제됨은 당연하다고 인정되며 따라서 현행 지적측량 규정과 지적측량사 규정은 모법의 개폐 없이 그 효력에 영향을 받을 수 없다고 사료됨.

법무부는 1964년11월7일 법무법 제810-25486호로 재무부의 견해와 같음을 회시하였다.

〈이유〉

측량법 제2조 제3호는 “공공측량은 기본측량 이외의 측량 중에서 대통령령이 정하는 바에 의하여 장관이 지정하는 측량을 제외하고 국가 또는 공공단체가 그 비용의 전부 또는 일부를 부담하거나 보조하여 실시하는 측량을 말한다”고 규정하였으므로 지적측량도 국가 또는 공공단체가 그 비용의 전부 또는 일부를 부담 또는 보조한다면 측량법시행령 제1조에 규정된 측량(공공측량에서 제외되는 측량)에 포함되지 아니하는 한 전기 공공측량의 개념에 속하는 것같이 일응 생각할 수 있으나 공공측량에 관하여 구체적으로 규정한 전기의 측량법 제3조를 살펴보면 제25조가 공공측량을 하고자 하는 경우 당해측량에 관한 작업규정, 즉 개개의 구체적인 측량사업을 함에 있어서 준수하고 따라야 할 작업지침을 작성하여 건설부 장관의 승인을 받도록 하는 일방 필요에 따라서는 건설부 장관이 직접 공공측량의 직업규정의 기준을 정하여 하달할 수 있다고 규정한 점 및 제26조, 제27조, 제29조, 제30조가 건설부 장관이 공공측량의 계획기관에 대하여 장기계획서 또는 매년도의 계획서를 비롯하여 장관이 필요하다고 인정하는 자료의 제출을 명할 수 있고 또한 공공측량의 성과를 보고받아 이를 심사하도록 규정한 점 등을 종합 고찰할 때 동법의 공공측량은 도로, 교량 등 공작물을 위시하여 도시계획 등의 공사를 위한 측량만을 의미하는 것으로서 어디까지나 공사를 전제로 하는 측량임을 규지할 수 있으므로 지적공부를 정리하여 조세부과를 정확히 하기 위하여 소유권의 한계를 밝히는 지적측량과는 근본적으로 그 의의를 달리한다고 해석할 수 있을 것이다. 따라서 귀문의 경우 지적측량이 비록 국가 또는 공공단체가 그 비용의 전부 또는 일부를 부담 또는 보조하는 경우도 건설부 장관의 소관에 해당하지 아니한 것으로 사료됨.

이와 같이 그 당시에는 지적측량을 놓고 지적측량사와 일반측량사간의 다툼이 많았지만 지적측량의 특수성 및 중요성을 인정하여 지적업무는 지적측량사만이 집행할 수 있도록 하는 지적측량사제도가 정착되었다.

(3) 지적측량사의 전형시험

지적측량사가 되고자 할 때에는 내무부 지적측량사 전형위원회의 전형을 받아야 하는데 지적측량사 전형위원회는 전형을 통해 응시자에게 지적측량사가 됨에 필요한 실무능력이 있는가 없는가를 판정하였다. 지적측량사의 전형은 실무능력에 치중하고 공연히 이론에 치우치지 않도록 하였고 전형에 합격자는 전형에 합격한 후 내무부에 등록토록 하였는데 전형에 합격하였다 해도 등록하지 않았을 때는 지적측량사가 아니라고 하였다.

지적측량사 전형위원회는 지적측량사 전형을 위해 내무부에 설치한 기구인데 위원장 1명과 위원 4명 이상, 10명 이하로서 구성하고 위원장은 내무부 주무국장이 되고 위원은 지적측량에 관한 학식과 경험이 많은 공무원 또는 사회인사중에서 전형위원장이 위촉토록 하였다. 지적측량사의 전형은 전형위원장이 필요하다고 인정될 때에 언제든지 시행할 수 있도록 하였는데 반드시 30일 전에 관보에 전형의 실시를 공고토록 하였다.

지적측량사의 전형에 응시할 수 있는 자격은 다음 각호의 1에 해당하는 자라야 한다.

① 교육법에 의한 대학, 초급대학, 실업고등전문학교 또는 외국대학을 졸업한 자와 이와 동등 이상의 자격자로서 재학중 측량에 관한 과목을 이수하고 지적측량에 관하여 1년 이상 실무 경험을 자진 자
② 교육법에 의한 고등학교 또는 외국의 고등학교를 졸업한 자 및 이와 동등 이상의 자격자로서 재학중 측량에 관한 과목을 이수하고 지적측량에 관하여 4년 이상의 실무 경험을 기진 지
③ 내무부 장관이 인정하는 측량기술자 양성기관에서 6개월 이상의 소정의 과정을 이수하고 지적측량에 관하여 1년 이상의 실무 경험을 가진 자
④ 측량법시행령 제6조의 규정에 의해 측량사 또는 측량사보로 등록된 자
⑤ 지적측량에 관하여 7년 이상의 실무 경험을 가진 자

지적측량사 자격전형 과목은 세부측량과, 기초측량과, 확정측량과 모두 필기고사, 실무고사, 구술고사를 치루었다. 필기고사는 각 해당학과와 관련있는 지적관계 법규 및 지적측량학의 2과목이다. 실무고사는 세부측량과는 세부측량 및 지적공부정리, 기초측량과는 기초측량 및 지적공부정리, 확정측량과는 확정측량 및 지적공부정리로 출제범위를 정해서 시행하였다. 구술고사는 해당학과와 관련성이 많은 것을 토대로 하였다.

자격전형에 있어 필기 및 실무고사는 각 고사과목별로 100점을 만점으로 하였다. 구술고사도 100점을 만점으로 하였는데 각 60점 이상자를 합격자로 하였다. 한편, 필기고사와 실무고사의 2가지만 합격한 자는 비록 전형에는 떨어졌다 해도 고시별 합격증시를 주고 다음 전형에 한헤 불합격된 전형고사만으로 자격전형에 대신하였다.

1961년에 최초의 전형이 있었는데 서류전형과 일반전형으로 구분하여 지적직 공무원에서 기사보급 이상과 지적협회 정합격자는 서류전형, 그 외에는 실제시험을 보았다.

당시의 지적협회에는 행정직으로 2, 3년 계속 합격자를 정합격자, 첫해 합격자는 준합격자로 인정하였다. 이때부터 1973년까지 12년 동안에 확정측량과 339명과 기초측량과 1,099명 및 세부측량과 1,495명으로 모두 2,993명이었다. 지적측량사를 양성하는 교육기관으로는 지적측량기술원 양성소가 계속해서 큰 역할을 담당하였다.

3 지적측량사 제도의 발전

(1) 지적기술자격 등급제도

지적측량사 자격증을 비롯해 1960년대부터 자격제도가 생성되어 1973년 국가기술자격법이 제정되기 이전까지 자격제도는 관계부처 또는 단위법령의 특수목적에 따라 산발적으로 창안되거나 외국의 자격면허제도를 도입 모방함으로써 각종 등급의 혼란, 자격취득자에 대한 우대조치 미비, 산업사회와 교육훈련의 교량적 역할 미비 등 많은 문제점을 지닌 채 실시되었다.

산업계에 종사하는 각종 기술자와 기능자의 자격제도가 산만하고 그 관리가 소홀하므로 기술과 기능이 일정한 수준에 도달한 사람에게 국가가 통일적으로 자격을 인정하고 그 활용을 촉진함으로써 중화학공업의 추진 등을 지원하려는 방침에 따라 1973년 12월 31일 법률 제2672호로 국가기술자격법을 제정하고 이 법에 의거하여 지적측량사 자격제도가 등급제로 변경되었다. 이때부터 현재의 국가기술자격제도가 실시되어 지적측량사 규정에 의한 세부측량과, 기초측량과, 확정측량과 자격을 모두 가진 자는 지적기사 1급, 그 외의 2개과나 1개과를 가진 자는 지적기사 2급으로 전환되었다.

국가기술자격법이 실시된 이후에도 일정기간인 1975년과 1976년은 지적측량의 주무부인 내무부에서 자격전형을 실시하였으나 1978년부터 한국직업훈련관리공단(한국산업인력관리공단)에서 자격시험을 관장하고부터 지적측량자격제도는 국가기술자격법에 의하여 확고히 구축되면서 발전하였다. 지적측량기술에 있어서는 1975년 12월 31일 지적법의 제도적, 기술적 보완 및 법령체계를 전면 조정하여 지적행정상의 일대 혁신을 이루었다. 특히 지적측량에 있어 경계를 좌표로 등록할 수 있도록 하는 수치지적을 도입하고 지적측량 방법중 항공사진측량, 전파 및 광파측량 방법을 도입하였다.

지적측량사 자격에 있어서는 기술과별 자격을 폐지하고 등급별로 전환하였으며 지적측량 신청을 시·군·구에서 접수해 대행기관에 업무 지시토록 하고 지적도의 도곽 및 축척을 미터법으로 정하였다.

그 밖에도 지적측량의 목적 및 대상과 시행할 기술자격자를 명확히 규정하고 소축척지를 대축척화하는 축척변경측량을 가능케 하였으며 대행법인에 대한 업무범위, 정관, 감독사항 등을 규정하는 한편 지적업무의 개선과 기술개발, 지적측량기술자의 양성 및 징계나 지적적부심사 등을 위해 지적위원회를 설치하였다. 그 후 1986년 지적측량에 관한 사항으로 수치지적도에 경계점간 거리를 등록토록 하고 수치지적측량에 대한 세부규정, 전파, 광파기측량

확대에 따른 기초점측량 방법 보완, 전자계산조직에 의한 측량계산서식 개편 등 기술적 규정을 보완하였다. 그리고 1990년에는 '지적전산화 온라인 사업'이 완료됨에 따라 지적공부의 등록사항을 전산정보처리조직에 의하여 처리할 경우 전산등록 파일을 지적공부로 보도록 규정하여 지적기술분야에 전산능력이 요구되기 시작하였다.

그중에서도 특히 지적법은 법상으로 기술자격별 업무처리 규정을 두어 지적측량 업무는 국가기술자격법에 의한 기술계 지적측량자격자가 아니면 업무처리를 할 수 없도록 하였다. 다만 지적측량에 수반하는 사항으로서 대통령이 정하는 사항은 국가기술자격법에 의한 기능계 지적측량자격자도 할 수 있다고 규정함으로써 국가기술(기능)자격 취득자가 아니면 지적측량 업무를 할 수 없도록 하였다.

지적기술사 자격자는 지적기사가 행하는 업무 외에 지적측량기술의 개발 및 지적관리의 개선 등에 관한 기획, 연구에 종사할 수 있고 지적기사는 지적산업기사가 행하는 업무 외에 지적측량의 종합적 계획수립 등에 종사하고 지적산업기사는 지적측량 업무에 종사하도록 하였다.

지적기능사는 지적측량을 보조하거나 도면의 정리와 등본, 면적측정 및 도면작성 등의 업무에 종사하도록 규정하여 기술자격등급별 업무 한계를 명확히 구분해서 지적기술(기능)자격 보유자가 아니면 실질적으로 지적측량 업무를 수행할 수 없도록 명시하였다. 이에 2000년 현재 지적기술(기능)자격을 가지고 국가의 지적업무에 종사하는 공무원은 2,772명이고 국가의 지적측량 업무를 대행하는 대한지적공사에서 지적측량 업무를 대행하는 지적기술(기능)자 3,780명이 국가기술(기능)자격을 취득해서 지적업무에 종사하고 있다.

(2) 측량자격의 통합논쟁

지적측량이 일반측량과 구별되는 가장 중요한 이유는 지적측량이 지적법의 제정목적에 따라 효율적인 토지관리와 소유권 보호를 전제로 하여 법률적으로 확정하는 행정처분에 따른 기속측량인 동시에 토지의 소유권이 미치는 한계를 결정하는 사법적인 측량이라는 점이다. 그러므로 지적측량사는 지적법에 따라 사법적 측량에 종사하는 기술자이고 일반측량사는 주로 측량법에 의한 공학적 측량에 종사하는 기술자이다.

따라서 국가기술자격도 지적측량기술자는 지적기술사를 비롯한 지적기사, 지적산업기사 및 지적기능사 1, 2급을 취득해야만 지적측량에 종사할 수 있다.

반면, 일반 측량기술자는 측지기술사를 비롯한 측지기사, 측지산업기사 및 측량기능사를 취득해야 측지측량인 설계, 시공을 위한 지형측량에 종사할 수 있도록 하고 있다. 그런데도 이러한 특성을 간과한 일부에서 이원화 된 측량사제도를 일원화로 통합하자는 의견이 제기된 바 있는데, 이는 이미 오래전부터 계속적으로 등장하였던 논제로 다시 몇년 전에 부활하여 긍정론과 부정론으로 양립되었었다.

주요논제는 국가기술자격체계 정비시안으로 1987년 9월 25일 노동부 산하 한국산업인력관리공단에 제기되었는데 시안요지는 지적기술자와 측지기술자의 자격통합이 주요 골자였다. 이는 유사한 측량사 자격제도를 통합해서 일원화 하자는 것이다. 이때 긍정론에 동의한 쪽으로는 관계에서 건설부 지리원, 학계에서 토목공학계, 산업계로는 대한조선공사(아세아항업) 등이었고 부정론에 동의한 쪽으로는 관계에서 내무부 지적과, 학계에서 지적학계, 산업계로는 대한지적공사 등이다. 여기서 일반측량단체인 측량사협회와 기술사협회에서는 통합에 긍정적인 입장을 나타냈다. 이에 대해 지적측량의 주무부처인 내무부에서는 이를 반대하며 노동부 장관과 협의하는 한편 노동부에 이의를 제기하였다.

1987년 10월 15일에 결국 회의가 개최되었다. 이날 회의장에는 당초 통합론을 주장하였던 토목학계의 안철호, 유복모 교수 및 이에 반대하는 지적학계의 강석진 교수, 내무부 유병찬 지적담당, 대한지적공사의 이호영 부사장이 참석해 통합의 부당성을 제기하며 현행 자격제도의 당위성을 주장하였다. 논쟁결과 국토개발분야는 현행 자격종목체계를 존속시킴으로써 국토의 효율적인 개발을 촉진시킴이 타당하다는 것으로 결정되었다.

즉 측지와 지적은 넓은 의미의 범주에서 볼 때 기술적으로 측량에 포함되나 업무성격상 측지는 공사나 사업의 목적을 달성하기 위한 공학적 측량으로 볼 수 있는데 지적은 토지의 권리객체를 공시, 등록하는 민법상의 권리공시 측량으로서 국민의 소유권 보호를 목적으로 하고 있어 기술적 유사성은 있으나 목적이 전혀 다르고 현행 지적법과 측량법에서 직무범위가 명확하게 설정되어 있으므로 현행 자격제도의 유지가 바람직하다는 이유이다.

이렇게 지적측량의 특수성과 당위성이 설정됨으로써 현행의 이원화제도가 일원화제도보다 국가적, 국민적 차원에서 합리적이고 효과적이므로 현행처럼 이원화 제도를 계속 존속시키는 것이 합당하다고 양측 대표자들이 합의 결정함으로써 논쟁은 끝나고 지적측량의 특수성과 독립성이 보장되어 지적측량의 특성이 재인식된 바 있다.

그럼에도 불구하고 다시 발표된 "측량의 위상, 발전지표 정립에 관한 연구(대한측량협회, 1993)"의 내용에 의하면 지적측량독점제도 폐지를 비롯하여 지적측량자격과 측지측량자격의 통합을 재주장하면서 현행 지적측량제도의 독자적인 개별성을 인정하지 않으려는 태도가 되풀이되고 있다. 그러나 무엇보다도 현행 우리나라 지적측량의 특수성을 간과해서는 안 될 것이며 현행 지적측량사제도를 유지하려는 국가정책의 취지와 지적측량제도의 설립배경, 발전과정 및 현재 대학(교) 및 고등학교 지적(학)과에서 종합적인 지적측량 교육이 지속적으로 이루어지고 있는 현실에 대한 충분한 재검토가 강구되어야 할 것이다.

(3) 국가기술자격의 검정

기술자격은 기술계 및 기능계로 분류하였으며 기술계의 등급은 기술사, 기사 1급 및 기사 2급으로 기능계는 기능장, 기능사 1급, 기능사 2급으로 구분되어 있는데 총24개 분야의 682개 종목으로 분류하였다. 기술분야는 지적기술사 및 지적기사 1·2급은 당초부터 국토개발분야에 속하였고 지적기능사 1·2급은 처음에는 산업응용분야에 속하였으나 현재는 개정되어 지적기술사, 지적기사 1·2급 및 지적기능사 1·2급 모두가 국토개발분야에 속하였다. 이후 1998년 개정되어 기사 1급 및 기사 2급과 기능사 1급은 산업기사로 기능사 2급은 기능사로 개정되었으나 지적기술자격은 업무특성에 따라 과거와 같이 기술사, 기사, 산업기사, 기능계는 기능사 1급, 기능사 2급으로 그대로 존치되었다.

기술검정의 방법은 기술사는 필기시험과 면접시험을 실시하였고 기사 1·2급 및 지적기능사 1·2급은 필기시험과 실기시험으로 자격을 검정하였다. 국가기술자격에 따르는 시험형태로는 지적기술사는 주관식 논문형으로 1교시당 100분씩으로 하고 4교시를 실시해 전과목 평균 60점 이상인 자를 합격자로 하였다. 지적기사는 객관식 4지 택일형으로 1교시당 30분씩으로 해서 과목당 20문제 중 과목당 40점 이상으로 전과목 평균 60점 이상인 자를 합격자로 하였고, 지적기능사는 객관식 4지 택일형으로 1교시당 60분씩 해서 과목당 20문제 중 100점 만점에 60점 이상자를 합격자로 하였다.

국가기술자격을 취득하려면 지적체계의 응시자격의 요건을 구비하도록 하였다.

(표30) 지적기술자격 체계 및 응시자격

자격등급	응시자격	
기 술 사	기사+실무4년 전문대졸+실무9년	대졸+실무7년 기능사+실무8년
기 사	산업기사+실무1년 다른 종목 기사 취득자 실무경력4년	기능사+실무3년 대학졸업자 또는 졸업예정자 전문대졸업+실무2년
산업 기사	기능사+실무1년 전문대졸 또는 졸업예정자	다른 종목 산업기사 취득자 실무경력 2년
기 능 사	자격제한 없음	

국가기술자격은 1978년에 지적기사 1급이 42명, 지적기사 2급이 181명이 자격검정에 합격하여 지적기술자격을 취득하였다. 그 후 1988년에는 한국지적 역사상 처음으로 지적기술사 2명이 자격검정을 통과하여 기술사 자격을 취득했으며, 매년 꾸준히 증가하여 2012년까지 모두 180명, 그리고 2013년에 11명 및 2014년에 6명 등 현재지 모두 197명이 배출되어 학계 및 산업체 등에서 지적기술 및 연구개발로 지적기술의 위상정립에 노력하고 있다.

2010년 현재에는 지적직 공무원에 지적기술사 33명, 지적기사 1,896명, 지적산업기사 1,397명, 지적기능산업기사 36명 등 모두 3,373명이 지적기술 및 기능자격을 보유하고 지적행정에 종사하고 있다.

대한지적공사에는 지적기술사 65명, 지적기사 2,711명, 지적산업기사 774명, 지적기능산업기사 3명, 지적기능사 139명 등 모두 3,692명이 지적기술 및 기능자격을 보유하고 지적측량에

(표31) 지적기술자 종사자 현황(2010) (단위 : 명)

구 분	지적직공무원	대한지적공사	비 고
지적기술사	33	65	
지적기사	1,896	2,711	
지적산업기사	1,397	774	
지적기능산업기사	36	3	
지적기능사	11	139	
합 계	3,373	3,692	

종사하고 있다(국토해양부, 2010).

그러나 사회적 변화에 따라 국가기술자격증뿐만 아니라 현장 실무경력을 인정하는 기술자 등급제도가 시행되어 2014년까지 지적측량업에 특급기술사 207명, 고급기술자 473명, 중급기술자 100명, 초급기술자 427명, 고급 기능사 11명, 중급기능사 14명, 초급기능사 225명을 비롯하여 168개의 지적측량업 업체가 지적재조사 및 지적측량에 종사하고 있다(지적통계, 2014).

(표32) 지적측량업 기술자등급별 현황(2014) (단위:명)

구 분	지적직 공무원	비 고
특급기술자	33	업체수 168개
고급기술자	207	
중급기술자	473	
초급기술자	427	
고급기능사	11	
중급기능사	14	
초급기능사	225	
합 계	1,460	

(표 33) 지적기술사 명단(2013)

순번	합격 연도	성 명	순번	합격 연도	성 명	순번	합격 연도	성 명	순번	합격 연도	성 명
1	1988	강석진	46	1999	신동현	91	2005	최영수	136	2009	김선호
2	1988	권규태	47	2000	김성진	92	2005	박동진	137	2009	김성수
3	1989	강태석	48	2000	양승희	93	2005	지준만	138	2009	김영민
4	1991	김정호	49	2000	변재호	94	2005	박연수	139	2009	이은영
5	1993	김상수	50	2000	차성복	95	2005	서용수	140	2009	이회순
6	1994	장한영	51	2000	강길선	96	2005	신동휘	141	2009	김규태
7	1994	박순표	52	2000	김개국	97	2005	신서범	142	2009	허승열
8	1994	류병찬	53	2000	이경철	98	2005	조미정	143	2009	이창성
9	1995	지종덕	54	2000	김 일	99	2005	이영수	144	2010	박형래
10	1995	강인준	55	2001	이재기	100	2005	성태수	145	2010	김종생
11	1995	서철수	56	2001	장봉배	101	2005	박종철	146	2010	이지화
12	1996	심우섭	57	2001	민웅기	102	2005	정 호	147	2010	정구하
13	1996	오이균	58	2001	김정민	103	2005	임대석	148	2010	김현영
14	1996	차득기	59	2001	김영학	104	2005	문승주	149	2010	최민철
15	1996	양근우	60	2002	손종영	105	2006	이용호	150	2010	박동옥

16	1996	박양신	61	2002	박기광	106	2006	우선희	151	2010	박진평
17	1996	이재송	62	2002	조정관	107	2006	이태범	152	2010	김길근
18	1996	남윤구	63	2002	채경완	108	2006	김주경	153	2010	최희재
19	1997	김택진	64	2002	고광준	109	2006	민을기	154	2010	박승준
20	1997	최정인	65	2002	김일동	110	2006	우준희	155	2011	곽호선
21	1997	손세원	66	2002	남경석	111	2006	이사형	156	2011	이현호
22	1997	김태훈	67	2003	최승환	112	2006	정경훈	157	2011	김필준
23	1997	강태환	68	2003	김장현	113	2006	정종대	168	2011	김현석
24	1997	이민석	69	2003	이만식	114	2006	정택승	159	2011	임경빈
25	1997	서동복	70	2003	이태현	115	2006	정해익	160	2011	김화성
26	1998	신상철	71	2003	정승용	116	2006	조만수	161	2011	강아란
27	1998	최한영	72	2003	최익수	117	2006	홍성언	162	2011	기평도
28	1998	이용문	73	2003	허종구	118	2006	홍종숙	163	2011	이희운
29	1998	이종대	74	2003	강경란	119	2007	강천중	164	2011	고주성
30	1998	고영진	75	2003	박명서	120	2007	박병규	165	2011	윤영조
31	1998	김재학	76	2003	박준식	121	2007	박춘수	166	2011	강원일
32	1998	최원준	77	2003	홍성웅	122	2007	유대현	167	2011	강수진
33	1998	손민홍	78	2003	주성호	123	2007	유영익	168	2011	강향자
34	1998	홍광선	79	2004	곽인선	124	2007	이두신	168	2012	정규인
35	1999	김승한	80	2004	박춘재	125	2007	안종태	170	2012	신창수
36	1999	황보상원	81	2004	오부환	126	2007	김기도	171	2012	박양원
37	1999	성윤모	82	2004	이호범	127	2007	김효정	172	2012	박종현
38	1999	이성화	83	2004	조봉연	128	2008	문정균	173	2012	박종훈
39	1999	최규성	84	2004	강장화	129	2008	강대룡	174	2012	김 산
40	1999	조병현	85	2004	김창기	130	2008	최용선	175	2012	정원주
41	1999	온재학	86	2004	최초원	131	2008	백규영	176	2012	정향희
42	1999	김순태	87	2004	문진호	132	2008	서완수	177	2012	장정화
43	1999	김경래	88	2004	김정심	133	2008	이효상	178	2012	하정이
44	1999	김형일	89	2005	진중태	134	2008	정완석	179	2012	정경선
45	1999	라용화	90	2005	이장우	135	2009	박종안	180	2012	신창수

부록

참고문헌

I. 국내문헌

1) 서 적

강무학, 1989, 단군조선의 실존, 서울 : 명문당

강무학, 1991, 단군조선의 원방각 문화, 서울 : 명문당

강병식, 1994, 일제시대 서울의 토지연구, 서울 : 민족문화사

강진철, 1991, 고려토지제도사연구, 서울 : 일조각

강태석, 1994, 지적측량학, 서울 : 형설출판사

고동영, 1993, 단기고사, 서울 : 한뿌리

고영동, 1992, 규원사화, 서울 : 한뿌리

고영동, 1992, 단군조선47대사, 서울 : 한뿌리

고영동, 1992, 단기고사, 서울 : 한뿌리

곽윤직, 1976, 물권법, 박영사

곽윤직, 1981, 부동산등기법, 서울 : 대왕사

권용우, 1994, 수도권과 주택문제, 서울 : 성신여대출판부

권용우 외 2인, 1997, 수도권연구, 서울 : 형설출판사

금장태, 1984, 유교와 한국사상, 서울 : 성균관대학교출판부

김갑수, 1991, 지적행정학, 서울 : 신라출판사

김경동, 1985, 현대의 사회학, 서울 : 박영사

김경렬, 1993, 한국토지제도사, 서울 : 경영문화원

김광웅, 1983, 행정과학서설, 서울 : 박영사

김규정, 1985, 행정학원론, 서울 : 법문사

김도창, 1972, 행정법론(상), 서울 : 청문사

김상수, 1994, 지적전산, 서울 : 삼진출판사

김영배, 1979, 면적학, 서울 : 신라출판사

김영진, 1980, 부동산학총론, 서울 : 경영문화원

김용덕, 1989, 명치시대의 토지세제개혁, 서울 : 민음사

김용섭, 1990, 조선후기농업사연구(I, II), 서울 : 일조각

김용섭, 1990, 한국근대농업사연구(상, 하), 서울 : 일조각

김용운·김용국, 1982, 한국수학사, 서울 : 열화당
김인·권용우, 1990, 수도권지역연구, 서울 : 서울대학교출판사
김주환·강영복 편, 1990, 지도학, 서울 : 신라출판사
김주환·권동희, 1991, 지도의 제작과 이용, 서울 : 신라출판사
김증한 외, 1976, 법률학사전, 서울 : 법문사
김태영, 1988, 조선전기토지제도사연구, 서울 : 지식출판사
김홍식 외 4인, 1990, 대한제국기의 토지제도, 서울 : 민음사
김홍식 외 5인, 1997, 조선토지조사사업의 연구, 서울 : 민음사
남흥우, 1980, 형법총론, 서울 : 박영사
문정창, 1993, 고조선사, 서울 : 한뿌리
민석홍·나종일, 1986, 서양문화사, 서울 : 서울대학교출판부
박순표, 1985, 부동산 공시법령(지적법), 서울 : 경영문화원
박순표, 1986, 지적법강의, 서울 : 지적기술연수원
박순표 외 2인, 1993, 지적학개론, 서울 : 형설출판사
박 현, 1995, 한국고대 지성사산책, 서울 : 백산서당
방동인, 1985, 한국의 지도, 서울 : 세종대왕기념사업회
백완기, 1984, 행정학, 서울 : 박영사
백은기외3인, 1979, 삼정측량학, 서울 : 일조각
손정목, 1990, 일제강점기 도시계획연구, 서울 : 일지사
신용하, 1991, 조선토지조사사업연구, 서울 : 지식출판사
신채호, 1998, 조선상고사, 서울 : 일신서적
안병직 외 3인, 근대조선의 경제구조, 서울 : 비봉출판사
안태호, 1978, 마아케팅 원론, 서울 : 법문사
양태진, 1987, 한국의 국경연구, 서울 : 동화출판공사
원영희, 1972, 해설지적학, 서울 : 보문출판사
원영희, 1982, 지적학원론, 서울 : 신라출판사
원영희, 1988, 한국지적사, 서울 : 신라출판사
유근배, 1990, 지리정보론, 서울 : 상조사
유병찬, 1993, 지적법, 서울 : 남광출판사
유병찬, 1996, 지적공부정리실무, 서울 : 남광출판사
유복모, 1984, 측량학원론(1), 서울 : 개문사
유복모, 1993, 사진측정학, 서울 : 문운당
유복모, 1994, 지형공간정보론, 서울 : 동명사
유제헌, 1994, 한국근대화와 역사지리학, 서울 : 한국정신문화연구원
유해웅, 1985, 토지문제와 소유권, 서울 : 범론사
유 훈, 1985, 행정학원론, 서울 : 법문사
윤정분 역, 1988, 중국토지제도사, 서울 : 대광문화사
이경식, 1990 조선전기토지제도사연구, 서울 : 일조각
이기백, 1987, 한국고대 고문서자료집성, 서울 : 일지사
이상규, 1985, 신행정법론(상), 서울 : 법문사
이송만, 1979, 부동산, 서울 : 박영사
이영협, 1976, 한국근대토지제도사연구, 서울 : 보문각

이원호, 1979, 한국기술교육사, 서울 : 서문당
이진호, 1991, 대한제국지적 및 측량사, 서울 : 토지
이태식, 1993, 미국토지정보시스템, 서울 : 건설경제연구회
이희연, 1995, 지도학, 서울 : 법문사
전상운, 1983, 한국의 고대과학, 서울 : 탐구당
정권섭, 1975, 토지소유권제한에 관한 연구, 서울 : 해양출판사
지종덕, 1997, 토지구획정리론, 서울 : 책과 길
지종덕, 2001, 지적의 이해, 서울 : 기문당
지종덕, 2002, 지적법 요론, 서울 : 신양사
지종덕, 2003, 도근측량, 서울 : 동화기술
지종덕, 2005, 일필지측량, 서울 : 기문당
지종덕, 2003, 핵심지적법, 서울 : 신양사
지종덕, 2006, 최신 지적실무, 서울 : 신양사
지종덕, 2007, 지적측량(기초측량), 서울 : 신양사
지종덕, 2008, 지적측량(도근측량), 서울 : 신양사
지종덕, 2008, 지적측량(응용측량), 서울 : 신양사
지종덕, 2009, 지적측량(삼각측량), 서울 : 신양사
지종덕, 2009, 토지학, 서울 : 신양사
지종덕, 2010, 최신지적법, 서울 : 신양사
지종덕 외, 1995, 최신도시계획학, 서울 : 신라출판사
지종덕 외, 1998, 도시계획론, 서울 : 책과 길
지종덕 외, 1998, 도시의 이해, 서울 : 박영사
지종덕 외, 1997, 지적제도, 서울 : 한국교육개발원
지종덕 외, 1998, 지적실무, 서울 : 한국교육개발원
지종덕 외, 2002, 한국의 지적사, 서울 : 기문당
지종덕 외, 2005, 도시계획요론, 서울 : 기문당
지종덕 외, 2006, 토지정보론, 서울 : 신양사
최용규, 1992, 신부동산학개론, 서울 : 형설출판사
최종철, 1995, 환웅·단군 9000년 비사, 서울 : 미래문화사
허흥식, 1988, 한국의 고문서, 서울 : 민음사
홍시환, 1973, 지도의 역사, 서울 : 전파과학사
홍이섭, 1946, 조선과학사, 서울 : 정음사

2) 논 문

강병식, 1992, 일제하 한성부의 토지조사와 토지소유 실태, 박사학위논문, 단국대학교 대학원
강태석, 1983, 건물등록제도의 개선방안, 사회과학논총 제1집, 청주대사회과학연구소
강태석 외, 1985, 한국의 지적재조사사업방향, 최신지적제도에 관한 국제학술논집, 한국지적학회
강태환, 1996, 필지중심 토지정보시스템 구축방안에 관한 연구, 박사학위논문, 대구대학교 대학원
강석진, 1989, 지적측량의 특성과 발전방향에 관한 연구, 명지전문대학 논문집 제13집
강석진, 1994, 지적도상 격자점의 설정 및 수치측량 활용방안에 관한 연구, 박사학위논문, 서울시립대학교 대학원

구양근, 1982, 조선의 전제와 양전사업문제, 국사연구
권용우, 1976, 한국도시체계의 지리적 변천과정에 관한 연구, 석사학위논문, 서울대학교 대학원
권용우, 1986, 서울주변지역의 교외화에 관한 연구, 박사학위논문, 서울대학교 대학원
권용우, 1990, 국토와 현대지리학의 탐구, 대우재단소식 제27호
김경렬, 1991, 한국의 토지조사와 정책에 관한 일고찰, 박사학위논문, 중앙대학교 대학원
김두일, 1992, 여도비지에서 경위도 일도의 거리, 지리학
김두일, 1994, 대동여지도의 도법에 관한 연구, 대한지리학회지
김영표 외, 1992, 종합토지정보관리시스템의 개발방향, 국토정보 제10권 제8호
김용섭, 1968, 광무년간의 양전지계사업, 아세아연구 31
김용섭, 1969, 수탈을 위한 측량, 한국현대사 4
김용섭, 1975, 고려시대의 양전제, 동방학지 16
김용섭, 1981, 고려전기의 전품제, 한우근정년기념사학논집
김종현, 1977~1980, 지적제도변천사, 지적 제26-66호
김종현, 1979, 세부측량강의, 지적 제46호
김종현, 1984, 지적의 어원에 관한 소고, 지적 제108호
김종현, 1989, 조선시대의 양전제도, 지적 제177호
김종현, 1990, 대한제국시대의 지적제도, 지적 제179호
김추윤, 1996, 어린도고, 합송노창호지사장정년퇴임기념논문집
김추윤, 1997, 고대지적도인 사표에 관한 연구, 청송김갑수교수정년퇴임기념논문집
김태영, 1981, 과전법체제하의 토지생산력과 양전, 한국사연구 35
나병삼, 1994, 개발이익환수의 대한 실증적 연구, 박사학위논문, 단국대학교 대학원
박종철, 1989, 시가지의 획지분·합에 관한 연구, 박사학위논문, 한양대학교 대학원
박흥수, 1972, 신라 및 고려의 양전척에 관하여, 학술원논문집 11
박흥수, 1974, 한국고대의 양전척에 관한 연구, 한불연구 1
박흥수, 1987, 우리나라 양전제도의 변천사, 측정표준
배영순, 1988, 한말일제초기 토지조사와 지세개정에 관한 연구, 박사학위논문, 서울대학교 대학원
백은기·원영희, 1982, 지적불부합지에 대한 조사연구
변용근, 1988, 우리나라 지적제도의 다목적화에 관한 연구, 석사학위논문, 서울시립대학교 대학원
서곡승, 1985, 도시지역의 지적재조사사업, 최신지적제도에 관한 국제학술논집
서철수, 1997, 토지이동에 의한 도농통합시 토지이용의 계획화 방안, 박사학위논문, 동아대대학원
손정목, 1975, 조선시대 후기 도시의 변화과정 연구, 향토서울 33
손세원, 1997, 한국의 지목운용 실태에 관한 연구, 박사학위논문, 단국대학교 대학원
신중성, 1980, 한국도시사회의 분포유형에 관한 연구, 지리학연구 제5집
안경덕, 1985, 대만도시지구지적도중사업, 최신지적제도에 관한 국제학술논문집
양승우, 1994, 조선후기 서울의 도시조직유형 연구, 박사학위논문, 서울대학교 대학원
오현진, 1993, 토지법의 기본적 과제에 관한 연구, 박사학위논문, 단국대학교 대학원
왕현종, 1991, 광무양전의 다양한 성격과 좁은 시각, 역사와 현실
왕현종, 1992, 한말 지세제도의 개혁과 성격, 한국사연구 77
유병찬, 1986, 중화민국의 토지행정, 지적 제130호
유복모, 1988, 우리나라 측량학교육의 현황과 문제점, 대한토목학회지36(5)
윤영훈, 1994, 도시정보체계에 있어서 토지이용 모형화를 위한 자료기반에 관한 연구, 박사학위논문, 강원대학교 대학원

원영희, 1975, 한국지적제도 소고, 건국대대학원 연구논총 4
원영희, 1974, 지적측량사의 법적지위, 지적 제10호
원영희, 1981, 경계복원 측량의 법률적 고찰, 연구논문집, 지적기술연수원
이경찬, 1992, 필지체계를 통해본 도시공간구조의 변화특성에 관한 연구, 박사학위논문, 서울대 대학원
이범관, 1996, 한국의 지적제도에 관한 연구, 박사학위논문, 단국대학교 대학원
이병수, 1972, 백제무녕왕릉 출토지석에 대하여, 학술원 논문집 제11집
이승곤, 1995, 지리정보시스템을 이용한 토지자원 분석, 박사학위논문, 경희대학교 대학원
이영석, 1990, 일본에서의 등기컴퓨터화, 국토정보2
이영학, 1991, 광무양전사업 연구동향과 과제, 역사와 현실 6
이영호, 1990, 대한제국시기의 토지제도와 농민분화 양상, 한국사연구 69
이영훈, 1989, 광무양전의 역사적 성격, 근대조선의 경제구조
이재무, 1955, 조선における토지조사사업の실태, 사회과학연구 7-5
이진호, 1986, 한국지적교육구십년사, 한국지적학회 제7호
이진호, 1991, 한성부지도와 6조의 역사지리연구, 향토서울
이진호, 1996, 일본 육지측량수(사)와 한반도측량, 학촌논문집 제1호
이진호, 1996, 토지조사사업에 대한 새로운 시각, 학촌논문집 제2호
이진호, 1996, 사립 흥화 학교와 양지교육, 학촌논문집 제3호
이 찬, 1980, 한국지도발달사, 한국지지총람, 건설부지리원
이 찬, 1981, 한국고지도에서의 좌표체계, 한국과학사학회
인태오, 1973, 지적법서설, 지적 제6호
장병학, 1973, 한국인의 소유권관념, 법조춘추 제110호
전계원, 1977, 토지등기와 토지등록의 관련성, 지적 제33호
전상운, 1966, 이조초기의 지리학과 지도, 고문화 제4호
전상운, 1983, 한국의 고대과학, 탐구당
조상근, 1981, 부동산 물권변동과 등기의 관계연구, 단국대학교
지종덕, 1984, 구적기에 대한 비교 연구, 지적 통권 제108호
지종덕, 1989, 국유지 관리의 변천과 과제, 지적 제174호
지종덕, 1989, 다목적지적제도 도입에 관한 연구, 석사학위논문, 건국대학교 대학원
지종덕, 1989, 토지관련공부의 유형과 상관관계, 지적 제176호
지종덕, 1989, 토지이용시스템, 지적 제149호
지종덕, 1990, 지적관리와 과제, 지적 제184호
지종덕, 1990, 지적의 제이론 고찰, 지적 제179호
지종덕, 1990, 지적재조사의 절차와 방법, 지적 제188호
지종덕, 1991, 지도의 변천과 매핑시스템, 지적 제196호
지종덕, 1991, 지방자치와 지적측량제도, 지적 제191호
지종덕, 1991, 지적정보체계의 발전방향에 관한 연구, 지역복지정책 제5집
지종덕, 1991, 토지소유권의 형성과 변천, 지적 제199호
지종덕, 1992, 조선기의 토지개혁론, 지적 제203호
지종덕, 1993, 지적기술교육의 성과분석과 개선방안, 지적 제219호
지종덕, 1993, 지적법체계의 변천에 관한 연구, 명지전문대학 논문집 제17집
지종덕, 1993, 지적측량시스템의 발전방향에 관한 연구, 한국지적학회지 제1권 제1호

지종덕, 1994, 지리정보(GIS)의 발달, 산정연구 제83호
지종덕, 1994, 지적·임야도의 발전방향에 관한 연구, 지역복지정책 제7집
지종덕, 1994, 지적경계설정의 특성에 관한 연구, 명지전문대학 논문집 제18집
지종덕, 1994, 지적측량사 자격제도의 변천, 지적 제233호
지종덕, 1995, GIS의 발전방향에 관한 연구, 관광지리학연구 제4집
지종덕, 1995, LIS의 발전방향에 관한 연구, 명지전문대학 논문집 제19집
지종덕, 1995, 근대한국의 토지개혁사, 지적 제242호
지종덕, 1996, 구한말의 지적측량사업에 관한 연구, 한국지적학회지 제3권 제1호
지종덕, 1997, 경기지역의 토지와 지적, 경기지역의 향토문화
지종덕, 1997, 지적도의 수치정보화에 관한 연구, 박사학위논문, 성신대학교 대학원
지종덕, 2000, 고대정전제의 구획기법 연구, 명지전문대학 산업기술연구(3)
지종덕, 2000, 지적측량사체계의 변천과정에 관한 연구, 한국지적학회지, 제16권제1호
지종덕, 2001, 경자양전 사업에 관한 연구, 한국지적학회지 제17권 제1호
지종덕, 2001, 학교에서의 지적교육, 지적 제31권 7호, 대한지적공사
지종덕, 2002, 고대 유적속의 토지기록에 관한 연구, 한국지적학회지, 제18권 제2호
지종덕, 2002, 한국의 지목체계 실태와 개편방안, 지리학연구 제36권 제2호
지종덕, 2003, 한국 지적측량기준점의 변화과정에 관한 연구, 한국지적학회지 제19권 제1호
지종덕, 2004, 지적학의 학문적 특성에 관한 연구, 한국지적학회지 제20권 제1호
지종덕, 2005, 한국새주소체계의 발전방향에 관한 연구, 한국지적학회지 제21권제2호
지종덕, 2005, 지적재조사의 유형과 처리모형에 관한 연구, 한국지적학회지 제21권 제1호
지종덕, 2009, Peer Teachimng 모형을 활용한 측량실습능력제고 사례연구, 명지전문대학 교수학습개발원
지종덕, 2009, 지적측량 실무교육을 위한 학습모형에 관한 연구, 地籍(지적) 제39권 제1호, 대한지적공사
지종덕, 2010, 지적측량 실무교육을 위한 학습모형에 관한 연구, 地籍(지적) 제40권 제1호, 대한지적공사
지종덕 외, 1995, 토지정보시스템(LIS)의 구축에 관한 연구, 지리학연구 제26집
지종덕 외, 1996, 경기지역의 지적조사측량에 관한 연구, 한국지적학회지 제12권 제1호
지종덕 외, 1997, 지적도의 개편방향에 관한 연구, 지리학연구 제30집
지종덕 외, 1997, 지적도의 수치정보화에 관한 연구, 국토계획 통권 제91호
지종덕 외, 2003, 성서 속의 토지기록에 관한 연구, 한국지적학회지, 제19권 제2호
지종덕 외, 2005, 경계가 생활에 미치는 영향에 관한 기초연구, 한국지적학회지 제21권 제2호
지종덕 외, 2005, 통일을 대비한 북한 지적제도 개편에 관한 연구, 한국지적학회지 제21권 제1호
지종덕 외, 2006, 과세견취도에 관한 연구, 한국지적학회지 제22권 제1호
지종덕 외, 2006, 지적적부심사제도의 발전방안에 관한 연구, 한국지적학회지 제22권 제2호
지종덕 외, 2006, 학습스타일을 고려한 수업설계 및 활용, 명지전문대학 교수학습개발원
지종덕 외, 2008, 지적측량대가(代價)에 관한 고찰, 한국지적학회 제24권 제2호
지종덕 외, 2009, 우리나라 지가공시체계의 개선방안에 관한 연구, 한국지적학회지 제25권 제1호
지종덕 외, 2009, 적극적 토지등록에 의한 지적보증제도에 관한 연구, 한국지적학회지 제25권 제1호
지종덕 외, 2010, 지적정보를 이용한 침수흔적도의 관리 및 활용방안, 한국지적정보학회 제12권 제1호
최기엽, 1986, 통일신라기 촌락의 지역적 성격, 응용지리 제9호
최기엽, 1987, 조선시대 촌락의 지역적 성격, 지리학논총 제14호

최원규, 1994, 한말 일제초기 토지조사와 토지법 연구, 박사학위논문, 연세대학교 대학 원
최용규, 1985, 지적불부합지, 청주대학교사회과학연구소, 사회과학논총 제3집
최용규, 1990, 지적이론의 발생설과 개념정립, 도시행정연구 제5집

A. Yaguchi, 1987, 일본 지적측량, 제18차 FIG논문집
E. Schenk, 1987, 독일연방정부 법률에 의한 수치지적과 발전, 제18차 FIG논문집
J. F. Roche, 1987, 신지적정보의 출현-MAJIC2, 제18차 FIG논문집
J. L. G. Henssen, 1984, 화란의 신지적법, FIG 제17차 논문집
J. Portner, B. J. Niemann, 1984, 미국의 토지기록자동화에 관한 효과, FIG 제17차 논문집
P. C. Kelly, 1987, 호주의 지적자료에 대한 법규개정, 제18차 FIG 논문집
P. F. Dale, 1884, 경계와 측량, FIG 지적논문집(제17차)
P. Peitrequin, 1987, 스위스의 지적발전에 대하여, 제18차 FIG논문집
W. A. CLASSEN, 1984, 화란지적등록 자동화의 발전, 제16차 FIG논문집

3) 기타자료

(1) 고사 자료

稼亭集, 各司受敎, 江湖先生實記, 經國大典, 經國大典註解, 千一錄
經世遺表, 高麗圖經, 高麗史, 高麗史節要, 光武官報, 揆園使話, 後漢書
農事直設, 訥齊集, 檀奇古史, 大典續錄, 大典後續錄, 東國李相國集
東史綱目, 萬機要覽, 梅泉野錄, 孟子, 牧民心書, 牧隱文藁, 磻溪隧錄
備邊司謄錄, 三國史記, 三國遺事, 三國志, 三峰集, 尙書大傳, 西河集
世宗實錄, 續大典, 受敎輯錄, 肅宗實錄, 純祖實錄, 新補受敎輯錄, 量案
新增東國輿地勝覽, 禮記, 龍飛御天歌, 吏續集成, 益齊亂藁, 仁祖實錄
田制詳定所遵守條畵, 朝鮮王朝實錄, 增補文獻備考, 太祖實錄

(2) 기관 및 정부간행물

건설부, 1981, 국토조사자료의 전산화방안연구
건설부, 1991, 개별토지가격 자동산정시스템개발 최종보고서
과학기술처, 1993, 지리정보시스템 활용기법
국립건설연구원, 1971, 지도가 되기까지
국민경제연구소, 1992, 통계자료로 보는 한국경제의 어제와 오늘
국어국문학회, 1974, 새국어대사전
국토개발연구원, 1980, 토지센서스 실시를 위한 기본자료
국토개발연구원, 1981, 국토정보관리체계의 개발계획
국토개발연구원, 1983, 국토정보관리체계 개발연구
국토개발연구원, 1991, 토지정보관리의 체계화에 관한 연구
근대사연구회, 1991, 한국중세사회 해체기의 제문제(경제 · 사회)
근대사연구회, 1991, 한국중세사회 해체기의 제문제(정치 · 사상)
내무부, 1970, 지적사무개선지침
내무부, 1971, 토지조사사업보고서

내무부, 1975, 외국의 지적제도 비교연구보고서
내무부, 1975, 지적제도 비교연구 시찰보고서
내무부, 1979, 외국의 지적제도비교시찰보고서
내무부, 1982, 외국의 지적제도연구보고서
내무부, 1988, 외국의 지적제도 비교연구보고서
내무부, 1985-2000, 지적통계
행정자치부, 2005, 지적통계년보
국토해양부, 2010, 지적통계년보
내무부, 1992, 지적법해설(법, 영, 규칙, 지침)
내무부·대한지적공사, 1996, 필지중심토지정보시스템 구축사업추진
내무부·한국전산원, 1993, 지적도면 전산화 방안연구
내무부·한국전산원, 1993, 한국종합토지정보시스템 구축방안
내무부·한국전산원·대한지적공사, 1995, 종합토지정보시스템 구축사업추진
내무부·한국지방행정연구원, 1981, 토지와 지방행정
내무부·한국지방행정연구원, 1987, 한국지방행정사(상, 하)
내무부·지방행정연구원, 1981, 토지와 지방행정
내무부·지방행정연구원, 1987, 한국지방행정사(상)
내무부·지방행정연수원, 1981, 토지와 지방행정
농림부농지국, 1949, 조선경제통계요람
농림부농지국, 1951, 농지개혁통계요람
대한지적공사, 1978, 지적도중측문제의 연구
대한지적공사, 1980, 지적학술세미나
대한지적공사, 1982, 외국의 지적제도연구보고서
대한지적공사, 1982, 외국지적관계법령집(뉴질랜드, 캐나다, 미국)
대한지적공사, 1982, 외국지적관계법령집(서독)
대한지적공사, 1982, 외국지적관계법령집(스위스, 네덜란드, 케냐, 남아연방)
대한지적공사, 1983, 외국의 지적제도(스페인)
대한지적공사, 1983, 외국지적제도(캐나다, 싱가포르)
대한지적공사, 1984, 다목적지적
대한지적공사, 1984, 지적의 개편
대한지적공사, 1984, 지적조사
대한지적공사, 1984, 지하시설물 지적측량에 관한 연구
대한지적공사, 1984, 토지등록과 지적측량
대한지적공사, 1984, 화란의 지적제도
대한지적공사, 1987, 자유중국의 토지행정개선
대한지적공사, 1987, 자유중국 지정자료의 컴퓨터시스템 수립
대한지적공사, 1987, 제18차 FIG논문집
대한지적공사, 1987, 지적·임야도 정비사업 연구보고서
대한지적공사, 1988, 다목적지적시험측량 연구보고서
대한지적공사, 1988, 외국의 지적제도 비교연구보고서
대한지적공사, 1988, 지적과 등기
대한지적공사, 1988, 지적업무세미나발표논집

대한지적공사, 1989, 대한지적공사오십년사
대한지적공사, 1990, 외국지적측량
대한지적공사, 1990, 외국지적측량실무연수보고서(일본, 독일)
대한지적공사, 1990, 항측수치지적측량시험사업연구보고서
대한지적공사, 1991, 지적(임야)도 정비시범사업연구보고서
대한지적공사, 1993, 임야·지적도동일축척화 사업연구보고서
대한지적공사, 1994, 경위의측량법에 의한 경지정리확정측량실무요령
대한지적공사, 1994, 지적측량용어집
대한지적공사, 1995, 경계확정의 소
대한지적공사, 1995, 지적법령집
대한지적공사, 1995, 지적측량대행제도에 관한 연구
대한지적공사, 1996, 국제학술세미나 논문집
대한지적공사, 1996, 지적재조사법(안) 연구
대한지적공사, 1997, 대만지역 지적재측량관련 3기·13년 총보고서
대한지적공사, 1997, 외국의 지적제도
대한지적공사, 1997, 지적재조사를 위한 외국의 지적제도 연구
대한지적공사·지적기술연구소, 1995, 지적재조사에 관한 국제회의 논문집
대한지적공사·지적기술연구소, 1995, 학술세미나 논문집
대한지적공사·지적기술연수원, 1975, 지적도중측문제의 연구
대한지적공사·지적기술연수원, 1983, 지적확정측량
대한지적공사·지적기술연수원, 1989, 시찰보고서(일본, 대만)
대한측량협회, 1993, 한국의 측량지도
동아국어사전연구회, 1991, 동아새국어사전
동아출판사, 1980, 신크라운 국어사전
민정사, 1978, 민중국어대사전
범증사, 1980, 국어대사전
법원행정처, 1990, 부동산등기업무 전산화분석명세서
서울시정개발연구원, 1992, 서울시 지리정보시스템 구축에 관한 연구 워크샵결과보고서
서울시정개발연구원, 1993, 서울시 지리정보시스템 구축에 관한 연구(1)
서울시정개발연구원, 1994, 서울시 지리정보시스템 구축에 관한 연구(2)
서울시정개발연구원, 1995, 서울시 지번 및 주소표시제도 개선방안
서울특별시, 1979, 서울육백년사
서울특별시, 1993, 서울지적연혁지
서울특별시, 1993, 지적자료집
세종대왕기념사업회, 1988, 국역 증보문헌비고(전부고1)
세종대왕기념사업회, 1988, 국역 증보문헌비고(전부고2)
우리경제연구회, 1987, 한국민중경제사
지적기술연구소, 1996, 지적재조사를 위한 GPS 활용에 관한 기초연구
지적기술연수원, 1977, 중화민국 지적도 중측문제의 연구
지적기술연수원, 1977, 항측에 의한 지적연구측량보고서
지적기술연수원, 1977, 해학유서(초역)
지적기술연수원, 1980, 지적관계판례집

지적기술연수원, 1981, 측지측량개론
지적기술연수원, 1991, 최신측량방향
지적기술연수원, 1992, 기준점측량
지적기술연수원, 1992, 조선임야조사사업보고서
지적기술연수원, 1992, 최소자승법의 이론과 응용
지적기술연수원, 1993, 조선토지조사사업보고서
지적기술연수원, 1993, 조선토지조사사업보고서 추록
청주대학사회과학연구소, 1987, 토지등록을 위한 지적측량의 특성에관한 연구
총무처 정부기록보존소, 1993, 보관용 사본증명발급
토지공개념연구위원회, 1989, 토지공개념연구위원회연구보고서
통계청, 1995, 통계로 본 한국의 발자취
통계청, 1995, 한국주요경제지표
한국교육개발원, 1996, 지적기능인력 양성방안 연구
한국교육개발원, 1996, 지적대학설립 운영방안 연구
한국역사연구회, 1995, 대한제국의 토지조사사업
한국문화역사지리학회, 1993, 한국의 전통지리사상
한국상고사학회, 1991, 한국상고사
한국전산원, 1994, 종합토지정보시스템 프로타입 개발(별권)
한국전산원, 1994, 종합토지정보시스템 프로타입 개발
한국전산원, 1995, 통합지리정보시스템 개발보고서
한국정신문화연구원, 1984, 국역 한국지(부록, 색인)
한국정신문화연구원, 1984, 국역 한국지
한국정신문화연구원, 1991, 해방후 도시성장과 지역사회의 변화
한국정신문화연구원, 1992, 역주 경국대전(번역)
한국정신문화연구원, 1992, 역주 경국대전(번역편)
한국정신문하연구원, 1992, 역주 경국대전(주석)
한국정신문화연구원, 1992, 조선후기의 근대적 사회인식
한국정신문화연구원, 1993, 장서각도서한국본해제집(지도류)
한국지리연구회, 1993, 현대지리학의 이론가들
한국지방행정연구원, 1988, 토지정보체계의 개발
한국지방행정연구원, 1988, 토지정보체계의 개발
한국지적학회, 1985, 최신 지적제도에 관한 국제학술논문집
한국지적학회, 1987, 지적공부재작성을 위한 지적재조사방안연구
한국지적학회, 1987, 지적공부 재작성을 위한 지적조사 방안연구
한국지적학회, 1993, 토지등록 공시제도의 일원화방안
한국지적학회, 1996, 한국지적학회 창립20주년 기념학술세미나
한국측지학회, 1984, 우리나라 정밀삼각망조정에 관한 연구

(3) 신문자료

대한매일신보, 경성의 구획정리, 1938년 3월 23일
대한매일신보, 사유삼림의 측량이 시급, 1909년 10월 2일
대한매일신보, 재단법인 조선지적협회 설립에 관하여, 1938년 1월 26일

대한매일신보, 재무국내에 조선지적협회 설립, 1938년 1월 19일
대한매일신보, 지적도와 부합안되는 실측한 경성지도, 1938년 3월 20일
동아일보, 지적측량 못 믿겠다 46%, 1990년 7월 17일
부동산경제신문, 공부상경계·면적 실제와 다른 경우 많다, 1992년 5월 6일
부산일보, 측량잘못 들쭉날쭉, 1988년 9월 3일
서울신문, 공부-실제 다른 지적재정리, 1993년 8월 21일
서울신문, 대대적 국토확장 지도가 변한다, 1983년 6월 8일
서울신문, 오차수두룩 불신받는 토지호적, 1985년 9월 3일
조선일보, 가구수 많은 지번세분, 1985년 2월 25일
조선일보, 부정확한 토지측량, 1992년 10월 5일
조선일보, 춤추는 국토통계, 1983년 6월 8일
중부매일, 경계측량 오차 많아, 1991년 6월 12일
중앙일보, 국토정보센터 본격가동, 1995년 2월 1일
중앙일보, 지적도 · 임야도등 지적공부 실제 땅모양과 다른 경우 많다, 1977년 2월 1일
한국경제신문, 지적측량들쭉날쭉, 1992년 11월 10일
황성신문, 측량학의 시급필요, 1908년 4월 2일

Ⅱ. 외국문헌

1) 동양

岡積滿, 1980, 測量の誤差計算
校訂條邦彦, 1978, 澤田良修,測量計算マニュアル
國土廳土地局國土調査課, 1982, 一筆地調査の手引(I),(II),(III)
宮嶋博史, 1978, 朝鮮土地調査事業研究序說, アシア經濟
宮嶋博史, 1988, 量案から 土地臺帳へ, 朝鮮民族運動史研究 第5號
宮嶋博史, 1990, 朝鮮土地調査事業の研究
宮嶋博史, 1990, 光武量案의 性格, 大韓帝國期 土地制度
旗田巍, 1968, 高麗の公田, 私學雜誌 77-4
旗田巍, 1966, 李朝初期の公田, 朝鮮史研究論文集 3
旗田巍, 1968, 高麗の民田について, 朝鮮史學 48
旗田巍, 1968, 新羅・高麗의 土地臺帳, 東洋學 學術會議論文集
吉澤孝和, 1981, 測量實務必携
今西龍, 1970, 新羅史研究, 國書刊行會刊
藤原勇喜, 1991, 公圖の研究
臺北市政府地政處測量大隊, 1966, 地籍圖重測法規彙編
臺北市政府地政處測量大隊, 1968, 臺北市地籍圖重測作業手册
大野 保, 1941, 朝鮮農村の實態的研究, 大同學院論叢 4
東京郡情報連絡室, 1993, 東京郡地域情報化推進計劃
滿洲帝國協和會, 1939, 土地用語辭典(日本,中國,朝鮮)
武田幸男, 1965, 高麗・李朝時代の邑吏田, 朝鮮學報 39-40

武田幸男, 1967, 高麗時代の口分田と永業田, 社會經濟史學 33-5
朴文圭, 1933, 農村社會分化の起點としての土地調査事業に就て, 京城帝大法文學會 論文集 6
北支那方面軍司令部, 1939, 外邦測量沿革史
上田尙一, 1972, 統計處理プログラム
成俊鏞, 1977, 韓國の都市システム, 地理學評論, 50-7
小口福馬, 1990, 一筆地調査實際
野村暲作・太田晃, 1990, 日本測量協會, 土地家屋調査士試驗受驗テキスト
友邦協會, 1966, 朝鮮の土地調査
友邦協會, 1971, 朝鮮土地測量の思出
元吉勇太郎, 1937, 朝鮮市街地計劃令序說, 朝鮮と建築
李在茂, 1955, 朝鮮における土地調査事業の實態, 社會科學研究 7-5
日本圖學會, 1974, コンピユータによる自動製圖システム
日本日刊工業新聞社, 1991, 地圖情報システム
日本測量協會, 1970, 測量・地圖百年史
日本測量協會, 1990, 測量學辭典
日本測量協會, 1991, 自動追跡方式の三次元リモート測量システム, サーベィハイテク50選
日本測量協會, 1992, 地籍調査事業の新たな展開と問題點, 測量 42-2
日本土地家屋調査士會連合會, 1900, 調査測量實施要領
林增杰, 1990, 地籍管理
林增杰 外1, 1984, 土地管理原理處方法
全國國土調査協會, 1982, 地籍調査のすすめ
全國國土調査協會, 1987, 地籍測量及び地積測定における記錄及び成果の記載例等(案)
全國國土調査協會, 1988, 地籍調査における一筆地調査概論
全國國土調査協會, 1990, 數値情報化の手引
全國國土調査協會, 1990, 地籍調査成果の數値情報化の手引
全國國土調査協會, 1990, 國土調査關係法令集
田保橋潔, 1932, 朝鮮測地學史上の一業績, 歷史地理, 60-6
田中愼一, 1947, 韓國財政整理と徵稅臺帳の整備, 土地制度史學 63
田中愼一, 1947, 朝鮮における土地調査事業の世界的と位置, 社會科學研究 29-3
趙岡・陳鍾毅, 1982, 中國土地制度史
篠塚昭次・宮代洋一・左伯剛, 1992, 境界の法律紛爭
朝鮮都市地形圖刊行會, 1929, 京城府每筆地地形明細圖
朝鮮總督府, 1910, 國有地實地調査心得
朝鮮總督府, 1911, 臨時財産整理局事務要覽
朝鮮總督府, 1918, 朝鮮土地調査事業報告書
朝鮮總督府, 1919, 朝鮮土地調査事業報告書追錄
朝鮮總督府, 1920, 朝鮮土地・地稅制度調査報告書
朝鮮總督府, 1938, 朝鮮林野調査事業報告書
朝鮮總督府, 1940, 朝鮮田制考
周藤吉之, 1937, 朝鮮後期の田畓文記する研究, 歷史學研究 7-7
周藤吉之, 1940, 高麗より朝鮮初期に至る田制の改革, 東亞學 3
中川德郎, 1981, 圖解測量技術

中川德郎, 1982, 登記測量
曾我部靜雄, 1953, 均田法と稅役制度
地籍調查硏究會, 1991, 地籍調査必携
陳內六助, 1917, 京城府管內地籍目錄
陳內六助, 1927, 京城府管內地籍目錄
參謀本部 北支那方面司令部, 1939, 外邦測量沿革史
千葉忠二, 1962, 測量結果のテ"ータ處理方法
塚本正文, 1974, コンピューター測量計算法
土地寺務月刊社 陳新民, 1971, 地籍測量實用語講義
河瀨敏雄, 1993, 各種圖面·地圖の作製と訂正の事例集

2) 서양

· A Comprehensive Etymological Dictionary, 1966, (New York : Elsevier Publishing Company)
· Ad Hoc Report, 1983, Report on Cadastral Survey and Land Information System, The Economic and Social Development Center of the German Foundation, Berlin
· Alfred A.Ring, Real Estate, 1977, Prentice-Hall, Inc., Englewood Cliffs, N.J.
· Ansoult, MM., and Soille, P.J., Loodts, J.A., 1990, Mathematical Morphology : A Tool for Automated GIS Data Acqusition form Scanned Thematic Maps, P.E. & R.S. Vol.56, No.11.
· Britannica World Language Dictionary, 1955, New York : Funk & Wagnalls Company.
· Brown C., Eldridge W., 1962, Evidence and Procedures for Boundary Location New York : John Wiley & Sons.
· Bruce M.Harwood, 1980, Real Estate Principles, 2nd ed.(Reston Publishing Co. Inc., Reston Virginia.
· Carstensen, Jr. L.W., and Campbell, J.B., 1990, Desktop Scanning for Cartographic Digitization and Spatial Analysis, P.E. & R.S., Vol.57, No.11.
· Cartograqhic Digitization and Spatial Analysis, Photogrammetric Engineering & Remote Sensing, Vol.57, No.11.
· Clarsen.W.A. 1981, Developments in the Automation of the Cadastral Land Registers in the Netherlands, FIG XVI, International Congress Montreux Switzerland.
· Curtis Maitland Brown·Winfield H.Eldridge, 1962, Evidence and Procedures for Boundary Location, New York : John Wiley & Sons,inc.
· David, E.Apter, 1958, A Comparative Method for the Study of Politics], The American Journal of Sociolgy 64 November.
· Dwight Waldo, 1995, The Study of Public Administration, Random House, New York.
· Edward M. Mikhail & Gordon Gracre, 1981, Analysis and Adjustment of Survey Measurement, Sanfrancisco : Van Nostrand Reinhold Co.
· Eichhorb. G, 1978, Final Discussion at Symposium, FIG, Oct., 16-21, T.U.D.
· F.Klingenberg and H..R. Andris, 1981. Experience with Computer Processing and Storage Data in a Project of Cadastre Renovation, Canada : The canadin Surveyors
· FIG., 1981, Congress Prize, Swiss.
· Francis H.Moffitt·Harry Bouchard, 1982, Surveying, New York : Harper & Row, Publi-

shers, Inc.

· Gerhard Larsson, 1991, Land Registration and Cadastral systems, Longman Scintific.

· Henssen J.L.G. 1978, The Legal Aspects of Land Information System] Invited Papers and Discussions during the Symposium of FIG., 16-21, Technical University of Darmstadt.

· Ji, Jongduck and Yu, Hwanzong, 2001, "The development and characteristics of the modern cadastral education in Korea", Paper presented at International Federation of Surveyors(FIG) Working Week 2001, Seoul, Korea, 6-11 May.

· J.G. McEntyre, 1978, Land Survey System, New York : Purdue University Press.

· J.L.G.,Henssen, 1974, Cadastre and their Relationship with Real Property Assessment, Concepts of the Mordern Cadastre Conference, Ottawa : Ontarion, October 23-24.

· J.L.G.Henssen, 1986, Mclaughlin, J.D, The Development of a Conceptual Framework for the Study of Cadastral Systems FIG 18th Congress.

· J.L.G. Henssen, 1988, Administrative and legal aspects of Land Registration Cadastre, ITC Lecture Note.

· Laurence W. Carstense. Jr., and James B.Campbell, 1991, Desktop Scanning for Cartographic Digitization and Spatial Analysis, Photogrammetric Engineering & Remote Sensing, Vol. 57, No. 11, November.

· Mc.Culloch, T.M., and Marinaro, R.A., 1988, Producing 1 : 24000-Scale Digital Line Graphs from Scanned Data, ACSM-ASPRS Annual Comvention Technical Papers, Vol2,

· MinRat Jurgenschlehuber, 1974, Automation of the Cadastre, UN Inter-Regional Seminar 24 June-5 July.

· Moyer, D.D, Fisher. K.P, 1973, Land Parcel Identifiers for Information System] American Bar Foundation, Chicago.

· National Research Council, 1980, Need for a Multipurpose Codastre Washington D.C. : National Academy press.

· National Research Council, 1983, Proccdurcs and Standards for a Multipurpose Cadastre, Washington D.C. : National Academy Press. Ohio.

· P.E. Dale, 1976, Cadastral Survey Within the Commonwealth, Her majesty's Stationery Office.

· P. Fisher and D. D. Moyer, 1973, Land Parcel Identifies for Information System, Chicago, American Bar Foundation.

· Paul R.Wolf, Ph.D, 1980, Adjustment Computation, Wiscosin : P.B.L. Publishing Co.

· Philip Kissam, C.E, 1981, Surveying for Cirl Engineers, New York : Mc Graw-Hill Book Inc.

· R.R.Renn, 1958, Land Economics, New York : Harper & Brothers Publishers.

· R.T.Ely & G.S. Wehrwein, 1940, Land Economics, New York : The MacMillan Company.

· Roger J.P.Kain and Elizabeth Baigent, 1992, The cadastral map in the sevice of the state : a history of property mapping, The University of Chicago Press.

· Roussat. R, 1981, Derniers Developments Techniques Du CadastreE France La Micrographie Dans Les Services, FIG XVI, International Congress Mantreux, Swizerland.

· Roy C Macridis, 1955, The Study of Comparative Government Garden City N.Y. : Doubleday.

· Ryu, B.C., 1989, Improvement of Cadastral System in Korea ITC.

- S.R.Simpson, 1976, Land and Registration, Cambridge : Cambridge Univ Press.
- Schmidt and Rayner, 1978, Fundamentals of Surveying, New York : D. Van Nostrand Co.
- Tamm-daniels. F.L., and Woodley, D.R., 1988, "Production Experience with Intergraph's Scan Data Capture Software", ACSM-ASPRS Annual Convention Technical Papers, Vol.2.
- Teoder J.Blachut·Adam Chrzanowski·Jouko H.Saastamoinen, 1976, Urban survey- ing and Mapping, New York : Verlag.
- The Randon House Dictionary, 1983, New Yorek : Randon House.
- The Shorter Oxford English Dictionary, 1973, London : Oxford University Press.
- Vincent Powell-Smith, 1975, The Law of Boundaries and Fences, London : Butterwrth & Co.
- Visser, J., 1974, Photogrammetry for Cadastral Surveying, ITC journal.
- Walter G.Robillard·Lane j.Bouman, 1987, Law of Surveying and Boundaries, Virginia : The Michie Company.
- Walter G. Robillaro, 1989, Surveying and Boundaries, Virginia : The Michie Company.
- Websters New Twentieth Century Dictionary, 1983, Second ed. Cleveland, Ohio.
- Websters Third New International Dictionary, 1981, spring field, Mass-achusetts : Merricm Webster Inc.
- Xiemann. H, 1975, Technical and Legal Aspects of a Cadastre-Based Information System, The Canadian Surveyor, March.

찾아보기

(ㅅ)

(ㅇ)

(ㅊ)

(ㅍ)

(ㅎ)

지 종 덕

· 지리학박사, 지적기술사
· 한국지적정보학회 회장
· 한국지적학회 편집위원장
· 한국동굴학회 편집위원장
· 한국지적학회 분과위원장
· 한국지적학회 사무국장
· 한국기술사회 지적전문분회 부회장
· 국가기술자격 고시(출제 · 검토 · 채점)위원
· 공인중개사 고시(출제 · 검토)위원
· 지적직공무원 사무관 고시(출제 · 검토)위원
· 지적직 지방공무원 고시(출제 · 검토)위원
· 서울특별시(종로 · 서초 · 양천 · 송파) 부동산평가위원
· 서울특별시 지적위원회(지적측량 적부심사)위원
· 인천광역시 지적위원회(지적측량 적부심사)위원
· 행정자치부 NGIS 지적정보분과 위원
· 지적연구원(공간정보연구원) 연구심의위원
· 지적연수원 교육발전 위원
· 한국교육개발원 교재집필위원
· 한국지적백년사 집필위원
· 서울지적연혁지 집필위원
· 대한지적공사 실업고 교재집필위원
· 대한지적공사 제안서평가위원
· 대한주택공사 공모설계심의위원
· 한국철도공사 공모설계심의위원
· 조달청 제안서 기술심의위원
· 서울시립대학교 도시과학대학원 강사
· 명지전문대학 지적학과 학과장

저서

· 최신 도시계획학, 신라출판사, 1995
· 지적제도, 한국교육개발원, 1997
· 지적실무, 한국교육개발원, 1997
· 도시계획론, 책과길, 1997
· 토지구획정리론, 바른길, 1997
· 도시계획요론, 기문당, 2001
· 지적의 이해, 기문당, 2001
· 한국의 지적사, 기문당, 2002
· 지적법 요론, 신양사, 2002
· 도근측량, 동화기술, 2003
· 일필지측량, 기문당, 2005
· 핵심지적법, 신양사, 2003
· 최신지적실무, 신양사, 2006
· 토지정보론, 신양사, 2006
· 지적측량(기초측량), 신양사, 2007
· 지적측량(도근측량), 신양사, 2008
· 지적측량(응용측량), 신양사, 2008
· 지적측량(삼각측량), 신양사, 2009
· 토지학, 신양사, 2009
· 최신지적법, 신양사, 2010
· 지적전산학, 신양사, 2011 등 다수

지적의 이해

2001년 3월 15일 초판 발행
2001년 8월 5일 2판 발행
2003년 8월 1일 3판 발행
2006년 2월 20일 4판 발행
2007년 8월 25일 5판 발행
2011년 2월 28일 6판 발행
2015년 3월 25일 7판 발행

저 자	지 종 덕
발 행 인	강 해 작
발 행 처	기 문 당
주 소	서울시 성동구 무학봉 28길 4-1
전 화	02) 2295-6171(代)~5
팩 스	02) 2296-8188
출판등록	1976. 10. 7 (1-44)
홈페이지	http : // 기문당 http : // www.kimoondang.com
I S B N	978-89-6225-652-9 93540
정 가	25,000원